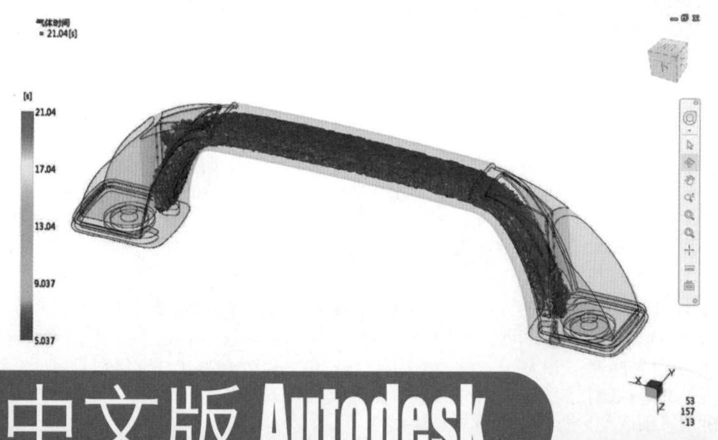

黄建峰 高蕾娜 / 编著

中文版 Autodesk Moldflow 2018 完全实战技术手册

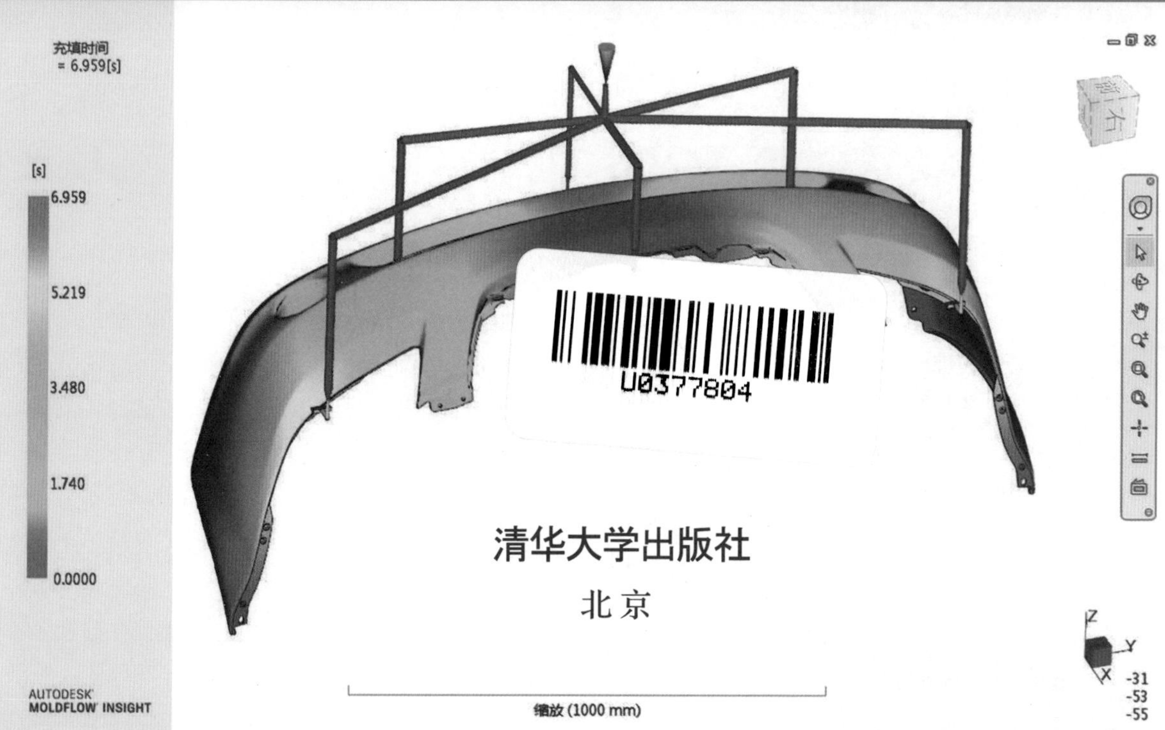

清华大学出版社

北京

内 容 简 介

Moldflow是全球注塑成型CAE技术的领导者。Autodesk Moldflow 2018的推出，实现了对塑料供应设计的标准，统一了企业上下游对塑料件的设计标准；实现了企业对know-how的积累和升华，改变了传统的基于经验的试错法；更重要的是，Moldflow 2018实现了与CAE的整合优化，通过诸如 Algor、Abaqus等机械CAE的协作，对成型后的材料物性/模具的应力分布展开结构强度分析，这一提升，增强了Moldflow在欧特克制造业设计套件2018中的整合度，使得用户可以更加柔性和协同地开展设计工作。

本书以手把手的教学模式，详细讲解了Moldflow 2018软件的分析功能应用，内容丰富，讲解细致，从软件的基础操作开始，到完成各种注塑成型分析类型的流程，整个流程前后呼应，内容组织合理。

全书共14章，内容从注塑成型仿真基础开始，一直到介绍CADdoctor模型简化、Moldflow 2018概述、网格划分与诊断修复、几何建模、成型工艺设置、优化分析、变形控制模流分析、冷却控制模流分析、时序控制模流分析、产品收缩分析、流道平衡分析、重叠注塑成型模流分析及气辅成型分析等功能应用及操作。

本书可供机械设计、模具设计、数控加工和材料成型等专业的学生，或从事模流分析的工作人员、模具设计爱好者阅读，也可作为本专科院校及模流培训的中高级教材。

图书在版编目（CIP）数据

中文版Autodesk Moldflow 2018完全实战技术手册 /黄建峰，高蕾娜编著. -- 北京：清华大学出版社，2019

ISBN 978-7-302-52779-4

Ⅰ.①中… Ⅱ.①黄… ②高… Ⅲ.①注塑－塑料模具－计算机辅助设计－应用软件－手册 Ⅳ.①TQ320.66-39

中国版本图书馆CIP数据核字(2019)第076988号

责任编辑：陈绿春　薛阳
封面设计：潘国文
责任校对：徐俊伟
责任印制：丛怀宇

出版发行：清华大学出版社
　　网址：http://www.tup.com.cn，http://www.wqbook.com
　　地址：北京清华大学学研大厦A座　　**邮编**：100084
　　社总机：010-62770175　　**邮购**：010-62786544
　　投稿与读者服务：010-62776969，c-service@tup.tsinghua.edu.cn
　　质量反馈：010-62772015，zhiliang@tup.tsinghua.edu.cn
印 装 者：三河市君旺印务有限公司
经　　销：全国新华书店
开　　本：188mm×260mm　　**印　　张**：17.75　　**字　　数**：615 千字
版　　次：2019年8月第1版　　**印　　次**：2019年8月第1次印刷
定　　价：89.00 元

产品编号：065165-01

前言 FORWORD

Moldflow 是全球注塑成型 CAE 技术领导者。Autodesk Moldflow 2018 的推出，实现了对塑料供应设计的标准，统一了企业上下游对塑料件的设计标准；实现了企业对 know-how 的积累和升华，改变了传统的基于经验的试错法；更重要的是，Moldflow 2018 实现了与 CAE 的整合优化，通过诸如 Algor、Abaqus 等机械 CAE 的协作，对成型后的材料物性 / 模具的应力分布展开结构强度分析，这一提升，增强了 Moldflow 在欧特克制造业设计套件 2018 中的整合度，使得用户可以更加柔性和协同地开展设计工作。Moldflow 2018 的设计和制造环节，提供了两大模拟分析软件：Moldflow Adviser 和 Moldflow Insight。

本书内容

本书图文并茂，讲解深入浅出、删繁就简、贴近工程，把众多专业和软件知识点有机地融合到各章的具体内容中。

全书共分为 14 章，内容分布如下。

（1）第 1 章：主要介绍有限元分析的理论及成型仿真基础知识。

（2）第 2 ～ 7 章：主要面向初学者，介绍 Moldflow 2018 的基本操作和分析模型的准备过程。

（3）第 8 ～ 14 章：应用 Moldflow 进行专业性的注塑成型分析，包括常规的冷却、填充、翘曲变形分析，产品收缩分析，模具系统的流道平衡分析。还包括二次成型分析（重叠注塑、双组份注塑、共注射成型等）、气辅成型分析及工艺优化分析等。

本书特色

本书的体例结构生动而不涩滞，内容编排张弛有度，案例实用性强，能够开拓读者思路，提高读者阅读兴趣。

本书包括了 Moldflow 2018 方方面面的知识，倾注了业内专家和教学专家多年的实战经验，书中的案例全部选自实际工作领域。

本书读者定位为机械、模具、材料成型和数控加工等专业的学生，或从事模流分析的工作人员、模具设计爱好者，也可作为相关院校和培训中心的教材。

配套资源下载

本书的配套素材和相关的视频教学文件请扫描右侧的二维码进行下载。

如果在配套资源下载过程中碰到问题，请联系陈老师，联系邮箱 chenlch@tup.tsinghua.edu.cn。

配套资源

作者信息

本书由成都大学机械工程学院的黄建峰和高蕾娜老师编著。

感谢您选择本书，希望我们的努力对您的工作和学习有所帮助，也希望您把对本书的意见和建议告诉我们。

官方 QQ 群：159814370

作者邮箱：Shejizhimen@163.com

编辑邮箱：chenlch@tup.tsinghua.edu.cn

目录 CONTENTS

第 5 章 几何建模

第 6 章 成型工艺设置

第 7 章 优化分析

第 8 章 变形控制模流分析案例

第 9 章 冷却控制模流分析案例

第 10 章 时序控制模流分析案例

第 11 章 产品收缩分析案例

第 12 章 流道平衡分析案例

第 13 章 重叠注塑成型模流分析案例

第 14 章 气辅成型分析案例

很多初学者学习软件时总是急于求成，其实这样的心态是学不好软件的。学习总会有个循序渐进的过程，只有把基础知识打牢，在今后的工作中才不会遇到大麻烦。有些学生问我："老师，怎样才能学好呢？"我的回答是："多动手，多练习"。

Moldflow 注塑仿真软件提供适用于注塑模具设计、塑料零件设计和注塑工艺的工具，可减少制造缺陷并加快产品上市速度。在本章中将介绍注塑成型仿真的一些基础知识要点。

项目分解	知识点 01：Moldflow 软件学习准备
	知识点 02：塑料及其应用
	知识点 03：注塑成型工艺
	知识点 04：Moldflow 有限元分析基础

第 1 章 注塑成型仿真基础

1.1 Moldflow 软件学习准备

在学习 Moldflow 之前，需要做好学习准备，下面首先来了解下要准备哪些知识。

1.1.1 学习背景

现代注塑加工新产品开发周期越来越短，客户的要求越来越高；如何实现优化产品结构、模具设计与注塑工艺条件，减少试模 / 改模 / 修模次数，确保模具质量，达到提高注塑生产效率，提升制件质量，减少盲目调机，降低不良率，控制料耗，减少机位人手，降低成本，增强竞争力的目的——已成为注塑企业的当务之急。率先一步，超越对手，采用 Moldflow 注塑模流分析技术，将优化设计的理念贯穿于产品设计、模具设计 / 制造和注塑生产的全过程，帮助注塑企业改变过去仅凭经验做事，跟着问题后面跑的传统落后的运作方式，进入科学注塑的新时代，将使企业在激烈的竞争中处于优势地位。

应用 Autodesk Moldflow Insight（AMI）进行塑料制品的注塑成型分析是一项比较复杂，且对设计人员素质要求较高的技术，需要具备一定的理论知识和实际工作经验，包括：

（1）了解 Moldflow 分析的优点及作用；

（2）熟悉 Moldflow 分析的思路与流程；

（3）掌握一定的有限元分析理论；

（4）了解注塑成型问题的形成过程；

（5）具有模具设计和注塑生产的实际经验；

（6）具有三维造型设计能力。

1.1.2 学习方法

首先，学习要有系统性。应注重注塑成型及相关理论基础知识、分析思路的学习积累，掌握 Moldflow 软件各模块的基本功能、操作方法和使用技巧，通过案例学习达到能熟练操作软件的目标。

其次，要多问为什么。Moldflow 软件的作用是模拟注塑充填过程，以便提早发现可能出现的问题。但是还需要考虑是什么原因导致的这种结果的出现，能不能用合理的理由来解释？Moldflow 的作用是不但能发现问题还能解释问题，找出导致问题的真正原因，并解决它。如果不能解释问题产生的原因，那么就无法对其进行解决。在实际注塑过程中出现的各种问题，都能有一个明确的解释，这也是 Moldflow 工作者的责任。

最后，要不断学习。只会软件的操作，只能说是初学者，想要自己能不断进步，就需要不断地学习，多整理自己的知识，有条件的多进行注塑过程的跟踪，将软件模拟的结果与实际的注塑过程相结合，不断地总结经验。

1.1.3 合格的模流分析工程师应具备的知识

很多 Moldflow 工程师是靠 Moldflow 帮助文档成长的一代，本着对模流分析的执着追求，应坚持与模流分析共同进步。许多使用者都有这样的经历：最初使用 Moldflow 时，觉得分析结果等与实际差距太远；后来做了几个项目，总结了一些经验，觉得有些结果能为实际所用；随着要求的提高，现在对某些问题又开始迷茫。很多时候，对分析出的结果感到不可靠，制定方案时，很难把握得准。使用 Moldflow 分析，要经历一个循序渐进的过程。

Moldflow 的使用者往往有这样的感觉：软件操作简单，实际应用很难。Moldflow 是专业技术性很强的注塑成型模拟 CAE 软件，涉及高分子材料、产品设计和模具设计、注塑成型工艺以及 Moldflow 本身理论等诸多学科。虽说 Moldflow 是注塑成型领域的集大成者，但 Moldflow 软件本身的操作极其简单。使用者往往入门很快，但一深入下去，才知道越挖水越深。所以要用好 Moldflow，想要很快成长为高水平的 Moldflow 工程师，并不是一件太容易的事。与其他专业一样，Moldflow 的学习和掌握也需要一个循序渐进的过程。

最初使用者可能仅熟悉 Moldflow 软件的基本操作和使用环境，只能算作软件的操作工。随着知识和经验的积累，慢慢会对项目开发提供可行的技术方案。通过多个项目应用的积累，Moldflow 的使用者将完成由项目的配角向项目主角的转变。在向 Moldflow 专家成长的过程中，Moldflow 将会加速成长的进程，由于 Moldflow 对本质的认识，其 know-how 的积累将更快，特别是与实际经验的结合将极大地促进技能的提升。

会熟练操作和使用 Moldflow 或其他模流软件，仅相当于模流的入门水平，而对于专业的模流分析工程师来说，除了需要熟练操作软件，熟知注塑成型知识之外，更为重要的是要有现场试模经验，要有模流分析结果和现场试模结果对比的经验，只有有了这些经验，才能正确解读分析结果，熟知真正的问题点并为其提供解决方案，并针对问题正确地做模具 / 产品结构修改或正确更改和设置注塑成型工艺等，以达到真正利用模流分析在软件中模拟实际试模调机的水平，从而能够真正地利用模流创造经济效益。Moldflow 工程师应该掌握如下技能：模流分析软件的使用、注塑成型工艺、产品设计知识、模具设计知识、材料知识；了解采购知识、项目管理等。

1．模流分析工具

软件应用是模流分析的基础。不仅要熟练掌握软件操作，也要了解算法、精度和假设、模拟结果与实际的差异、软件的应用条件和适用性、影响误差的因素及避免方法等。

2．材料知识

了解材料的物理性能和加工性能，例如，材料的流变特性、PVT 特性、力学性能和热性能。了解材料性能，不仅是把握分析准确性的需要，也是全面提供解决方案的需要。有些缺陷是不能利用模流分析诊断的，例如吸水引起的尺寸变化。

3．注塑成型知识

包括成型过程、注塑机功能及操作、试模方法等。

4．模具设计和制造

包括模具结构、模具 CAD、模具加工等。

5．产品设计

包括产品设计准则、公差管理、尺寸测量等。

为什么要具有这些知识和技能呢？因为，注塑成型系统的复杂性要求模流分析人员不仅要具有专业知识，还要掌握一定的领域知识，这样才能发挥模流分析的价值。Moldflow 工程师的价值在于他是项目开发的助推剂。

Moldflow 工程师的背景常常是做模具出身、做软件开发出身、做材料出身、做产品设计出身、做研究出身，他们各自都有其优势和不足。Moldflow 的应用是一个逐渐累积的过程。使用者从对软件各工具的掌握，到具备注塑成型的专业知识，再到掌握与注塑成型相关的产品设计、模具设计和制造、材料知识、工艺知识和仿真原理等领域知识，才能具有专家级的水平。Moldflow 使用者的水平越高，所具备的领域知识就越全面。

1.1.4　正确认识 Moldflow

Moldflow 软件是一个知识载体，是一个应用平台。Moldflow 是一个进行注塑实验的工具，是产品设计工程师、模具工程师的辅助工具，而不是一个完全替代他们工作的工具。软件是工具，重要的是怎么运用软件帮助我们解决问题，有的公司买 Moldflow 是要应付客户的需求，有的是想要提升产品的质量，有的是要说服客户修改模具图上的问题，好做模具。不管对 Moldflow 软件的用法及看法如何，提高产品的质量、缩短项目时间及降低成本是他们的终极目标。

Moldflow 的重要性在于在项目开发的前期对产品的材料选择提供建议、对产品设计进行改进及优化、对模具设计进行改进与优化，而不是等到试模甚至生产后出现问题才去验证解决。Moldflow 不仅是判断方案行不行，更重要的是比较方案好不好。

Moldflow 的使用者可以是消防员，可以是医生，但 Moldflow 使用者的主要角色应该是先知和预防员。往往由于项目人员没评估前期应用对提高产品质量、节约项目成本带来的效益，使得前期应用的价值没有得到重视。

前期应用 Moldflow 分析的优点如下。

（1）优化空间大。

越到项目后期，改动的空间越小，变更成本越高。而在前期，设计变更的空间最大。

（2）增强产品和模具设计。

通过模拟对产品和模具设计进行评估和改进，可以使得设计更加易于制造，为减小产品生产的质量波动提供保证。

（3）节省时间成本。

模流分析的时间成本要大大小于多次试模的时间成本。

（4）节省制造成本。

通过准确制定模具结构方案，可减少修模的次数，降低制造成本。利用 Moldflow 分析对原始设计方案的改进例子，见表 1-1。

表 1-1

项目＼方案	原始设计	优化设计	百分比
浇口数	6	4	-33%
流道重量 /g	54	33	-40%
注射时间 /s	1.30	1.41	6.8%
压力峰值 /MPa	11.5	7.8	-33%
最大锁模力 /Ton	38.5	23.3	-40%

可见，利用模流分析，对模具设计和工艺设定都有很大的改进。减少浇口的数目，不但可以缩短模具设计和制造的周期，还可以降低原材料的成本。而对注射压力和锁模力的降低，可以降低对机台吨位的要求，从而减少生产成本。

应用 Moldflow 不仅是 Moldflow 工程师一个人的事情，而是一个团队共同协作的工作。

一般一个项目中应包含材料工程师、产品设计工程师、模具工程师、试模工程师和 Moldflow 工程师，一个优化的方案是多人智慧的结晶。应发挥设计部门、分析部门和实验部门的团队合作精神，不断研究设计方法，提高 Moldflow 分析和实验分析的综合应用能力。

项目组各个成员的职能如下。

（1）模流分析工程师：验证、优化产品结构设计；验证、优化模具设计；保证产品可制造性。

（2）产品工程师：进行产品结构设计、保证产品功能；跟踪产品实验，确保功能满足要求。

（3）模具工程师：提供产品模具结构设计；保证工艺稳定和质量稳定。

1.2　塑料及其应用

塑料是以树脂为主要成分，在一定温度和压力下具有可塑性，且模塑成型后，能保持形状尺寸不变，并满足一定使用性能的高分子材料。高分子是含有原子数目多、分子量高、分子链长的巨型分子。正是由于高分子的特殊结构，才使塑料具有许多其他材料所不具有的优异性能。

1.2.1　塑料概述

塑料中的主要成分是树脂，树脂有天然树脂和合成树脂，塑料大多采用合成树脂。合成树脂是采用人工合成方法，将低分子化合物单体聚合成高分子化合物，它们的相对分子量一般都大于一万，有的甚至可以达到百万级，所以也常将它们称为聚合物或高聚物。制备合成树脂的原料主要来自于石油。树脂虽然是塑料中的主要成分，但是单纯的树脂往往不能满足成型生产中的工艺要求和成型后的使用要求，必须在树脂中添加一定数量的添加剂，并通过这些添加剂来改善塑料的性能。例如，加入增塑剂可以改善塑料的流动性能和成型性能；加入稳定剂可以提高塑料寿命，增强塑料抗老化的能力。因此，塑料是一种由树脂和添加剂组合而成的高分子化合物。

1. 高分子构型

高聚物中大分子链的空间构型有三种形式：线型、支链状线型及体型。

（1）线型。

线型分子即大分子呈线状，如图 1-1（a）所示。在性能上，线型分子构成的高聚物一般是可熔的，且可以反复受热成型，并能在溶剂中溶解。如高密度聚乙烯、聚苯乙烯等。

（2）支链状线型。

支链状线型分子的主链也是线状，但主链上还生出或多或少长短不等的支链，如图 1-1（b）所示。支链状线型分子构成的高聚物受热时可以熔融，也能溶于特定的有机溶剂。因为存在着支链，使分子间的间距拉大，结构不太紧密，故机械强度较低，但溶解能力与可塑性较高。如低密度聚乙烯等。

（3）体型。

体型分子的主链同样是长链形状，但这些长链之间有短链横跨连接，并在三维空间相互交联，短链连接较为密集，从而形成网状结构的体型分子，如图 1-1（c）所示。体型高聚物硬而脆，在高温中不熔融，无可塑性，在有机溶剂中也不溶解，所以不能再次成型。如成型硬化后的热固性塑料。

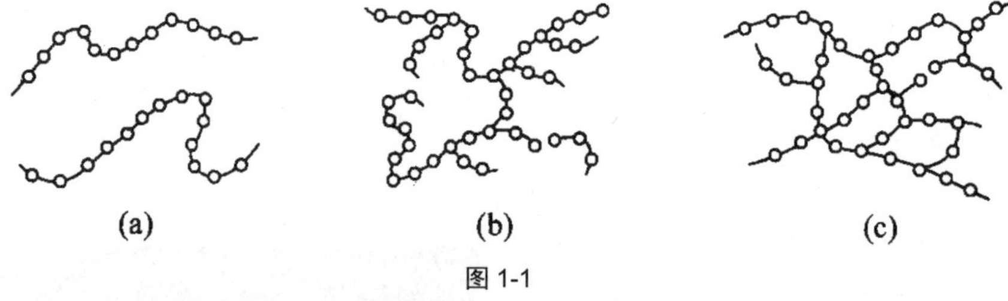

图 1-1

2. 塑料的特点

塑料和金属材料及其他材料相比，有着一系列优点，如密度小，重量轻，化学稳定性高，绝缘性能好，易于造型，生产效率高，成本低等。但也存在许多缺陷，如抗老化性、耐热性、抗静电性、耐燃性及机械强度普遍低于金属等。

（1）密度小，重量轻。

塑料的密度约为 0.9 ～ 2.3g/cm^3，大多数都在 1.0 ～ 1.4g/cm^3 左右。其中，聚 4- 甲基丁烯 -1 的密度最小，约为 0.83g/cm^3，相当于钢材密度的 0.11 倍和铝材的 0.5 倍左右。如果采用发泡工艺生产泡沫塑料，则塑料的密度可以小到 0.01 ～ 0.5g/cm^3。故“以塑代钢”是产品轻量化的一个很重要的途径。例如，美国波音 747 客机有 2500 个重量达 2000kg 的零部件都是用塑料制造的，美国全塑火箭中所用的玻璃钢占总重量的 80% 以上。

（2）比强度高。

比强度是指材料的拉伸强度（抗拉强度）与材料表现密度的比值。由于塑料的密度小，所以比强度高。表 1-2 为几种金属与塑料的比强度。

表 1-2　　单位（N/mm^2）/（g/cm^3）

金属	比强度	塑料	比强度
钛	209.5	玻璃纤维增强环氧树脂	462.7
合金钢	201.8	石棉酚醛塑料	203.2
铝合金	158.1	尼龙 66	64
低碳钢	52.7	增强尼龙	134
铜	50.2	有机玻璃	41.5
铝	23.2	聚苯乙烯	39.4
铸铁	13.4	低密度聚乙烯	15.5

（3）光学性能，容易着色。

大多数塑料可制成透明或半透明制品，且容易着色，可具有鲜艳的色彩。表 1-3 为几种塑料的透光率与玻璃的比较。

表 1-3

板厚（3mm）	透光率 /%	板厚（3mm）	透光率 /%
聚甲基丙烯酸甲酯	93	聚酯树脂	65
聚苯乙烯树脂	90	脲醛树脂	65
硬质聚氯乙烯	80 ～ 88	玻璃	91

（4）绝缘性和绝热性能好。

塑料原子内部一般都没有自由电子和离子，所以大多数塑料都具有良好的绝缘性能及很低的介电损耗。塑料是现代电工行业和电器行业不可缺少的原材料，许多电器用的插头、插座、开关、手柄等都是用塑料制成的。由于塑料的传热系数低，其绝热隔热性能也好。

（5）化学稳定性高。

绝大多数塑料的化学稳定性都很高，它们对酸、碱和许多化学药物都具有良好的耐腐蚀能力，所以在化学工业中应用很广泛，用来制作各种管道、密封件和换热器等。其中，聚四氟乙烯塑料的化学稳定性最高，它的抗腐蚀能力比黄金还要好，可以承受“王水”（镪酸）的腐蚀，俗称“塑料王”。

（6）减摩、耐磨性能好。

大多数塑料都具有良好的减摩和耐磨性能，它们可以在水、油或带有腐蚀性的液体中工作，也可以在半干摩擦或者完全干摩擦的条件下工作，这是一般金属零件无法比拟的。因此，塑料齿轮、轴承和密封圈等应用广泛，采用特殊配方的塑料还可以制造自润滑轴承。

（7）减振、隔音性能好。

塑料的减振和隔音性能来自于聚合物大分子的柔韧性和弹性。塑料的柔韧性要比金属大得多，当其遭到频繁的机械冲击和振动时，内部将产生黏性内耗，这种内耗可以把塑料从外部吸收进来的机械能量转换成内部热能，从而起到吸振和减振的作用。塑料是现代工业中减振隔音性能极好的材料，不仅可以用于高速运转机械，还可以用作汽车中的一些结构零部件，如保险杠和内装饰板等，国外一些轿车已经开始采用碳纤维增强塑料制造板簧。

（8）成型加工方便。

塑料通过加热、加压，可模塑成各种形状的制品，且易于切削、植入嵌件、焊接、表面处理、二次加工等，从而使得塑料制品具有复杂的结构，精加工成本也低于金属制品，适宜大批量生产。

除了上述几点之外，许多塑料还具有防水、防潮、防透气、防辐射以及耐瞬时烧蚀等特殊性能。塑料虽然具有以上诸多优点和广泛用途，但也有一些较严重的缺点，如不耐热，容易在阳光、大气、压力和某些介质作用下老化，长期受载荷容易蠕变等。在成型加工中，塑料还具有流动性、热胀冷缩等工艺问题，因此，塑料制品的尺寸大小和尺寸精度也受到一定限制。

1.2.2 塑料在工业生产中的应用

塑料工业是一门新兴工业，从 1909 年实现以纯粹化学合成方法生产塑料算起，世界塑料工业的发展也仅有 100 年的历史。自 1927 年聚氯乙烯塑料问世以来，随着高分子化学技术的发展，各种性能的塑料，特别是聚酰胺、聚甲醛、ABS、聚碳酸酯、聚砜、聚苯醚与氟塑料等工程塑料发展迅速，其速度超过了聚乙烯、聚丙烯、聚氯乙烯与聚苯乙烯 4 种通用塑料，使塑件在工业产品与生活用品方面获得广泛的应用，以塑料代替金属的实例，比比皆是。

我国的塑料工业起步于 20 世纪 50 年代，从新中国初期第一次人工合成酚醛塑料至今，我国的塑料工业发展速度迅猛，塑料工业已形成具有相当规模的完整体系，从塑料的生产、成型加工、塑料机械设备、模具工业到科研、人才培养等方面，都取得了可喜的成绩，为塑料制品的应用开拓了更广阔的领域。特别是近三十年，塑料用量几乎每 5 年翻一番，产量和品种都大大增加，塑料新产品、新工艺、新设备的开发与应用层出不穷。目前，塑料制品已深入到国民经济的各个部门中，特别是在办公机器、照相机、汽车、仪器仪表、机械制造、航空、交通、通信、轻工、建材业、日用品以及家用电器行业中，零件塑料化的趋势不断加强，并且陆续出现全塑产品。塑料已渗透到人们生活和生产的各个领域，成为不可缺少的原材料。

1.2.3 塑料的分类

1．热塑性塑料和热固性塑料

根据塑料的受热行为和树脂的分子结构，塑料可分为热塑性塑料和热固性塑料。

（1）热塑性塑料。

热塑性塑料的大分子空间构型呈线型或支链型，大分子链比较容易活动，受热时分子间可以互相移动，具有较好的塑性，固化成型后如再加热又可变软，可反复进行多次成型。常见的热塑性塑料有聚乙烯（PE）、聚丙烯（PP）、聚苯乙烯（PS）、聚氯乙烯（PVC）、ABS、有机玻璃（聚甲基丙烯酸酯，PMMA）、聚甲醛（POM）、聚酰胺（尼龙，PA）、聚碳酸酯（PC）、苯乙烯——丙烯腈（SAN）等。这类塑料的优点是成型工艺简单，具有相当高的物理和机械性能，并能反复回收利用，但缺点是耐热性和刚性较差。

（2）热固性塑料。

热固性塑料的大分子空间构型呈线型或支链型，加热初期具有一定的可塑性，软化后可制成各种形状的制品，但是过一段时间，随着网状交联的逐渐形成，便会固化成型而失去塑性，再加热也不会再软化，再受高热即被分解破坏。常见的热固性塑料有酚醛树脂、环氧树脂（EP）、氨基树脂、醋酸树脂、尿醛树脂、三聚氰胺树脂、不饱和聚酯、聚氨基甲酸酯（PUR）等。这类塑料的成型工艺比较复杂，不利于连续生产，生产效率较低，而且不能反复利用。但具有较高的耐热性，受压也不易变形。

2．热塑性塑料和热固性塑料的比较

表 1-4 对热塑性塑料和热固性塑料在成型方面的主要区别进行了归纳比较。

表 1-4

	成型前树脂分子构型	固化定型温度	成型后树脂分子构型	成型中树脂的变化	熔化溶解性	回收利用	成型方法
热塑性塑料	线型或支链状线型聚合物分子	冷却	基本与成型前的相同	物理变化（有少量分解或交链现象）	既可熔化也可溶解	反复多次使用	注射、挤出、吹塑等
热固性塑料	线型聚合物分子	加热（提供交链反应温度）	体型分子	既有物理变化又有化学变化（有低分子物析出）	既不熔化也不溶解	一次性使用	压缩或压注。有的品种可以采用注射

3．通用塑料、工程塑料和特种塑料

根据塑料的用途，塑料可分为通用塑料、工程塑料和特种塑料。

（1）通用塑料。

通用塑料一般指产量大、用途广、价格低廉的一类塑料，如聚乙烯、聚丙烯、聚氯乙烯、聚苯乙烯、酚醛树脂、氨基树脂等。

（2）工程塑料。

工程塑料一般指机械强度高，可代替金属而用作工程材料的塑料，如制作机械零件、电子仪器仪表、设备结构件等。这类塑料包括聚苯醚（PP0）、ABS、尼龙、聚甲醛、聚砜（PSF）、聚对二甲苯、聚酰亚胺（PI）等。

（3）特种塑料。

特种塑料一般又被称为功能塑料，是指具有特殊功能，可作结构材料或特殊用途的塑料，如医用塑料、导电塑料等。如聚砜、聚酰亚胺、聚苯硫醚、聚醚砜、聚芳酯、热塑性氟塑料、芳香族聚酰胺、聚苯酯、聚四氟乙烯以及交联型聚氨基双马来酰亚胺、聚三嗪（BT 树脂）、交联型聚酰亚胺酰亚胺、耐热环氧等。

1.2.4 常用塑料的性能及应用

塑料已广泛应用于家用电器、仪器仪表、机械制造、化工、医疗卫生、建筑器材、农用器械、日用五金及兵器、航空航天和原子能工业中，已成为木材、皮革和金属材料的良好代用品。

1．常用通用塑料

（1）聚乙烯（PE）- 热塑性塑料。

聚乙烯（PE）是乙烯高分子聚合物的总称，根据聚合的方式不同，有高密度聚乙烯（HDPE）、中密度聚乙烯（MDPE）和低密度聚乙烯（LDPE）。聚乙烯无毒无味，乳白色。密度为 0.91 ～ 0.96g/cm^3，耐腐性及绝缘性能优良，尤其是高频绝缘性。高密度聚乙烯的熔点、刚性、硬度和强度较高，吸水性小，有突出的电气性能和良好的耐辐射性；低密度聚乙烯的柔韧性、伸长率、冲击强度和透明性较好；超高分子量聚乙烯的冲击强度高，抗疲劳、耐磨性好。

聚乙烯是应用最广泛的塑料品种，可以挤出和压延各种薄膜，吹塑各种容器，挤出各种型材，注塑成型各种生活用品和工业产品，如文具、玩具、机器罩、盖、手柄、工具箱、周转箱、仪器仪表、传动零件等。

（2）聚丙烯（PP）- 热塑性塑料。

聚丙烯（PP）是丙烯的高分子聚合物，无色、无味无毒，比聚乙烯更透明更轻，密度为 0.90 ～ 0.91g/cm^3，不吸水，光泽性好，易着色，有较高的抗疲劳、抗弯曲强度，可经受 7×10^7 次弯折而不断裂，适于作塑料铰链。聚丙烯有优良的耐腐性和高频绝缘性，不受温度影响，可在 100℃左右使用，但低温易变脆，不耐磨，易老化。

聚丙烯的应用范围很广，适于作机械零件、耐腐和绝缘零件，如化工容器、管道、片材、叶轮、法兰、接头、绳索、打包带、纺织器材、电器零件、汽车配件等。

（3）聚氯乙烯（PVC）- 热塑性塑料。

聚氯乙烯（PVC）是最早工业化生产的塑料品种之一，其产量仅次于聚乙烯，是第二大类塑料品种。聚氯乙烯为白色粉状颗粒，密度为 1.35 ～ 1.45g/cm^3，强度和硬度都比聚乙烯稍大。聚氯乙烯的热稳定性和耐光性较差，受热会引起不同程度的分解。由于加入增塑剂的量不同，可制得硬质聚氯乙烯和软质聚氯乙烯。

硬质聚氯乙烯有较好的抗拉、抗弯、抗压和抗冲击性能，力学强度高，电气性能优良，耐酸碱能力极强，化学稳定性好，但软化点低，适于制作化工用管材、棒、管、板、焊条等。软质聚氯乙烯伸长率大，力学强度、

耐腐蚀性、绝缘性均低于硬质聚氯乙烯，适于作薄板、密封件、薄膜、电线电缆绝缘层等。

（4）聚苯乙烯（PS）- 热塑性塑料。

聚苯乙烯（PS）由单体苯乙烯聚合而成，也是目前广泛使用的塑料之一。聚苯乙烯无色无味，透明无毒，密度为 1.04 ～ 1.16g/cm^3，具有优良的高频绝缘性；透光率为 88% ～ 90%，仅次于有机玻璃；机械强度一般，但着色性、耐用性、化学稳定性良好。聚苯乙烯的主要缺点是脆性大，易产生应力开裂。

聚苯乙烯广泛应用于光学工业中，适于作绝缘透明件、装饰件、光学仪器等，如灯罩、照明器具、盖、建筑装饰品、日用品等。

（5）酚醛塑料（PF）- 热固性塑料。

酚醛塑料的刚性好，变形小，耐热、耐磨，可在 150 ～ 200℃范围内长期使用，在有水润滑时摩擦因数很低，耐油抗腐，绝缘性能优良。缺点是质脆，抗冲击强度差。

酚醛塑料适于作绝缘件、耐磨件、电器、仪表结构件，如运输导向轮、轴承、轴瓦等。

（6）氨基塑料（Moldflow、UF）- 热固性塑料。

氨基塑料（Moldflow、UF）的着色性好，色泽鲜艳，外观光亮，密度为 1.5 g/cm^3，成型收缩率为 0.6% ～ 1.0%，成型温度为 160 ～ 180℃。氨基塑料耐电弧性和电绝缘性良好，耐水、耐热性较好，有灭弧性能。

氨基塑料适于制作耐电弧的电工零件和防爆电器绝缘件，如灭弧罩、电器开关、矿用防爆电器、装饰材料等。

2．常用工程塑料

（1）苯乙烯 - 丁二烯 - 丙烯腈（ABS）- 热塑性塑料。

ABS 是苯乙烯 - 丁二烯 - 丙烯腈三元共聚物，它兼有三种组分的优点。ABS 无毒、无味、微黄色，密度为 1.02 ～ 1.05g/cm^3，制品光泽较好，冲击韧性、力学强度较高、尺寸稳定，电性能、化学耐腐性好，易于成型和机械加工，可作双色成型件。

ABS 具有优良的综合性能，应用十分广泛。它可以制作各种机械零件、减摩耐磨零件、传动件，如齿轮、轴承、叶轮、把手、汽车零件等。还可以制作各种家用电器，如电视机、电冰箱、洗衣机、录音机、电话机等的壳体、按键，还可以制作汽车上的保险杠、挡泥板、扶手、加热器等，以及文体用品和日用品等。

（2）苯乙烯 - 丙烯腈共聚物（AS）- 热塑性塑料。

AS 是苯乙烯 - 丙烯腈二元共聚物。苯乙烯成分使 AS 坚硬、透明并易于加工，丙烯腈成分使 AS 具有化学稳定性和热稳定性。AS 具有很强的承受载荷的能力、抗化学反应能力、抗热变形特性和几何稳定性。其拉伸弹性模量是热塑性塑料中较高的一种。AS 中加入玻璃纤维添加剂可以增加强度和抗热变形能力，减小热膨胀系数。AS 的软化温度约为 110℃。载荷下挠曲变形温度约为 100℃。AS 的收缩率约为 0.3% ～ 0.7%。

AS 广泛用于制作电器、日用品、汽车产品、化妆品包装等，如插座、壳体、电视机底座、卡带盒、车头灯盒、反光镜、仪表盘、餐具、食品刀具。

（3）聚碳酸酯（PC）- 热塑性塑料。

聚碳酸酯（PC）是透明的无定形热塑性塑料，本色微黄，加少量淡蓝色则为五色透明塑料，密度为 1.2 g/cm^3，透光率近 90%，仅次于 PMMA 和 PS。抗冲击性在热塑性塑料中位居前列，韧而刚。制件尺寸精度高，在较大的温度变化范围内仍能保持其尺寸稳定性。收缩率为 0.6% ～ 0.8%，耐热，抗蠕变。吸水率低，绝缘性较好，耐蚀、耐磨性好，但高温易水解、相溶性差。

聚碳酸酯具有较优良的综合性能，常用来代替铜、锌、不锈钢等金属材料，广泛用于机械、电子等行业，如齿轮、轴承、绝缘透明件、照明件、医疗器械等。

（4）聚酰胺（PA）- 热塑性塑料。

聚酰胺（PA）俗称尼龙，是大分子链中含有酰胺基因的高分子聚合物制成的塑料总称，品种已多达几十种，如 PA6、PA66、PA610、PA10、PA1010 等。聚酰胺大多质地坚韧，无毒、无味。密度为 1.0 ～ 1.01g/cm^3，结晶度为 40% ～ 60%。抗拉抗压耐磨，自润滑性很突出，坚韧耐水，抗霉菌。但易吸水，收缩率大，尺寸稳定性较差。

聚酰胺具有优良的综合性能，应用广泛，适于制作各种机械、化工、电器零件，减摩耐磨零件，如齿轮、轴承、叶轮、密封圈、蜗杆、线圈骨架等。

（5）聚甲醛（POM）- 热塑性塑料。

聚甲醛（POM）是线型结晶型聚合物，根据聚合方法的不同，分为均聚甲醛和共聚甲醛。聚甲醛呈白色或淡黄色，均聚甲醛密度为 1.43g/cm^3，共聚甲醛密度为 1.41g/cm^3。综合性能良好，抗冲击疲劳，减摩、耐磨性好，吸水小，尺寸稳定，但热稳定性差，易燃烧，长期曝晒易老化。

聚甲醛的综合性能优良，在机械、化工、仪表、电子、纺织等行业获得了广泛的应用，适于作减摩零件、传动件、化工容器及仪器仪表外壳等，如齿轮、轴承、轴套、保持架、水暖零件、管道、继电器等。

（6）聚砜（PSF）- 热塑性塑料。

聚砜（PSF）是以苯环为主链，通过醚、异丙基、砜等基团形成的热塑性塑料，呈透明而略带琥珀色或象牙色的不透明体，密度为 1.24g/cm^3。具有突出的耐热、耐氧化性能，可在 –100 ～ +150℃范围内长期使用。力学性能好，抗蠕变性比 PC 好，耐酸碱和高温蒸汽，在水、湿、高温下仍能保持良好的绝缘性，但不耐芳香烃和卤化烃。

聚砜适于制作高强度、高精度、耐热的机械零件，如齿轮、凸轮、排气阀、仪器仪表壳体等。也可制作尺寸精密、电器性能稳定的电器零件，如线圈骨架、电位器部件、计算机零件等。

（7）聚苯醚（PPO）- 热塑性塑料。

聚苯醚（PPO）是聚 2，6- 二甲基 -1，4- 苯醚，呈白色，造粒后呈透明琥珀色，密度为 1.06 ～ 1.07g/cm^3。质地坚而韧，使用温度范围宽（–127 ～ +121），耐磨性好，绝缘性优良，耐稀酸、碱、盐，耐水及蒸汽。吸水性小，在沸水中仍具有尺寸稳定性，耐污染，无毒。缺点是内应力大，易开裂，流动性差，抗疲劳强度较低。

聚苯醚适于作减摩耐磨零件、绝缘件、机械零件、电子设备结构件、传动件及医疗器械等，特别适用于潮湿、有负荷且需要电绝缘的场合。

（8）氟塑料 - 热塑性塑料。

氟塑料是聚三氟氯乙烯（PCTFE）、聚四氟乙烯（PTFE）、聚全氟乙丙烯（FEP 或 F46）、聚偏氟乙烯（PVDF）的总称。氟塑料具有优异的介电性能和耐化学腐蚀、耐高低温、防水、不黏、低摩擦系数、良好的自润滑性等性能。聚四氟乙烯树脂为白色粉末，外观如蜡状，光滑不黏，平均密度为 2.2 g/cm^3，是最重的一种塑料。它性能卓越，为一般热塑性塑料所不及，有“塑料王”之称。其化学稳定性是所有塑料中最好的一种，对强酸强碱及各种氧化剂等强腐蚀性介质都完全稳定，甚至沸腾的“王水”、原子工业中的强腐蚀剂五氟化铀对它都不起作用，其化学稳定性超过金、铂、玻璃、陶瓷等材料。聚四氟乙烯可在 –195 ～ +250℃下长期使用，但冷流性大，不能注射。聚全氟乙烯除使用温度外，几乎具有聚四氟乙烯的全部优点。可挤压、模压及注射成型，自黏性好可热焊。其摩擦系数是塑料中最低的。

氟塑料广泛应用于化工、电子、电气、航空、航天、半导体、机械、纺织、建筑、医药、汽车等工业领域，适于作抗腐、耐磨减摩件，绝缘件，医疗器件和传动件等，如飞机挂钩线、增压电缆、报警电缆、人工血管、人工心肺等。

（9）聚甲基丙烯酸甲酯（PMMA）- 热塑性塑料。

聚甲基丙烯酸甲酯（PMMA）欲称有机玻璃，为透光性塑料，透光率为 92%，优于普通硅玻璃。模塑成型性能较好的是改性有机玻璃 372# 和 373#。372# 成型性能较好，373# 有较高的耐冲击韧性。有机玻璃密度为 1.18g/cm^3，比普通硅玻璃轻一半。而强度则为普通硅玻璃的 10 倍以上。轻、坚韧、易着色，绝缘性较好，耐一般的腐蚀，一般情况下尺寸较稳定。最大缺点是表面硬度低，易于擦伤拉毛。

聚甲基丙烯酸甲酯适于制作各种光学镜片、透明管道、灯罩、油标、水标、工艺装饰品、大型透明屋顶、飞机的安全罩、汽车的玻璃窗等。

（10）醋酸纤维素（CA）- 热塑性塑料。

醋酸纤维素（CA）是纤维素分子中羟基用醋酸化后得到的一种化学改性的天然高聚物，其性能取决于乙酰化程度。高乙酰含量的醋酸纤维素（乙酰基含量 40% ～ 42%），呈白色粒状、粉状或棉状固体，对光稳定，不易燃烧。在稀酸、汽油、矿物油中稳定。醋酸纤维素是一种非常易得的人造纤维，成本低，具有很好的编织性能。

醋酸纤维素主要用于工业产品和生活用品，如工具手柄、计算机及打字机的字母数字键、电话机壳、汽车方向盘、眼镜架及镜片、电影胶片、绝缘薄膜、玩具等。

（11）有机硅塑料（IS）- 热固性塑料。

有机硅塑料（IS）的密度为 1.75 ～ 1.95 g/cm^3，成型收缩率为 0.5%，成型温度为 160 ～ 180℃，耐高低温，耐潮、电阻高，高频绝缘性好，耐辐射臭氧。

有机硅塑料适于制作电器元件的塑封件，及耐高温、电弧和高频的绝缘件等。

（12）硅酮塑料 - 热固性塑料。

硅酮塑料可在很宽频率和温度范围内保持良好的绝缘性能，可在 –900 ～ +300℃下长期使用。耐辐射、防水、化学稳定性好，抗裂性良好，可低压成型。

硅酮塑料适用于制作低压塑料整流器，半导体管及固体电路等。

（13）环氧塑料 - 热固性塑料。

环氧塑料是以环氧树脂为基体的塑料。环氧塑料强度高，绝缘性优良，化学稳定性和耐有机溶剂性好，适于压缩成型和传递成型。

环氧塑料主要用于电子元器件的封装固定等。

3．常用特种塑料

（1）玻璃纤维增强塑料（GRP）。

玻璃纤维增强塑料（GRP）是由合成树脂和玻璃纤维经复合工艺制作而成的一种功能型材料。具有重量轻、耐腐蚀、绝缘性能好、传热慢、容易着色、能通过电磁波等特性。

玻璃纤维增强塑料主要用来制作壁厚的结构零件，如玻璃雷达罩、飞机油箱、游艇体、浴盆等。

（2）泡沫塑料。

泡沫塑料是以树脂为基料，加入发泡剂等制成内部具有无数微小气孔的塑料。采用机械法、物理法、化学法进行气泡，具有质轻、隔热、隔音、防震、耐潮等特点，按内部气孔相连情况，可分为开孔型和闭孔型。按机械性能，可分为硬质和软质两类。常用泡沫塑料有聚氨酯泡沫塑料、聚苯乙烯泡沫塑料、聚乙烯泡沫塑料、聚氯乙烯泡沫塑料、酚醛泡沫塑料及脲醛泡沫塑料等。

硬质泡沫塑料可用作隔热保温材料、隔音防震材料等。软质泡沫塑料可用作衬垫、座垫、拖鞋、泡沫人造革等。

1.3　注塑成型工艺

注塑成型能一次成型形状复杂、尺寸精度高、带有嵌件的塑件，生产周期短，生产效率高，易于实现自动化。目前，除氟塑料外，几乎所有的热塑性塑料都可用于注塑成型，一些流动性好的热固性塑料也可以注塑成型。注塑成型已成为运用最广泛的塑料成型方法之一。本章介绍了注塑成型原理、注塑成型工艺、工艺条件控制和典型塑件的注塑成型工艺实例。

1.3.1　注塑成型原理

注塑成型是将松散的粒状或粉状塑料，从注塑机的料斗送入加热的料筒内熔融、塑化，使之成为黏流熔体，在柱塞或螺杆的推动下，以合理的流速通过料筒前端的喷嘴注入温度较低的闭合模具中，经冷却保压后开模取件，得到具有一定形状和尺寸的塑件。图 1-2 为螺杆式注塑机注塑成型原理图，在注塑成型生产中，塑料原料、注塑机和注塑模是三个必不可少的要素。

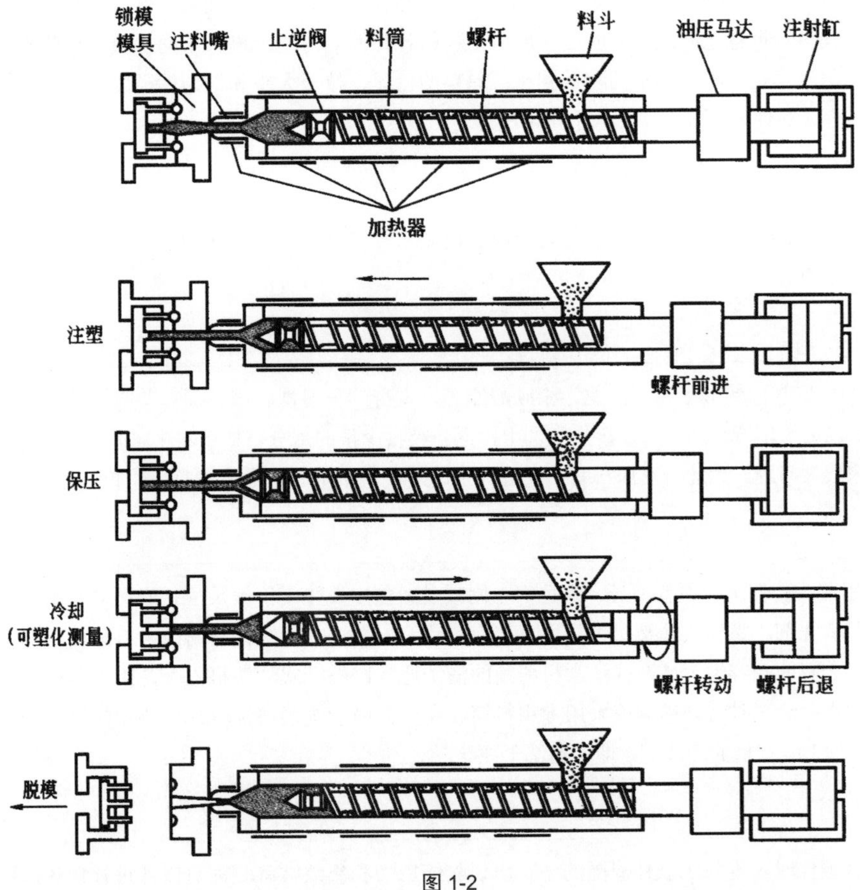

图 1-2

1.3.2 注塑成型工艺

注塑成型需要三个生产工艺阶段：注射前的准备、注射过程和塑件后处理。注塑成型的生产工艺过程如图 1-3 所示。

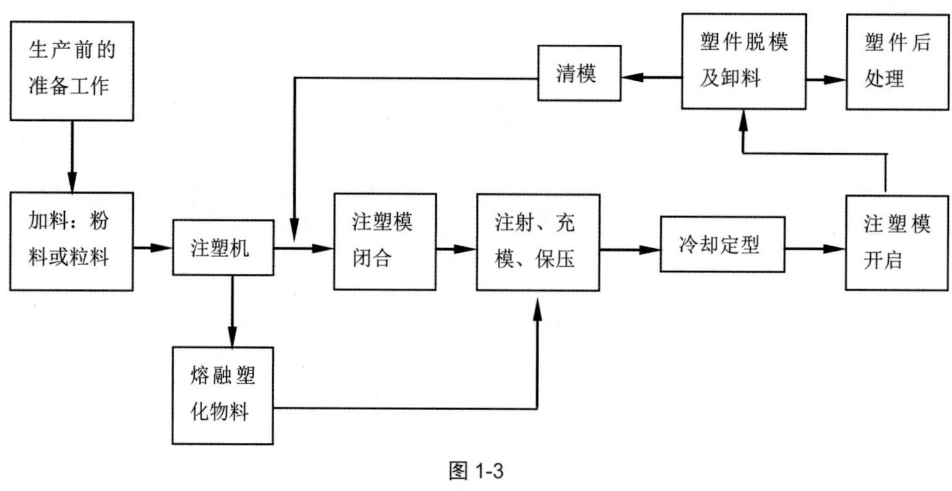

图 1-3

1.3.3 注射前的准备

1. 原料的检验

塑料的性能与质量直接影响塑件的品质，特别是对于许多在强度、弹性及使用条件方面有特殊要求的塑件来说尤为重要。因此，在进行批量生产之前，应当对所用塑料的各种性能与质量进行全面检验。这些检验主要包括：原料的品种、规格、牌号等是否与所要求的参数相符；原料的色泽、粒子大小和均匀性程度如何；原料的工艺性能，如熔融指数、流动性、热性能、收缩率、含水量情况等。

2. 原料的染色

塑料原料大部分是透明或呈乳白色，而塑件对颜色的要求是多样的，因此在加工前需要对原料进行染色。常用的染色方法有混合法和造粒法。

3. 原料的干燥

多数塑料，如聚甲基丙烯酸甲酯、尼龙、聚碳酸酯等，本身的吸湿性较强。而有些吸湿性较小的塑料，如聚乙烯、聚丙烯、聚苯乙烯等，若长期暴露在湿热空气中，也会吸收少量的水分。如塑料中含水分及挥发物超过 2% 时，会给产品质量带来较大问题。为此，对原料有必要进行干燥处理。常用的干燥方法有：烘箱干燥和红外线干燥。

4. 料筒的清洗

注塑机在使用前，若使用的原料型号、颜色等不同或是成型中发生了降解反应，必须对料筒进行清洗，一般采用加热清洗和料筒清洗剂。螺杆式注塑机可采用直接换料清洗，清洗时应掌握料筒内余料和新料的热稳定性，成型温度范围和各塑料之间的相容性。柱塞式注塑机料筒的清洗通常比螺杆式注塑机困难，因为其料筒内的余料较多而又难以转动，因此，在清洗时必须拆卸或采用专用料筒。在用料筒清洗剂清洗时，只要将料筒升温熔融，再使余料对空注射排出，再加入一定量的清洗剂，即可清洗干净。

5. 嵌件的预热

当成型带嵌件塑件时，为防止嵌件周围的塑料出现收缩应力和裂纹，有时需对嵌件进行预热，以减少温差。嵌件的预热应根据塑料的性能和嵌件大小而定，对于成型时容易产生应力开裂的塑料，如聚碳酸酯、聚砜、聚苯醚等，其塑件的金属嵌件，尤其较大的嵌件一般都要预热。对于成型时不易产生应力开裂的塑料，且嵌件较小时，则可以不必预热。预热的温度以不损坏金属嵌件表面所镀的锌层或铬层为限，一般为 110 ～ 130℃。对于表面无镀层的铝合金或铜嵌件，预热温度可达 150℃。

6．脱模剂的选用

当塑件难于脱模时，在注塑成型前，需给模具涂脱模剂。常用的脱模剂有三种：硬脂酸锌、液体石蜡和硅油。除了硬脂酸锌不能用于聚酰胺之外，上述三种脱模剂对于一般塑料均可使用，其中尤以硅油效果最好，经喷涂烘烤后能固化在型腔表面形成硅脂，只需使用一次，即可长效脱模，但价格较贵。硬脂酸锌多用于高温模具，液体石蜡多用于中低温模具。为了克服手工涂抹的不均匀，目前市面上多使用雾化脱模剂。

1.3.4　注射过程

塑料在注塑机料筒内加热，经塑化达到理想的流动状态，然后通过注塑机的注射螺杆或柱塞作用将塑料熔体注入闭合的模具型腔内，在完成注射、保压、冷却后，塑件固化定型，随即开启模具使塑件脱模。注射过程一般包括加料、塑化、注射和冷却、脱模。

1．加料

由于注塑成型是一个间歇过程，因而需定量或定容加料，以保证操作稳定。加料过多、受热时间过长等容易引起塑料的热降解，同时注塑机功率损耗增多；加料过少，料筒内缺少传压介质，型腔中塑料熔体压力降低，难于补料和补压，容易引起塑件缩孔、缩松、凹陷及欠料等缺陷。

2．塑化

塑料在料筒中受热，由固体颗粒转换成黏流态并且形成具有良好可塑性均匀熔体的过程称为塑化。决定塑料塑化质量的主要因素是物料的受热情况和受到的剪切混合作用。通过料筒对物料加热，使固体状的塑料熔融，物料间的剪切作用，使混合和塑化扩展到聚合物分子的水平，而不仅是静态的熔融，它使塑料熔体的温度分布、物料组成和分子形态都发生改变，并更趋于均匀。同时螺杆的剪切作用能在塑料中产生更多的摩擦热，促进了塑料的塑化，因而螺杆式注塑机对塑料的塑化比柱塞式注塑机要好得多。

3．注射和冷却

注射过程可分为充模、压实、倒流和冷却 4 个阶段。连续的 4 个阶段中，塑料熔体温度将不断下降，而型腔内的压力则按如图 1-4 所示的曲线变化。

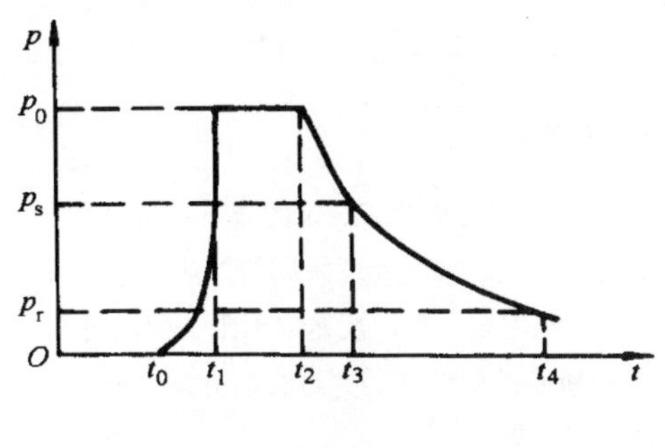

图 1-4

由图可见：

t_0 是螺杆或柱塞开始注射熔体的时刻。

$t=t_1$ 时，熔体充满模腔，熔体压力迅速上升，达到最大值 Po。

t_1 ～ t_2 阶段，塑料仍处于螺杆（或柱塞）的压力下，熔体会继续流入模腔，以弥补因冷却收缩而产生的空隙。由于塑料仍在流动，而温度又在不断下降，定向分子容易被凝结，所以这一阶段是大分子定向形成的主要阶段。这一阶段的时间越长，分子定向的程度越高。

t_2 ～ t_3 阶段，即螺杆开始后退到结束，由于模腔内的压力比流道内高，会发生熔体倒流，从而使模腔内的压力迅速下降。倒流一直进行到浇口处熔体凝结时为止。若螺杆后退时浇口处熔体已凝结，或注塑机喷嘴中装有止回阀，则倒流阶段就不复存在，也就不会出现 t_2 ～ t_3 段压力迅速下降的情况。塑料凝结时的压力和温度是决定塑件平均收缩率的重要因素，而压实阶段的时间又直接影响着这些因素。

t_3 ～ t_4 阶段，即浇口处的塑料完全凝结到推出塑件，为凝结后的塑件冷却阶段，这一阶段的冷却对塑件的脱模、表面质量和翘曲变形有很大影响。

4．脱模

塑件冷却到一定的温度即可开模，在推出机构的作用下使塑件脱模。塑件脱模后，必须将模具内的残留物清除干净，以备下一周期成型。成型带嵌件塑件时，应在闭模前先将嵌件安放在模内合理的位置上。

1.3.5　塑件的后处理

塑件脱模后，除了进行去浇口和飞边外，常需要进行适当的后处理来改善塑件的性能和提高塑件尺寸的稳定性。塑件的后处理主要有退火和调湿处理。

1．退火处理

退火处理是使塑件在定温的加热液体介质或热空气循环烘箱中静置一段时间。一般退火温度应控制在高于塑件使用温度 10 ～ 20℃或者低于塑料热变形温度 10 ～ 20℃为宜。退火时间视塑件厚度而定。退火后应使塑件缓冷至室温。退火处理的实质是松弛聚合物中冻结的分子链，消除内应力及提高结晶度，稳定结晶结构。

2．调湿处理

调湿处理是使塑件在一定的湿度环境中预先吸收一定的水分，使塑件尺寸稳定下来，以避免塑件在使用过程中发生更大的变化。调湿处理所用的加热介质一般为沸水或醋酸钾溶液（沸点为 121℃），加热温度为 100 ～ 121℃，热变形温度高时取上限，反之取下限。保温时间与塑件厚度有关，通常取 2 ～ 9h。

并非所有的塑件都需要进行后处理，通常只对带有金属嵌件、使用温度范围变化大、尺寸精度要求高和壁厚大的塑件进行后处理。

1.3.6 注塑工艺条件的控制

成型工艺条件的选择与控制是否合理决定了塑件的质量。注塑成型中主要的工艺条件是温度、压力和时间。

1．温度

（1）料筒温度。

使用注塑机时，需对注塑机的料筒按照后段、中段和前段三个不同区域进行分别加热与控制。后段指加料料斗附近，该段加热的温度要求最低，若过热则会使物料在加料口附近黏结，影响顺利进料。前段指靠近料筒内螺杆（或柱塞）前端的一段区域，一般这段温度为最高。中段即指前段与后段之间的区域，对该段温度控制介于前、后段温度之间。总的来说，料筒加热是由后段至前段温度逐渐升高，以实现塑料逐渐升温达到良好的熔融状态要求。

（2）喷嘴温度。

为了防止喷嘴处的塑料熔体发生冷凝而阻塞喷嘴，或冷料被注入模腔内影响塑件质量，喷嘴温度不能过低，只能略低于料筒前段温度。喷嘴温度也不能过高，否则会发生“流涎”现象。

（3）模具温度。

针对不同的模塑材料、塑件结构和模具的生产效率，要求模具温度达到适宜的温度，以保证塑件的质量和生产要求。特别是生产大批量塑件的模具，对模温调节与控制系统设计的要求更为严格。

（4）脱模温度。

塑件由模内脱出立即测得的温度称为脱模温度，它应低于成型塑料的热变形温度。

2．压力

（1）塑化压力。

又称背压，是指注塑机螺杆顶部的熔体在螺杆转动后退时所受到的压力。背压是通过调节注射液压缸的回油阻力来控制的。背压增加了熔体的内压力，加强了剪切效果，由于塑料的剪切发热，因此提高了熔体的温度。

（2）注射压力。

指注射时作用于螺杆头部的熔体压强。用于克服塑料流经喷嘴、流道、浇口及模腔内的流动阻力，并使型腔内塑料压实。注射压力的大小与塑料品种、塑件的复杂程度、塑件的壁厚、喷嘴的结构形式、模具浇口的尺寸及注塑机类型等许多因素有关，通常取 40 ～ 200MPa。

（3）保压压力。

注射后螺杆并不立即后退，仍继续对前端熔体施加的压力称为保压压力。在保压过程中，模腔内的塑料因冷却收缩而让出些许空间，这时若浇口未冻结，螺杆在保压压力作用下缓慢前进，使塑料可继续注入型腔进行补缩。一般保压压力等于或略低于注射压力。

（4）模腔压力。

指塑料充满型腔后建立的压力。模具每次成型时，模腔压力进行同样的周期性变化，最大模腔压力用以实现对塑料的最终压实。模腔压力变化的稳定性直接影响着塑件的质量。最大模腔压力作用的时间并不长，随着塑件冷却，压力下降迅速。到塑件脱模时，若残余压力（模腔压力与外界大气压力的差值）为正值且较大时，开模会产生爆鸣声，塑件在脱模时易被顶裂、变形或划伤。当残余压力为负值，即模腔压力为真空状态时，塑件易发生凹陷，且脱模阻力也较大。残余压力为零值时是塑件最佳脱模时刻。

3．时间

注塑成型周期指完成一次注塑成型工艺过程所需的时间，它包含着注塑成型过程中所有的时间，直接关系到生产效率的高低。注塑成型周期的时间组成如图 1-5 所示。

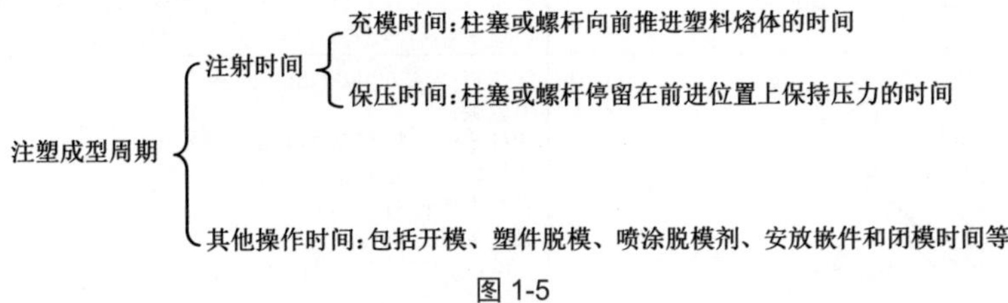

图 1-5

1.3.7　典型塑件注塑成型工艺实例

制定制品的注塑成型工艺，除需要根据塑料品种选择好恰当的工艺参数外，还要依据制品的生产批量、形状结构、几何尺寸、体积大小及模腔数量等恰当地选择注塑机规格，使注塑机的规格和性能参数能与注塑工艺参数得到最佳匹配。换句话说，就是机型的规格大小以及性能参数的范围都应尽量与注塑工艺参数相接近，只有这样才能在保证塑件质量的前提下，以最低的成本获得最高的生产效率和经济效益。表 1-5 列出了几种典型塑件的注塑成型工艺。

表 1-5

塑件名称	简图	材料	注塑工艺
风扇叶	130 290 壁厚2	ABS	注塑机：N200B Ⅱ 模腔数：1 螺杆形式：标准型 A 螺杆转速：37 r/min 模具温度：42℃ 成型周期：38s 其中：闭模 2s、注射 10s、塑化 + 冷却 22s、开模 3s、取件 1s 日产量：2273 件
电视机前框	280 210 350 68 480 壁厚2.5	HIPS	注塑机：N550B Ⅱ 模腔数：1 螺杆形式：标准型 B 螺杆转速：70r/min 模具温度：20 ～ 60℃ 成型周期：52s 其中：闭模 4s、注射 16s、塑化 + 冷却 25s、开模 4s、取件 3s 日产量：1661 件
周转箱	525 368 305 壁厚3.2	HDPE	注塑机：J800-5400S 模腔数：1 螺杆形式：HDPE 用螺杆 RSP 螺杆转速：70r/min 模具温度：32 ～ 35℃ 成型周期：62. 8s 其中：闭模 6s、注射 13. 6s、塑化 + 冷却 30.1s、开模 4. 1s、取件 9s 日产量：1375 件

续表

塑件名称	简图	材料	注塑工艺
挡板	480 420 290 70 壁厚2.5	AS	注塑机：N200B Ⅱ 模腔数：2 螺杆形式：标准型 A 螺杆转速：50r/min 模具温度：50 ～ 60℃ 成型周期：37s 其中：闭模 3s、注射 7s、塑化 + 冷却 20s、开模 3s、取件 4s 日产量：4760 件
方向盘	23 20 380	PP	注塑机：N300B Ⅱ 模腔数：1 螺杆形式：标准型 B 螺杆转速：70r/min 模具温度：42℃ 成型周期：70s 其中：闭模 4s、注射 25s、塑化 + 冷却 30s、开模 4s、取件 7s 日产量：1234 件
汽车保险杠	1600 230 150 壁厚7.5	PP+ 填充	注塑机：J1250-8000S 模腔数：1 螺杆形式：标准型 ⌀ 140 螺杆转速：43 r/min 模具温度：31 ～ 35℃ 成型周期：117s 其中：闭模 5s、注射 20s、塑化 + 冷却 80s、开模 6s、取件 6s 日产量：738 件
汽车仪表板	1270 100 250 120 350 壁厚3.2	PPO	注塑机：M1600S/1080-DM 模腔数：1 螺杆形式：标准型 ⌀ 140 螺杆转速：45r/min 模具温度：65 ～ 80℃ 成型周期：7ls 其中：闭模 7s、注射 16s、塑化 + 冷却 30s、开模 9s、取件 9s 日产量：1080 件

1.4 Moldflow 有限元分析基础

Moldflow 作为成功的注塑产品成型仿真及分析软件，采用的基本思想也是工程领域中最为常用的有限元法。有限元法的应用领域从最初的离散弹性系统发展到后来进入连续介质力学中，目前广泛应用于工程结构强度、热传导、电磁场、流体力学等领域。经过多年的发展，现代的有限元法几乎可以用来求解所有的连续介质和场问题，包括静力问题和与时间有关的变化问题以及振动问题。

简单说来，有限元法就是利用假想的线或面将连续的介质的内部和边界分割成有限个大小的、有限数目的、离散的单元来研究。这样就把原来一个连续的整体简化成有限个单元体系，从而得到真实结构的近似模型，最终的数值计算就是在这个离散化的模型上进行的。直观上，物体被划分成网格状，在 Moldflow 中将这些单元称为网格（mesh），如图 1-6 所示。

图 1-6

1．有限元法的基本思想

有限元法的基本思想包括以下几个方面。

（1）连续系统（包括杆系、连续体、连续介质）被假想地分割成数目有限的单元，单元之间只在数目有限的节点处相互连接，构成一个单元集合体来代替原来的连续系统，在节点上引进等效载荷（或边界条件），代替实际作用于系统上的外载荷。

（2）由分块近似的思想，对每个单元按一定的规则建立求解未知量与接点相互之间的关系。

（3）把所有单元的这种特性关系按一定的条件（变形协调条件、连续条件或变分原理及能量原理）集合起来，引入边界条件，构成一组以接点变量（位移、温度、电压等）为未知量的代数方程组，求解它们就得到有限个接点处的待求变量。

所以，有限元法实质上是把具有无限个自由度的连续系统理想换为具有有限个自由度的单元集合体，使问题转换为适合于数值求解的结构型问题。

2．有限元法的特点

有限元方法正是由于它的诸多特点，在当今各个领域都得到了广泛应用。表现如下：

（1）原理清楚，概念明确；

（2）应用范围广泛，适应性强；

（3）有利于计算机应用。

3．Moldflow 分析流程

对于常规的塑件，Moldflow 2018 的一般分析流程如图 1-7 所示。

它包括三个主要的分析步骤：建立网格模型、设定分析参数、模拟分析结果。其中，建立网格模型和设定分析参数都属于前处理的范围，模拟分析结果为后处理。

（1）建立网格模型。

建立网格模型包括新建工程项目，导入或新建 CAD 模型，网格的划分、检查以及修复。导入或新建 CAD 模型时，通常根据分析的具体要求，对模型进行一定的简化。

（2）设定分析参数。

设定分析参数包括选择分析类型、成型材料、工艺参数。

参数设置中首先要确定分析的类型，确定主要的分析目的，选择相应的模块进行分析，然后在材料库选择成型材料，或自行设定材料的各种物理参数。按照注射成型的各种不同阶段，设置相应的温度、压力以及时间等各种工艺参数。

（3）模拟分析结果。

分析完成以后，就可以进行模拟分析计算了。

根据模型的大小，网格质量，分析类型的不同，分析时间的长短。在分析结束后，可以看到塑件成型后的各种信息。

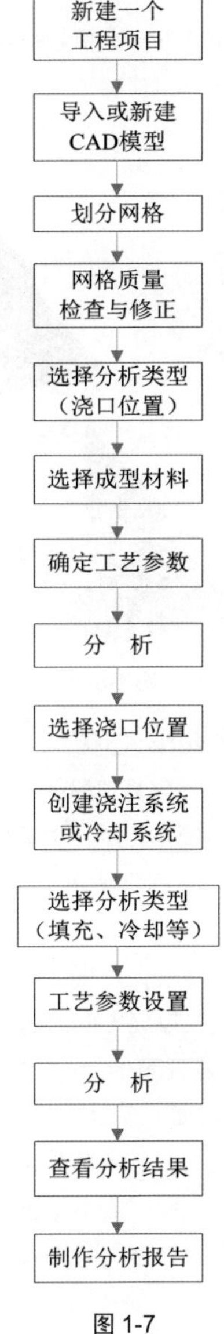

图 1-7

4．注塑成型模拟技术

注塑成型模拟技术是一种专业化的有限元分析技术，它可以模拟热塑性塑料注射成型过程中的充填、浇口和型腔中的流动过程，计算浇注系统及型腔的压力场、温度场、速度场、剪切应变速率场和剪切应力场的分布，从而可以优化浇口数目、浇口位置和注塑成型工艺参数，预测所需的注射压力和锁模力，并发现可能出现的短射、烧焦、不合理的熔接痕位置和气穴等缺陷。

作为行业的主导和先驱者，Moldflow 的注塑成型模拟技术也经历了中性面模型、表面模型和三维实体模型3 个发展阶段。

（1）中性面模型技术。

中性面模型技术是最早出现的注塑成型模拟技术，其采用的工程数值计算方法主要包括基于中性面模型的有限元法、有限差分法和控制体积法等。其大致的模拟过程如图 1-8 所示。

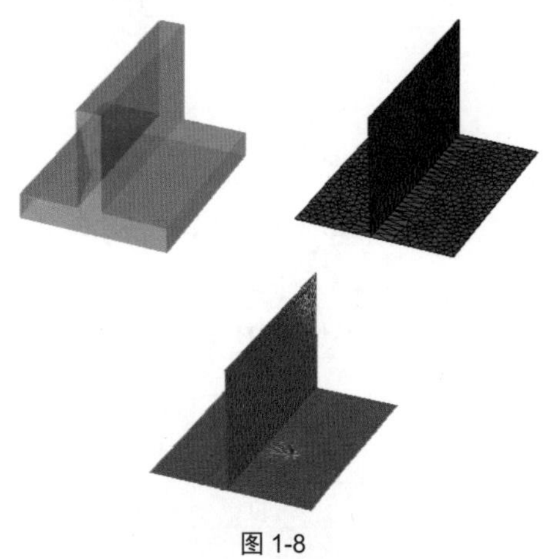

图 1-8

中性面模型技术具有以下优点。

① 技术原理简明，容易理解；

② 网格划分结果简单，单元数量少；

③ 计算量较小，即算即得。

但中性面模型技术仅考虑产品厚度小于流动方向的尺寸，塑料熔体的黏度较大，将熔体的充模流动视为扩展层流，忽略了熔体在厚度方向的速度分量，因此所分析的结果是有限的、不完整的。

（2）表面（双层面）模型技术。

表面模型技术是指型腔或制品在厚度方向上分成两部分。与中性面模型不同，它不是在中性面，而是在型腔或制品表面产生有限网格，利用表面上的平面三角网格进行有限元分析。

相应地，与基于中性面的有限差分法在中性面两侧进行不同，厚度方向上的有限差分仅在表面内侧进行。在流动过程中，上下两表面的塑料熔体同时并且协调地流动，其模拟过程如图 1-9 所示。

Moldflow 的 Fusion 模块采用的就是表面（双层面）模型技术，它基于 Moldflow 的独家专利 Dualdomain 分析技术使用户可以直接进行薄壁实体模型分析。

虽然从中性面模型技术跨入表面模型技术，可以说是一个巨大进步，也得到用户的好评，但是，表面模型技术仍然存在一些缺点：

① 分析数据不完整；

② 无法准确解决复杂问题；

③ 缺乏真实感。

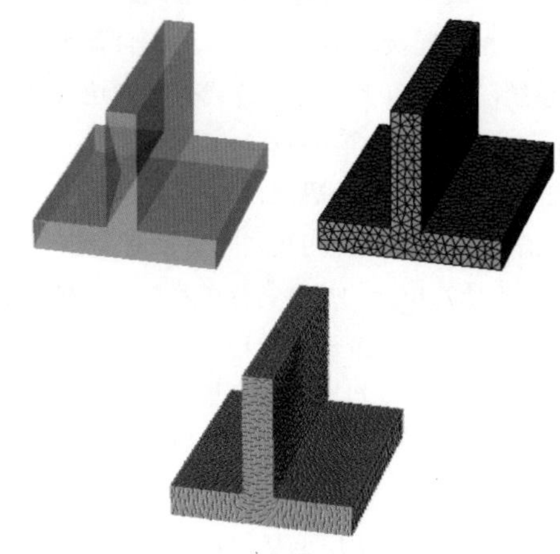

图 1-9

（3）实体模型技术。

Moldflow 的 Flow3D 和 Cool3D 等模块通过使用经过验证的、基于四面体的有限元体积网格解决方案技术，可以对厚壁产品和厚度变化较大的产品进行真实的三维模型分析。

实体模型技术在数值分析方法上与中性面流技术有较大变化。在实体模型技术中熔体在厚度方向上的速度分量不再被忽略，熔体的压力随厚度方向变化。其模拟过程如图 1-10 所示。

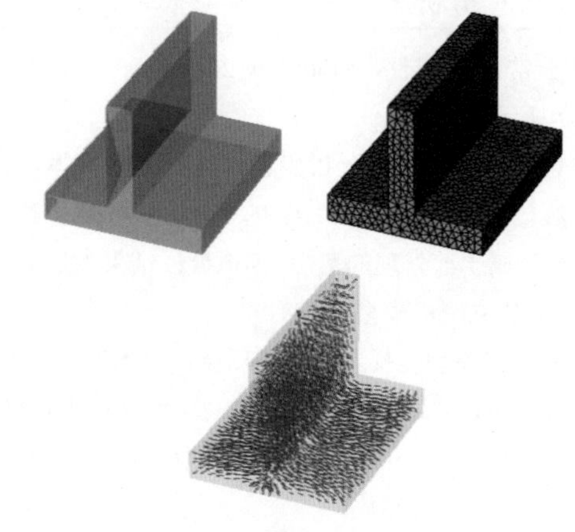

图 1-10

与中性面模型或表面模型相比，由于实体模型考虑了桶体在厚度方向上的速度分量，所以其控制方才要复杂得多，相应的求解过程也复杂得多，计算量大，计算时间长，这是基于实体模型的注塑流动分析目前所存在的最大问题。

网格划分后的质量好坏将直接影响到制品的分析结果。对于结构较为简单的模型来说，仅在 Moldflow 中就可以完美解决网格质量问题，但对于结构复杂的模型，如果在 Moldflow 中无论如何设置网格边长进行划分，得到的效果都不是很理想，虽然可以逐一地去处理这些差的网格，但也会消耗大量的时间，因此需要利用到 CADdoctor 模型修复工具将模型结构简化。

项目分解	知识点 01：CADdoctor 2018 模块简介
	知识点 02：模型的转换与检查
	知识点 03：模型简化

第 2 章

CADdoctor 模型简化

2.1 CADdoctor 2018 模块简介

CADdoctor 2018 是 Moldflow 2018 的一个专用于模型简化、修复的模块。在安装 Moldflow 2018 时需要一起安装 CADdoctor 2018。

2.1.1 模型简化的意义

模型简化的目的是提高网格质量，降低网格数量，加快求解效率。模型简化后，虽然网格数量减少，但由于匹配率、厚度定义和纵横比质量的提高，使得计算准确性反而提高。模型简化的原则是保证总体模型的大特征，简化小特征，不影响注塑缺陷的捕捉。圆角、倒角的存在可能增多 30%的网格数量。一般地，如果网格修补的时间超过半小时，那么最好重新简化 CAD 模型。

常见的模型简化包括去除小的圆角和倒角，去除小的筋和凸台，去除字和纹理等。小圆角、倒角、字和纹理会导致很大的纵横比并降低匹配率，所以去除它们会减少很多网格修补工作量。模型简化要注意保形性，即使得简化后和简化前模型的形状相似，差异不大。另外，对于不在此次分析的小特征也可以去除。在制品转角处，要同时去除或保留内部和外部的圆角（倒角），以保证转角的厚度。注意不要简化掉具有功能需求的薄壁特征，如薄筋和小凸台，这些特征可能恰恰是问题点所在，简化掉这些特征会掩盖问题点。

小圆角会增加壁厚，例如，如图 2-1 所示筋的 T 形截面。圆角会增加筋根部的壁厚，底壁厚为 1.2mm，筋厚为 1.0mm，圆角半径为 0.5mm。圆点表示节点，虚线表示中性面。

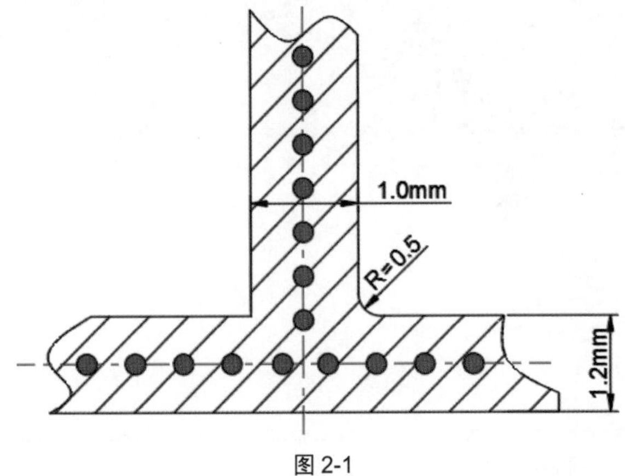

图 2-1

技术要点：

圆角会增加对应位置的节点数量，而且节点距离很短。这样，匹配率就会降低，厚度定义也会出现问题，而且会引起较大的单元长高比。

对于中性面和双层面网格，算法不会捕捉圆角处的剪切变化。但对于 3D 网格，算法将捕捉圆角处的剪切变化。但总体来说，圆角对流动的影响不大，对压力和温度的影响只是局部效应。

2.1.2 认识 CADdoctor for Autodesk Simulation 2018

CADdoctor 作为业界所用 3D 软件的“桥梁”，实现了不同 CAD 平台间的无缝连接，使得不同的软件间可以随意地进行不同档案的互换。CADdoctor 根据不同 CAD 平台的公差和几何拓扑结构，进行不同的分析；强大的自动修复功能和高质量的产品处理能力获得可量产的模型。CADdoctor 从源头开始提供高质量的模型，帮助工程师从琐碎的劳动中解放出来，投入精力提升设计方案。

CADdoctor 不仅针对 Moldflow 用来简化模型，也常用于其他三维 CAD 软件的模型修复。例如，在不同软件之间进行模型文件转换时，会因公差不同、几何拓扑方式不同产生模型错误（模型破面）。

CADdoctor 的修复主要体现在以下三个方面。

（1）不同格式文件转换的模型修复；强大的自动搜索、自动修复功能，针对业界各种不同的 3D 软件提供了七十多项检查项；高效、快速地修复产品所有的问题。

（2）简化模型结构；设定值范围内的倒角、网孔、刻字、Boss 柱、小圆孔等特征一次性全部删除；提高了产品质量，缩短 CAE 分析时间，提高 CAE 分析准确度。

（3）开模检查修复；自动生成分模线、开模检讨报告；自动侦测到倒扣位置；详细罗列出不利于开模的具体位置；可以自定义产品肉厚、拔模角度、尖角、Boss 柱（产品上的圆柱）高度等搜索项。

CADdoctor for Autodesk Simulation 2018（简称 CADdoctor 2018）是当前最新的版本，需要下载程序独立安装。如图 2-2 所示为 CADdoctor 2018 用户界面。

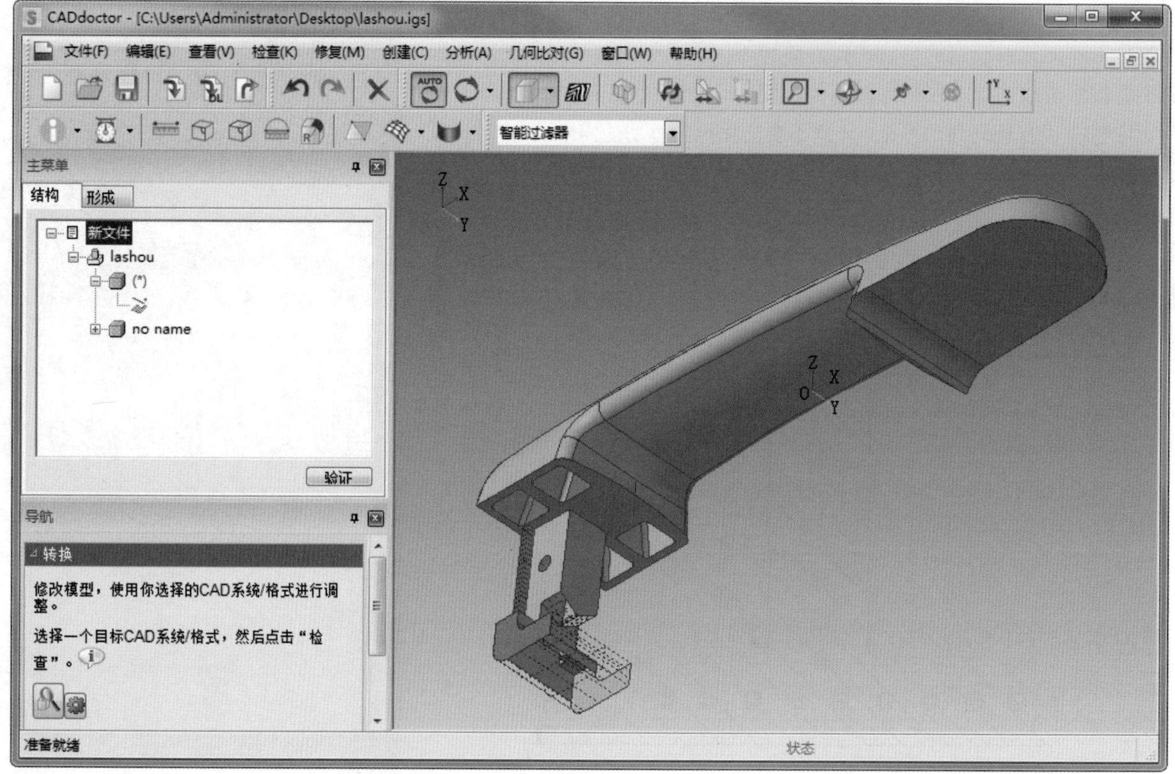

图 2-2

本书将重点讲解 CADdoctor 2018 的模型简化功能，以此服务于 Moldflow 分析。

2.2　模型的转换与检查

通常，在利用 Moldflow 进行模流分析时，分析师所导入的模型文件类型是丰富的，有些文件是三维软件（UG、Creo、Solidworks、CATIA 等）生成的文件，有的是通用格式文件（如通用曲面格式文件 igs、通用实体格式文件 stp、通用分析模型文件 stl 等）。此时，可以通过 CADdoctor 将其他三维软件生成的模型文件进行模型格式转换，在转换过程中可以知晓模型是否出现破损缺陷，即使出现破损情况，也可以利用 CADdoctor 进行缺陷修补。

下面以小案例来详解整个模型转换与检查步骤。

上机操作——模型转换与检查

01 启动 CADdoctor 2018。

02 在软件窗口左侧的【主菜单】面板的【形成】标签下，选择【转换】选项。

03 在【导航】面板中单击【从 Design Link 导入】按钮，弹出 Autodesk Moldflow Design Link Options 对话框。单击【浏览】按钮 ... 后从源文件夹中打开 jike.prt 文件（为 UG 软件的格式文件），如图 2-3 所示。

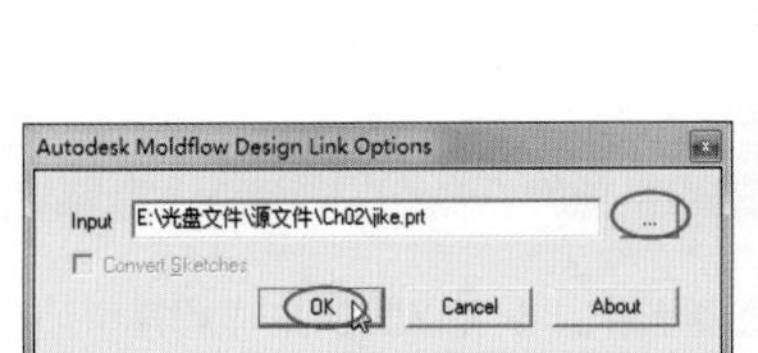

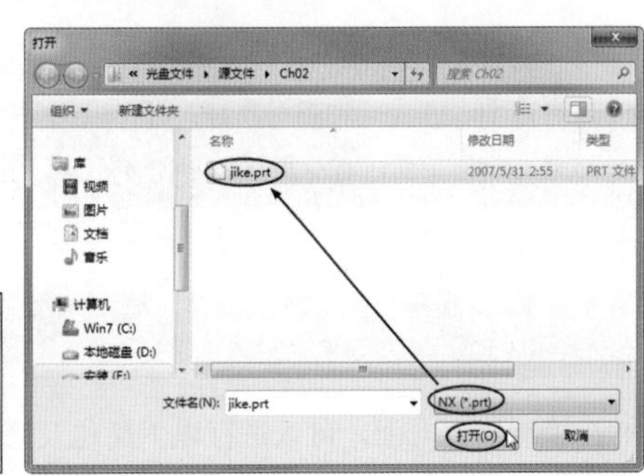

图 2-3

04 CADdoctor 会自动转换 PRT 文件，如图 2-4 所示。

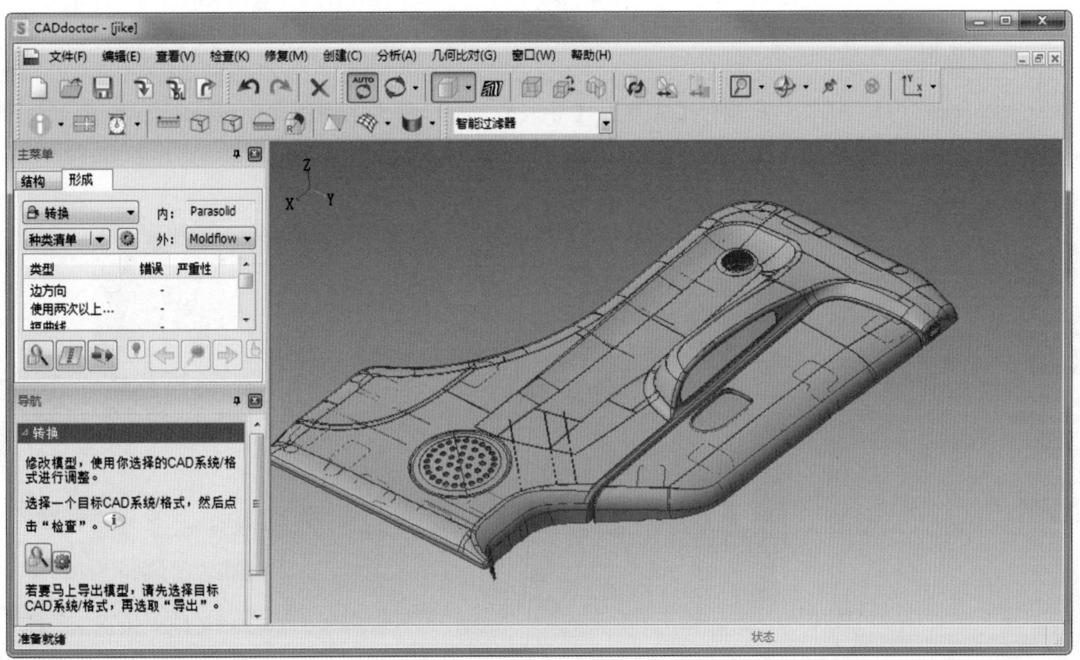

图 2-4

05 接下来需要对模型进行检查，看看模型中是否有转换为 CADdoctor 文件格式后的破损（缺陷）情况出现。在【主菜单】面板的【形成】标签下列出了所有检查项，单击【检查】按钮，CADdoctor 将自动检查模型中的缺陷，如图 2-5 所示。

图 2-5

06 利用模型缺陷修复工具完成所有缺陷修复后，可以将模型文件导出为 Moldflow Study 或 Moldflow UDM 格式文件，为模流分析做准备。

> **技术要点：**
> 导出的格式为 udm，在 Moldflow 中模流分析导入时可以选择不同的网格类型进行分析。如果导出为 Moldflow Study 格式，在 Moldflow 中只能以 3D 实体网格形式进行分析。希望读者注意导出的文件格式。

2.3 模型简化

CADdoctor 2018 在模型简化方面，可以进行以下简化及修复操作。下面以案例来详解模型简化过程。

上机操作——CADdoctor 模型简化

练习的模型是 UG 软件导出的 igs 格式文件。在 CADdoctor 中不能通过打开方式载入模型，只能通过导入方式。

1. 导入 / 修复模型

01 启动 CADdoctor 2018，在菜单栏执行【文件】|【导入】命令，将本案例源文件 mianke.igs 格式文件导入到 CADdoctor 中，如图 2-6 所示。

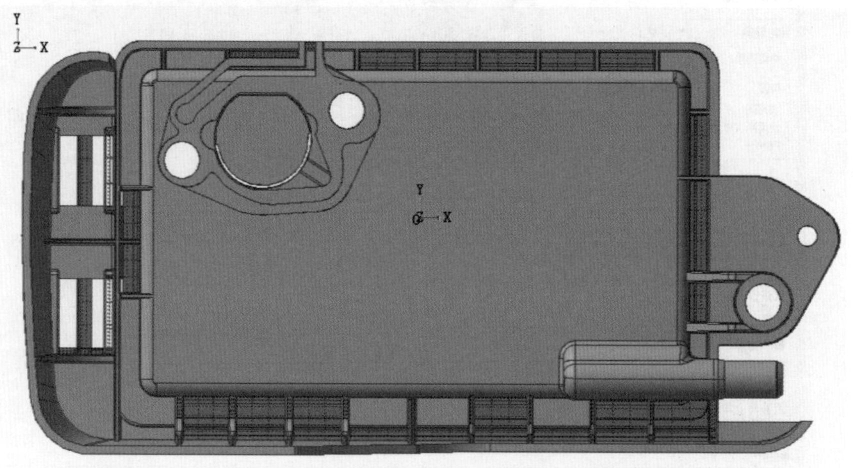

图 2-6

02 从导入的模型视图看，模型中有许多的“阴影 + 线框显示”的区域，表明模型文件进行格式转换后模型中就产生了破面，需要修复。

03 在【主菜单】面板的【形成】标签下，选择【转换】模式，在【外】列表中选择 Moldflow UDM 目标系统文件。

04 在标签底部单击【检查】按钮，错误类型列表中将列出模型中所有的错误，如图 2-7 所示。

05 同时，在【导航】面板中系统给出了修复建议，如图 2-8 所示。

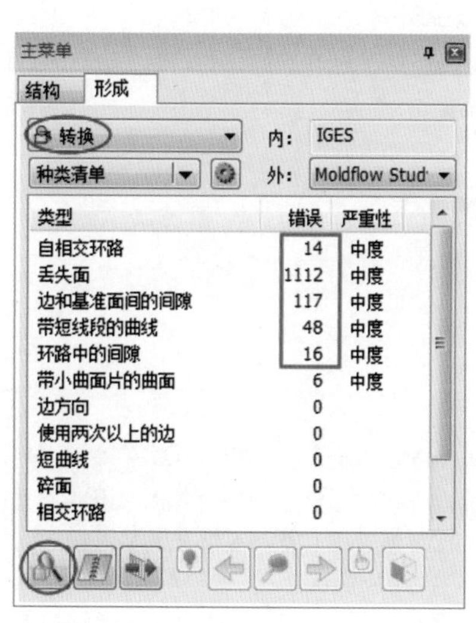

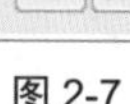

图 2-7

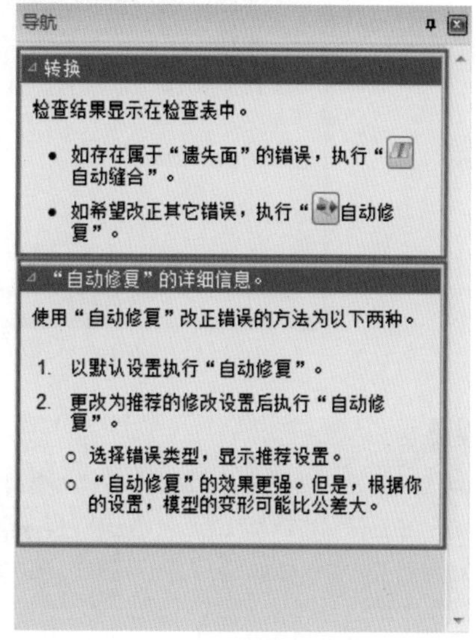

图 2-8

06 在【形成】标签底部单击【自动缝合】按钮，弹出 Auto Stitch 对话框，设置容差（缝合公差）值为“1”，单击【试运行】按钮，随即对模型进行破面修补，如图 2-9 所示。自动缝合后错误类型列表中依旧列出了相关错误。

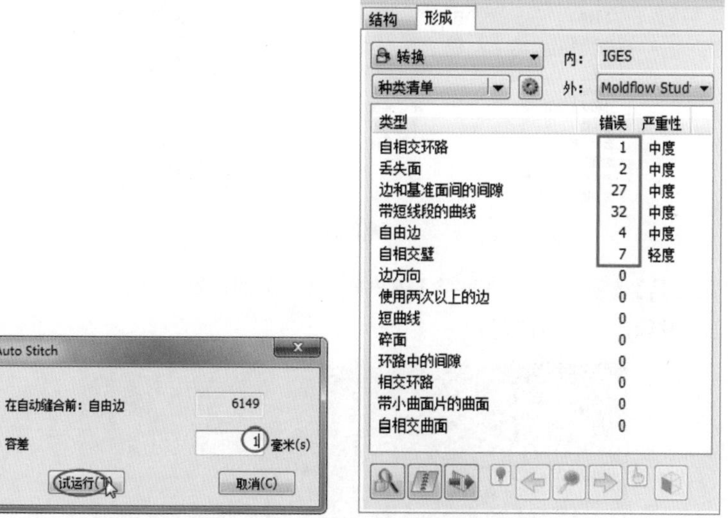

图 2-9

技术要点：

为防止因曲面间隙过大且缝合公差又偏小而导致不能缝合曲面时，应尽可能地增大缝合前公差值。缝合后的公差值保持 0.01，为后续的缝合留下余地。

07 接下来单击【自动修复】按钮进行自动修复，错误类型列表中仍然列出了部分错误，如图 2-10 所示，说明还要继续修复。

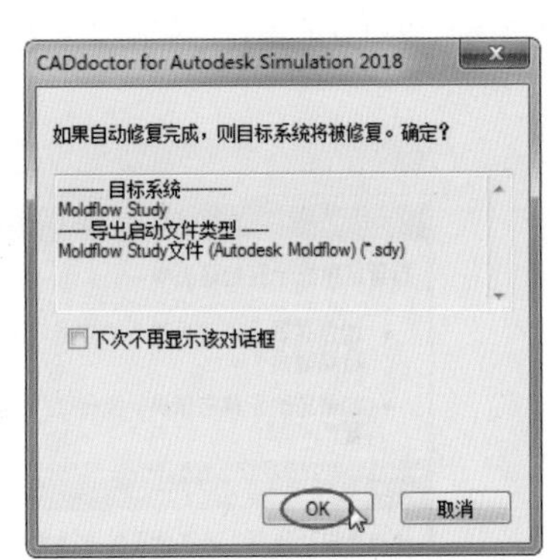

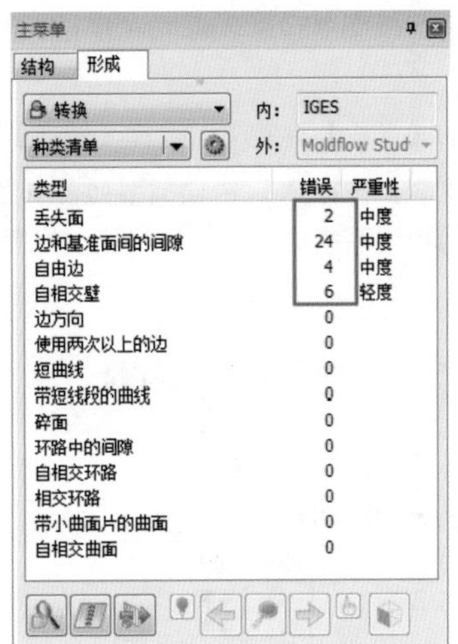

图 2-10

> **技术要点：**
>
> “丢失面”原意并非是丢失了面，是指针对模型（实体）而言，如果修复后的模型类型不是实体，是曲面片体。如果在 Moldflow 中进行中性面网格或者双层面网格分析时，是可以不处理“丢失面”问题的。当然要用到“3D 实体”网格进行分析，就必须处理该问题了。实体与曲面最大的区别就在于：实体中各个曲面之间是关联的而且是一个整体，曲面则是独立的片体。

08 从错误类型列表中可以看出，两次修复后“丢失面”仍然有两个存在，说明不是自动修复就能解决的，需要手动解决。选中【丢失面】错误，在模型中查看高亮显示的“丢失面”错误，发现有重合的曲面，导致不能缝合，如图 2-11 所示。

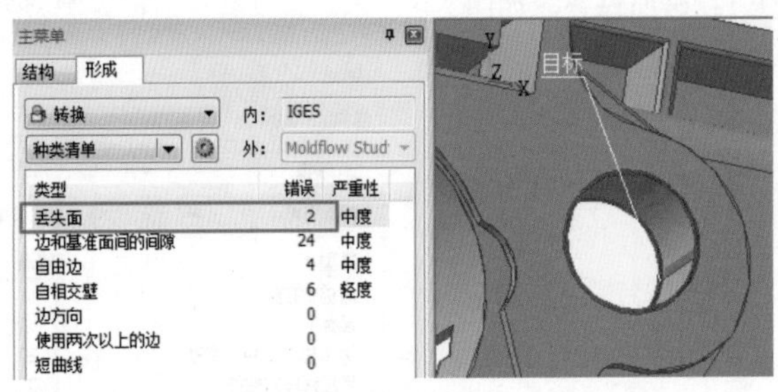

图 2-11

09 在【导航】面板【辅助工具】选项卡中单击【移除】按钮，在丢失面位置上单击右键，选择要移除的面，再单击【完成】按钮完成重合面的移除，如图 2-12 所示。

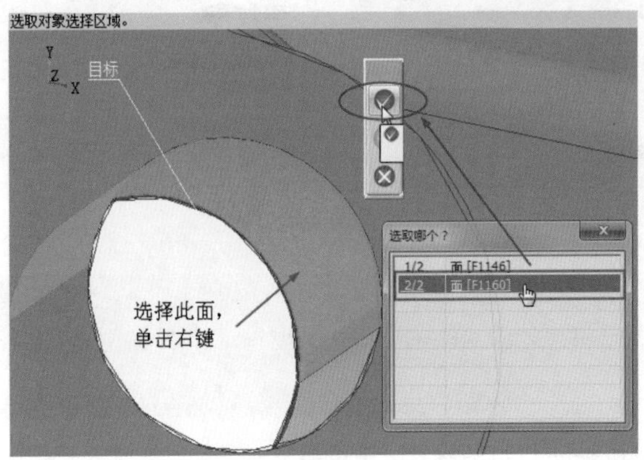

图 2-12

10 同理，再选择第二个要移除的面进行移除操作，如图 2-13 所示。

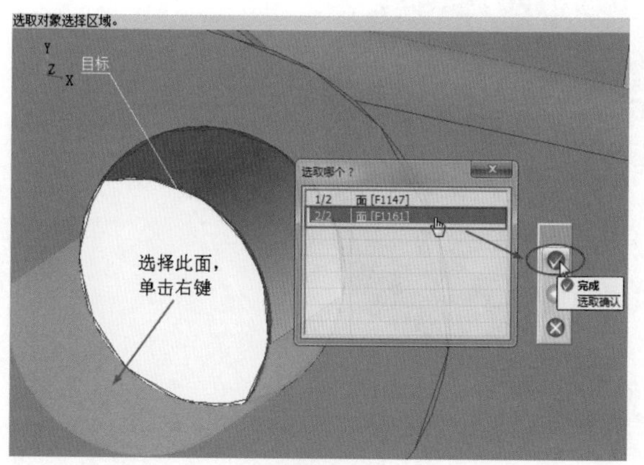

图 2-13

11 再次在错误类型列表选中【丢失面】，然后在【导航】面板下的【修复所有错误】选项卡下单击【自动缝合】按钮，以“0.01”的“自动缝合前的”的自由边公差，缝合丢失面，随后错误类型列表中的【丢失面】显示为“0”，如图 2-14 所示。

图 2-14

12 接下来选中【边和基准面间的间隙】进行修复，单击【自动修复】按钮，系统自动修复，修复结果如图 2-15 所示。

13 最后【自相交壁】错误类型其实对模流分析的影响几乎为零，可以不用处理。自相交壁是由于缝合间隙过大引起的，这是因为第一次自动缝合时担忧曲面间的缝隙很大，设置的缝合公差为“1”。由此可以断定：缝合公差须逐渐增大，而不是一步到位。如果最初设置缝合公差为 0.7，那么最终要修复的错误会得到完美的解决。

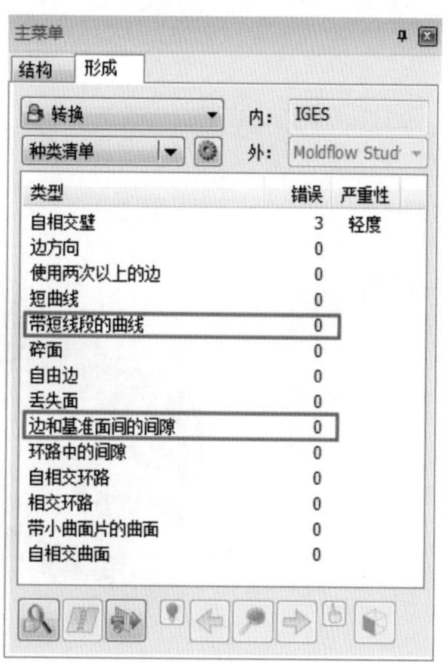

图 2-15

2．检查 / 删除倒角

01 在【形成】标签下选择【简化】模式。【特征】列表中将列出模型中所有的特征种类，如图 2-16 所示。

图 2-16

02 选中【圆角】特征，再单击标签底部的【检查所有圆角】按钮，系统将自动检查模型中的所有圆角，并在模型中以粉红色显示所有的圆角，如图 2-17 所示。

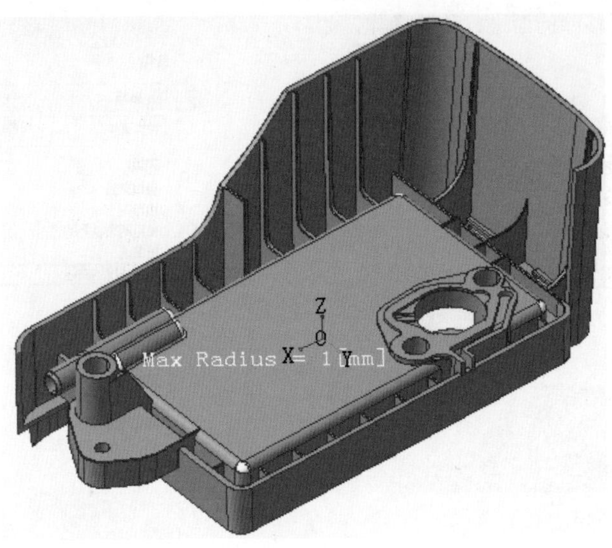

图 2-17

03 模型中的圆角半径不完全相等，有大有小，需要将半径较小的圆角移除。使用【导航】面板【编辑工具】选项卡中的【移除（圆角）】和【移除所有（圆角）】工具，将会删除所有圆角。因为删除所有圆角将会改变模型形状，是不可取的，所以要在特征列表中修改圆角的阈值，如图 2-18 所示。

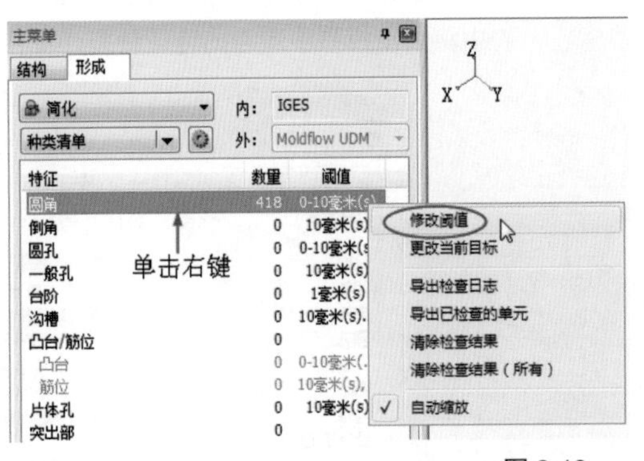

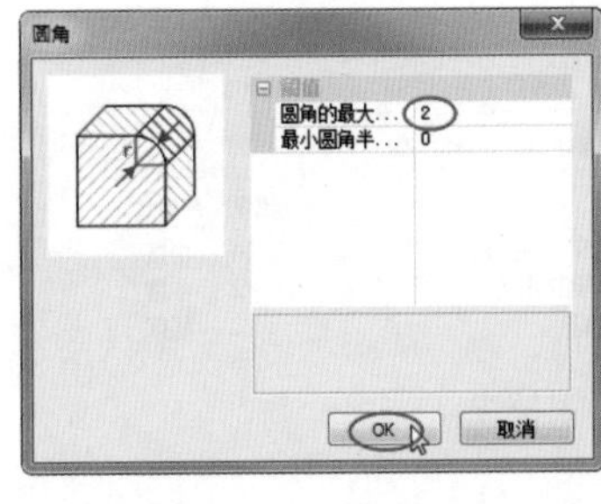

图 2-18

04 重新单击【检查所有圆角】按钮，检查 0 ~ 2mm 之间的圆角，如图 2-19 所示。

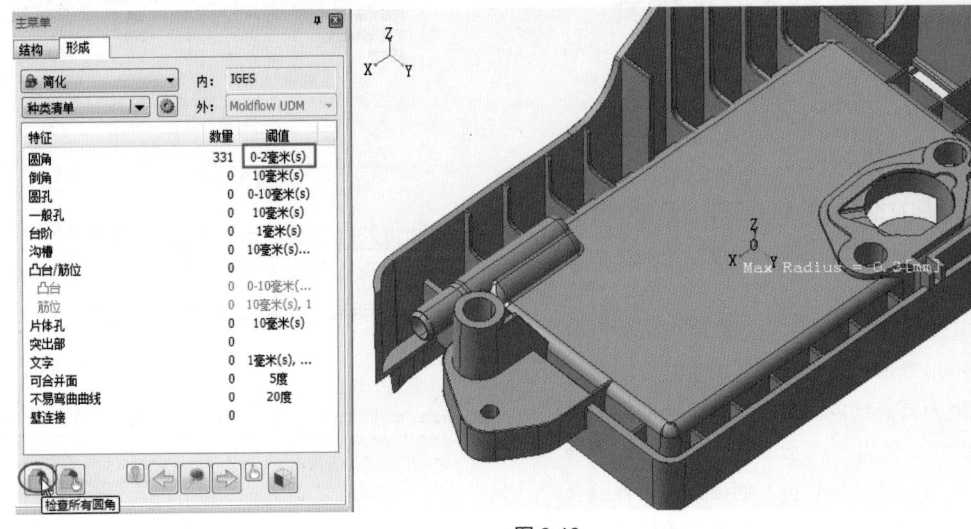

图 2-19

05 在【导航】面板【编辑工具】选项卡中单击【移除所有（圆角）】按钮，移除 0 ～ 2mm 之间的所有圆角。

06 选中【倒角】特征，单击【检查所有倒角】按钮，检查所有倒角特征，如图 2-20 所示。由于倒角特征的阀值为 10mm，比较大，故不做删除处理。

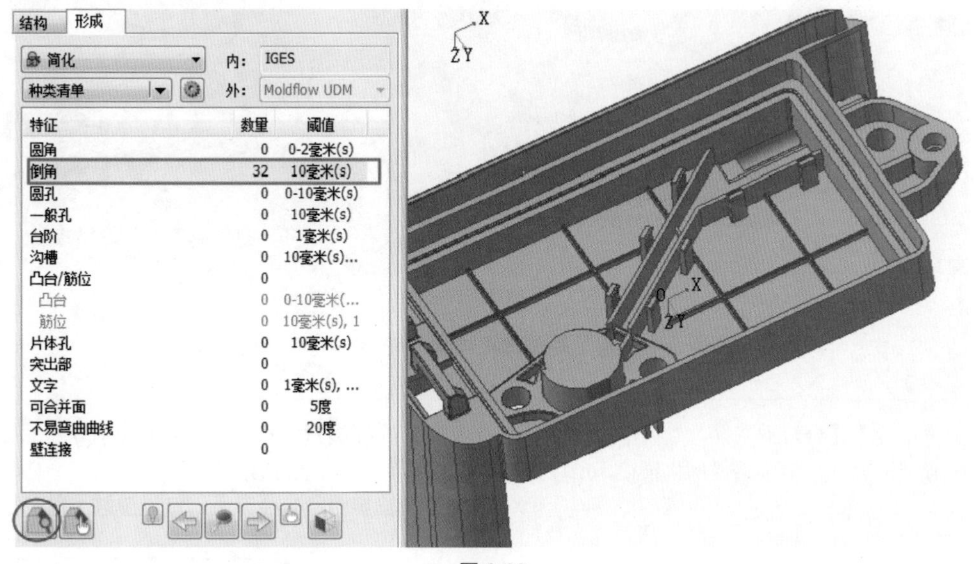

图 2-20

> **技术要点：**
> 拔模特征也算成倒角特征。

3．检查 / 删除孔、洞

01 在特征列表中选中【圆孔】特征，然后单击【检查所有圆孔】按钮进行检查，检查结果有 5 个圆孔，但都不是很细小的孔，也是无须进行删除处理的，如图 2-21 所示。

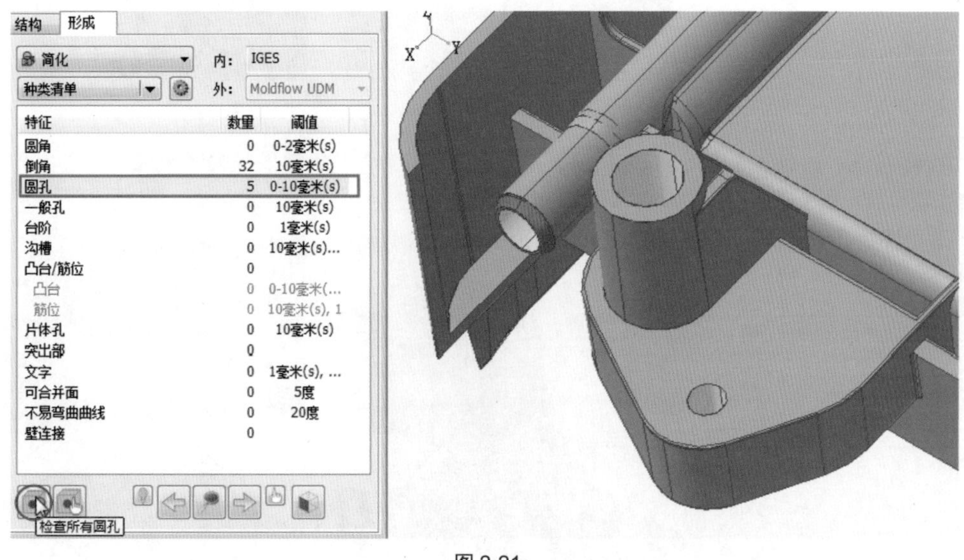

图 2-21

02 在特征列表中选中【一般孔】特征，然后单击【检查所有一般孔】按钮进行检查，检查结果有两个一般孔，经过仔细观察，发现两个一般孔属于内部细小结构，删除后并不影响模流分析，所以在【编辑工具】选项卡中单击【移除所有（一般孔）】按钮将其删除，如图 2-22 所示。

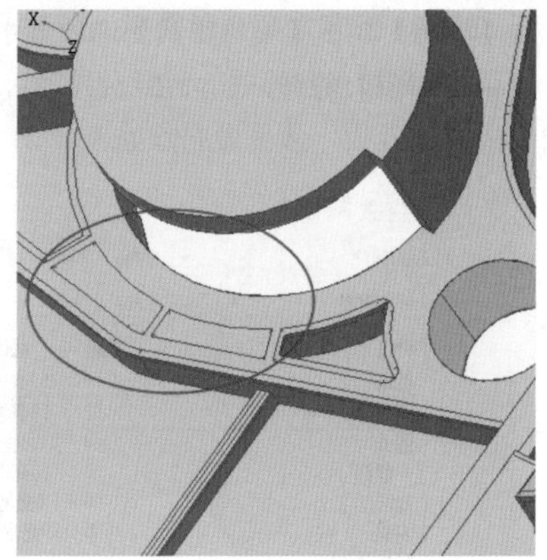

图 2-22

4. 检查 / 删除台阶

01 在特征列表中选中【台阶】特征，然后单击【检查所有台阶】按钮进行检查，检查结果有 7 个台阶，经过检查发现这些台阶特征较小，容易造成网格错误，所以需要全部删除，如图 2-23 所示。

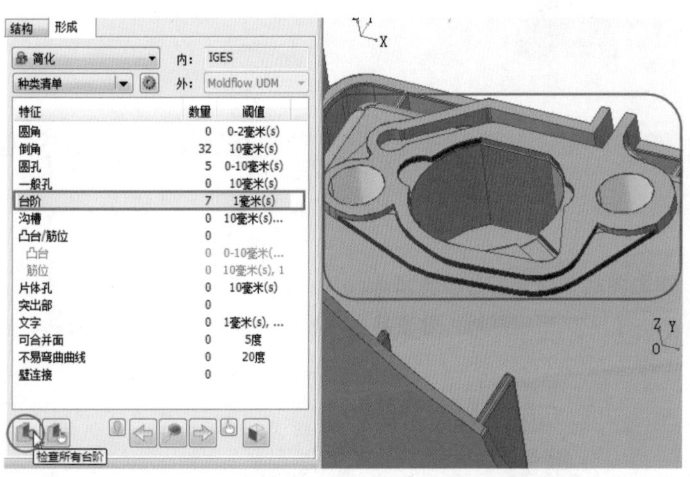

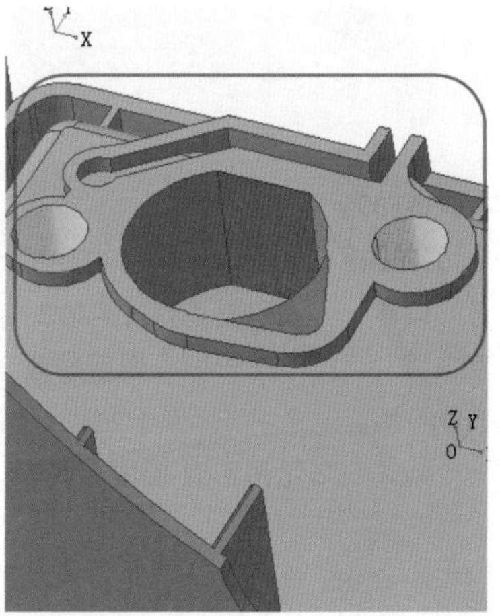

图 2-23

02 选中【沟槽】特征，然后单击【检查所有沟槽】按钮进行检查，检查结果有 22 个沟槽，经过检查发现这些沟槽特征也是比较小的，可全部删除，如图 2-24 所示。

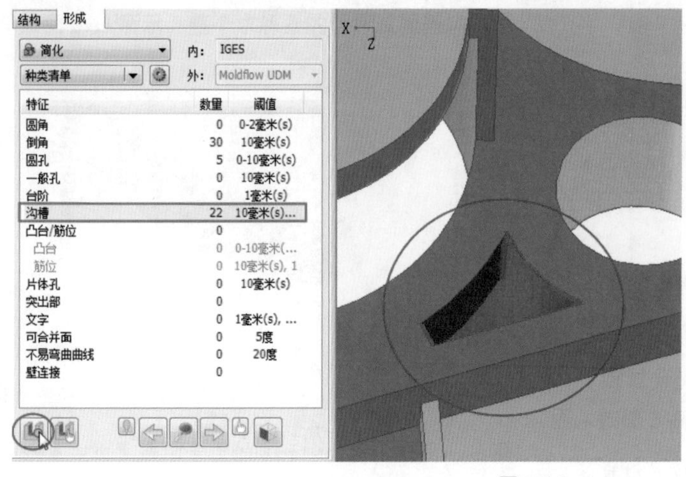

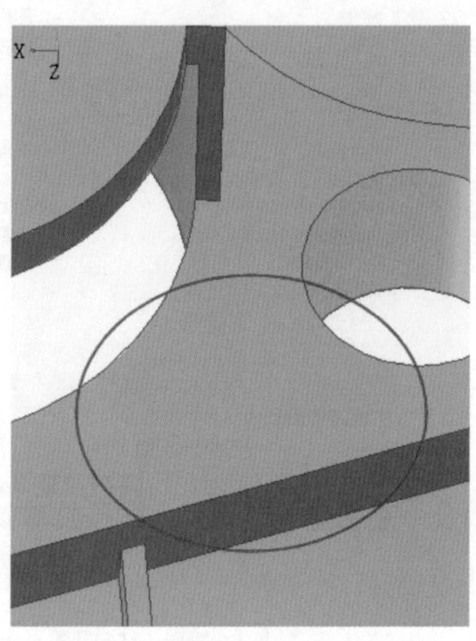

图 2-24

5．检查 / 删除凸台、加强筋、合并面及其他

01 在特征列表中选中【凸台 / 筋位】特征，然后单击【检查所有凸台 / 筋位】按钮进行检查，检查结果有 35 个凸台和加强筋，经过检查发现这些凸台特征是主要特征，不能删除，加强筋特征厚度也有 10mm，也是不能删除的，如图 2-25 所示。

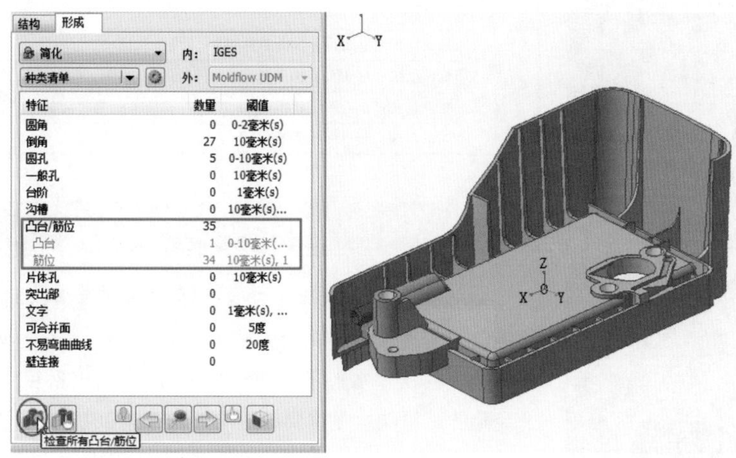

图 2-25

02 在特征列表中选中【可合并面】特征，然后单击【检查所有可合并面】按钮进行检查，检查结果有 4 个可以合并的曲面。“可合并面”是指面积比较小的曲面，可以合并成一块大曲面，网格划分就比较合理了，因此需要合并面。在【导航】面板中单击【合并所有可合并面】按钮，合并多个曲面，如图 2-26 所示。

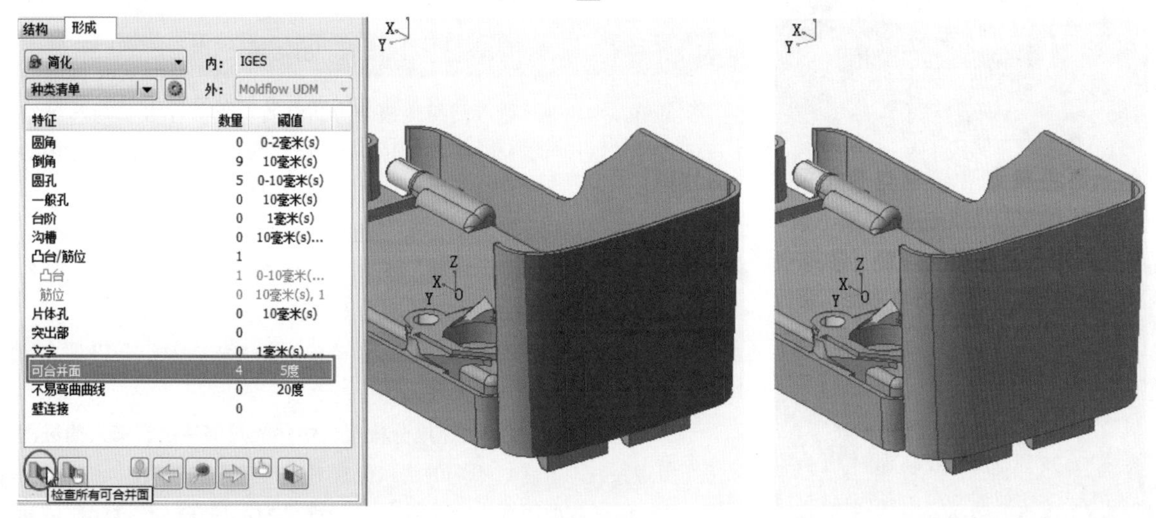

图 2-26

03 其他如【片体孔】【文字】【突出部】【不易弯曲曲线】【壁连接】等特征，在本练习模型中还没有，至此整个模型的简化操作全部结束。

04 最后将【简化】模式切换为【转换】模式，将 UDM 格式文件导出。

第3章

Moldflow 2018概述

Moldflow是用于塑料注射成型分析的软件，它主要是以塑料流动理论、有限元法和数值模拟等理论为基础，以塑料件成型过程为对象，快速分析塑料产品在实际生产中可能产生的缺陷，并提供一系列的解决方案。本章主要介绍Autodesk Moldflow 2018软件的操作界面、分析流程、功能命令等相关知识。

项目分解	知识点01：Moldflow 2018软件简介
	知识点02：Moldflow 2018基本操作
	知识点03：Moldflow建模与分析流程
	知识点04：制作分析报告

3.1 Moldflow 2018软件简介

Moldflow是全球注塑成型CAE技术领导者，Autodesk Moldflow 2018的推出，实现了对塑料供应设计的标准，统一了企业上下游对塑料件的设计标准；其次，实现了企业对know-how的积累和升华，改变了传统的基于经验的试错法；更重要的是，Moldflow 2018实现了与CAE的整合优化，通过了诸如Algor、Abaqus等机械CAE的协合，对成型后的材料物性/模具的应力分布展开结构强度分析，这一提升，增强了Moldflow在欧特克制造业设计套件2018中的整合度，使得用户可以更加柔性和协同地开展设计工作。Moldflow 2018的设计和制造环节，提供了两大模拟分析软件：Moldflow Adviser和Moldflow Insight。

3.1.1 Moldflow Adviser（MPA）

Moldflow Adviser是入门级的模流分析软件，客户主要针对产品结构工程师和模具工程师。Moldflow Adviser已经与当下主流三维软件CREO、UG等合并使用，也称“塑件顾问”，包含塑料顾问和模具顾问。

Moldflow Adviser主要的使用目的是对产品进行浇口最佳位置分析和流动分析，当产品工程师对产品进行改进，并对模具的浇口设计和其他系统设计时提供必要的帮助。其主要功能如下。

（1）易于创建浇流道系统。可对单模穴、多模穴及组合模具方便地创建主流道、分流道和浇口系统。

（2）预测充模模式。快速地分析塑料熔体流过浇流道和模穴的过程，以平衡流道系统，并考虑不同的浇口位置对充模模式的影响。

（3）预测成型周期。一次注射量和锁模力，现在模具设计师可利用这些信息选定注射机，优化成型周期，减少废料量。

（4）可快速方便地传输结果。Moldflow Adviser的网页格式的分析报告可在设计小组成员之间方便地传递各种信息，例如，浇流道的尺寸和排布，塑料熔体流动方式。

所选择的注射机Moldflow Adviser支持以下4种分析模式。

（1）Part Only：仅对产品进行分析。可确定合理的工艺成型条件，最佳的浇口位置，进行充模模拟及冷却质量和凹痕分析，从而辅助产品结构设计。

（2）Single Cavity：对单模穴成型进行分析。要求建立浇流道，可进行充模模拟。

（3）Multi Cavity：对多模穴成型进行分析。要求建立浇流道，可进行充模模拟及流道平衡分析，确定模穴的合理排布及优化浇流道的尺寸。

（4）Family：对组合模穴成型进行分析，可一次成型两种或两种以上的不同产品。要求建立浇流道，可进行充模模拟及流道平衡分析，确定模穴的合理排布及优化浇流道的尺寸。

3.1.2　Moldflow Insight（MPI）

Moldflow Insight 软件，作为数字样机解决方案的一部分，提供了一整套先进的塑料模拟工具。AMI 提供了强大的分析功能，以优化塑件产品和与之关联的模具，能够模拟最先进的成型过程。现今，AMI 普遍用于汽车制造、医疗、消费电子和包装等行业，大大缩短了产品的更新周期。

Moldflow Insight 在确立最终设计之前在计算机上进行不同材料、产品模型、模具设计和成型条件实验。这种在产品研发的过程中评估不同状况的能力使得用户能够获得高质量产品，避免制造阶段成本提高和时间延误。

Moldflow Insight 致力于解决塑料成型相关的广泛的设计与制造问题，对生产料件和模具的各种成型包括新的成型方式，它都有专业的模拟工具。软件不但能够使用户模拟最普通的成型，还可以为满足苛刻设计要求而采取独特的成型过程来模拟。在材料特性、成型分析、几何模型方面技术的依靠，让 AMI 代表最前沿的塑料模拟技术，可以缩短产品开发周期，降低成本，并且让团队可以有更多的时间去创新。

Moldflow Insight 包含最大的塑胶材料数据库。用户可以查到超过 8000 种以上的商用塑胶的最新最精确的材料数据，因此，能够放心地评估不同的候选材料或者预测最终应用条件苛刻的成型产品性能。软件中也可以看到能量使用指示和塑胶的标记，因此，可以更进一步地降低材料能量并且选择可持续发展有利的材料。

目前，欧特克公司推出 Moldflow Insight 2018 软件，但软件包中又包含 Autodesk Moldflow Synergy 2018、Autodesk Moldflow Insight 2018 及 CADdoctor for Autodesk Simulation 2018 等。那么初学者该如何决定选择哪一款软件进行安装呢？首先要了解下 Moldflow 的相关产品。

（1）Moldflow Insight Standard（MFIB）可独立下载及独立安装。此款产品可以进行：

①注塑成型深入仿真；

②聚合物流动、模具冷却和零件翘曲预测；

③网格划分和工艺参数控制。

（2）Moldflow Insight Premium（MFIP）可独立下载及独立安装。此款产品具有：

① Moldflow Insight Standard 的所有功能；

②同步解算功能；

③高级模具加热和冷却工艺；

④工艺优化。

（3）Moldflow Insight Ultimate（MFIA）可独立下载及独立安装。此款产品具有：

① Moldflow Insight Premium 的所有功能；

②专业成型工艺仿真；

③光学性能预测。

仅安装 Moldflow Insight Ultimate 就能进行所有成型工艺的解算（包括本地同步解算和云解算）。所以 Moldflow Insight Ultimate 是一个结算器，是必装的模块，否则不能运算。

技术要点：

Moldflow Insight Standard、Moldflow Insight Premium 和 Moldflow Insight Ultimate 是模块，是没有用户界面的，需要安装 Moldflow Synergy 用户界面软件才能应用。

（4）Autodesk Moldflow Synergy（MFS）。此软件为 Moldflow Insight 的前后处理界面（用户操作平台），包括模型输入、输出处理，网格划分，分析结果显示，分析报告制作等。所以此软件也是必装的。

（5）CADdoctor for Autodesk Simulation（MFCD）是网格修复软件，网格划分的质量好坏关系到成型质量好坏。由于模型本身结构很复杂，比如一些很细小的加强筋、BOSS、凸起等，在 Moldflow Synergy 中网格划分后往往得到不好的网格，那么就需要利用 CADdoctor 对分析模型进行简化，去除一些细小的繁杂结构，因为这些不会影响到或者极小影响到整个注塑工艺的成型分析，基本上可以忽略这样的极小误差。

技术要点：

本书所介绍的内容基本上包含 Autodesk Moldflow Synergy、Autodesk Moldflow Insight 和 CADdoctor for Autodesk Simulation。

3.1.3　Moldflow Synergy 2018 用户界面

当安装并注册了 Autodesk Moldflow Synergy 2018、Autodesk Moldflow Insight 2018 和 CADdoctor for Autodesk Simulation 2018 后，从桌面上双击 Autodesk

Moldflow Synergy 2018 图标启动 Moldflow Synergy 2018 功能区用户界面，如图 3-1 所示。

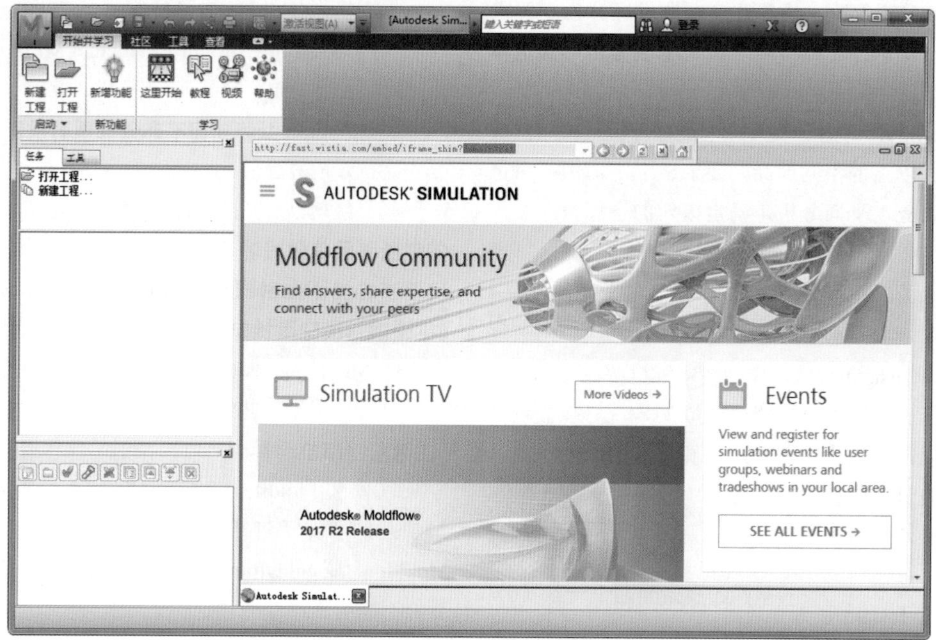

图 3-1

Moldflow Synergy 2018 功能区操作界面相比以前版本界面有了很大的改变，界面更加美观，排版更加合理，图标更加清晰，操作更加方便，让老用户可以更好地使用 Moldflow Synergy 2018。Moldflow Synergy 2018 的界面主要由应用程序菜单、快速访问工具栏、功能区选项卡、工程面板、层面板、模型视窗、日志视窗组成。

1. 应用程序菜单

位于界面左上角，包括【新建】【打开】【保存】【导出】【发布】【打印】【工程】【方案属性】【关闭】选项，当单击某一选项时，会弹出下一菜单，同时在菜单栏初始化时右侧会出现最近使用文档，方便再次打开上次使用的文档，如图 3-2 所示。

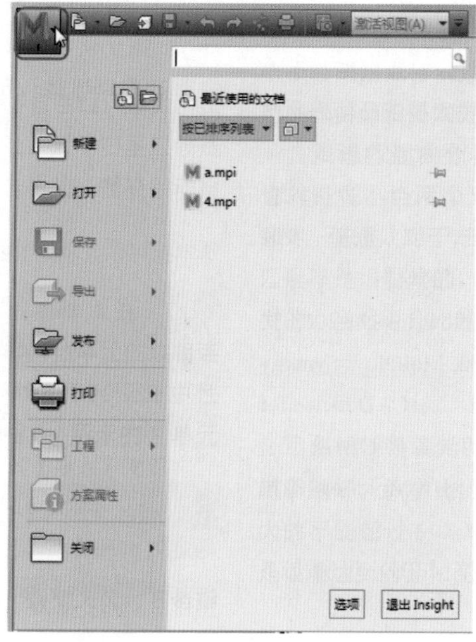

图 3-2

2. 快速访问工具栏

位于界面上方，包括新建工程、打开工程、保存方案、撤销、重做、操作记录、打印、捕获等命令等，同时可以允许用户自行设定，以便符合各人使用习惯，如图 3-3 所示。

图 3-3

3. 功能区选项卡

功能区选项卡处于快速访问工具栏下方，选项卡包括主页、工具、查看、入门，同时有些选项卡只有在进入新环境中时才会显示，如图 3-4 所示。

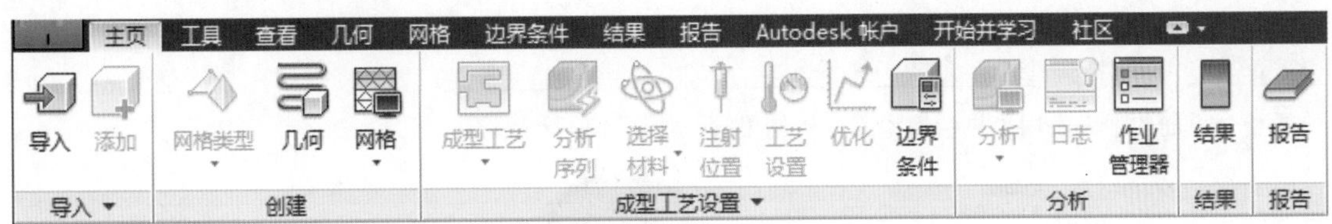

图 3-4

4. 工程面板

在模型视窗左侧有两块面板：工程面板和层面板。工程面板中包含【任务】标签（如图 3-5 所示）和【工具】标签（如图 3-6 所示）。

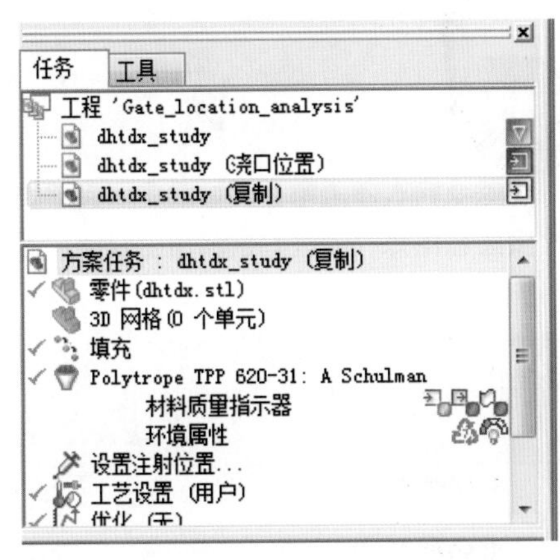

图 3-5

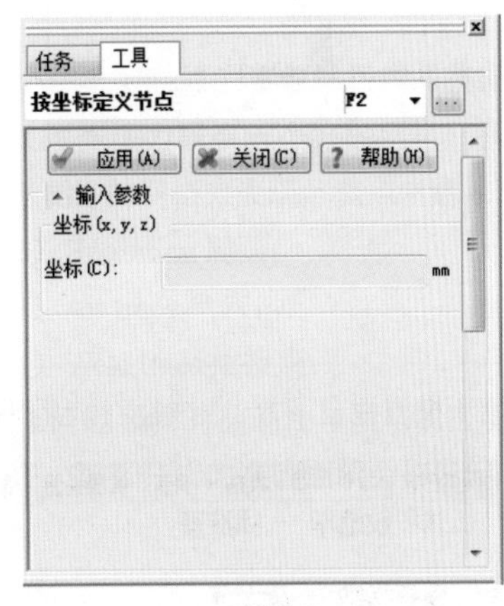

图 3-6

（1）【任务】标签。

在【任务】标签下又包括工程视图窗格和方案任务窗格。

①工程视图窗格（简称“工程视窗”）：工程视窗位于用户界面的左上方，显示当前工程所包含的项目，用户可以对每个工程进行重命名、复制、删除等操作。

②方案任务窗格（简称“方案任务视窗”）：方案任务视窗位于工程视窗下方，显示当前案例分析的状态，具体包括导入的模型、风格属性、材料、浇注系统、冷却系统、工艺条件、分析结果等。

（2）【工具】标签。

【工具】标签在没有执行任何工具命令时，仅显示初步操作信息提示。当执行了功能区【几何】选项卡、【网格】选项卡及【边界条件】选项卡中的工具命令后，【工具】标签下将显示相应的工具操作面板。利用此工具面板进行系列的操作完成几何、网格或边界条件的创建。

5. 层面板

位于任务视窗下方，用户可以进行新建、删除、激活、显示、设定图层等操作，合理配合运用层管理，可给操作带来非常大的便利，如图 3-7 所示。

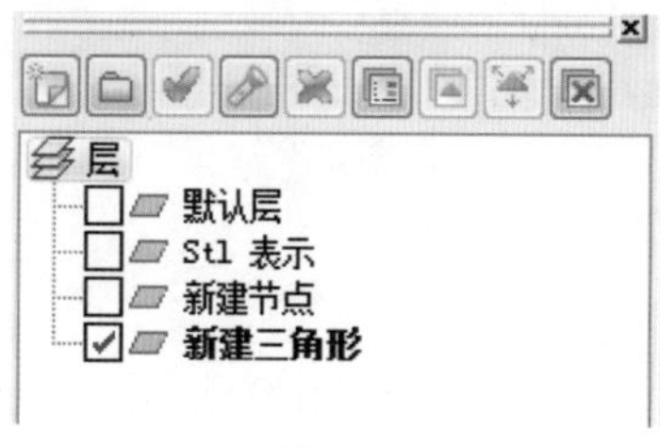

图 3-7

6. 模型视窗

位于整个界面的中央，用来显示模型或分析结果等，如图 3-8 所示。

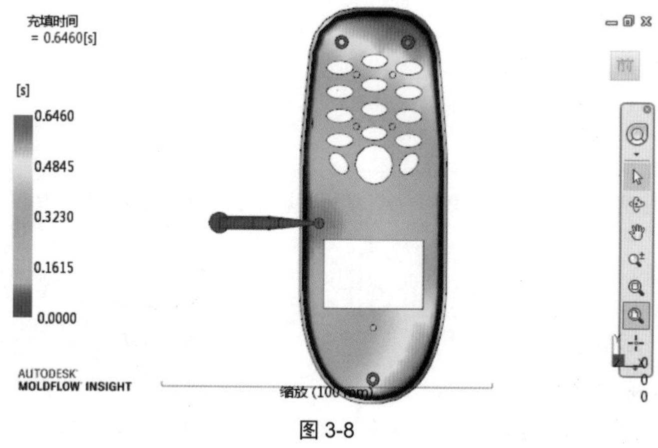

图 3-8

7. 日志视窗

日志视窗位于模型视窗下方，用来显示运行状况以及记录操作记录，如图 3-9 所示。

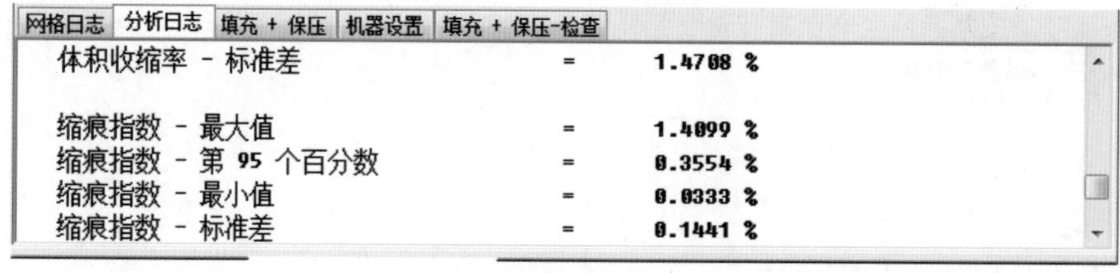

图 3-9

3.1.4 功能区命令

Moldflow Synergy 2018 的功能区选项卡风格与微软办公软件界面风格是完全相同的，操作起来十分方便。

1. 【主页】选项卡

在【主页】选项卡中，集成了大多数常用的功能按钮，如导入、添加、网格类型、几何、网格、分析类型、分析序列、选择材料、注射位置、工艺设置、边界条件、开始分析、日志、作业管理器、结果、报告。有些选项卡只有在进入新环境中时才会显示，例如几何、风格，如图 3-10 所示。

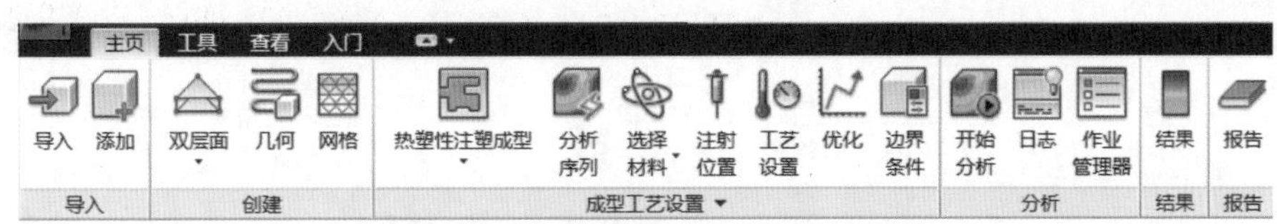

图 3-10

2. 【工具】选项卡

在【工具】选项卡中，主要用于数据库和宏的管理，如图 3-11 所示。

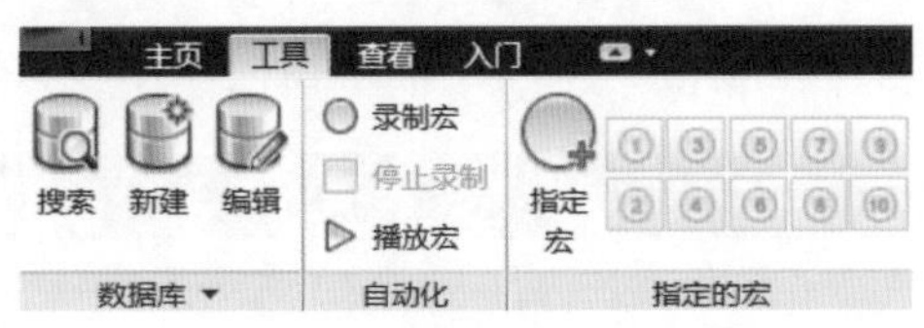

图 3-11

3. 【查看】选项卡

在【查看】选项卡中，集成了视图调节的功能，如模型显示调节、窗口调节、模型移动、排布等，如图 3-12 所示。

图 3-12

4. 【入门】选项卡

在【入门】选项卡中，用户可以对 Moldflow 2018 进行一个初步的了解和学习，相当于一个向导功能，如图 3-13 所示。

图 3-13

5. 【几何】选项卡

【几何】选项卡只有在单击【主页】选项卡上的【几何】按钮时，才会弹出。【几何】选项卡主要集成了建模工具、冷却回路、模腔重复功能，如图 3-14 所示。

图 3-14

6. 【边界条件】选项卡

【边界条件】选项卡同【几何】选项卡一样，只有单击【主页】选项卡上的【边界条件】按钮时，才会弹出，如图 3-15 所示。

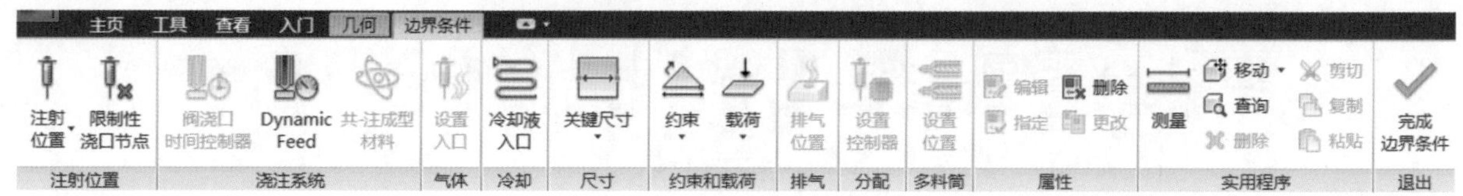

图 3-15

3.2 Moldflow 2018 基本操作

软件入门的第二步就是熟悉工程项目的创建、文件操作、图形视图的控制、模型的观察等基本操作，下面逐一介绍。

3.2.1 工程文件管理

1. 创建新工程

打开 Moldflow Synergy 2018 用户界面后，首要工作就是创建一个工程。“工程”在 Moldflow 中作为顶层结构存在，级别最高。所有的分析方案、分析序列、材料、注射位置、工艺设置及运行分析等组织分支都被包含在创建的工程中。

当第一次使用 Moldflow 时，在功能区用户界面的【开始并学习】选项卡下单击【新建工程】按钮，或者在【任务】标签下的工程视窗中双击【新建工程】图标，会弹出如图 3-16 所示的【创建新工程】对话框。

图 3-16

（1）工程名称：要创建新工程，需要输入工程名称，名称可以是英文、数字或者中文。

技术要点：

输入名称时要注意不能与前面所创建的工程同名。

（2）创建位置：默认的创建位置跟安装 Moldflow Synergy 2018 时的路径有关。也可以单击 浏览(B)... 按钮重新设置工程文件的存储路径。

单击【确定】按钮将创建新工程，并进入到该工程的用户界面中，如图 3-17 所示。但此时的界面由于没有导入分析的模型，功能区中许多功能命令是灰显的，处于未激活状态。

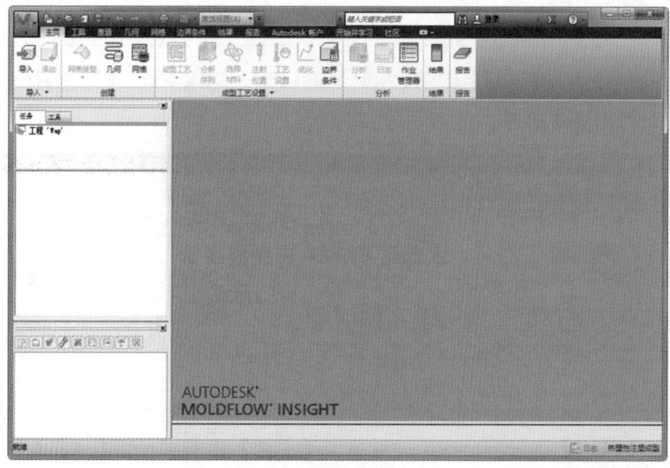

图 3-17

2．打开现有工程

如果已经创建了工程，并且是持续的工程设计中，那么就可以通过在【开始和学习】选项卡下单击【打开】按钮，或是在【任务】标签下工程视窗中双击【打开工程】图标，从存储工程的路径中找到要打开的工程文件，单击【打开】按钮即可，如图 3-18 所示。

图 3-18

3．关闭工程

当需要关闭当前的工程时，可以在软件窗口左上角单击图标打开菜单浏览器，执行【关闭】|【工程】命令即可，如图 3-19 所示。

图 3-19

当然，还有另一种做法，就是在软件顶部的快速访问工具栏上单击新建工程命令，重新创建新工程并覆盖当前的工程，如图 3-20 所示。

图 3-20

3.2.2　导入和导出

创建了工程文件后，还要导入零件模型便于分析。导入的模型将自动保存在所创建的工程中。一个工程就代表了一个实际项目，每个项目里边可以包含多个方案。

在工程用户界面的【主页】选项卡【导入】面板单击【导入】按钮，通过弹出的【导入】对话框，选择合适的文件类型，打开模型，如图 3-21 所示。Moldflow 自身保存的方案模型格式为 SDY，还可以打开其他三维软件所产生的文件类型，如 UG、CREO、SOLIDWORKS、CATIA 等，以及常见的 UDM 格式（CAD Doctor 生成的文件）、STL 格式（表示三角形网格的文件格式）、IGS 格式（表示曲面的格式）等。

图 3-21

技术要点：

UDM 格式是通过 CADdoctor 生成的，这种模型是由特征表面连接而成，划分出来的网格排列非常整齐。UDM 格式比 STL 文件的网格质量高，因为 STL 本身是小块的三角形单元，受这种小块三角形边界的影响，划分出来的网格就不可能那么整齐有规律，匹配率也较低。UDM 在导入时，可以自动创建一个曲线层和一个面层，但曲线层一般用处不大。一般来说，为保证计算精度，优先选择 UDM 格式，其次为 IGS，再次为 STL。

三种格式的比较如表 3-1 所示。

表 3-1

格式	优点	缺点	适用性
UDM	可编辑；网格均匀；自适应网格	需要 CADdoctor 软件处理	对大多数模型都适用
IGS	可编辑；可以定义不同区域网格密度；自适应网格；网格均匀；可导入曲线为单独层；圆柱为多个面构成	表面容易丢失；网格数量比 STL 多	网格质量依赖于 CAD 系统；制品几何简单
STL	圆柱为一个面构成；很少丢失面	不可编辑；减小弦高设置会增加网格数量；网格匹配较低	弦高设置影响很大；网格受初始 STL 面片影响

打开零件模型后，会弹出【导入】对话框。提示必须选择一个网格类型，包括三种网格类型，如图 3-22 所示。

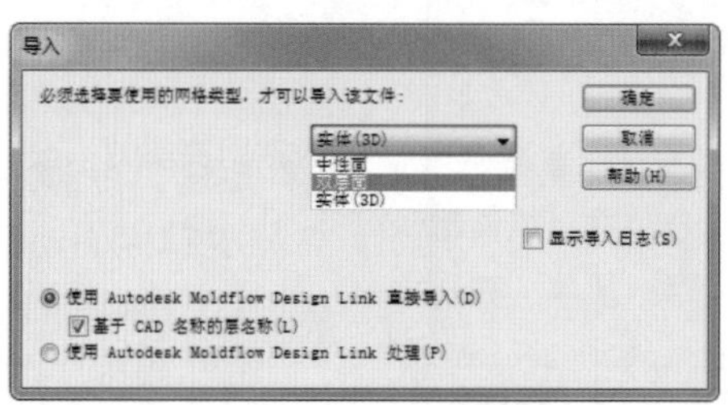

图 3-22

技术要点：

如果导入的是 SDY 方案文件，不会弹出【导入】对话框，将直接进入到方案分析中。

技术要点：

“中性面”网格适用于产品结构简单的薄壁模型，原因是壁厚越厚且结构越复杂时计算结果误差越大。“双层面”网格适用于结构稍微复杂的薄壁模型，原因是壁厚越厚的模型得到的分析数据不完整、误差大。“实体”网格适用于壁厚较厚的、且结构最复杂的模型。只是计算量较大、分析时间太长，对计算机系统有所要求。

选择一种网格分析类型后单击【导入】对话框中的【确定】按钮，完成分析模型的导入。此时的 Moldflow 界面就是方案设计用户界面，如图 3-23 所示。

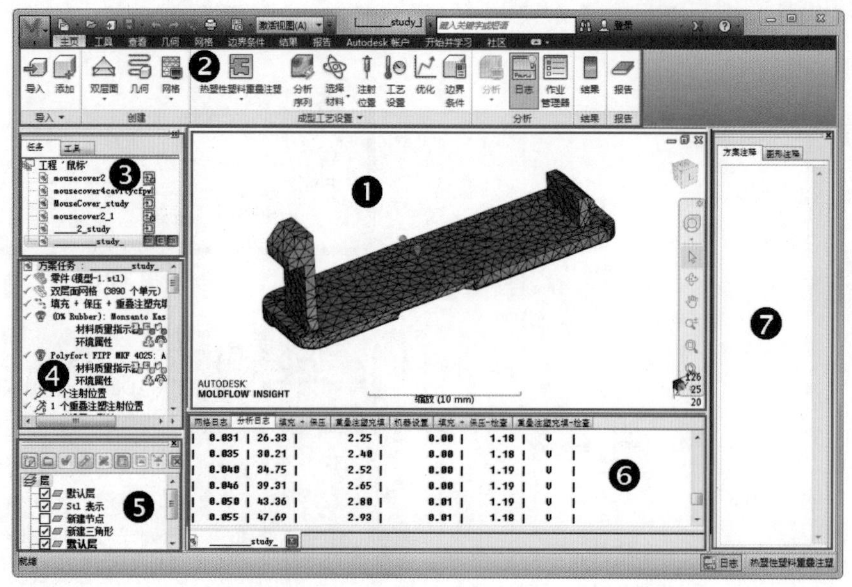

图 3-23

1. 图形区（模型视窗）；2. 功能区；3. 工程视窗；4. 方案任务视窗；5. 层视窗；6. 日志视窗；7. 注释视窗

当完成方案分析后，可以在菜单浏览器中执行【导出】命令，导出为【ZIP 存档形式的方案和结果】、【模型】或者【翘曲网格 / 几何】，如图 3-24 所示。

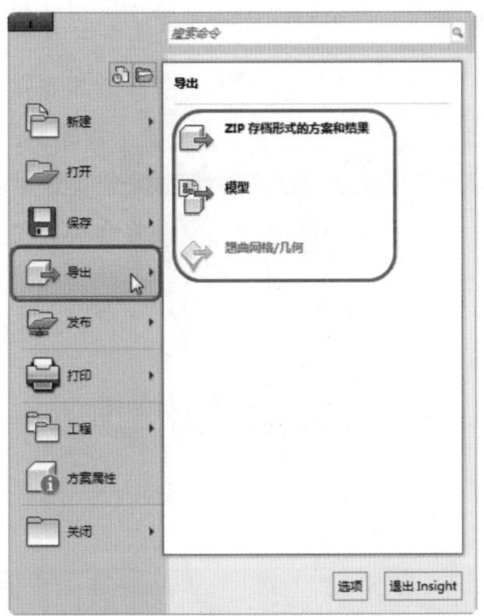

图 3-24

3.2.3 视图的操控

导入的零件模型，需要在图形区窗口进行操控，以便于观察模型和分析后的状态。如果计算机中只安装了 Moldflow，那么默认的视图控制方式是鼠标 + 键盘快捷键组合。

技术要点：

如果计算机中有安装三维软件如 UG、Creo、CATIA 等，那么在启动 Moldflow 时就会提示选择哪种软件的键鼠功能应用于 Moldflow。

在软件窗口左上角单击菜单浏览器图标，再单击菜单浏览器中的【选项】按钮，打开【选项】对话框。在【鼠标】标签下可以预设键鼠操控方式，如图 3-25 所示。

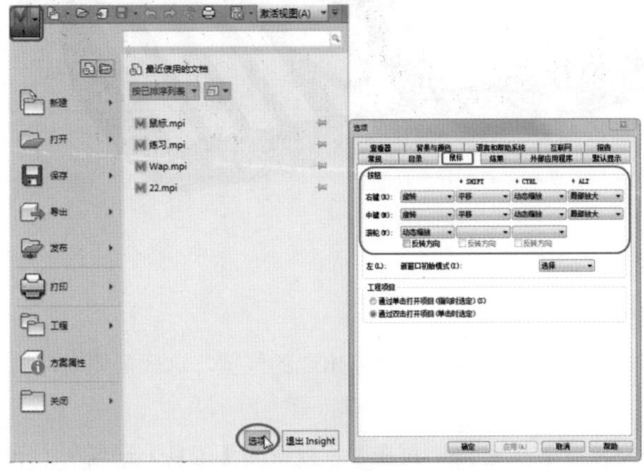

图 3-25

图 3-25 显示的键鼠操控方式为笔者选择的，是以 UG 视图操控作为参考的操控方式。

当然，不太习惯用键鼠操控视图的读者，还可以在功能区【查看】选项卡的【浏览】和【视角】面板中单击视图操控按钮，如图 3-26 所示。

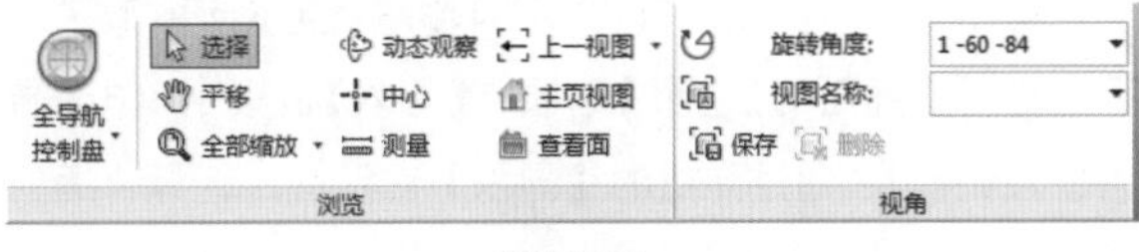

图 3-26

3.2.4 模型查看

可以利用【查看】选项卡的模型外观、剖切、窗口等工具，对模型进行查看。如图 3-27 所示为相关的模型查看工具。

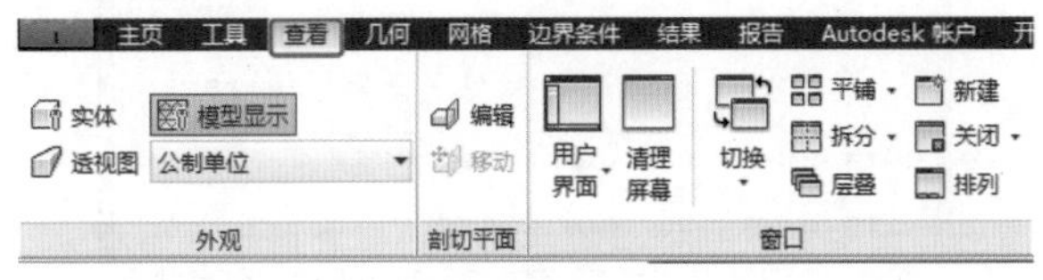

图 3-27

3.3 Moldflow 建模与分析流程

在本节中将介绍 Moldflow 的分析流程，从建立新的工作目录、建立新的分析案例到完成案例分析，查看分析结果的整个流程都将逐步详解，使读者能够形成一个流畅的分析操作思路。

3.3.1 创建工程项目

“工程项目”是 Moldflow 中的最高管理单位，项目中包含的所有信息都存放在一个路径下，一个项目可以包含多个案例与报告。

启动 Moldflow 后，在功能区用户界面的【开始并学习】选项卡下单击【新建工程】按钮，或者在【任务】标签下的工程视窗中双击【新建工程】图标，会弹出如图 3-28 所示的【创建新工程】对话框。在该对话框中要求用户输入新的工程项目名称以及选择项目保存路径。

图 3-28

通常情况下使用程序默认的保存路径来创建一个新项目，创建完成后，即可在主界面工程视窗中进行项目管理操作了。

3.3.2 导入或新建 CAD 模型

新建项目后，就可以在项目中导入 CAD 模型了。在工程用户界面的【主页】选项卡【导入】面板中单击【导入】按钮，通过弹出的【导入】对话框，选择合适的网格类型，打开模型。

打开零件模型后，会弹出【导入】对话框。选择一个网格类型，单击【确定】按钮完成模型的导入，如图 3-29 所示。

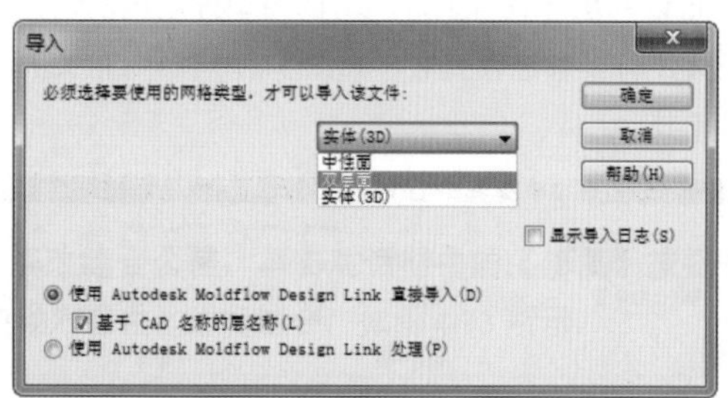

图 3-29

除了直接导入 CAD 模型外，用户还可以自行创建方案分析模型。在菜单浏览器中选择【文件】|【新建】|【方案】命令或在快速访问工具栏上单击【新建方案】按钮，还可以在工程视窗中通过快捷菜单命令来实现，如图 3-30 所示。

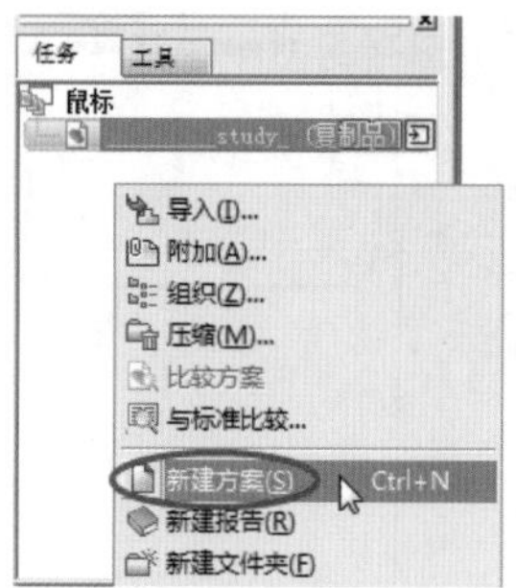

图 3-30

3.3.3 生成网格及网格诊断

在导入或新建模型后，要对模型进行网格划分。在【网格】选项卡【网格】面板中单击【生成网格】按钮，随后在工程视窗的【工具】标签下弹出划分网格模型的操作界面，在此标签中的【常规】选项卡里输入“曲面上的全局边长”值后，再单击【立即划分网格】按钮，程序就自动对分析模型进行网格划分，如图 3-31 所示。

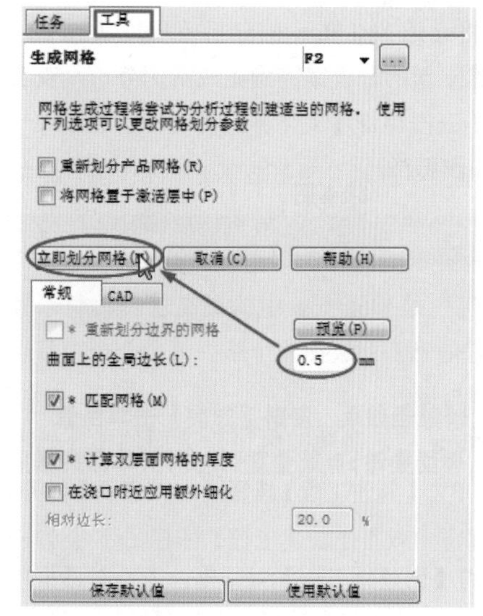

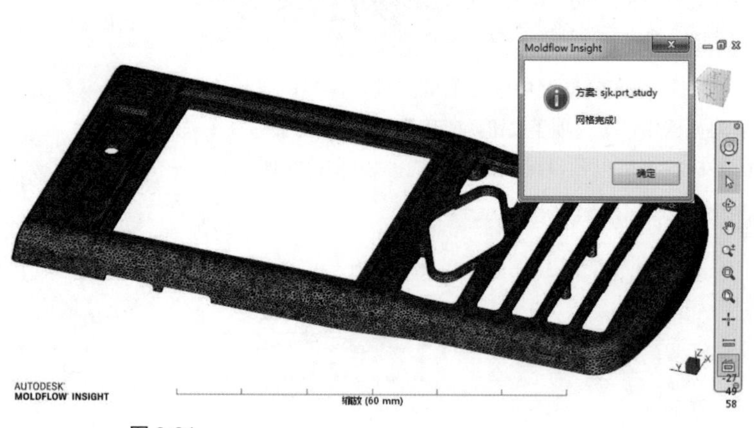

图 3-31

网格模型划分完成后，需要对划分的网格进行检验及修改。

往往对模型进行网格划分之后，模型会产生一系列的缺陷，那么，如何确定缺陷出现的位置，这就需要对网格做出统计之后才能明确。

在功能区【网格】选项卡【网格诊断】面板中单击【网格统计】按钮，再在工程视窗的【工具】选项卡中单击 显示 按钮，Moldflow 就会自动对划分的网格进行计算统计，并在下方的统计结果列表中显示，如图 3-32 所示。

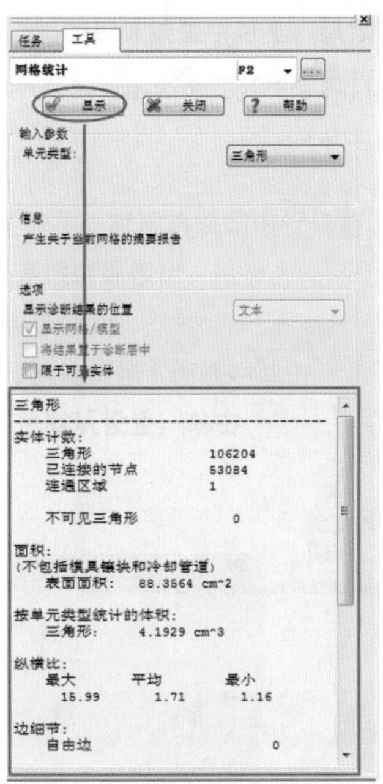

图 3-32

技术要点：

如果统计结果中有不合理的网格，用户就要运用网格工具来进行修补，直到修改正确为止。

3.3.4　选择分析类型

通常用户进行的 Moldflow 分析仅限于 Flow（流动分析）和 Cool（冷却分析）。

在方案任务视窗中默认的分析类型为【填充】，右键单击【填充】分析类型并弹出命令菜单，选择【设置分析序列】命令，或者在【主页】选项卡【成型工艺设置】面板中单击【分析序列】按钮，打开【选择分析序列】对话框。

在分析类型列表中选择【浇口位置】，然后单击【确定】按钮，完成分析类型的选择，如图 3-33 所示。

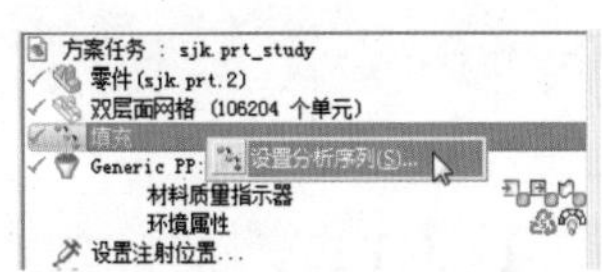

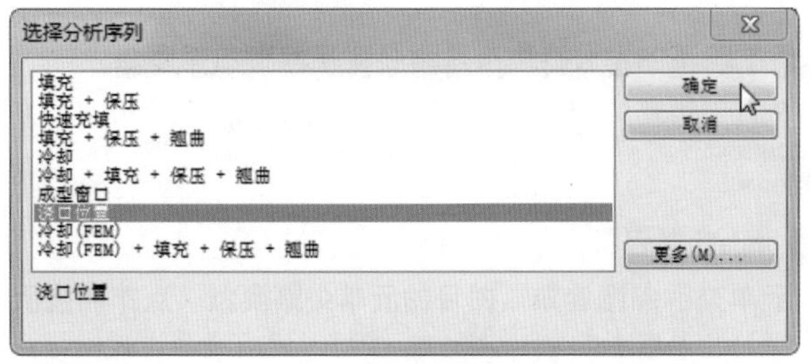

图 3-33

技术要点：

此时分析类型由【填充】变为【浇口位置】，并且在工程视窗中可看见方案后面出现一个黄色的方向向下的浇口图案，表示用户要分析的是最佳浇口位置，如图 3-34 所示。

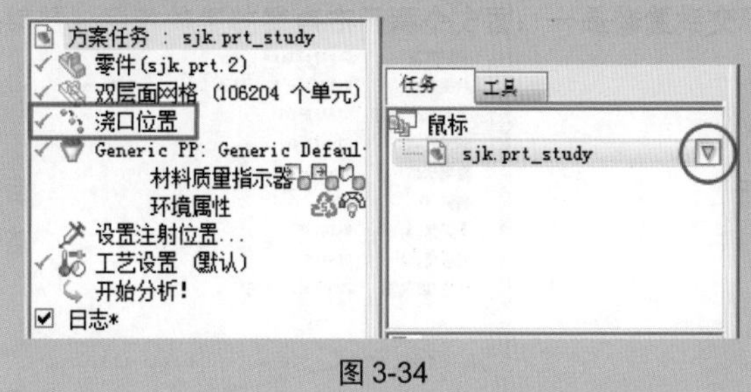

图 3-34

3.3.5　选择成型材料

Moldflow 中成型材料库中几乎包含所有国内外的塑性材料，进行本案例分析时采用 ABS+PC 材料进行模拟分析。

在方案任务窗格中材料节点位置单击右键并选择右键菜单中的【选择材料】命令，或者在【成型工艺设置】面板中单击【选择材料】按钮，打开【选择材料】对话框。选择国内的制造商及其拥有的材料型号，如图 3-35 所示。

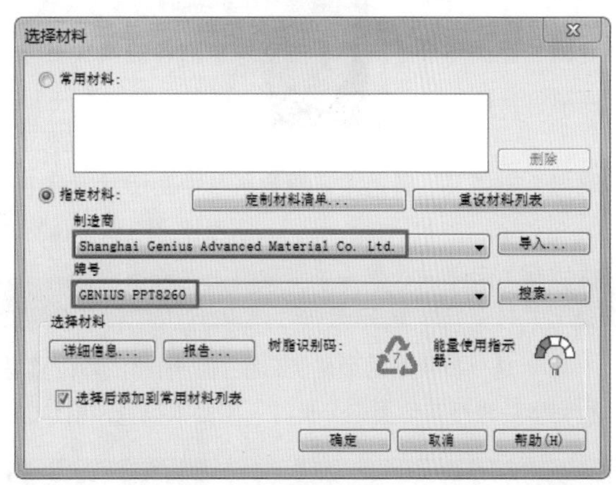

图 3-35

要查看该材料，在方案任务视窗中的材料节点上单击右键并选择【详细资料】菜单命令，打开【热塑性材料】对话框，如图 3-36 所示。对话框中显示所选材料的详细参数。

图 3-36

3.3.6 设置工艺参数

通常情况下，模拟成型的工艺参数几乎采用默认设置，若模拟的结果不够理想，可重新对工艺参数进行详细设置。

在【成型工艺设置】面板中单击【工艺设置】按钮，弹出【工艺设置向导 - 浇口位置设置】对话框。通过该对话框设置注塑机及模温、料温的工艺条件，如图 3-37 所示。

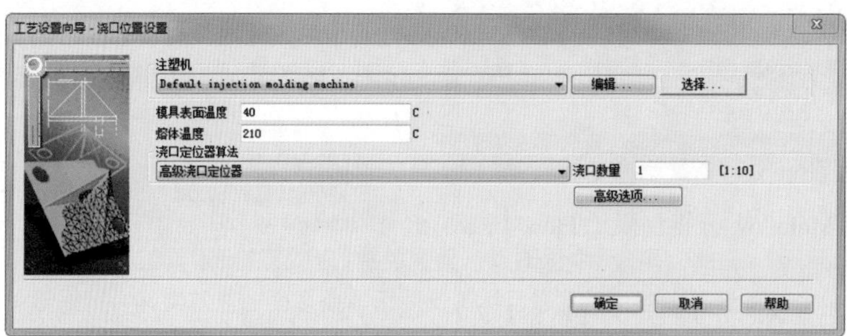

图 3-37

3.3.7 设置注射（进料口）位置

由于是分析模型的最佳浇口位置，因此浇口位置是待定的，一般情况下此步骤可直接跳过。但当最佳浇口位置分析完毕后进行其他类型分析时，则必须设置注射位置（创建浇口模型），有助于分析的准确性。

3.3.8 构建浇注系统

对于浇注系统的建立，Moldflow 提供了一个流道建立系统。

在【主页】选项卡的【创建】面板中单击【几何】按钮，功能区弹出【几何】选项卡，如图 3-38 所示。

图 3-38

当利用系统自带的流道系统建立流道系统时，单击【几何】选项卡上的流道系统按钮，弹出流道设置向导，如图 3-39 所示。

图 3-39

对话框的参数设置如下。

（1）指定主流道位置：即主流道的三维坐标，同时系统提供了模型中心和浇口中心两个选择。

（2）主流道设置：包括入口直径、长度以及拔模角。

（3）流道设置：包括流道直径以及类型。

（4）浇口设置：入口直径、拔模角以及长度或者角度。

单击【完成】按钮以后，系统会自动创建出流道系统，如图 3-40 所示。

图 3-40

3.3.9　构建冷却回路

对于冷却回路的建立，Moldflow 提供了一个冷却回路系统。

当利用系统自带的冷却回路系统建立冷却回路时，单击【几何】选项卡上的【冷却回路】按钮，弹出冷却回路设置向导，如图 3-41 所示。

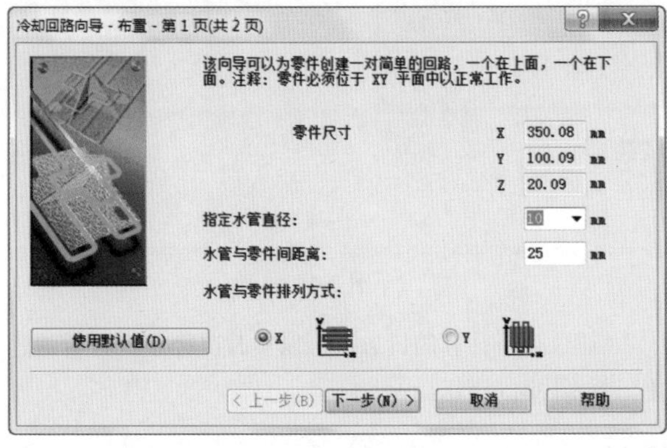

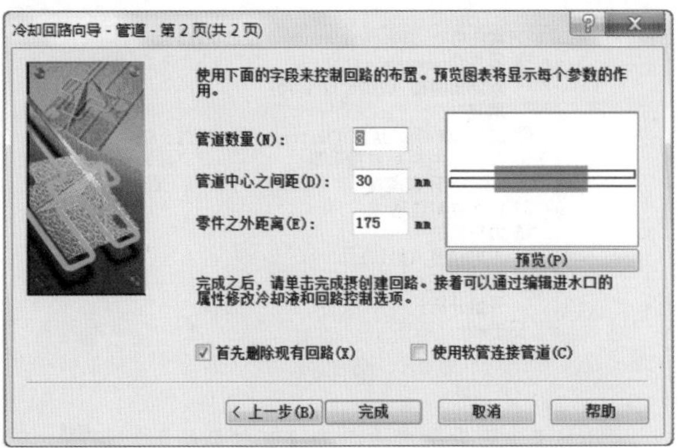

图 3-41

对话框的参数设置如下。

（1）指定水管直径设置。

（2）水管与零件间距离设置。

（3）水管与零件排列方式设置：选择 X 或 Y。

（4）管道数量设置。

（5）管道中心距离设置。

（6）零件之外距离设置。

单击【完成】按钮确认退出，设置的冷却回路如图 3-42 所示。

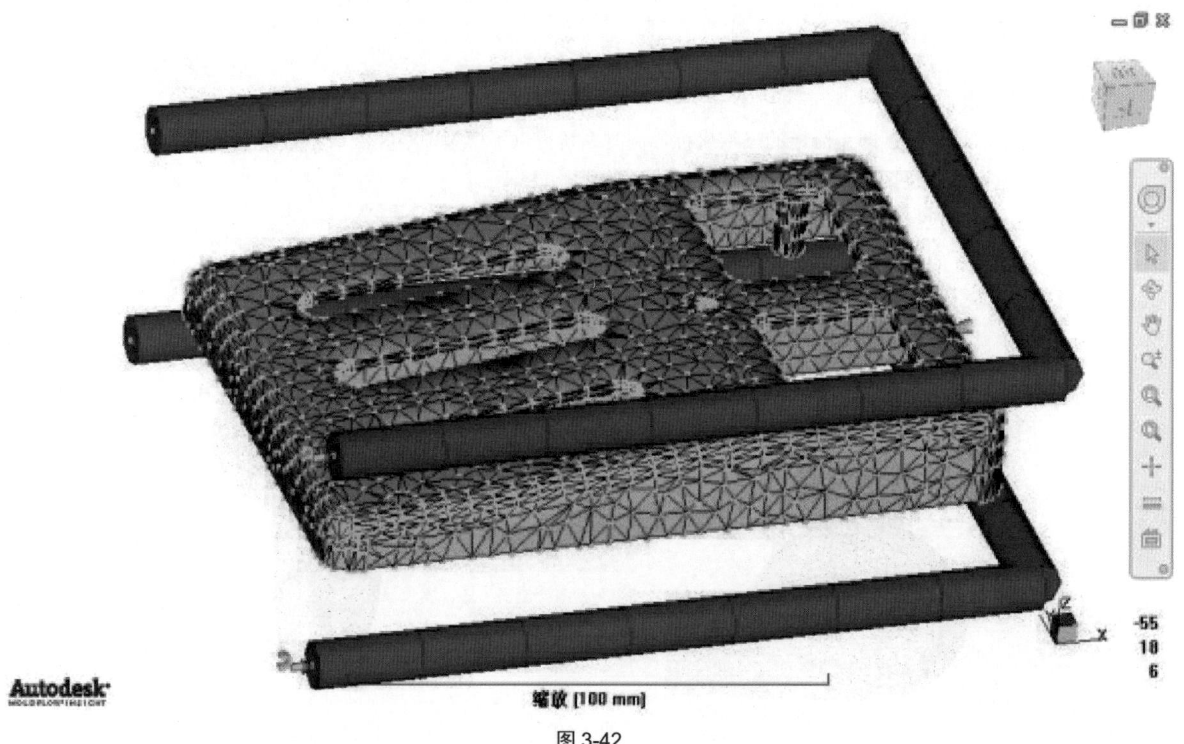

图 3-42

3.3.10 运行分析

在完成分析前处理后，即可进行分析计算，分析任务视窗如图 3-43 所示。整个求解器的计算过程基本由系统自动完成。

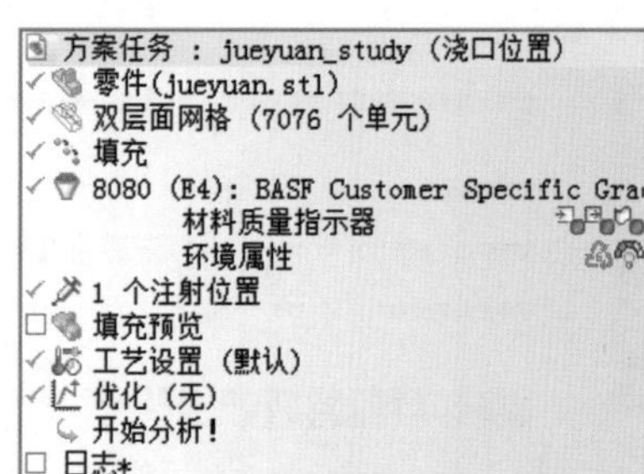

图 3-43

单击【主页】选项卡上的【开始分析】按钮，系统开始分析计算。

选择【主页】选项卡上的【作业管理器】按钮，可以查看任务队列和计算进程，如图 3-44 所示。

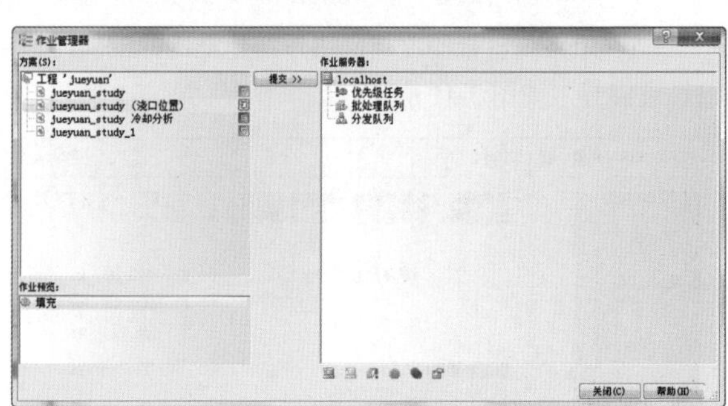

图 3-44

通过分析计算的日志，可以实时监控整个分析的过程，如图 3-45 所示。

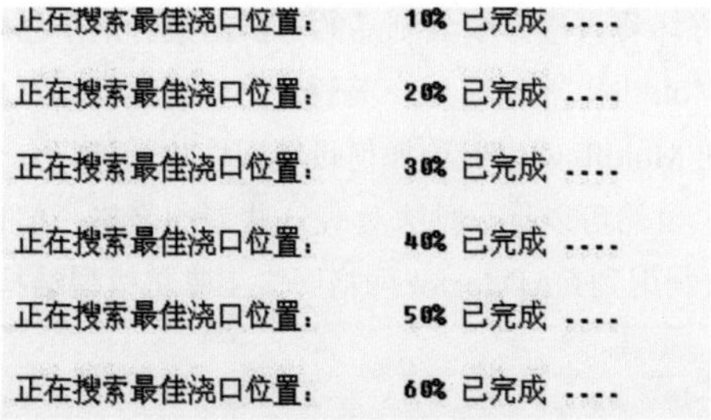

正在搜索最佳浇口位置：　10% 已完成 ....
正在搜索最佳浇口位置：　20% 已完成 ....
正在搜索最佳浇口位置：　30% 已完成 ....
正在搜索最佳浇口位置：　40% 已完成 ....
正在搜索最佳浇口位置：　50% 已完成 ....
正在搜索最佳浇口位置：　60% 已完成 ....

图 3-45

3.3.11　结果分析

当模拟分析的前期准备全部完成后，在方案任务视窗中双击【立即分析】任务，Moldflow 自动进行最佳浇口位置的模拟分析计算。分析完成后，可得到最佳浇口位置的图像信息如图 3-46 所示。

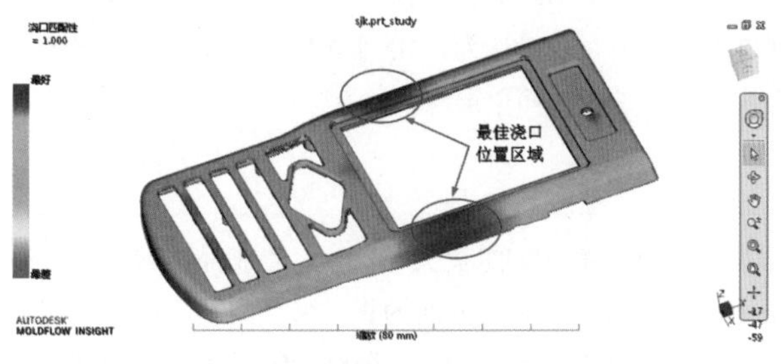

图 3-46

如果进行了填充分析及其他的翘曲分析等，当分析结束以后，在【任务】视窗中选择分析结果进行观察，如图 3-47 所示。

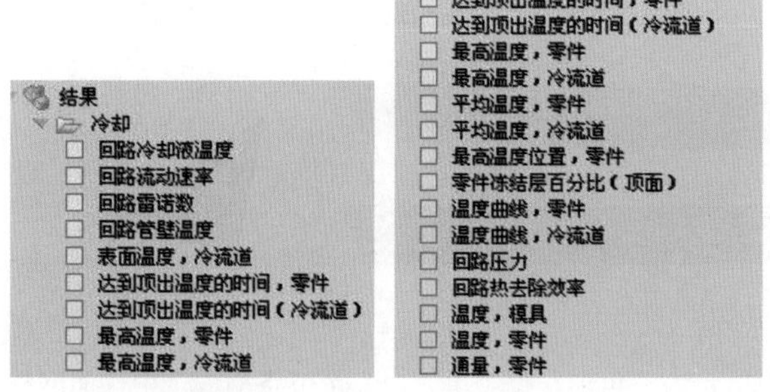

图 3-47

同时也可以通过【主页】选项卡下的【结果】命令对分析结果进行查询，还可以通过适当的处理结果，得到个性化的分析结果。

3.4　制作分析报告

单击【主页】选项卡中的【报告】按钮，功能区弹出【报告】选项卡，再单击【报告向导】按钮，弹出【报告生成向导】对话框，如图 3-48 所示。

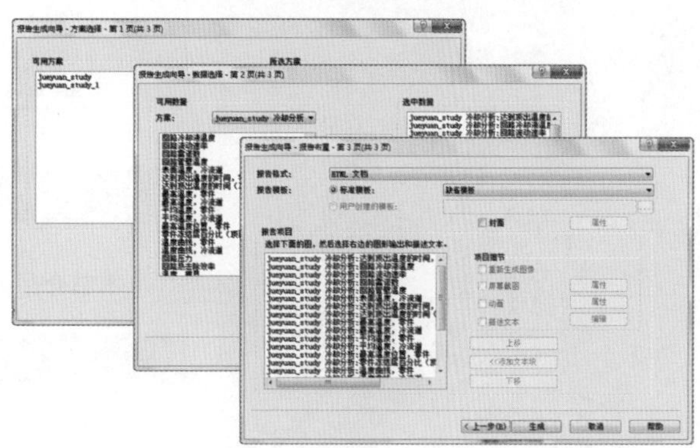

图 3-48

3.4.1　选择方案

在【可用方案】窗口中选择所需生成报告的方案，单击 添加 >> 按钮添加。如要删除，在【所选方案】窗口中选择已选方案，单击 << 删除 按钮删除，单击 下一步(N) > 按钮进入下一步设置。

3.4.2　数据选择

在【可用数据】窗口中选择所需数据，单击 添加 >> 按钮添加，或者单击 全部添加 >> 按钮。如要删除，在【选中数据】窗口中选择已选数据，单击 << 删除 按钮删除，或者单击 << 全部删除 按钮。单击 下一步(N) > 按钮进入下一步设置。

3.4.3　报告布置

在【报告形式】中选择所需的形式，系统提供了 HTML 文档、Microsoft Word 文档、Microsoft PowerPoint 文档，选择所需【报告模板】，同时也可以更改每个项目的属性。单击 生成 按钮开始生成报告。

第4章

网格划分与诊断修复

网格划分后的质量好坏将直接影响到制品的分析结果。对于结构较为简单的模型来说，仅在 Moldflow 中就可以完美解决网格质量问题，但对于结构复杂的模型，如果在 Moldflow 中无论如何设置网格边长进行划分，得到的效果都不是很理想，虽然可以逐一地去处理这些差的网格，但也会消耗大量的时间，因此需要利用到 CADdoctor 网格医生工具将模型结构简化。

项目分解	知识点 01：Moldflow 网格基础知识
	知识点 02：Moldflow 对网格的质量要求
	知识点 03：网格划分与诊断修复

4.1 Moldflow 网格基础知识

本节介绍下 Moldflow 有限元网格的基本情况。

4.1.1 网格类型

在第 1 章初步了解到 Moldflow 中有三种网格类型。但哪一种网格类型分析得到的数据更为准确呢？一般认为，3D 实体网格类型是最准确的，其次是双层面网格，最后才是中性面单层网格。

1. 中性面网格

中性面网格适用于薄壁制品（如平板类零件），当制品由薄壁特征组成时，分析结果还是很准确的。但对于截面为正方形、圆形，总体形状为长条形的一维特征时，流动分析是不准确的。薄壁特征要求流动的宽度至少是厚度的 4 倍（也就是宽高比要大于 4 ∶ 1）。

中性面网格利用 Hele-Shaw 模型求解，流动近似层流，忽略流体的重力效应和惯性效应。传热过程中，忽略了平面内的热传导和厚度方向上的热对流。而且，还忽略了边上的热损失。如图 4-1 所示为中性面模型网格，上图表示模型几何，下图表示网格划分，右图为网格单元。

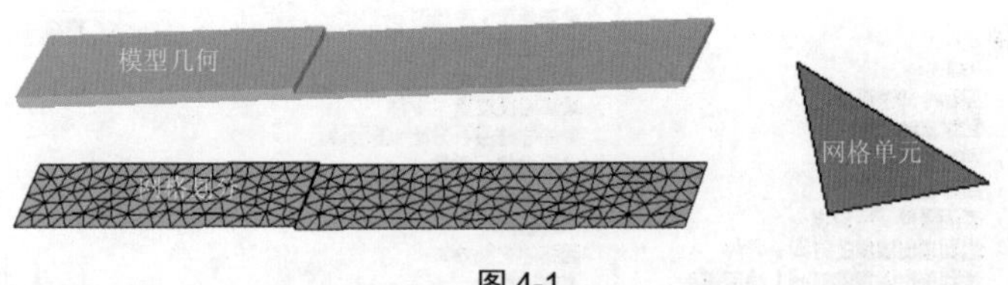

图 4-1

中性面网格的单元为三角形，每个单元由三个节点构成。中性面网格需要抽取中性面的过程，尽管 Moldflow 可以自动抽取中性面，但对于复杂的几何，自动抽取的中性面往往有很多错误，修补的工作量很大。因此，一般用 Creo、UG 等 CAD 软件进行抽取中性面的前处理。

中性面网格可用来分析的序列包括：流动、充填、冷却、翘曲、收缩、压力、气辅成型、最佳浇口位置、热固性塑料成型等。

2. 双层面网格

双层面网格的假设和求解模型基本与 Midplane 一致，而且双层面网格还增加了网格的匹配率。当网格的匹配率较低时，分析结果的准确性就会大大降低，甚至不如中性面网格。如图 4-2 所示双层面网格划分，上图表示双层面网格，下图表示网格匹配情况，蓝色表示匹配；右图表示相互匹配的两个网格。双层面网格的好处是不用抽取中性面，减少了建模的工作量。而且，双层面模型利用外壳表面表示制品，使得结果显示具有真实感，利于分析判读。

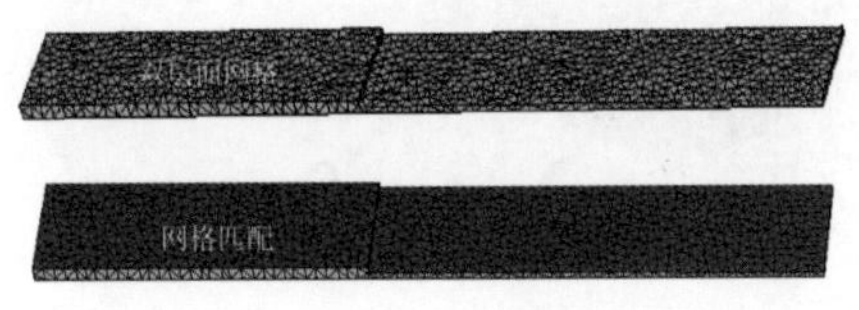

图 4-2

双层面网格可以进行的分析序列包括：流动分析、冷却分析、纤维配向性分析、收缩翘曲分析、成型条件最佳化分析。

3．3D 实体网格

3D 网格适于厚壁或者壁厚不均匀的制品，如图 4-3 所示。事实上，3D 网格适用于任何几何形状的制品。但考虑到求解效率，薄壁制品还是用中性面网格和双层面网格比较方便。与中性面和双层面不同的是，3D 网格利用 Navier-Stokes 方程求解，它计算模型上任何一个节点的温度、压力、速度等物理量。传热过程中，3D 网格求解考虑各个节点在各个方向上的传导和对流，所以冷却分析更准确。3D 模型也考虑了熔体的惯性效应和重力效应，虽然这两个因素在多数情况下的影响不大。3D 预测变形不利用 CRIMS 模型数据。如图 4-4 所示为 3D 网格划分，左图表示 3D 网格划分，右图表示四面体 3D 网格。

图 4-3

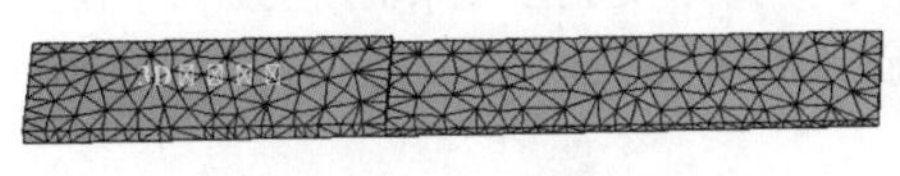

图 4-4

3D 实体网格比中性面网格和双层面网格的分析时间要长，可以进行分析的序列包括充填分析、保压分析、冷却分析和翘曲分析。

三种网格总结如下。

（1）对于中性面网格、双层面网格和 3D 实体网格，充填在总体上都是比较准确的；

（2）3D 实体网格和中性面网格对注射压力的模拟与实际比较吻合；

（3）双层面网格对注射压力的预测偏高；

（4）3D 实体网格对变形的预测比中性面网格和双层面网格准确。

4.1.2　网格单元

Moldflow 中的网格是由无数个网格单元组成的，网格单元之间以节点联系。常见的网格单元如图 4-5 所示。

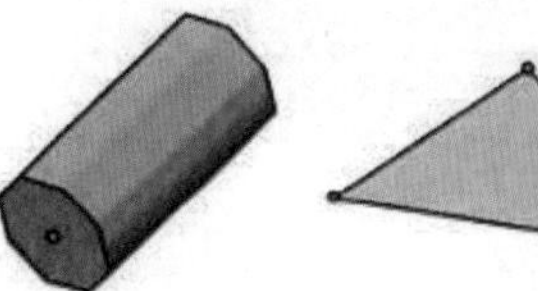

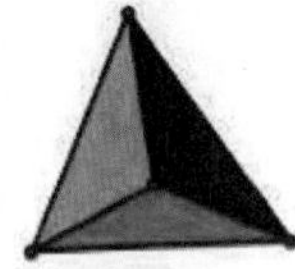

柱体单元　　三角形单元　　四面体单元

图 4-5

其中：

（1）柱体单元：定义浇注系统、冷却水道等，也称“3D 管道网格”。

（2）三角形单元：定义薄壁制件、嵌件等，简称“网格”。

（3）四面体单元：定义厚壁制件、型芯、浇注系统等，也称“模具网格”。

4.2　Moldflow 对网格的质量要求

好的网格模型是获得准确的冷却、流动、翘曲的基础。明白什么样的网格模型是一个好的分析模型，有助于用户在 CAD 里建立易于分析的 3D 模型，也使得模型的转换更顺畅。

对于不同的分析，使用中性面还是双层面的网格模型会有不同的要求。但一般来说，双层面的网格模型用得更多一些。双层面网格可以由多种不同类型的网格混合组成，包括传统的中性面网格单元区域和表面（双层）壳单元。表面壳单元可以是 3 个或 6 个节点的平面或三角单元。

一个中性面网格模型由三个节点的三角形单元组

成，形成一个 2D 模型来代表一个实体模型。中性面网格提供最基本的 Flow 流动分析。

4.2.1 边

有限元网格模型一般有下面三种边。

1. 自由边

自由边就是只含有独立的没有和别的单元相连接的单元的边。双层面网格和实体 3D 网格上不能含有任何自由边，因为它们代表网格没有形成封闭空间，如图 4-6 所示。

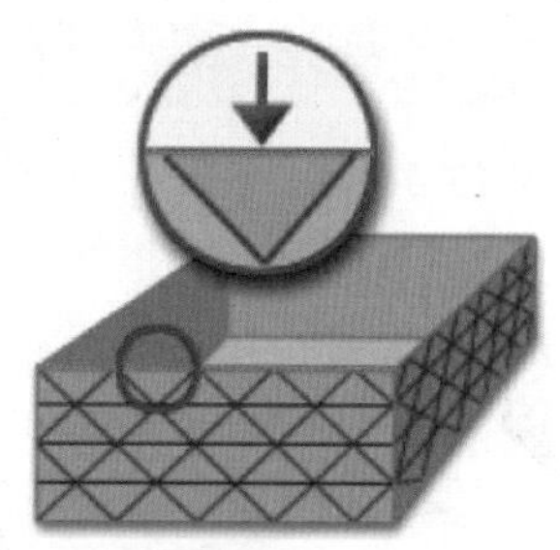

图 4-6

如图 4-7 所示的自由边和交叉边，筋的右边没有和底部相连接是一条自由边界，这将会导致网格质量问题。

图 4-7

Midplane 中性层网格可以有许多自由边。譬如，在许多情况下沿着分型线会出现自由边。对于哪里应该是正常的自由边或者哪些不是正常的自由边，需要手动检查才能判断出来。

2. 共用边

共用边是单元的一棱边完整地和其他单元的边相连接。在 Fusion 模型中只允许有这种边，Midplane 中性面模型中也可能有许多共用边，如图 4-8 所示的 B 单元边界。

3. 交叉边

如图 4-8 所示的 C 单元边界是一条交叉边，它是指单元的一条边和另外两个或更多单元相连接。Fusion 模型中不能有交叉边，而 Midplane 中性面模型中，在筋的交叉处或别的特殊结构上可能有交叉边存在。图中的 A 单元边界为自由边。

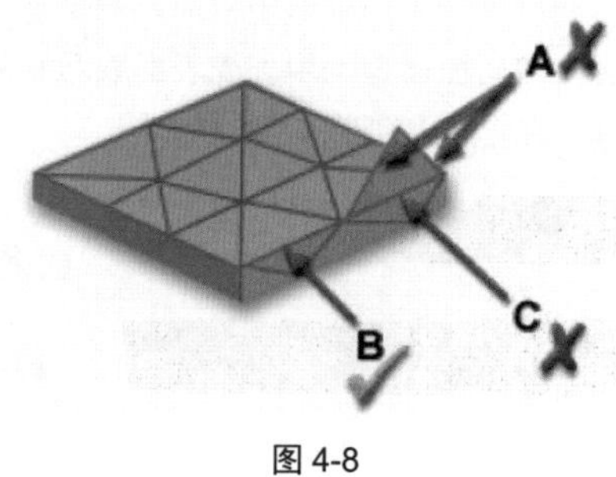

图 4-8

4.2.2 网格匹配率

网格匹配率是 Fusion 网格模型才有的一项参数。如图 4-9 所示，图 4-9（a）是一个没有匹配的网格，图 4-9（b）是一个匹配很好的网格。

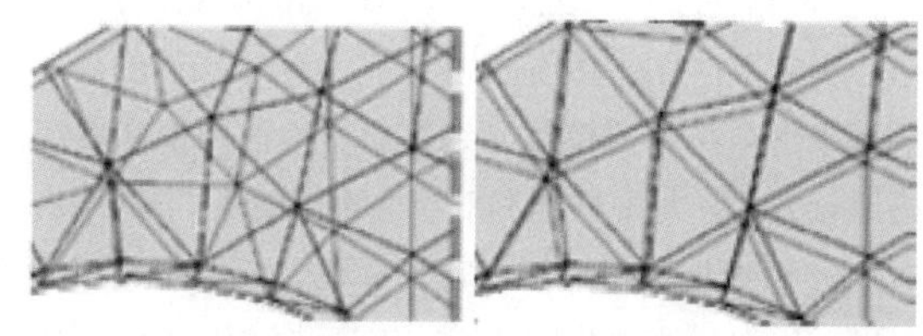

（a）没有匹配的网格　　（b）匹配很好的网格

图 4-9

在 Fusion 模型里网格单元应该和对面（厚度的另外一边）的单元匹配，对于流动分析，网格匹配率应该在 85% 以上，对于翘曲分析，必须在 90% 以上，这样分析出来的结果才能够接受。在 Fusion 模型里如果网格匹配率不够高，通常表明这个网格的密度不够高，或者这个产品表面凸凹得太厉害。

要进行翘曲分析，应该有高达约 90% 的匹配率。也就是说，当两个元素相互匹配时，它们也应该是约 90%，但是，对于产品有筋和曲面的时候要达到 90% 的匹配率是很困难的。在这种情况下，达到 85% 也是可接受的。当然百分比越高，结果越准确。

4.2.3 纵横比

纵横比是单元的最长边与单元的高的比值。纵横比越小越好。纵横比的平均值应该在 3 ∶ 1 以下，并且最大的不能超过 6 ∶ 1。但是对于复杂的双层面网格模型是很难达到的，如图 4-10 所示。

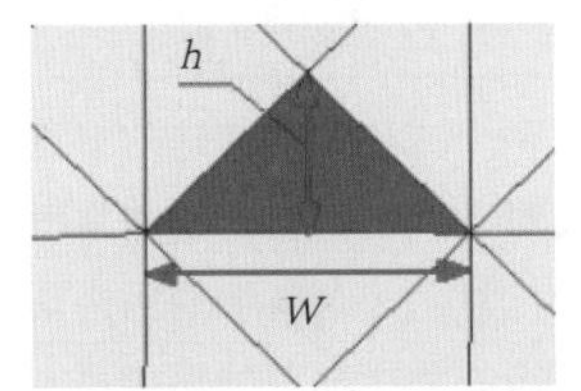

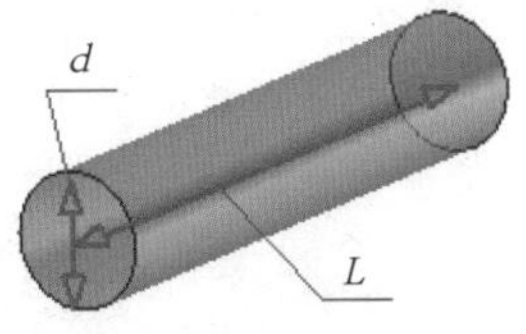

图 4-10

高的纵横比很有可能对分析的结果产生负面的影响。流动分析对纵横比的敏感度最低，而冷却分析和翘曲分析对纵横比的敏感度是比较高的。如果纵横比太高，分析将可能不收敛，而且有可能产生不合逻辑的结果，甚至可能导致解算失败。当考虑到网格的质量时，低的纵横比是非常重要的。模型的创建阶段通常是最耗时间的。好的 CAD 模型设计能够避免纵横比问题的出现。

4.2.4　连通区域

所谓连通区域就是一组单元相互连接在一起的区域。双层面网格和中性面网格模型都只能有一个连续区域。当 Moldflow 从 CAD 模型上生成网格模型时，部分单元可能会与网格模型中其他部分分离开，如果出现这种情况就必须修正这个问题。

4.2.5　网格配向

配向决定了单元的上表面和下表面。在许多 CAD 系统里被定义为法向，中性面网格模型的方向必须一致才能观察到结果，而双层面网格模型的外表面总被定义为上表面。在图形显示中，用不同的颜色来标识方向：蓝色为上表面，红色为下表面，如图 4-11 所示。图中用剖切平面剖分了双层面网格模型从而显示其内部方向。

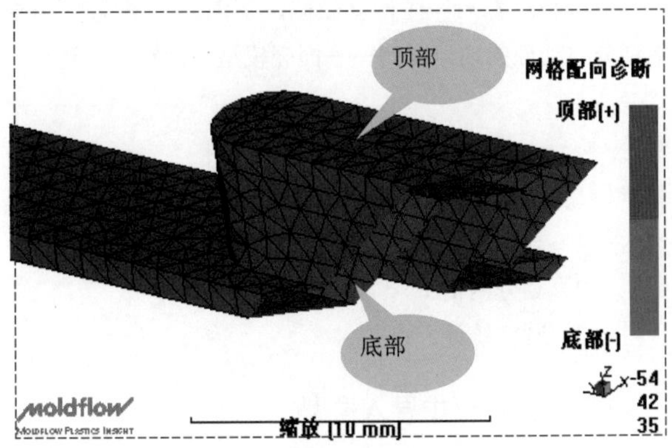

图 4-11

4.2.6　相交单元

有两种相交的类型：相交和重叠。

交叉是一个单元经过另外一个元素的平面；而重叠是两个单元在同一个平面上，单元表面彼此完全或者部分重叠，如图 4-12 所示。

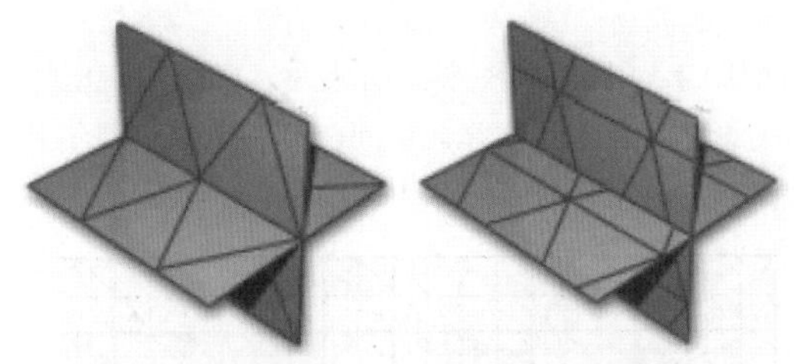

（a）好的三角形单元　　（b）形成相交的三角形单元

图 4-12

技术要点：

输入 CAD 几何模型时，保证几何模型的质量很重要，因为一个差的 CAD 几何模型通常网格也很差。这是问题的关键。但是几乎所有的交叉和重叠问题都能够用网格工具中的自动修补命令进行修正。

4.2.7　网格密度

一个满意的网格密度能够很容易获得准确的预测压力。不仅预测压力需要一个好的网格，模型的一些具体结构也需要好的网格来表现，重点考虑以下三个方面。

（1）Hesitation 踌躇；

（2）Air traps 气穴；

（3）Weld lines 熔接痕。

以上问题预测的准确性与网格的密度有关。如果网格不够好，那么分析的准确性就会出现问题。

1．踌躇（也称“迟滞效应”）的预测

“踌躇”是指料流的前峰相对于其他区域的料流前峰的流速缓慢。在个别情况下，当为了引导流动或者人工平衡流道时，需要在模具中设计踌躇。然而为了实现这种效果或表现出别的踌躇类型就需要有一个好的网格模型。

如图 4-13 所示，图中显示了当网格不够好时其对填充的影响。产品剖面的中心是 1mm 厚，顶部是 2mm，底部是 3mm。在图里清晰地显示出料流在薄的中间部分没有迟滞。

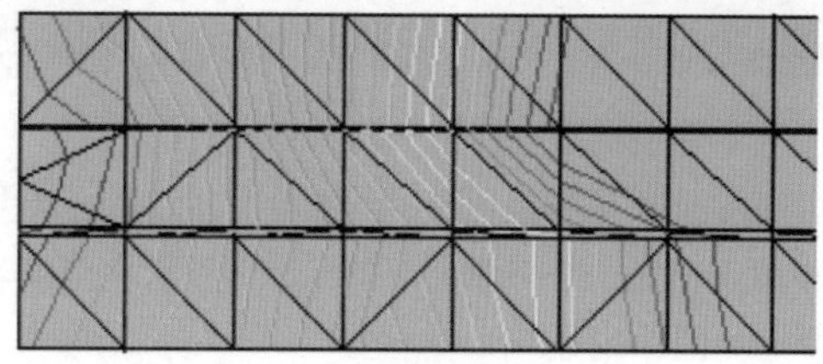

图 4-13

如图 4-14 所示，图中流动分为三个区域，壁厚对流动的影响表现得很明显。中间部分的流动出现了踌躇现象。

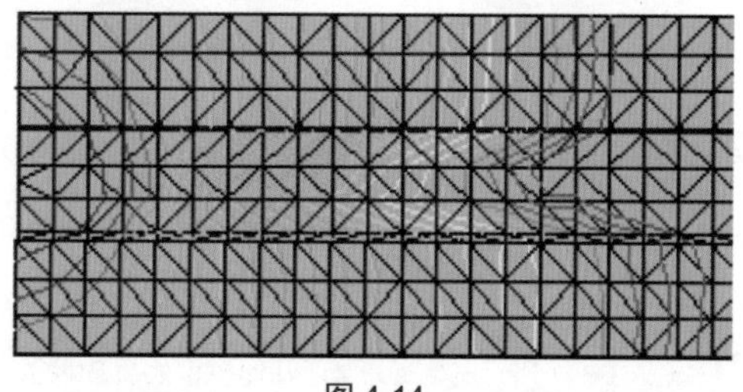

图 4-14

2．气穴的预测

产品上的气穴往往是由于厚度的改变发生踌躇而产生的。气穴预测的准确性和网格的质量成正比。对于粗糙的网格，在薄的区域里预测不到气穴的出现。精细的网格则能够预测出气穴。

在粗糙的网格里，薄壁部分没有发生踌躇现象，但是精细的网格中则会出现，如图 4-15 所示。

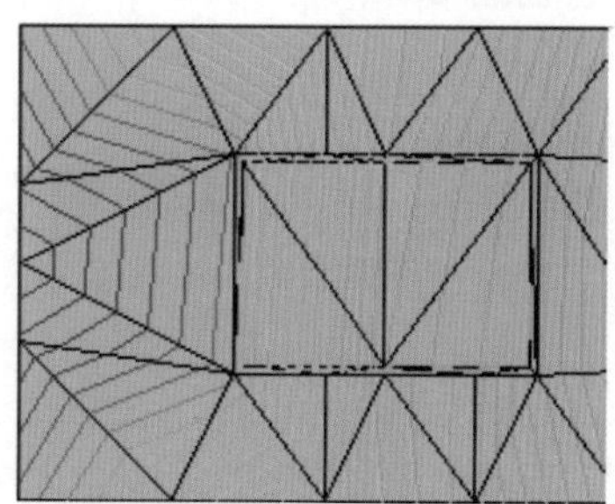

（a）差的网格不能预测气穴

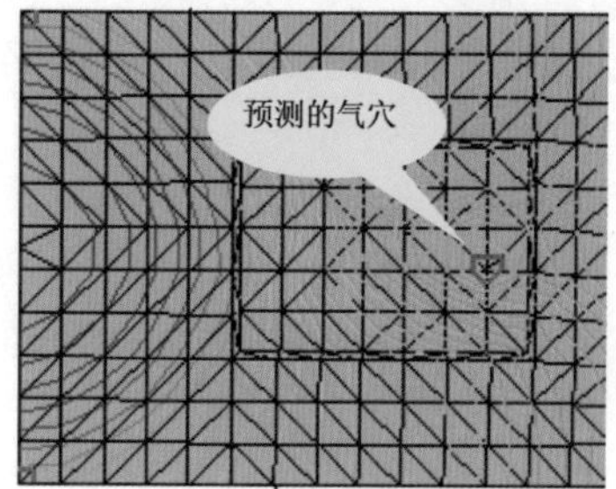

（b）精细的网格预测到的气穴

图 4-15

3．熔接痕预测

熔接痕在节点处形成。在两个或更多的相连的节点处能够预测到熔接痕。熔接痕对于网格的密度是非常敏感的。因此，要获得熔接痕的信息，一个精细的网格是极为重要的，粗糙的网格通常得不到所期望的熔接痕，如图 4-16 所示，填充云图显示两孔的右侧都是呈 V 形流进的。而如图 4-17 所示的图中可以看到熔接痕。

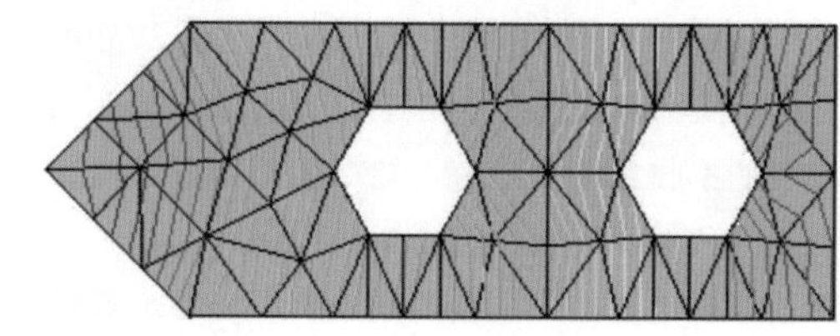

图 4-16

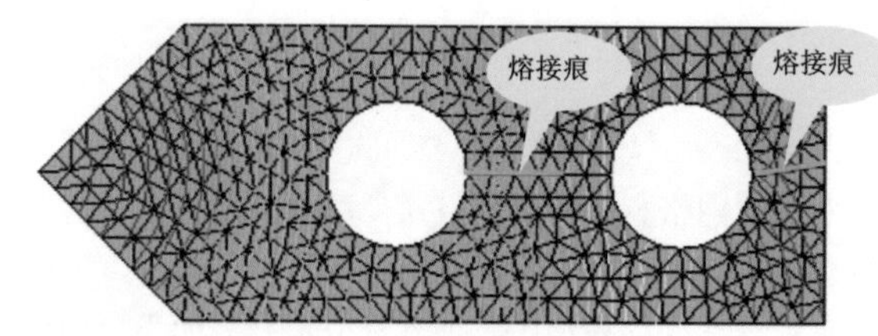

图 4-17

4.3 网格划分与诊断修复

有限元方法就是利用假想的线或面将连续介质的内部的边界分割成有限个数目、大小、离散的单元来进行研究。直观上，模型被划分成“网”状，在 Moldflow 中这些有限个离散单元被称为网格。

Moldflow 进行网格划分时，因导入模型的精度偏低而导致分析计算后产生网格缺陷，下面以一个模型的网格划分与处理的设计案例——面壳模型，做详尽描述。

4.3.1 网格的划分

网格的划分有以下几个步骤。

（1）导入分析模型；

（2）划分网格；

（3）网格统计。

1．在创建的项目中导入模型

01 启动 Moldflow，单击【新建工程】按钮，新建命名为“面壳网格划分”的工程文件，如图 4-18 所示。

图 4-18

02 在【导入】面板单击【导入】按钮，在打开的【导入】对话框中选择要导入的模型文件 mianke.igs（未经过模型简化处理），再单击【打开】按钮，接着在弹出的【导入】对话框中选择网格类型为【双层面】，如图 4-19 所示。最后单击【确定】按钮完成模型的导入。

图 4-19

03 导入的模型如图 4-20 所示。此时的模型仅仅是 STL 模型，并没有进行网格划分。

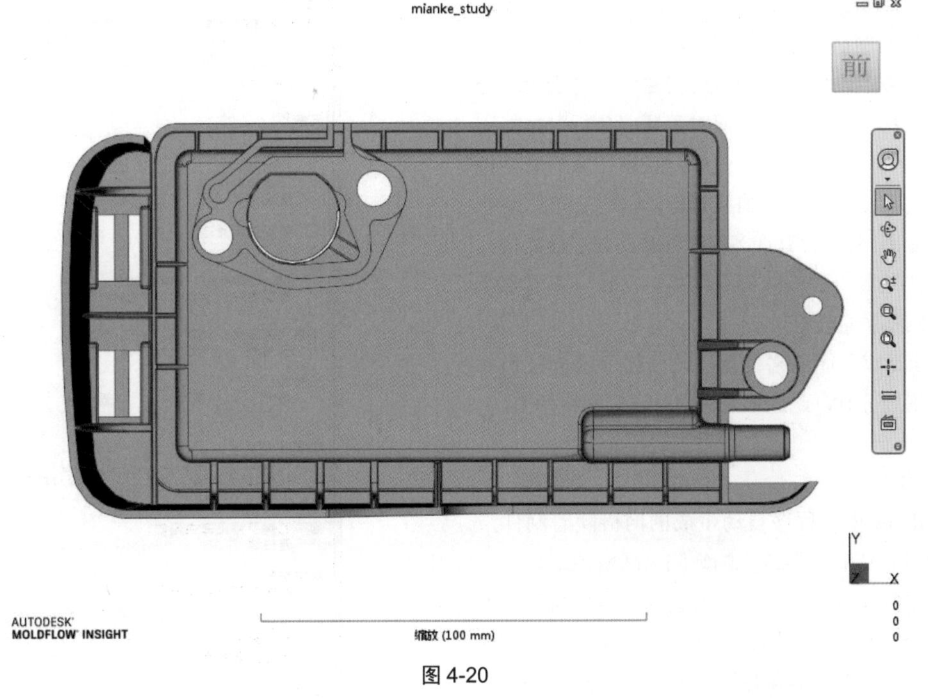

图 4-20

2．网格划分

在功能区【网格】选项卡中单击【生成网格】按钮，在工程视窗（也叫【工程】面板）的【工具】标签中弹出生成网格的操作选项，如图 4-21 所示，保留默认的设置后单击【立即划分网格】按钮，程序自动生成网格。

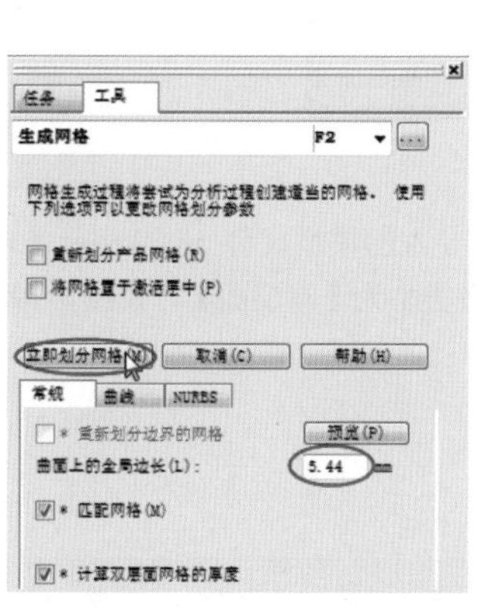

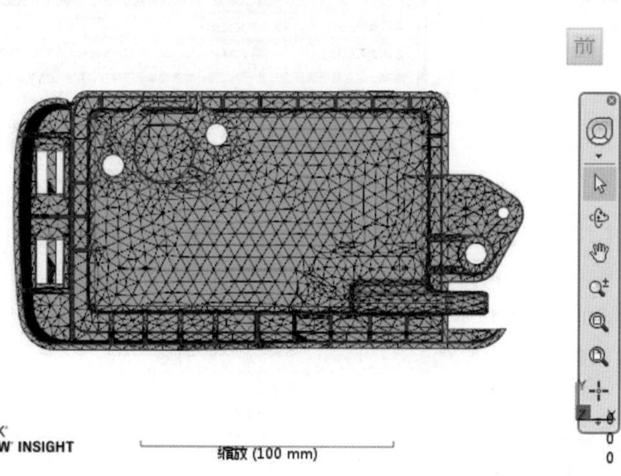

图 4-21

> **技术要点：**
>
> 一般程序会给模型一个划分网格的参考值，此参考值是根据模型的尺寸来计算的。依据这个参考值划分的网格通常都不是太理想，因此网格边长值的取值应参考模型的壁厚情况来设置。

在【工具】标签的【常规】选项卡中，有以下两个选项需要注意。

（1）匹配网格：匹配网格可以使用户更好地控制中性面或双层面网格的划分过程。网格匹配控制，可以使用户创建的双层面网格互相匹配得更好。对于流动分析来说，匹配率要高于 85%，而对于翘曲分析最好能高于 90%。网格光顺控制，可以使用户获得光顺的网格棱边。该选项可以更好地表现曲线特征，但它会细微地降低网格的匹配率。对于含有许多曲线特征的双层面网格，最好分别使用这两个控制来划分网格，比较一下看哪个控制生成的网格质量较好。

（2）计算双层面网格的厚度：使用双层面技术对模型进行网格划分时，此选项允许同时计算网格厚度。

3．网格统计

在 Moldflow 中，程序自动生成的网格随着制件形状的复杂程度存在着或多或少的缺陷，网格的缺陷不仅对计算结果产生重要的影响，而且会因为网格质量的低劣，导致整个分析失败。因此，应对网格做必要的统计调查，并对统计结果中出现的网格缺陷进行修复。

01 网格生成以后，单击【网格诊断】面板中的【网格统计】按钮，在工程视窗的【工具】标签下，单击【显示】按钮，系统执行网格统计计算，并将统计结果在【工具】标签底部的文本框内显示出来，如图 4-22 所示。

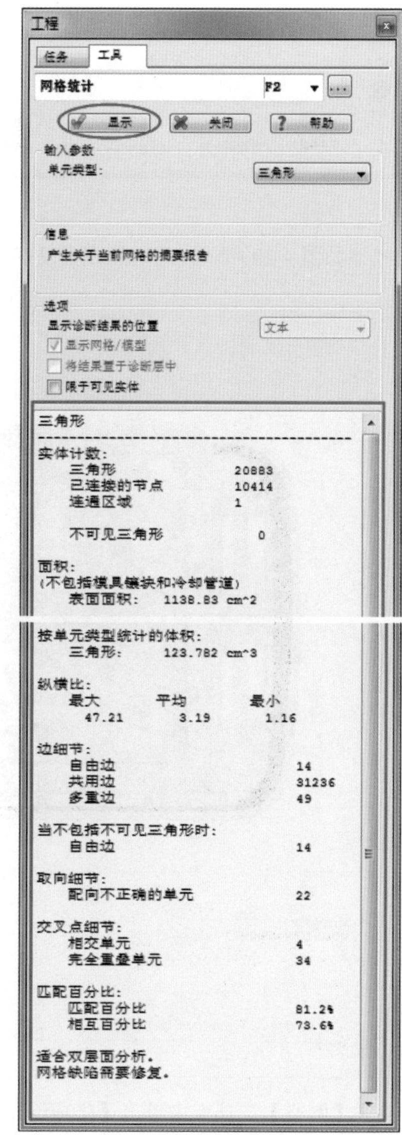

图 4-22

技术要点：

从网格统计结果中可看见，出现了常见的交叉边、配向不正确、相交单元、纵横比以及匹配率低等缺陷。出现这些网格缺陷，主要是因为模型中的细小特征结构比较多，由于网格密度较大（由网格边长值决定的），网格划分的效果就很理想了。接下来，利用前一节 CADdoctor 中进行简化的模型重新进行网格划分，看看处理后的网格质量。

02 单击图形区右上角的按钮，关闭模型视窗。

03 单击【导入】按钮重新导入本案例源文件夹中的 mianke.udm 文件，同样也是选择【双层面】网格类型进行分析，如图 4-23 所示。

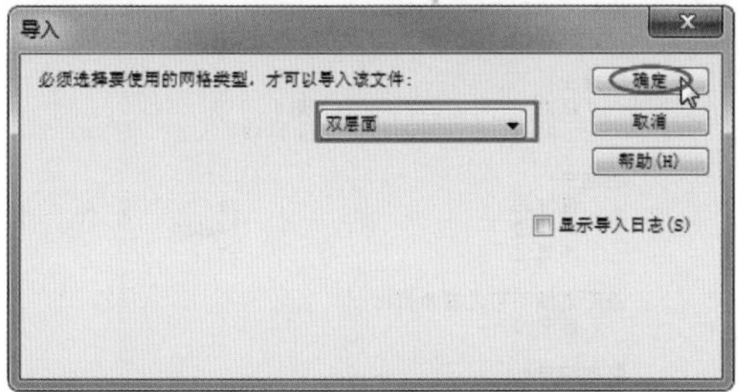

图 4-23

04 单击【生成网格】按钮，在工程视窗的【工具】标签下单击立即划分网格(M)按钮，划分网格，如图 4-24 所示。

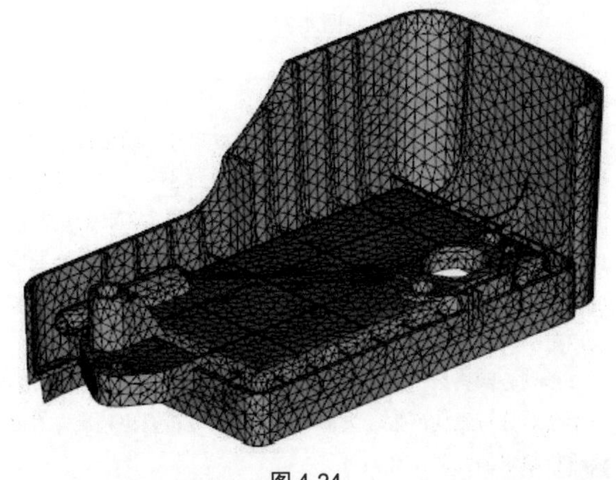

图 4-24

05 单击【网格诊断】面板中的【网格统计】按钮，在工程视窗的【工具】标签下，单击显示按钮，系统执行网格统计计算，并将统计结果在【工具】标签底部的文本框内显示。如图 4-25（a）所示为简化模型的网格统计，图 4-25(b)所示为没有经过简化处理的网格统计。比较两种网格的主要统计数据有何不同。

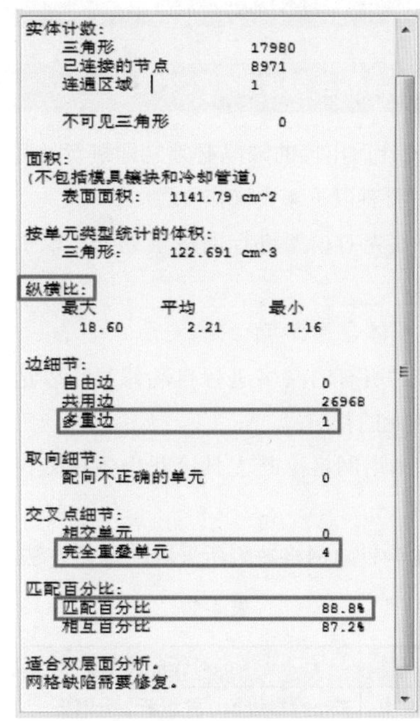

（a）简化模型

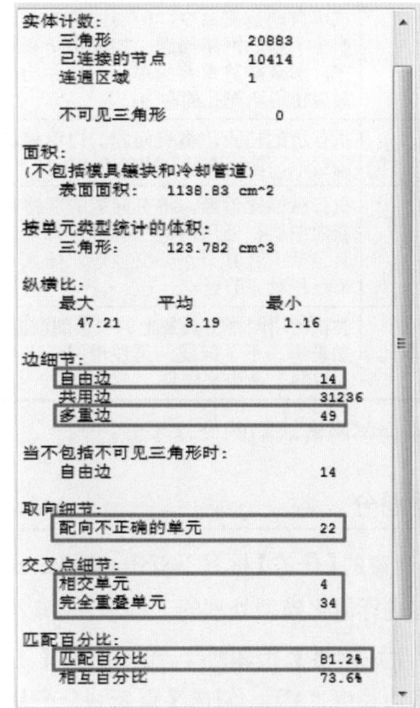

（b）没有简化模型

图 4-25

> **技术要点：**
>
> 从统计数据看，简化模型的网格质量要好很多，但从网格匹配百分百的数据看，简化模型为 88.8%，没有简化处理的模型的匹配百分百为 81.2%。前者如果只做流动分析的话，质量已经满足要求了。但后者必须经过网格修复才能满足分析要求。另外，其他的数据读者可以自己比对。接下来会对没有进行简化处理的模型的网格进行修复。

4.3.2 网格诊断与缺陷修复

网格统计后出现的缺陷必须立即进行修复，网格缺陷的处理主要有以下 4 大操作步骤。

（1）首先对模型进行网格重划分，以提高网格匹配率；

（2）整体合并节点；

（3）对所有的网格进行自动修复，以达到减少交叉和重叠单元的目的；

（4）利用网格诊断工具诊断出各缺陷在模型中的位置。

表 4-1 为针对网格缺陷所采取的修复方法。

表 4-1

网格质量问题	可行的修复方法
低的网格匹配率	减小网格边长，并重新划分网格
相交和重叠	执行相交的检查，将有问题的网格单独放置到一个图层里。使用网格工具进行修复。首先尝试用自动修复命令，但要注意检查该命令是否产生了新的网格问题。如果相交和重叠依然存在，那么删除重叠的单元，合并相应的节点。最后使用填充孔的命令
自由边或交叉边	执行边的检查，将有问题的边单独放置到新的图层中，使用合并节点等命令
高的纵横比	执行纵横比诊断，将有问题的网格单独放置到新的图层。使用网格工具进行修复。常用的工具包括：合并节点、交换边、插入节点、移动节点和对齐节点
配向不正确单元	尝试使用网格工具条上的“全部取向”的命令。如果解决不了问题，再使用网格工具里的【单元取向】命令来修复

接下来详解网格缺陷的修复步骤。

1．网格重划分

01 在工程视窗的【任务】标签下双击 mianke_study 项目，切换到没有进行简化模型处理的工程项目中。

02 单击【生成网格】按钮，在弹出的【工具】标签中输入网格边长值“3”，勾选【重新划分产品网格】选项，再单击【立即划分网格（M）】按钮，系统自动重划分网格，如图 4-26 所示。

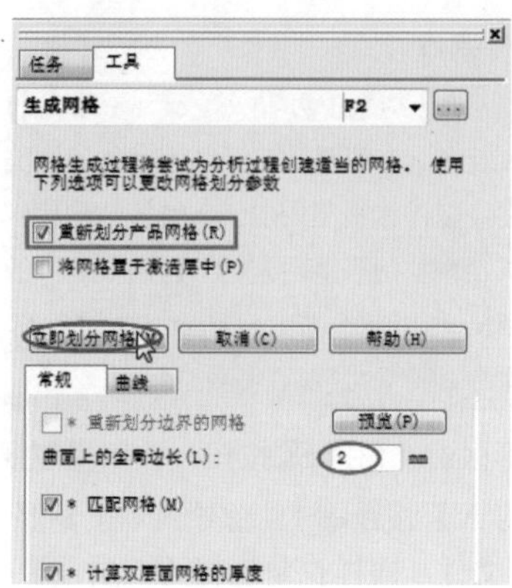

图 4-26

03 网格重划分之后再做网格统计，统计结果如图 4-27 所示。对比重划分网格前的统计结果，网格质量有了很大提高，单看一项匹配百分百，就由最初的 81.2%提高到 89.3%。此外，自由边、多重边（交叉边）及相交、重叠单元的数量也有所减少。

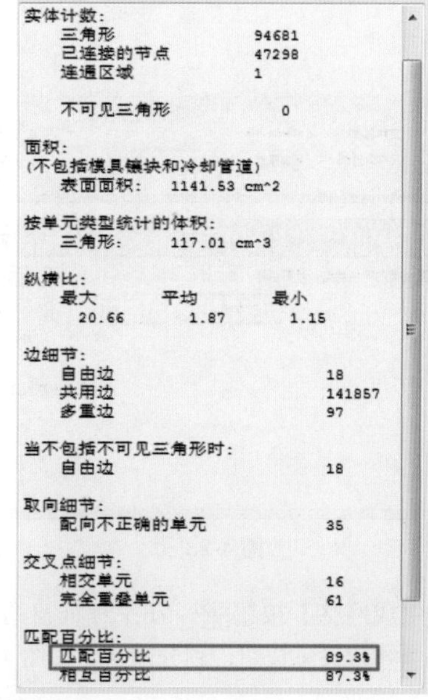

图 4-27

> **技术要点：**
>
> 网格的边长值取决于模型的厚度尺寸、网格的匹配质量及模型的形状精度。一般为制件厚度的 1.5 ～ 2 倍，足以保证分析精度。值越小，质量与精度就相对较高，但计算的时间也越长。本案例模型的最大壁厚度为 2mm，因此设定全局网格边长值为 3mm 是合适的。但为了要进行翘曲分析，有必要设定更小的网格边长值，例如设置为“2”。
>
> 重划分网格后，得到很高的匹配率，按理即使有些小缺陷，也不会对分析结构产生较大影响。但为了分析得更精准，有必要进行缺陷的修复。

2．整体合并

使用网格处理工具条上的【整体合并】工具，将模型上重叠的节点进行整体合并操作，而且还能删除重复的柱体单元和三角形单元，解决尖锐的三角形单元。其目的是修复多重边、完全重叠单元等缺陷。

01 在【网格编辑】面板中单击 整体合并 按钮，在【工具】标签下设置合并公差为 0.5，单击 应用(A) 按钮，进行重复单元的整体合并操作，如图 4-28 所示。

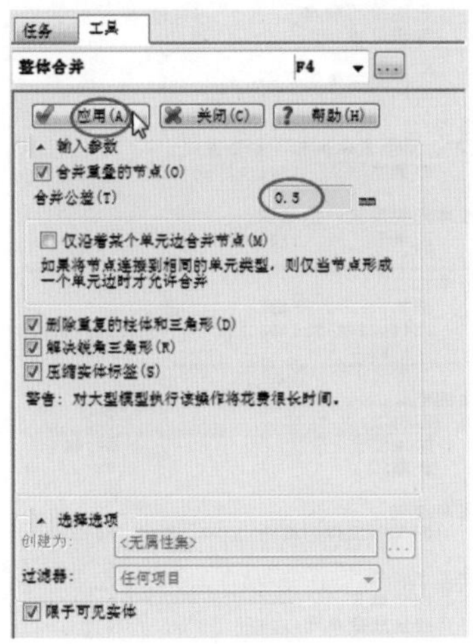

图 4-28

02 然后再重新进行网格统计，查看统计结果如图 4-29 所示。

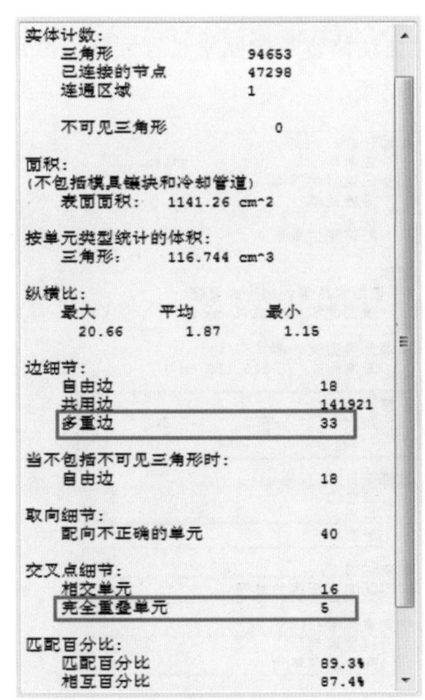

图 4-29

03 从统计结果可见，整体合并操作后，多重边和完全重叠单元的数量均减少了。

3．自动修复

使用【自动修复】工具，对网格的相交或重叠单元进行自动修复。

01 在【网格编辑】面板中单击 自动修复 按钮，然后在【工具】标签下再单击 应用(A) 按钮，进行网格自动修复，如图 4-30 所示。

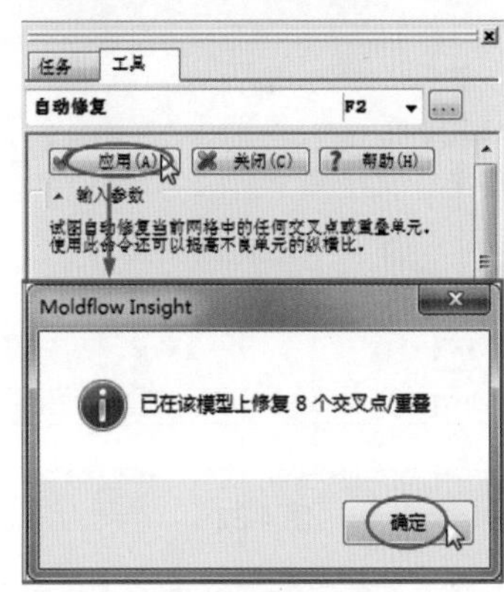

图 4-30

02 完成自动修复操作后再做网格统计，统计结果如图 4-31 所示。

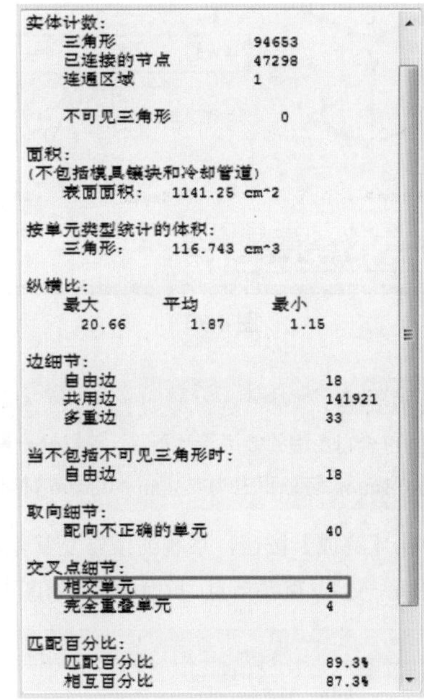

图 4-31

03 从统计结果可见，相交单元已从 16 个减少到 4 个，完全重叠单元也减少了 1 个，但并没完全解决。说明仅使用此两项修改工具是不能达到修复要求的。

4．缝合自由边

有时产生的自由边的模型的隐蔽处，在模型中就不易查找。那么这时候就可以使用【网格修复向导】工具来指导完成。

01 在【网格编辑】面板中单击【网格修复向导】按钮 ，弹出【缝合自由边】对话框。

02 在对话框中勾选【显示诊断结果】复选框，随后信息提示“已发现 18 条自由边”，如图 4-32 所示。

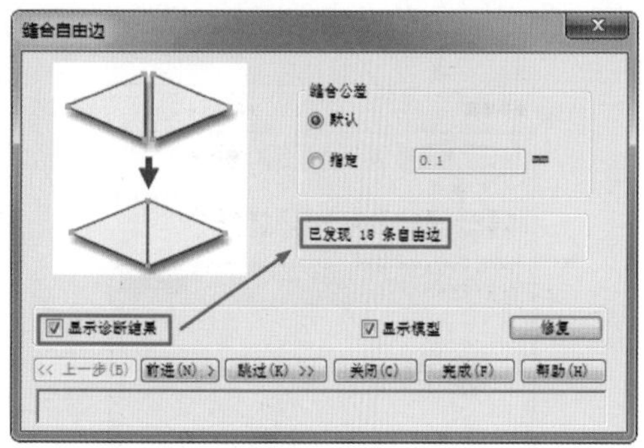

图 4-32

03 修改缝合公差，单击对话框中的【修复】按钮，程序自动对自由边进行缝合，如图 4-33 所示。

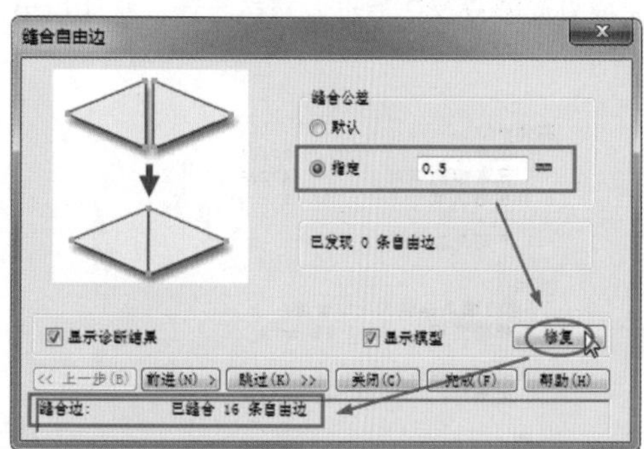

图 4-33

技术要点：

如果缝合自由边的效果不是很好，可以修改缝合公差，默认公差是 0.1mm。可以更改为 0.3mm、0.5mm 试试。

04 最后单击【完成】按钮，系统继续修复其他缺陷，如删除突出单元、交叉/重叠节点、折叠面等，如图 4-34 所示。

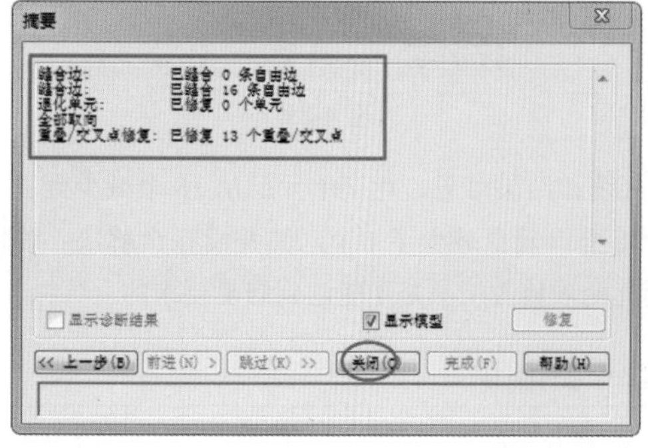

图 4-34

技术要点：

网格修复向导的应用在【网格修复向导】对话框中使用【完成】工具，实际上是对网格中所有的缺陷进行一次性的自动修复。如果利用该工具不能完全消除缺陷，再使用网格工具手动修复的方法来完成缺陷的修复。

05 自由边曲线修复后做一次网格统计，统计结果如图 4-35 所示。

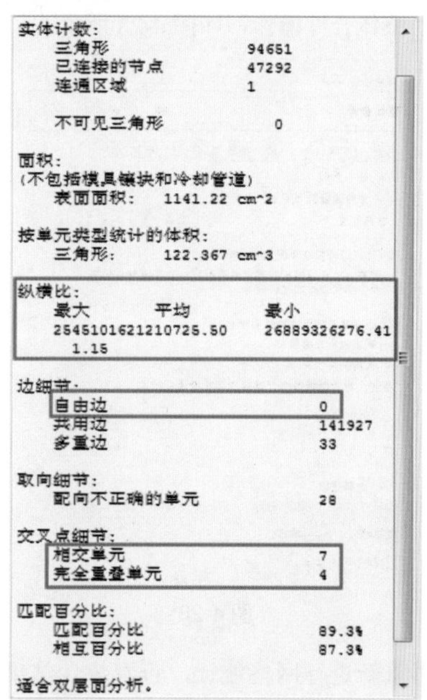

图 4-35

06 重新对自动修复后的网格进行划分，得到如图 4-36 所示的统计结果。

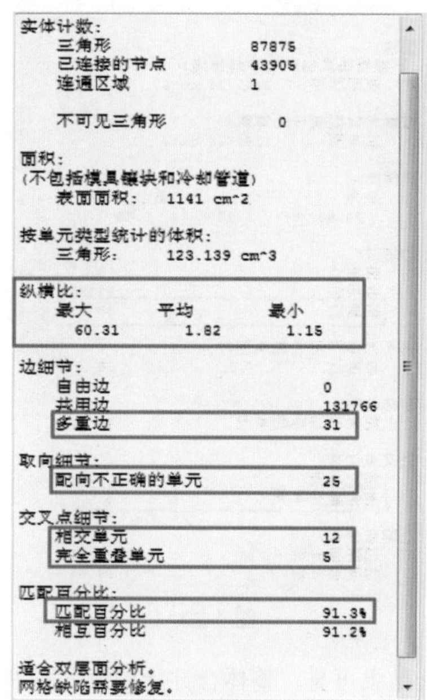

图 4-36

07 从重划分网格的统计结果中可见，纵横比得到很大改善，一一对比其他，也有部分改善。总的说来，利用【网格修复向导】工具自动修复缺陷，效果还是较为理想的。虽然减少了缺陷，但并没有完全消除。接下来用手动修复方法。

5. 手动修复缺陷

手动修复就是先对网格缺陷进行诊断，然后再进行网格编辑。手动修复的重点在于两个方面：一是修复相交和重叠单元，二是改善纵横比。

01 重叠诊断与修复。

（1）在【网格诊断】面板中单击 重叠 按钮，在弹出的自由边诊断【工具】标签中勾选【将结果置于诊断层中】选项，保留其他默认设置，单击 显示 按钮，程序将诊断信息以图像形式显示在屏幕中，如图 4-37 所示。

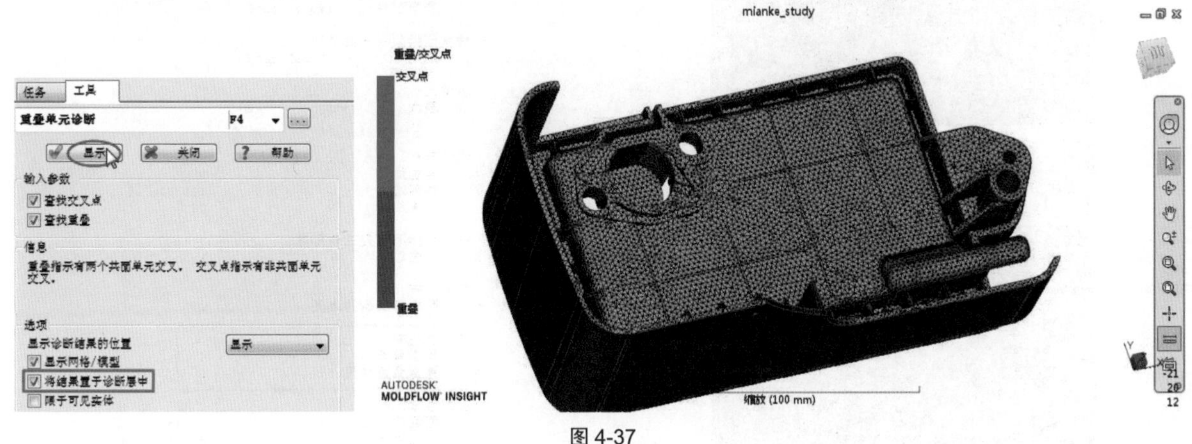

图 4-37

（2）图形区中左侧的重叠诊断色块，红色为自由边，蓝色为多重边。一般说来仅凭肉眼是很难直接找到缺陷网格的，可以利用图层中的显示状态来寻找。在【层】视窗中取消【网格单元】选项的勾选，勾选【诊断结果】选项，在图形区中就会显示诊断的自由边和多重边，如图 4-38 所示。

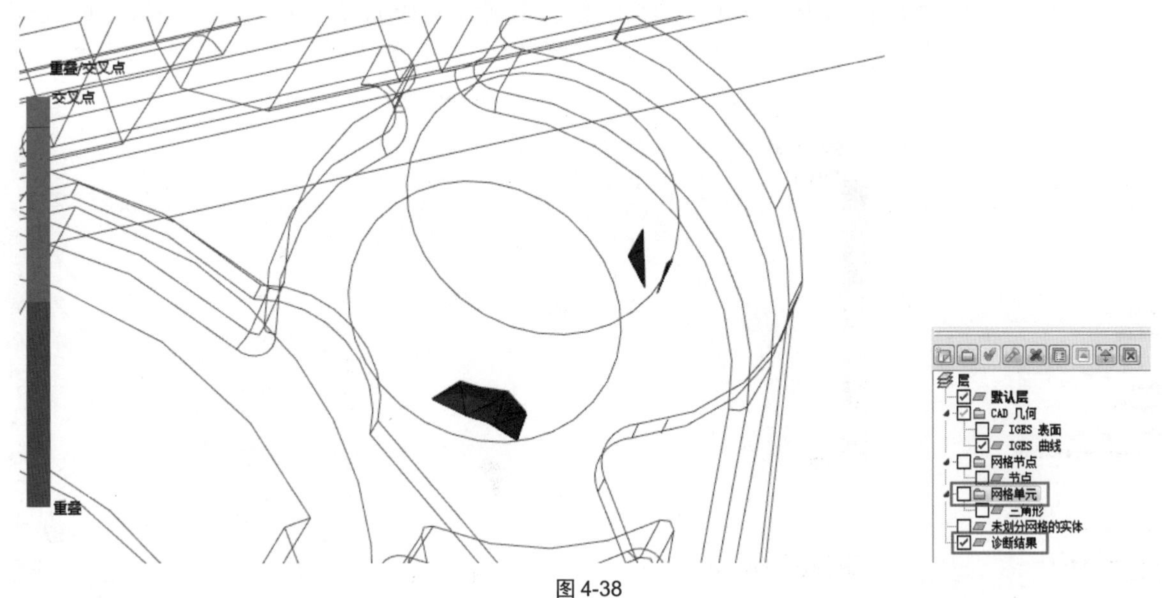

图 4-38

（3）选择所有的蓝色的重叠单元，然后按 Delete 键进行删除。对于交叉单元，处理的办法是合并一些相交单元上的节点，达到减少单元的目的，或者删除相交单元，重新创建三角形网格进行修补。这里使用合并节点的快速修补方法。

（4）在【网格编辑】面板中单击【合并节点】按钮，首先选择要合并到的节点A，再选择要合并的节点B，单击【应用(A)】按钮完成合并，如图4-39所示。另一处的相交位置，删除部分交叉单元即可解决问题。

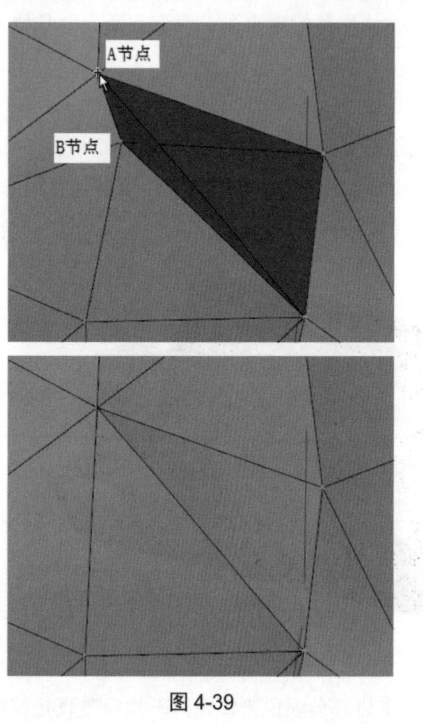

图 4-39

（5）交叉/重叠单元修复后，图形区视窗左侧的重叠诊断色块自动消失，表示修复完成。重新进行网格统计，查看修复效果，如图4-40所示。发现统计数据中相交单元和完全重叠单元为0，修复很成功。但是增加了自由边，下面解决。

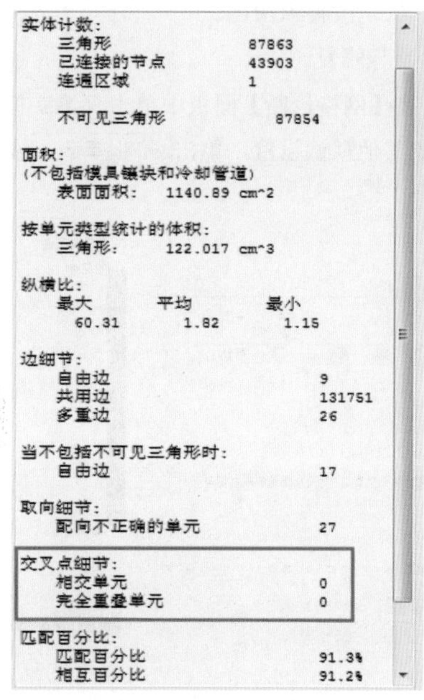

实体计数：
- 三角形 87863
- 已连接的节点 43903
- 连通区域 1
- 不可见三角形 87854

面积：
(不包括模具镶块和冷却管道)
- 表面面积： 1140.89 cm^2

按单元类型统计的体积：
- 三角形： 122.017 cm^3

纵横比：

最大	平均	最小
60.31	1.82	1.15

边细节：
- 自由边 9
- 共用边 131751
- 多重边 26

当不包括不可见三角形时：
- 自由边 17

取向细节：
- 配向不正确的单元 27

交叉点细节：
- 相交单元 0
- 完全重叠单元 0

匹配百分比：
- 匹配百分比 91.3%
- 相互百分比 91.2%

图 4-40

02 自由边诊断与修复。

（1）单击【自由边】按钮，在【工具】标签下勾选【将结果置于诊断层中】选项，单击【显示】按钮，诊断自由边，如图4-41所示。通过诊断发现，其实就是前面重叠单元和交叉单元修复留下的边界没有与主体网格进行缝合。

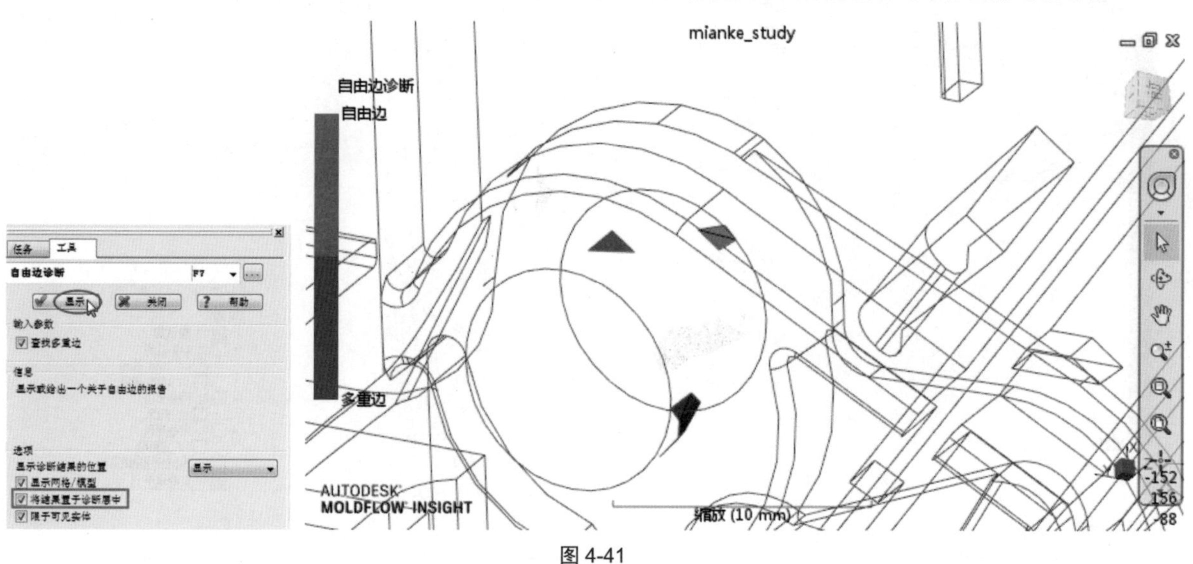

图 4-41

（2）在【网格编辑】面板中单击【网格修复向导】按钮，然后进行自由边的缝合，如图 4-42 所示。

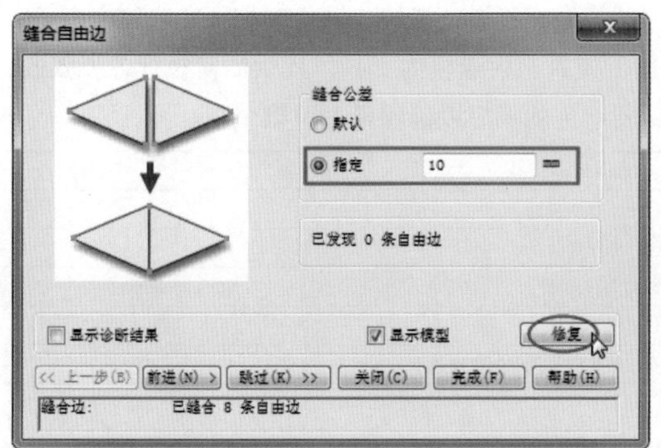

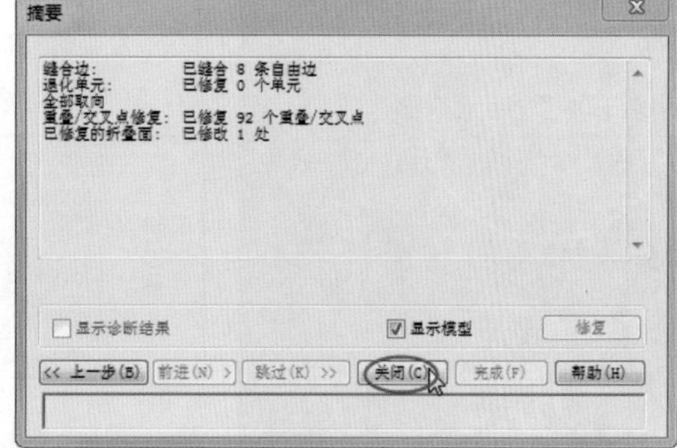

图 4-42

03 至此，就完成了手动修复网格缺陷的操作，最后将项目文件保存。

第 5 章

几何建模

Moldflow 2018 软件拥有强大的模具几何建模功能，如分析模型、模具浇口、流道、冷却管道、气道、滑块、镶件等均可完成建模。

本章将介绍用于模具几何建模的工具，提供如何执行各步骤的详细说明，还将高亮显示要避免的隐患以确保模型可以填充。

项目分解	知识点 01：创建几何
	知识点 02：模型实体的变换
	知识点 03：浇注系统设计
	知识点 04：冷却系统设计
	知识点 05：模具镶件设计
	知识点 04：在三维软件系统中创建模具系统

5.1 创建几何

在 Moldflow 中，几何常用来为零件、流道系统或冷却系统建模，包括节点、曲线、区域（曲面）等。节点、曲线和区域都是几何模型中的组成单元。

5.1.1 创建节点

节点多用于创建浇注系统和冷却系统杆单元中心轴线的端点或区域，节点是一种建模实体，用于定义空间中的坐标位置节点。

要创建节点，需要先导入模型并创建新的工程项目（或者导入新的工程）。导入分析模型后，在【主页】选项卡的【创建】命令面板中单击【几何】按钮，切换到【几何】选项卡，如图 5-1 所示。

图 5-1

在【几何】选项卡的【创建】面板中，单击【节点】按钮展开下拉命令菜单，其中包含 5 种节点创建方法。下面详细介绍这几种节点创建方法。

1. 按坐标定义节点 XYZ 按坐标定义节点

单击模型上任意位置，或者在工作区域中某处单击，它的绝对空间坐标值便显示在工程管理视窗【工具】选项卡的【坐标创建节点】选项板【坐标】文本框中，如图 5-2 所示。单击【应用】按钮完成节点的创建。

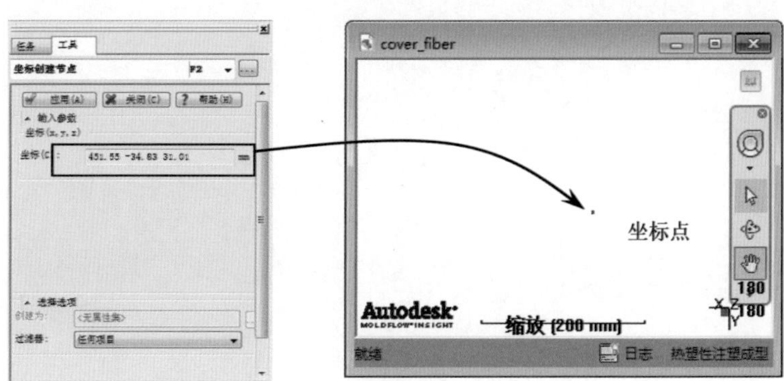

图 5-2

> **技术要点：**
> 当在模型中选择参考时，为了便于准确地选取，可在选项板【过滤器】中选择捕捉方法。

2. 在坐标之间的节点

“在坐标之间的节点”是在基于两个坐标参数之间的假想直线上创建节点。节点数在 1～1000 之间。【工具】选项卡中的【坐标中间创建节点】选项板如图 5-3 所示。

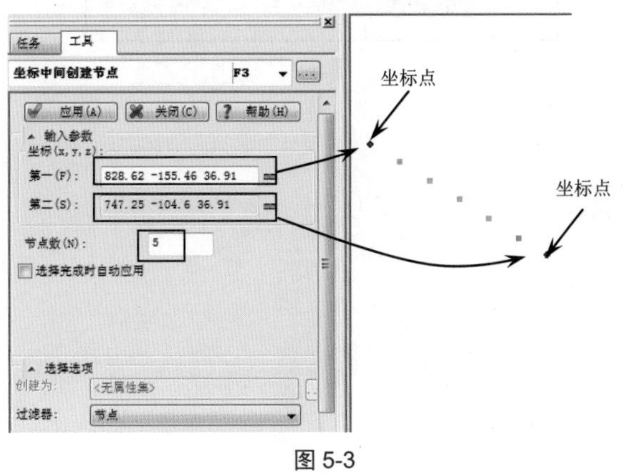

图 5-3

3. 按平分曲线定义节点

“按平分曲线定义节点”用于在所选曲线上创建指定数量的等间距节点。如图 5-4 所示为在已知直线上创建等距平分点的示例。

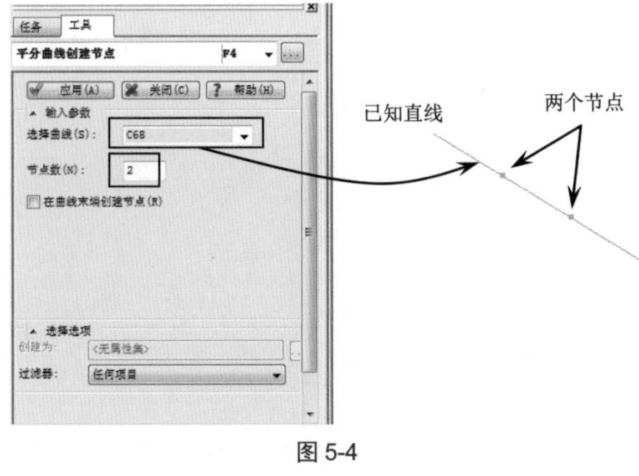

图 5-4

4. 按偏移定义节点

此方式是基于相对于现有基本坐标以指定的距离和方向来创建新节点，如图 5-5 所示。

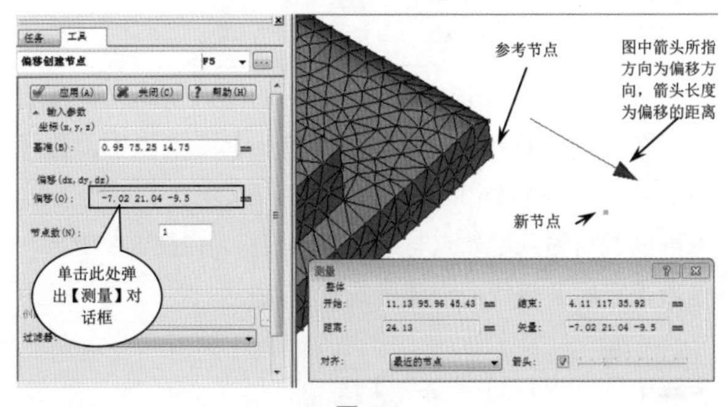

图 5-5

> **技术要点：**
> 也可以直接在选项板中输入基于参考基准的偏移距离值，这样就能精确地控制偏移量。而使用测量方法来创建偏移节点，只能得到相似距离的节点。

5. 按交叉定义节点

“按交叉定义节点”是利用两条曲线的相交而得到的新节点，如图 5-6 所示。

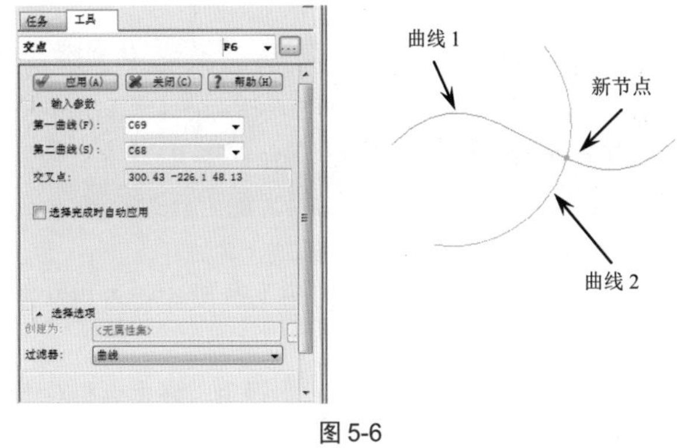

图 5-6

5.1.2　创建曲线

曲线可以是两点间的直线，也可以是由三点或更多点构成的圆弧，如图 5-7 所示。

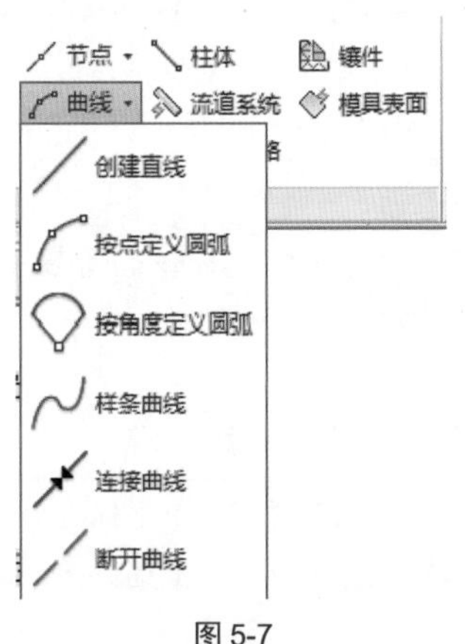

图 5-7

1. 创建直线

在工作区域中选择起始点，它的绝对空间坐标值将出现在【创建直线】选项板的【第一】文本栏中，选择终止点，它的绝对空间坐标值将出现在【第二】文本栏中。也可以手动输入起始点与终止点的坐标，如图 5-8 所示。单击【应用】按钮，创建直线与节点。

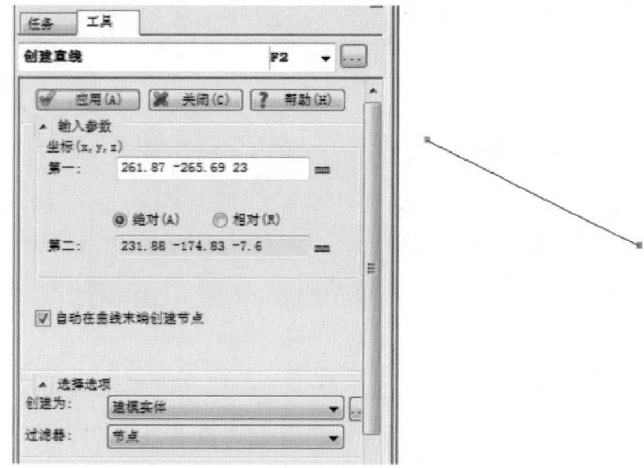

图 5-8

> **技术要点：**
> 如果不想在直线的起点和终点创建节点，可以在【创建直线】选项板中取消【自动在曲线末端创建节点】复选框的勾选。

【创建直线】选项板中各选项含义如下。

（1）【绝对】：按照绝对坐标定义终止点相对于起始点的输入坐标值。

（2）【相对】：按照相对坐标定义终止点相对于起始点的输入坐标值。

（3）【自动在曲线末端创建节点】：创建曲线时在曲线的末端自动产生端点。建议在用已存在节点创建曲线时关掉此选项，可以防止产生重叠的节点。重叠的节点可能会造成杆单元的不连通。

（4）【创建为】：赋予直线属性。单击【浏览】按钮...，打开【指定属性】对话框，可对即将创建的直线定义不同的属性，如图 5-9 所示。

图 5-9

> **技术要点：**
> 如果创建的直线是作为杆单元的轴线，轴线是有方向性的，在选择两点时应注意选择的前后顺序。

2. 按点定义圆弧

【按点定义圆弧】是以三个坐标点来确定一段圆弧或圆。如图 5-10 所示为创建三个点圆弧的选项板。

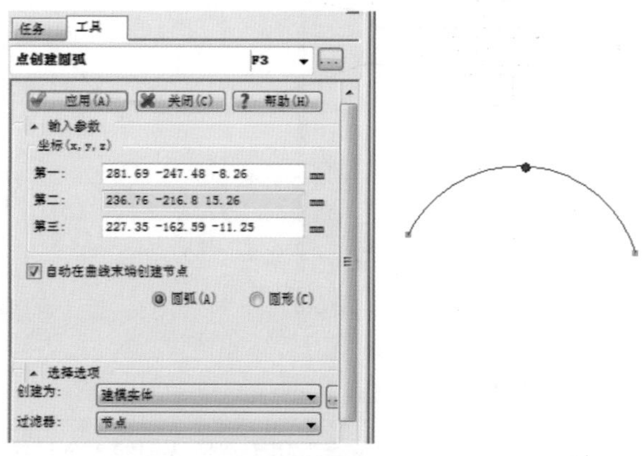

图 5-10

创建圆弧时，起始点不同，同样的三个节点会形成不同的圆弧。以最高点为起始点按顺时针形成的圆弧如图 5-11 所示。以最左边点为起始点按顺时针形成的圆弧如图 5-12 所示。

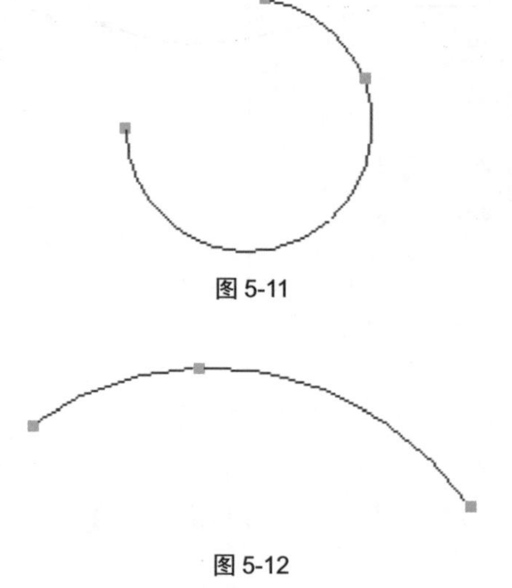

图 5-11

图 5-12

如果在【按点定义圆弧】选项板中单击【圆形】选项，可以创建出圆。

3. 按角度定义圆弧 按角度定义圆弧

通过【按角度定义圆弧】工具可在创建新模型或向现有模型执行添加操作的过程中创建曲线。通过指定的中心点、半径、开始角度和结束角度来创建圆弧或圆。如图 5-13 所示为创建角度圆弧的选项板。

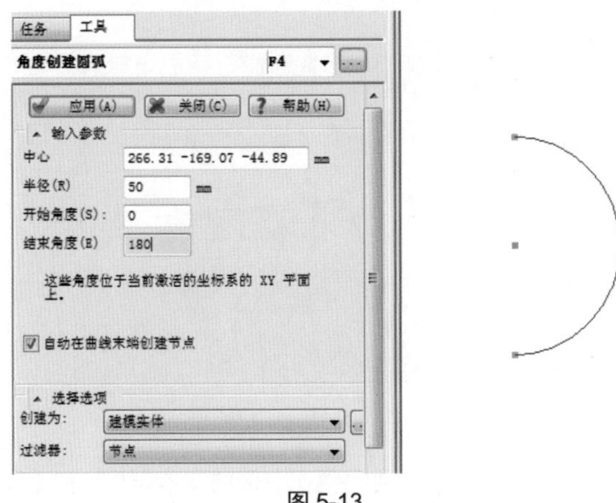

图 5-13

4. 样条曲线 样条曲线

【样条曲线】是通过指定一系列的坐标点来创建样条曲线。每指定一个坐标点或节点，将自动收集在【样条曲线】选项板的【添加】列表中，单击【应用】按钮即可创建样条曲线，如图 5-14 所示。

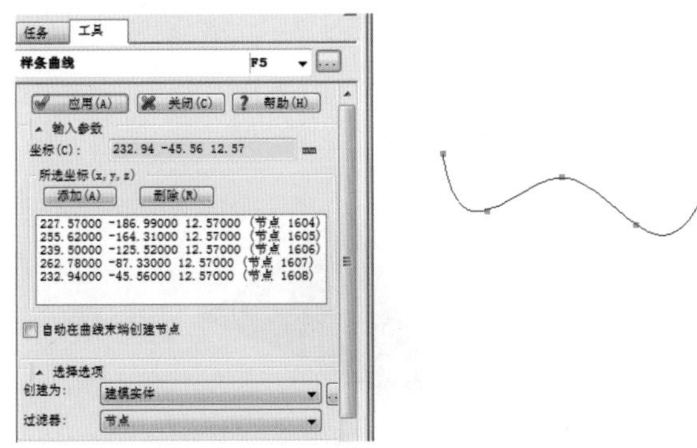

图 5-14

5. 连接曲线 连接曲线

此命令用于创建两条曲线之间的连接线段。如图 5-15 所示为在两条曲线之间创建的连接曲线。

6. 断开曲线 断开曲线

【断开曲线】工具是在现有曲线的交叉点处断开现有曲线来创建新曲线，如图 5-16 所示。

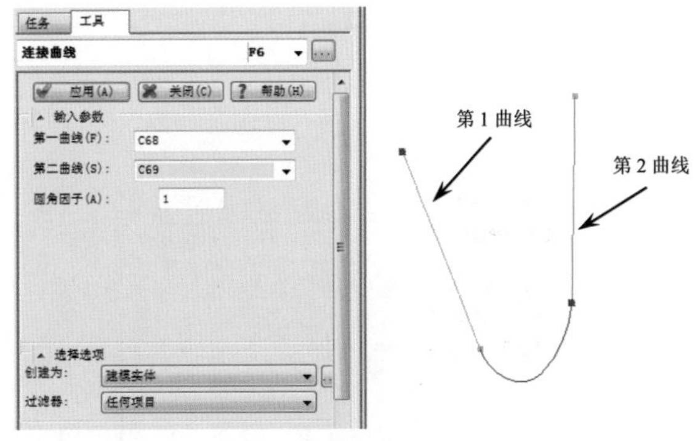

图 5-15

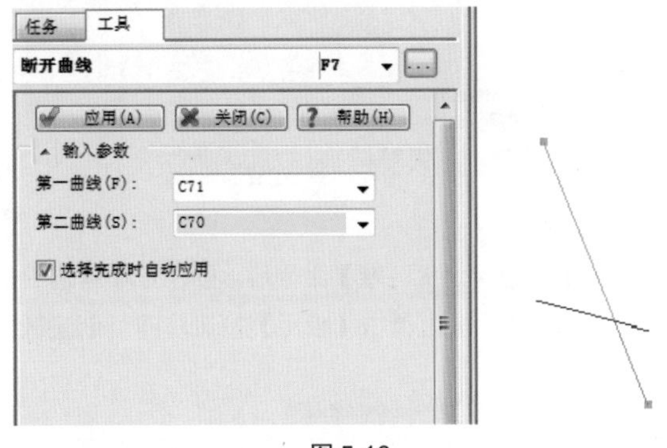

图 5-16

> **技术要点：**
> 要创建断开曲线，现有曲线必须是完全相交的。断开曲线后，相交的两条曲线分别被断开成两部分。

5.1.3 创建区域

多用于创建特征的边界，如尺寸比较大的浇口、模具模板等高级建模中。创建区域的方法有以下几种，如图 5-17 所示。

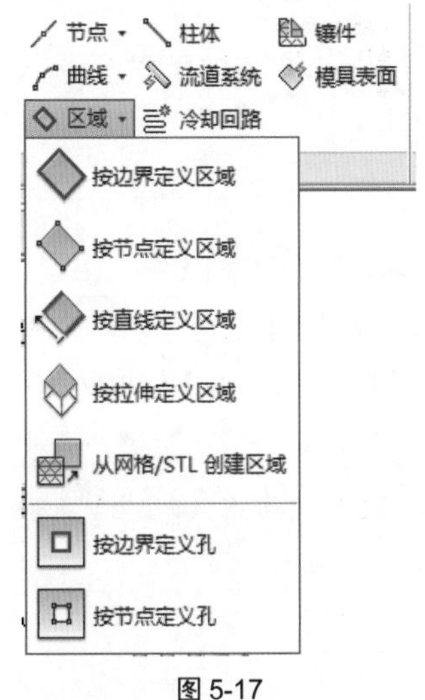

图 5-17

1．按边界定义区域 按边界定义区域

用已存在的曲线创建区域面的形状，如图 5-18 所示。

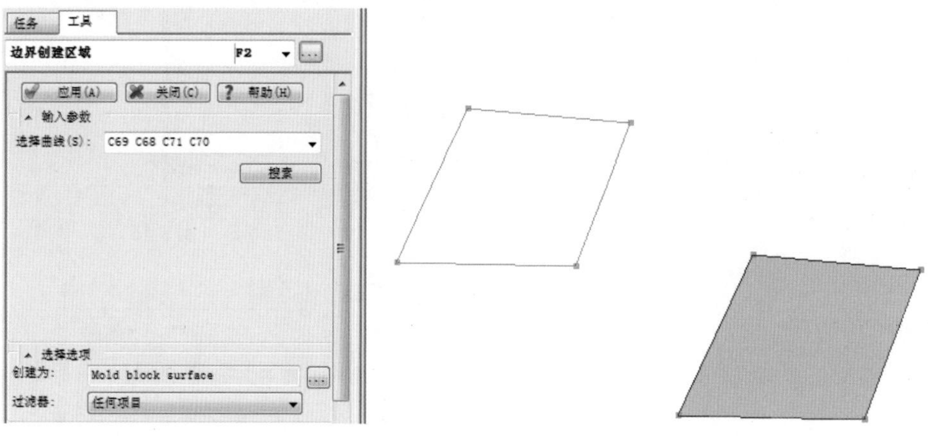

图 5-18

执行【按边界定义区域】命令后，按住 Ctrl 键选中封闭的曲线环，它们的序号将出现在右侧的文本框里。在【边界创建区域】选项板上单击【应用】按钮，即可创建区域。

2．按节点定义区域 按节点定义区域

【按节点定义区域】是指定至少三个或以上的节点来创建区域，如图 5-19 所示。

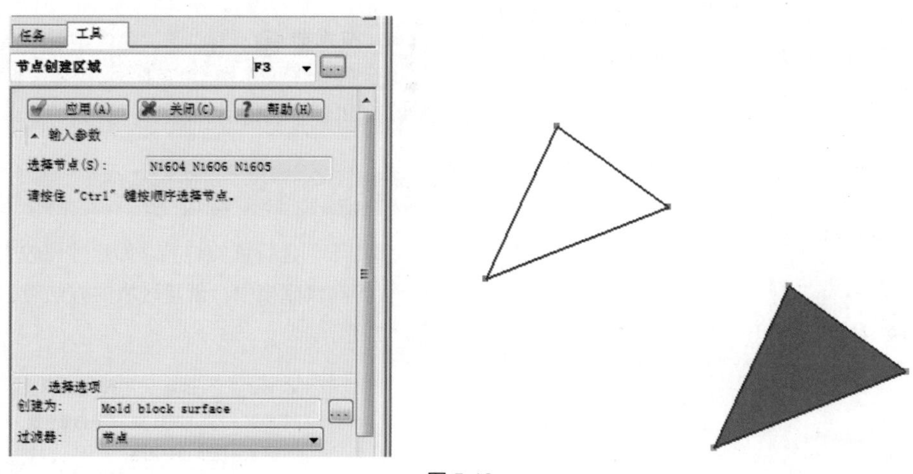

图 5-19

3．按直线定义区域 按直线定义区域

【按直线定义区域】是利用两条曲线作为边界来创建的区域，如图 5-20 所示。选择的直线将被自动收集到【工具】选项卡的【直线创建区域】选项板中。

> **技术要点：**
> 如果勾选【选择完成时自动应用】复选框，在选择两条直线后，将自动创建区域。

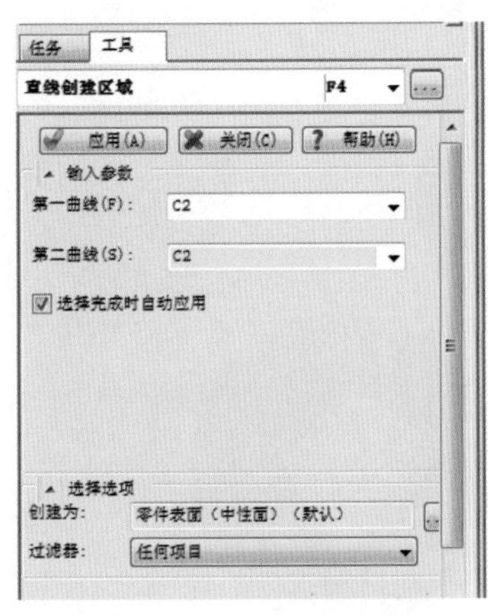

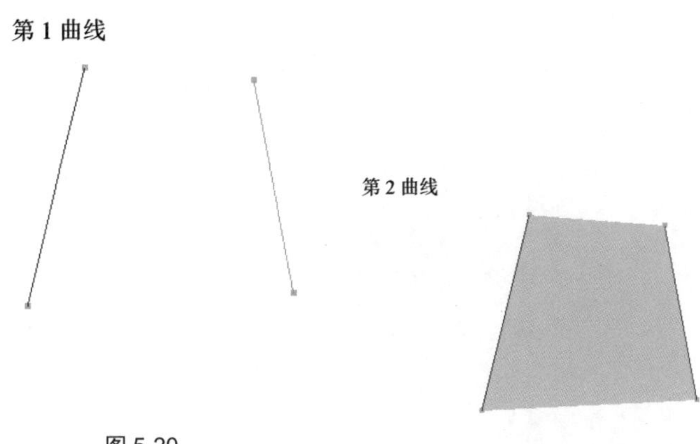

图 5-20

4．按拉伸定义区域 按拉伸定义区域

【按拉伸定义区域】是选择曲线以指定的矢量或输入的矢量点坐标来创建区域，如图 5-21 所示。

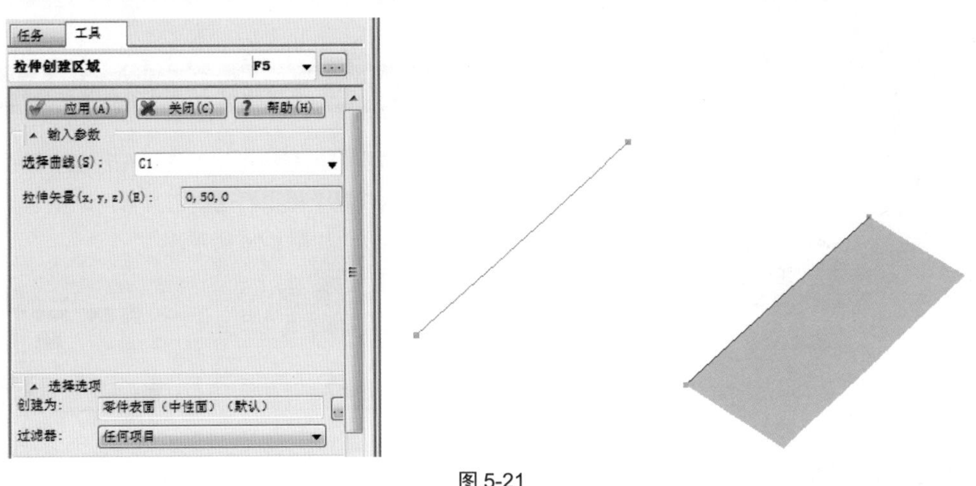

图 5-21

技术要点：

矢量可以是直线，也可以手动输入坐标来确定。

5．按边界定义孔 按边界定义孔

【按边界定义孔】在区域上用封闭的曲线环创建孔。

选择区域，它的序号将出现在【选择区域】文本框里，如图 5-22 所示。

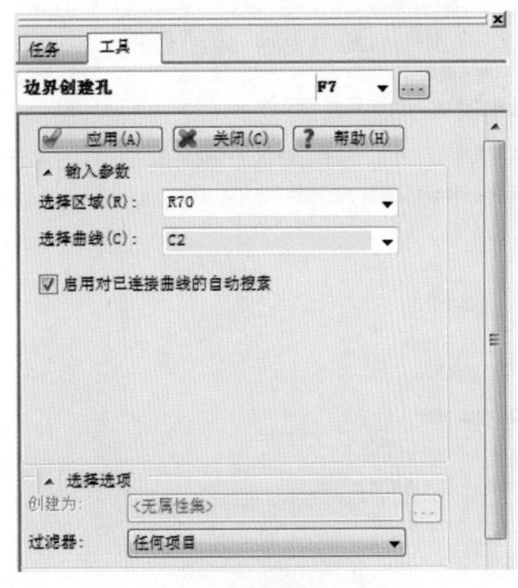

图 5-22

选择和区域共面的封闭曲线环，它的序号将出现在【选择曲线】文本框里。

单击【应用】按钮完成创建。按边界定义孔过程如图 5-23 和图 5-24 所示。

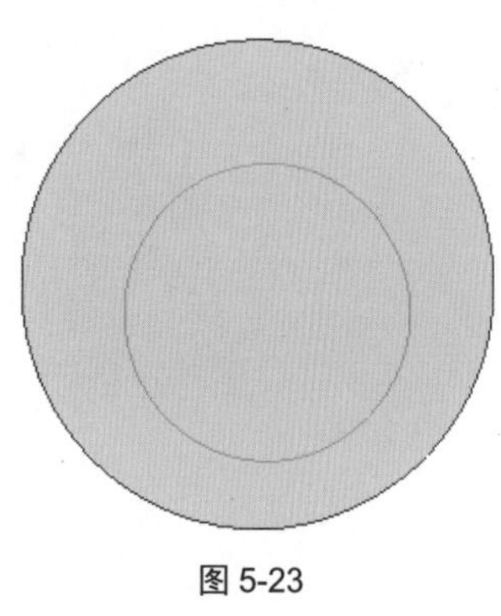

图 5-23

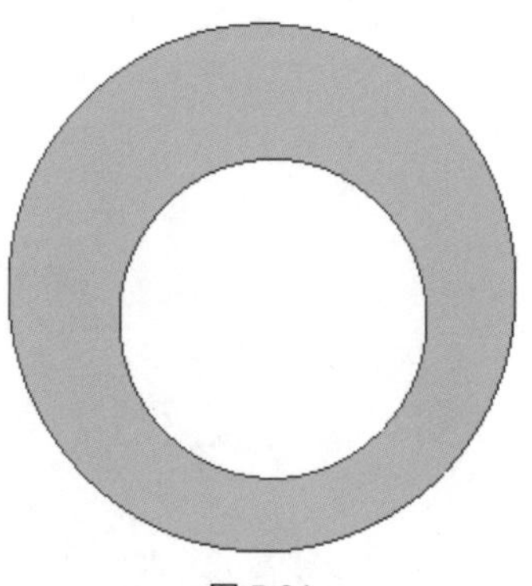

图 5-24

6．按节点定义孔 按节点定义孔

【按节点定义孔】是在区域上利用多个节点创建孔，如图 5-25 所示。

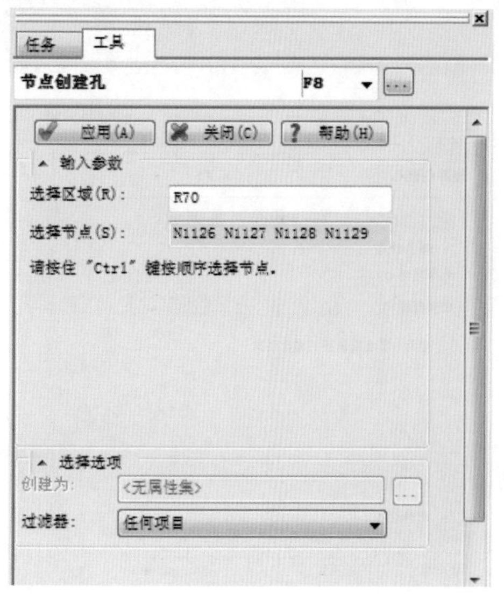

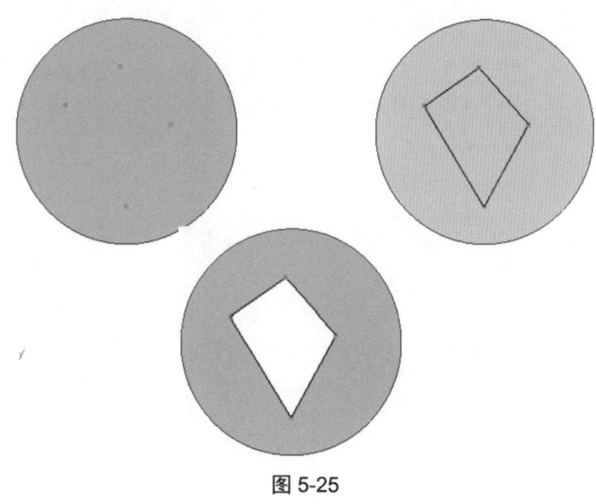

图 5-25

> **技术要点：**
> 在区域中选择点时，需按 Ctrl 键逐一选取。

5.2 模型实体的变换

模型实体的变换操作工具可在特定坐标系周围处理所选实体或整个模型。这些工具常用来创建多型腔或一模多件零件，如图 5-26 所示。

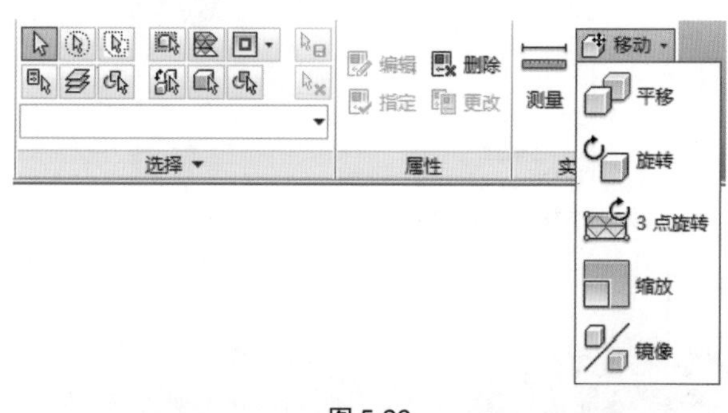

图 5-26

1．平移实体 平移

通过定义一个平移矢量，或者输入相对矢量点坐标，可在特定方向上快速移动 / 复制所选实体。在【实用程序】命令面板中选择【移动】|【平移】命令，在【工具】标签下显示【平移】选项板。选择要移动的实体，并激活【矢量】文本框，弹出【距离】对话框。指定两点作为矢量方向和距离后，单击【应用】按钮完成实体的平移，如图 5-27 所示。

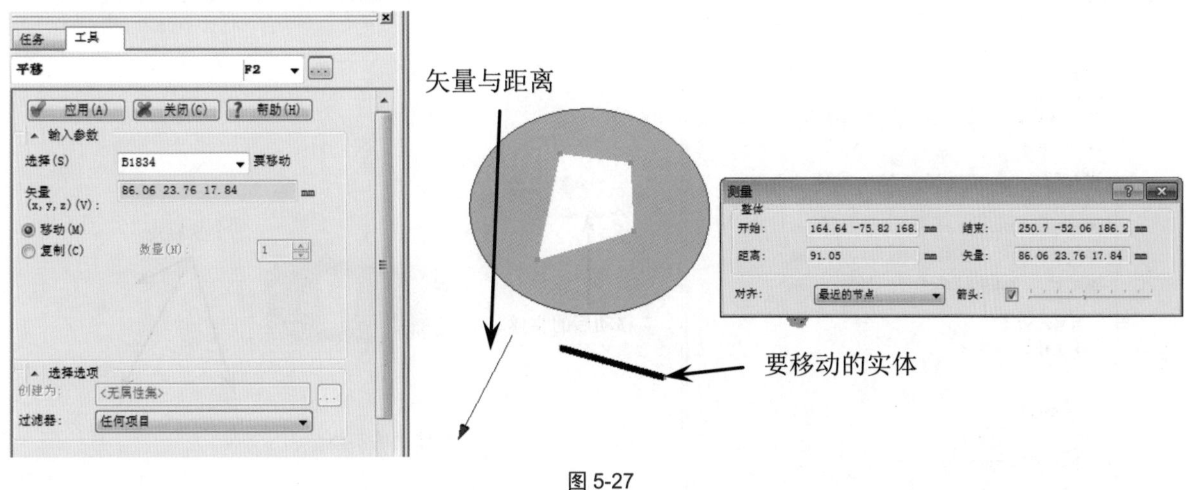

图 5-27

2．旋转实体

【旋转】工具可用于更改实体取向以便和坐标轴对齐。模型取向对于创建有效的流道系统和计算锁模力至关重要。

在【实用程序】命令面板中选择【移动】|【旋转】命令，在【工具】标签中显示【旋转】选项板。选择要旋转的实体或单元，选择旋转轴（X、Y 或 Z），然后输入旋转角度，单击【应用】按钮完成实体的旋转，如图 5-28 所示。

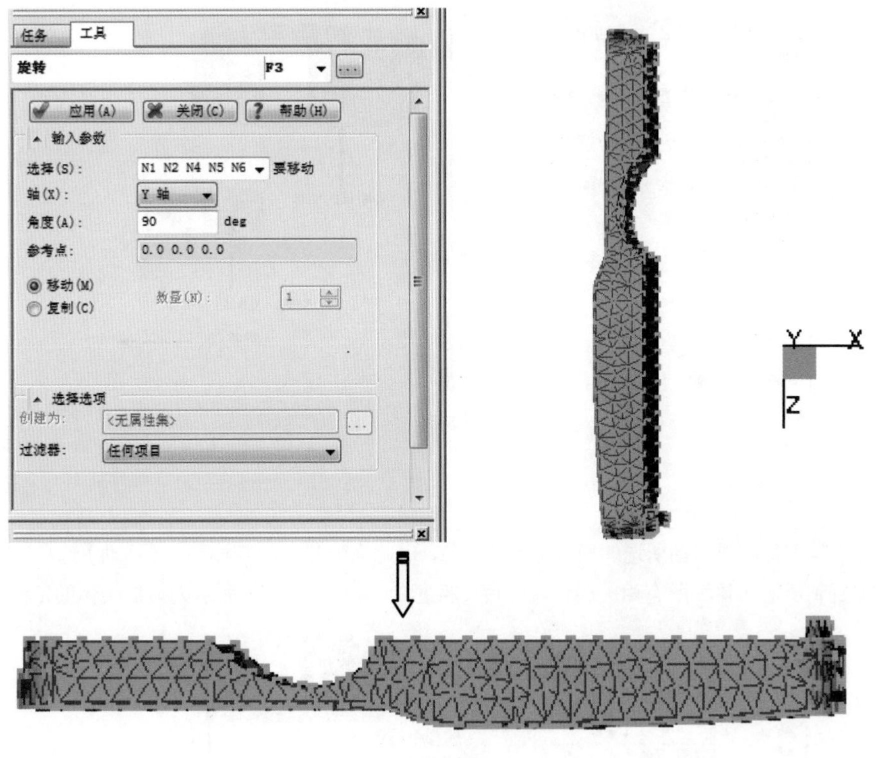

图 5-28

3．3 点旋转实体

【3 点旋转】是指定三个空间坐标点，以达到移动或复制实体的目的，如图 5-29 所示。

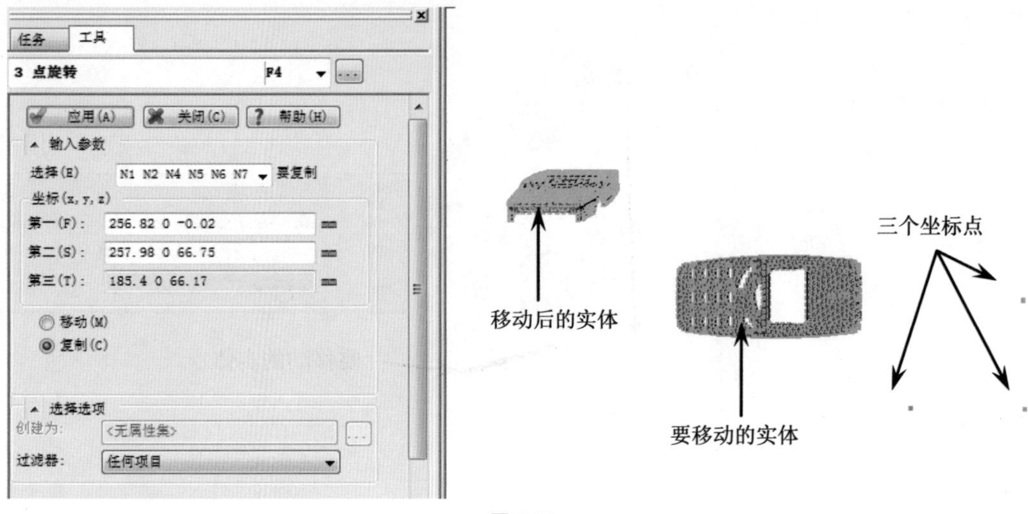

图 5-29

4．缩放实体

【缩放】命令可以按一定的比例因子缩小或放大实体。如果在【缩放】选项板中单选【移动】选项，仅放大原实体，如果单选【复制】选项，可以创建复制实体，如图 5-30 所示。

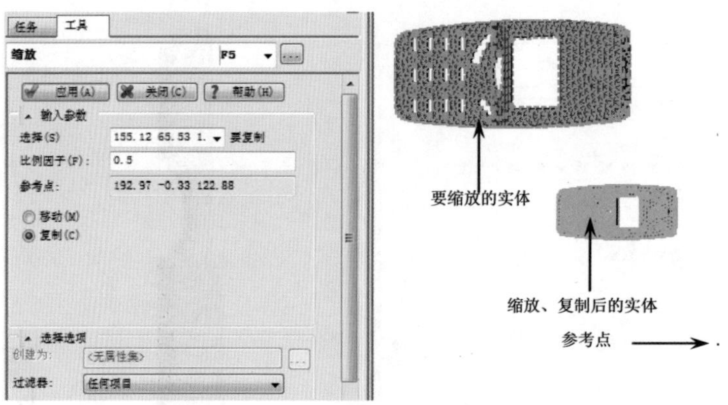

图 5-30

5．镜像实体

使用【镜像】工具可复制或移动所选的模型零件，例如，借此来创建多型腔模型。【移动】选项会转换原始实体。【复制】选项首先复制所选实体和所有相关属性，然后转换新副本。如图 5-31 所示为镜像实体的范例。

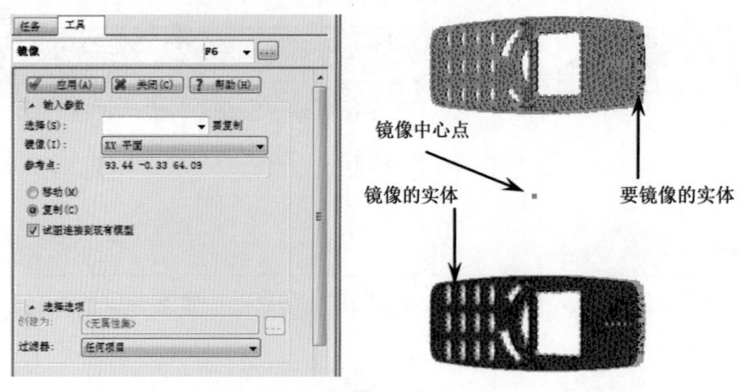

图 5-31

5.3　浇注系统设计

浇注系统是熔融体由机台料筒进入模具型腔的通道，将处于高压下的熔融体快速、平稳地引入型腔。

浇注系统主要由主流道、分流道、浇口和冷料井构成，如图 5-32 所示。

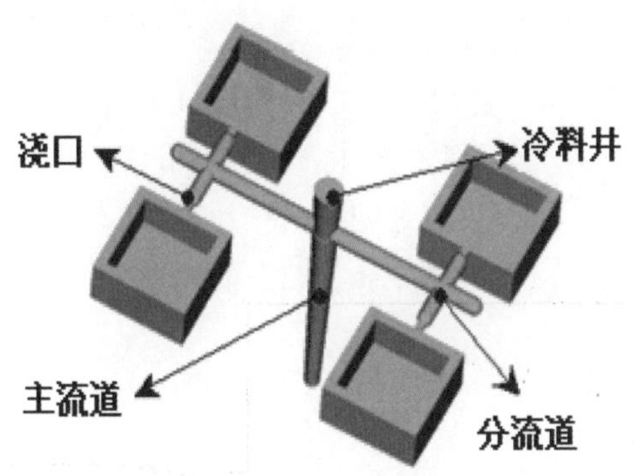

图 5-32

5.3.1　注射位置

Moldflow 中的注射位置是熔融料进入型腔的位置——即浇口位置。如果是利用 Moldflow 的流道系统工具自动创建浇注系统，那么注射位置就很重要了。

技术要点：

如果是手动创建浇注系统，可以不用设置注射位置。注射位置一般是经过最佳浇口位置分析再设置。

在【主页】选项卡的【成型工艺设置】面板中单击【注射位置】按钮，光标由拾取箭头变成注射锥，然后在模型中最佳浇口位置处的节点单击以放置注射锥，如图 5-33 所示。

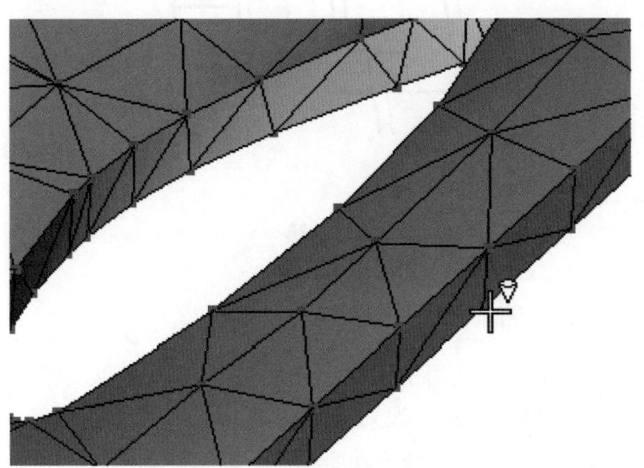

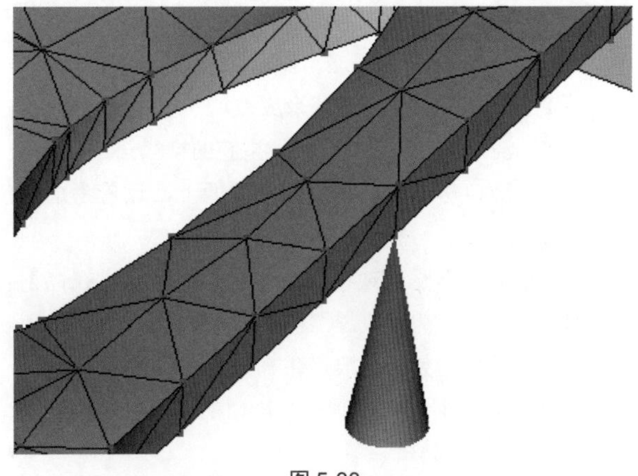

图 5-33

技术要点：

注射锥只表示分析在数学上的起点，与浇口的尺寸无关。如果初始分析导致填充不平衡，可改变注射位置或再添加一个注射位置以解决该问题。

有时注射锥的方向（也是融熔料经浇口进入型腔的方向）无法满足浇注，可选中注射锥后按住左键，以此调整其方向，如图 5-34 所示。

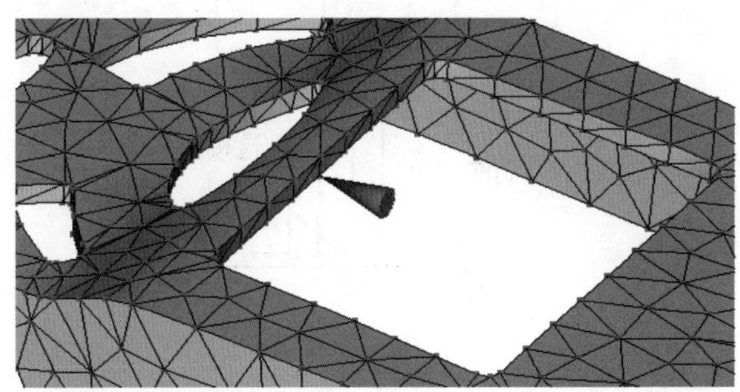

图 5-34

5.3.2　应用案例：创建浇口

在模具设计阶段，鉴于客户对产品品质的要求和产品特征的复杂性，尤其当有较多倒扣或侧凹、侧孔特征存在时，会用到复杂的模具成型机构，因此选择适当的进浇位置浇口类型关系到注塑过程能否顺利进行和制品的成型质量的保证。在选择浇口位置时应注意以下几点。

（1）无论是两板模还是三板模，都应优先考虑从产品肉厚处进浇，既可防止熔融体提前凝固堵住流动路径，还可改善局部缩水。

（2）两板模的浇口尽量选在分型面上，便于浇口的加工和去除。

（3）不管是一点进浇还是多点进挠，应尽量保证型腔充填的平衡性，这样可以有效避免局部过保压。

（4）浇口的尺寸应满足整个型腔的充填。尺寸太小的浇口不利于压力的传递，保压的效果比较差，如果一味提高射压容易产生过多残余应力。

（5）浇口位置的选择应利于型腔的排气。

（6）浇口尽量不选在产品外观面上，还应考虑到浇口易于切除。

（7）浇口不要正对着型芯。小型芯很容易在高射压下被冲变形或发生移位。

（8）尽量避免熔接痕产生在产品外观面上，尤其是采用多点进浇时，应控制每个浇口的流量，把熔接痕驱赶到不明显的部位。

下面介绍常见的几种浇口类型。

1．直接浇口

直接浇口多用于单型腔的二板模，其中主流道以最小压力降快速将材料直接注入型腔，如图 5-35 所示。

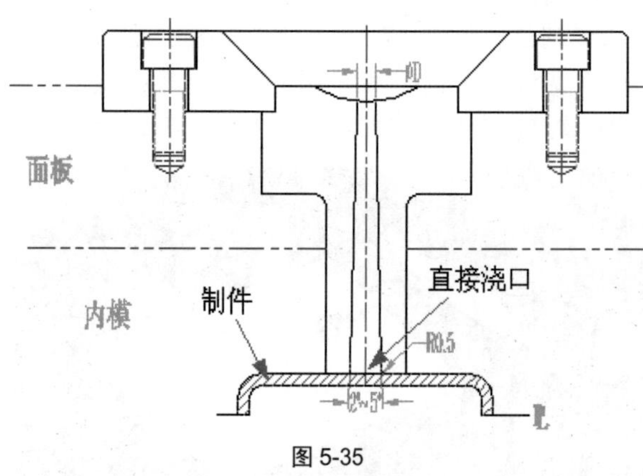

图 5-35

直接浇口也称大浇口。此类浇口多用于热敏感性及高黏度塑料，以及具有厚截面和品质要求较高的成品。具有成品精度高、品质佳、充填性好、压力损失少、不需加工流道的优点。缺点是去除制品中料困难，且会在制品上留有较大痕迹。

2．侧浇口

侧浇口应用广泛，适用于众多注塑制品的成型，尤其对一模多腔的模具更为方便，需引起重视的是，侧浇口深度尺寸的微小变化可使塑料熔体的流量发生较大改变，所以侧浇口的尺寸精度对生产效率有很大影响。典型的侧浇口如图 5-36 所示。另外，由于侧浇口尺寸一般较小，同时正对着一个宽度与厚度较大的型腔，高速流动的熔融体通过浇口时会受到很高的剪切应力，产生喷射和蛇形流等熔体破裂现象，在制品表面留下明显的喷痕和气纹，为解决此缺陷并减少成型难度，对于外观要求较高的制品，可采用护耳式侧浇口，其形状如图 5-37 所示。

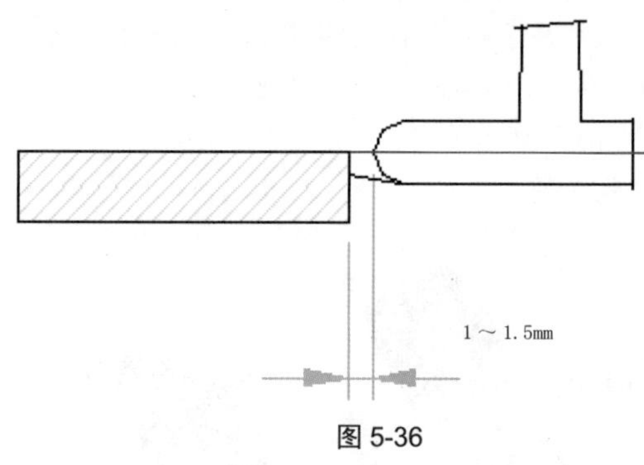

图 5-36

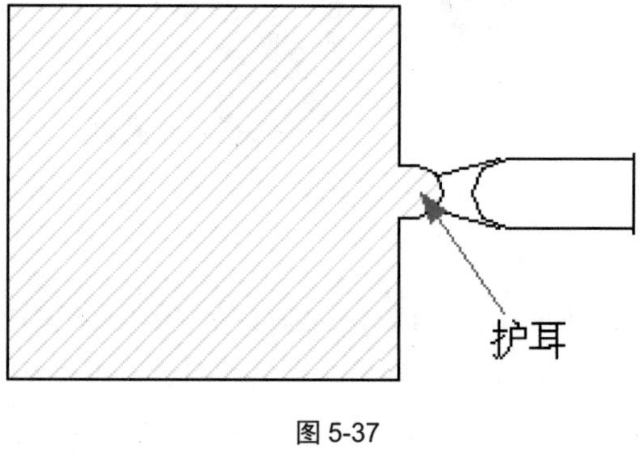

图 5-37

3．重叠浇口

重叠浇口适用于除硬质 PVC 外的所有模塑材料。其优点是不会在制品上留下残痕，对于平面形的制件有防止喷射现象的作用。其缺点是加工困难，切除及修饰浇口工作量大，压力损失大。其形状如图 5-38 所示。

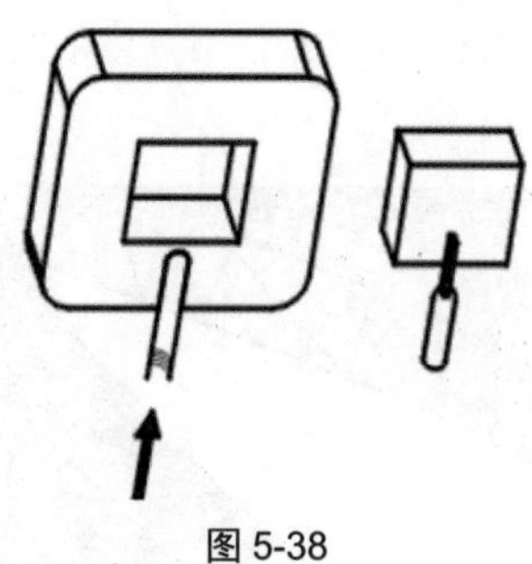

图 5-38

4．薄片浇口

薄片浇口适用于大型薄膜制件，如板、片以及容易因充填材料（玻璃纤维）产生流动配向而变形的制件等。其优点是能提高大的流动面积，充填时间快且充填均匀翘曲现象小，成型品质佳等；缺点是不易清除。其形状如图 5-39 所示。

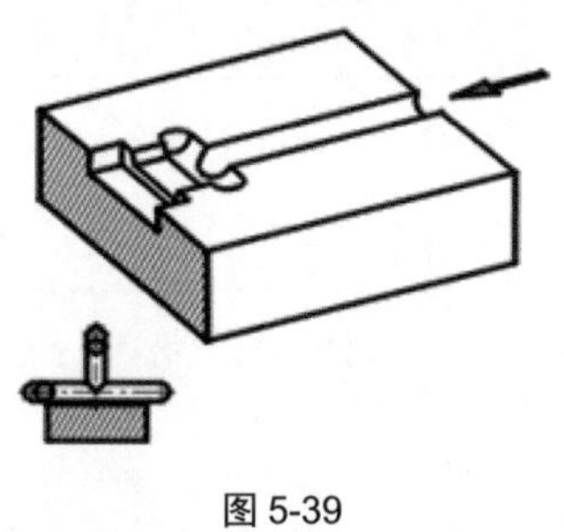

图 5-39

5. 扇形浇口

扇形浇口适用于大型薄壁制件。其优点是塑料进入模穴后横向分配较平均且充填均匀，能减少熔接线及其他制品缺陷。缺点是浇口残痕较大，不易清除，制品需进行整修。其形状如图 5-40 所示。

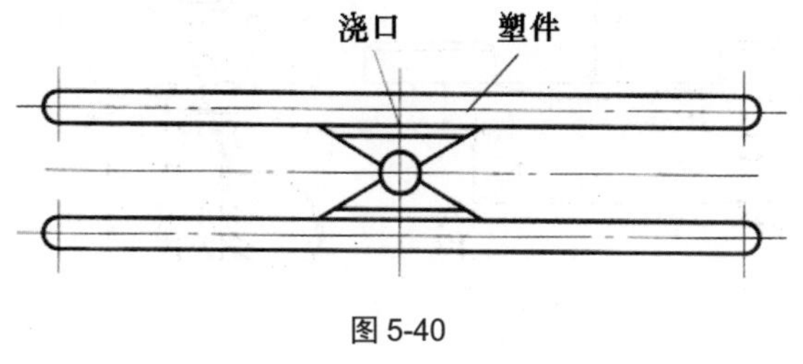

图 5-40

6. 耳形浇口（凸片浇口）

耳形浇口适用于平面的薄壁制件，以及硬质 PVC、PC 等。其优点是可防止喷射，能均匀地充填型腔。缺点是浇口残痕较大，压力损失较大。其形状如图 5-41 所示。

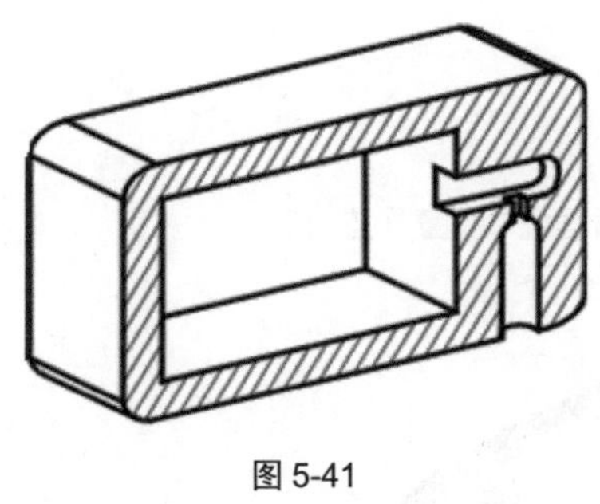

图 5-41

7. 点浇口

点浇口用于细水口模具，浇口附近歼余应力小，在成型制品上几乎看不出浇口痕迹，开模时浇口会被自动切断，对设置浇口位置限制较小。因此，对于大型制品多点进料和为避免制品成型时变形而采用的多点进料，以及一模多腔且分型面处不允许有进浇口（不允许采用侧浇口）的制品非常适合。该类浇口应用广泛，但需要增加分型面以便凝料脱模。如图 5-42（a）所示为单点浇口，图 5-42（b）所示为双点浇口，图 5-42（c）所示为四点浇口。

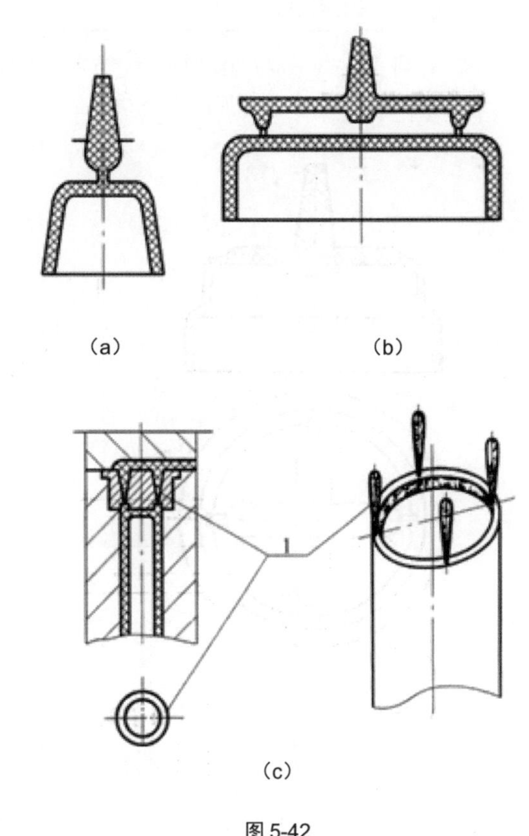

图 5-42

8. 盘形浇口

盘形浇口使塑料在制品整个截面均匀扩散，同时填充型腔，适用于单型腔筒形制品。盘形浇口如图 5-43 所示。

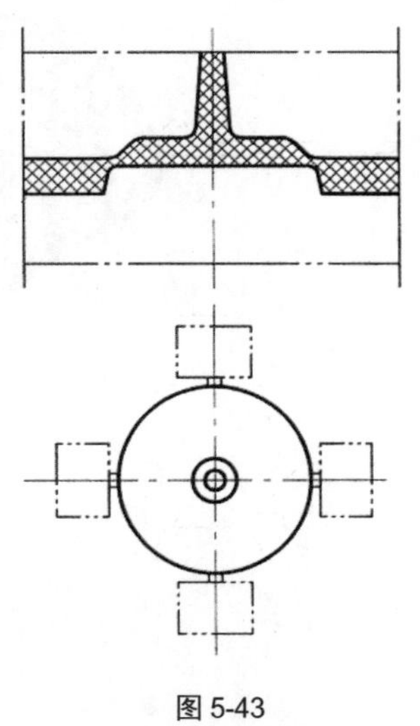

图 5-43

9. 环形浇口

环形浇口用于成型周期较长、截面较薄的筒形制品，填充效果均匀。环形浇口如图 5-44 所示。

10. 潜伏式浇口（或弧形浇口）

潜伏式浇口与针点式浇口的适用范围、优缺点都相同。潜伏式浇口相当于把点浇口折弯潜入，但加工困难，压力损失大，顶出也困难。其形状如图 5-45 所示。

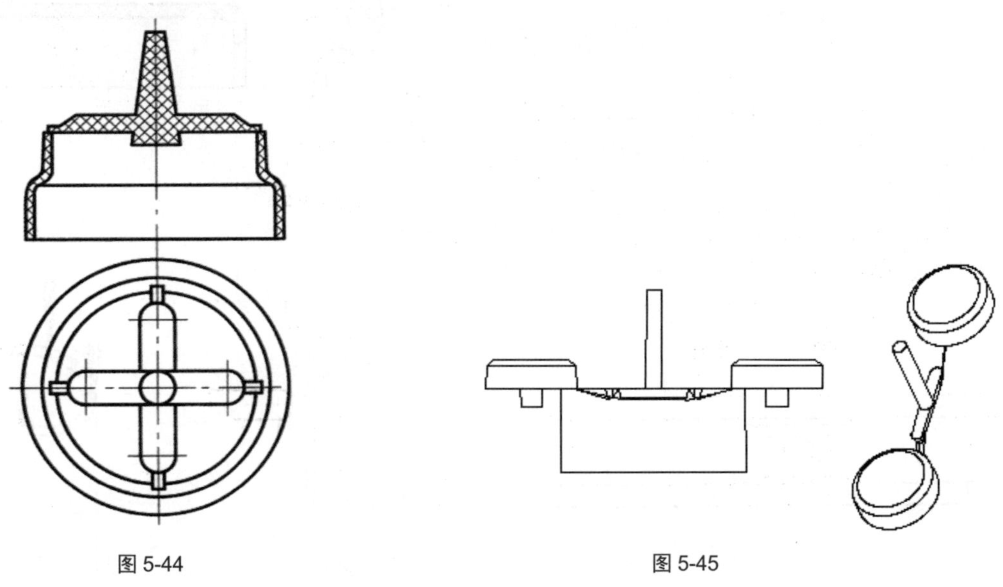

图 5-44　　　　图 5-45

11. 创建潜伏式浇口案例

下面以一个潜伏式浇口创建案例来说明 Moldflow 的应用。分析模型为一手机外壳，手机外壳的表面光洁度要求是很高的，一般采用潜伏式进胶。

如图 5-46 所示为最佳浇口位置分析的结果。

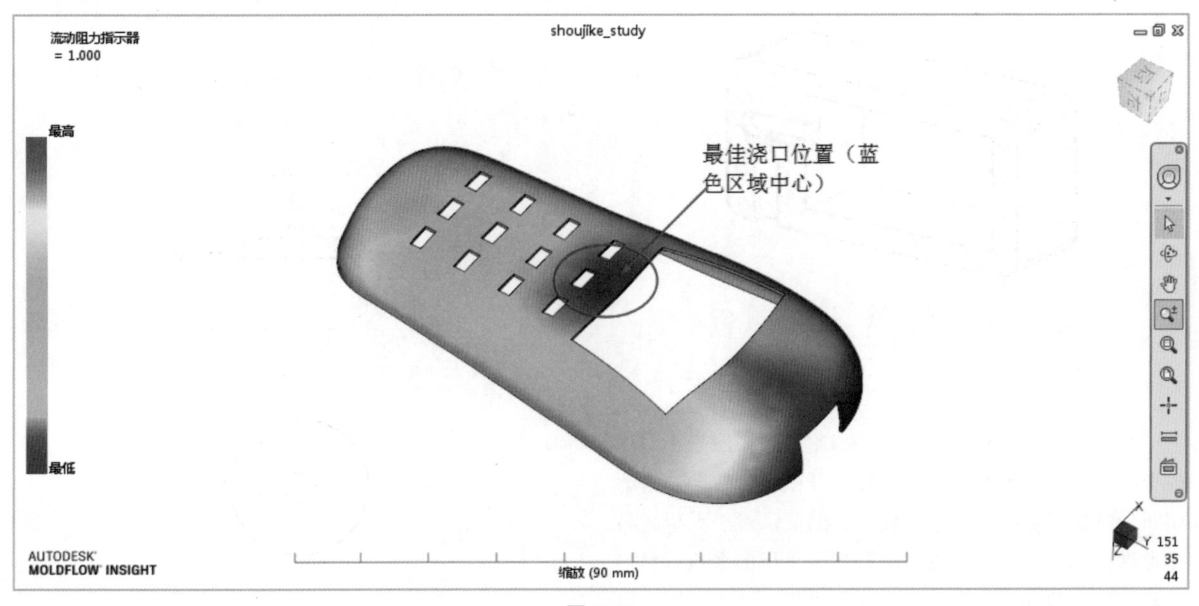

图 5-46

如图 5-47 所示为最佳浇口位置分析后得到的注射锥，将在注射锥位置创建潜伏式浇口。

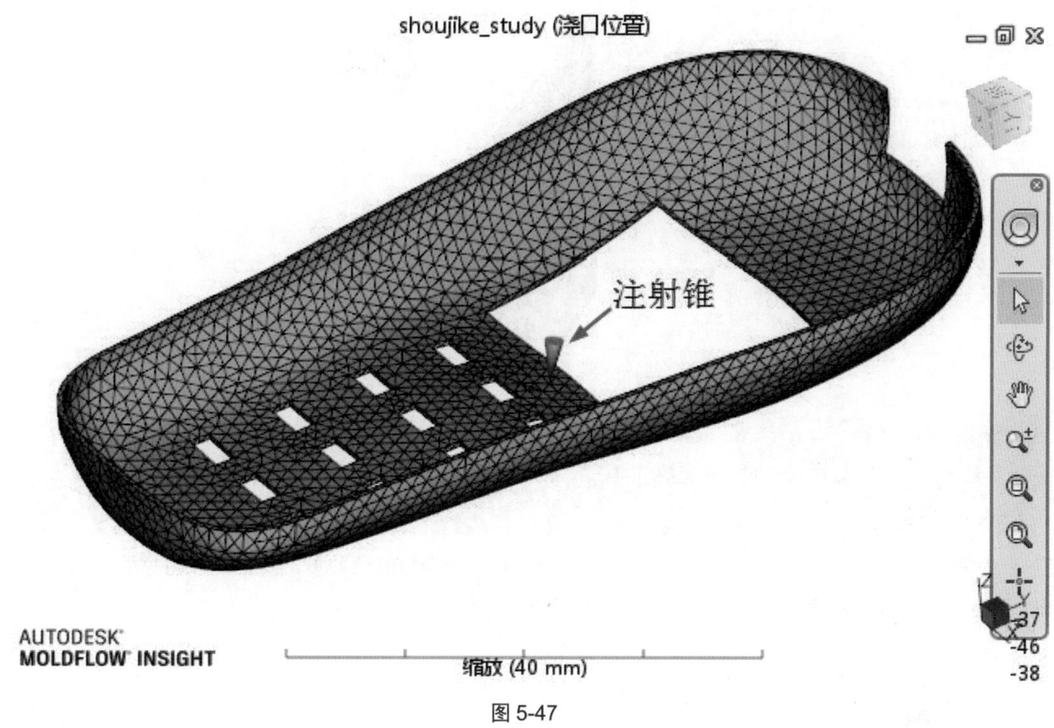

图 5-47

01 从本案例光盘源文件夹中打开“手机壳 .mpi”工程文件。已经完成了网格划分和最佳浇口位置分析。在工程视窗中双击 shoujike_study （浇口位置）子项目，可以查看最佳浇口位置上已经添加了一个注射锥，接下来在注射锥位置创建潜伏式浇口。

02 在【主页】选项卡【创建】面板中单击【几何】按钮，进入 Moldflow 几何创建模式（打开【几何】选项卡）。

03 利用【按偏移定义节点】工具，【工具】标签下显示【按偏移定义节点】选项板。首先选择注射锥位置的节点作为参考点，然后在【偏移】文本框内输入相应的偏移值，即可创建出偏移的节点，如图 5-48 所示。

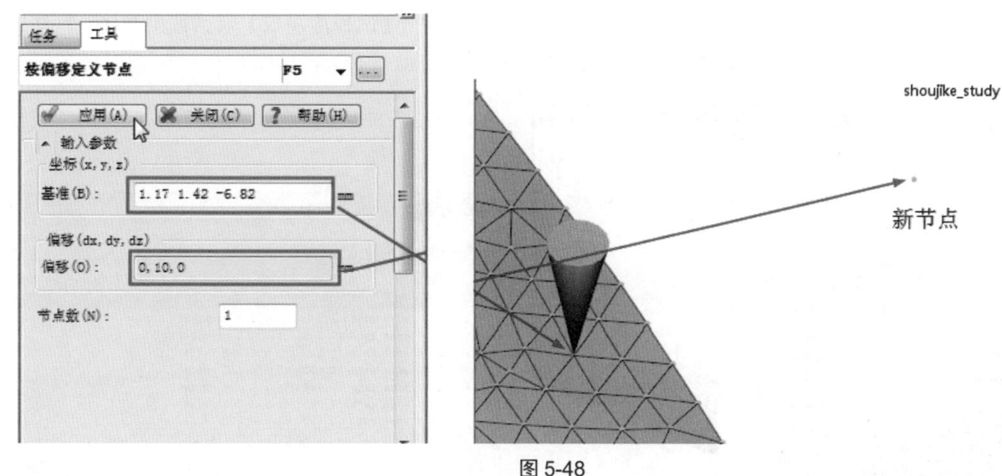

图 5-48

技术要点：

输入偏移值时，用相对坐标输入的方式进行。0,10,0 表示根据参考点的位置计算，在 X 方向平移 0、Y 方向偏移为 10、Z 方向偏移为 0。

此外，在创建新节点时，先要在【层】视窗中勾选【网格节点】选项，显示所有节点，便于选取参考节点。

04 利用【按点定义圆弧】工具，创建如图 5-49 所示的圆弧。此圆弧为潜伏浇口的轴线。

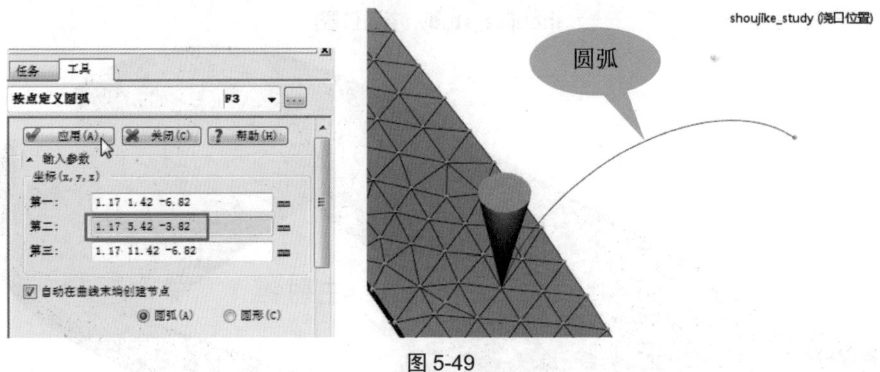

图 5-49

> **技术要点：**
> 三点定义圆弧，第一点选取注射锥位置的节点，第三点选择偏移的新节点，关键是第二点，可以选取新节点作为参考，然后对坐标值进行修改即可。

05 接下来为浇口轴线赋予浇口属性。选中轴线，轴线由深紫色变为粉红色。单击右键，在指令框中选择【属性】指令，在随后出现的对话框中单击【是】按钮，如图 5-50 所示。

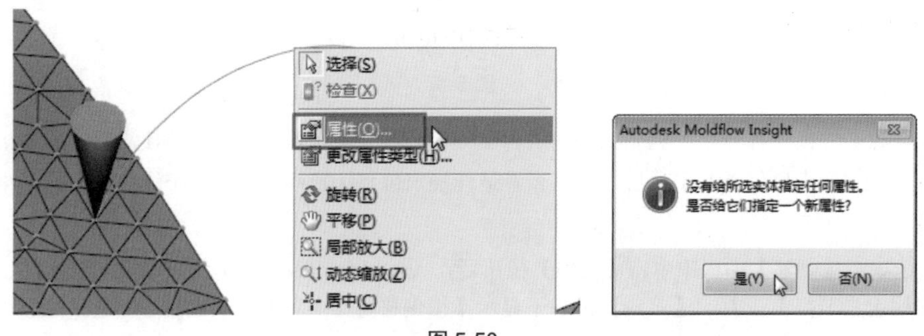

图 5-50

06 在弹出的【指定属性】对话框中选择【冷浇口】命令，然后在弹出的【选择冷浇口】对话框中选择一种浇口的规格尺寸（1.5mm th ×4.5mm wide），单击【选择】按钮，随后再单击【编辑】按钮，如图 5-51 所示。

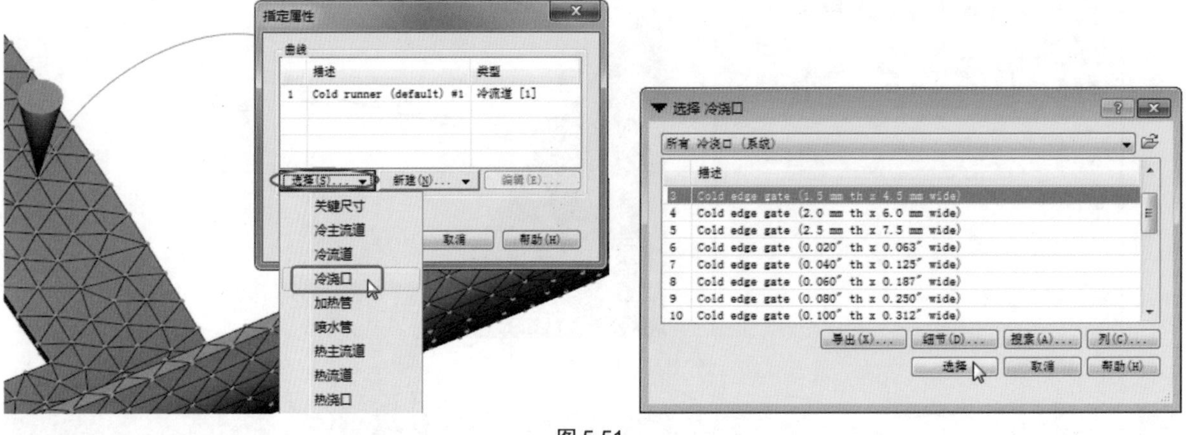

图 5-51

07 在【指定属性】对话框中单击 编辑(E)... 按钮，再在弹出的【冷浇口】对话框中重设置浇口前后的截面圆尺寸，如图 5-52 所示。

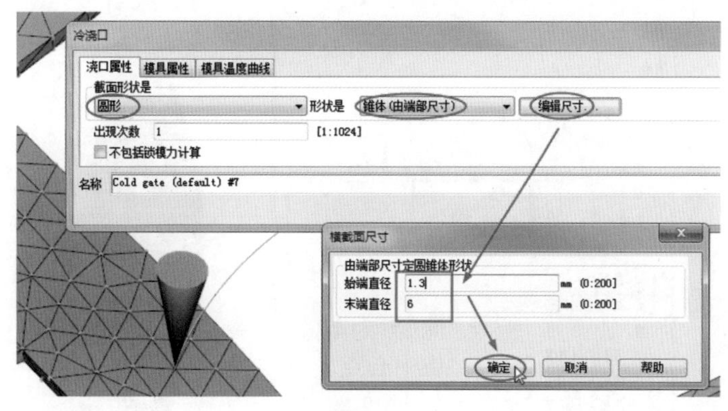

图 5-52

08 单击多个对话框中的【确定】按钮，完成属性的指定。最后进行网格的划分。

09 在【主页】选项卡中单击【网格】按钮，打开【网格】选项卡。在【网格】选项卡的【网格】面板中单击【生成网格】按钮，然后在【工具】标签【生成网格】选项板中设置网格单元边长值，最后单击【应用】按钮完成潜伏式浇口的创建，如图 5-53 所示。

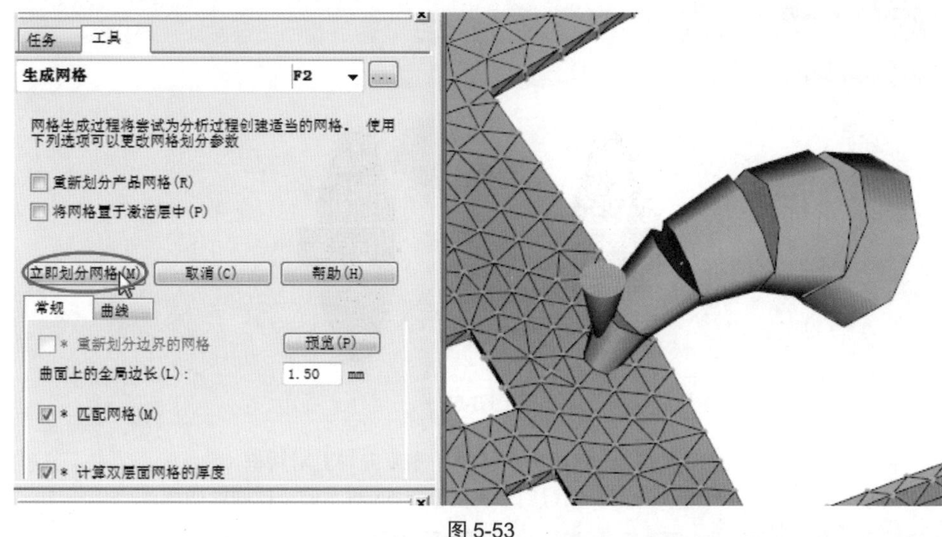

图 5-53

5.3.3　应用案例：创建流道

模具的流道分为主流道和分流道。主流道是直接连接注塑机嘴的部分，分流道是到达各型腔的干道。是否创建分流道，是由浇口的类型来决定的。

流道和浇口一样，它的截面形状有很多种。不同截面的流道，它们的特性差异很大。当一种流道创建后，可以通过直接改变它的截面形状来使它变成另外一种截面形状的流道。下面举例来说明流道的手动创建方法。

1. 创建型腔布局

在分析模型中创建浇口后，利用“镜像”命令来创建型腔布局。

01 打开本案例的工程项目源文件“塑料结构件 .mpi”。在【查看】选项卡【视角】面板中输入旋转角度“180 180 90”，调整视图。

02 单击【主页】选项卡中的【几何】按钮，打开【几何】选项卡。

03 在【几何】选项卡的【实用程序】面板下单击【移动】|【镜像】命令，在【工具】标签下显示【镜像】选项板。

04 框选选中模型及浇口，然后在选项板中设置如图 5-54 所示的选项及参数，最后单击【应用】按钮完成型腔的布局。

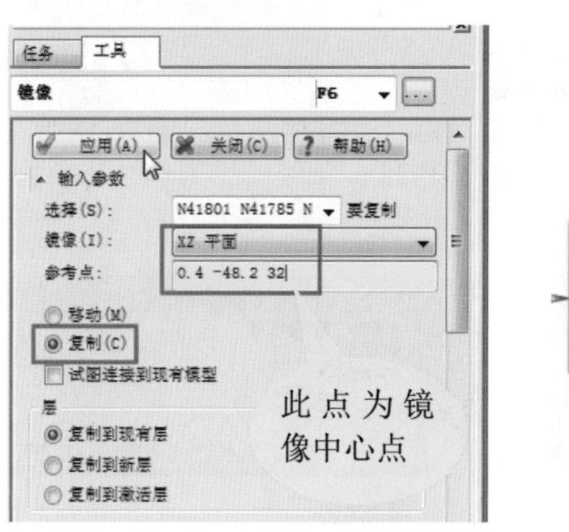

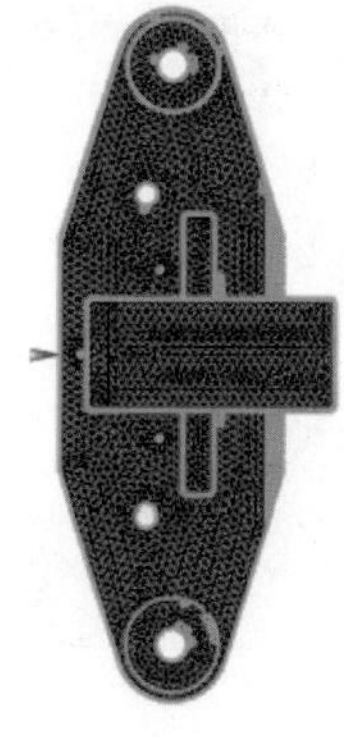

图 5-54

技术要点：

在设置镜像参考点时，可以先选择已有的节点，然后修改其在镜像方向的值即可。例如，本案例要以 XZ 平面为镜像平面，应该在 Y 方向进行镜像，修改 Y 坐标值即可。再例如，选取的节点坐标为（0.4 18 30），修改为（0.4 –48 30）即可。每个读者所选取的节点不会是相同的，所以按此方法设置。

05 创建型腔布局如图 5-55 所示。

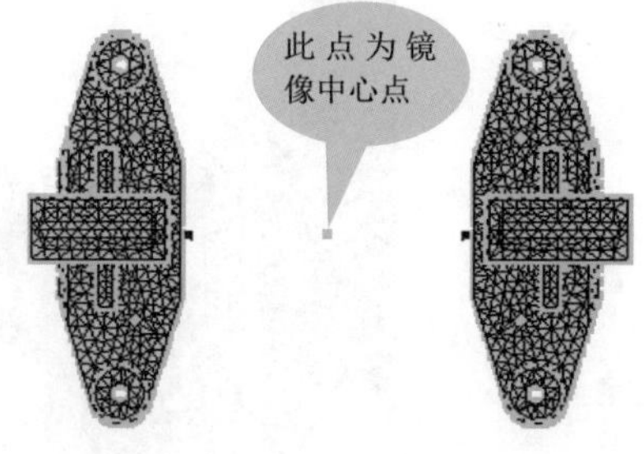

图 5-55

06 在【修改】面板中单击【型腔重复】按钮，弹出【型腔重复向导】对话框。

07 在对话框中输入相应的值后，单击【确定】按钮创建出如图 5-56 所示的一模四腔布局。

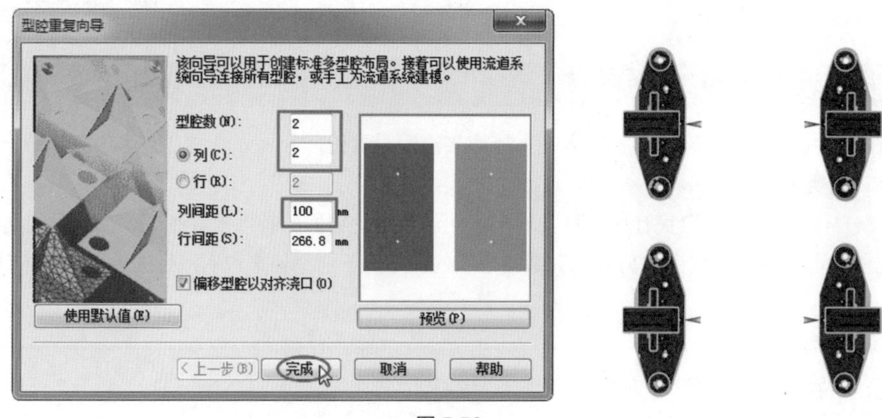

图 5-56

2．绘制流道的轴线

01 使用【创建】面板下的【曲线】|【创建直线】工具，以浇口末端的端点为起始点建立流道的轴线，如图 5-57 所示。确定轴线长度时应以排穴的距离为准。

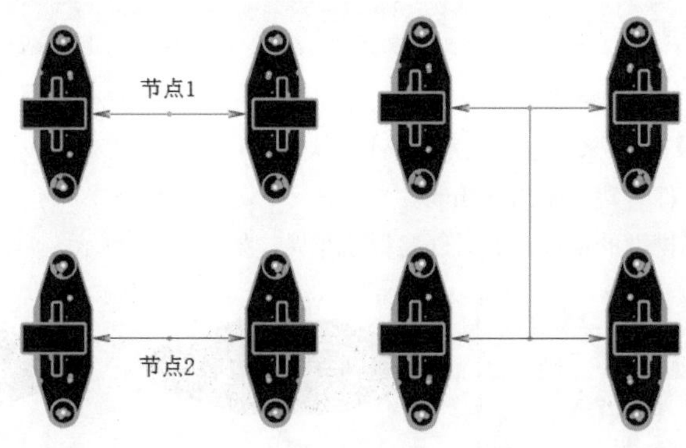

图 5-57

技术要点：

在创建直线中点之间的直线时，要先创建直线上的节点。

02 分别为三条轴线赋予冷流道属性值，如图 5-58 所示。

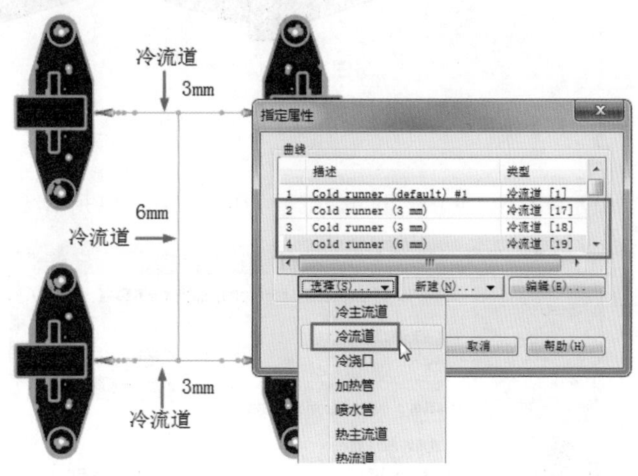

图 5-58

03 利用【网格】选项卡中的【生成网格】工具，创建分流道网格，如图 5-59 所示。

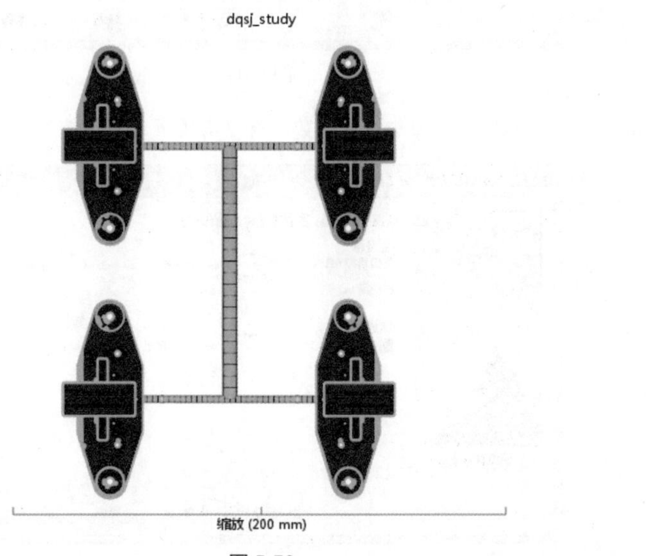

图 5-59

5.3.4 应用案例：流道系统创建向导

Moldflow 为用户提供了自动创建浇注系统的便捷工具。要使用【流道系统】工具，则必须先设置注射位置。下面介绍利用【流道系统】工具来创建浇注系统的过程。

01 打开本案例的工程项目源文件“塑料结构件 .mpi”。

02 利用【镜像】命令，先创建模型的镜像，然后创建型腔布局，如图 5-60 所示。

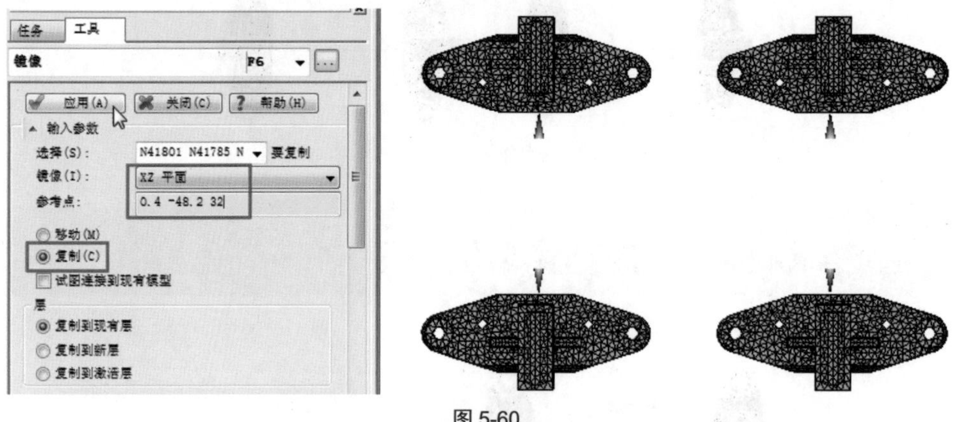

图 5-60

03 单击【几何】按钮打开【几何】选项卡。然后在【创建】面板中单击 流道系统 按钮，弹出流道系统向导的【布置】页。

04 单击【浇口中心】【分型面】和【下一步】按钮，进入下一页面，如图 5-61 所示。

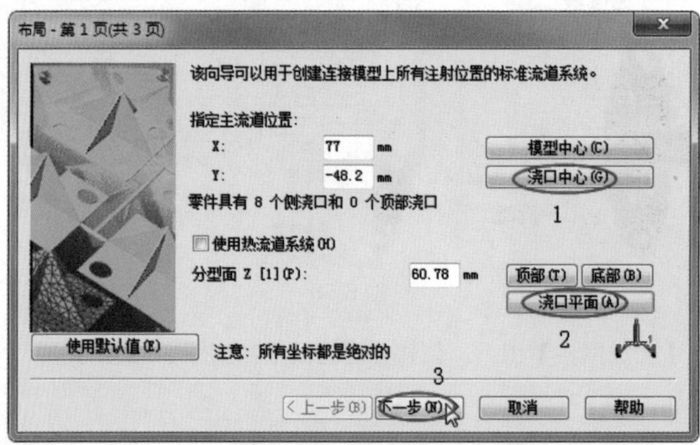

图 5-61

05 进入第 2 页设置如图 5-62 所示的注射口与流道参数，再单击【下一步】按钮。

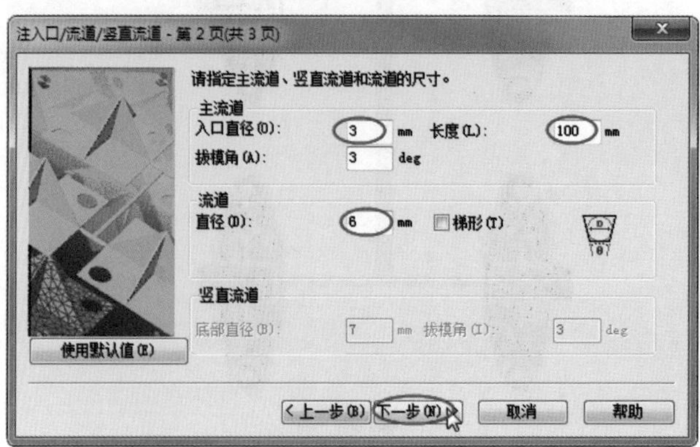

图 5-62

06 在第 3 页中设置浇口的参数，最后单击【完成】按钮，自动创建浇注系统，如图 5-63 所示。

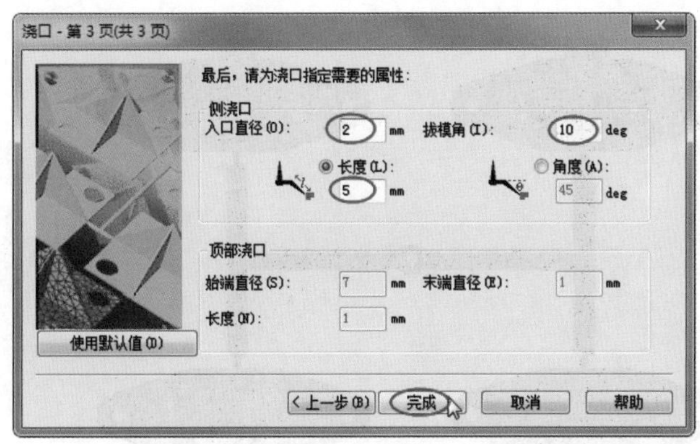

图 5-63

07 创建的浇注系统如图 5-64 所示。

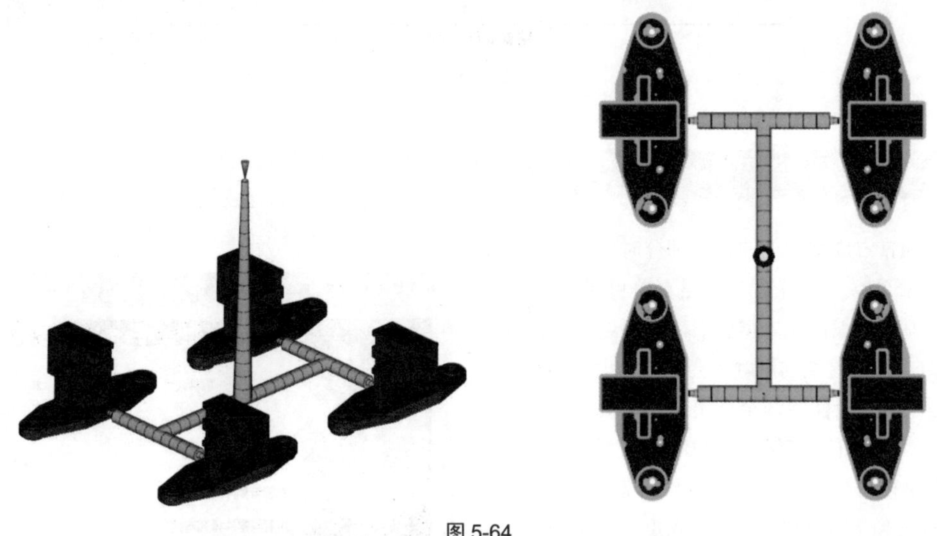

图 5-64

技术要点：

虽然利用【流道系统】工具创建浇注系统很便捷，但也有局限性，即不能有效地建立合理尺寸的分流道，特别是针对于多型腔模具。

5.3.5　应用案例：检查流道与型腔之间的连通性

创建完浇注系统后，应检查型腔与浇注系统的连通性。在模具上，型腔通过浇注系统处于连通状态，所以在 Moldflow 中应重点查看型腔之间的连通性。多模穴分析时，只要有一个型腔处于未连通状态，分析均无法进行。先清除生成的多余节点。

在【网格】选项卡的【网格诊断】面板中单击【连通性】按钮，左边窗格中显示【连通性诊断】选项板。框选图形区域中所有的网格单元，然后单击【显示】按钮，可查看流道与型腔之间的连通性，如图 5-65 所示。

连通部分呈蓝色显示（颜色和提示标题一致），未连通部分呈红色显示（颜色和提示标题一致）。不管未连通的部分是杆单元还是型腔，多数情况是因为未连通处没有共享节点，可以采用合并节点的方法消除未连通现象。

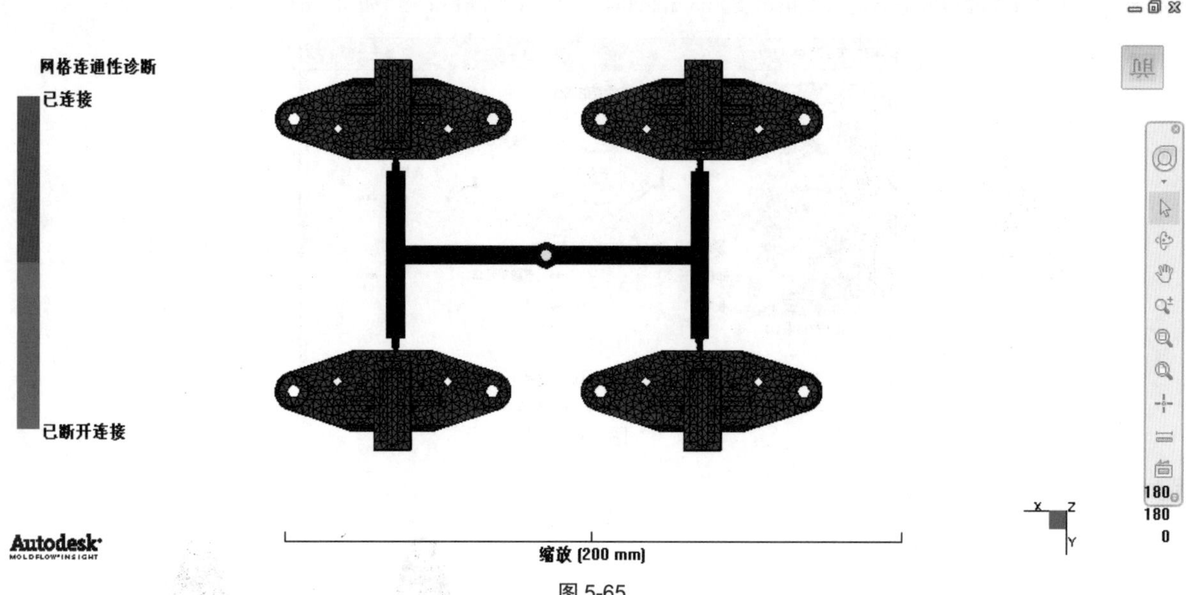

图 5-65

5.4 冷却系统设计

制品冷却通常占成型周期的绝大部分时间，因此控制成型周期提高产能、加快制品冷却是至关重要的。

熔融体在高温下被注射入型腔后，需要经历从高温到室温的冷却过程，在这期间熔融体会释放出大量的热。如果熔融体在型腔内自然冷却至顶出温度，会需要一个很长的过程。如果用低于模温的冷却液通过型芯，将把型芯的热量带出模具从而加快制品的冷却速度。但对于形状复杂的制品，由于冷却受限和冷却速度不一等因素，制品很容易出现各部特征产生收缩上的差异。不合理的冷却液温度和冷却时间还会影响到内应力的释放，从而影响制品的外观、尺寸精度和力学性能。

因此需要在模腔内合理开设冷却管道，加强热量集中部位的冷却，对热量产生少的部位进行缓冷，尽量实现均匀冷却。Moldflow 拥有分析模穴冷却管道冷却效率和冷却效果的功能。

5.4.1 应用案例：冷却回路向导

Moldflow 拥有自动排布冷却水路的功能，这给用户排布水路提供了极大的方便。水路排布完成后，只需要做一些调整即可。

在排布水路前应查看型腔的布局，以防水路和其他零部件干涉。下面介绍创建过程。

01 在【几何】选项卡的【创建】面板中单击【冷却回路】按钮，打开冷却系统向导的第 1 页。

02 在第 1 页中设置冷却水管的直径、水管与模型间的距离值和排列方式，然后单击【下一步】按钮，如图 5-66 所示。

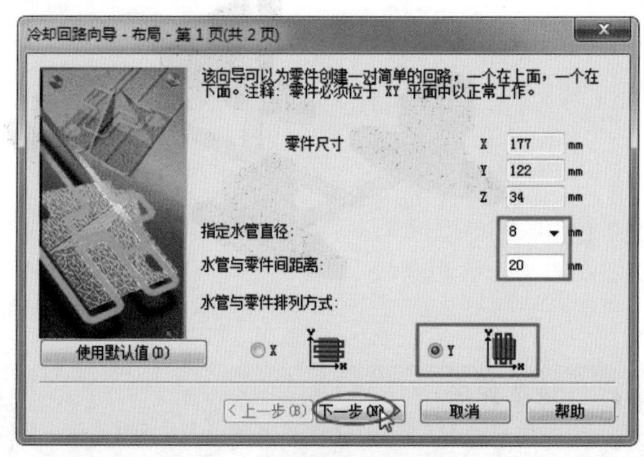

图 5-66

03 在第 2 页中设置如图 5-67 所示的管道参数。

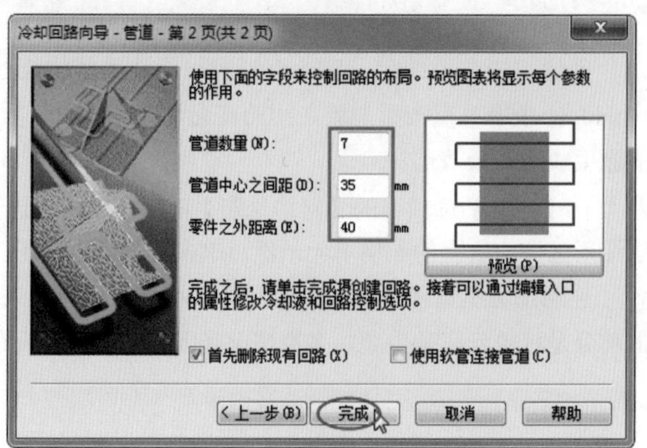

图 5-67

04 最后单击【完成】按钮完成冷却系统的创建，如图 5-68 所示。

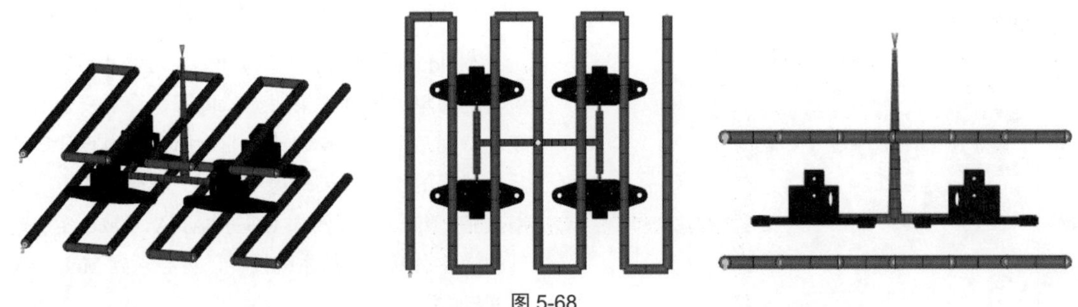

图 5-68

5.4.2　应用案例：模具边界向导

模具边界主要用于冷却分析中，可以使冷却分析得到更好的收敛效果。模具边界就是虚拟的模具成型零部件的体积框（包括型芯和型腔的体积），在创建模具边界时，一定要把分析中涉及的元素包含在内，包括产品的模型、浇注系统和冷却系统等特征。

下面介绍创建步骤。

01 在【几何】选项卡的【创建】面板中单击【模具表面】按钮，弹出【模具表面向导】对话框。

02 模具表面默认以产品中心为原点。

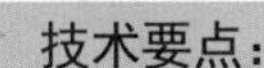

> **技术要点：**
>
> 如果在实际设计中模具中心偏离产品模型中心，单击激活右侧的【偏移矢量】文本框，输入在三个轴向的偏移矢量。

03 在【尺寸】选项组的 X、Y、Z 文本框中分别输入模具边界在三个轴向的尺寸。这三个尺寸均以模具中心点为中点，向正负方向各偏移一半输入值。

> **技术要点：**
>
> 需要注意的是，浇注系统和冷却系统不要延伸出模具边界。当水路尤其是距离型腔较远的水路单元穿过模具边界时，容易导致分析无法收敛。

04 建议先测量一下产品的最大外形尺寸和冷却水路末端间的最大轴向距离，在最大距离值的基础上再加上 25mm 作为模具边界的外形尺寸参考，模具边界尺寸设置如图 5-69 所示。

05 单击【确定】按钮，模具边界创建效果如图 5-70 所示。

5.5　模具镶件设计

模具镶件可以起到成型、排气、散热等作用，甚至还可以用来顶出制件。用在深腔或深孔时，可以通入水路，加强这些一般水路难以冷却到的区域的冷却。有的还将潜伏式浇口的通道设置在镶件中。

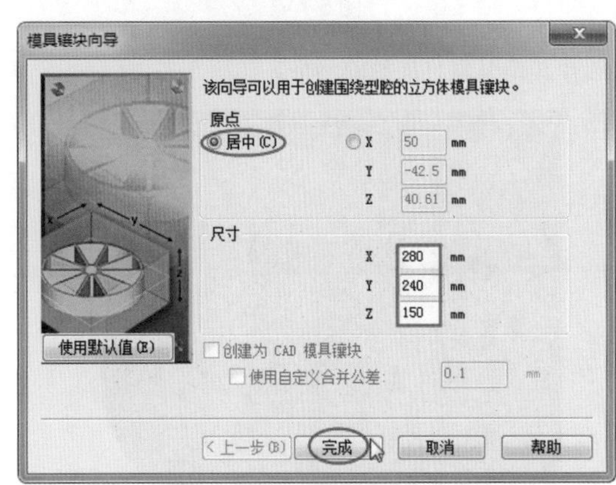

图 5-69

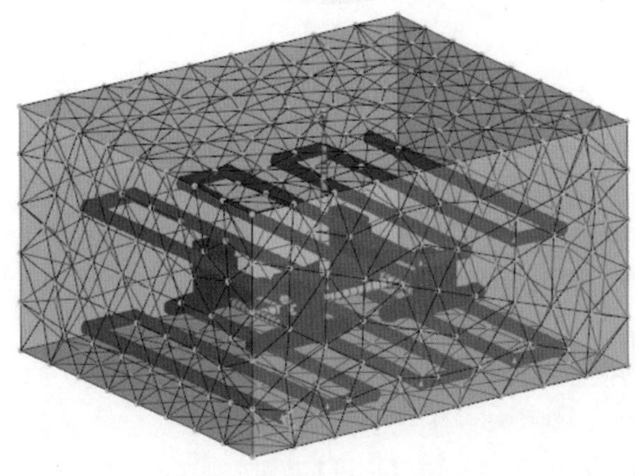

图 5-70

> **技术要点：**
>
> 3D 实体网格类型是不能创建模具镶件的，仅针对中性面或双层面网格。

下面简单介绍一下模具成型镶件的创建步骤。

01 在【几何】选项卡的【创建】面板中单击【镶件】按钮，【工具】标签下弹出【创建模具镶件】选项板，如图 5-71 所示。

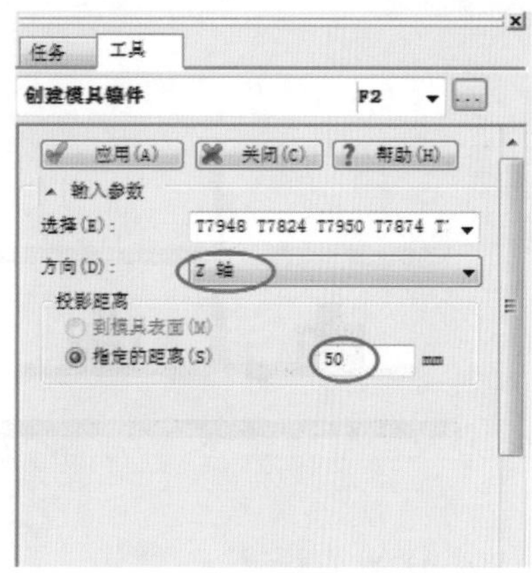

图 5-71

02 选择和模具镶件接触的网格，如图 5-72 所示。

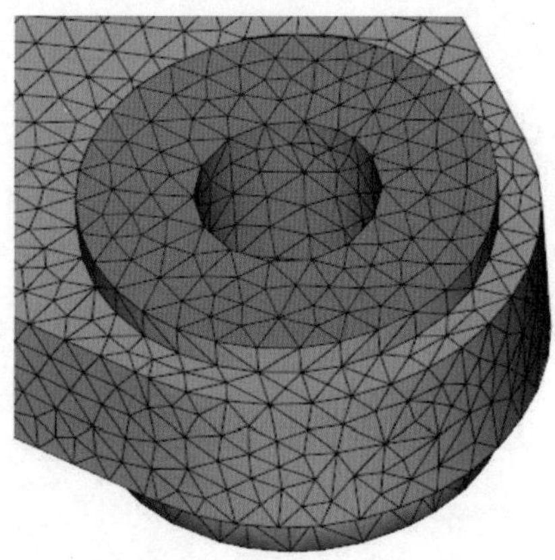

图 5-72

03 在选项板中选择镶件的方向为【Z 轴】，输入镶件的高度（此高度如果已经创建了模具型腔，可以选择【零件，标准】选项；如果没有创建模具表面，可以在【指定的距离】文本框中输入高度值。

技术要点：

可以沿着垂直于深腔的方向或沿着三个坐标轴方向。创建深腔内的镶件时建议沿着垂直于深腔的方向：创建其他部位的镶件时可以选择性地沿着坐标轴方向。

04 在选项板中单击【应用】按钮，创建出模具镶件，如图 5-73 所示。

图 5-73

5.6 在三维软件系统中创建模具系统

Moldflow 中的几何建模功能仅对浇注系统与冷却系统较为简单的模具效果明显，但若是针对复杂的浇注系统，特别是多点进胶设计、非均衡分流道设计等情况，几何建模的作用效果确实不高。一般的解决方式就是利用其他三维软件（例如 UG、CATIA、Creo 等）进行模具的浇注系统与冷却系统设计，再导入到 Moldflow 中进行网格划分。

如图 5-74 所示的模具浇注系统（浇口与流道），就是在 UG 软件中完成的设计，再导入到 Moldflow 进行网格划分的典型范例。

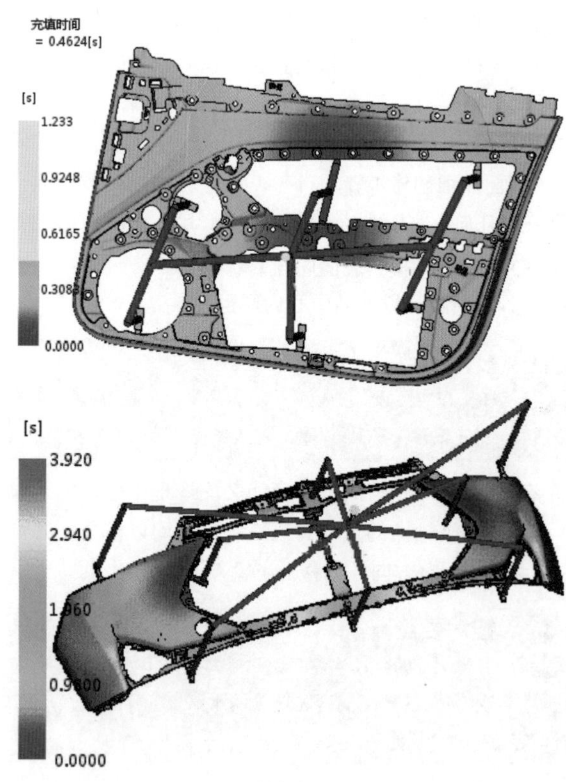

图 5-74

网格模型的初步分析是根据制件出现的实际缺陷而进行的分析。除了耗费大量的分析运行时间外，分析所得的数据也不是非常精准的。在本章将通过 Moldflow 提供的多种工艺优化分析序列，为读者提供一些优良的模流分析方案。

网格模型成型分析的准确程度，与网格质量有关。在进行成型分析时，有两大要素可以决定制件缺陷的多少，一是工艺设置，二是浇口设置。工艺设置是重中之重，其中又包含成型窗口的优化设置和工艺优化设置。

项目分解	知识点 01：Moldflow 注塑成型工艺
	知识点 02：关于材料选择及材料库
	知识点 03：关于工艺设置中的参数
	知识点 04：注射位置
	知识点 05：Moldflow 分析案例

6.1 Moldflow 注塑成型工艺

当网格模型划分好以后就可以选择合适的成型工艺进行模拟分析了。网格类型不同其所配置的成型工艺也会不同，而成型工艺不同，其配置的分析序列也会随之而更新。

6.1.1 成型工艺类型

在导入分析模型时所选择的网格类型为【中性面】时，在【主页】选项卡【成型工艺设置】面板中【成型工艺类型】列表中列出了所有适用于中性面网格的成型工艺类型，如图 6-1 所示。

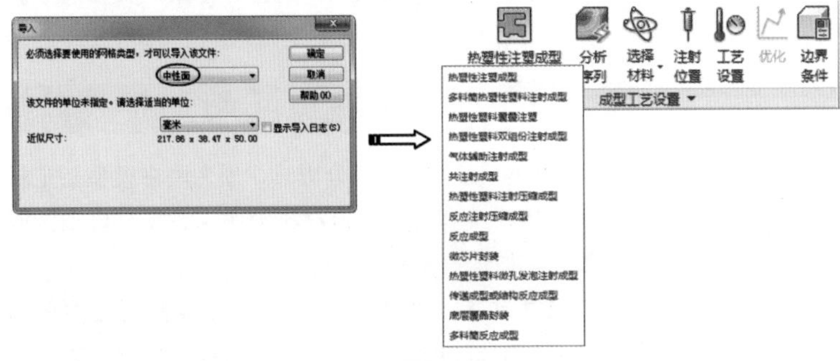

图 6-1

当网格类型为【双层面】时，在【主页】选项卡【成型工艺设置】面板中【成型工艺类型】列表中列出适用的成型工艺类型，如图 6-2 所示。

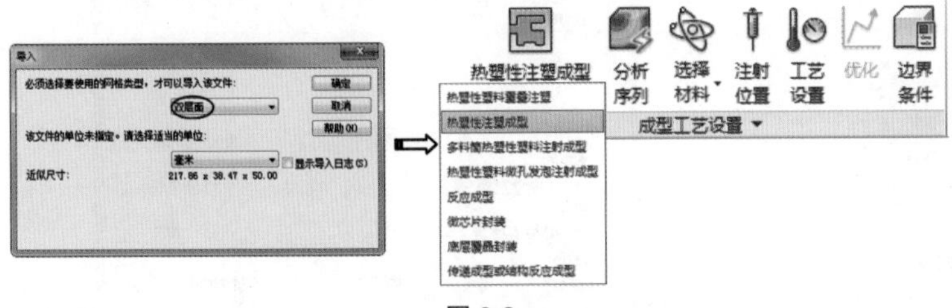

图 6-2

当网格类型为【实体 3D】时，在【主页】选项卡【成型工艺设置】面板中【成型工艺类型】列表中列出适用的成型工艺类型，如图 6-3 所示。

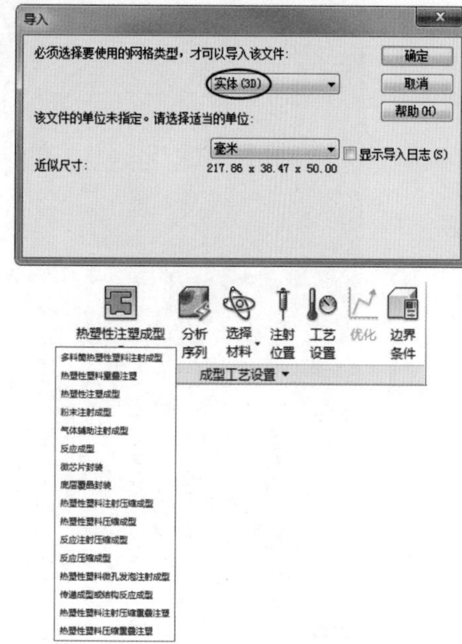

图 6-3

从以上三种网格所匹配的注塑成型工艺中可以看出，双层面网格的注塑成型工艺类型最少。鉴于此，在确定注塑成型工艺之后，必须划分出正确的网格类型才能保证分析的顺利完成。

6.1.2 分析序列

分析序列是指设计师确定某种成型工艺之后所要进行的分析序列。分析序列取决于网格类型与成型工艺类型。

以【热塑性注塑成型】工艺类型为例，单击【分析序列】按钮，或者在方案任务视窗中右击【填充】任务，选择【设置分析序列】菜单命令，弹出【选择分析序列】对话框，如图 6-4 所示。

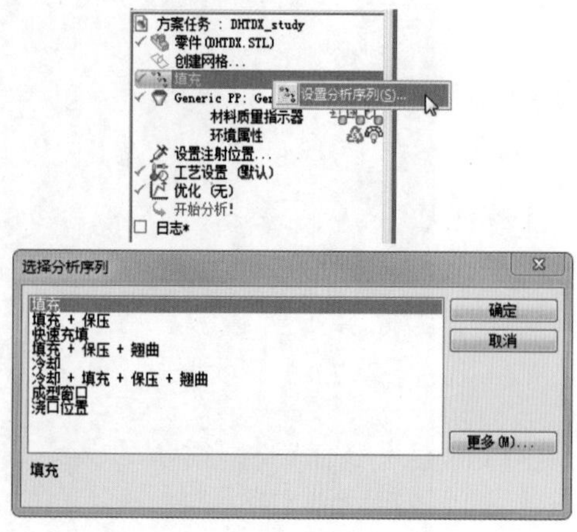

图 6-4

【选择分析序列】对话框中所列出的分析序列是常用的分析序列。如果用户还需要其他分析序列，可以单击【更多】按钮，在随后弹出的【定制常用分析序列】对话框中勾选新的分析序列，单击【确定】按钮完成定制，如图 6-5 所示。

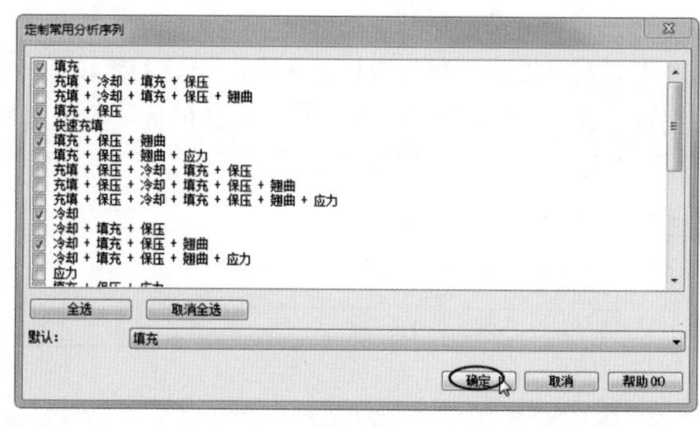

图 6-5

6.2 关于材料选择及材料库

关于注塑成型材料种类、属性及相关工程应用的基础认识，在第 1 章中已经进行了完整的介绍。此处仅介绍 Moldflow 中的成型材料的选取以及如何自定义材料。

在 Moldflow 2018 中，向用户提供了八千余种不同塑料。同一种材料的不同等级可以具有不同的属性，如果分析中选择的等级不正确，则会对结果的质量造成影响，尤其对于某些关键特性更是如此。

6.2.1 选择材料

Moldflow 在进行模流分析时，须为网格模型指定材料。如果用户没有进行设定材料操作，系统会自动为网格模型对象指定一款默认材料。

在【主页】选项卡【成型工艺设置】面板中单击【选择材料】按钮，或者在【方案任务】视窗中双击 Generic PP: Generic Default 默认材料，弹出【选择材料】对话框，如图 6-6 所示。

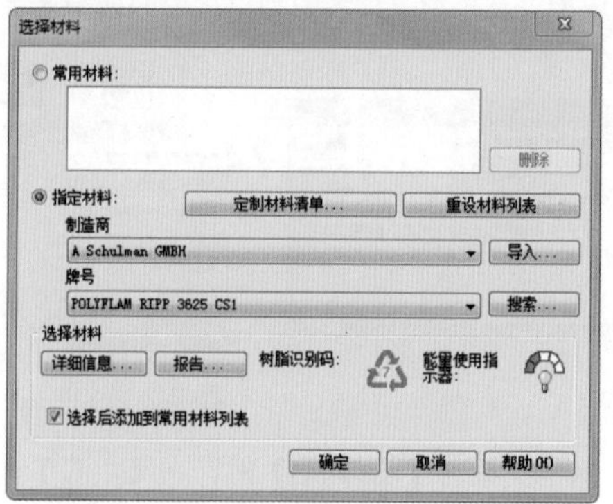

图 6-6

1．常用材料

【常用材料】列表中列出了用户经常使用的材料。初次打开【选择材料】对话框时并没有常用材料。

> **技术要点：**
> 对话框下方的【选择后添加到常用材料列表】选项，勾选后每使用新材料做分析时会自动将材料搜集到此列表中。反之如果不勾选，将不会添加材料到列表中。

2．指定材料

假设用户对制造商及材料牌号非常熟悉的话，那么可以通过在【制造商】列表和【牌号】列表中选择材料制造商与材料牌号即可完成材料的指定。如果不熟悉，仅知道一些材料的缩写，如 ABS、PC、PP 等，就需要在【选择材料】对话框中单击【搜索】按钮，随后在弹出的【搜索条件】对话框中以“材料名称缩写”的方式，搜索材料缩写字符串，如图 6-7 所示。

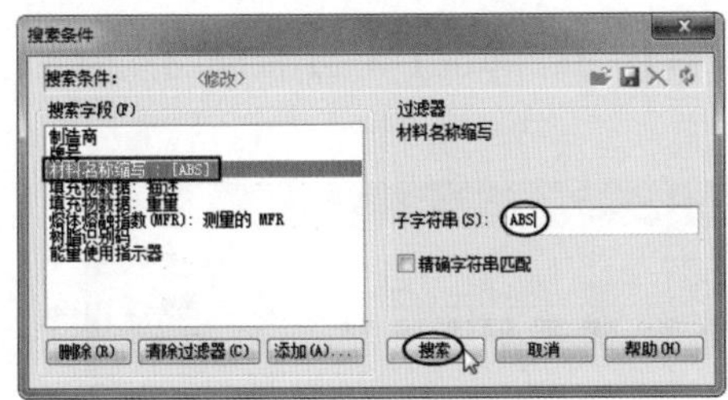

图 6-7

通过搜索，系统会将 Moldflow 材料数据库中所有的 ABS 材料罗列出来，显示在弹出的【选择 热塑性材料】对话框中，如图 6-8 所示。

图 6-8

很多模流分析用户发现 Moldflow 材料数据库中并没有自己想要的，或者不是客户厂商指定的材料，那么可以通过在【选择材料】对话框中单击【导入】按钮，将材料厂商提供的材料文件（文件格式为 .21000.udb）导入到材料库中，如图 6-9 所示。

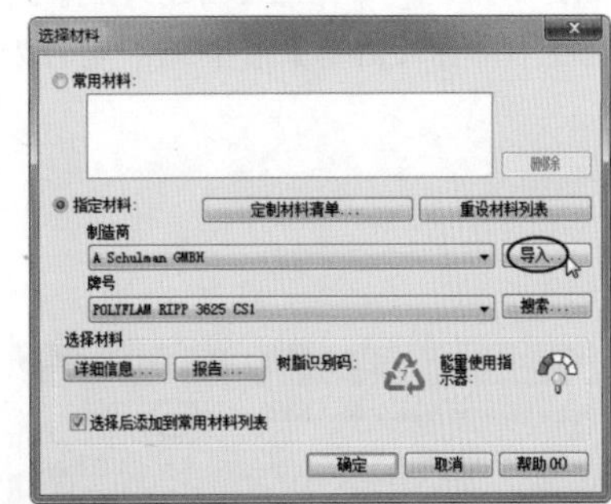

图 6-9

6.2.2 材料数据库

有时国内材料厂商仅提供一些材料的性能参数而没有制作 Moldflow 材料文件，那么模流分析师是不是就无法为分析对象解决材料问题呢？当然不是，还可以通过自定义材料来解决此问题。

1．搜索数据库

在【工具】选项卡的【数据库】面板中，【搜索】工具与先前介绍的【选择材料】对话框中的【搜索】按钮功能类似，除了可以搜索各种具备特定属性的材料外，还可以搜索【参数】【工艺条件】【几何 / 网格 / BC】等数据库，如图 6-10 所示。

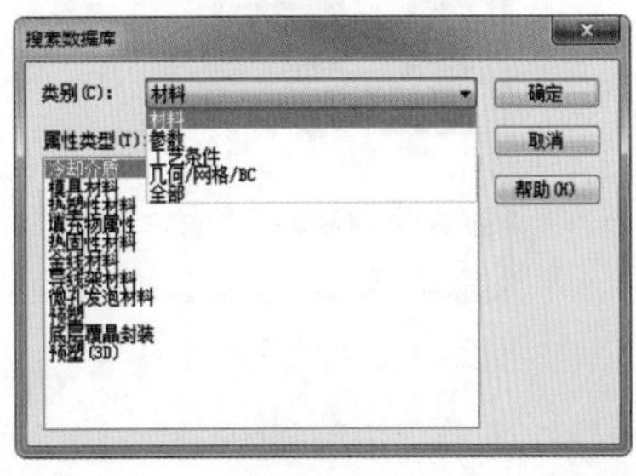

图 6-10

2．新建数据库

【新建数据库】工具可以创建用户自定义的材料、参数、工艺条件及几何、网格等。例如，用户自定义材料文件的操作步骤如下。

01 单击【新建】按钮，弹出【新建数据库】对话框。

02 在【名称】栏单击【浏览】按钮，可以为新建的材料文件命名并设置保存路径，如图 6-11 所示。

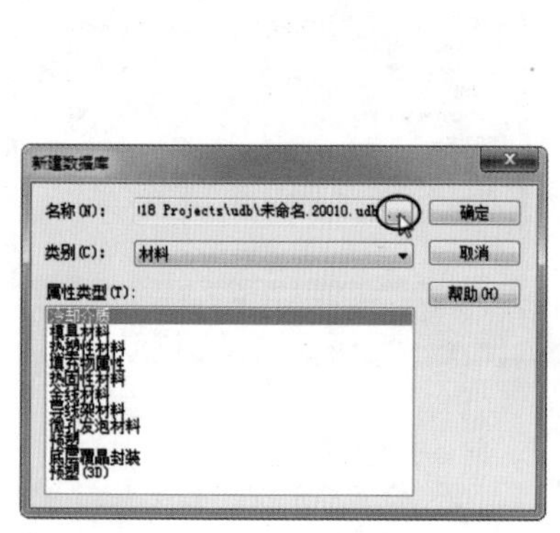

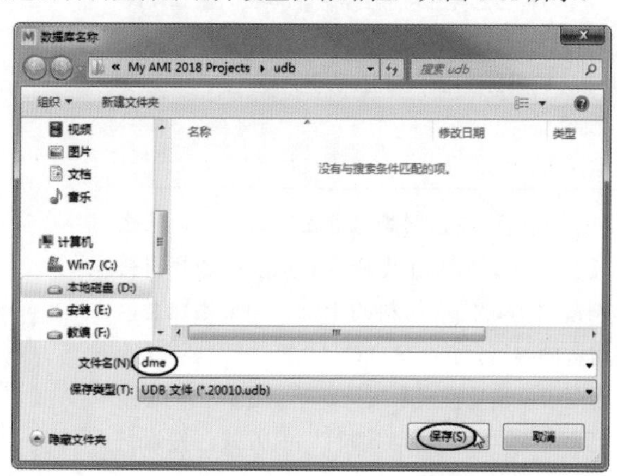

图 6-11

03 在【新建数据库】对话框的【属性类型】列表中选择【热塑性材料】，然后单击【确定】按钮，弹出【属性】对话框，如图 6-12 所示。

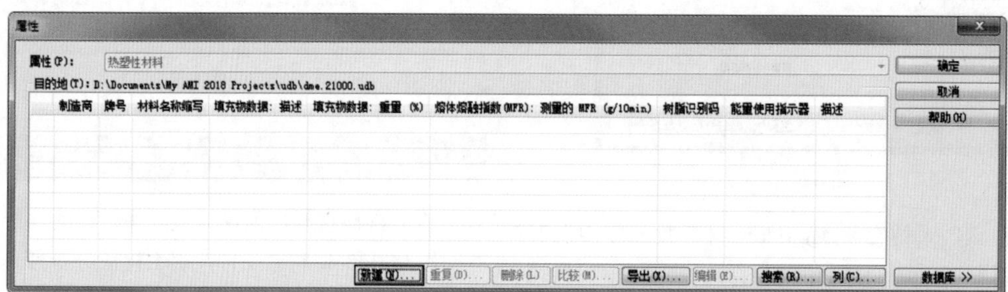

图 6-12

04 单击【新建】按钮，在弹出的【热塑性塑料】对话框中按厂商提供的材料参数来设置新材料，如图 6-13 所示。

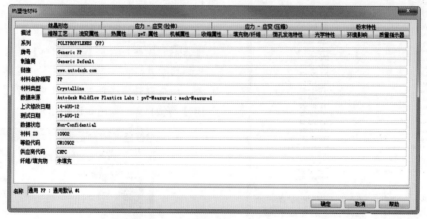

图 6-13

05 如果新材料与材料库中的某些材料参数接近，可在【属性】对话框中单击【数据库】按钮 数据库 >> ，对话框下方展开材料数据库。选择一款参考材料，再单击【复制】按钮，作为新材料的蓝本进行编辑，如图 6-14 所示。

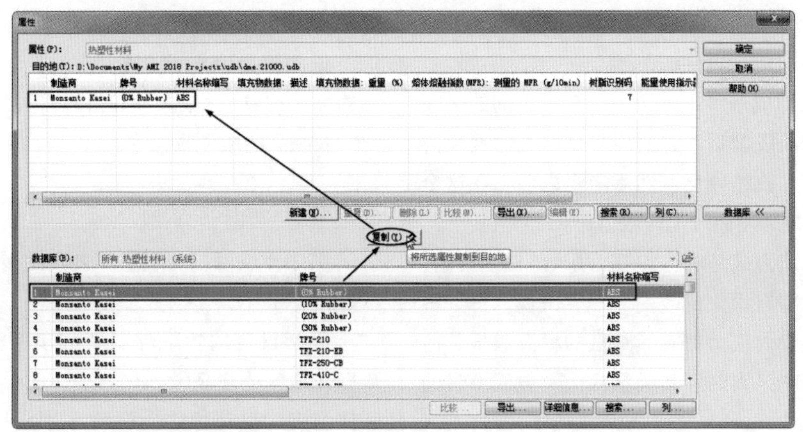

图 6-14

06 定义新材料后，单击【确定】按钮完成材料的创建。

6.3　关于工艺设置中的参数

工艺设置参数包括整个注塑周期内有关模具、注塑机等所有相关设备及其冷却、保压、开合模等工艺的参数。因此，过程参数的设定实际上是将现实的制造工艺和生产设备抽象化的过程。工艺设置参数的设定将直接影响到产品注塑成型的分析结果。【工艺设置向导】对话框如图 6-15 所示。

图 6-15

说明：图中“熔体”术语不太准确，正确的术语应该是“熔融体”，本书文中所述的“熔融体”，即对应界面中的“熔体”。

6.3.1　模具表面温度和熔融体温度

影响熔融体温度和模具温度的一些因素如下。

（1）射出量——大射出量需要较高的模具温度。

（2）射出速率——高射出速度会造成致稀性的高温。

（3）流道尺寸——长的流道需要较高温度。

（4）塑件壁厚——粗厚件需要较长冷却时间，通常使用较低模温。

1．模具表面温度

模具表面温度是指在注塑过程中与制品接触的模腔表面温度。因为它直接影响到制品在模腔中的冷却速度，从而对制品的内在性能和外观质量都有很大的影响。

1）模温对产品外观的影响

较高的温度可以改善树脂的流动性，从而通常会使制件表面平滑、有光泽，特别是提高玻纤增强型树脂制件的表面美感。同时还改善融合线的强度和外表。

2）对制品内应力的影响

成型内应力的形成基本上是由于冷却时不同的热收缩率造成的，当制品成型后，它的冷却是由表面逐渐向内部延伸，表面首先收缩硬化，然后渐至内部，在这个过程中由于收缩快慢之差而产生内应力。

模温是控制内应力最基本的条件，稍许地改变模温，对它的残余内应力将有很大的改变。一般来说，每一种产品和树脂的可接受内应力都有其最低的模温限度。而成型薄壁或较长流动距离时，其模温应比一般成型时的最低限度要高些。

3）改善产品翘曲

如果模具的冷却系统设计不合理或模具温度控制不当，塑件冷却不足，都会引起塑件翘曲变形。对于模具温度的控制，应根据制品的结构特征来确定凸模（动模）与凹模（定模）、模芯与模壁、模壁与嵌件间的温差，从而利用控制模塑各部位冷却收缩速度的不同，塑件脱模后更趋于向温度较高的一侧牵引方向弯曲的特点，来抵消取向收缩差，避免塑件按取向规律翘曲变形。对于形体结构完全对称的塑件，模温应相应保持一致，使塑件各部位的冷却均衡。

4）影响制品的成型收缩率

低的模温使分子"冻结取向"加快，使得模腔内熔体的冻结层厚度增加，同时模温低阻碍结晶的生长，从而降低制品的成型收缩率。

2. 熔融体温度

熔融体温度应与塑料种类、注塑机特性、射出量等参数相互配合。

最初设定的熔融体温度应参考塑料供货商的推荐数据。通常选择高于软化温度、低于塑料的熔点作为熔融体温度，以免过热而裂解。以 Nylon（尼龙）为例，在射出区的温度通常比料筒的温度高，由此增加的热量可以降低熔融体射出压力而不致于使熔融体过热。因为 Nylon 熔融体的黏滞性相当低，可以很容易地充填模穴而不必倚赖提升温度造成的致稀性。

技术要点：

关于模具温度和熔融体温度的选择，可以参考表 6-1 进行设置。当然，在 Moldflow 中，每选择一种塑性材料，都会有一个模具表面温度和熔融体温度的参考值，做初次分析时都会采用这个默认值。

表 6-1

材料名称	流动性质			熔体温度 /（°C / °F）			模具温度 /（°C / °F）			顶出温度 /（°C / °F）
	MFR/（g/10min）	测试负荷 /kg	测试温度 /°C	最小值	建议值	最大值	最小值	建议值	最大值	建议值
ABS	35	10	220	200/392	230/446	280/536	25/77	50/122	80/176	88/190
PA 12	95	5	275	230/446	255/491	300/572	30/86	80/176	110/230	135/275
PA 6	110	5	275	230/446	255/491	300/572	70/158	85/185	110/230	133/271
PA 66	100	5	275	260/500	280/536	320/608	70/158	80/176	110/230	158/316
PBT	35	2.16	250	220/428	250/482	280/536	15/60	60/140	80/176	125/257
PC	20	1.2	300	260/500	305/581	340/644	70/158	95/203	120/248	127/261
PC/ABS	12	5	240	230/446	265/509	300/572	50/122	75/167	100/212	117/243
PC/PBT	46	5	275	250/482	265/509	280/536	40/104	60/140	85/185	125/257
PE-HD	15	2.16	190	180/356	220/428	280/536	20/68	40/104	95/203	100/212
PE-LD	10	2.16	190	180/356	220/428	280/536	20/68	40/104	70/158	80/176
PEI	15	5.00	340	340/644	400/752	440/824	70/158	140/284	175/347	191/376
PET	27	5	290	265/509	270/518	290/554	80/176	100/212	120/248	150/302
PETG	23	5	260	220/428	255/491	290/554	10/50	15/60	30/86	59/137
PMMA	10	3.8	230	240/464	250/482	280/536	35/90	60/140	80/176	85/185
POM	20	2.16	190	180/356	225/437	235/455	50/122	70/158	105/221	118/244
PP	20	2.16	230	200/392	230/446	280/536	20/68	50/122	80/176	93/199
PPE/PPO	40	10	265	240/464	280/536	320/608	60/140	80/176	110/230	128/262
PS	15	5	200	180/356	230/446	280/536	20/68	50/122	70/158	80/176
PVC	50	10	200	160/320	190/374	220/428	20/68	40/104	70/158	75/167
SAN	30	10	220	200/392	230/446	270/518	40/104	60/140	80/176	85/185

6.3.2　充填控制参数

充填控制的方式如图 6-16 所示。

图 6-16

1．自动

可以通过系统自动计算模具型腔的尺寸，以及根据所选的注塑机参数来控制充填的时间或速度，直至进行速度 / 压力切换。一般在不确定充填方式时，可以采用这种方式获得初步的分析数据。

2．注射时间

注射时间是将熔融体充填进模穴所需的时间，受射出速度控制。虽然最佳的充填速度取决于塑件的几何形状、浇口尺寸和熔融体温度，但大多数情况会将熔融体快速射入型腔。因为模具温度通常低于塑胶的凝固点，所以太长的射出时间会提高导致塑料太早凝固的可能性。

3．流动速率

指定熔融体被注入模具型腔时的流动速率。流动速率其实就是熔融体射出速度，也是熔融体射出过程中螺杆的前进速度。

4．螺杆速度曲线

通过指定两个变量来控制螺杆速度曲线。“相对螺杆速度曲线”是用户还没有选择注塑机时的一种方式。如果已经知道了厂家提供的注塑机参数（如螺杆直径和最大注射速率），那么就使用“绝对螺杆速度曲线”方式。“原有螺杆速度曲线（旧版本）”是用户直接使用 Moldflow 做过的螺杆速度曲线设置，无须再次设定螺杆速度曲线。如图 6-17 所示为螺杆在各阶段的位置。

技术要点：

对于大部分的工程塑料，应该在制件设计的技术条件和制程允许的经济条件下，设定为最快的射出速度。然而，在射出的起始阶段，仍应采用较低的射速以避免喷射流或扰流。接近射出完成时，也应该降低射速以避免造成塑件溢料，同时可以帮助形成均质的缝合线。所以，可以通过编辑螺杆速度曲线达到理想的充填控制。

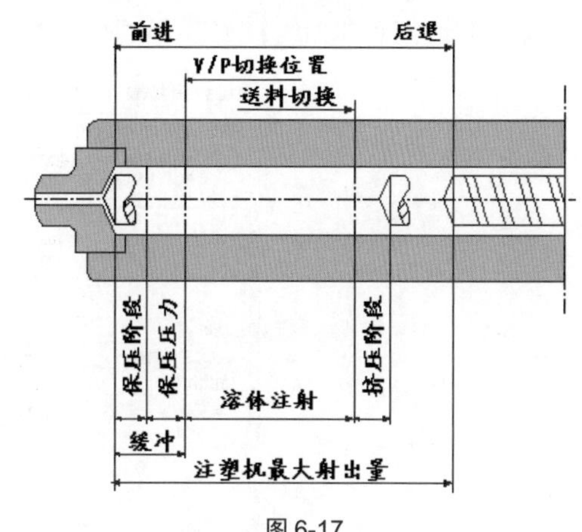

图 6-17

5．相对螺杆速度曲线

相对曲线将螺杆速度作为总注射大小（或行程）的函数，这些由零件几何、流道系统和浇口决定。相对曲线通常在还没选择实际注塑机时使用。【相对螺杆速度曲线】又包括以下两种曲线。

（1）流动速率与 % 射出体积：100% 射出体积对应于零件完全填充的时刻，0% 射出体积表示注射尚未开始。

（2）% 螺杆速度与 % 行程：100% 行程表示塑化后准备开始注射时螺杆的位置，0% 行程表示注射结束时螺杆的位置。

技术要点：

如果输入的最大百分比行程值小于 100 或最小百分比行程值大于 0，则曲线将通过最接近数据输入的百分比螺杆速度值得到延伸。例如，表 6-2 中的曲线将延伸变为表 6-3 中的曲线。

表 6-2

% 行程	% 螺杆速度
80	75
60	100
40	50
20	10

表 6-3

% 行程	% 螺杆速度
100	75
80	75
60	100
40	50
20	10
0	10

可以通过单击【编辑曲线】按钮，在弹出的【充填控制曲线设置】对话框中编辑控制曲线，如图 6-18 所示。

图 6-18

（1）【% 流动速率与 % 射出体积】：以螺杆位置（射出体积）的函数形式控制螺杆速度（流动速率）。

（2）【参考】：用于为指定的螺杆速度曲线设置参考点。

（3）【射出体积】：指定注塑机的射出体积。包括【自动】和【指定】两种方式。设为【指定】后，单击【编辑设置】按钮将弹出【射出体积设置】对话框，如图 6-19 所示。

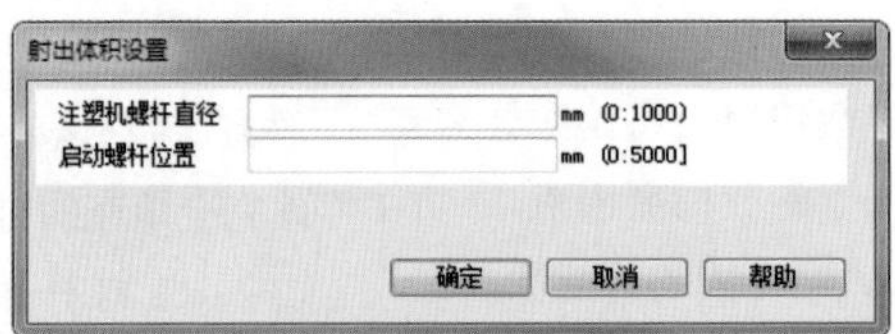

图 6-19

（1）【注塑机螺杆直径】：指定成型机上注射成型螺杆的尺寸。

（2）【启动螺杆位置】：在一个注塑周期的填充阶段中，注塑机螺杆将要移动的距离。

6. 绝对螺杆速度曲线

当注塑机的关键参数已知时，可使用绝对曲线。通过运行带有绝对螺杆速度曲线的分析，可以将模拟结果和使用注塑机获得的实际结果相比较。【绝对螺杆速度曲线】包括以下几种曲线。

（1）螺杆速度与螺杆位置；

（2）流动速率与螺杆位置；

（3）% 最大螺杆速度与螺杆位置；

（4）螺杆速度与时间；

（5）流动速率与时间；

（6）% 最大螺杆速度与时间。

6.3.3 速度 / 压力切换

速度 / 压力切换表达了当机器将螺杆位移控制从速度控制（在填充阶段使用）切换为压力控制（在保压阶段使用）时，螺杆所处的位置。从图 6-3 中可以看出，V/P 切换位置就是速度 / 压力切换点。剩余的填充将在从填充切换到保压 / 保持时所达到的恒压下或者在指定的保压 / 保持压力下进行。

通过考虑切换过早或过晚可能导致的两种后果，可以很好地说明切换点的重要性。

切换过晚可能导致：

（1）由于填充末端积聚的型腔压力过大而产生开模和飞边；

（2）由于塑料猛击零件的端壁而产生烧焦；

（3）由于螺杆底端伸出而损坏注塑机和 / 或模具。

切换过早可能导致：

（1）由于螺杆位移不足而产生短射；

（2）周期时间较长。

技术要点：

如果发生切换的时间比预期的早，则应查看是否存在短射，或者检查在设置速度 / 压力切换点时是否考虑了材料的可压缩性。

速度 / 压力切换包含以下几种切换方式。

（1）自动：如果希望流动模拟可以自动预计从速度控制切换为压力控制的可接受时间，请选择该选项。切换将会尽早执行，以避免在填充结束时出现压力峰值。选择切换点，使得螺杆突然停止时，流道、浇口和型腔内有足够的熔体松退来填充型腔。这可以想象成这样一种场景：注射流动突然停止，但聚合物继续在型腔中流动，期间不会出现短射，直到各个位置的压力均达到零。

（2）由 % 充填体积：指定在型腔的填充体积达到某一特定百分比时从填充切换到保压。默认情况下，此百分比为 99%。

技术要点：

仅对于注射压缩成型分析，【由 % 充填体积】选项指定的是零件设计重量的百分比（而非其他分析中所指的型腔体积）。零件设计重量可定义为室温和大气压下的密度乘以设计厚度下的型腔体积。之所以不使用型腔体积是因为总体积（包括由压力机打开距离产生的额外空间）将随着压缩压力机的移动每隔一段时间更新一次。也就是说，只要压力机移动，总体积便会不断变化，从而将与原始总体积存在差异。此外，【由 % 充填体积】选项仅可控制注射单元，而不会控制压缩单元。

（3）由注射压力：指定在注塑机达到指定的注射压力时从填充切换到保压。

（4）由液压压力：指定在注塑机达到指定的液压时从填充切换到保压。

（5）由锁模力：指定在锁模力达到指定的限制时进行切换。

（6）由压力控制点：指定当网格上某指定的位置处达到指定的压力时从填充切换到保压。

（7）由注射时间：指定在周期开始后的某一指定的时间从填充切换到保压。

（8）由任一条件满足时：如果要指定以上所列的其中一个或多个切换条件，请选择该选项。在这种情况下，只要满足其中一个设置的条件，就会发生速度 / 压力切换。

6.3.4　保压控制

保压控制是指定控制成型工艺加压阶段的方法，包含以下几种方法。

（1）% 填充压力与时间：以填充压力与时间的百分比函数形式控制成型周期的保压阶段。

（2）保压压力与时间：以注射压力与时间的函数形式控制成型周期的保压阶段。

技术要点：

理想的保压时间设定在浇口凝固时间或塑件凝固时间。第一次执行模拟时，可以将保压时间设定为 Moldflow 预估之充填时间的 10 倍。Moldflow 也可以估算浇口凝固时间，选择浇口凝固时间与塑件凝固时间之较短者为保压时间，作为最初设计的参考值。

（3）液压压力与时间：以液压压力与时间的函数形式控制成型周期的保压阶段。

（4）% 最大注塑机压力与时间：以最大压力与时间的百分比函数形式控制成型周期的保压阶段。

6.3.5　冷却时间

设置制品在模具型腔中的冷却时间，包括【自动】和【指定】。

（1）自动：自动设置冷却时间。

（2）指定：指定在保压阶段后，零件经过充分冻结已可从模具中顶出的时间。

单击【编辑顶出条件】按钮，弹出【目标零件顶出条件】对话框，如图 6-20 所示。可通过自动计算所需冷却时间，指定用于冷却分析的零件顶出条件。

技术要点：

表 6-4 中提供了常用塑料注射工艺参数设置参考。

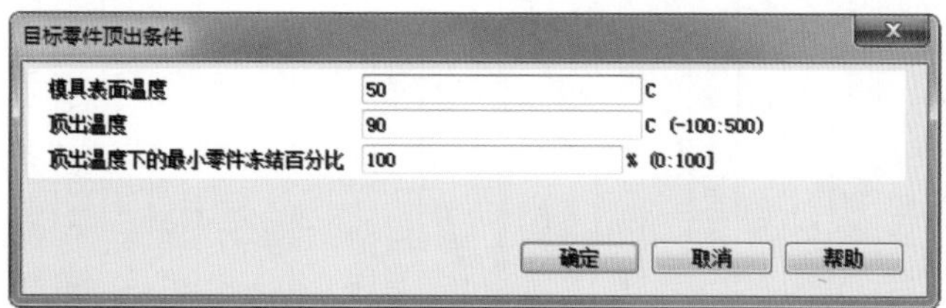

图 6-20

表 6-4

项目 \ 塑料	LFPE	HDPE	乙丙共聚 PP	PP	玻纤增强 PP	软 PVC	硬 PVC	PS	HIPS	ABS	高抗冲 ABS	耐热 ABS	ACS
注射机类型	柱塞式	螺杆式	柱塞式	螺杆式	螺杆式	柱塞式	螺杆式	柱塞式	螺杆式	螺杆式	螺杆式	螺杆式	螺杆式
螺杆转速 / (r.min^{-1})	—	30 ~ 60	—	30 ~ 60	30 ~ 60	—	20 ~ 30	—	30 ~ 60	30 ~ 60	30 ~ 60	30 ~ 60	20 ~ 30
喷嘴形式	直通式	直通式	直通式	直通式	直通式	直通式	直通式	直通式	直通式	直通式	直通式	直通式	直通式
喷嘴温度 / ℃	150 ~ 170	150 ~ 180	170 ~ 190	170 ~ 190	180 ~ 190	140 ~ 150	150 ~ 170	160 ~ 170	160 ~ 170	180 ~ 190	190 ~ 200	190 ~ 200	160 ~ 170
料筒温度（前段）/℃	170 ~ 200	180 ~ 190	180 ~ 200	180 ~ 220	190 ~ 200	160 ~ 190	170 ~ 190	170 ~ 190	170 ~ 190	200 ~ 210	200 ~ 210	200 ~ 220	170 ~ 180
料筒温度（中段）/℃	—	180 ~ 200	190 ~ 220	200 ~ 220	210 ~ 220	—	165 ~ 180	—	170 ~ 190	210 ~ 230	210 ~ 230	220 ~ 240	180 ~ 190
料筒温度（后段）/℃	140 ~ 160	140 ~ 160	150 ~ 170	160 ~ 170	160 ~ 170	140 ~ 150	160 ~ 170	140 ~ 160	140 ~ 160	180 ~ 200	180 ~ 200	190 ~ 220	160 ~ 170
模具温度 /℃	30 ~ 45	30 ~ 60	50 ~ 70	40 ~ 80	70 ~ 90	30 ~ 40	30 ~ 60	20 ~ 60	20 ~ 50	50 ~ 70	50 ~ 80	60 ~ 85	50 ~ 60
注射压力 /MPa	60 ~ 100	70 ~ 100	70 ~ 100	70 ~ 120	90 ~ 130	40 ~ 80	80 ~ 130	60 ~ 100	60 ~ 100	70 ~ 90	70 ~ 120	85 ~ 120	80 ~ 120
保压压力 / MPa	40 ~ 50	40 ~ 50	40 ~ 50	50 ~ 60	40 ~ 50	20 ~ 30	40 ~ 60	30 ~ 40	30 ~ 40	50 ~ 70	50 ~ 70	50 ~ 80	40 ~ 50
注射时间 /s	0 ~ 5	0 ~ 5	0 ~ 5	0 ~ 5	2 ~ 5	0 ~ 8	2 ~ 5	0 ~ 3	0 ~ 3	3 ~ 5	3 ~ 5	3 ~ 5	0 ~ 5
保压时间 /s	15 ~ 60	15 ~ 60	15 ~ 60	20 ~ 60	15 ~ 40	15 ~ 40	15 ~ 40	15 ~ 40	15 ~ 40	15 ~ 30	15 ~ 30	15 ~ 30	15 ~ 30
冷却时间 /s	15 ~ 60	15 ~ 60	15 ~ 50	15 ~ 50	15 ~ 40	15 ~ 30	15 ~ 40	15 ~ 30	10 ~ 40	15 ~ 30	15 ~ 30	15 ~ 30	15 ~ 30
成型周期 /s	40 ~ 140	40 ~ 140	40 ~ 120	40 ~ 120	40 ~ 100	40 ~ 80	40 ~ 90	40 ~ 90	40 ~ 90	40 ~ 70	40 ~ 70	40 ~ 70	40 ~ 70

项目 \ 塑料	玻纤增强 PA—66	PA610	PA312	PA1010		玻纤增强 PA1010		透明 PA	PC		PC/PE		玻纤增强 PC
注射机类型	螺杆式	螺杆式	螺杆式	螺杆式	柱塞式	螺杆式	柱塞式	螺杆式	螺杆式	柱塞式	螺杆式	柱塞式	螺杆式
螺杆转速 / (r.min^{-1})	20 ~ 40	20 ~ 50	20 ~ 50	20 ~ 50	—	20 ~ 40	—	20 ~ 50	20 ~ 40	—	20 ~ 40	—	20 ~ 30
喷嘴形式	直通式	自锁式	自锁式	自锁式	自锁式	直通式	直通式	直通式	直通式	直通式	直通式	直通式	直通式
喷嘴温度 / ℃	250 ~ 260	200 ~ 210	200 ~ 210	190 ~ 200	190 ~ 210	180 ~ 190	180 ~ 190	220 ~ 240	230 ~ 250	240 ~ 250	220 ~ 230	230 ~ 240	240 ~ 260
料筒温度（前段）/℃	260 ~ 270	220 ~ 230	210 ~ 220	200 ~ 210	230 ~ 250	210 ~ 230	240 ~ 260	240 ~ 250	240 ~ 280	270 ~ 300	230 ~ 250	250 ~ 280	260 ~ 290
料筒温度（中段）/℃	260 ~ 290	230 ~ 250	210 ~ 230	220 ~ 240	—	230 ~ 260	—	250 ~ 270	260 ~ 290	—	240 ~ 260	—	270 ~ 310
料筒温度（后段）/℃	230 ~ 260	200 ~ 210	200 ~ 205	190 ~ 200	180 ~ 200	190 ~ 200	190 ~ 200	220 ~ 240	240 ~ 270	260 ~ 290	230 ~ 240	240 ~ 260	260 ~ 280
模具温度 /℃	100 ~ 120	60 ~ 90	40 ~ 70	40 ~ 80	40 ~ 80	40 ~ 80	40 ~ 80	40 ~ 60	90 ~ 110	90 ~ 110	80 ~ 100	80 ~ 100	90 ~ 110
注射压力 /MPa	80 ~ 130	70 ~ 110	70 ~ 120	70 ~ 100	70 ~ 120	90 ~ 130	100 ~ 130	80 ~ 130	80 ~ 130	110 ~ 140	80 ~ 120	80 ~ 130	100 ~ 140
保压压力 / MPa	40 ~ 50	20 ~ 40	30 ~ 50	20 ~ 40	30 ~ 40	40 ~ 50	40 ~ 50	40 ~ 50	40 ~ 50	40 ~ 50	40 ~ 50	40 ~ 50	40 ~ 50
注射时间 /s	3 ~ 5	0 ~ 5	0 ~ 5	05	0 ~ 5	2 ~ 5	2 ~ 5	0 ~ 5	0 ~ 5	0 ~ 5	0 ~ 5	0 ~ 5	2 ~ 5
保压时间 /s	20 ~ 50	20 ~ 50	20 ~ 50	20 ~ 50	20 ~ 50	20 ~ 40	20 ~ 40	20 ~ 60	20 ~ 80	20 ~ 80	20 ~ 80	20 ~ 80	20 ~ 60
冷却时间 /s	20 ~ 40	20 ~ 40	20 ~ 50	20 ~ 40	20 ~ 40	20 ~ 40	20 ~ 40	20 ~ 40	20 ~ 50	20 ~ 50	20 ~ 50	20 ~ 50	20 ~ 50
成型周期 /s	50 ~ 100	50 ~ 100	50 ~ 110	50 ~ 100	50 ~ 100	50 ~ 90	50 ~ 90	50 ~ 110	50 ~ 130	50 ~ 130	50 ~ 140	50 ~ 140	50 ~ 110

续表

项目 \ 塑料	聚芳砜	聚醚砜	PPO	改性 PPO	聚芳酯	聚氨酯	聚酰硫醚	聚酰亚胺	聚酰纤维素	醋酸丁酸纤维素	醋酸丙酸纤维素	PSU	改性 PSU
注射机类型	螺杆式	螺杆式	螺杆式	螺杆式	螺杆式	螺杆式	螺杆式	螺杆式	柱塞式	柱塞式	柱塞式	螺杆式	螺杆式
螺杆转速 /（$r.min^{-1}$）	20 ～ 30	20 ～ 30	20 ～ 30	20 ～ 50	20 ～ 50	20 ～ 70	20 ～ 30	20 ～ 30	—	—	—	20 ～ 30	20 ～ 30
喷嘴形式	直通式	直通式	直通式	直通式	直通式	直通式	直通式	直通式	直通式	直通式	直通式	直通式	直通式
喷嘴温度 / ℃	380 ～ 410	240 ～ 270	250 ～ 280	220 ～ 240	230 ～ 250	170 ～ 180	280 ～ 300	290 ～ 300	150 ～ 180	150 ～ 170	160 ～ 180	280 ～ 290	250 ～ 260
料筒温度（前段）/℃	385 ～ 420	260 ～ 290	260 ～ 280	230 ～ 250	240 ～ 260	175 ～ 185	300 ～ 310	290 ～ 310	170 ～ 200	170 ～ 200	180 ～ 210	290 ～ 310	260 ～ 280
料筒温度（中段）/℃	345 ～ 385	280 ～ 310	260 ～ 290	240 ～ 270	250 ～ 280	180 ～ 200	320 ～ 340	300 ～ 330	—	—	—	300 ～ 330	280 ～ 300
料筒温度（后段）/℃	320 ～ 370	260 ～ 290	2302 ～ 40	230 ～ 240	230 ～ 240	150 ～ 170	260 ～ 280	280 ～ 300	150 ～ 170	150 ～ 170	150 ～ 170	280 ～ 300	260 ～ 270
模具温度 /℃	230 ～ 260	90 ～ 120	110 ～ 150	60 ～ 80	100 ～ 130	20 ～ 40	120 ～ 150	120 ～ 150	40 ～ 70	40 ～ 70	40 ～ 70	130 ～ 150	80 ～ 100
注射压力 /MPa	100 ～ 200	100 ～ 140	100 ～ 140	70 ～ 110	100 ～ 130	80 ～ 100	80 ～ 130	100 ～ 150	60 ～ 130	80 ～ 130	80 ～ 120	100 ～ 140	100 ～ 140
保压压力 / MPa	50 ～ 70	50 ～ 70	50 ～ 70	40 ～ 60	50 ～ 60	30 ～ 40	40 ～ 50	40 ～ 50	40 ～ 50	40 ～ 50	40 ～ 50	40 ～ 50	40 ～ 50
注射时间 /s	0 ～ 5	0 ～ 5	0 ～ 5	0 ～ 8	2 ～ 8	2 ～ 6	0 ～ 5	0 ～ 5	0 ～ 3	0 ～ 5	0 ～ 5	0 ～ 5	0 ～ 5
保压时间 /s	15 ～ 40	15 ～ 40	30 ～ 70	30 ～ 70	15 ～ 40	30 ～ 40	10 ～ 30	20 ～ 60	15 ～ 40	15 ～ 40	15 ～ 40	20 ～ 80	20 ～ 70
冷却时间 /s	15 ～ 20	15 ～ 30	20 ～ 60	20 ～ 50	15 ～ 40	30 ～ 60	20 ～ 50	30 ～ 60	15 ～ 40	15 ～ 40	15 ～ 40	20 ～ 50	20 ～ 55
成型周期 /s	40 ～ 50	40 ～ 80	60 ～ 140	60 ～ 130	40 ～ 90	70 ～ 110	40 ～ 90	60 ～ 130	40 ～ 90	40 ～ 90	40 ～ 90	50 ～ 140	50 ～ 130

项目 \ 塑料	SAN（AS）	PMMA	PMMA/PC	氧化聚醚	均聚 POM	共聚 POM	PET	PBT	玻纤增强 PBT	PA-6	玻纤增强 PA-6	PA-11	PA-12
注射机类型	螺杆式	螺杆式	柱塞式	螺杆式	螺杆式	螺杆式	螺杆式	螺杆式	螺杆式	螺杆式	螺杆式	螺杆式	螺杆式
螺杆转速 /（$r.min^{-1}$）	20 ～ 50	20 ～ 30	—	20 ～ 30	20 ～ 40	20 ～ 40	20 ～ 40	20 ～ 40	20 ～ 40	20 ～ 40	20 ～ 50	20 ～ 40	20 ～ 50
喷嘴形式	直通式	直通式	直通式	直通式	直通式	直通式	直通式	直通式	直通式	直通式	直通式	直通式	直通式
喷嘴温度 /℃	180 ～ 190	180 ～ 200	180 ～ 200	220 ～ 240	170 ～ 180	170 ～ 180	170 ～ 180	250 ～ 260	200 ～ 220	210 ～ 230	200 ～ 210	200 ～ 210	180 ～ 190
料筒温度（前段）/℃	200 ～ 210	180 ～ 210	210 ～ 240	230 ～ 250	180 ～ 200	170 ～ 190	170 ～ 190	260 ～ 270	230 ～ 240	230 ～ 240	220 ～ 230	220 ～ 240	185 ～ 200
料筒温度（中段）/℃	210 ～ 230	190 ～ 210	—	240 ～ 260	180 ～ 200	170 ～ 190	180 ～ 200	260 ～ 280	230 ～ 250	140 ～ 260	230 ～ 240	230 ～ 250	190 ～ 220
料筒温度（后段）/℃	170 ～ 180	180 ～ 200	180 ～ 200	210 ～ 230	180 ～ 190	170 ～ 180	170 ～ 190	240 ～ 260	200 ～ 220	210 ～ 220	200 ～ 210	200 ～ 210	170 ～ 180
模具温度 /℃	50 ～ 70	40 ～ 80	40 ～ 80	60 ～ 80	80 ～ 110	90 ～ 120	90 ～ 100	100 ～ 140	60 ～ 70	65 ～ 75	60 ～ 100	80 ～ 120	60 ～ 90
注射压力 /MPa	80 ～ 120	50 ～ 120	80 ～ 130	80 ～ 130	80 ～ 110	80 ～ 130	80 ～ 120	80 ～ 120	60 ～ 90	80 ～ 100	80 ～ 110	90 ～ 130	90 ～ 120
保压压力 /MPa	40 ～ 50	40 ～ 60	40 ～ 60	40 ～ 60	30 ～ 40	30 ～ 50	30 ～ 50	30 ～ 50	30 ～ 40	40 ～ 50	30 ～ 50	30 ～ 50	30 ～ 50
注射时间 /s	0 ～ 5	0 ～ 5	0 ～ 5	0 ～ 5	0 ～ 5	2 ～ 5	2 ～ 5	0 ～ 5	0 ～ 3	2 ～ 5	0 ～ 4	2 ～ 5	0 ～ 4
保压时间 /s	15 ～ 30	20 ～ 40	20 ～ 40	20 ～ 40	15 ～ 50	20 ～ 80	20 ～ 90	20 ～ 50	10 ～ 30	10 ～ 20	15 ～ 50	15 ～ 40	15 ～ 50
冷却时间 /s	15 ～ 30	20 ～ 40	20 ～ 40	20 ～ 40	20 ～ 50	20 ～ 60	20 ～ 60	20 ～ 30	15 ～ 30	15 ～ 30	20 ～ 40	20 ～ 40	20 ～ 40
成型时间 /s	40 ～ 70	50 ～ 90	50 ～ 90	50 ～ 90	40 ～ 110	50 ～ 150	50 ～ 160	50 ～ 90	30 ～ 70	30 ～ 60	40 ～ 100	40 ～ 90	40 ～ 100

6.3.6 其他选项

1．高级选项

单击【高级选项】按钮，弹出高级选项的设置对话框，如图 6-21 所示。该对话框可以选择并编辑成型材料、工艺控制器、注塑机、模具材料和求解器参数等。

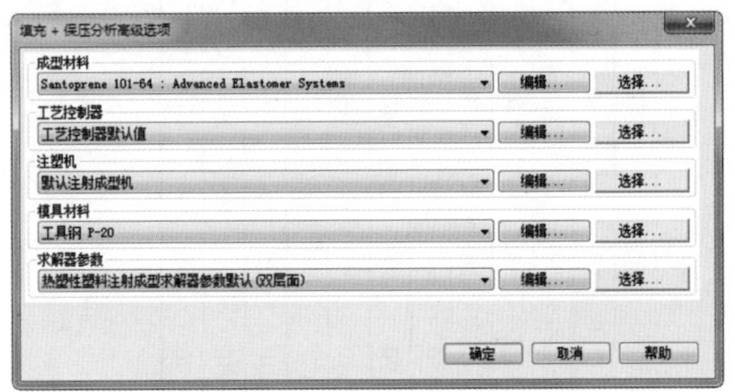

图 6-21

一般来说，在实际工作中，通常会根据厂家提供的塑胶材料、模具材料、注塑机品牌等参数信息，通过高级选项设置对话框进行设置，以完全模拟与真实的注塑成型过程。

2．纤维取向分析

如果材料中包含纤维，则启用纤维取向分析。

3．结晶分析

当材料为半结晶材料且材料数据包括结晶形态参数时，启用结晶分析。

6.4 注射位置

在 Moldflow 中指定注射位置其实就是指定浇口位置，也是熔融体注入模具型腔中的位置。浇口位置的不同影响着塑胶件的质量，特别是对熔接线这种常见的制件缺陷产生显著影响，因此，为了减少浇口对制件缺陷的影响，浇口位置的设定是相当重要的步骤。应尽量通过 Moldflow 最佳浇口位置分析，找到合理的浇口注射位置。

如图 6-22 所示的制件需要三个浇口去填充。这三个被虚拟分割的截面表示出能够同时填充满。其中，淡蓝色箭头表明熔体的流动路径，黄色的小圆锥表示浇口。

所以，当填充那些被虚拟分割的截面的时候，要尽量避免熔接痕的产生。

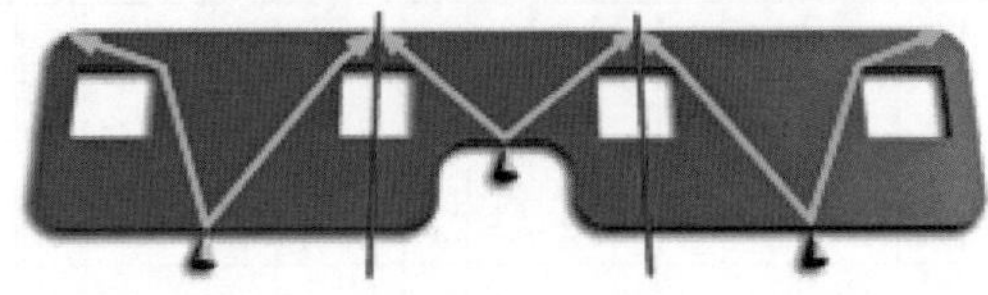

图 6-22

很多时候，在进行最佳浇口位置分析时，往往是设定浇口注射位置就可以模拟了，但是对于其他分析序列，仅设定注射位置是不能精确模拟出整个制件充填过程的，需要设计出浇注系统（包括主流道、分流道和浇口），才能保证在型腔中的那些虚拟截面同时填充完成。如图 6-23 所示为设计浇注系统的分流道及浇口后，能够在相同时间下完成截面的填充。

图 6-23

在【成型工艺设置】面板中单击【注射位置】按钮，光标变成，然后在模型视窗中将注射锥（表示注射位置的黄色锥状体）放置在网格模型中，如图 6-24 所示。

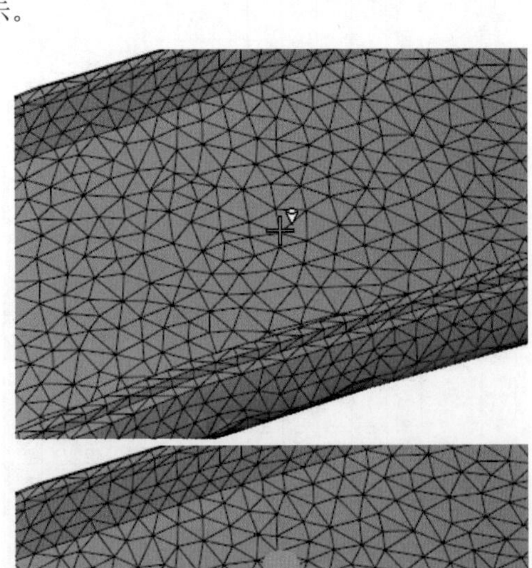

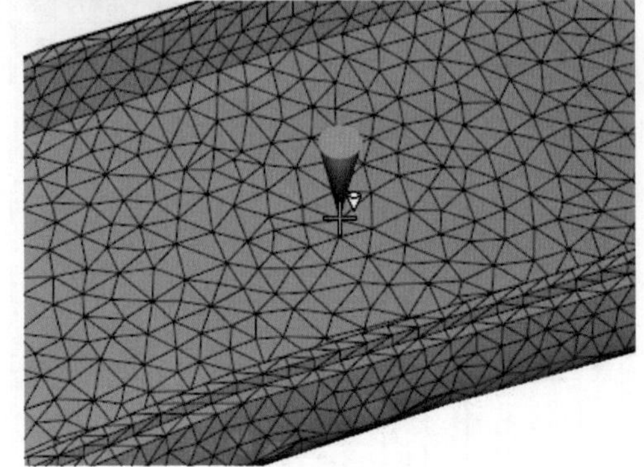

图 6-24

如果确定注射锥放错了位置，可以选中注射锥并按 Delete 键删除，重新放置新注射锥即可。

> **技术要点：**
> 任何浇口尺寸都与注射锥无关；它只表示分析在数学上的起点。应对浇口进行建模以确保结果准确。

6.5 Moldflow 分析案例

如图 6-25 所示的电池盖产品，对尺寸精度要求较高。采用 PC 塑料以冷流道成型，产品结构已经确定，不再更改。进浇位置预先假设，希望藉以 Moldflow 模流分析帮助改善产品的常见缺陷。

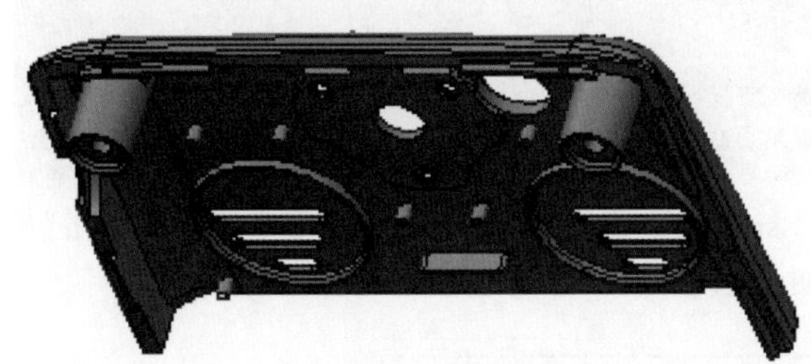

图 6-25

6.5.1 分析的前期准备

Moldflow 分析的前期准备工作主要有：

（1）新建工程并导入 CAD 模型；

（2）网格模型的创建；

（3）网格修复处理。

1. 新建工程并导入 CAD 模型

01 启动 Moldflow 2018，然后单击【新建工程】按钮，弹出【创建新工程】对话框。输入工程名称及保存路径后，单击【确定】按钮完成工程的创建，如图 6-26 所示。

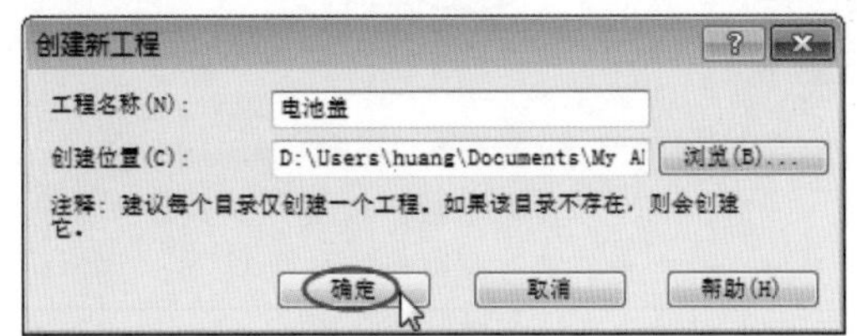

图 6-26

02 在【主页】选项卡单击【导入】按钮，弹出【导入】对话框。在本案例模型保存的路径下打开“电池盖.stl”，如图 6-27 所示。

图 6-27

03 随后弹出要求选择网格类型的【导入】对话框，选择【双层面】类型作为本案例分析的网格，再单击【确定】按钮完成模型的导入操作，如图 6-28 所示。

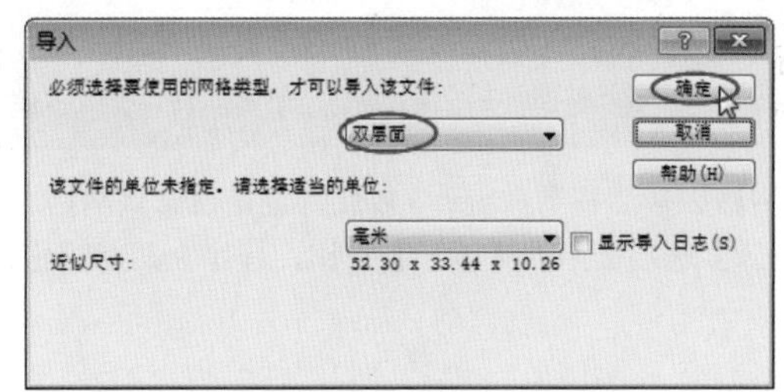

图 6-28

04 导入的 STL 模型如图 6-29 所示。

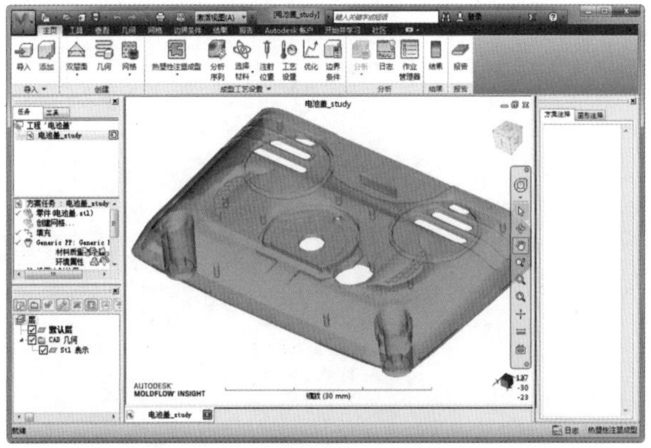

图 6-29

2. 网格模型的创建

01 在【主页】选项卡【创建】面板中单击【网格】按钮，打开【网格】选项卡。

02 在【网格】选项卡的【网格】面板中单击【生成网格】按钮，工程管理视窗的【工具】选项卡中显示【生成网格】选项板。

03 设置【全局网格边长】的值为 0.5，然后单击【立即划分网格】按钮，程序自动划分网格，结果如图 6-30 所示。

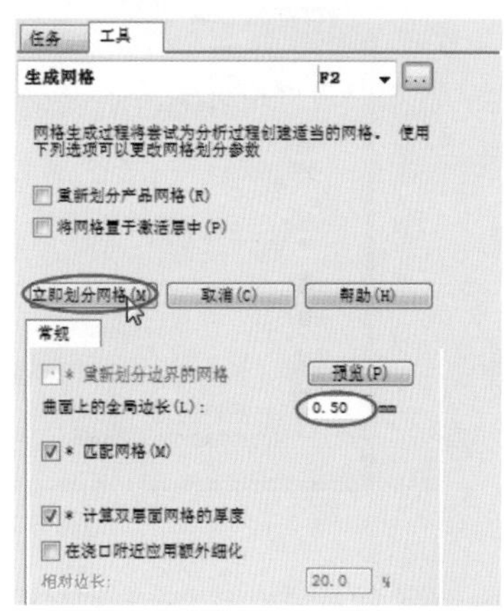

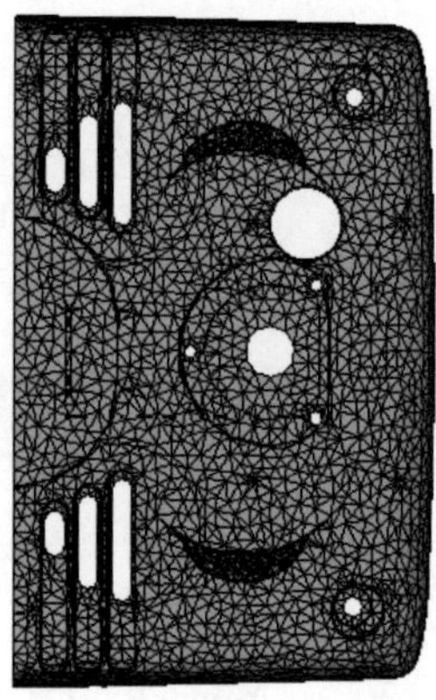

图 6-30

> **技术要点：**
>
> 网格的边长值取决于模型的厚度尺寸、网格的匹配质量及模型的形状精度。一般为制件厚度的 1.5 ～ 2 倍，足以保证分析精度。本案例模型的结构比较复杂，有细小特征，再则本案例模型并没有经过模型简化处理，因此建议网格边长值设为 0.5mm。

04 网格创建后需要做统计，以此判定是否修复网格。在【网格诊断】面板中单击【网格统计】按钮，然后再单击【网格统计】选项板中的【显示】按钮，程序立即对网格进行统计并弹出【网格信息】对话框，如图 6-31 所示。

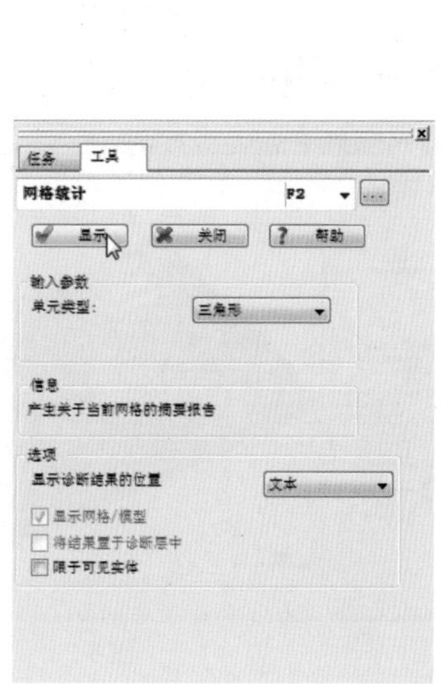

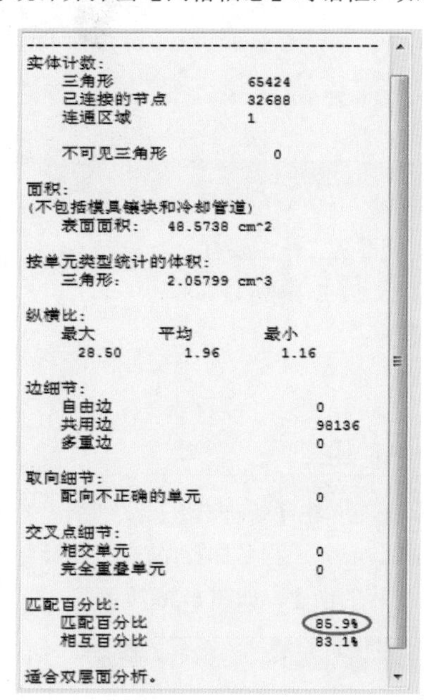

实体计数：
三角形 65424
已连接的节点 32688
连通区域 1

不可见三角形 0

面积：
(不包括模具镶块和冷却管道)
表面面积： 48.5738 cm^2

按单元类型统计的体积：
三角形： 2.05799 cm^3

纵横比：

最大	平均	最小
28.50	1.96	1.16

边细节：
自由边 0
共用边 98136
多重边 0

取向细节：
配向不正确的单元 0

交叉点细节：
相交单元 0
完全重叠单元 0

匹配百分比：
匹配百分比 85.9%
相互百分比 83.1%

适合双层面分析。

图 6-31

3．网格修复处理

通常情况下，网格生成后大都会出现网格缺陷。这种缺陷如不进行修复，一是会导致模拟分析结果不准确，误差极大；二是会直接导致分析失败。统计后，须对出现的网格缺陷进行针对性地修复，网格修复所遵循的参考原则为：

（1）连通区域的个数为 1；（连通性诊断）

（2）自由边和交叉边的个数为 0；（自由边诊断）

（3）配向不正确的单元个数为 0；（配向诊断）

（4）相交单元个数为 0；（重叠单元诊断）

（5）完全重叠单元个数为 0；（重叠单元诊断）

（6）单元纵横比的数值视情况而定，一般在 10 ～ 20 之间；（纵横比诊断）

（7）匹配百分比应在 87% 以上；（网格匹配诊断）

（8）零面积单元的个数为 0。（零面积单元诊断）

从统计数据看，纵横比的值偏大，为 28.5%（一般在 15% ～ 20% 左右），因此需要修复这个网格缺陷。其他网格缺陷没有。

技术要点：

所谓“纵横比”是指三角形单元的最长边与该边上的三角形高的比值。纵横比大小直接影响到模型分析精度。

01 在【主页】选项卡中单击【网格】按钮，打开【网格】选项卡。再单击【网格诊断】面板中的【纵横比】按钮，在弹出的项目管理区的【纵横比诊断】选项板中输入纵横比的最小值为“15”，然后勾选【将结果置于诊断层中】选项。单击【显示】按钮后，图形编辑区中出现图像诊断结果，如图 6-32 所示。

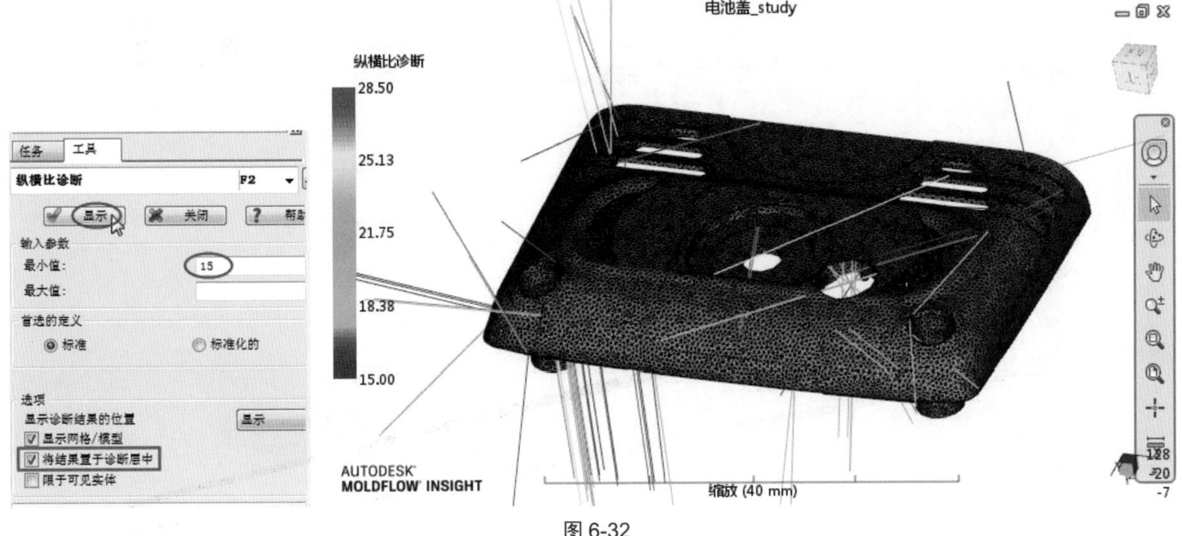

图 6-32

02 在【层】管理视窗中取消【新建三角形】复选框，以此在图形区中仅显示纵横比较大的三角形网格单元，如图 6-33 所示。

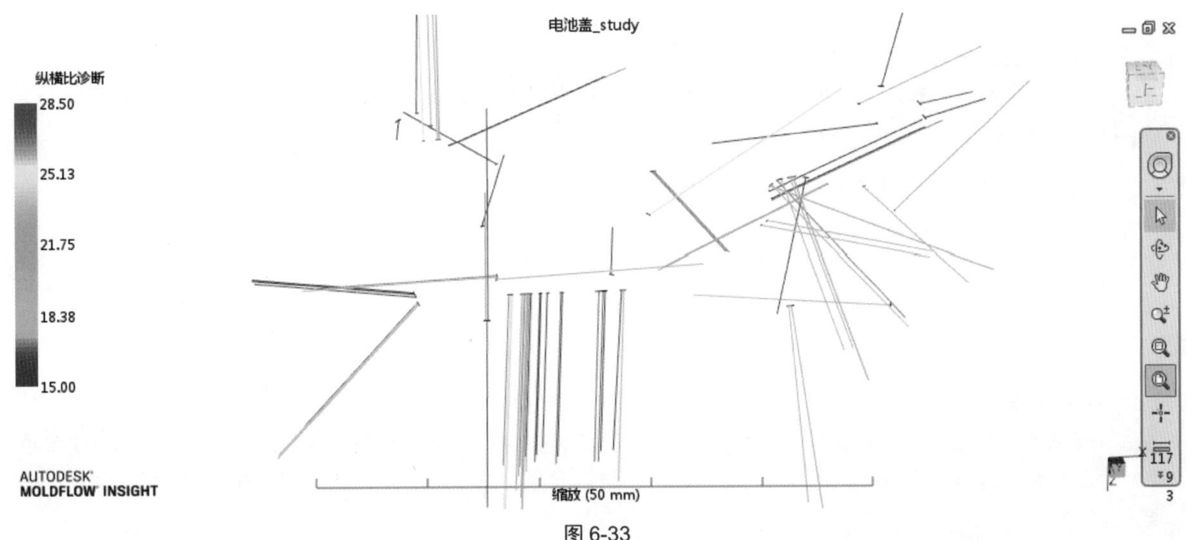

图 6-33

03 按照从大（红色）到小（蓝色）的顺序来修改。首先修改红色指引线显示的网格单元。在模型中找到指引线所在的三角形网格，单击【网格修复】面板中的【插入节点】按钮，然后在三角形网格上选择两个节点作为参考点，如图 6-34 所示。

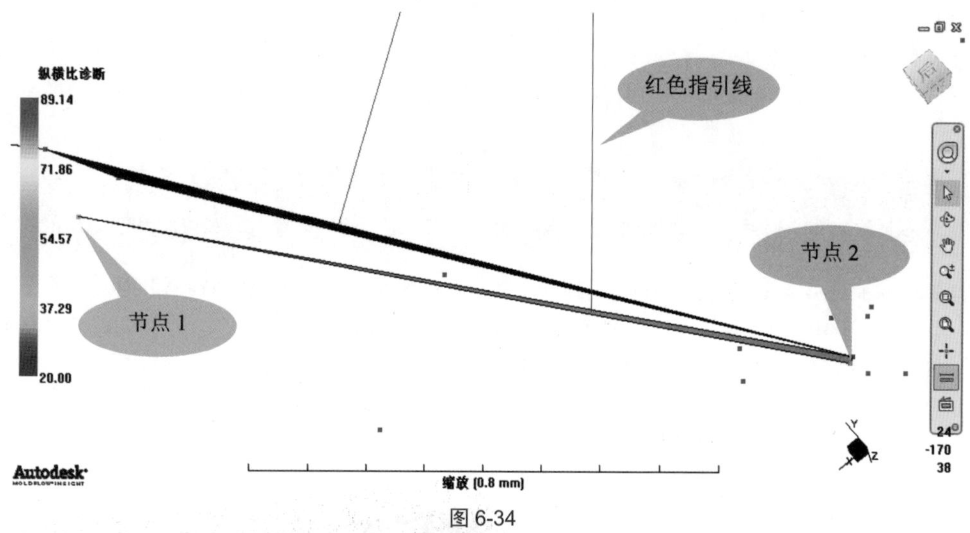

图 6-34

04 当在【插入节点】选项板中单击【应用】按钮后，在原有的三角形网格上自动插入创建的节点，而在该节点位置重新将网格单元划分，如图 6-35 所示。

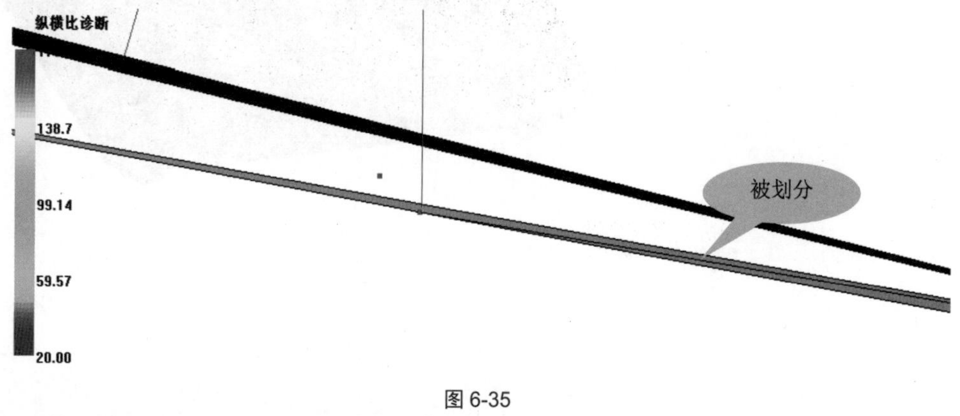

图 6-35

技术要点：

这种方法仅针对纵横比较小的网格单元。稍微地改变纵横比，就能使值低于设定的标准。而纵横比较大的网格单元，直接合并节点就能删除。

05 同样，在三角形的另一边也选择两个节点来创建新节点。

06 在【网格修复】面板中单击【合并节点】按钮，然后再选择如图 6-36 所示的两个节点进行合并，选择顺序是先选择要合并到的节点（此节点为活动节点），接着再选择要与其合并的节点（固定节点）。选择完成后单击【应用】按钮，程序将两节点合并。合并后该指引线由红色转变成黄色（说明纵横比变小了）。

07 同理，将其余指引线所在的三角形网格进行纵横比改善。

技术要点：

在利用合并节点工具时还应注意，如插入节点后，纵横比已经得到了改善，就不必再进行节点合并了，因为多余的合并对分析的结果会产生一定的影响（即使是影响不会太大）。另外，选择合并节点时，应对网格做仔细分析，选用最佳的方案来进行节点合并。

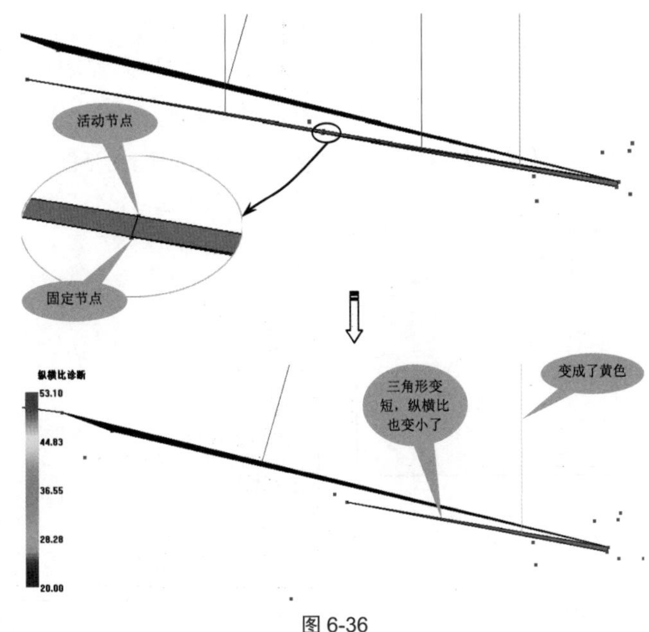

图 6-36

08 按设置的网格纵横比完全修复后，须重新进行统计、检查，检查是否产生了其他缺陷。网格重新统计结果如图 6-37 所示。可以清楚地看见，纵横比缺陷得到良好的改善，并且匹配百分百也上升到了 86%。此时若重新生成网格，会得到意想不到的网格统计效果。从对比效果看，重新划分网格并做统计后，网格匹配百分百提升了 0.7%，基本符合流动分析和翘曲分析的网格要求。如果需要到达更高的匹配率，可以将纵横比的诊断值设定为 10，那么修复网格的时间会加长。当然最好的办法还是利用 CADdoctor 简化模型再进行网格划分。

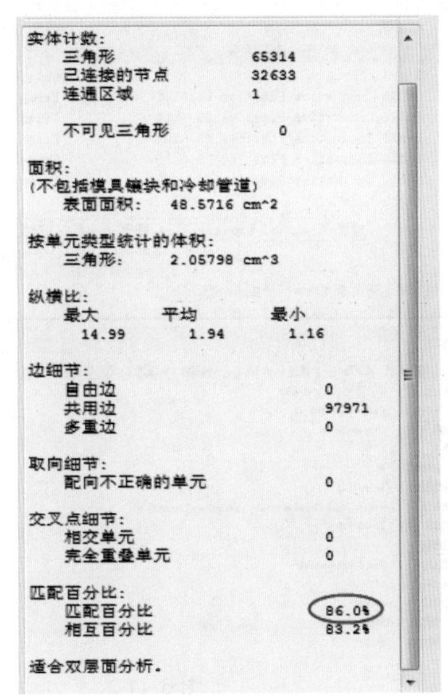

（a）修复纵横比后的统计

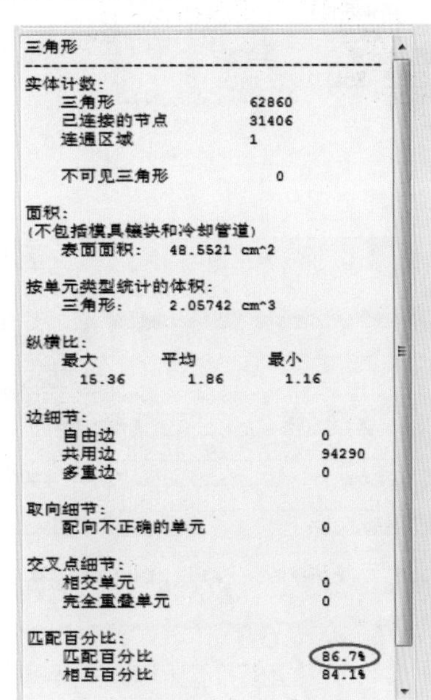

（b）重新划分网格后的统计

图 6-37

6.5.2　最佳浇口位置分析

最佳浇口位置分析包括选择分析序列、选择材料、工艺设置、执行分析等步骤。下面讲解详细操作过程及参数设置方法。

1. 选择分析序列

01 在【主页】选项卡的【成型工艺设置】面板中单击【分析序列】按钮，弹出【选择分析序列】对话框。

02 选择【浇口位置】选项，再单击【确定】按钮完成分析序列的选择，如图 6-38 所示。

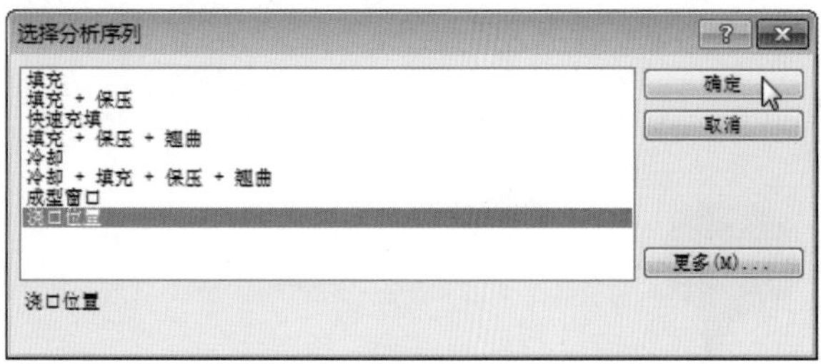

图 6-38

2. 选择材料

01 在【主页】选项卡的【成型工艺设置】面板中单击【选择材料】按钮，或者在任务视窗中执行右键菜单【选择材料】命令，弹出【选择材料】对话框，如图 6-39 所示。

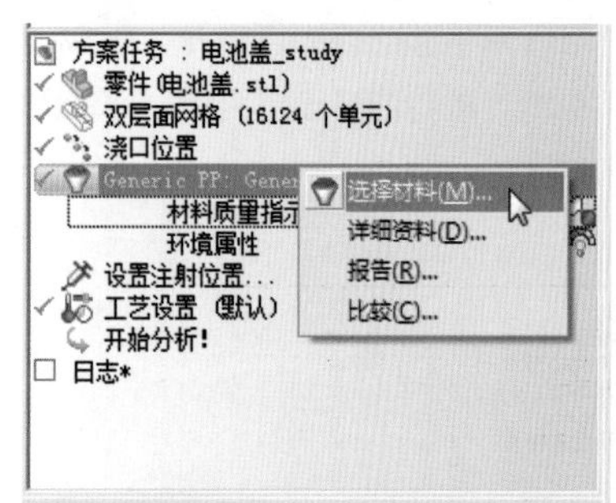

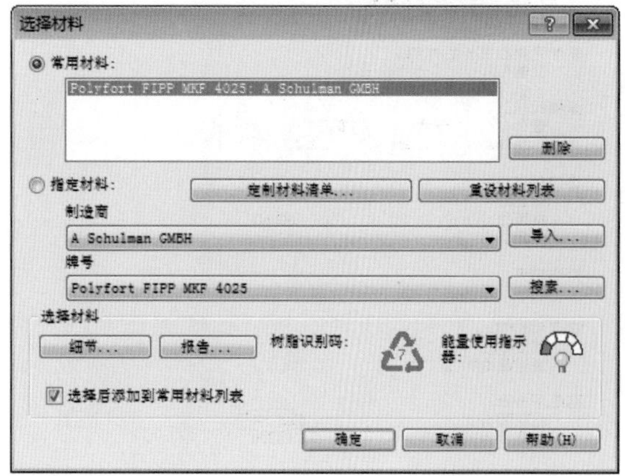

图 6-39

02 对话框中的【常用材料】列表中的材料简称 PP，而电池盖的材料为 PC，因此需要重新指定材料。单击【指定材料】单选按钮，然后再单击【搜索】按钮，弹出【搜索条件】对话框。

技术要点：

由于 AMI 提供的材料库中材料非常全面，要想找到想要的材料十分不易，所以要用"搜索"来完成。

03 在【搜索条件】对话框的【搜索字段】列表中选择【材料名称缩写】选项，然后输入字符串"PC"，勾选【精确字符串匹配】复选框，再单击【搜索】按钮，如图 6-40 所示。

图 6-40

04 在随后弹出的【选择热塑性材料】对话框中按顺序排名来选择第一种材料，然后单击【细节】按钮查看是否是所需材料，如图 6-41 所示。

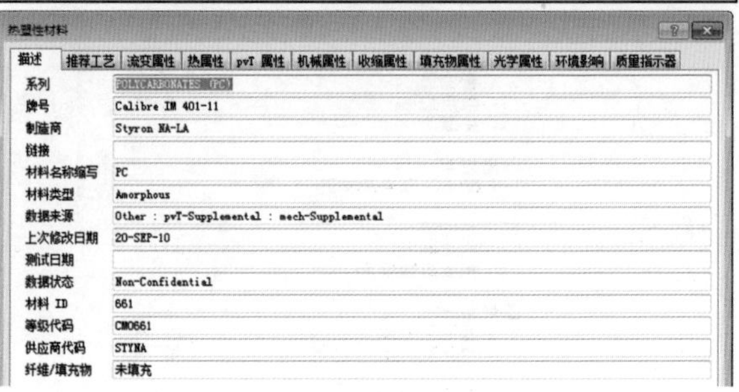

图 6-41

05 材料确认无误后单击【选择】按钮，即可将所搜索的材料添加到【指定材料】列表中，如图 6-42 所示。最后单击【确定】按钮完成材料的选择。

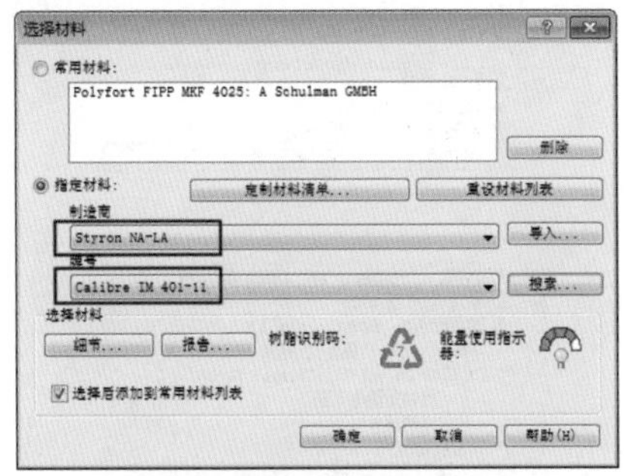

图 6-42

3．工艺设置

01 在【主页】选项卡的【成型工艺设置】面板中单击【工艺设置】按钮，弹出【工艺设置向导 - 浇口位置设置】对话框，如图 6-43 所示。

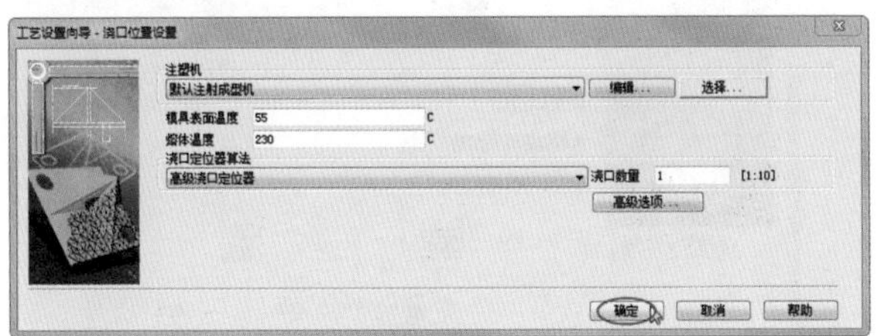

图 6-43

02 对话框中主要有两种参数需要设置：模具表面温度和熔体温度。这里保留默认设置（目的是为了在后续的优化设计中提供新的数据），单击【确定】按钮完成工艺设置。

技术要点：

选择的材料跟模具表面温度（模温）和熔体温度是有直接联系的。一般系统会给出一个默认值。当然也可以根据材料厂家提供的实际参考来设置。完全可以参考表 6-1 中部分材料与熔体温度、模具温度的参数。

4．分析

01 在【分析】面板中单击【开始分析】按钮，程序执行最佳浇口位置分析。经过一段时间的计算后，得出如图 6-44 所示的分析结果。

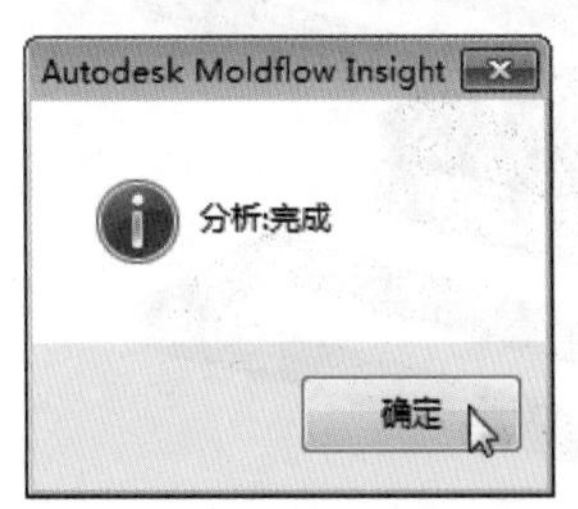

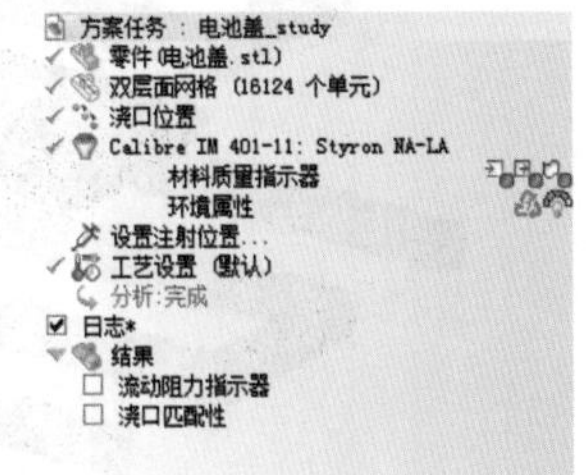

图 6-44

02 在任务视窗中勾选【流动阻力指示器】复选框，查看流动阻力，如图 6-45 所示。从图中可以看出，阻力最小的区域就是最佳浇口位置区域。

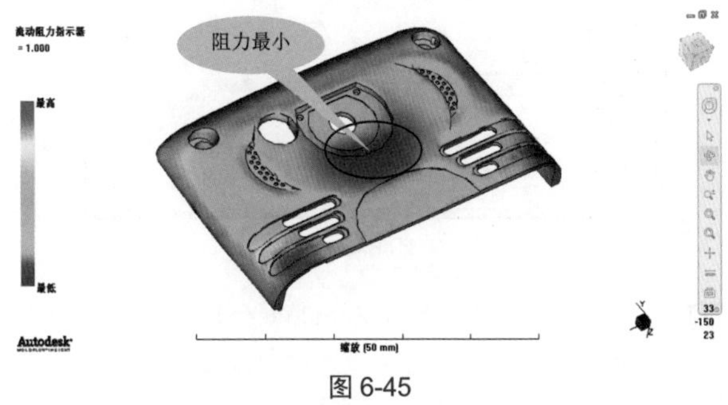

图 6-45

03 勾选【浇口匹配性】复选框，同样也可以看出最佳浇口位置位于产品中的何处，如图 6-46 所示。匹配性最好的区域就是最佳浇口位置区域。

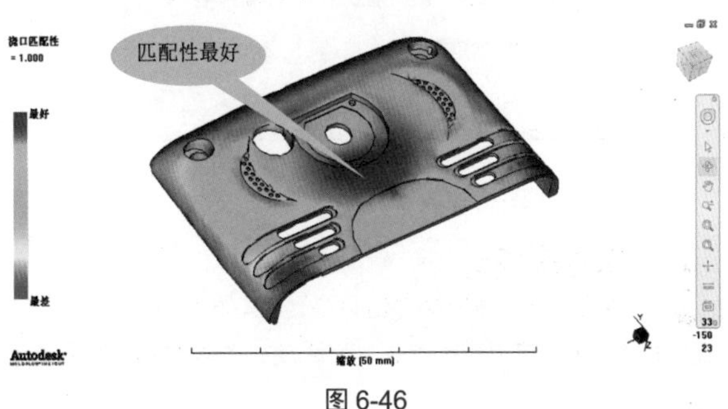

图 6-46

04 最佳浇口位置分析后，系统会自动标识处最佳浇口位置的节点，并放置注射锥。在工程视窗中双击【电池盖 _study （浇口位置）】子项目，即可查看注射锥，如图 6-47 所示。

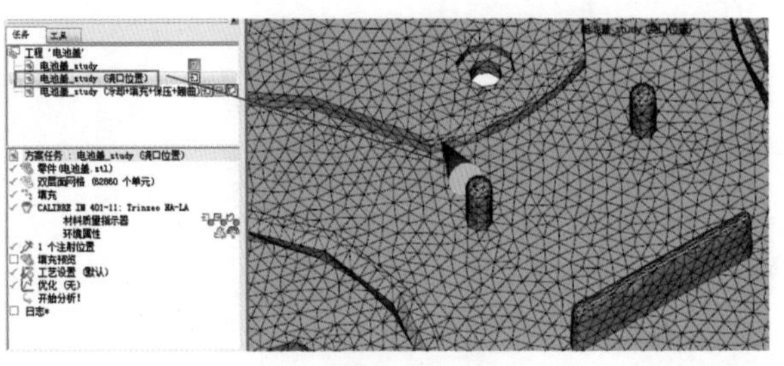

图 6-47

6.5.3　冷却 + 填充 + 保压 + 翘曲分析

通过【冷却＋填充＋保压＋翘曲】分析，改善制品质量。

1．分析设定

01 选择分析序列。在【成型工艺设置】面板中单击【分析序列】按钮，弹出【选择分析序列】对话框。从中选择【冷却＋填充＋保压＋翘曲】，再单击【确定】按钮，如图 6-48 所示。

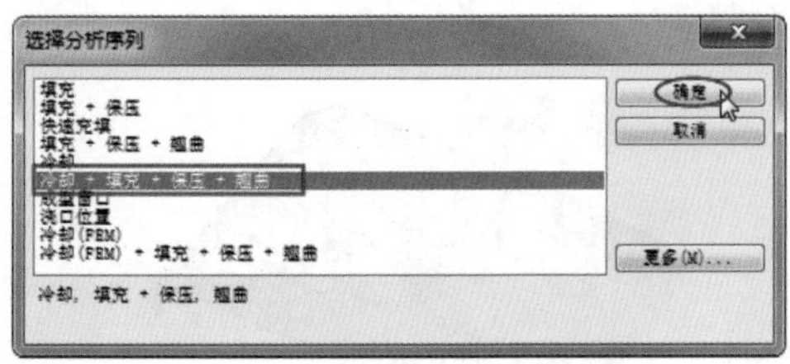

图 6-48

02 选择放置注射位置时，Moldflow 会提示用户要删除先前的最佳浇口位置分析，或者保存副本。一般是选择保存副本，如图 6-49 所示。也就是在后续的分析过程中将继承前面分析的结果。

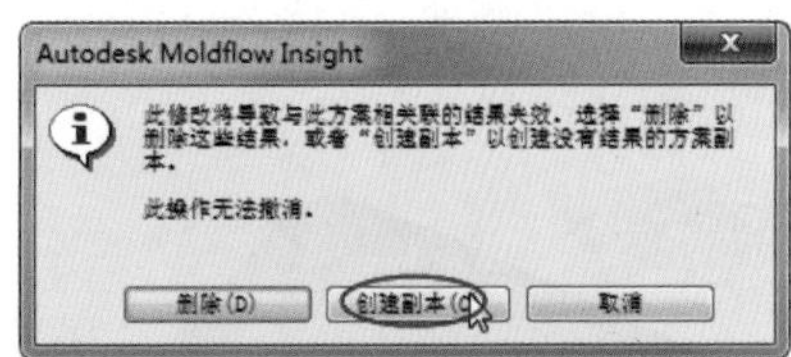

图 6-49

技术要点：

也可以在任务窗格中选中最佳浇口位置分析的项目，执行右键菜单的【重复】命令，AMI 就会粘贴所选的项目。

03 创建副本后在【任务】标签下的工程视窗中重命名，如图 6-50 所示。

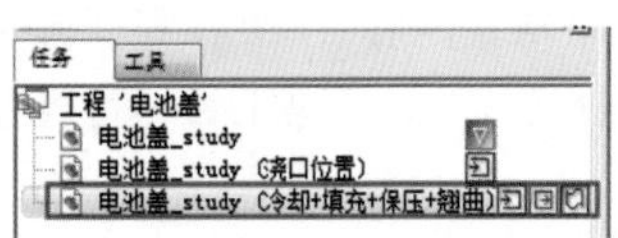

图 6-50

2．设计冷却回路

要进行冷却分析就必须设计冷却回路。

01 在工程视窗中双击【电池盖 _study（冷却＋填充＋保压＋翘曲）】子项目，切换到该分析项目运行中。

02 在方案任务视窗中选中【创建冷却回路】项目，然后执行右键菜单【回路向导】命令，或者在【几何】选项卡【创建】面板单击【冷却回路】按钮，如图 6-51 所示。

03 弹出【冷却回路向导 - 布局 - 第 1 页】对话框，然后设置的参数如图 6-52 所示。

04 单击【下一步】按钮进入第 2 页，然后设置如图 6-53 所示的参数。

05 最后单击【完成】按钮，创建冷却回路，如图 6-54 所示。

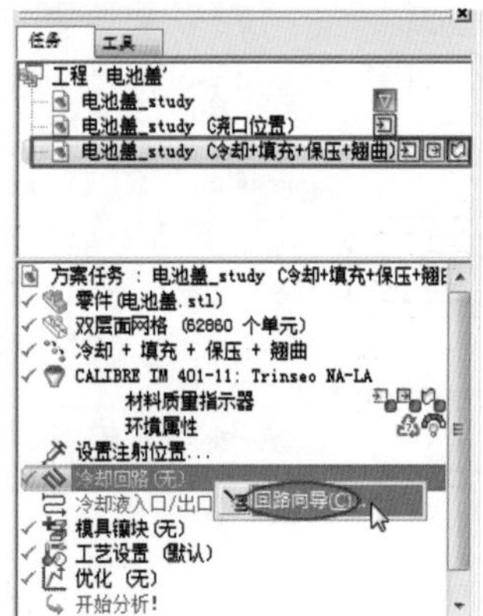

图 6-51

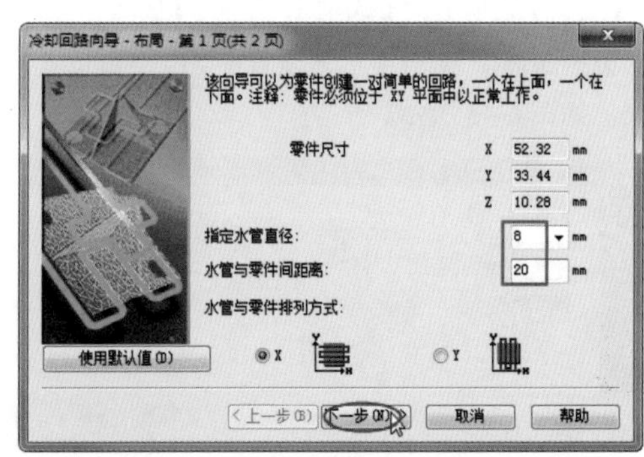

图 6-52

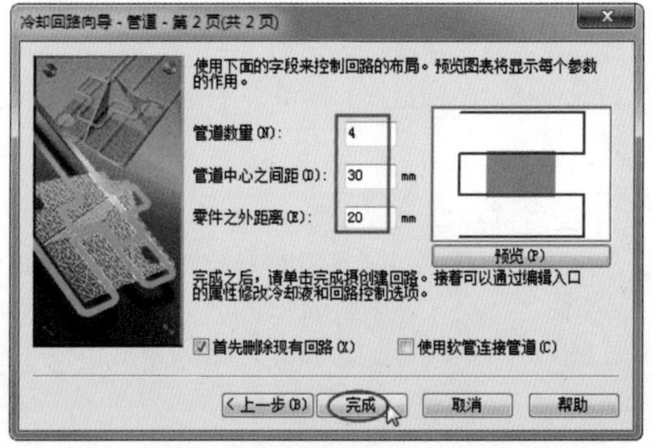

图 6-53

图 6-54

技术要点：冷却水道到型腔表壁的距离应合理

冷却系统对生产率的影响主要由冷却时间来体现。通常，注射到型腔内的塑料熔体的温度为 200 ℃左右，塑件从型腔中取出的温度在 60 ℃以下。熔体在成型时释放出的热量中约有 5% 以辐射、对流的形式散发到大气中，其余 95% 需由冷却介质（一般是水）带走，否则由于塑料熔体的反复注入将使模温升高。

冷却水道到型腔表壁的距离关系到型腔是否冷却得均匀和模具的刚、强度问题。不能片面地认为，距离越近冷却效果越好。设计冷却水道时往往受推杆、镶件、侧抽芯机构等零件限制，不可能都按照理想的位置开设水道，水道之间的距离也可能较远，这时，水孔距离型腔位置过近，则冷却均匀性差。同时，在确定水道与型腔壁的距离时，还应考虑模具材料的强度和刚度。避免距离过近，在模腔压力下使材料发生扭曲变形，使型腔表面产生龟纹。图 6-55 是水孔与型腔表壁距离的推荐尺寸，该尺寸兼顾了冷却效率、冷却均匀性和模具刚、强度的关系，水孔到型腔表壁的最小距离不应小于 10mm。

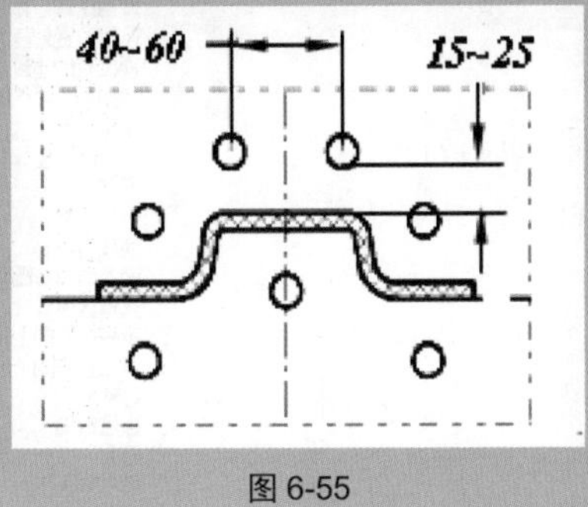

图 6-55

3．设置工艺参数

为了验证系统默认的工艺设置参数对分析的精确性，工艺参数全部默认设置。

01 设置工艺参数。由于继承了前面分析的结果，所以无须再重新选择材料。单击【工艺设置】按钮，弹出【工艺设置向导】对话框。设置第 1 页如图 6-56 所示。

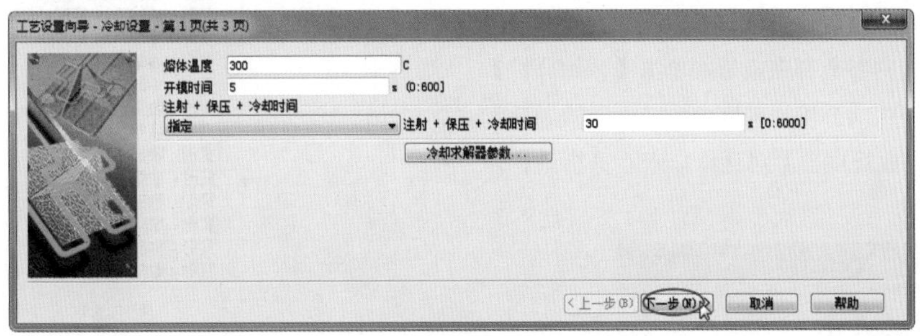

图 6-56

02 单击【下一步】按钮进入第 2 页。然后设置如图 6-57 所示的参数。单击【编辑曲线】按钮，并手工创建保压曲线。如图 6-58 所示，在弹出的【保压控制曲线设置】对话框中填写保压压力与时间参数。

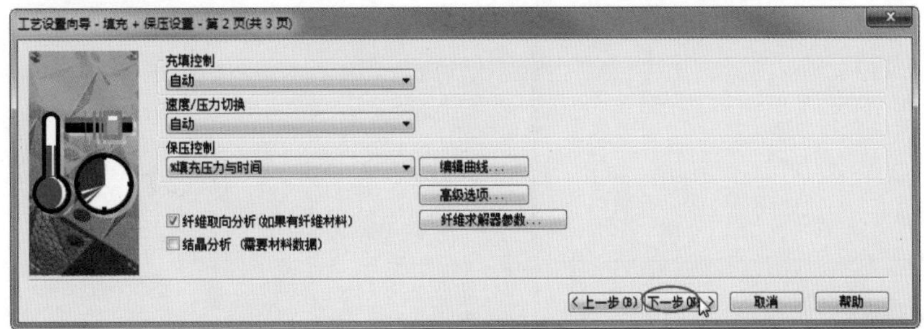

图 6-57

图 6-58

03 单击【下一步】按钮进入第 3 页。在第 3 页中勾选【考虑模具热膨胀】和【分离翘曲原因】复选框。最后单击【完成】按钮关闭对话框，如图 6-59 所示。

图 6-59

4．执行分析

01 重新在加强筋部位设置注射锥。

02 当所有应该设置的参数都完成后，单击【开始分析】按钮，Moldflow 启动分析。可以单击【作业管理器】按钮，弹出【作业管理器】对话框以查看分析进程，如图 6-60 所示。

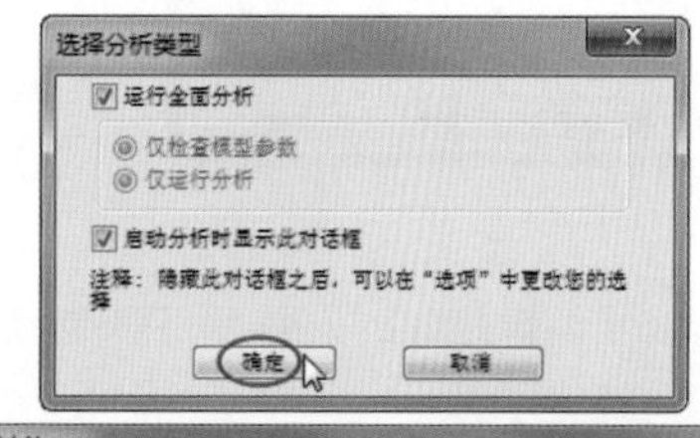

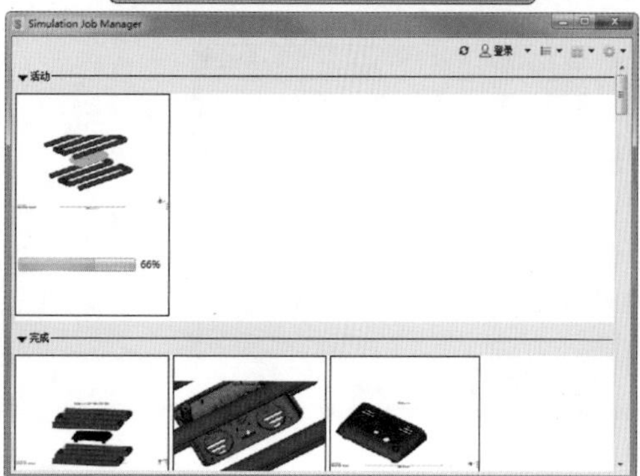

图 6-60

5．分析结果

经过较长时间的耐心等待之后，完成了【冷却 + 填充 + 保压 + 翘曲】分析。下面解读分析结果。

在方案任务窗格中可以查看分析的结果，本案例有三个结果：流动、冷却和翘曲，如图 6-61 所示。

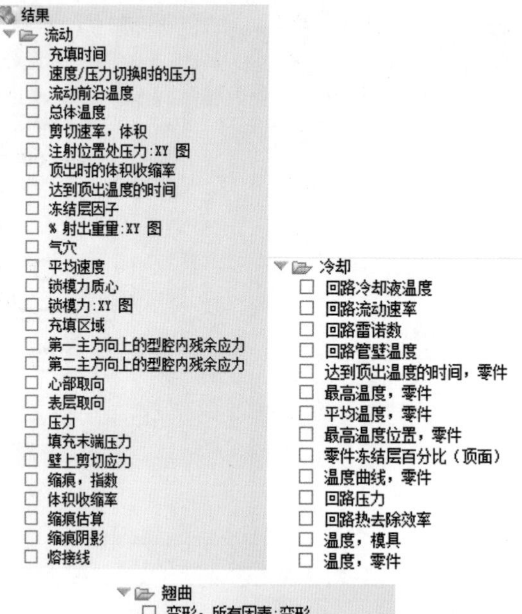

图 6-61

本章要介绍的优化分析，主要指的是为精准分析进行的一些准备工作，例如，最佳浇口位置分析、成型窗口分析及优化分析等。

项目分解	知识点 01：最佳浇口位置分析
	知识点 02：成型窗口分析
	知识点 03：优化分析

7.1 最佳浇口位置分析

浇口位置分析是在没有设置注射位置的情况下而进行的最佳注射位置分析，目的是向分析模型推荐理论上的合理注射位置。

浇口位置分析适用于每一个分析序列及成型工艺类型。可以作为完整的【填充 + 保压】分析序列的初步分析结果。

运行浇口位置分析时可在两种算法间选择，“高级浇口定位器”算法和“浇口区域定位器”算法。下面以案例形式介绍这两种算法的分析结果对比。

7.1.1 “高级浇口定位器”算法

高级浇口定位器算法基于流阻最小化来确定最佳注射位置。该算法生成流阻指示器结果和可选的浇口匹配性结果。流阻指示器结果显示了来自浇口的流动前沿所受的阻力。浇口匹配性结果可评定模型上各位置作为注射位置的匹配性。

高级浇口定位器算法可以设置多个浇口。

上机操作——以“高级浇口定位器”算法分析最佳浇口位置

01 启动 Moldflow 2018，在工程视窗中双击【新建工程】命令，创建如图 7-1 所示的新工程。

图 7-1

02 在【主页】选项卡【导入】面板中单击【导入】按钮，从本案例素材文件夹中导入“显示器前壳 .prt”文件，在弹出的【导入】对话框中设置网格类型为【双层面】，单击【确定】按钮完成模型导入，如图 7-2 所示。

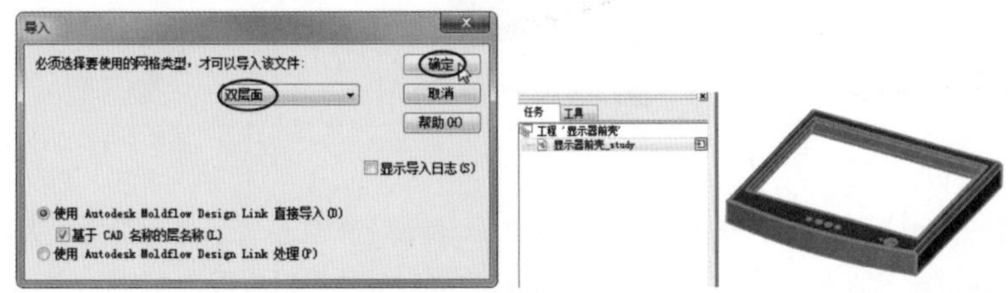

图 7-2

03 在【网格】选项卡中单击【生成网格】按钮，接着在工程面板的【工具】标签下设置网格的全局边长值为 2mm，再单击【立即划分网格】按钮，为导入的模型划分网格，如图 7-3 所示。

图 7-3

04 单击【分析序列】按钮，在【选择分析序列】对话框中选择【浇口位置】序列，单击【确定】按钮完成分析序列的选择，如图 7-4 所示。

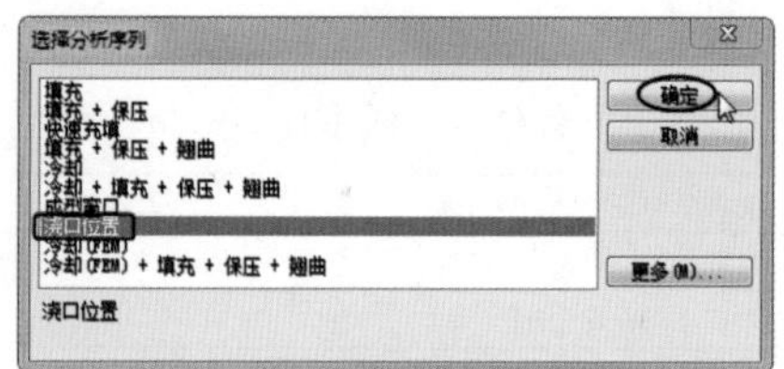

图 7-4

05 单击【工艺设置】按钮，在弹出的【工艺设置向导 - 浇口位置设置】对话框的【浇口定位器算法】列表中选择【高级浇口定位器】，并设置浇口数量为 4，单击【确定】按钮完成浇口定位器的选择，如图 7-5 所示。

图 7-5

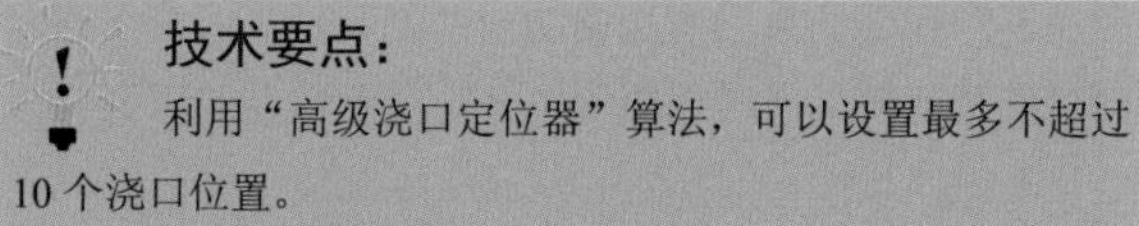

技术要点：

利用"高级浇口定位器"算法，可以设置最多不超过 10 个浇口位置。

06 分析模型的材料保持默认选择，在【分析】面板中单击【分析】按钮，或者在方案任务视窗中双击【开始分析】任务，系统执行浇口位置分析任务。经过一定时间的分析过程后，将结果显示在方案任务视窗中，同时工程视窗中会自动添加一个方案，如图 7-6 所示。

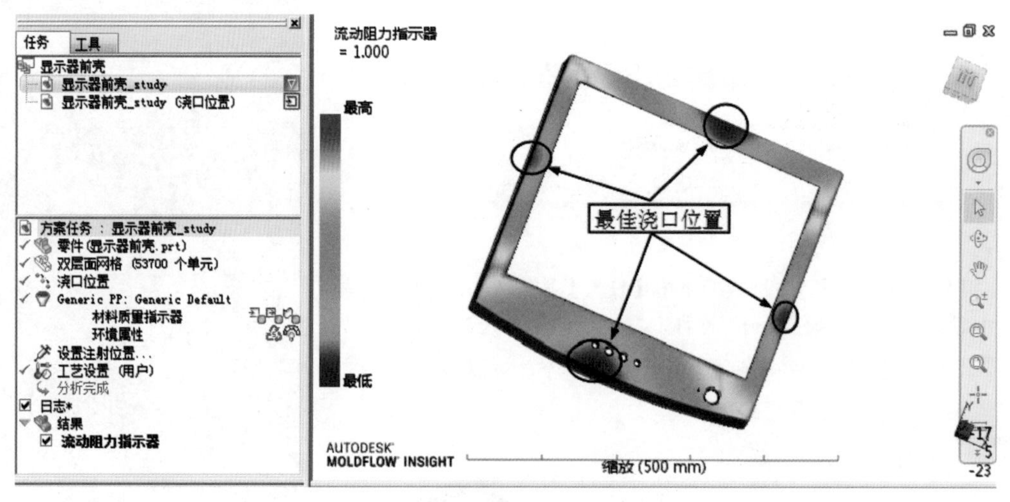

图 7-6

07 从图 7-6 可以看出，预设的 4 个浇口位置较为理想地分布在模型的 4 个边框位置。色谱上的红色表示流动阻力最大，意味红色区域为最后充填区域，反之蓝色区域为流动阻力最低区域，此区域应该为浇口最佳注射位置。

08 在工程视窗中自动生成了命名为"显示器前壳 _study （浇口位置）"的方案。这个方案是经过浇口位置分析后系统根据分析结果自动设定注射锥的方案。双击这个方案，可以看见在 4 个浇口位置的核心节点上已经添加了注射锥，如图 7-7 所示。

图 7-7

09 接下来若要进行其他分析的话，直接在 4 个浇口位置设置注射锥并创建流道系统。但这个分析结果仅仅是个参考方案，实际上还要结合流道系统及其他分析序列进行修改。

7.1.2　"浇口区域定位器"算法

浇口区域定位器算法基于零件几何、流阻、厚度及成型可行性等条件来确定和推荐合适的注射位置。浇口区域定位器算法可生成浇口位置分析结果。

上机操作——以"浇口区域定位器"算法分析最佳浇口位置

01 利用前一分析案例进行操作。在工程视窗中双击【显示器前壳 _study】方案，进入到该方案任务中。

02 在【成型工艺设置】面板中单击【工艺设置】按钮，在弹出的【工艺设置向导 - 浇口位置设置】对话框的【浇口定位器算法】列表中选择【浇口区域定位器】选项，单击【确定】按钮完成浇口定位器的选择，如图 7-8 所示。

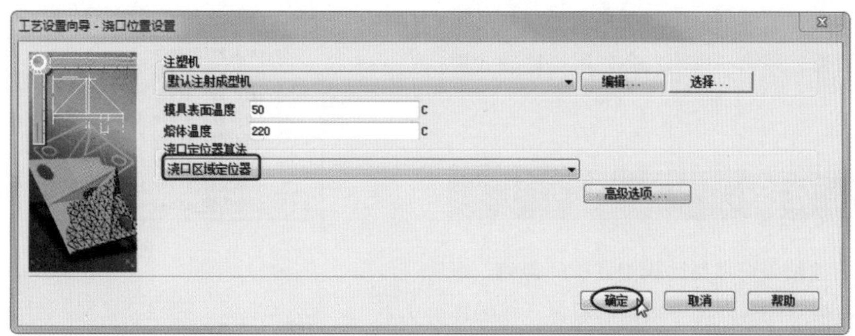

图 7-8

03 随后弹出信息提示对话框，在提示对话框中单击【创建副本】按钮，创建新的工程方案。在新方案中重新执行浇口位置分析，如图 7-9 所示。

图 7-9

04 系统经过一定时间的分析后，将结果显示在方案任务视窗中，如图 7-10 所示。

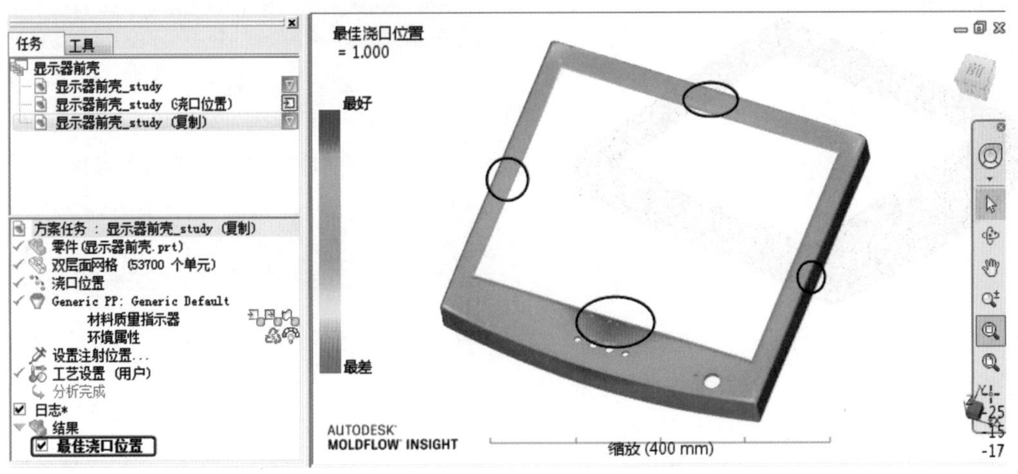

图 7-10

05 从图 7-10 可以看出，分析模型边框有 4 个位置颜色为深蓝色，表示为最好的浇口位置。这说明激活是采用了“浇口区域定位器”算法，系统也会分析出比较合理的注射位置。

7.2 成型窗口分析

成型窗口分析的结果可以帮助模流分析师得到一组合理的工艺设置参数：注射时间、模温和料温（熔融体温度），以此作为【填充 + 保压】分析的前期准备工作。

要进行成型窗口分析，须执行下列操作。

（1）成型工艺；

（2）在分析前检查网格；

（3）分析序列；

（4）选择材料；

（5）注射位置；

（6）工艺设置。

由于继承了连接器流道平衡分析的结果，也就是仅对分析序列重新选择即可，其他操作无须重做。

上机操作——成型窗口分析

01 打开本案例素材源文件“\Ch07\连接器\连接器.mpi”，打开的工程在工程视窗中可见，如图 7-11 所示。

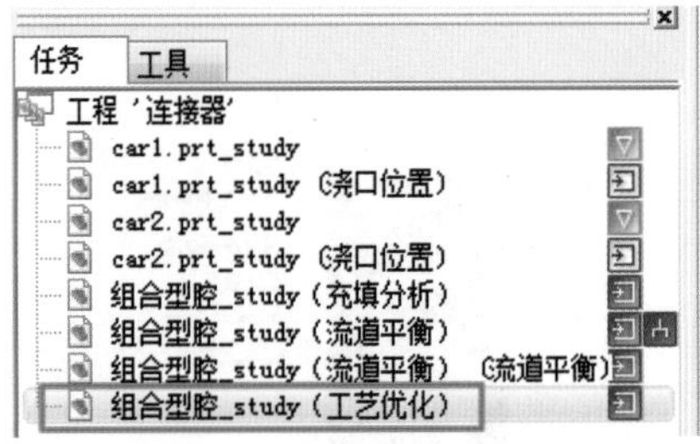

图 7-11

02 复制【组合型腔 _study（工艺优化）】项目，然后重命名为“组合型腔 _study（成型窗口）”，如图 7-12 所示。

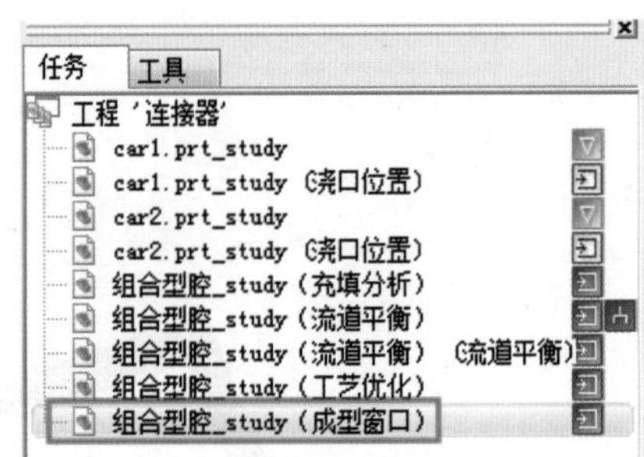

图 7-12

03 双击复制的项目【组合型腔 _study（成型窗口）】进入到该项目的分析环境中。

04 在【主页】选项卡【成型工艺设置】面板中单击【分析序列】按钮，弹出【选择分析序列】对话框。

05 单击【更多】按钮，在打开的【定制常用分析序列】对话框中勾选【成型窗口】【工艺优化（填充 + 保压）】序列，单击【确定】按钮完成定制，如图 7-13 所示。

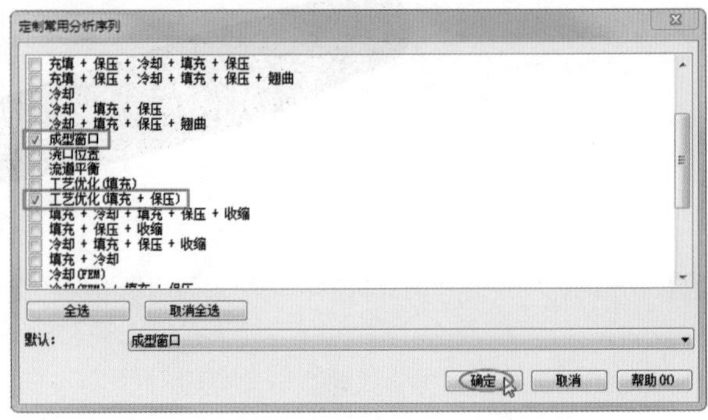

图 7-13

06 然后在【选择分析序列】对话框中选择【成型窗口】序列，再单击【确定】按钮完成分析序列的选择，如图 7-14 所示。

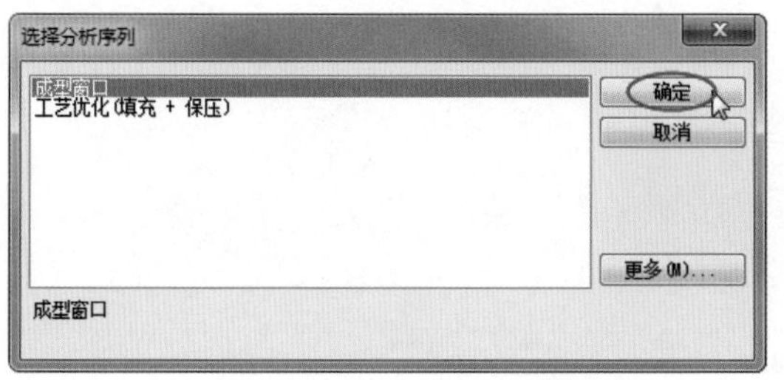

图 7-14

07 在任务视窗中双击【开始分析】项目，运行成型窗口分析。

经过一定时间的分析后得出如图 7-15 所示的成型窗口优化分析的结果。

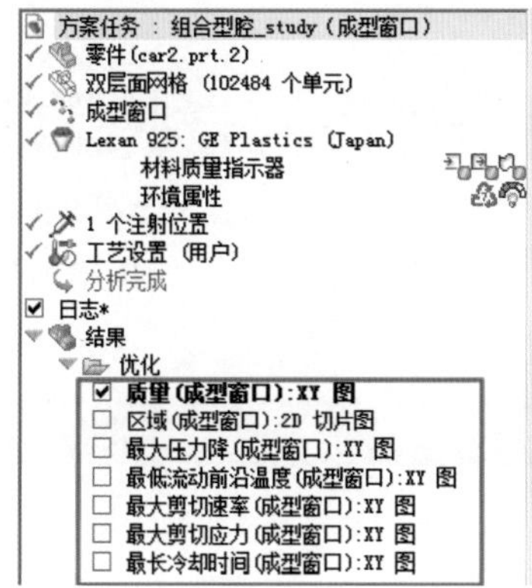

图 7-15

08 勾选【质量（成型窗口）：XY 图】选项，显示分析云图如图 7-16 所示。以前面填充分析的时间（0.2474s）和熔融体温度（290℃）为准，当注射时间为 0.1966 ～ 0.1968 时，最佳的模具温度为 94 ～ 99℃。可以从分析日志中得到系统向设计师推荐的模具温度、熔体温度和注射时间的最佳值。

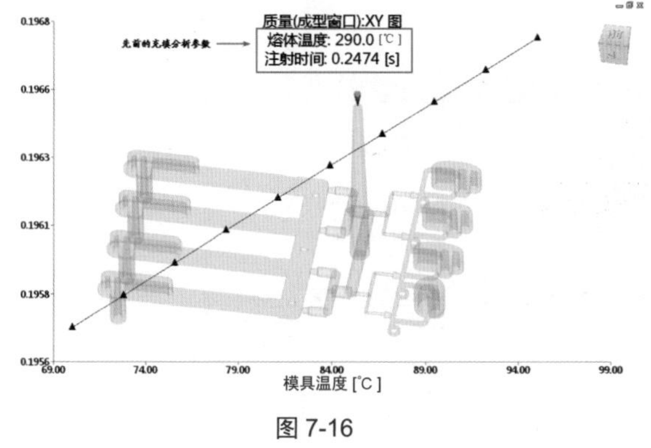

图 7-16

09 勾选【区域（成型窗口）：2D 切片图】选项，显示 2D 切片图，如图 7-17 所示。2D 切片图中，给出了可行的注射时间为 1.162s，熔融体温度 310℃和模具温度 95℃。图中成型窗口区域内全部为黄色显示，表示某个局部区域并不能达到“首选”（绿色显示）。但零件不会出现短射现象。填充零件所需的注射压力小于注塑机最大注射压力。

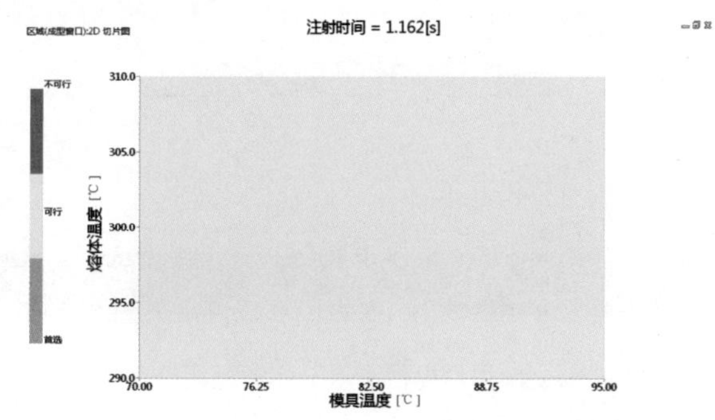

图 7-17

技术要点：

“可行”范围不是成型质量的最佳范围，而“首选”范围才是需要的注射时间推荐值范围。可以在云图中按下鼠标键上下滑动来改变注射时间值，查看最优的注射时间范围。

技术要点：

2D 切片云图中，左边有一色谱条带，分为绿色、黄色和红色。

（1）绿色：零件不会出现短射。填充零件所需的注射压力小于注塑机最大注射压力的 80%。流动前沿温度应高于注射（熔体）温度 10℃以下。流动前沿温度低于注射（熔体）温度 10℃以上。剪切应力小于材料数据库中为该材料所指定的最大值。剪切速率小于材料数据库中为该材料所指定的最大值。

（2）黄色：零件不会出现短射。填充零件所需的注射压力小于注塑机最大注射压力。

（3）红色：零件出现短射。所需的注射压力大于指定的注塑机注射压力。

10 勾选【最长冷却时间（成型窗口）：XY 图】选项，显示最长冷却时间图，如图 7-18 所示。在模具温度为 95℃时，最长冷却时间为（不超过）6s。

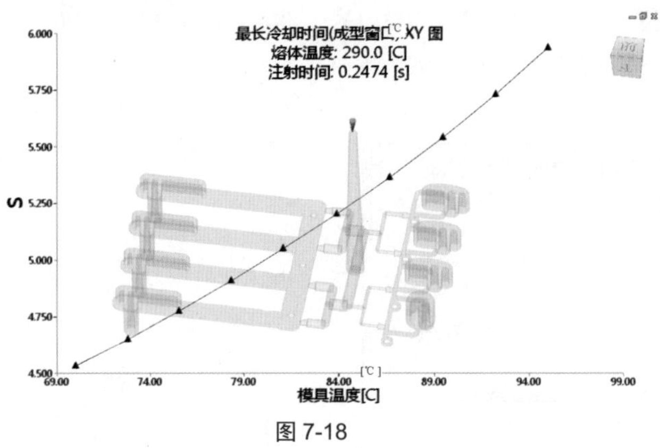

图 7-18

7.3 优化分析

Moldflow 向用户提供了用于注塑机调机参数的方案优化工具，利用这些工具可以获得优化分析结果。优化分析包括参数化方案分析、ODE 实验设计分析和工艺优化分析。

7.3.1 参数化方案分析

参数化方案优化分析是通过对分析过程中的模温、料温及注射时间三个变量进行分析，可以获得相应的填充末端总体温度、锁模力、注射压力、壁剪切力、流动前沿温度及达到顶出温度的时间等优化值，利用这些值进一步应用到新的方案中，得到与优化前的不同结果。

上机操作——参数化方案分析

1. 填充分析 + 参数化方案分析

下面以显示器前壳的分析模型为例，在填充分析序列中添加参数化方案分析，从而研究填充分析的三个变量对熔融料填充结果的影响。源文件项目已经完成网格划分、浇口位置分析等方案任务。

01 打开本案例素材源文件“显示器前壳 - 工程项目 \ 显示器前壳 .mpi”工程文件。

02 在工程视窗中双击【显示器前壳 _study（浇口位置）】方案，进入到该方案的分析任务中。

03 目前默认的分析序列为【填充】，从方案任务视窗中可以查看。

04 单击【选择材料】按钮，从弹出的【选择材料】对话框中，通过搜索的方法，选择材料缩写为 ABS 的材料，且不论供应商是谁，如图 7-19 所示。

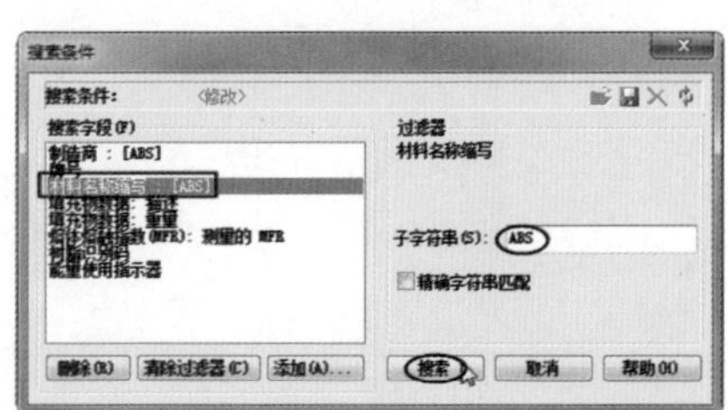

图 7-19

05 接着在【成型工艺设置】面板中单击【工艺设置】按钮，弹出【工艺设置向导 - 填充设置】对话框，查看模温、熔体温度（料温）默认值，单击【确定】按钮完成工艺设置，如图 7-20 所示。

图 7-20

06 在【成型工艺设置】面板中单击【优化】按钮，在弹出的【优化方法】对话框中选择【参数化方案】单选选项，再单击【确定】按钮完成优化方法的选择，如图 7-21 所示。

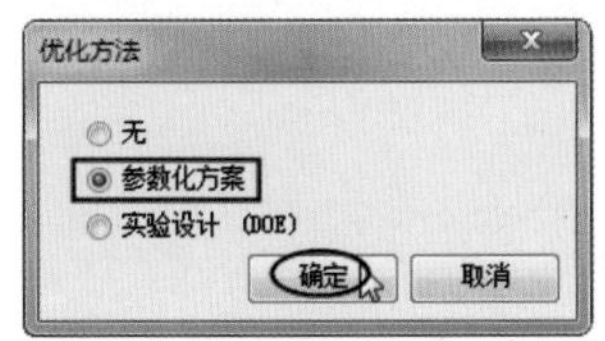

图 7-21

07 在随后弹出的【参数化方案生成器】对话框中首先设置【变量】选项卡。在【模具表面温度】页面设置模具温度调查值为 80，如图 7-22 所示。

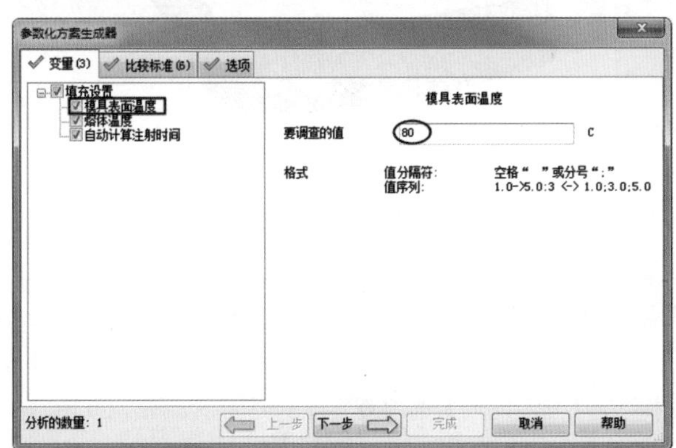

图 7-22

08 接着在【熔体温度】页面设置调查值为 280，如图 7-23 所示。在【自动计算注射时间】页面设置调查值为 1 ：5，表示调查预设 1s 和预设 5s 时的填充效果，以此进行对比，如图 7-24 所示。

09 单击【下一步】按钮进入【比较标准】选项卡中，勾选要进行优化比较的选项，如图 7-25 所示。单击【下一步】按钮进入【选项】选项卡中，保留默认选项及默认值，单击【完成】按钮完成参数化方案的创建，如图 7-26 所示。

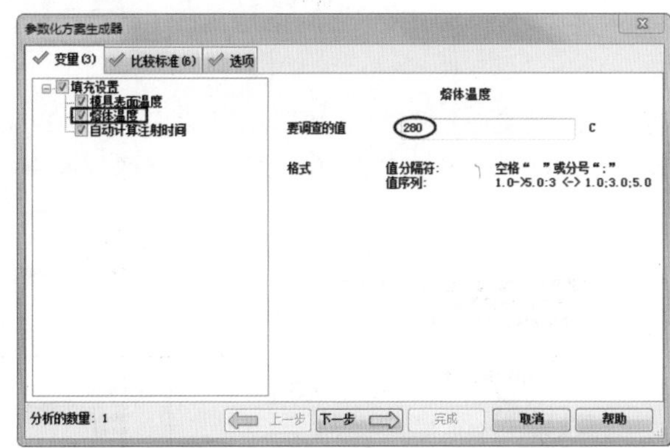

图 7-23

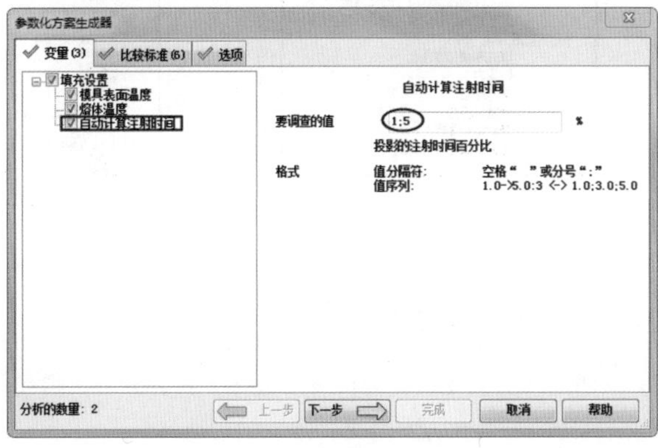

图 7-24

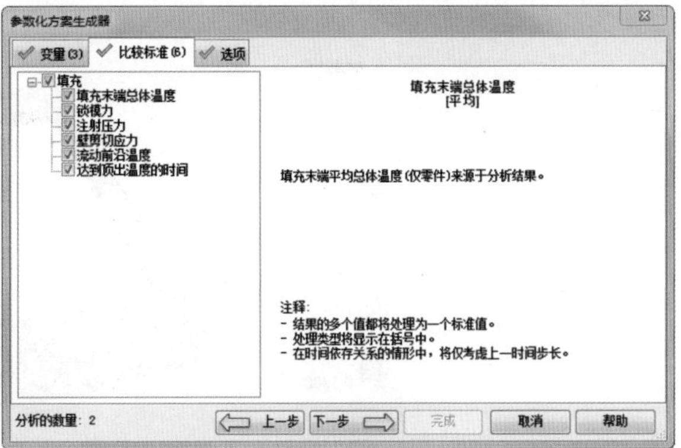

图 7-25

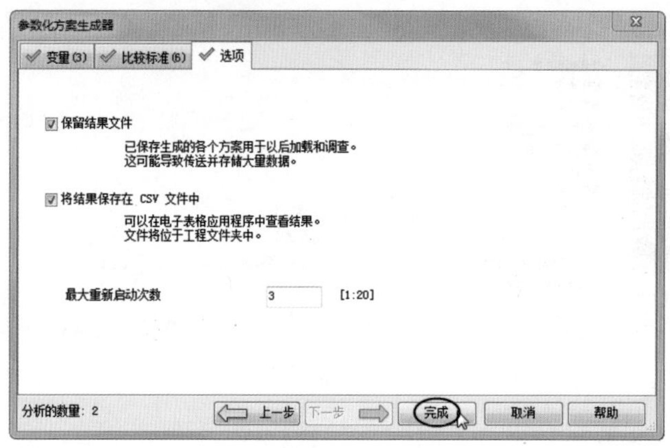

图 7-26

10 此时，方案任务视窗中增加了优化任务，如图 7-27 所示。在方案任务视窗中双击【开始分析】任务，系统开始运行填充分析和参数化方案优化分析，结果如图 7-28 所示。

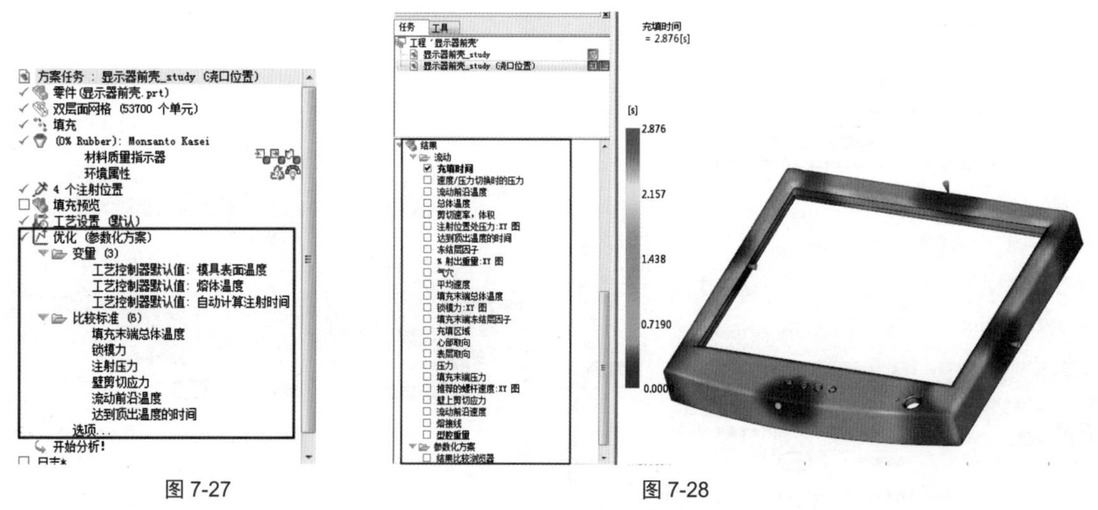

图 7-27　　图 7-28

2．填充分析结果解读

通过前面的【填充分析 + 参数化方案】分析，得到了流动与参数化方案的分析结果。首先查看流动分析结果，然后再查看参数化方案结果。

01 在方案任务视窗中的【结果】任务下的【流动】分析结果中勾选【充填时间】选项查看注射时间，如图 7-29 所示。初次填充分析所用注射时间为 2.876s。

图 7-29

02 勾选【流动前沿温度】选项查看流动前沿温度，如图 7-30 所示。显示流动前沿温度为 230.1℃。

图 7-30

03 勾选【锁模力：XY 图】选项，从分析结果看，填充末端锁模力最大约为 40t，如图 7-31 所示。

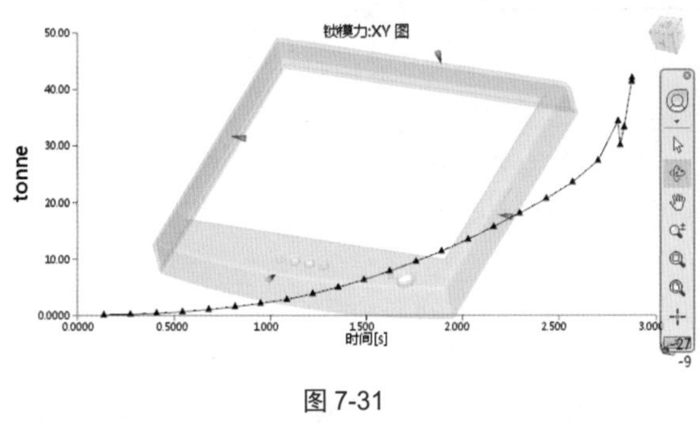

图 7-31

04 勾选【填充末端总体温度】选项，从结果可知，填充末端的温度总体相差较大，从最小的 64.08℃到最大的 231.2℃，如图 7-32 所示。

图 7-32

05 勾选【达到顶出温度的时间】选项，从结果看，制件各处顶出温度是不一致的，最先充填的浇口位置部分温度最高，最后充填的部位温度最低，如图 7-33 所示。

图 7-33

06 勾选【壁上剪切应力】选项，从结果图中可知，框选区域的型腔壁存在剪切应力，会导致此处存在断裂的风险，此外，这部分区域熔接线较多较为明显，如图 7-34 所示。

图 7-34

3. 参数化方案比较

01 在【结果】任务中查看【参数化方案】的【结果比较浏览器】选项，弹出【参数化结果比较浏览器】窗口，如图 7-35 所示。

02 该窗口中列出两个时间段的参数化方案比较结果，方案编号分别为 1、2。由于自动计算注射时间预设分别是 1s 和 5s，所以两个方案的比较值是不相同的。除了注射时间差别较大外（方案 1 的注射时间是 0.027s、方案 2 的注射时间为 0.135s），其他比较参数是接近的。

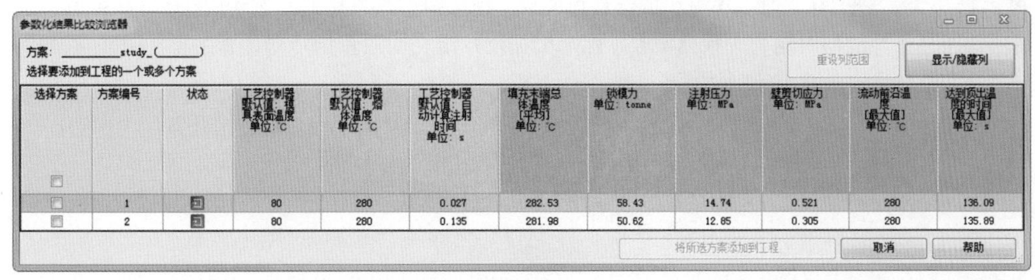

参数化结果比较浏览器

方案：__________study_(______)
选择要添加到工程的一个或多个方案

重设列范围　显示/隐藏列

选择方案	方案编号	状态	工艺控制器默认值：模具表面温度 单位：℃	工艺控制器默认值：熔体温度 单位：℃	工艺控制器默认值：自动计算注射时间 单位：s	填充末端总体温度[平均] 单位：℃	锁模力 单位：tonne	注射压力 单位：MPa	壁剪切应力 单位：MPa	流动前沿温度[最大值] 单位：℃	达到顶出温度的时间[最大值] 单位：s
	1		80	280	0.027	282.53	58.43	14.74	0.521	280	136.09
	2		80	280	0.135	281.98	50.62	12.85	0.305	280	135.89

将所选方案添加到工程　取消　帮助

图 7-35

03 勾选方案 1，然后单击窗口下方的【将所选方案添加到工程】按钮，系统会自动将方案 1 的所有比较参数应用到新的工程方案中，如图 7-36 所示。

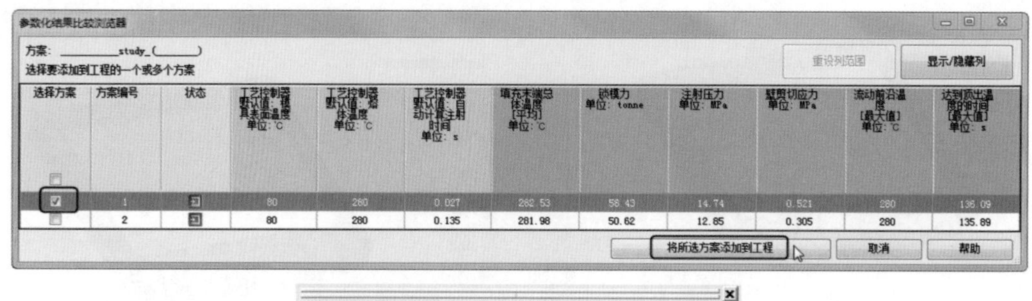

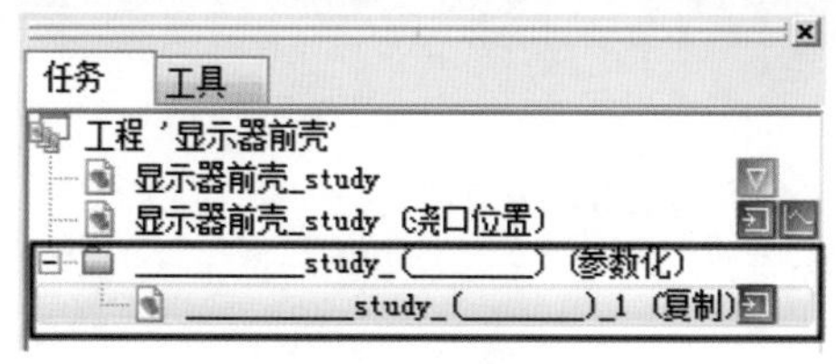

图 7-36

04 同理，将方案 2 也添加到工程中。接下来在工程视窗中查看参数化方案后的工程项目。这里以方案 1 为例。

05 在工程视窗中双击【__________study_（________）_1（复制）】方案，进入到方案 1 的任务中。在方案任务视窗中的【结果】任务下可以勾选【充填时间】【流动前沿温度】【达到顶出温度的时间】【锁模力：XY】【填充末端总体温度】及【壁上剪切应力】等选项以查看分析结果。

06 例如，勾选【流动前沿温度】选项，可以看到分析结果中的模型流动前沿温度是均衡的（0.1℃细微差别），不像之前的相差较大（64.08 ～ 231.2℃），如图 7-37 所示。与原先的方案进行对比，可以看出优化分析后的效果与之前的相比，制件缺陷明显改善了很多。也就是说，利用参数化方案分析后的项目作为其他分析序列的基础，可以得到理想的模流分析结果。

图 7-37

7.3.2 DOE 实验设计分析

实验设计 DOE 是一种统计工具，使用户可以看到某些干预（如更改实验工艺变量）对零件质量所产生的影响。通过在改变所选工艺条件的同时运行一系列实验，然后根据用户定义的质量指示器计算结果，DOE 还可以指示哪些工艺条件对给定的质量指示器产生的影响最大。

DOE 分析将通过改变所选输入变量的值并自动启动一系列分析，从而来找出最佳工艺条件，例如：

（1）模具 / 熔体温度。

（2）注射 / 保压时间。

（3）厚度倍加器。

（4）注射 / 保压曲线倍加器。

DOE 实验设计分析包含参数化方案分析，另外就是增加了质量影响检查功能。下面以一个案例进行说明。

上机操作——DOE 实验设计分析

1．填充分析 + DOE 实验设计分析

01 打开本案例素材源文件“显示器前壳 - 工程项目 \ 显示器前壳 .mpi”工程文件。

02 在工程视窗中双击【显示器前壳 _study（浇口位置）】方案进入到该方案任务中。

03 保持默认的【填充】分析序列及工艺设置。选择材料为 ABS。

04 在【成型工艺设置】面板中单击【优化】按钮，弹出【优化方法】对话框。

05 选择【实验设计（DOE）】优化方法，单击【确定】按钮完成优化方法的选择，如图 7-38 所示。

06 随后弹出【DOE 生成器】对话框。保留【实验】选项卡中的选项设置，进入到【变量】选项卡中设置【填充变量】，如图 7-39 所示。

图 7-38

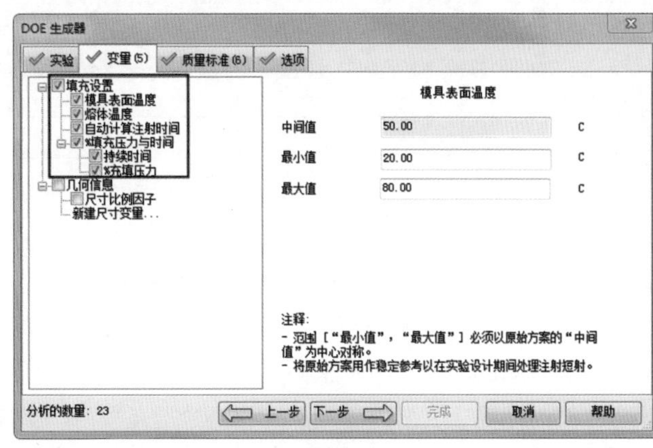

图 7-39

07 其他选项卡保持默认设置，最后在【选项】选项卡下单击【确定】按钮完成 DOE 生成器的创建。

08 在【分析】面板中单击【分析】按钮，系统开始运行填充分析和 DOE 实验设计分析，经过一定时间的分析后，得到如图 7-40 所示的结果。

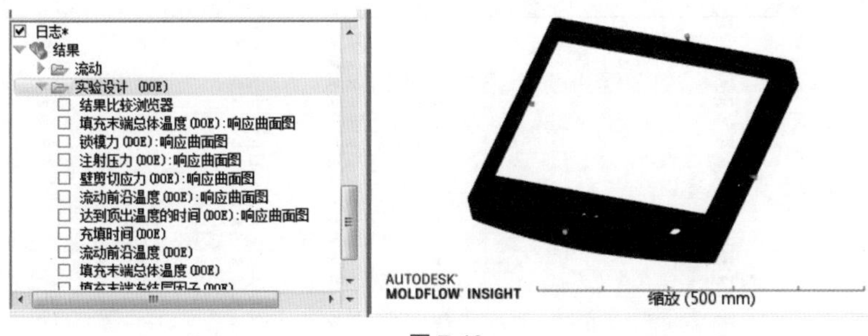

图 7-40

2．结果解读

本案例的填充分析结果与前一个案例“参数化方案分析”的填充分析结果是完全相同的。下面直接看 DOE 实验设计的结果比较以及对制件质量的影响。

3．实验设计比较

01 首先在方案任务视窗中【结果】任务下【实验设计】结果中勾选【结果比较浏览器】选项，弹出【DOE 结果比较浏览器】窗口，如图 7-41 所示。

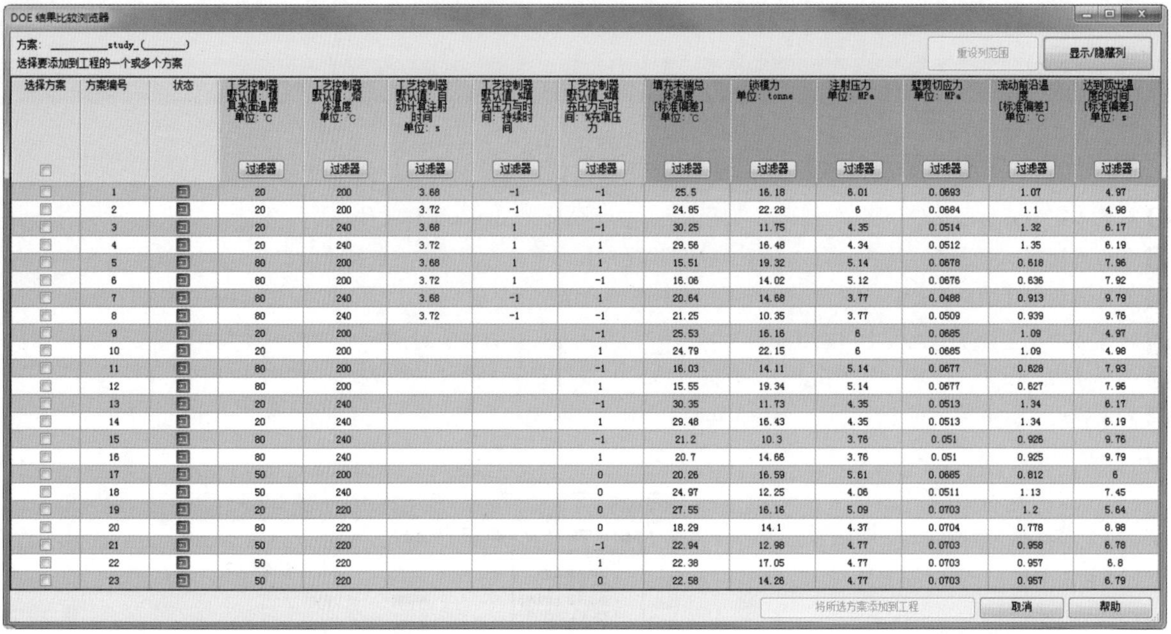

DOE 结果比较浏览器

方案：__________study_(_______)

选择要添加到工程的一个或多个方案

重设列范围 显示/隐藏列

选择方案	方案编号	状态	工艺控制器默认值：模具表面温度 单位：℃	工艺控制器默认值：熔体温度 单位：℃	工艺控制器默认值：自动计算注射时间 单位：s	工艺控制器默认值_%填充压力与时间：持续时间	工艺控制器默认值_%填充压力与时间：%充填压力	填充末端总体温度[标准偏差] 单位：℃	锁模力 单位：tonne	注射压力 单位：MPa	壁剪切应力 单位：MPa	流动前沿温度[标准偏差] 单位：℃	达到顶出温度的时间[标准偏差] 单位：s
			过滤器	过滤器	过滤器	过滤器	过滤器	过滤器	过滤器	过滤器	过滤器	过滤器	过滤器
	1		20	200	3.68	-1	-1	25.5	16.18	6.01	0.0693	1.07	4.97
	2		20	200	3.72	-1	1	24.85	22.28	6	0.0684	1.1	4.98
	3		20	240	3.68	1	-1	30.25	11.75	4.35	0.0514	1.32	6.17
	4		20	240	3.72	1	1	29.56	16.48	4.34	0.0512	1.35	6.19
	5		80	200	3.68	1	1	15.51	19.32	5.14	0.0678	0.618	7.96
	6		80	200	3.72	1	-1	16.06	14.02	5.12	0.0676	0.636	7.92
	7		80	240	3.68	-1	1	20.64	14.68	3.77	0.0488	0.913	9.79
	8		80	240	3.72	-1	-1	21.25	10.35	3.77	0.0509	0.939	9.76
	9		20	200			-1	25.53	16.16	6	0.0685	1.09	4.97
	10		20	200			1	24.79	22.15	6	0.0685	1.09	4.98
	11		80	200			-1	16.03	14.11	5.14	0.0677	0.628	7.93
	12		80	200			1	15.55	19.34	5.14	0.0677	0.627	7.96
	13		20	240			-1	30.35	11.73	4.35	0.0513	1.34	6.17
	14		20	240			1	29.48	16.43	4.35	0.0513	1.34	6.19
	15		80	240			-1	21.2	10.3	3.76	0.051	0.926	9.76
	16		80	240			1	20.7	14.66	3.76	0.051	0.925	9.79
	17		50	200			0	20.26	16.59	5.61	0.0685	0.812	6
	18		50	240			0	24.97	12.25	4.06	0.0511	1.13	7.45
	19		20	220			0	27.55	16.16	5.09	0.0703	1.2	5.64
	20		80	220			0	18.29	14.1	4.37	0.0704	0.778	8.98
	21		50	220			-1	22.94	12.98	4.77	0.0703	0.958	6.78
	22		50	220			1	22.38	17.05	4.77	0.0703	0.957	6.8
	23		50	220			0	22.58	14.26	4.77	0.0703	0.957	6.79

将所选方案添加到工程 取消 帮助

图 7-41

02 窗口中列出了所有进行标准比较的结果参数。并列出了 23 种比较方案，这跟我们在【DOE 生成器】对话框中所选的【变量影响及响应】选项是对应的，需要分析的数量为 23。

03 此时，在【DOE 结果比较浏览器】窗口中优选编号 2 和编号 3 的方案，然后单击【将所选方案添加到工程】按钮，将新优化分析的新方案应用到工程项目中，如图 7-42 所示。然后关闭窗口。

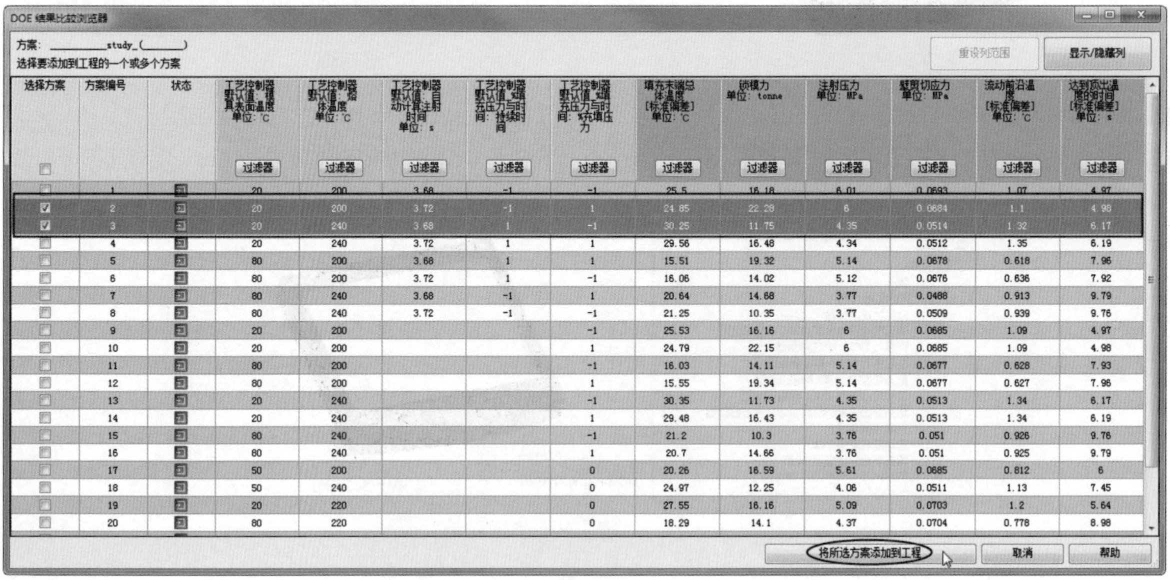

DOE 结果比较浏览器

方案：__________study_(_______)

选择要添加到工程的一个或多个方案

重设列范围 显示/隐藏列

选择方案	方案编号	状态	工艺控制器默认值：模具表面温度 单位：℃	工艺控制器默认值：熔体温度 单位：℃	工艺控制器默认值：自动计算注射时间 单位：s	工艺控制器默认值_%填充压力与时间：持续时间	工艺控制器默认值_%填充压力与时间：%充填压力	填充末端总体温度[标准偏差] 单位：℃	锁模力 单位：tonne	注射压力 单位：MPa	壁剪切应力 单位：MPa	流动前沿温度[标准偏差] 单位：℃	达到顶出温度的时间[标准偏差] 单位：s
			过滤器	过滤器	过滤器	过滤器	过滤器	过滤器	过滤器	过滤器	过滤器	过滤器	过滤器
	1		20	200	3.68	-1	-1	25.5	16.18	6.01	0.0693	1.07	4.97
☑	2		20	200	3.72	-1	1	24.85	22.28	6	0.0684	1.1	4.98
☑	3		20	240	3.68	1	-1	30.25	11.75	4.35	0.0514	1.32	6.17
	4		20	240	3.72	1	1	29.56	16.48	4.34	0.0512	1.35	6.19
	5		80	200	3.68	1	1	15.51	19.32	5.14	0.0678	0.618	7.96
	6		80	200	3.72	1	-1	16.06	14.02	5.12	0.0676	0.636	7.92
	7		80	240	3.68	-1	1	20.64	14.68	3.77	0.0488	0.913	9.79
	8		80	240	3.72	-1	-1	21.25	10.35	3.77	0.0509	0.939	9.76
	9		20	200			-1	25.53	16.16	6	0.0685	1.09	4.97
	10		20	200			1	24.79	22.15	6	0.0685	1.09	4.98
	11		80	200			-1	16.03	14.11	5.14	0.0677	0.628	7.93
	12		80	200			1	15.55	19.34	5.14	0.0677	0.627	7.96
	13		20	240			-1	30.35	11.73	4.35	0.0513	1.34	6.17
	14		20	240			1	29.48	16.43	4.35	0.0513	1.34	6.19
	15		80	240			-1	21.2	10.3	3.76	0.051	0.926	9.76
	16		80	240			1	20.7	14.66	3.76	0.051	0.925	9.79
	17		50	200			0	20.26	16.59	5.61	0.0685	0.812	6
	18		50	240			0	24.97	12.25	4.06	0.0511	1.13	7.45
	19		20	220			0	27.55	16.16	5.09	0.0703	1.2	5.64
	20		80	220			0	18.29	14.1	4.37	0.0704	0.778	8.98

将所选方案添加到工程 取消 帮助

图 7-42

04 可以在工程视窗中查看新方案的分析结果。

4．影响

01 在方案任务视窗【结果】任务中的【实验设计】任务下勾选【填充末端总体温度（DOE）: 响应曲面图】选项，查看响应曲面图，如图 7-43 所示。从图中得知，X 轴方向表示模具温度，Y 轴方向表示熔体温度，Z 轴方向表示填充末端总体温度。也就是说，当模具温度越高，填充末端总体温度也越高，相反熔体温度越低。

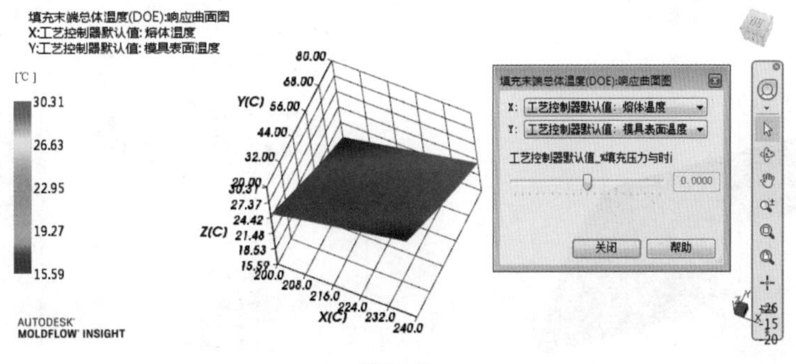

图 7-43

02 勾选【锁模力（DOE）：响应曲面图】选项，查看注射压力响应曲面图。可以得知，当模具温度为 200℃、熔体温度为 20℃时，注射压力值最大。随着熔体温度与模具温度的增加，注射压力也随之而降低，如图 7-44 所示。

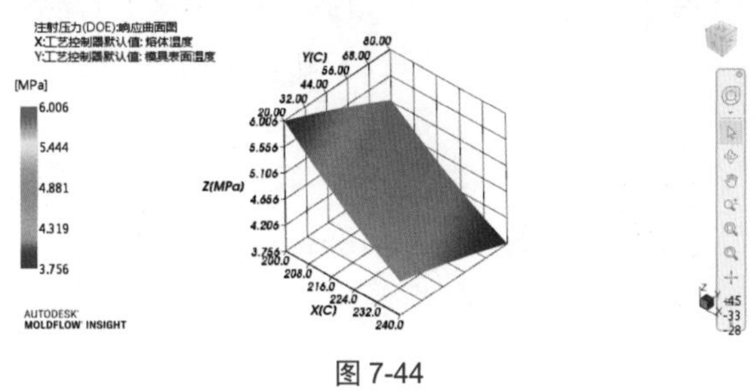

图 7-44

03 勾选【充填时间（DOE）】选项，查看下实验设计的充填时间与前面填充分析的充填时间的比较。如图 7-45 所示为实验设计的充填时间（DOE）图，完成整个型腔充填时间为 4.030s。如图 7-46 所示为填充分析时的充填时间为 4.031s。可以看出，实验设计 DOE 的结果与之前的相差不大，没有什么影响。

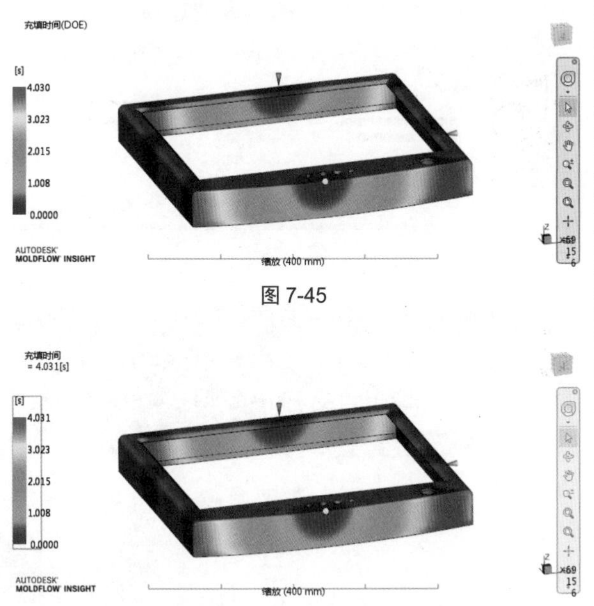

图 7-45

图 7-46

04 再看下实验设计的【流动前沿温度（DOE）】图，如图 7-47 所示。同时观察流动前沿温度（DOE）响应曲面图，如图 7-48 所示。从流动前沿温度图可以看出，实验设计的流动前沿温度相差 40℃左右，整个温度变化在 179.2 ～ 220℃之间，从响应曲面图中可以看出，模具温度和熔体温度对流动前沿温度的影响仅仅是在 0.6248 ～ 1.342℃之间，也就说影响不大。

图 7-47

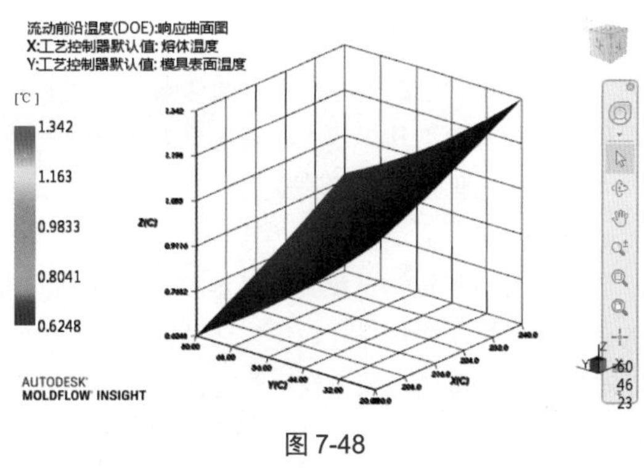

图 7-48

05 最后再看【壁剪切应力（DOE）：响应曲面图】，从图中得知，模具温度与熔体温度对壁剪切应力的影响也是有限的，压力变化在 0.0510 ～ 0.0723 MPa 之间，如图 7-49 所示。查看【达到顶出温度的时间（DOE）：响应曲面图】，从图中得知，模具温度与熔体温度的影响对达到顶出温度的时间影响也是有限的，因为熔体填充完成并经过冷却后，差不多要经过 40 多秒的时间，如

图 7-50 所示。

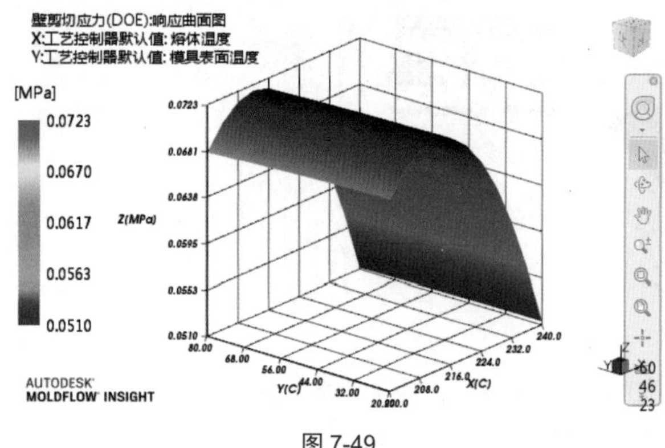

图 7-49

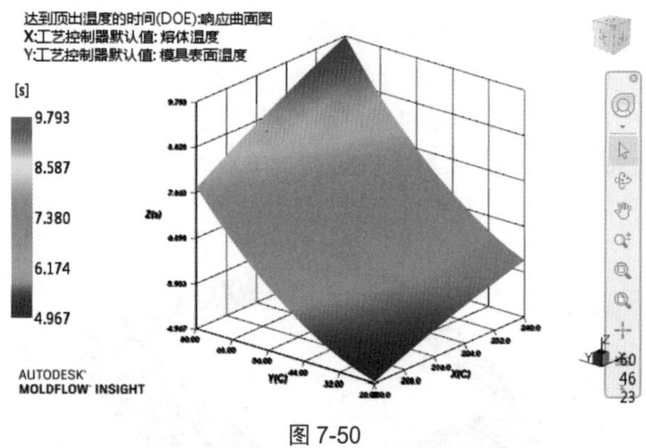

图 7-50

06 最后保存工程项目。

7.3.3 工艺优化分析

Moldflow 还为用户提供了用于确定注塑机螺杆曲线和保压压力曲线的工艺优化分析序列。前面的优化分析是为注塑生产过程中的模具温度、熔体温度、注射时间等提供参考的辅助工具，是伴随其他分析序列同时进行的。本节的工艺优化分析是独立的一个分析序列，是独立完成分析的。

工艺优化分析在给定模具、机器和材料的情况下，目的就是通过几次迭代找到最佳工艺设置，使生成的零件不产生翘曲、不包含缩痕或不具有任何与注射成型有关的瑕疵。下面以一个工艺优化分析案例来说明操作流程。

1. 准备项目并设置分析序列

01 打开本案例素材源文件“连接器 .mpi”工程文件。

02 在工程视窗中复制【组合型腔 _study（工艺优化）】方案，然后重命名为“组合型腔 _study（工艺设置优化分析）”，如图 7-51 所示。

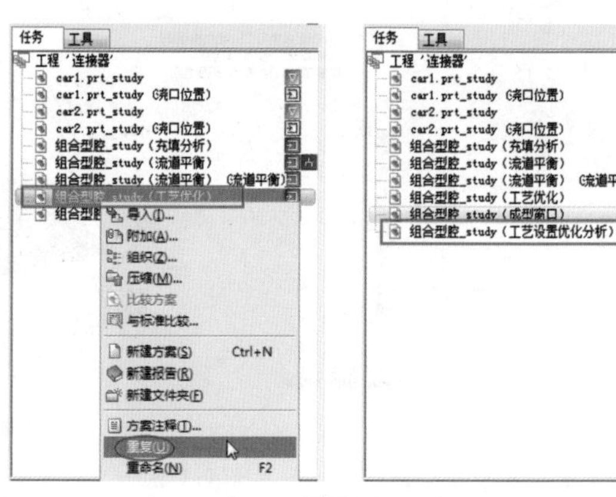

图 7-51

03 双击【组合型腔 _study（工艺设置优化分析）】进入方案任务分析环境中。单击【分析序列】按钮，然后在【选择分析序列】对话框中选择【工艺优化（填充 + 保压）】序列，单击【确定】按钮完成选择，如图 7-52 所示。

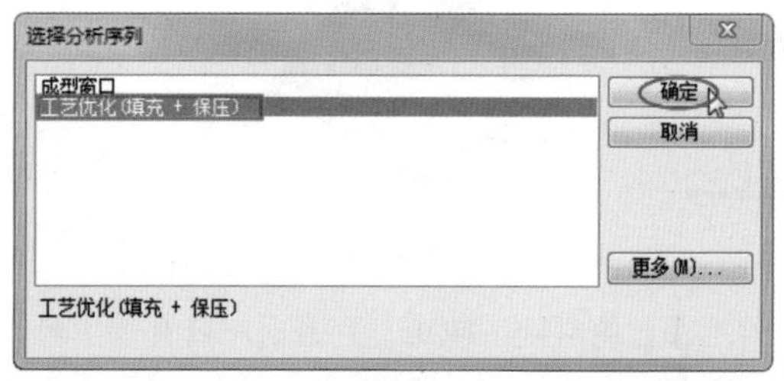

图 7-52

04 在任务视窗中双击【工艺设置（用户）】项目，打开【工艺设置向导】对话框。在【注塑机】选项组中单击【编辑】按钮，如图 7-53 所示。

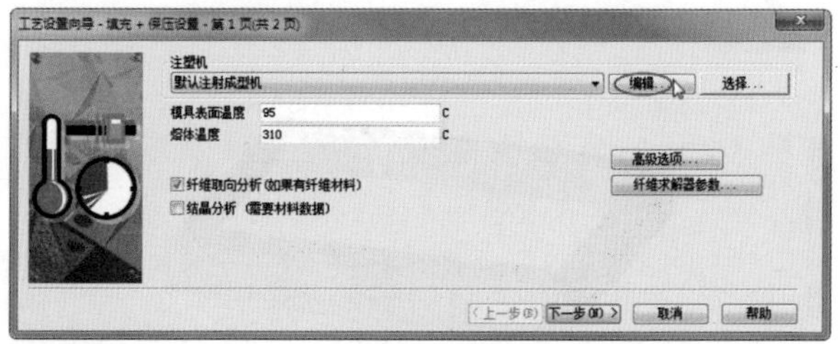

图 7-53

技术要点：

表 7-1 中列出了 HTF 海天注塑机技术参数，可作为使用者自定义注塑机时的参考。至于其他注塑机的相关技术参数，可通过注塑机厂家获取。

表 7-1

型号参数	单位	200×A	200×B	200×C	300×A	300×B	300×C
螺杆直径	mm	45	50	55	60	65	70
理论注射容量	cm^3	334	412	499	727	853	989
注射重量 PS	g	304	375	454	662	776	900
注射压力	MPa	210	170	141	213	182	157
注射行程	mm	210			257		
螺杆转速	r/min	0 ～ 150			0 ～ 160		
料筒加热功率	kW	12.45			17.25		
锁模力	kN	2000			3000		
拉杆内间距（水平 × 垂直）	mm	510×510			660×660		
允许最大模具厚度	mm	510			660		
允许最小模具厚度	mm	200			250		
移模行程	mm	470			660		
移模开距（最大）	mm	980			1260		
液压顶出行程	mm	130			160		
液压顶出力	kN	62			62		
液压顶出杆数量	PC	9			13		
油泵电动机功率	kW	18.5			30		
油箱容积	l	300			580		
机器尺寸（长 × 宽 × 高）	m	5.2×1.6×2.1			6.9×2.0×2.4		
机器重量	t	6			11.5		
最小模具尺寸（长 × 宽）	mm	350×350			460×460		

05 按表 7-1 中“200×B”的型号，来设置注塑机，设置的【描述】选项卡如图 7-54 所示。

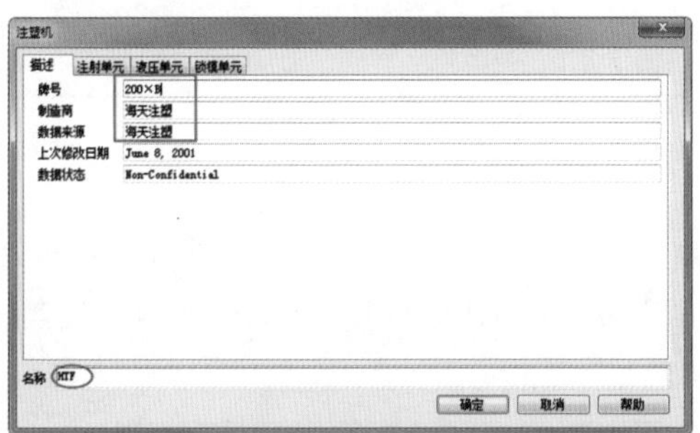

图 7-54

06 在【注射单元】选项卡中设置注塑机参数，如图 7-55 所示。

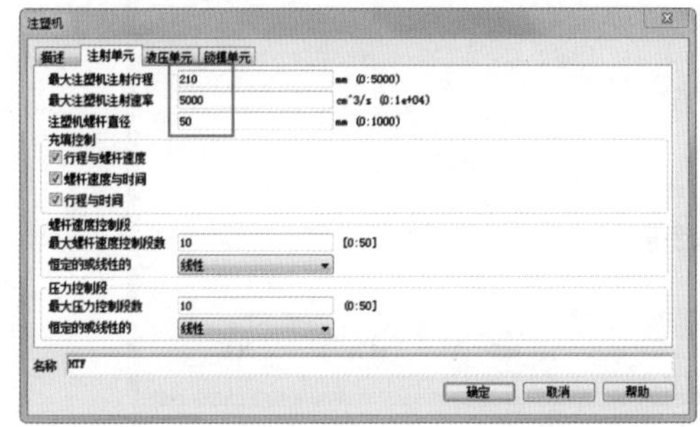

图 7-55

07 设置注塑机的液压单元，如图 7-56 所示。完成后单击【确定】按钮。

图 7-56

08 返回到【工艺设置向导】对话框中单击【下一步】按钮，保留默认参数再单击【完成】按钮完成工艺参数设置，如图 7-57 所示。

图 7-57

09 在任务视窗中双击【开始分析】项目，运行全面分析。

2．分析结果解析

01 经过较长时间的耐心等待之后，完成了工艺设置的优化分析。只有一个结果：螺杆位置与时间：XY 图，如图 7-58 所示。

02 勾选【螺杆位置与时间：XY 图】选项，显示“螺杆位置与时间：XY 图”的分析云图，如图 7-59 所示。

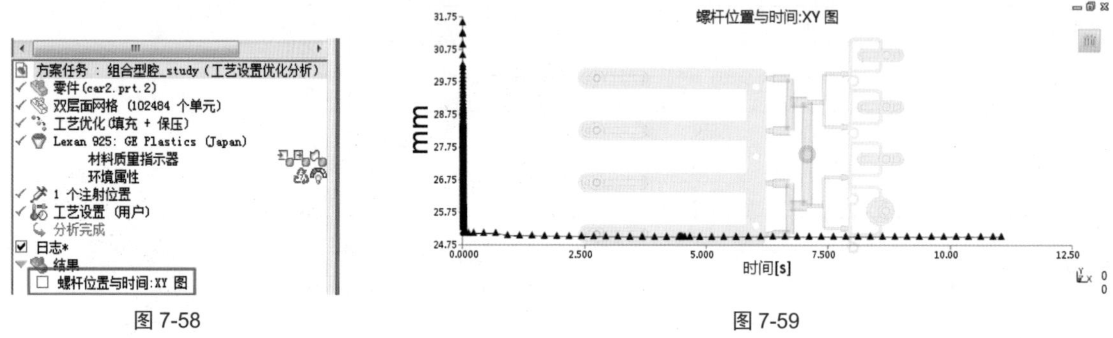

图 7-58　　图 7-59

“螺杆位置与时间：XY 图”的分析云图描绘的是：指定了海天 HT 注塑机以后，在 10s 左右完成 31.75mm 熔融体体积的注射。整个充填过程是非常均衡的，没有起伏变化。根据这两个数据，可以得出螺杆的注射速度：

31.75cm÷11s≈2.89cm/s

根据这个计算结果，可以使用以下方式进行充填控制。

（1）注射时间 =11。

（2）流动速率 =2.89cm/s。

（3）相对螺杆速度曲线：% 螺杆速度与 % 射出体积（编辑曲线）。

（4）相对螺杆速度曲线：% 螺杆速度与 % 行程（编辑曲线）。

3．重新填充 + 保压分析

在工程视窗中，工艺设置优化分析后自动生成【组合型腔 _study（工艺设置优化分析）（工艺优化（填充 + 保压））】项目。

01 双击【组合型腔 _study（工艺设置优化分析）（工艺优化（填充 + 保压））】任务，进入该项目的分析环境。

02 在任务视窗中双击【工艺设置】任务，根据前面成型窗口和工艺设置优化分析的结果，得到优化的工艺设置参数，如图 7-60 所示。单击【确定】按钮即可。

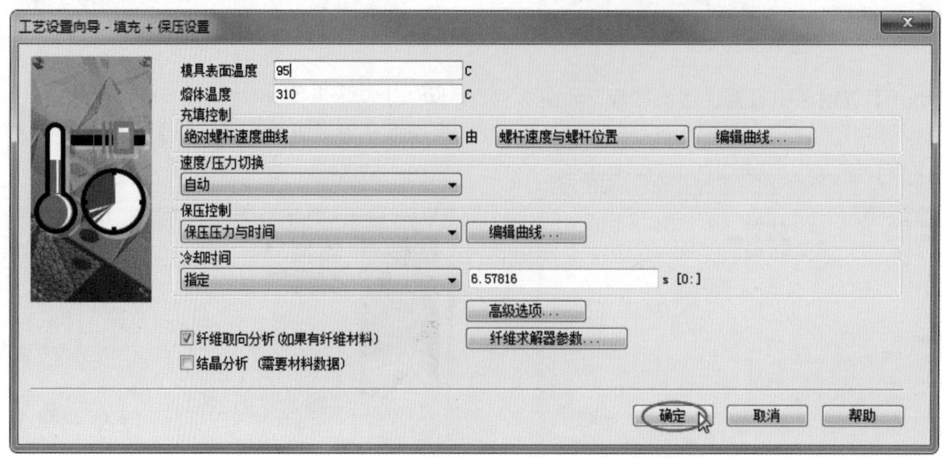

图 7-60

> **技术要点：**
>
> 工艺设置向导对话框中的各项参数，都是基于工艺设置优化分析的结果，直接保持默认即可，不用再修改某些参数。如果分析结果仍然会出现一些小缺陷，到时再慢慢微调即可。

03 开始运行分析。得出如图 7-61 所示的结果。

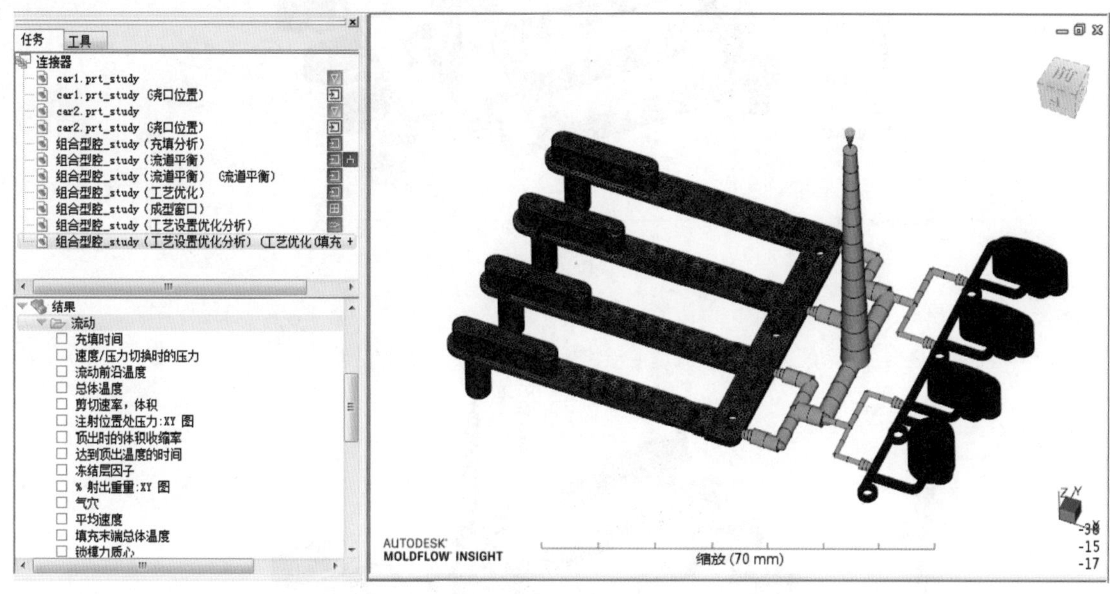

图 7-61

下面就几项重要结果进行分析比较。

（1）填充时间。

如图 7-62 所示为工艺设置优化分析前的流道平衡分析的充填时间。制品的充填时间为 1.048s，比工艺优化分析前减少了 0.1s 左右（工艺优化分析前为 1.149s），并且制品两边是同时完成充填的。

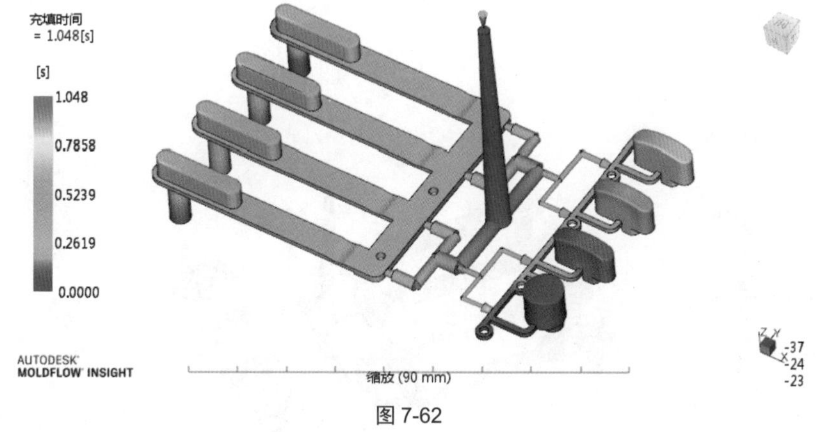

图 7-62

如图 7-63 所示为【重新填充 + 保压】分析后的充填时间。完成整个填充所花的时间远远少于之前的充填时间。当然这个时间太短是有一定问题的，会导致制件缺陷，可以适当调整注射速率。但是从效果看，充填是非常均衡的，几乎是同时完成两边模型的充填。

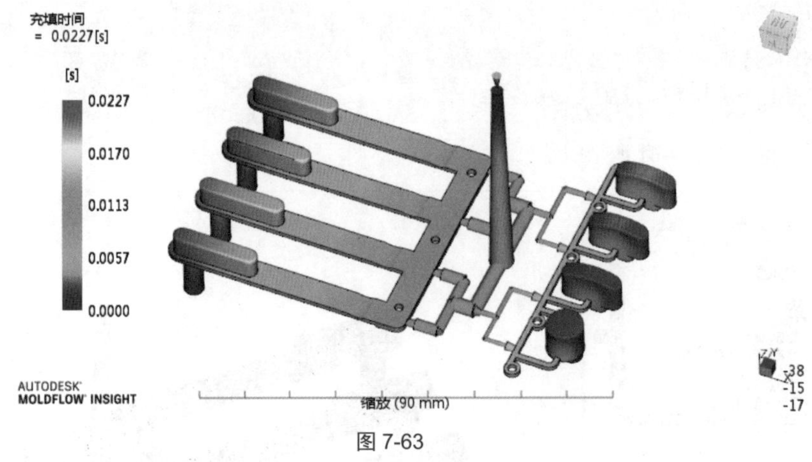

图 7-63

（2）流动前沿温度。

如图 7-64 所示为之前的流动前沿温度。流道前沿温度存在 100℃左右的温差。

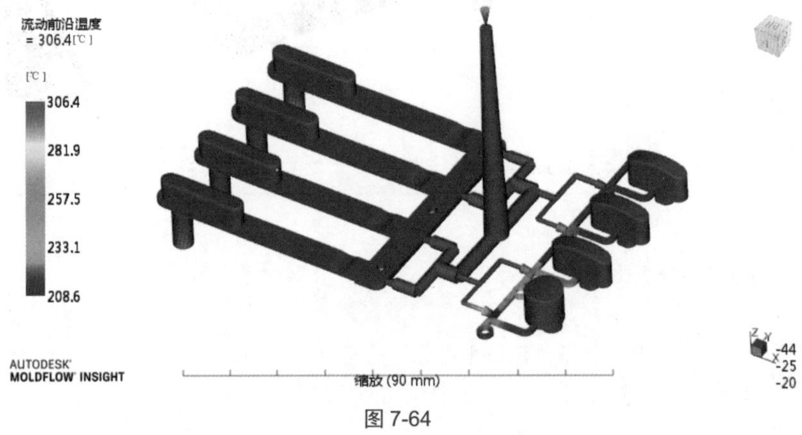

图 7-64

如图 7-65 所示为【重新填充 + 保压】分析后的流动前沿温度。从效果图看，流动前沿温度差非常小，可以忽略不计，说明了充填平衡效果十分良好。

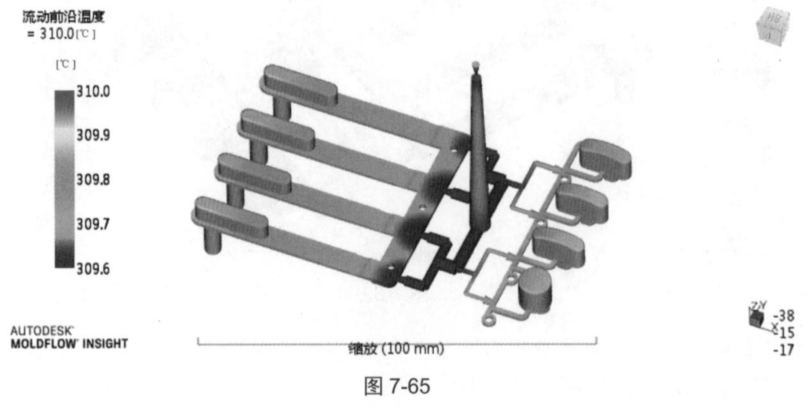

图 7-65

总体上讲，工艺设置的优化分析效果不会完全地解决制品缺陷，但对于填充平衡来说，可完全达到需求。只不过还要不断地调整工艺参数，并多次地进行分析，以此得到符合实际生产要求的分析结果。鉴于时间和篇幅的限制，我们不再进行调整分析，读者可以自行完成。

第 8 章 变形控制模流分析案例

本章主要介绍利用 Moldflow 的分析功能对手机后壳产品进行模流分析。通过解决产品翘曲变形问题，取得模具冷却系统设计、浇注系统设计的最佳方案。

项目分解	知识点 01：分析项目介绍
	知识点 02：分析前的准备
	知识点 03：初步分析
	知识点 04：优化分析

8.1 分析项目介绍

分析项目：手机后壳

产品 3D 模型图，如图 8-1 所示。

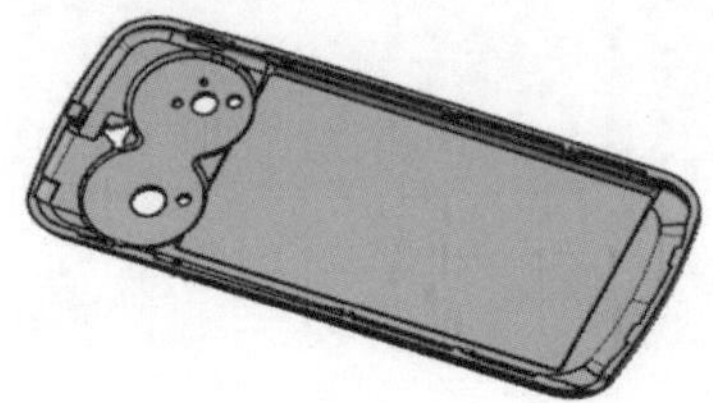

图 8-1

规格：最大外形尺寸 110mm×45 mm×5.5 mm（长 × 宽 × 高）。

壁厚：最大 3.5mm；最小 0.8mm。

设计要求：

（1）材料：PC。

（2）缩水率：1.005。

（3）外观要求：光滑，无明显制件缺陷如熔接线、缩痕、气泡、翘曲等。

（4）模具布局：一模两腔。

（5）翘曲总量：要求要有较少的翘曲变形，总的变形量不超过 0.4mm。

8.2 分析前的准备

手机后壳产品，对尺寸精度要求较高，而且属于大批量生产，所以采用热流道模具成型。产品结构已经确定，不再更改。进浇位置预先假设，希望藉以 Moldflow 模流分析帮助改善产品的常见缺陷。

8.2.1 分析的前期准备

Moldflow 分析的前期准备工作主要有：

（1）CADdoctor 模型简化；

（2）新建工程并导入 UDM 模型；

（3）创建网格。

1．CADdoctor 模型简化

01 启动 CADdoctor 2018。执行【文件】|【从 Design Link 导入】命令，导入本案例素材文件“手机后壳 .x_t”，如图 8-2 所示。

图 8-2

02 在【主菜单】面板【形成】标签下选择【转换】模式，在【外】列表中选择 Moldflow UDM 目标系统文件。然后在标签底部单击【检查】按钮，错误类型列表中将列出模型中所有的错误，如图 8-3 所示。

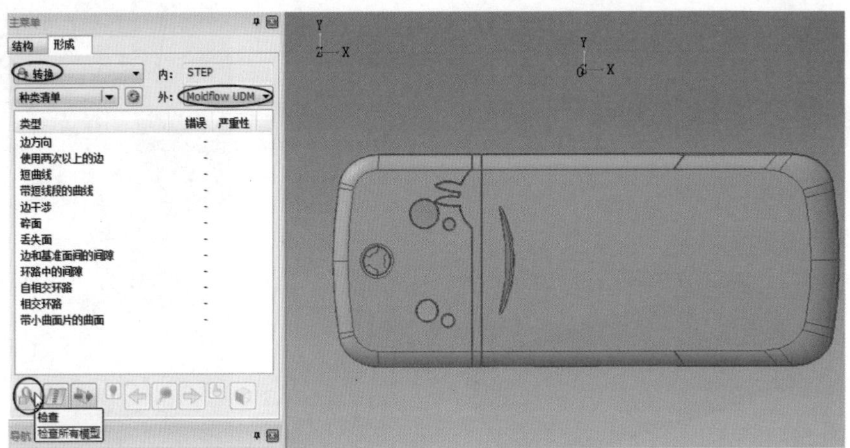

图 8-3

03 经过检查后，发现模型出现一些错误需要修复，如图 8-4 所示。单击【自动修复】按钮，系统自动对模型进行修复，得到如图 8-5 所示的完美修复结果。

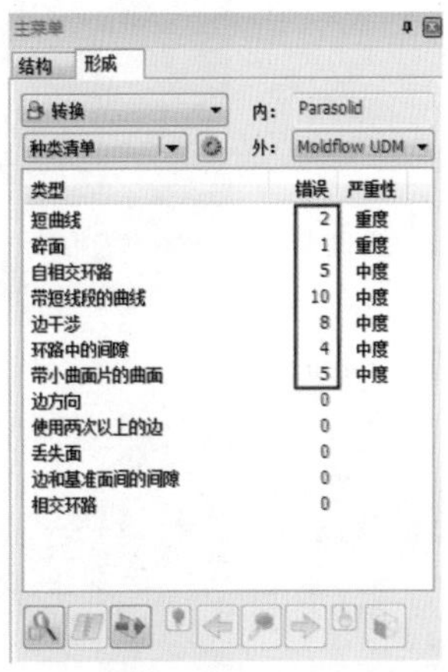

类型	错误	严重性
短曲线	2	重度
碎面	1	重度
自相交环路	5	中度
带短线段的曲线	10	中度
边干涉	8	中度
环路中的间隙	4	中度
带小曲面片的曲面	5	中度
边方向	0	
使用两次以上的边	0	
丢失面	0	
边和基准面间的间隙	0	
相交环路	0	

图 8-4

类型	错误	严重性
边方向	0	
使用两次以上的边	0	
短曲线	0	
带短线段的曲线	0	
边干涉	0	
碎面	0	
丢失面	0	
边和基准面间的间隙	0	
环路中的间隙	0	
自相交环路	0	
相交环路	0	
带小曲面片的曲面	0	

图 8-5

04 选择【简化】模式，在列出的特征种类中选择【圆角】，并修改其阈值为 1mm，如图 8-6 所示。

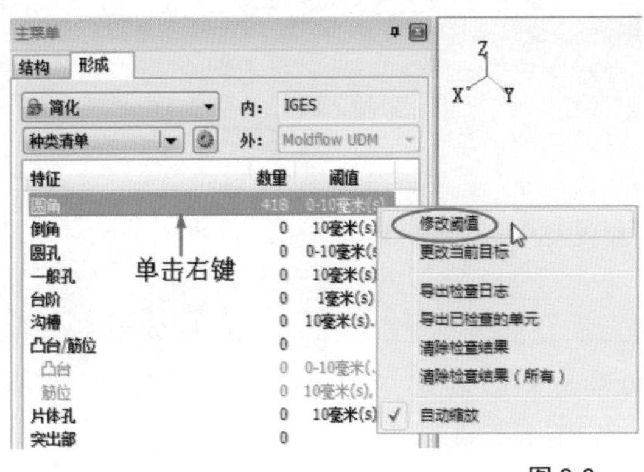

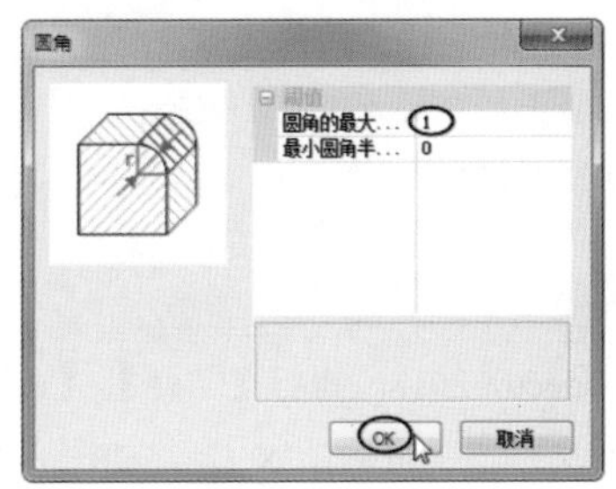

图 8-6

05 然后单击【检查所有圆角】按钮，系统自动检查模型中的所有圆角，并在模型中以粉红色显示所有的圆角，如图 8-7 所示。

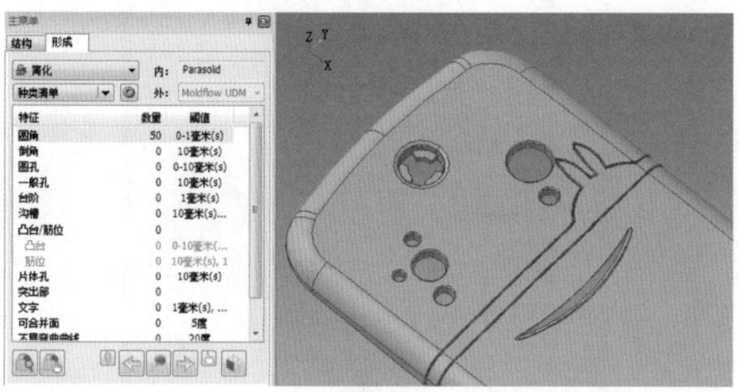

图 8-7

06 在下方【导航】面板的【编辑工具】工具条中单击【移除所有（圆角）】按钮，删除所有半径为 1mm 之内的圆角特征。

07 再次切换到【转换】模式，导出 UDM 结果文件。

2．新建工程并导入 UDM 模型

01 启动 Moldflow 2018，然后单击【新建工程】按钮，弹出【创建新工程】对话框。输入工程名称及保存路径后，单击【确定】按钮完成工程的创建，如图 8-8 所示。

图 8-8

02 在【主页】选项卡中单击【导入】按钮，弹出【导入】对话框。在本案例模型保存的路径文件夹中打开“手机壳 .udm”，如图 8-9 所示。

图 8-9

03 随后弹出要求选择网格类型的【导入】对话框，选择【双层面】类型作为本案例分析的网格，再单击【确定】按钮完成模型的导入操作，如图 8-10 所示。

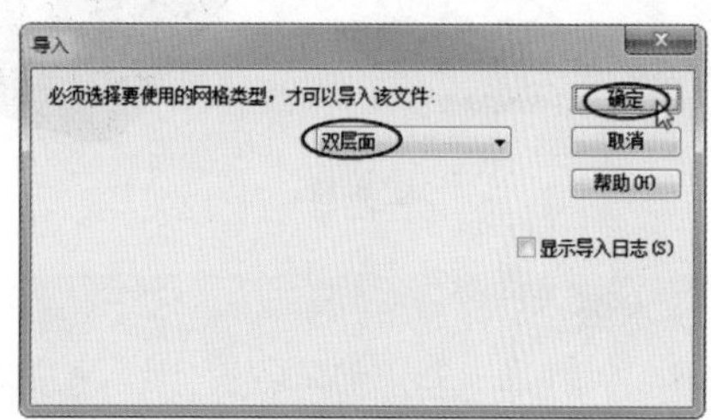

图 8-10

技术要点：

对于厚度在 5mm 以下的非均匀厚度薄壳产品，优先采用【双层面】网格类型。

04 导入的 UDM 模型如图 8-11 所示。

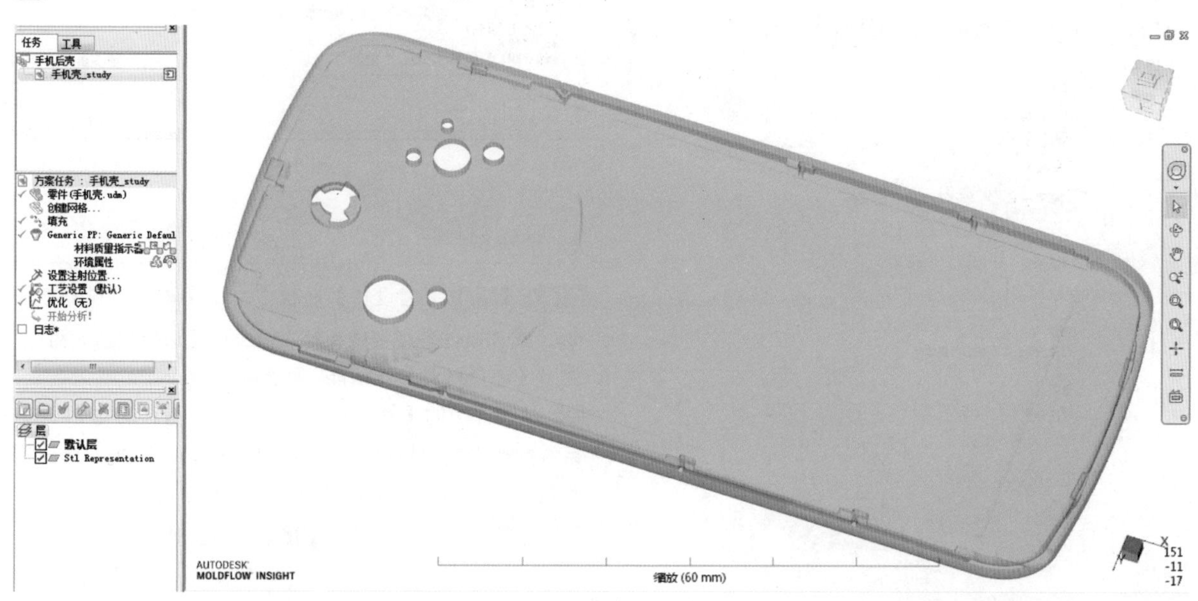

图 8-11

3. 创建网格

01 在【主页】选项卡【创建】面板中单击【网格】按钮，打开【网格】选项卡。

02 在【网格】选项卡的【网格】面板中单击【生成网格】按钮，工程视窗的【工具】选项卡中将显示【生成网格】选项板。

03 设置【全局边长】的值为 1，然后单击【立即划分网格】按钮，程序自动划分网格，结果如图 8-12 所示。

图 8-12

技术要点：

网格的边长值取决于模型的厚度尺寸、网格的匹配质量及模型的形状精度。一般为制件厚度的 1.2 ~ 2.5 倍，足以保证分析精度。

04 在【网格诊断】面板中单击【网格统计】按钮，然后再单击【网格统计】选项板中的【显示】按钮，系统将自动对网格进行统计。单击选项板中的按钮，弹出【网格信息】对话框，如图 8-13 所示。

05 从网格统计结果看，网格的匹配百分比系数达到 90.2%，质量是相当好的，其他缺陷也没有出现，完全满足分析需求。

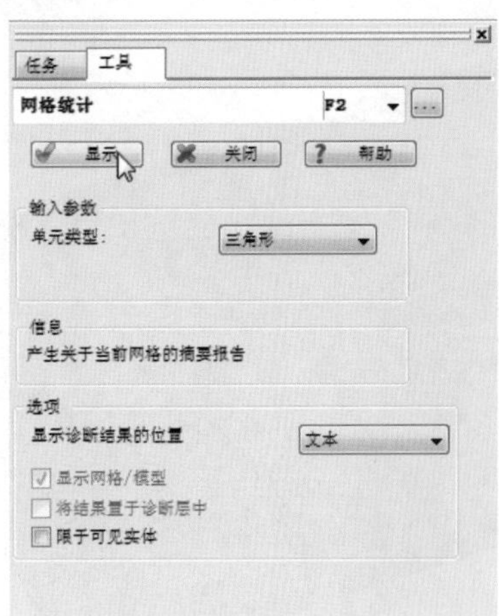

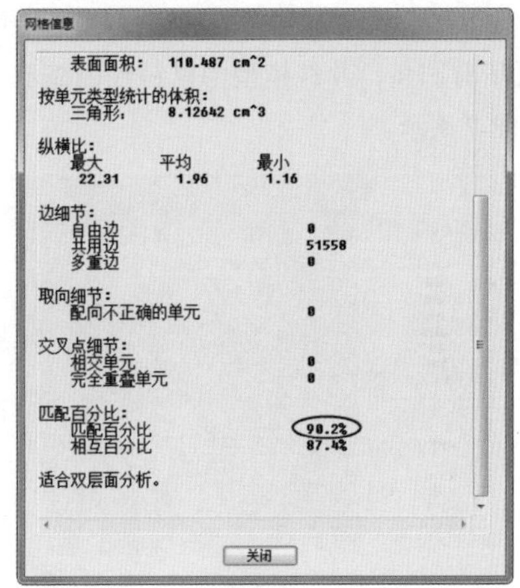

图 8-13

8.2.2 最佳浇口位置分析

最佳浇口位置分析包括选择分析序列、选择材料、工艺设置、执行分析等步骤。

1. 选择分析序列

01 在【主页】选项卡的【成型工艺设置】面板中首先选择【热塑性注塑成型】分析类型，然后单击【分析序列】按钮，弹出【选择分析序列】对话框。

02 选择【浇口位置】选项，再单击【确定】按钮完成分析序列的选择，如图 8-14 所示。

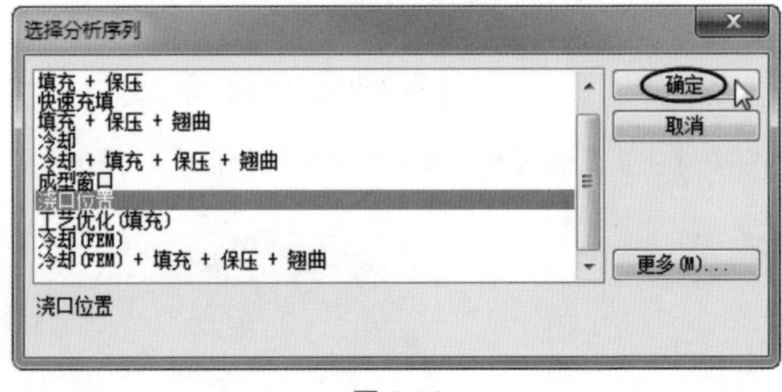

图 8-14

2. 选择材料

01 在【成型工艺设置】面板中单击【选择材料】按钮，或者在任务视窗中执行右键菜单【选择材料】命令，弹出【选择材料】对话框，如图 8-15 所示。

02 对话框中的【常用材料】列表中的材料简称 PP，为系统默认设置的材料。而手机后壳的材料为 PC，因此需要重新指定材料。单击【指定材料】单选按钮，然后再单击【搜索】按钮，弹出【搜索条件】对话框。

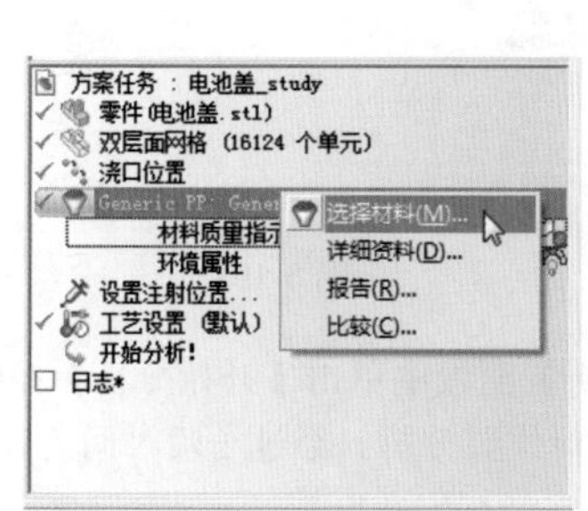

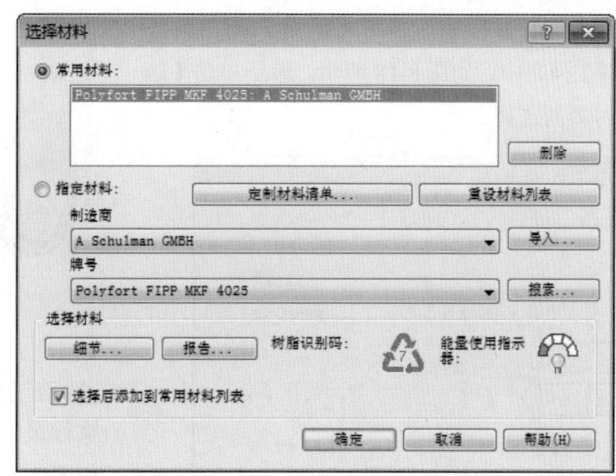

图 8-15

03 在【搜索条件】对话框的【搜索字段】列表中选择【材料名称缩写】选项，然后输入字符串 PC，勾选【精确字符串匹配】复选框，再单击【搜索】按钮，如图 8-16 所示。

图 8-16

04 在随后弹出的【选择 热塑性材料】对话框中按顺序排名来选择第 1 种材料，然后单击【细节】按钮查看是否是所需材料，如图 8-17 所示。

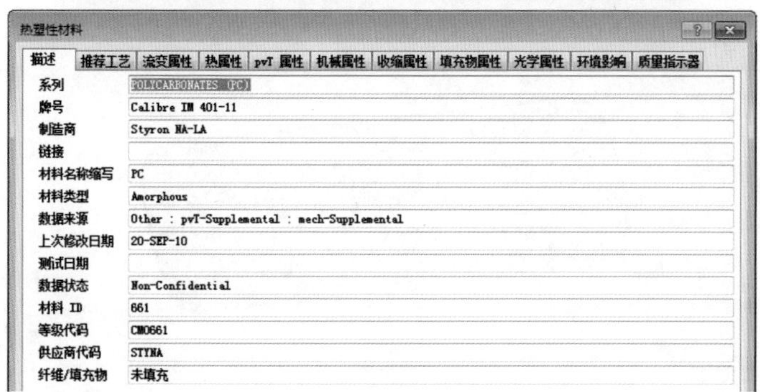

图 8-17

05 无误后单击【选择】按钮，即可将所搜索的材料添加到【指定材料】列表中，如图 8-18 所示。最后单击【确定】按钮完成材料的选择。

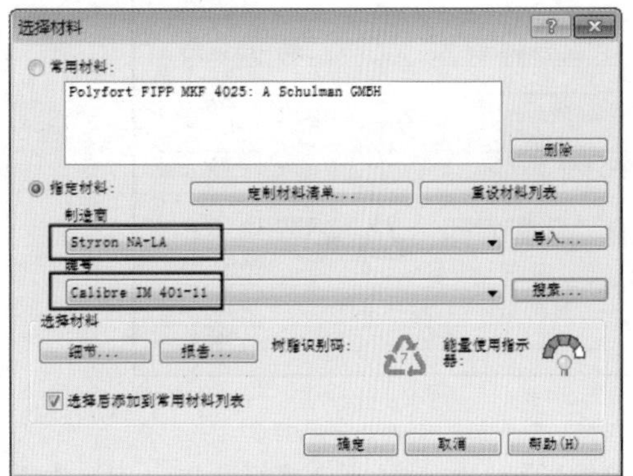

图 8-18

3. 工艺设置

01 在【主页】选项卡的【成型工艺设置】面板中单击【工艺设置】按钮，弹出【工艺设置向导 - 浇口位置设置】对话框，如图 8-19 所示。

02 对话框中主要有两种参数需要设置：模具表面温度和熔体温度。设置模具表面温度为 95，设置熔体温度为 305，选择【高级浇口定位器】选项，最后单击【确定】按钮完成工艺设置。

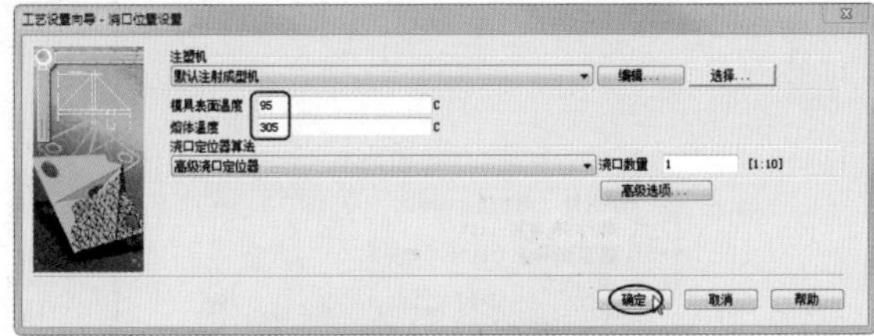

图 8-19

03 在【分析】面板中单击【开始分析】按钮，程序执行最佳浇口位置分析。经过一段时间的计算后，得出如图 8-20 所示的分析结果。

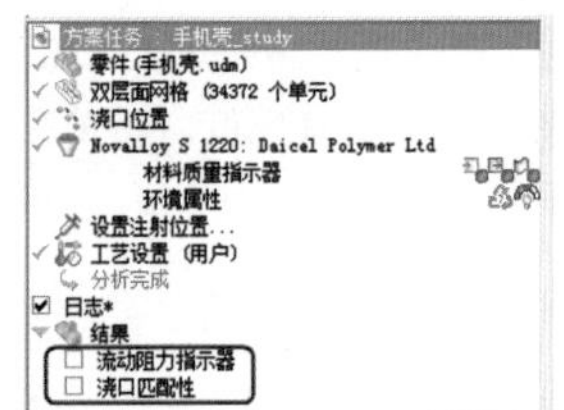

图 8-20

04 在任务视窗中勾选【流动阻力指示器】复选框，查看流动阻力，如图 8-21 所示。从图中可以看出，阻力最低的区域就是最佳浇口位置区域。

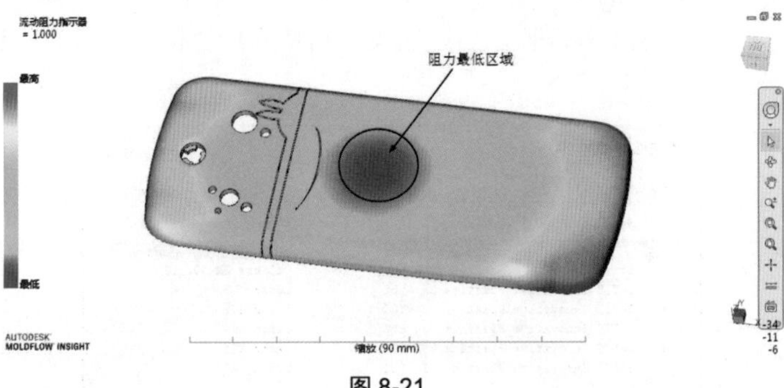

图 8-21

05 勾选【浇口匹配性】复选框，同样也可以看出最佳浇口位置位于产品中的何处，如图 8-22 所示。匹配性最好的区域就是最佳浇口位置区域。

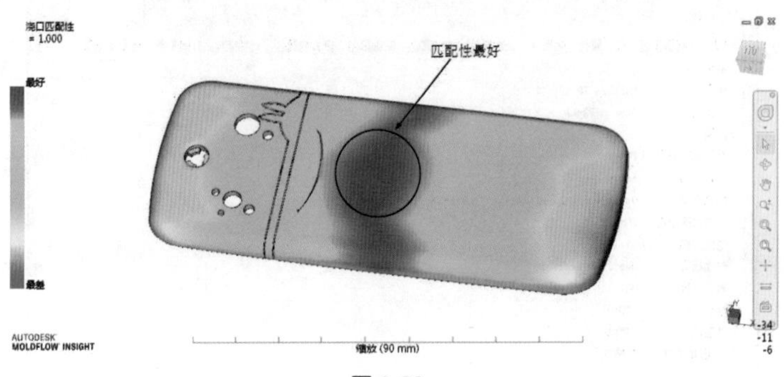

图 8-22

06 最佳浇口位置分析后，系统会在工程视窗中自动生成一个新方案项目。在工程视窗中双击【手机壳 _study（浇口位置）】子项目，即可查看注射锥，如图 8-23 所示。

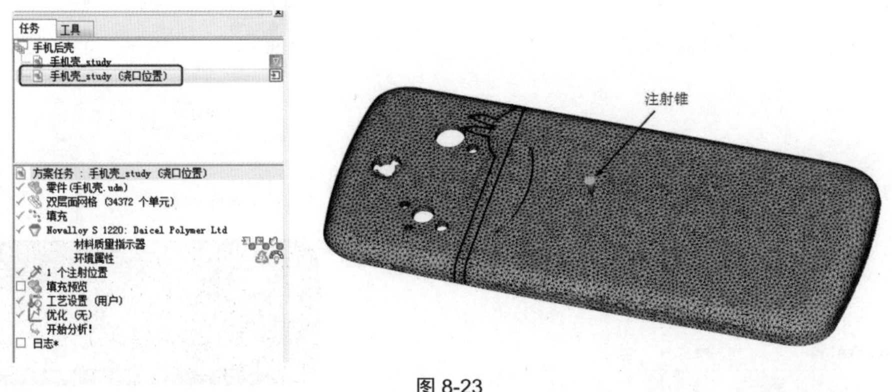

图 8-23

8.2.3　创建一模两腔平衡布局

本案例手机后壳热流道模具的型腔布局为一模两腔，下面在 Moldflow 中创建一模两腔的平衡式布局。

01 在工程视窗中选择【手机壳 _study（浇口位置）】方案进行复制，并重命名新方案，如图 8-24 所示。

02 双击新方案，进入到该方案任务中。

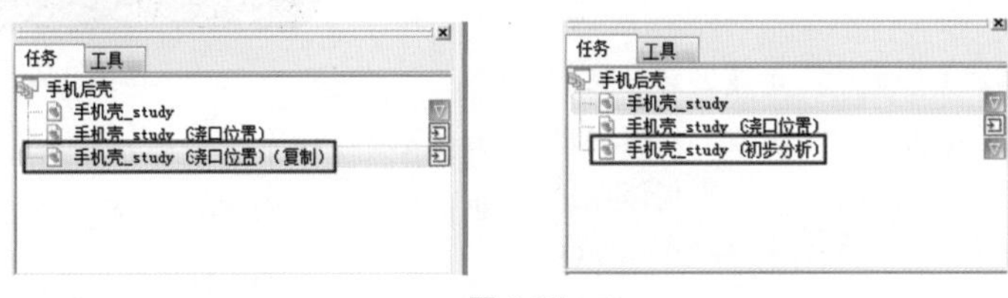

图 8-24

03 在【几何】选项卡【修改】面板中单击 型腔重复 按钮，弹出【型腔重复向导】对话框。设置布局参数后单击【完成】按钮，如图 8-25 所示。

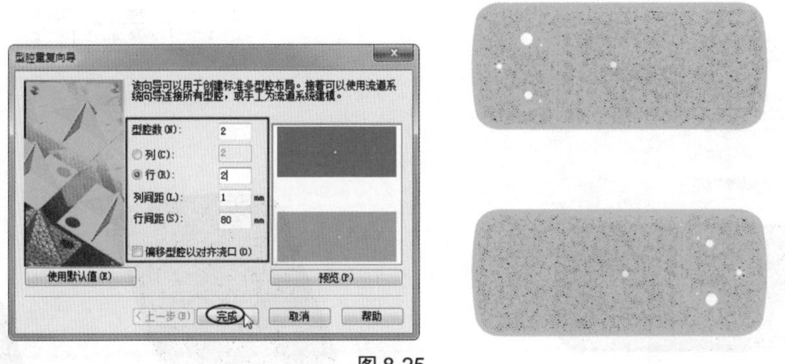

图 8-25

8.2.4　浇注系统设计

本案例手机后壳模具的浇注系统包括热主流道、热分流道和热浇口。浇口形式采用潜伏式设计，原因是表面不能留浇口痕迹。

01 在【几何】选项卡【创建】面板中单击【在坐标之间的节点】按钮，然后在模型视窗中选取两个节点作为开始坐标与结束坐标的参考，选取节点后，需要在【工具】标签下的【在坐标之间的节点】面板中修改 X 与 Z 的坐标值为 0，如图 8-26 所示。

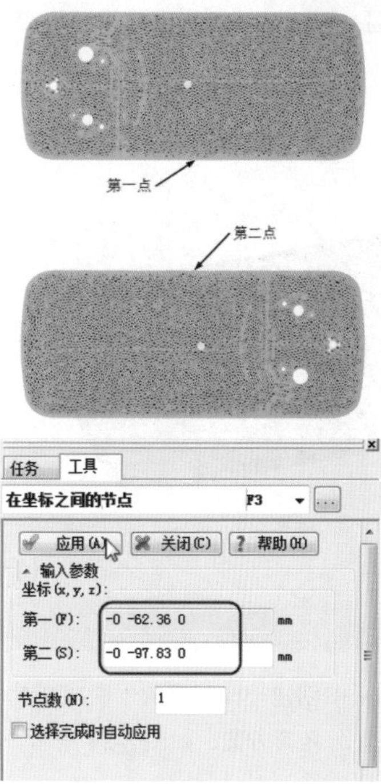

图 8-26

02 在【几何】选项卡【创建】面板中单击【创建直线】按钮╱，弹出【创建直线】面板。首先选取上步骤创建的节点作为第一点（坐标为 0 –80.09 0），复制该点坐标值到第二点的文本框中，然后修改坐标值为“0 –67.09 0”，最后单击【应用】按钮创建一条直线，如图 8-27 所示。

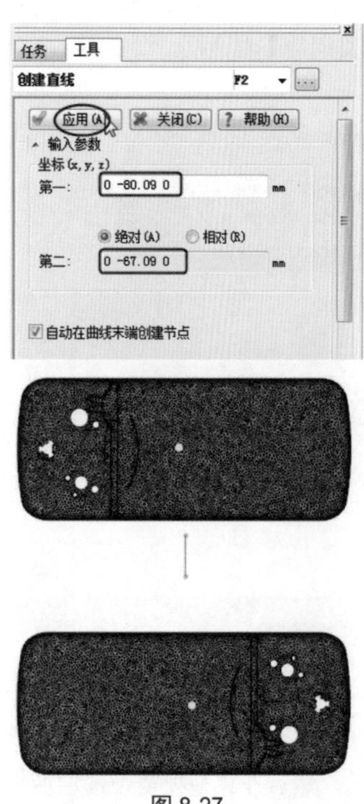

图 8-27

03 同样，再创建出对称直线，如图 8-28 所示。

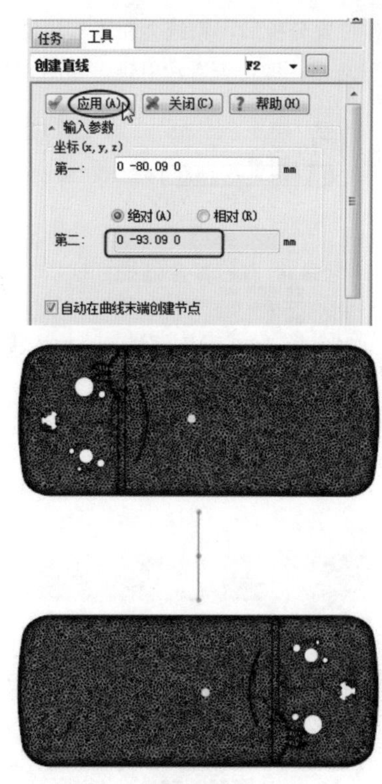

图 8-28

04 仍然选择中心的那个节点作为第一点，然后修改 Z 坐标值，创建如图 8-29 所示的直线。

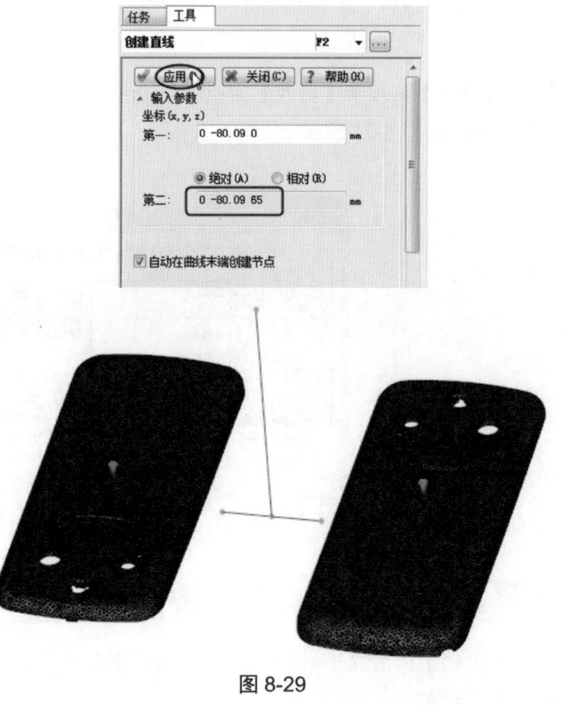

图 8-29

05 在【创建】面板中单击【按点定义圆弧】按钮，然后在模型视窗中选取中心节点和网格模型中浇口位置的节点（在产品内部拾取）作为圆弧第一点和第三点，如图 8-30 所示。

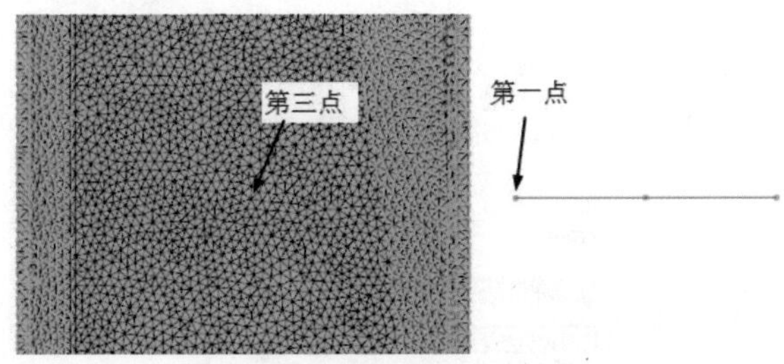

图 8-30

06 在【按点定义圆弧】面板上输入圆弧第二点坐标为（0 −53.09 −9），单击【应用】按钮完成圆弧的创建，如图 8-31 所示。

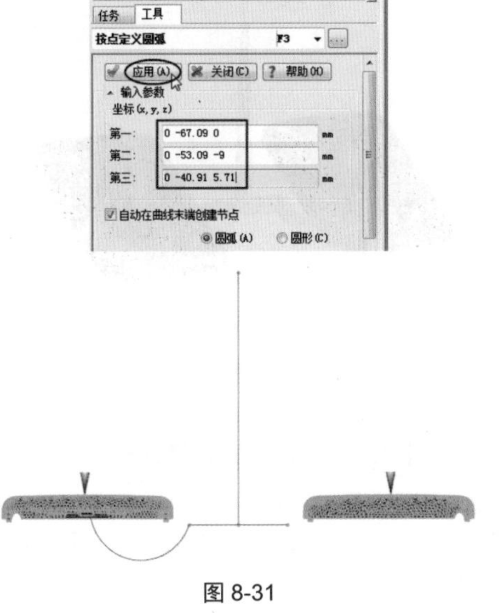

图 8-31

07 选中圆弧曲线，再单击【实用程序】面板中的【镜像】按钮，将其镜像至 XZ 平面的另一侧，如图 8-32 所示。

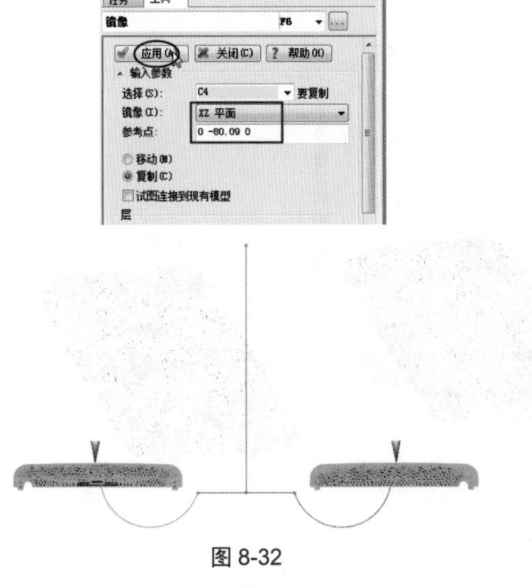

图 8-32

08 接下来为创建的曲线指定属性。首先选中竖直直线，然后在【几何】选项卡的【属性】面板中单击【指定】按钮 指定，或者单击右键，在弹出的快捷菜单中选择【属性】命令，打开【指定属性】对话框。

09 在对话框【新建】列表中选择【热主流道】选项，并在弹出的【热主流道】对话框中设置主流道尺寸，完成后单击【确定】按钮，如图 8-33 所示。

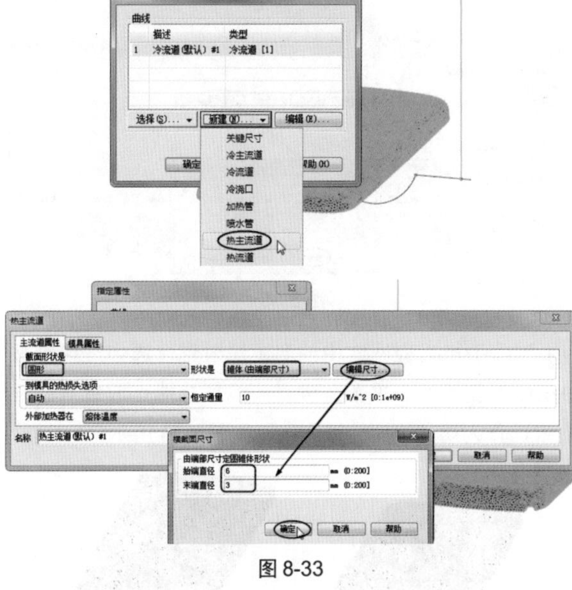

图 8-33

10 随后选中两条水平的直线，指定热流道属性和尺寸，如图 8-34 所示。

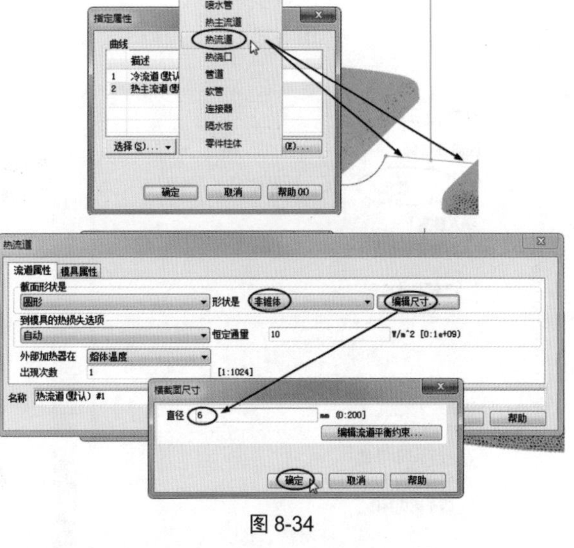

图 8-34

11 最后选中两条圆弧曲线，指定浇口属性及浇口尺寸，如图 8-35 所示。

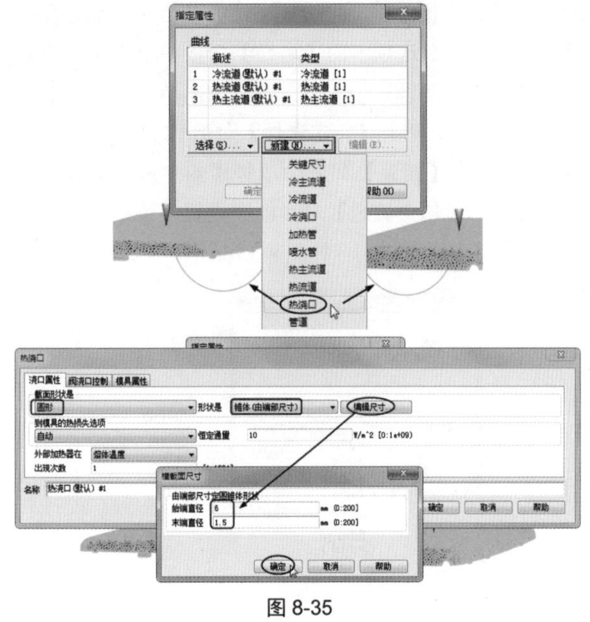

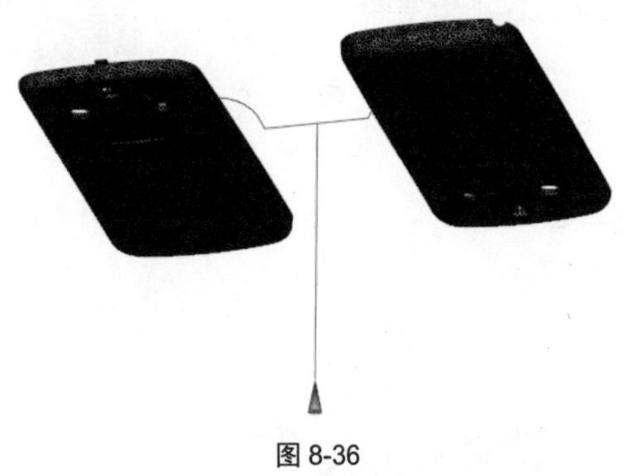

图 8-35

12 删除手机后壳网格中的两个注射锥（选中注射锥按 Delete 键删除）。重新在竖直曲线顶部端点放置新的注射锥，作为熔体浇注的进入点，如图 8-36 所示。

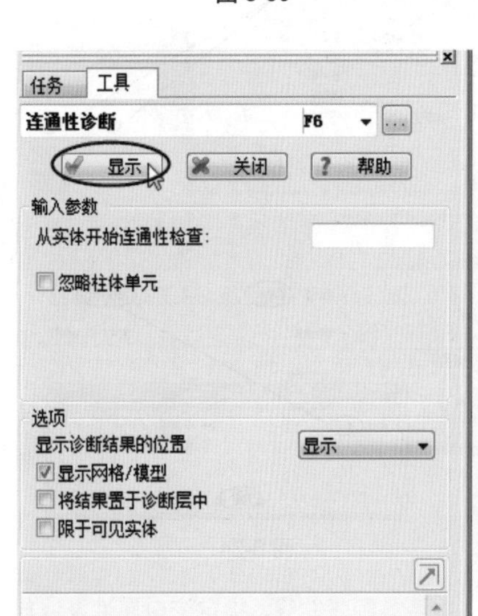

图 8-36

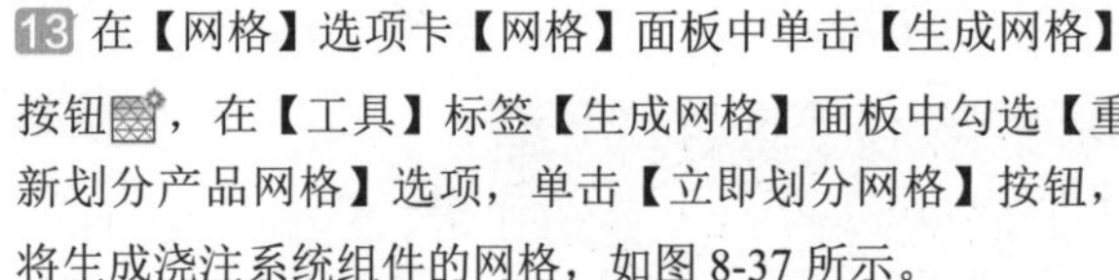

13 在【网格】选项卡【网格】面板中单击【生成网格】按钮，在【工具】标签【生成网格】面板中勾选【重新划分产品网格】选项，单击【立即划分网格】按钮，将生成浇注系统组件的网格，如图 8-37 所示。

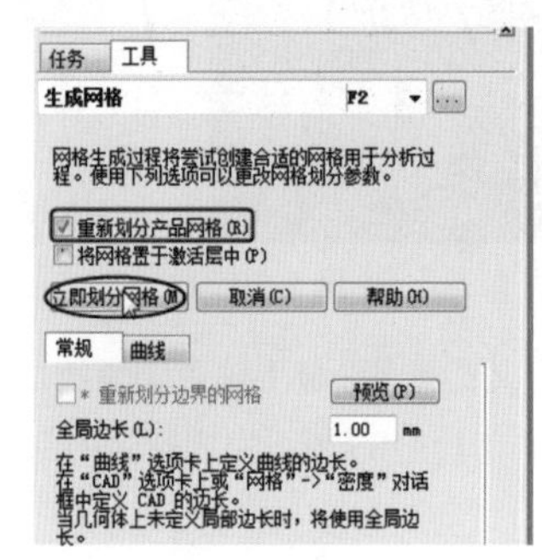

图 8-37

14 最后还需要进行连通性检查，检查浇口网格单元是否与产品网格单元连通。

15 在【网格】选项卡的【网格诊断】面板中单击【连通性】按钮 连通性，然后在模型视窗中框选所有网格单元，单击【工具】标签【连通性诊断】面板中的【显示】按钮，完成连通性的诊断。诊断结果全部为深蓝色显示，表示所有网格单元全部连接，无断开，如图 8-38 所示。

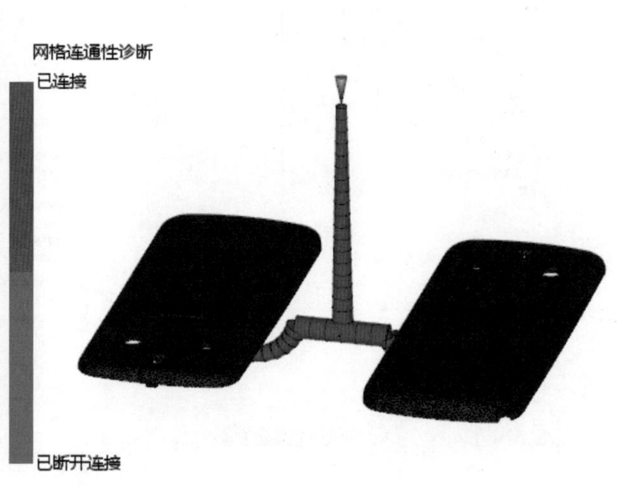

图 8-38

8.2.5 冷却系统设计

初步分析的冷却系统设计利用【冷却回路】工具自动创建。

01 在【几何】选项卡【创建】面板中单击【冷却回路】按钮 冷却回路，弹出【冷却回路向导 - 布局 - 第 1 页（共 2 页）】对话框。

02 设置第 1 页水管直径、间距及排列方式等，如图 8-39 所示。

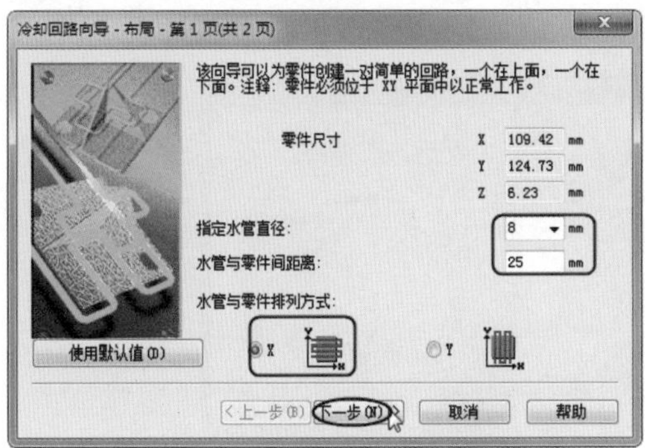

图 8-39

03 单击【下一步】按钮设置第 2 页管道参数，如图 8-40 所示。单击【完成】按钮后完成冷却管道的创建，如图 8-41 所示。

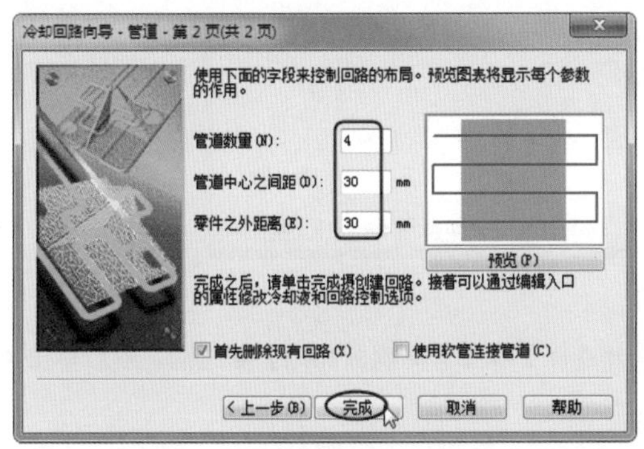

图 8-40

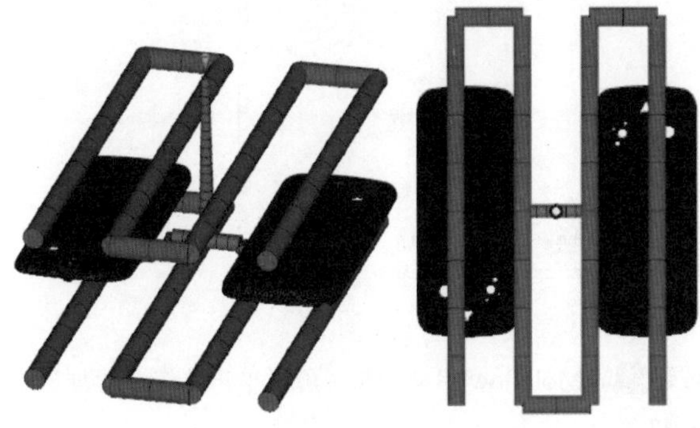

图 8-41

知识链接：冷却水道到型腔表壁的距离应合理

冷却系统对生产率的影响主要由冷却时间来体现。通常，注射到型腔内的塑料熔体的温度为 200 ℃左右，塑件从型腔中取出的温度在 60 ℃以下。熔体在成型时释放出的热量中约有 5% 以辐射、对流的形式散发到大气中，其余 95% 需由冷却介质（一般是水）带走，否则由于塑料熔体的反复注入将使模温升高。

冷却水道到型腔表壁的距离关系到型腔是否冷却得均匀和模具的刚、强度问题。不能片面地认为，距离越近冷却效果越好。设计冷却水道时往往受推杆、镶件、侧抽芯机构等零件限制，不可能都按照理想的位置开设水道，水道之间的距离也可能较远，这时，水孔距离型腔位置过近，则冷却均匀性差。同时，在确定水道与型腔壁的距离时，还应考虑模具材料的强度和刚度。避免距离过近，在模腔压力下使材料发生扭曲变形，使型腔表面产生龟纹。图 8-42 是水孔与型腔表壁距离的推荐尺寸，该尺寸兼顾了冷却效率、冷却均匀性和模具刚、强度的关系，水孔到型腔表壁的最小距离不应小于 10mm。

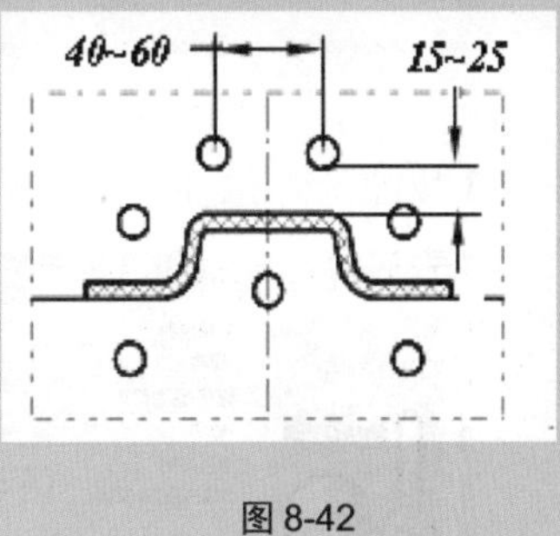

图 8-42

8.3 初步分析

本案例希望通过 BEM【冷却 + 填充 + 保压 + 翘曲】分析，改善制品的质量。以 Moldflow 最佳浇口位置区域分析结果为基础，展开基本分析。

技术要点：

BEM（全称“边界元法”）冷却分析将计算稳定状态或整个成型周期的平均温度。至少需要为此分析准备成型零件和冷却管道的模型。使用这种方法，很容易修改冷却管道的位置，以查看冷却管道位置的影响。创建了镶件来代表由不同材料（通常采用具有较高热传导率的材料）制成的工具区域。

8.3.1 工艺设置与分析过程

01 选择分析序列。在【成型工艺设置】面板中单击【分析序列】按钮，弹出【选择分析序列】对话框。从中选择【冷却 + 填充 + 保压 + 翘曲】，再单击【确定】按钮，如图 8-43 所示。

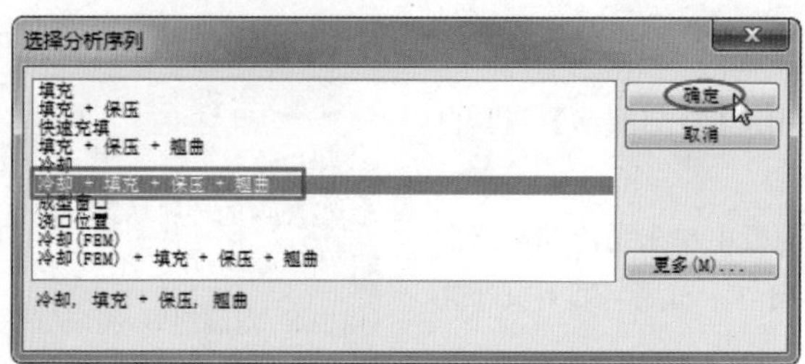

图 8-43

02 设置工艺设置参数，工艺设置参数初步分析时尽量采用默认设置。由于继承了前面分析的结果，所以无须再重新选择材料。单击【工艺设置】按钮，弹出【工艺设置向导】对话框。设置第 1 页如图 8-44 所示。

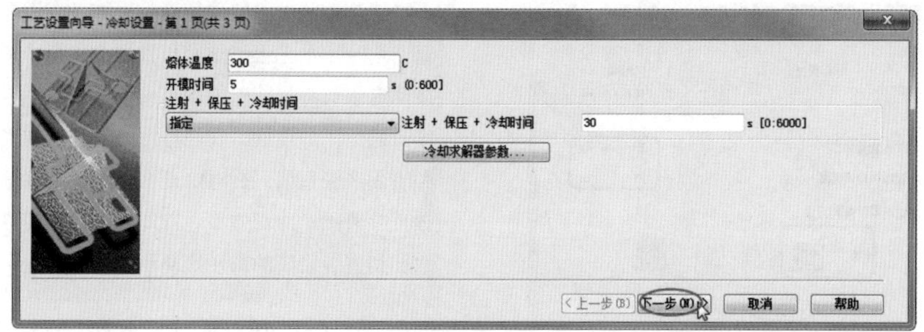

图 8-44

03 单击【下一步】按钮进入第 2 页。然后设置如图 8-45 所示的参数。

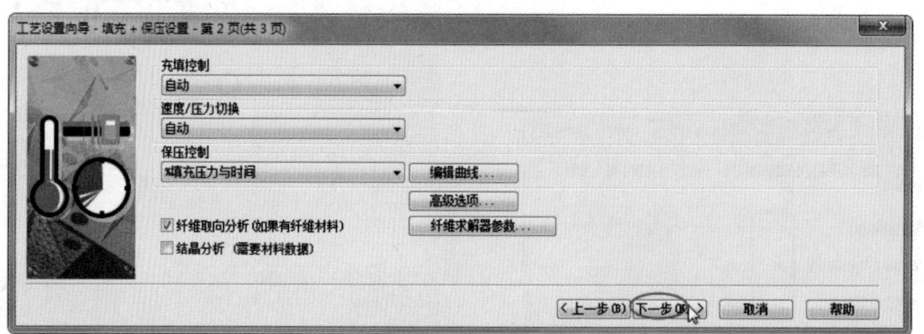

图 8-45

04 单击【下一步】按钮进入第 3 页。在第 3 页中勾选【考虑模具热膨胀】和【分离翘曲原因】复选框。最后单击【完成】按钮关闭对话框，如图 8-46 所示。

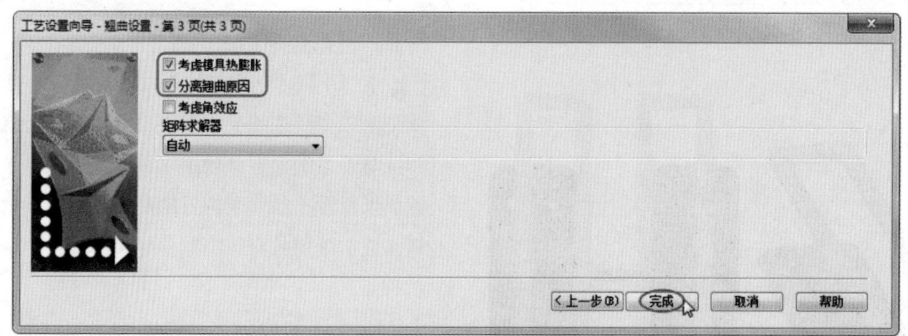

图 8-46

05 当所有应该设置的参数都设置完成后，单击【开始分析】按钮，Moldflow 启动分析。可以单击【作业管理器】按钮，弹出【作业管理器】对话框以查看分析进程，如图 8-47 所示。

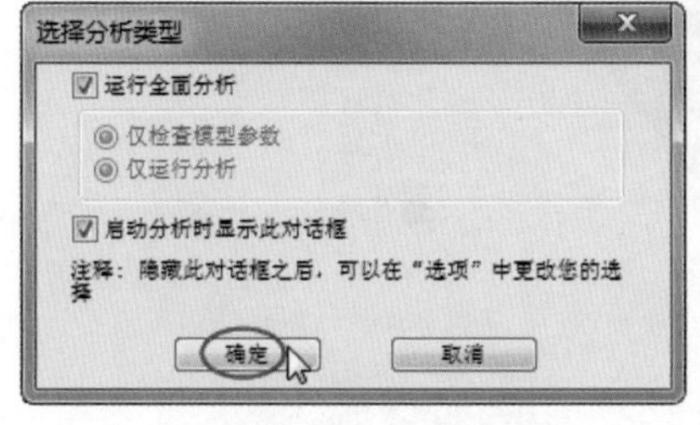

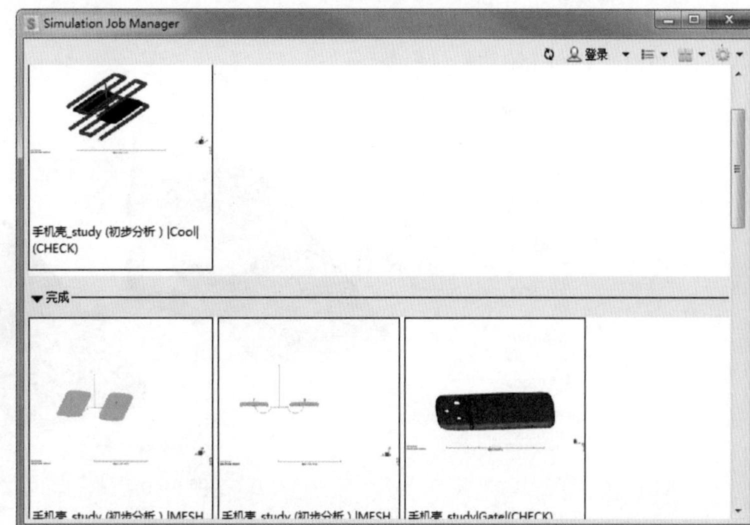

图 8-47

8.3.2　分析结果解读

经过较长时间的耐心等待之后，完成了【冷却 + 填充 + 保压 + 翘曲】分析。下面解读分析结果。

在方案任务窗格中可以查看分析的结果，本案例有三个结果：流动、冷却和翘曲，如图 8-48 所示。

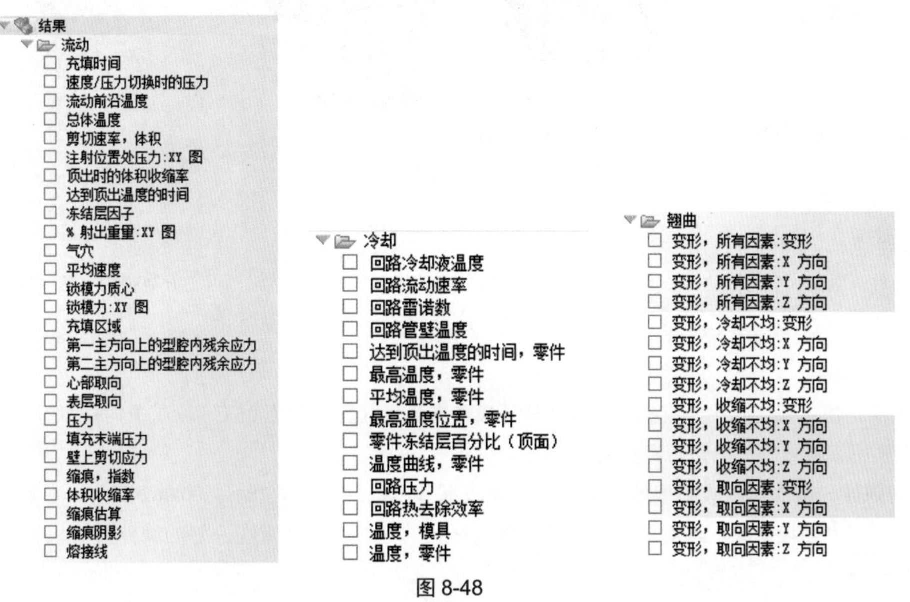

图 8-48

1. 流动分析

为了简化分析的时间，下面将重要的分析结果一一列出。

（1）充填时间。

如图 8-49 所示，按 Moldflow 常规的设置，所得出的充填时间为 0.6829s，充填时间较短。从充填效果看，熔体流动性较为一般，很明显制件的头部端比尾部端充填较慢一些。

（2）流动前沿温度。

流动前沿温度结果由填充分析生成，显示的是流动前沿到达位于塑料横截面中心的指定点时聚合物的温度。

如图 8-50 所示，图中表示的是充填过程中流动波前温度的分布，产品中大部分区域波前温度较为平衡，在

223.2 ～ 231.7℃。但是流动性好的制件，波前温度差应该在 2 ～ 5℃较为合理。本制件有 8℃的落差，说明存在因充填时间较短而产生的迟滞区域。

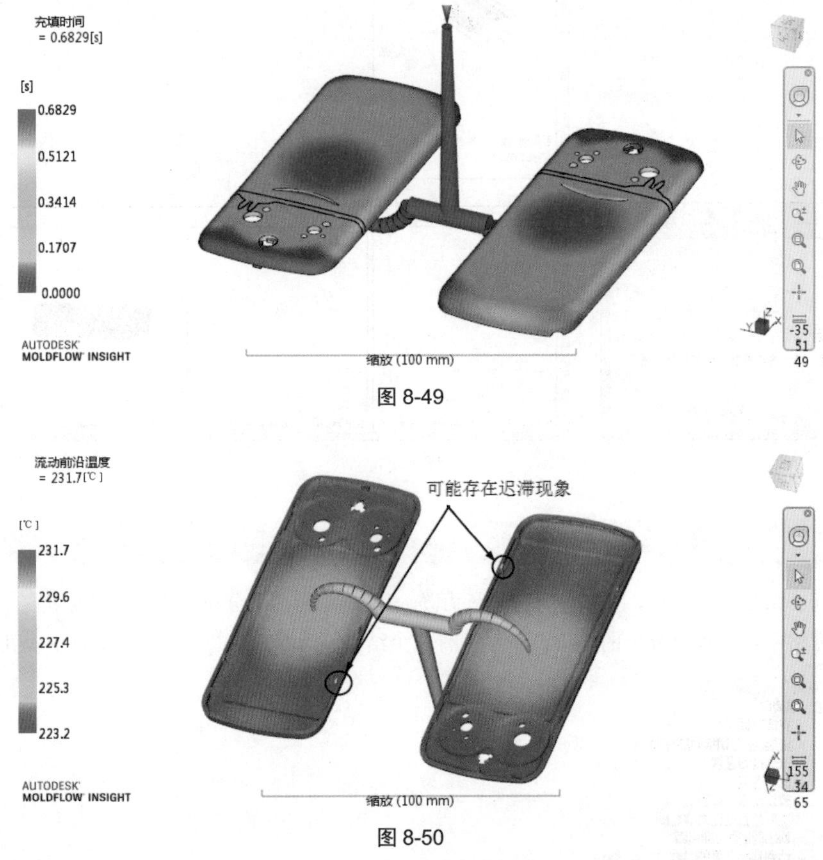

图 8-49

图 8-50

技术要点：

如果零件薄壁区域中的流动前沿温度过低，则迟滞可能导致短射。在流动前沿温度上升数摄氏度的区域中，可能出现材料降解和表面缺陷。

（3）体积收缩率。

体积收缩率是指从保压阶段结束到零件冷却至环境参考温度（默认值为 25℃ /77 ℉）时局部密度的百分比增量。体积收缩率主要用来检查制件中是否存在缩痕缺陷。

从本案例制件分析的体积收缩率结果来看，体积收缩率最高达到了 6.284%（0.062 84），最低为 0.1932%，体积收缩不均匀，产生缩痕缺陷。再看图中的收缩率较为严重的区域在充填末端，好的制件其体积收缩率应该是很均衡的，如图 8-51 所示。

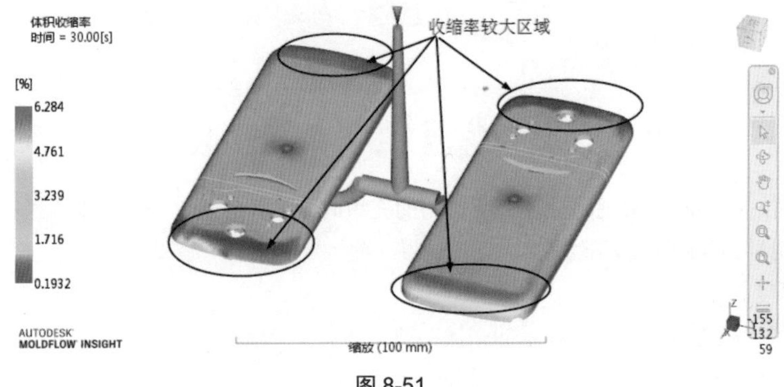

图 8-51

（4）气穴。

气穴一般产生在流动前沿与型腔壁之间，因形成旋涡并挤压便会产生气穴（常说的“气泡”），通常的结果是在零件表面形成小孔或瑕疵。在极端情况下，这种挤压将使温度升高到引起塑料降解或燃烧的水平。

不管制件的流动性有多么好，总会在充填末端产生气穴。本案例制件的气穴效果图如图 8-52 所示，总的来看，气穴产生在孔、倒扣位置区域，这些位置通常会设计顶杆及斜顶等顶出机构，借助于顶杆间隙，排气容易解决。所以气穴不会对制件带来不良影响。

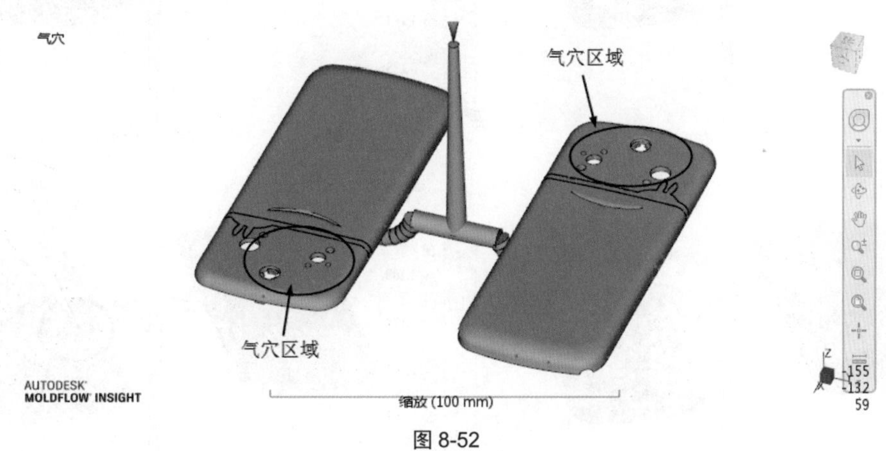

图 8-52

（5）熔接线。

熔接线表达了两个流动前沿相遇时合流的角度。熔接线的显示位置可以标识结构弱点和 / 或表面瑕疵。

从如图 8-53 所示的熔接线分布图可以看出，熔接线主要集中在孔、倒扣位置，数量较少。可以适当加大熔体温度、注射速度或保压压力，能更好地解决熔接线的问题。

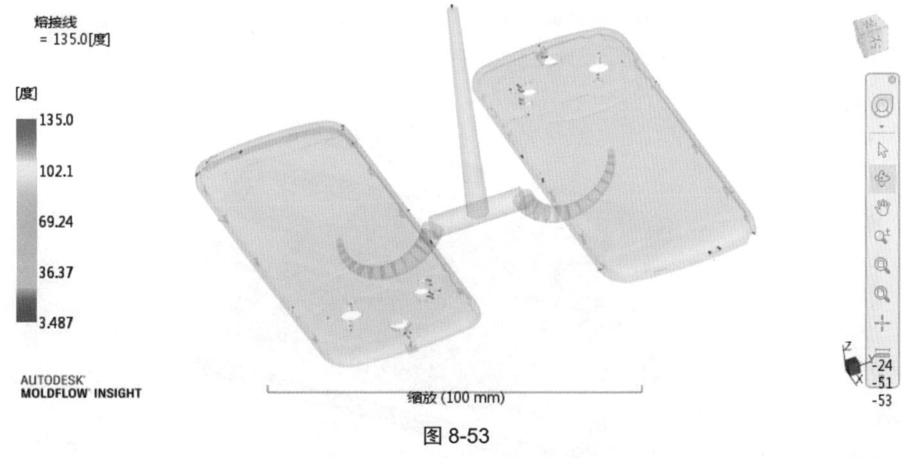

图 8-53

技术要点：

如果熔接线集中出现在产品中心或筋、肋较少的受力区域，极易造成产品断裂。

2．冷却分析

冷却分析结果中，以回路冷却液温度、产品最高温度、产品冷却时间三个主要方面来进行介绍。

（1）达到冷却温度的时间，零件。

如图 8-54 所示为“达到冷却温度的时间，零件”的冷却过程。这 4 个图表示的是产品的冷却凝固过程，蓝色区域表示最先凝固的区域，一般最薄处最先凝固，最厚处最后凝固。从图中可看出，较厚区域周围先行凝固而切断了保压回路，致使较厚区域得不到有效保压。

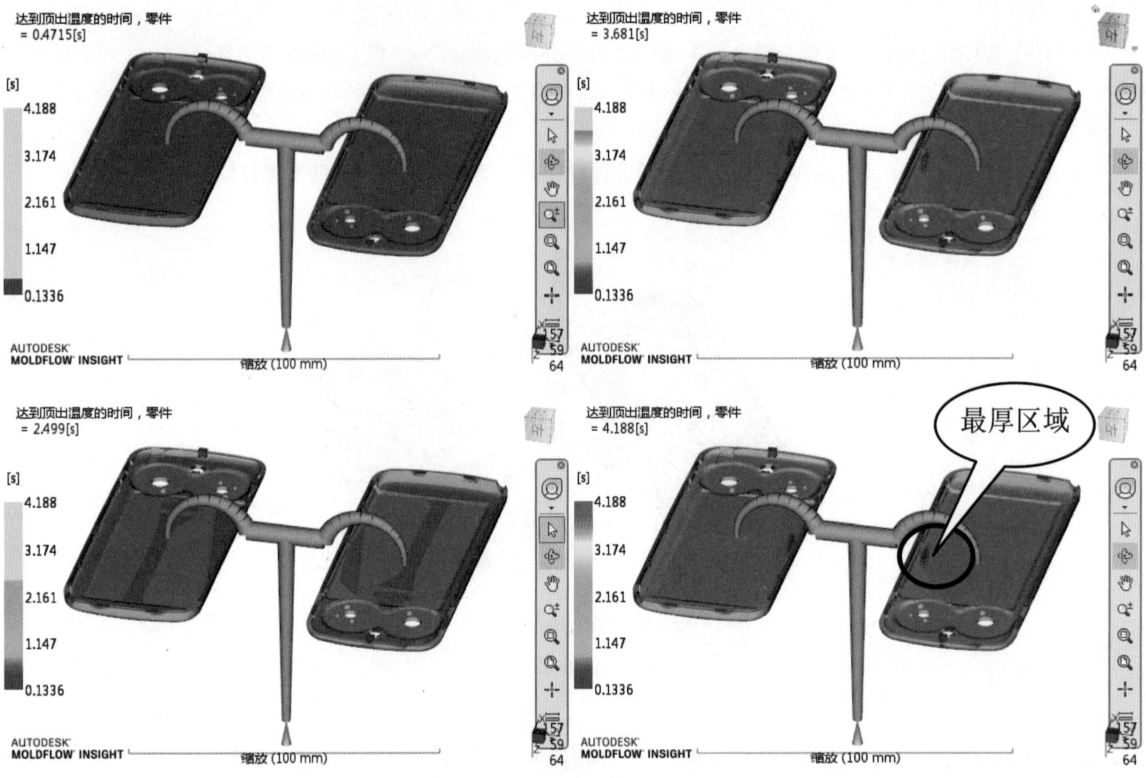

图 8-54

（2）回路冷却液温度。

如图 8-55 所示，冷却介质最低温度与最高温度之差仅约为 0.33℃，总的来说冷却系统是接近于恒温的。而最高温度与室温也差不多，也就是整个冷却系统设计还是成功的。

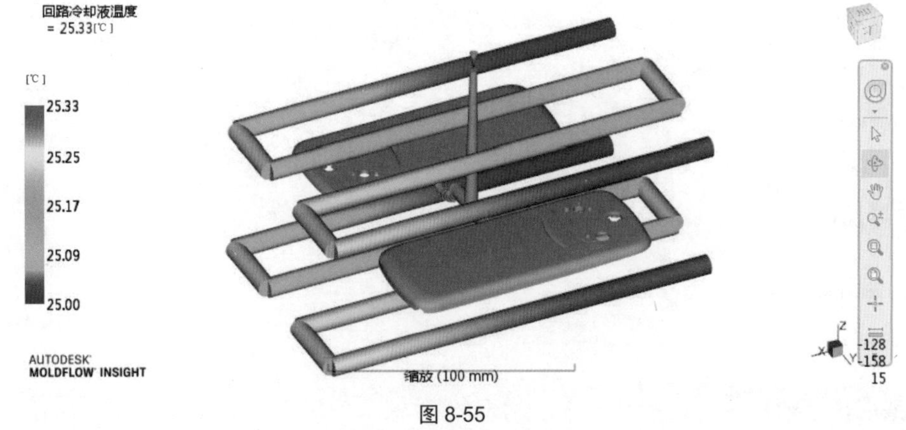

图 8-55

（3）最高温度，零件。

如图 8-56 所示，制品的最高温度为 43.71℃，最低温度为 30.37℃，温差较大，冷却不均匀，易产生翘曲。这需要对冷却管道与制件间的距离，或者管道直径等进行调整，直至符合设计要求为止。

（4）温度，零件。

查看“温度，零件”结果可找出局部的热点或冷点，以及确定它们是否会影响周期时间和零件翘曲。如果有热点或冷点，则可能需要调整冷却管道。零件整个顶面或底面与目标模具之间的温差不应超过 ±10℃。

如图 8-57 所示，零件某个点的最高温度为 45℃，最低温度为 27.1℃，温差超过正常值（10℃）18℃左右，说明冷却效果不理想，需要改善冷却系统设计。

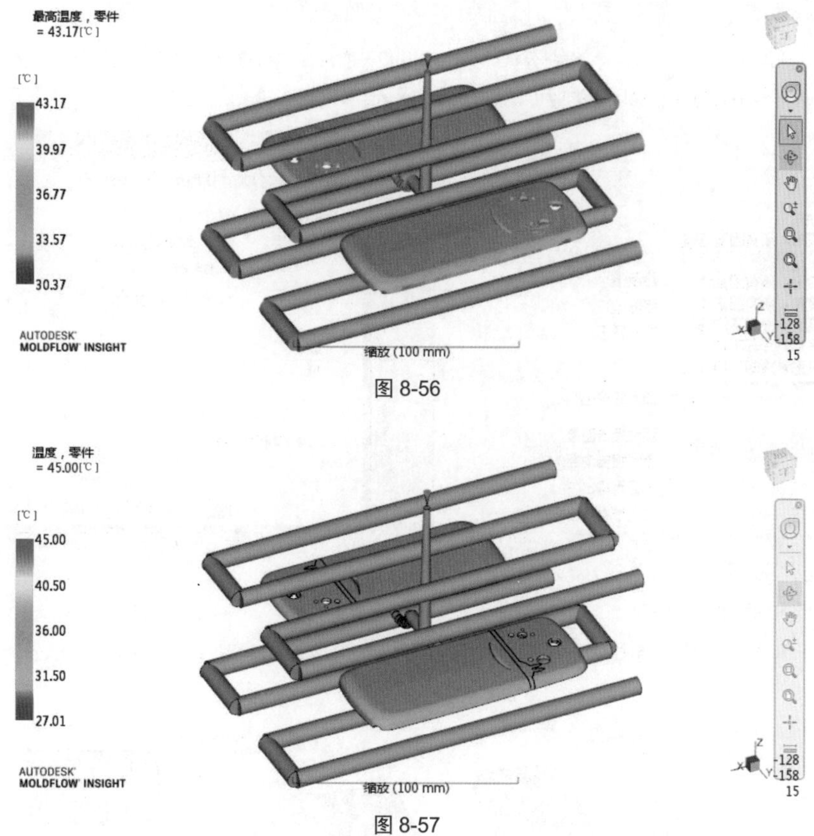

图 8-56

图 8-57

3．翘曲分析

翘曲是塑件未按照设计的形状成型，却发生表面的扭曲，塑件翘曲导因于成型塑件的不均匀收缩。假如整个塑件有均匀的收缩率，塑件变形就不会翘曲，而仅仅会缩小尺寸；然而，由于分子链 / 纤维配向性、模具冷却、塑件设计、模具设计及成型条件等诸多因素的交互影响，要能达到低收缩或均匀收缩是一件非常复杂的工作。

如图 8-58 所示为翘曲的总变形。总的来说，产品的翘曲在三个方向都有，尤其在 X 方向上的翘曲量最大。总的翘曲量为 0.4566mm。

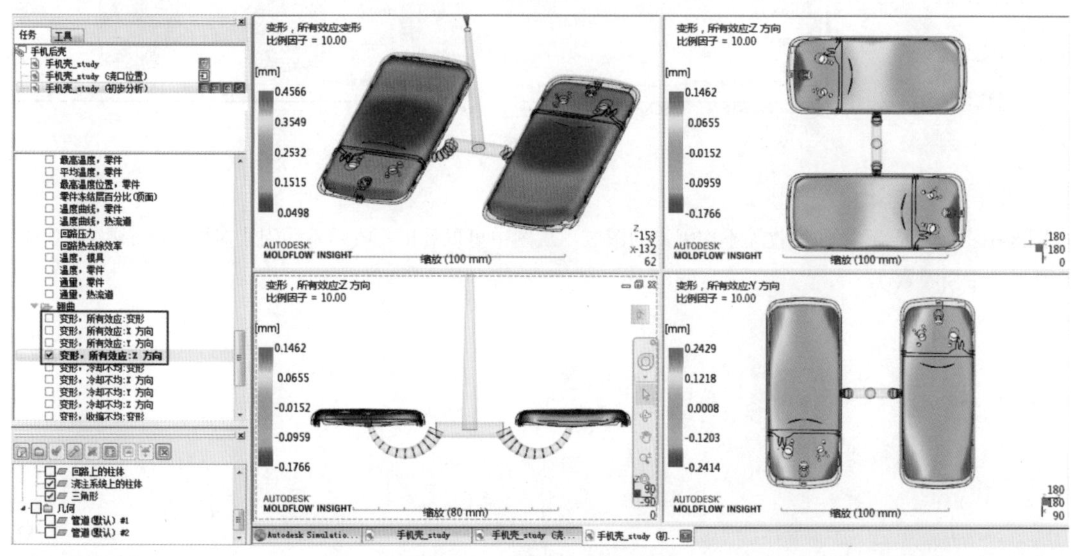

图 8-58

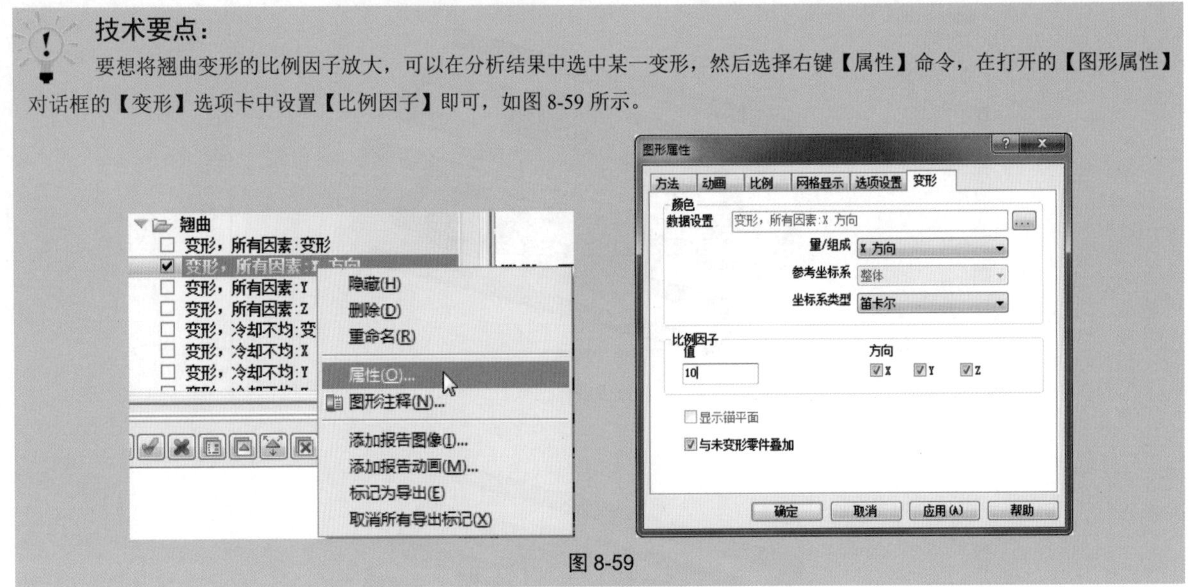

技术要点：

要想将翘曲变形的比例因子放大，可以在分析结果中选中某一变形，然后选择右键【属性】命令，在打开的【图形属性】对话框的【变形】选项卡中设置【比例因子】即可，如图 8-59 所示。

图 8-59

（1）变形，冷却不均：变形。

如图 8-60 所示为导致翘曲的冷却不均因素的图像。可以看出冷却因素对翘曲的影响是比较小的，在三个方向上有少量的变形。

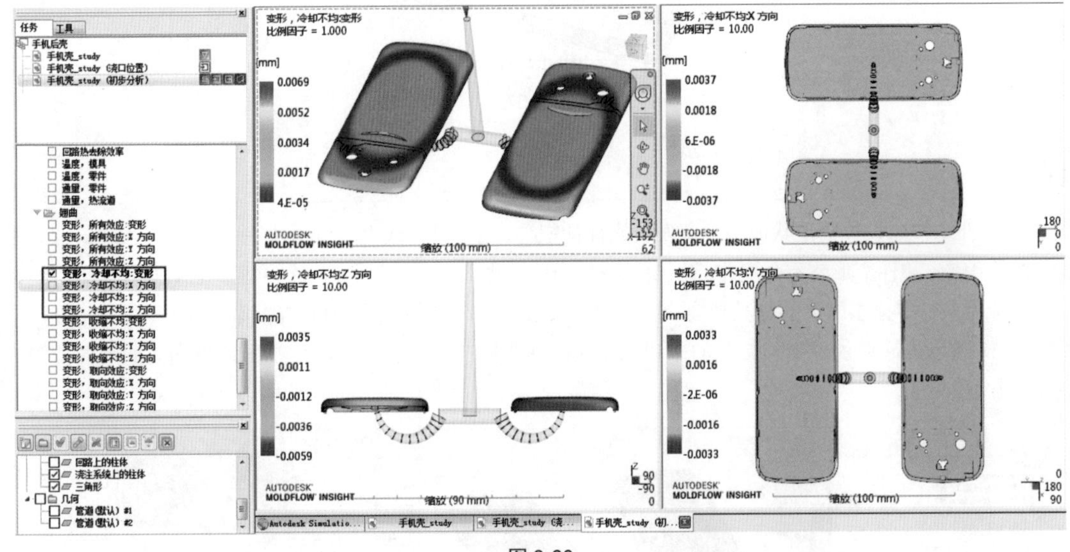

图 8-60

（2）变形，收缩不均：变形。

如图 8-61 所示为导致翘曲的收缩不均因素的图像，从图中可以看出，收缩不均因素对翘曲变形影响较大，是导致翘曲变形的主要因素。

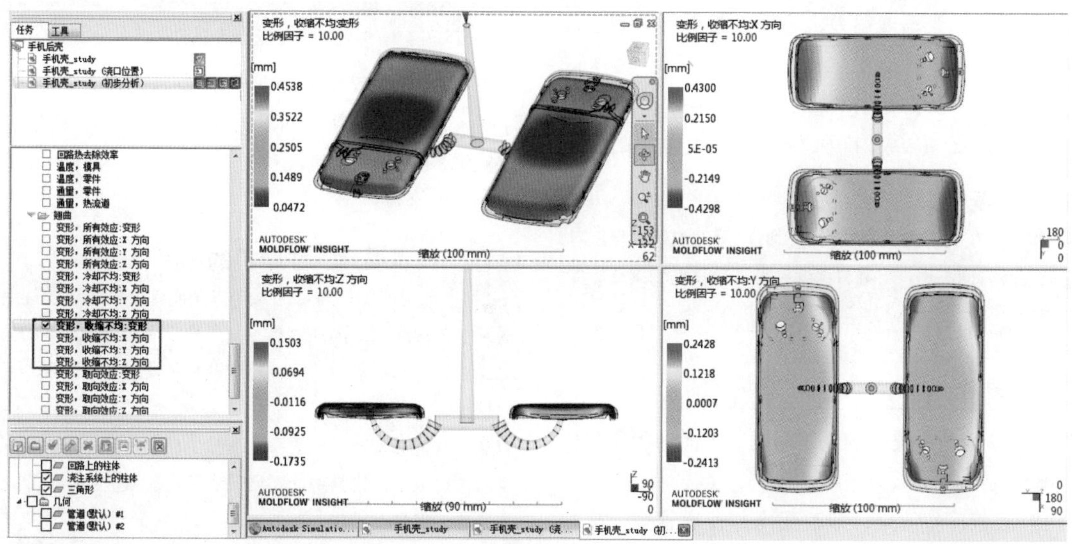

图 8-61

知识链接：收缩与残留应力

塑料射出成型先天上就会发生收缩，因为从制程温度降到室温，会造成聚合物的密度变化，造成收缩。整个塑件和剖面的收缩差异会造成内部残留应力，其效应与外力完全相同。在射出成型时假如残留应力高于塑件结构的强度，塑件就会于脱模后翘曲，或是受外力而产生破裂。残留应力是塑件成型时，熔融料流动所引发或者热效应所引发，而且冻结在塑件内的应力。假如残留应力高于塑件的结构强度，塑件可能在射出时翘曲，或者稍后承受负荷而破裂。残留应力是塑件收缩和翘曲的主因，可以减低充填模穴造成之剪应力的良好成型条件与设计，可以降低熔胶流动所引发的残留应力。同样地，充足的保压和均匀的冷却可以降低热效应引发的残留应力。对于添加纤维的材料而言，提升均匀机械性质的成型条件可以降低热效应所引发的残留应力。

（3）导致翘曲的取向因素。

如图 8-62 所示为导致翘曲的取向因素的图像，从图中可以看出，取向因素并没有导致翘曲产生。

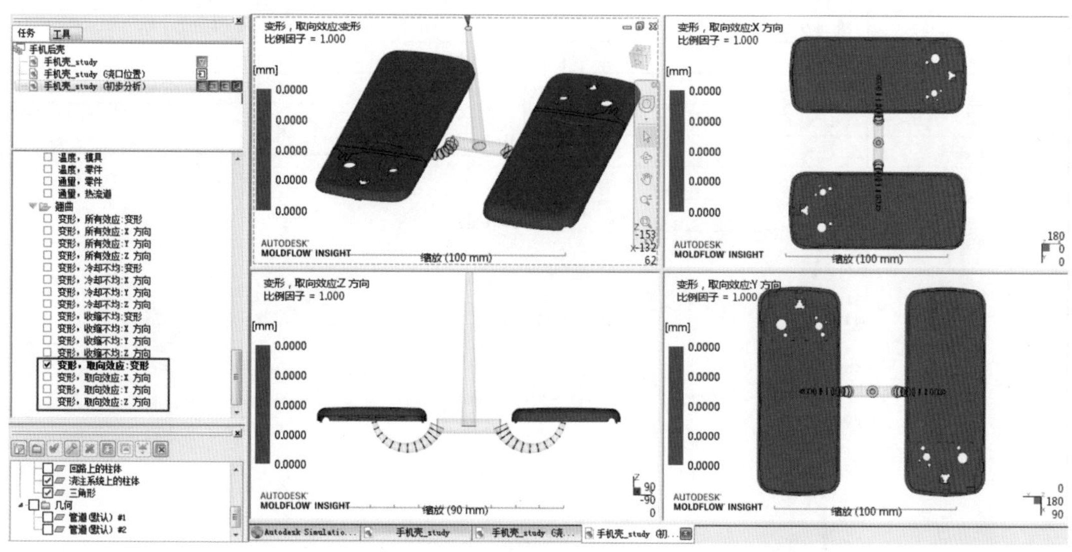

图 8-62

4．制品缺陷

从初次的按 Moldflow 理论值进行的分析结果可以得出如下结论。

（1）流动前沿温度温差大，冷却效果不太理想，有迟滞现象。

（2）制件产生了较为严重的体积收缩。

（3）翘曲变形量较大，其中收缩不均因素为主要因素。

技术要点：

塑件产生过量收缩的原因包括射出压力太低、保压时间不足或冷却时间不足、熔融料温度太高、模具温度太高、保压压力太低。

5．解决方案

针对初步分析中提出的缺陷问题，下面为优化分析给出合理建议：

（1）改善冷却效果，即改变冷却管道管径、冷却回路与制件之间的间距。

（2）通过设置工艺参数，调整注射压力、注射时间、冷却时间、模具温度、熔体温度、保压压力等值。

8.4 优化分析

优化分析是建立在前面的初步分析基础上，接下来利用成型窗口分析、工艺优化分析等来确定最佳的优化方案。

8.4.1 成型窗口分析

希望通过成型窗口分析获得较为准确的熔体注射时间。从前面的初步分析中可以得知，注射时间仅为0.6829s，说明注塑机吨位过大，注射速度过快，需要调整注塑机参数。

技术要点：注塑机的选用

选用注塑机时，通常是以某制件实际需要的注射量初选某一公称注射量的注塑机型号，然后依次对该机型的公称注射压力、公称锁模力、模板行程及模具安装部分的尺寸一一进行校核。

以实际注射量初选某一公称注射量的注射机型号；为了保证正常的注射成型，模具每次需要的实际注射量应该小于某注射机的公称注射量，即：

$$V_{实}<V_{公}$$

式子，$V_{实}$—实际塑件（包括浇注系统凝料）的总体积（cm^3）。由计算，可得手机后壳的体积为8.1413cm^3，考虑到设计为两腔，加上浇注系统的冷凝料，查阅塑料模设计手册的国产注射机技术规范及特性，可以选择XS-ZY-60。表8-1为该型注塑机技术规格。

此外，在前面手机后壳的初步分析中，在【流动】结果中有一个选项【锁模力：XY图】，可以判定注塑机最小吨位（40t），如图8-63所示。

表8-1

注射容量：60cm^3	螺杆直径：38mm	喷嘴圆弧半径：12mm	喷嘴孔直径：4mm
注射行程：180mm	注射压力：122MPa	拉杆空间：190×300mm	液压泵流量：70、12L.min^{-1}
合模力为500kN（锁模力50t）	注射时间：2.9s	液压泵压力：6.5MPa	电动机功率：11kW
注射方式：柱塞式	最大成型面积：130cm^2	加热功率：2.7kW	动、定模固定板尺寸：330mm×440mm
合模方式：液压 - 机械	最大注射面积：130cm^2	机器外形尺寸：3160mm×850mm×1550mm	
模具高度：200～300mm	最大开模行程：180mm		

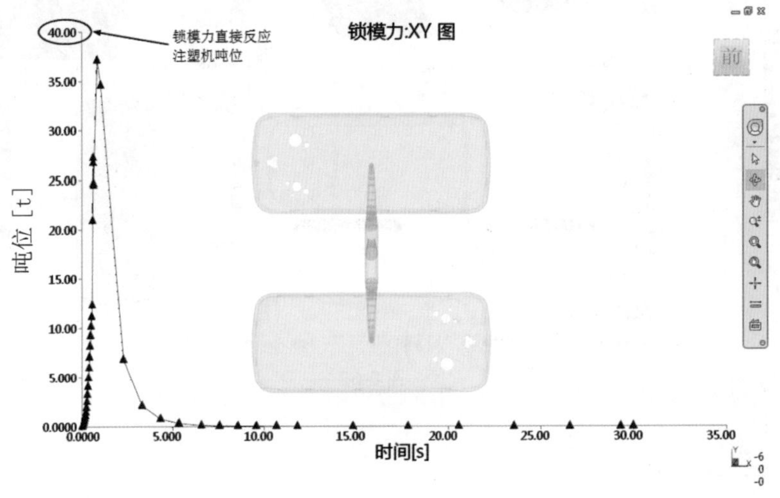

图 8-63

01 在工程视窗中复制【手机壳_study（初步分析）】方案，然后将新方案重命名为“手机壳_study（成型窗口分析）”。双击复制的新方案进入到方案任务中。

02 在【成型工艺设置】面板中单击【分析序列】按钮，在【选择分析序列】对话框中选择【成型窗口】序列，单击【确定】按钮完成选择，如图 8-64 所示。

03 单击【工艺设置】按钮，弹出【工艺设置向导 - 成型窗口设置】对话框。在【注塑机】列表右侧单击【编辑】按钮，弹出【注塑机】对话框，首先设置【注射单元】选项卡，如图 8-65 所示。

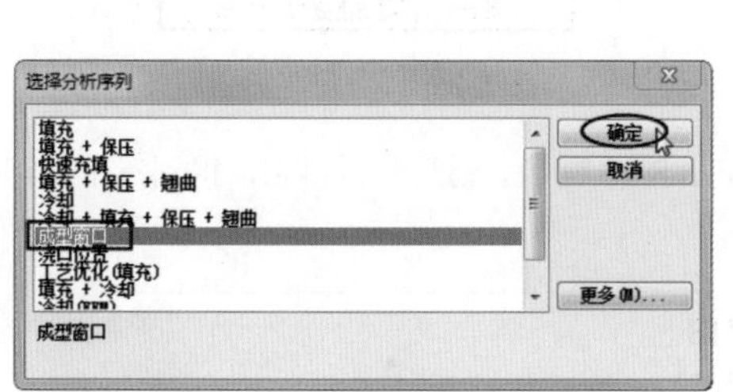

图 8-64

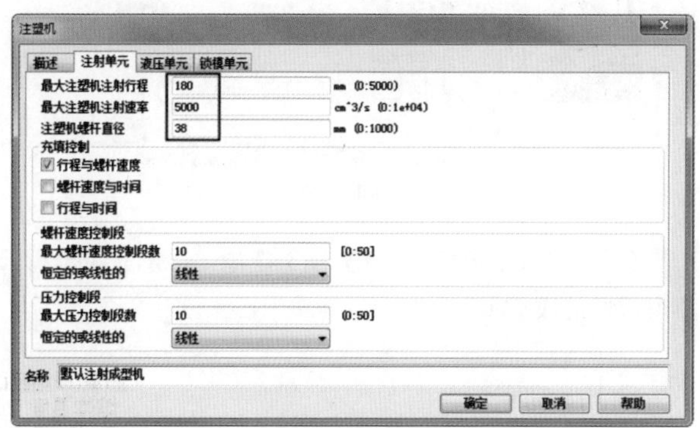

图 8-65

04 接着设置【液压单元】选项卡，如图 8-66 所示。

05 最后设置【锁模单元】选项卡，如图 8-67 所示。

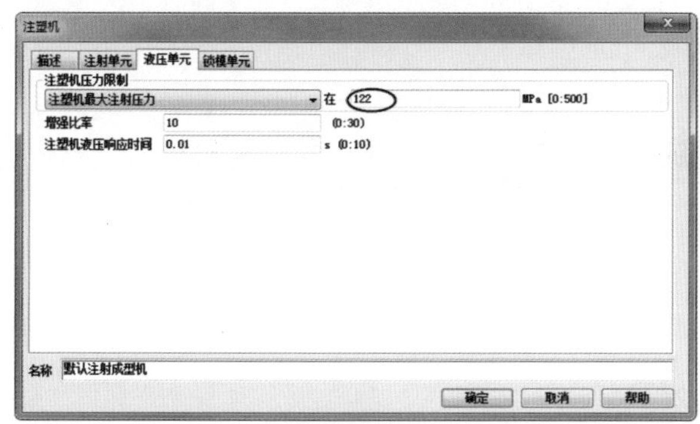

图 8-66

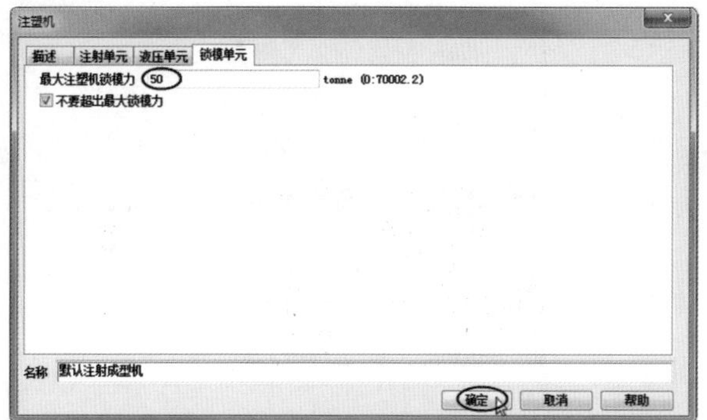

图 8-67

06 在【工艺设置向导 - 成型窗口设置】对话框中【要分析的模具温度范围】列表中选择【指定】选项，并单击【编辑范围】按钮，设置模具温度范围，如图 8-68 所示。

07 同理，再设置要分析的熔体温度范围值，如图 8-69 所示。

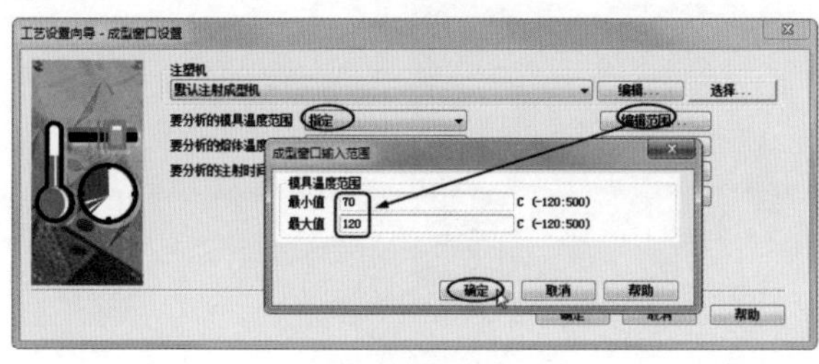

图 8-68

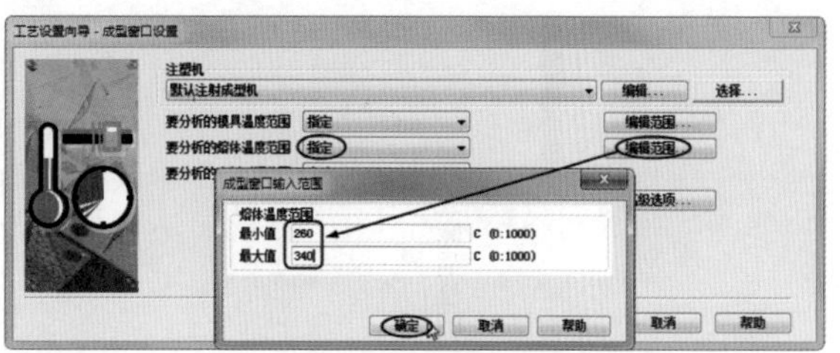

图 8-69

08 最后设置要分析的注射时间范围，如图 8-70 所示。完成后单击【确定】按钮关闭对话框。

09 在任务视窗中双击【开始分析】项目，运行成型窗口分析。经过一定时间的分析后得出如图 8-71 所示的成型窗口优化分析的结果。

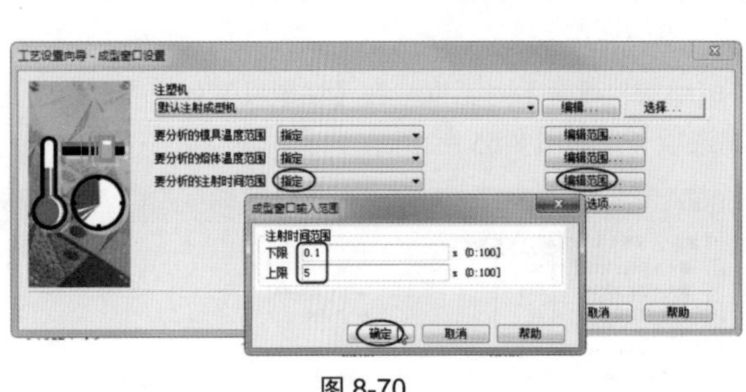

图 8-70

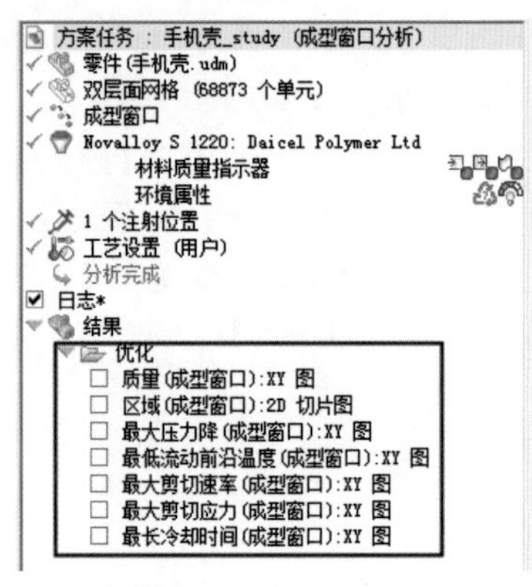

图 8-71

10 勾选【质量（成型窗口）：XY 图】选项，显示质量分析云图如图 8-72 所示。通过分析日志，得到三个推荐值，可以获得最好的成型质量。

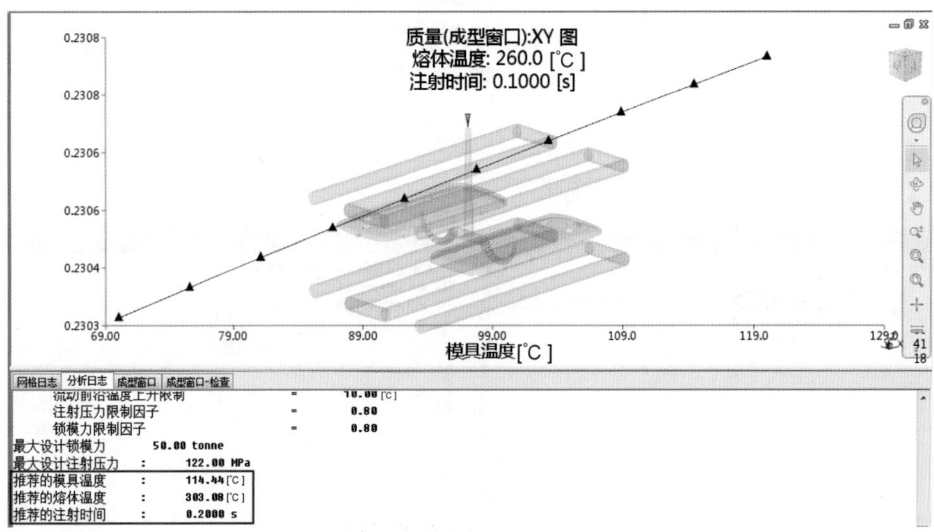

图 8-72

11 勾选【区域(成型窗口)：2D 切片图】选项，显示 2D 切片图，如图 8-73 所示。在云图中滑动鼠标左键可以查看【可行】范围与【首选】范围，基本上首选范围符合质量 XY 图中的推荐值。

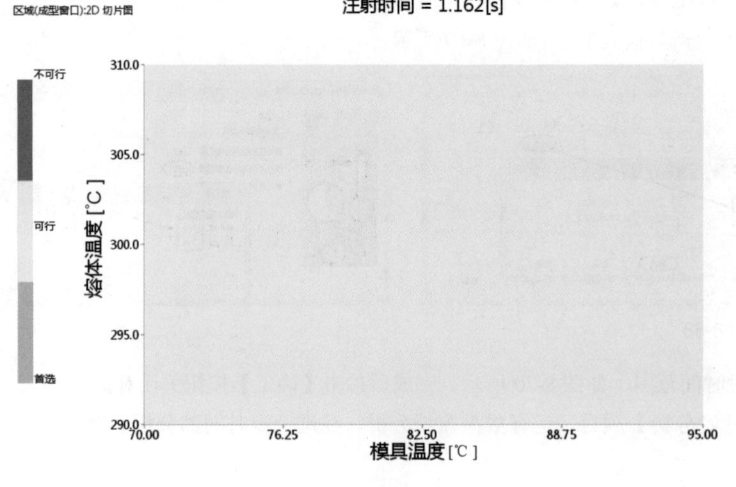

图 8-73

12 勾选【最大压力降（成型窗口）：XY 图】选项查看云图，如图 8-74 所示。此云图显示了最大注射压力从 33.30MPa 开始，下降到充填结束。

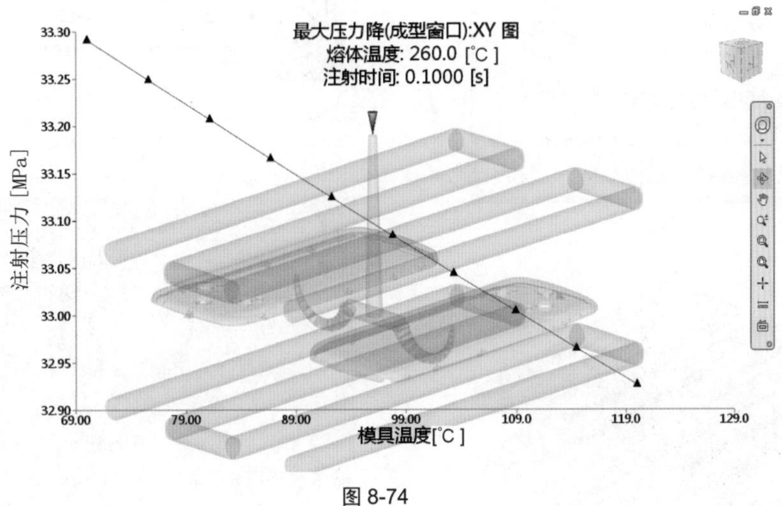

图 8-74

13 勾选【最长冷却时间（成型窗口）：XY 图】选项，显示最长冷却时间图，如图 8-75 所示。在模具温度为 115℃时，冷却时间最长。

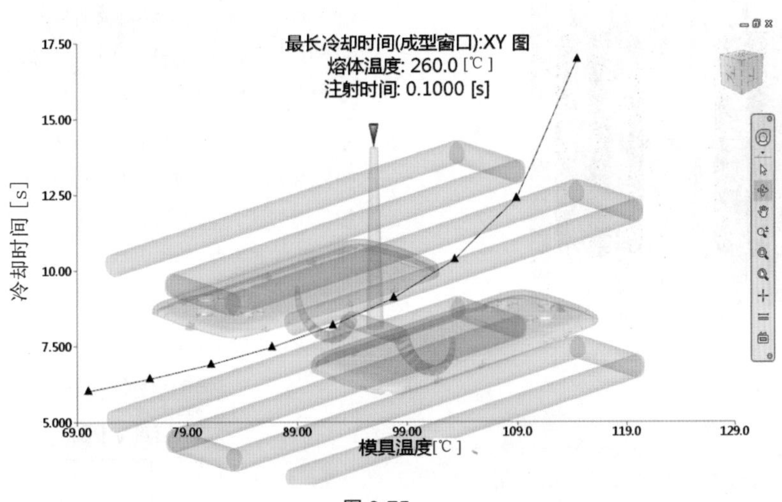

图 8-75

8.4.2　二次“冷却 + 填充 + 保压 + 翘曲”分析

1. 改善冷却回路

01 在工程视窗中复制【手机壳 _study（初步分析）】方案，然后将新方案重命名为“手机壳 _study（优化分析）”。双击复制的新方案进入到方案任务中。

02 在方案任务窗格中双击【冷却回路】任务，重新打开【冷却回路向导 - 布置 - 第 1 页】对话框。在第 1 页中更改水管直径和水管与零件间的距离的值，如图 8-76 所示。

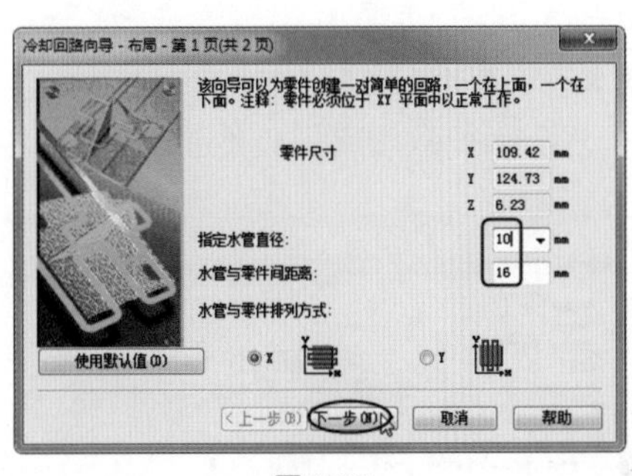

图 8-76

03 单击【下一步】按钮进入第 2 页，然后设置新参数如图 8-77 所示。最后单击【完成】按钮退出冷却回路设置向导。重新创建的冷却回路如图 8-78 所示。

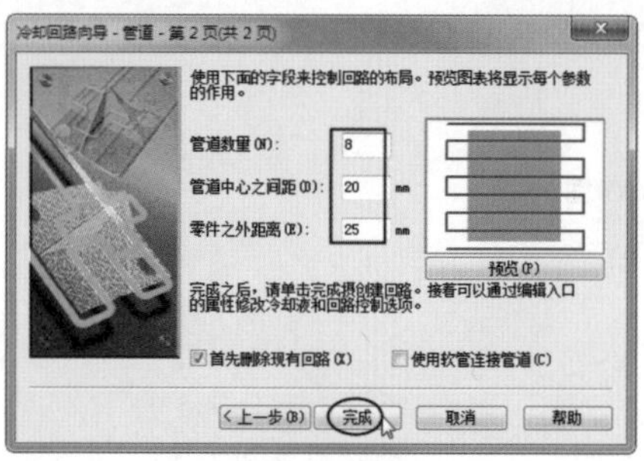

图 8-77

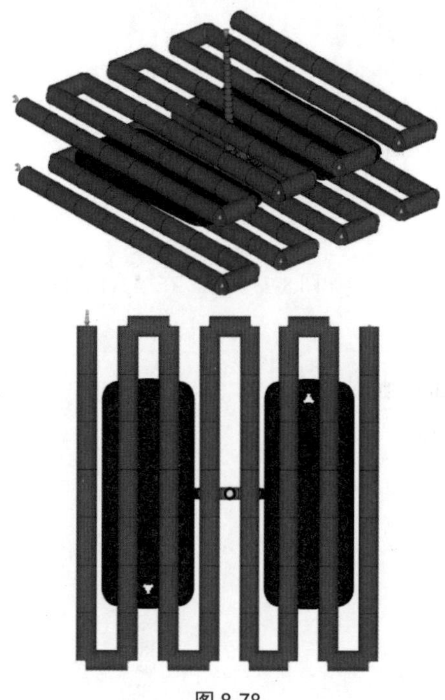

图 8-78

2．重设置注射工艺参数

设置工艺参数时根据前面的成型窗口分析中所获取的推荐值来设置。其他一些工艺参数可以参照表 6-4 中的 PC 材料对应值。

01 在方案任务窗格中双击【工艺设置】方案任务，重新打开工艺设置向导对话框。设置第 1 页的工艺参数，如图 8-79 所示。

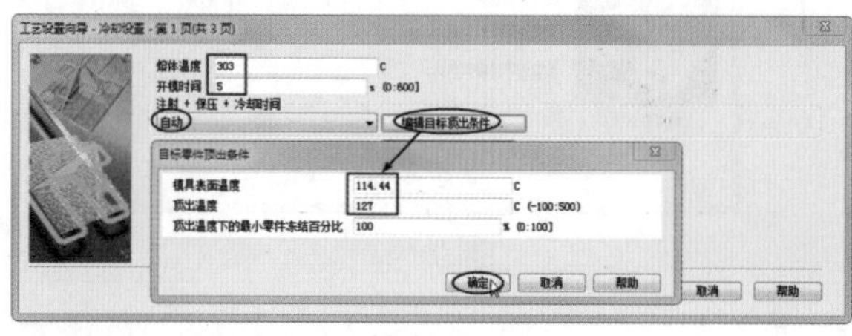

图 8-79

02 单击【确定】按钮，然后设置第 2 页，如图 8-80 所示。

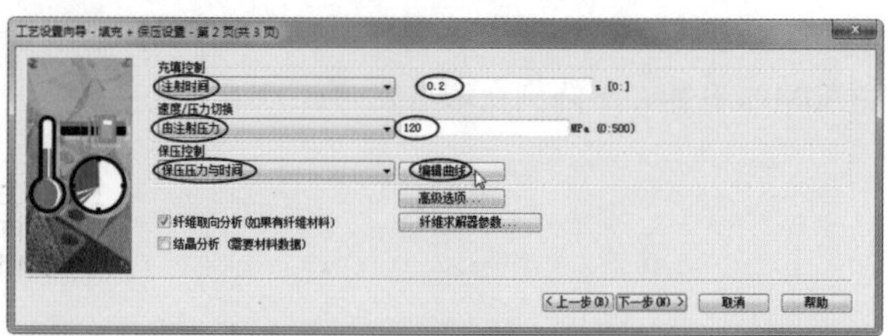

图 8-80

技术要点：

【速度 / 压力切换】改为【由注射压力】控制。下面介绍注塑压力与塑件的关系。塑件的形状、精度、所用原料的不同，其选用的注射压力也不同，其大致分类如下。

（1）注射压力为 70MPa，可用于加工流动性好的塑料，且塑件形状简单，壁厚较大。

（2）注射压力为 70 ～ 100MPa，可用于加工黏度较低的塑料，且形状和精度要求一般的塑件。

（3）注射压力为 100 ～ 140MPa，用于加工中高黏度的塑料，且塑件的形状、精度要求一般。

（4）注射压力为 140 ～ 180MPa，用于加工较高黏度的塑料，且塑件壁薄流程长、精度要求高。

（5）注射压力>180MPa，可用于高黏度塑料，塑件为形状独特、精度要求高的精密制品。

03 在第 2 页中单击【编辑曲线】按钮，绘制保压曲线，如图 8-81 所示。通过初步分析得知，制件充填末端的体积收缩较大，首先需要延长恒定保压压力的作业时间。其次，为了增加制件中间区域的体积收缩，使整个产品的体积收缩尽量均匀，就必须加快中间区域在凝固时的压力衰减速度，使中间区域与充填末端保持一致的体积收缩。

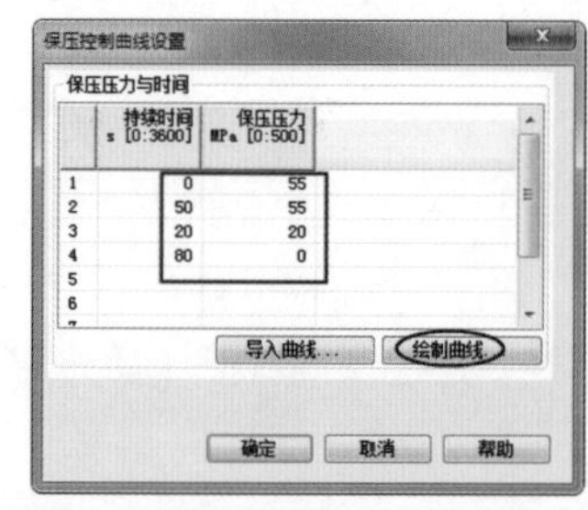

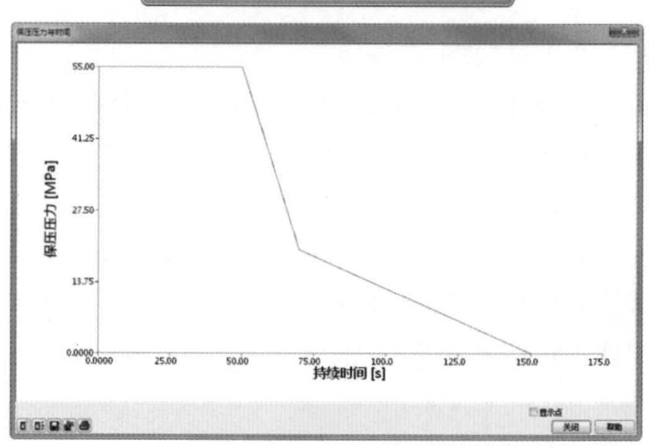

图 8-81

技术要点：

在注塑过程将近结束时，螺杆停止旋转，只是向前推进，此时注塑进入保压阶段。保压过程中注塑机的喷嘴不断向型腔补料，以填充由于制件收缩而空出的容积。如果型腔充满后不进行保压，制件大约会收缩 25% 左右，特别是筋处由于收缩过大而形成收缩痕迹。保压压力一般为充填最大压力的 65% 左右，当然要根据实际情况来确定。

一般来说，最优保压曲线是先恒压后线性递减保压曲线，如图 8-82 所示。恒压段压力越大越好，但保压初始压力取值有最大值限制。

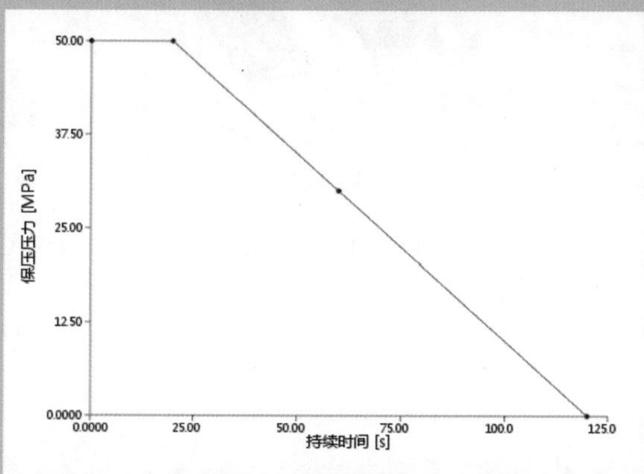

图 8-82

在具体操作中，如果由于注塑机控制不能很好地实现保压压力线性递减，或者制品壁厚变化较大时，考虑采用阶梯降压保压曲线，即在先恒压后线性递减保压曲线的基础上对线性递减段进行分段拟合，涉及的问题有保压阶数和各阶保压压力和保压时间的设定。保压阶数一般是越多越好，但是控制太复杂不经济。各阶保压压力和保压时间的设定目前是根据阶数将保压曲线衰减段进行均分，各阶保压时间相等，各阶时间中点与衰减段的交点即为各阶保压压力，如图 8-83 所示。重点是保压阶数的确定，然后考虑各阶保压时间相等是否是最优，由保压时间相等推出的保压压力是否最优。

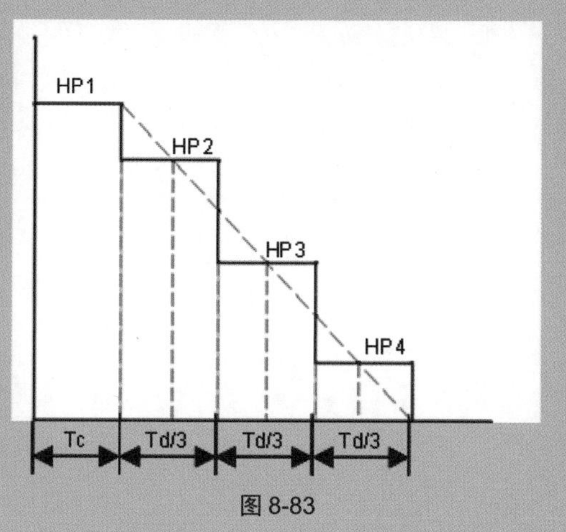

图 8-83

04 单击【确定】按钮进入到第 3 页，保留默认选项设置，单击【完成】按钮完成工艺设置。

05 最后单击【分析】按钮执行优化分析。

3．优化分析的结果解析

这里仅将前面的初步分析后产生的制件缺陷与本次的优化分析后的结果做对比，其他分析结果暂不介绍。

（1）流动——充填时间。

如图 8-84 所示，优化后的充填时间为 0.2201s，跟预设的 2s 相差不大。

图 8-84

（2）流动——流动前沿温度。

如图 8-85 所示，产品区域波前温度已经趋于平衡，温差在 0.15℃，控制得非常良好，解决了迟滞问题。

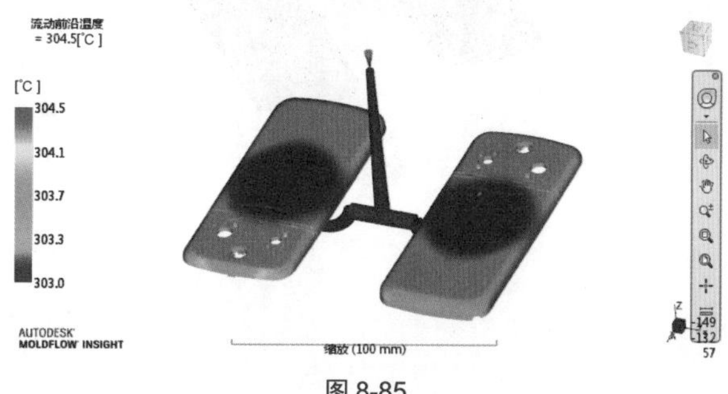

图 8-85

（3）流动——体积收缩率。

优化分析后的体积收缩率云图如图 8-86 所示。虽然体积收缩曾经达到最高的 10.31%，但随着保压阶段的控制，体积收缩率又控制在了 0.0762% ～ 5.923%，仅比本 PC 材料的标准多 1.1102%。且制件中绝对多数为浅蓝色和深蓝色，只有局部区域（充填末端区域）收缩较大。如图 8-87 所示为分析日志中制件在保压阶段的结果摘要，很明显地看出整个制件在保压阶段的体积收缩率的变化。要想彻底解决体积收缩不均的问题，还要继续优化保压控制曲线，此外还要重新指定不同厂家的 PC 材料。

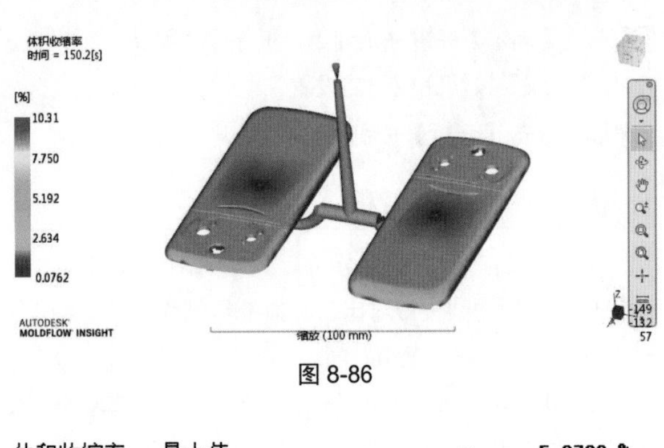

图 8-86

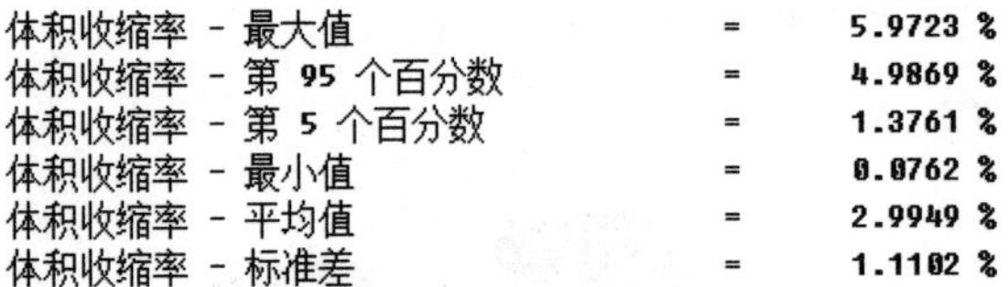

体积收缩率 - 最大值	=	5.9723 %
体积收缩率 - 第 95 个百分数	=	4.9869 %
体积收缩率 - 第 5 个百分数	=	1.3761 %
体积收缩率 - 最小值	=	0.0762 %
体积收缩率 - 平均值	=	2.9949 %
体积收缩率 - 标准差	=	1.1102 %

图 8-87　分析日志

（4）流动——缩痕估算。

从如图 8-88 所示的缩痕估算图可以看出，相比初步分析，缩痕已经减少，得到较好的改善。

图 8-88

（5）翘曲——变形，所有效应：变形。

如图 8-89 所示为翘曲的总变形量 0.3334mm。可以看出，比初步分析时的 0.4566mm 要降低不少，说明优化分析效果还是很明显的。当然，只要还存在体积收缩不均的情况，翘曲是避免不了的。但优化后的总翘曲量小于规定的 0.4mm，基本达到设计要求。

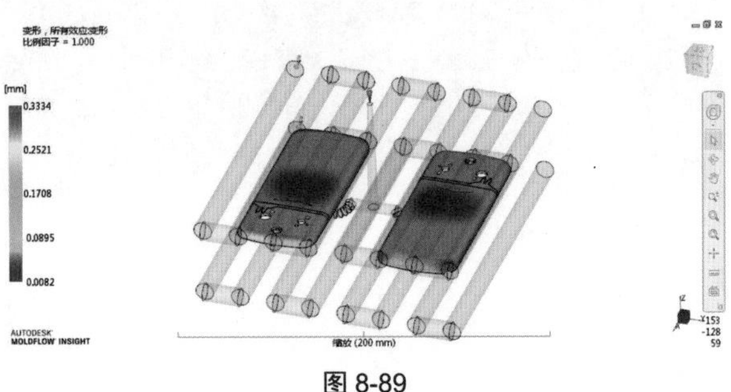

图 8-89

至此，完成了本案例手机后壳的模流分析。若需进一步优化分析，请读者自行练习完成。

本章主要介绍利用 Moldflow 的热塑性注塑成型分析模块对针式打印机外壳进行模流分析。希望通过 FEM 冷却分析方式解决格栅产品的熔接痕与翘曲变形问题，优化模具设计。

项目分解	知识点 01：分析项目介绍
	知识点 02：分析前的准备
	知识点 03：初步分析
	知识点 04：优化分析

第 9 章

冷却控制模流分析案例

9.1 分析项目介绍

分析项目：针式打印机外壳。

产品 3D 模型图，如图 9-1 所示。

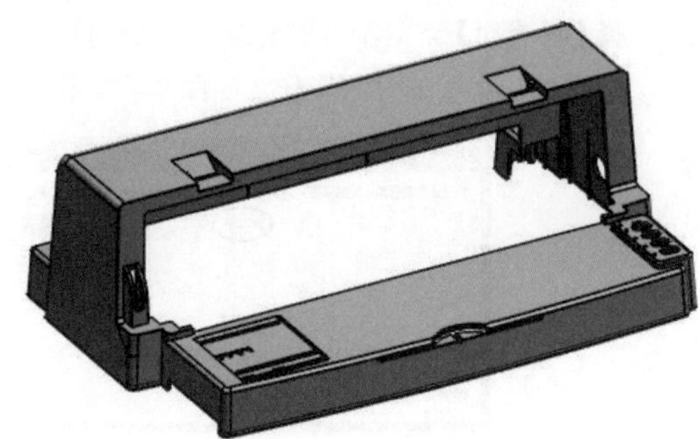

图 9-1

规格：最大外形尺寸 548mm×335mm×167 mm（长 × 宽 × 高）。

壁厚：均匀厚度 3mm。

设计要求：

（1）材料：ABS。

（2）缩水率：1.005。

（3）外观要求：无熔接线、气穴、溢料飞边与翘曲等缺陷，重点关注熔接线和翘曲问题。

（4）模具布局：一模一腔。

9.2 分析前的准备

在模具设计中，针式打印机外壳的进胶位置以及排气系统、冷却系统设计尤其关键，是决定模具成败的重要因素，只有在前期运用模流分析确定好进胶位置，才能确保结合线的产生区域在可接受范围之内，足够的排气才能确保排气正常，这对结合线融合效果非常有好处，提高了产品结合线处的融合强度，有效的冷却系统可以大大降低产品的翘曲变形。

9.2.1 分析的前期准备

由于针式打印机外壳属于大件产品，在 Moldflow 中分析消耗时间比较长，产品模型须经过 CADdoctor 进行模型检测并修复，否则将会造成 Moldflow 分析困难。本案例中已经对打印机外壳模型进行了简化与修复。过程请参考前面章节中的操作反复。

Moldflow 分析的前期准备工作主要有：

（1）新建工程并导入分析模型；

（2）网格创建与修复。

1．新建工程并导入分析模型

01 启动 Moldflow 2018，然后单击【新建工程】按钮，弹出【创建新工程】对话框。输入工程名称及保存路径后，单击【确定】按钮完成工程的创建，如图 9-2 所示。

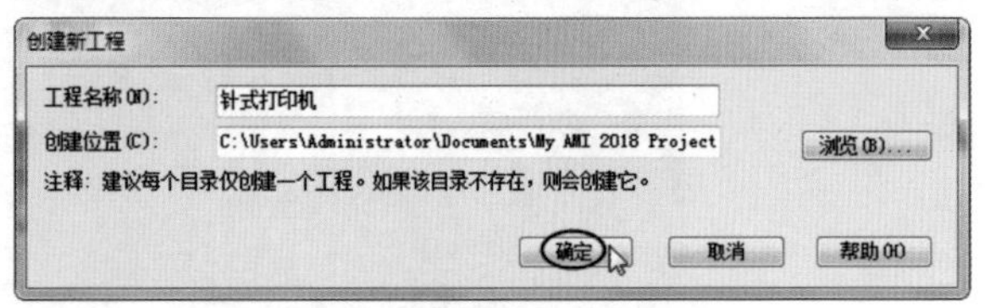

图 9-2

02 在【主页】选项卡中单击【导入】按钮，弹出【导入】对话框。在本案例模型保存的路径文件夹中打开“针式打印机 .udm”，如图 9-3 所示。

图 9-3

03 随后弹出要求选择网格类型的【导入】对话框，选择【双层面】类型作为本案例分析的网格，再单击【确定】按钮完成模型的导入操作，如图 9-4 所示。

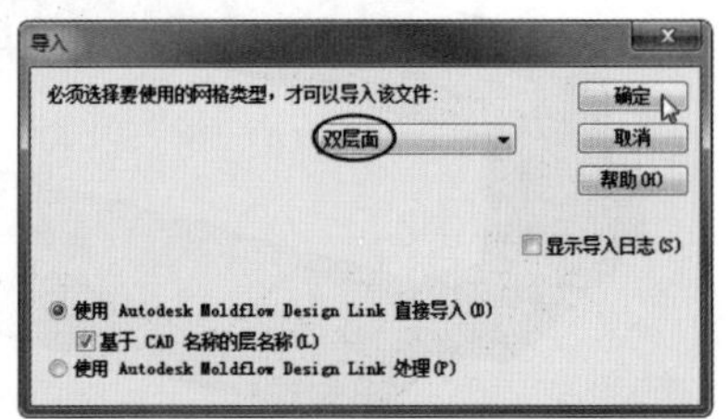

图 9-4

04 导入的打印机外壳分析模型如图 9-5 所示。

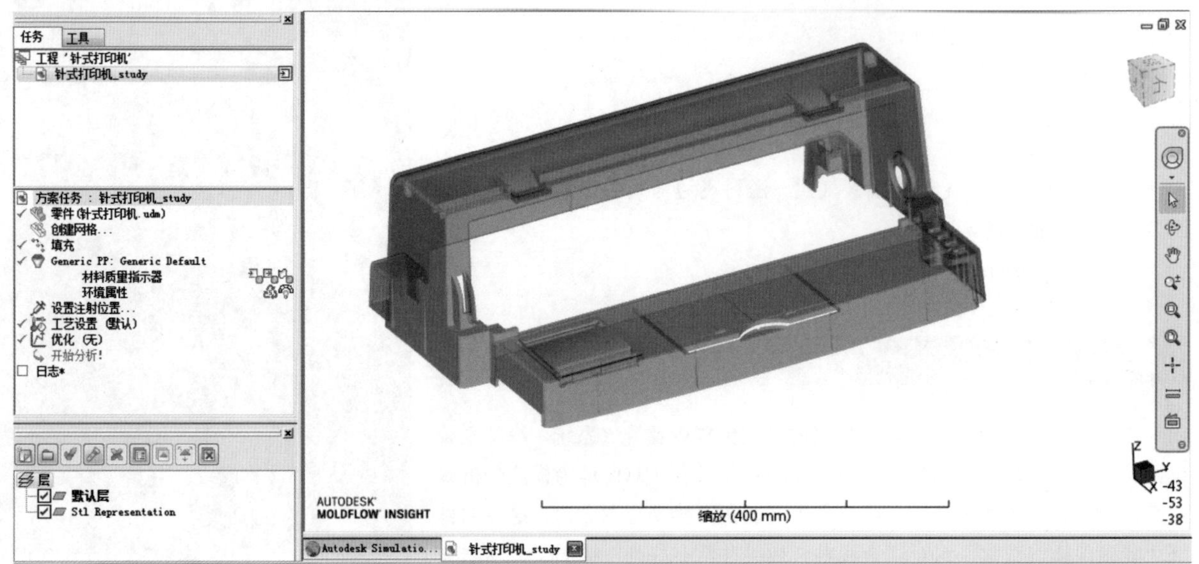

图 9-5

2．网格创建与修复

01 在【网格】选项卡的【网格】面板中单击【生成网格】按钮，工程视窗的【工具】选项卡中显示【生成网格】选项板。

02 设置【全局边长】的值为 2，然后单击【立即划分网格】按钮，程序自动划分网格，结果如图 9-6 所示。

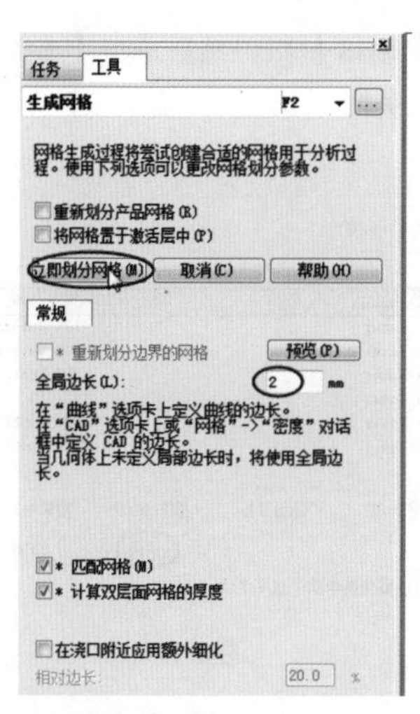

图 9-6

03 在【网格诊断】面板中单击【网格统计】按钮，然后再单击【网格统计】选项板中的【显示】按钮，系统自动对网格进行统计。单击选项板中的按钮，弹出【网格信息】对话框，如图 9-7 所示，可见网格质量相当高。

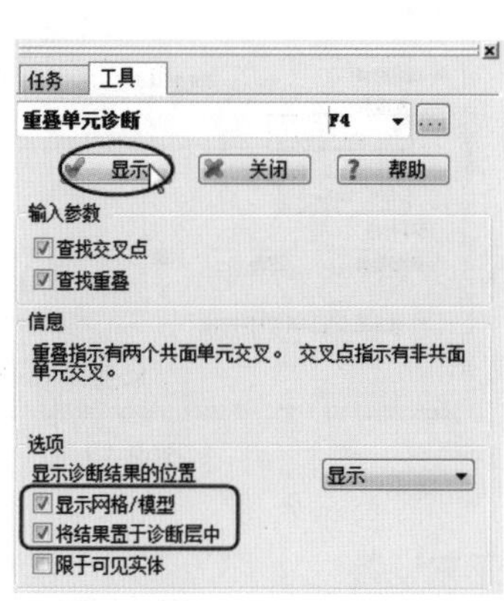

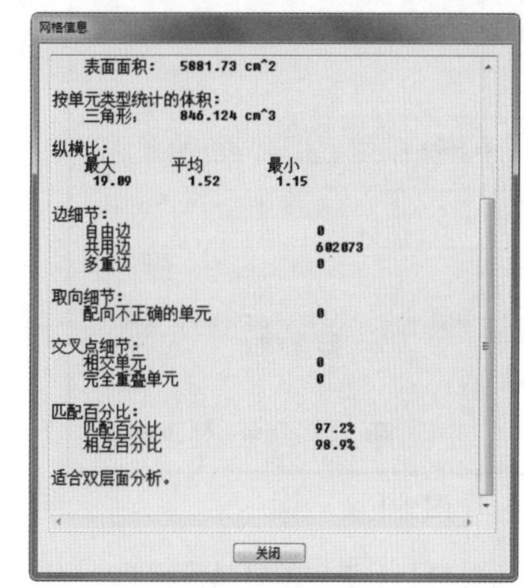

图 9-7

9.2.2　最佳浇口位置分析

1．选择分析序列

01 在【主页】选项卡的【成型工艺设置】面板中首先选择【热塑性注塑成型】分析类型，然后单击【分析序列】按钮，弹出【选择分析序列】对话框。

02 选择【浇口位置】选项，再单击【确定】按钮完成分析序列的选择，如图 9-8 所示。

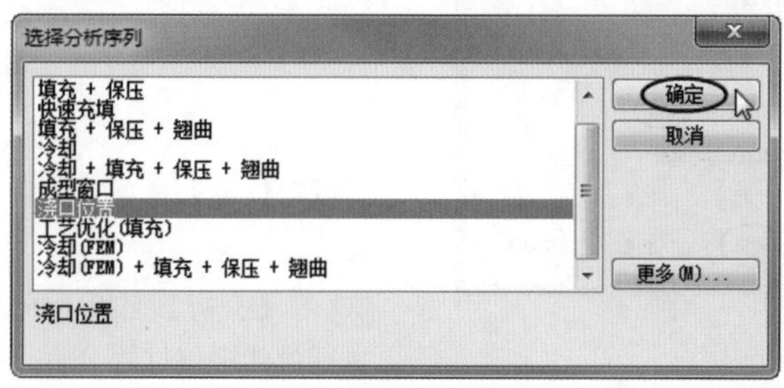

图 9-8

2. 选择材料

01 在【成型工艺设置】面板中单击【选择材料】按钮，或者在任务视窗中执行右键菜单【选择材料】命令，弹出【选择材料】对话框，如图 9-9 所示。

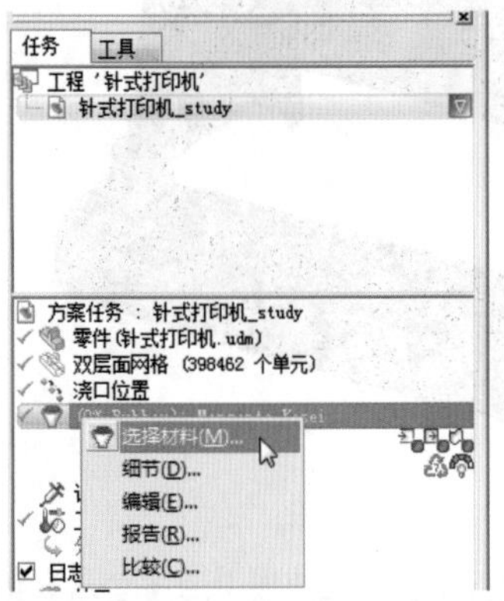

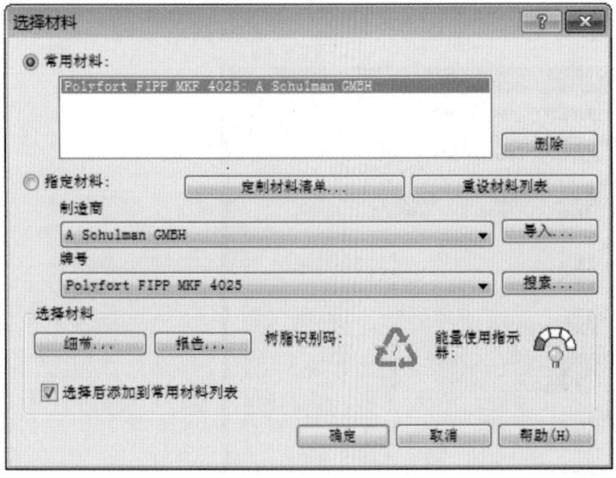

图 9-9

02 对话框中的【常用材料】列表中的材料简称 PP，为系统默认设置的材料。而打印机外壳的材料为 ABS，因此需要重新指定材料。单击【指定材料】单选按钮，然后再单击【搜索】按钮，弹出【搜索条件】对话框。

03 在【搜索条件】对话框的【搜索字段】列表中选择【材料名称缩写】选项，然后输入子字符串“ABS”，再单击【搜索】按钮，搜索材料库中的 ABS 材料，如图 9-10 所示。

图 9-10

04 在随后弹出【选择热塑性材料】对话框按顺序排名来选择第 1 种 ABS 材料，然后单击【选择】按钮确定所需材料，如图 9-11 所示。

图 9-11

05 随后将所搜索的材料添加到【指定材料】列表中，如图 9-12 所示。最后单击【确定】按钮完成材料的选择。

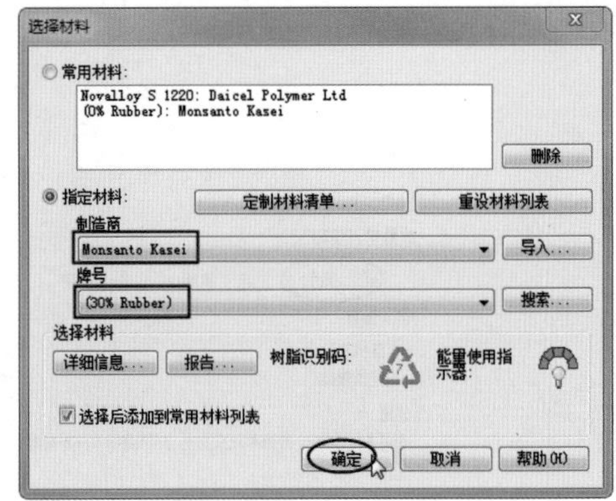

图 9-12

3. 工艺设置

01 在【主页】选项卡的【成型工艺设置】面板中单击【工艺设置】按钮，弹出【工艺设置向导 - 浇口位置设置】对话框，如图 9-13 所示。

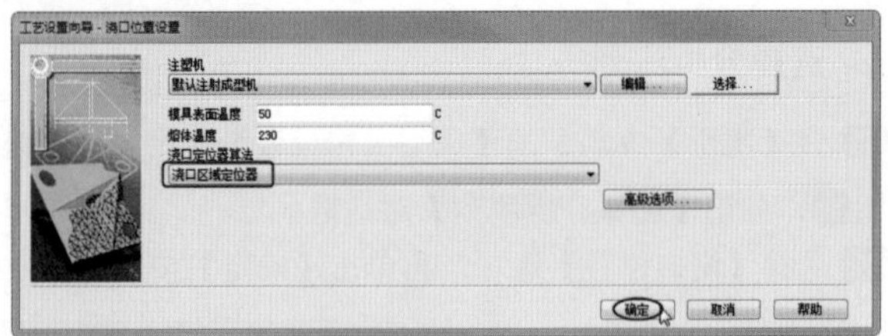

图 9-13

02 保留默认的模具表面温度和熔体温度。选择【浇口区域定位器】选项，最后单击【确定】按钮完成工艺、设置。

03 在【分析】面板中单击【开始分析】按钮，程序执行最佳浇口位置分析。经过一段时间的计算后，得出如图 9-14 所示的分析结果。

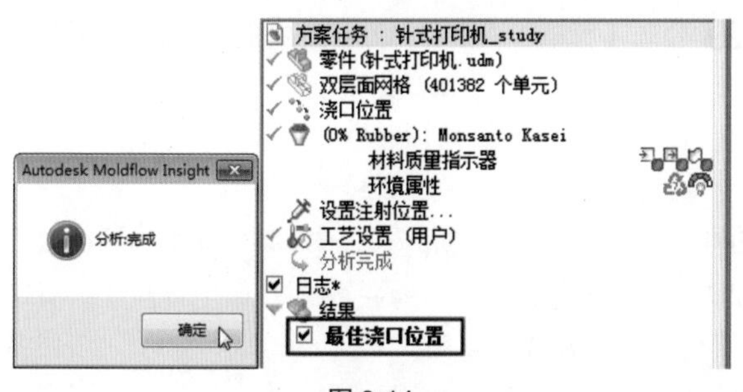

图 9-14

04 在任务视窗中勾选【最佳浇口位置】复选框，查看最佳浇口位置，如图 9-15 所示。从图中可以看出，最佳浇口位置区域比较扩散，说明了必须是多浇口才能解决完全充填问题。

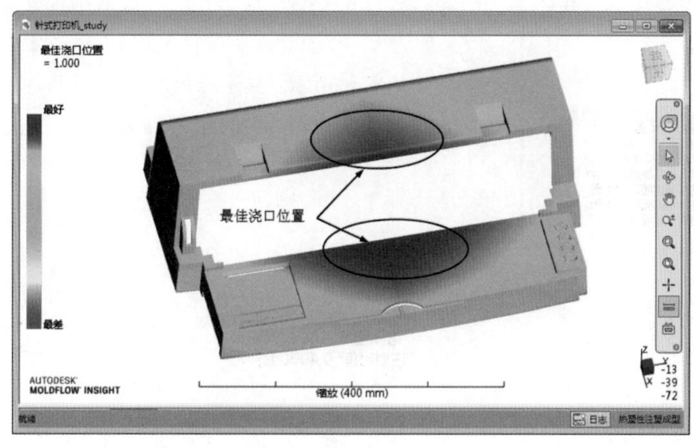

图 9-15

9.2.3　成型窗口分析

成型窗口分析的结果可以帮助模流分析师得到一组合理的工艺设置参数：注射时间、模温和料温（熔融体温度），以此作为【填充＋保压】分析的前期准备工作。

1．选择分析序列

01 在工程视窗中复制【针式打印机 _study】任务方案，重命名为“针式打印机 _study（成型窗口）”，如图 9-16 所示。

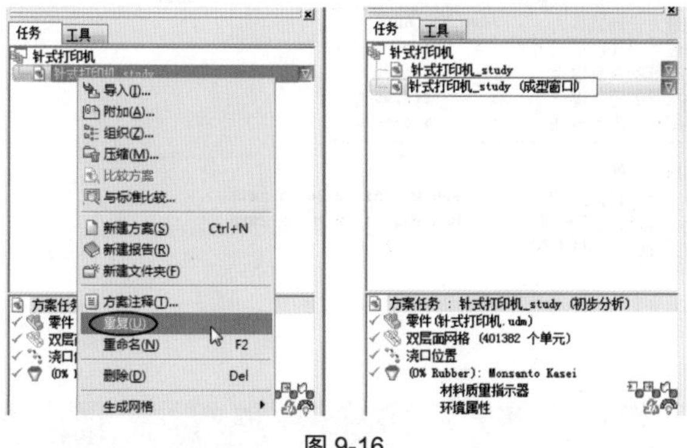

图 9-16

02 双击新方案进入该方案任务中。在【成型工艺设置】面板中单击【分析序列】按钮，弹出【选择分析序列】对话框。选择【成型窗口】分析序列后单击【确定】按钮完成分析序列的选择，如图 9-17 所示。

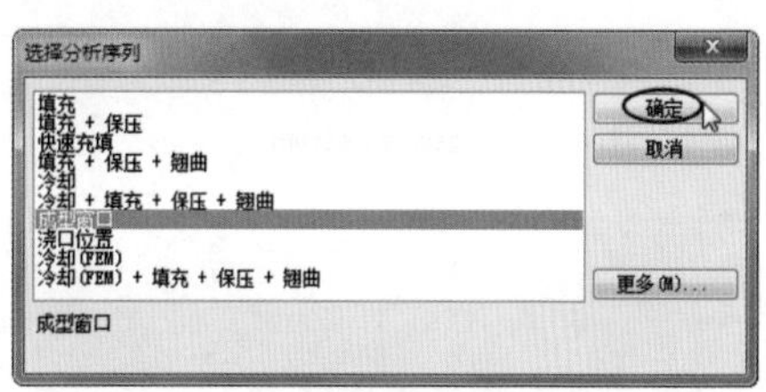

图 9-17

03 在两个最佳浇口位置区域设置两个注射锥，如图 9-18 所示。

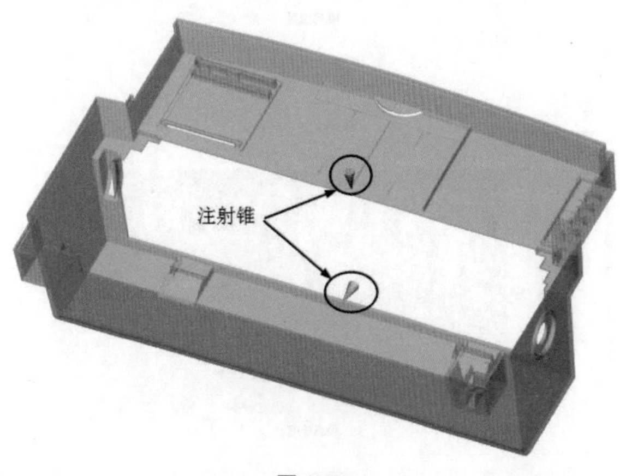

图 9-18

04 在任务视窗中双击【开始分析】项目，运行成型窗口分析。

2．成型窗口分析结果

经过一定时间的分析后得出如图 9-19 所示的成型窗口优化分析的结果。

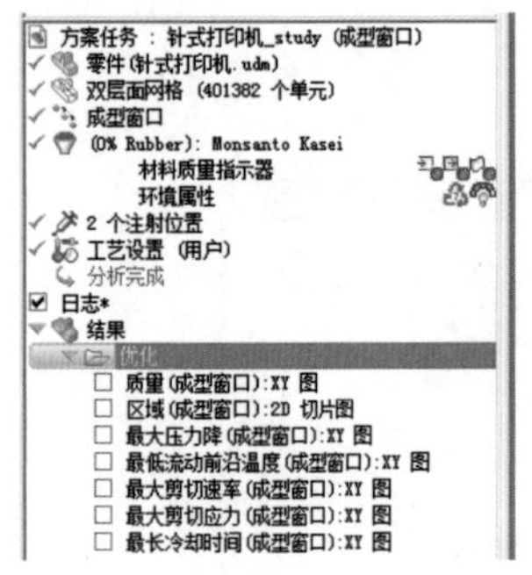

图 9-19

01 勾选【质量（成型窗口）：XY 图】选项，显示分析云图如图 9-20 所示。质量结果能够呈现出零件的总体质量如何随模具温度、熔体温度和注射时间等输入变量的变化而变化。

02 勾选【区域（成型窗口）：2D 切片图】选项，显示 2D 切片图，如图 9-21 所示。从切片图中得知，当前模型在 9s 内完成填充，当模具温度在 25 ～ 80℃、熔体温度为 200 ～ 280℃时，方案是可行的。但为了保证产品质量，应该在绿色区域中选择方案，在切片图中上下拖动光标，将绿色区域（首选方案）完全显示出来，如图 9-22 所示。显示绿色区域后，可以看到熔体温度在 280℃时，充填注射时间为 2s 左右，当然这个只是估计值。

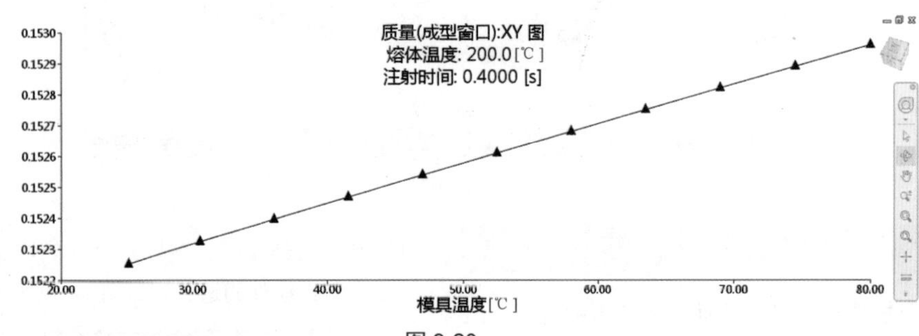

图 9-20

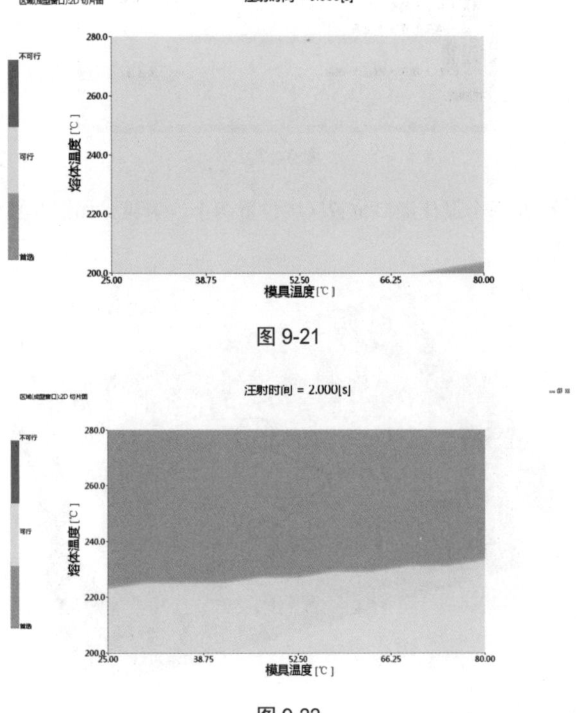

图 9-21

图 9-22

03 在分析日志中，可以看到 Moldflow 为用户提供了可靠的推荐值，如图 9-23 所示。在后续的优化分析时将采纳这些推荐值。

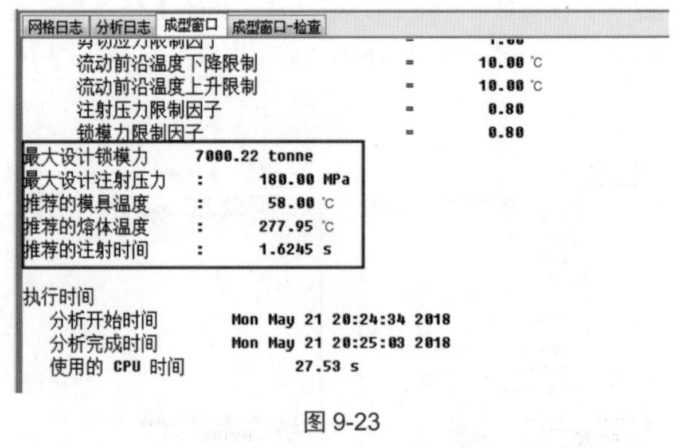
网格日志 | 分析日志 | 成型窗口 | 成型窗口-检查

剪切应力限制因子 = 1.00
流动前沿温度下降限制 = 10.00 ℃
流动前沿温度上升限制 = 10.00 ℃
注射压力限制因子 = 0.80
锁模力限制因子 = 0.80

最大设计锁模力 7000.22 tonne
最大设计注射压力 : 180.00 MPa
推荐的模具温度 : 58.00 ℃
推荐的熔体温度 : 277.95 ℃
推荐的注射时间 : 1.6245 s

执行时间
分析开始时间 Mon May 21 20:24:34 2018
分析完成时间 Mon May 21 20:25:03 2018
使用的 CPU 时间 27.53 s

图 9-23

9.3 初步分析

鉴于本案例的模型偏大，希望通过【冷却 + 填充 + 保压 + 翘曲】分析得到制件缺陷。

9.3.1 创建冷却系统

初步分析的冷却系统设计利用【冷却回路】工具自动创建。

01 在【几何】选项卡【创建】面板中单击【冷却回路】按钮 冷却回路，弹出【冷却回路向导 - 布局 - 第 1 页（共 2 页）】对话框。

02 设置第 1 页水管直径、间距及排列方式等，如图 9-24 所示。

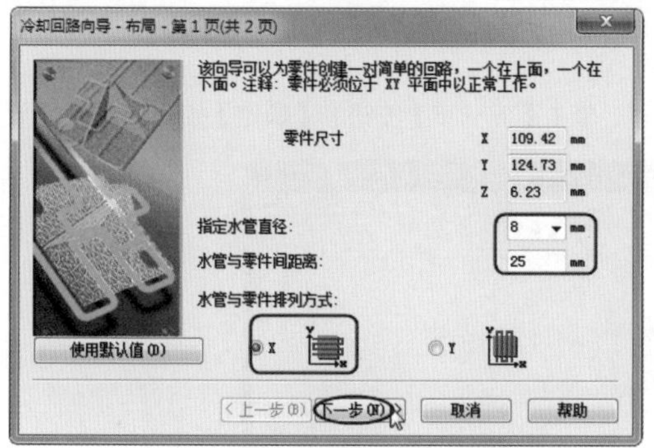

图 9-24

03 单击【下一步】按钮设置第 2 页管道参数，如图 9-25 所示。单击【完成】按钮完成冷却管道的创建，如图 9-26 所示。

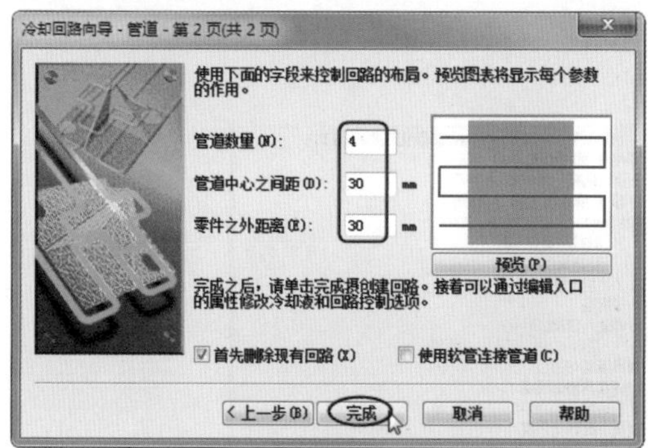

图 9-25

图 9-26

9.3.2 选择分析序列并设置工艺参数

初步的【冷却 + 保压 + 填充 + 翘曲】分析材料是继承前面的成型窗口分析结果，无须更改。

01 在工程视窗中复制【针式打印机 _study（成型窗口）】方案项目，将复制得到的方案重命名为“针式打印机 _study（初步分析）”。

02 双击新方案项目进入到该方案任务中。单击【分析序列】按钮，在弹出的【选择分析序列】对话框中选择【冷却 + 填充 + 保压 + 翘曲】序列，如图 9-27 所示。

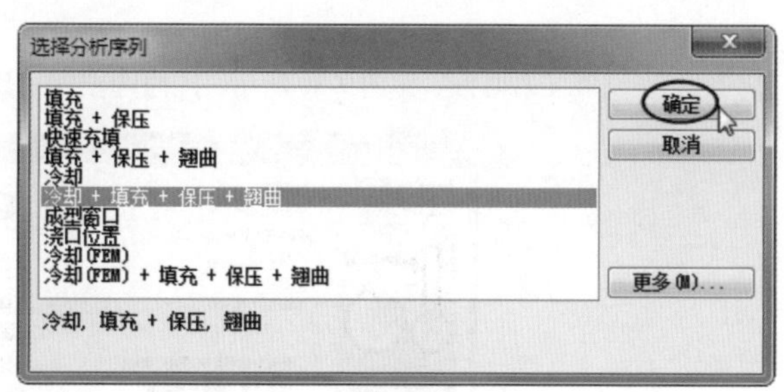

图 9-27

03 单击【优化】按钮，打开【参数化方案生成器】对话框，在【变量】标签下勾选要进行参数化方案比较的选项，其中，【熔体温度】设为 278，【模具表面温度】为 58，如图 9-28 所示。

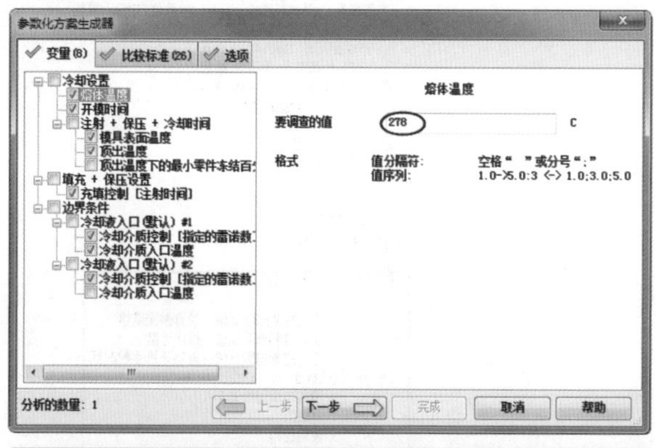

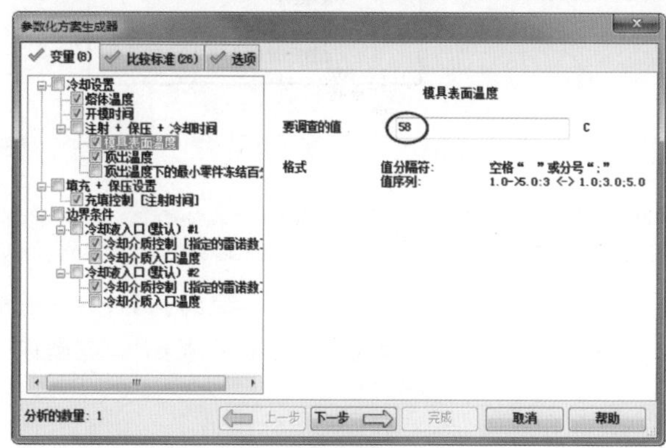

图 9-28

04 在【成型工艺设置】面板中单击【工艺设置】按钮，弹出【工艺设置向导 - 冷却设置】对话框。设置模温、熔体温度（料温）值，如图 9-29 所示，单击【确定】按钮。

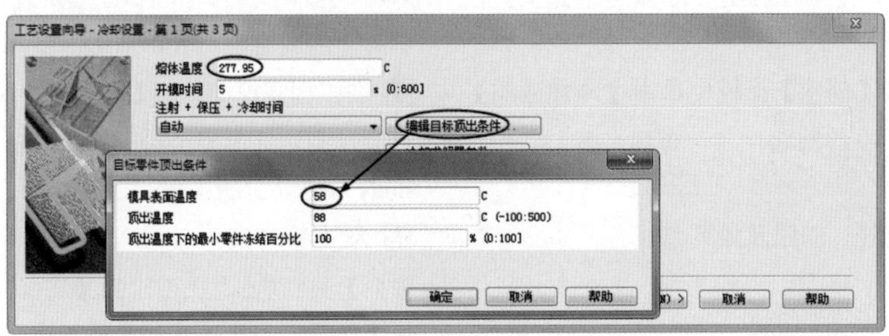

图 9-29

05 接下来设置注射时间，如图 9-30 所示。其他选项保持默认设置，单击【下一步】按钮和【确定】按钮完成工艺设置。

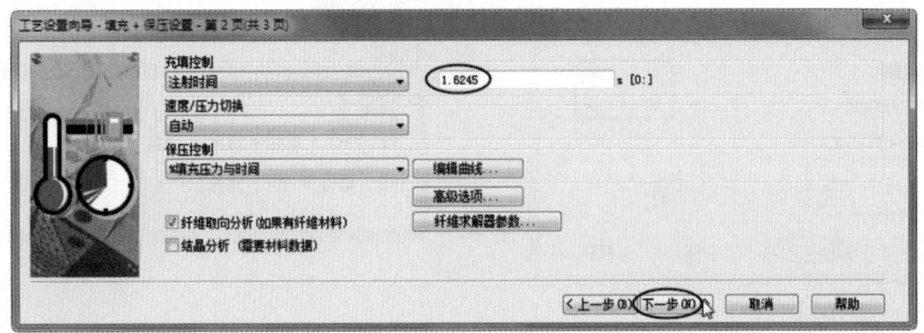

图 9-30

06 此时，方案任务视窗中增加了优化任务。在方案任务视窗中双击【开始分析】任务，系统开始运行填充分析和参数化方案优化分析，结果如图 9-31 所示。

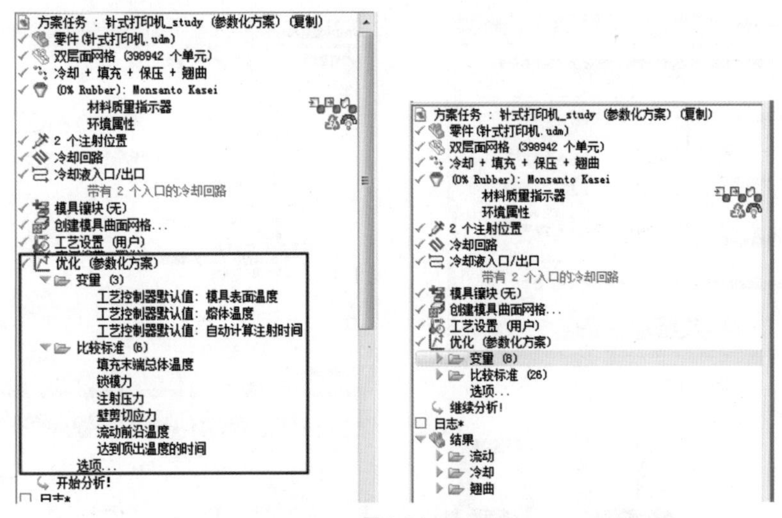

图 9-31

9.3.3 “冷却 + 填充 + 保压 + 翘曲”分析结果解读

经过较长时间的耐心等待之后，完成了【冷却 + 填充 + 保压 + 翘曲】分析。下面解读分析结果。

在方案任务窗格中可以查看分析的结果，本案例有三个结果：流动、冷却和翘曲，如图 9-32 所示。

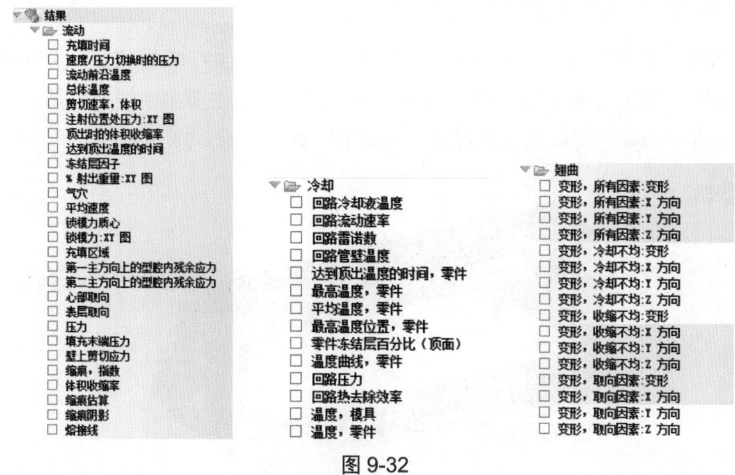

图 9-32

1. 流动分析

下面列出一些重要的流道分析结果。

（1）充填时间。

如图 9-33 所示，按成型窗口分析结果的注射时间设置，得到实际的充填时间为 1.762s，而成型窗口分析结果的参考值是 1.6245s，超出 0.14s。从充填效果看，熔体流动性很好，基本上保证了模型两端同时完成填充。

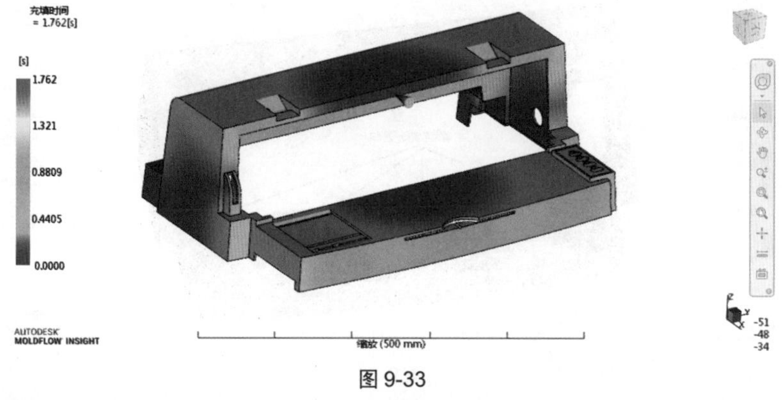

图 9-33

（2）流动前沿温度（也称“波前温度”）。

如图 9-34 所示，图中表示的是充填过程中流动波前温度的分布，产品中绝大部分区域波前温度是平衡的，仅仅是局部区域出现较大温差。一般来说，流动性好的制件波前温度差应该在 2 ～ 5℃较为合理。本制件大概有 16℃的温差，此区域极可能产生充填迟滞及缩痕。

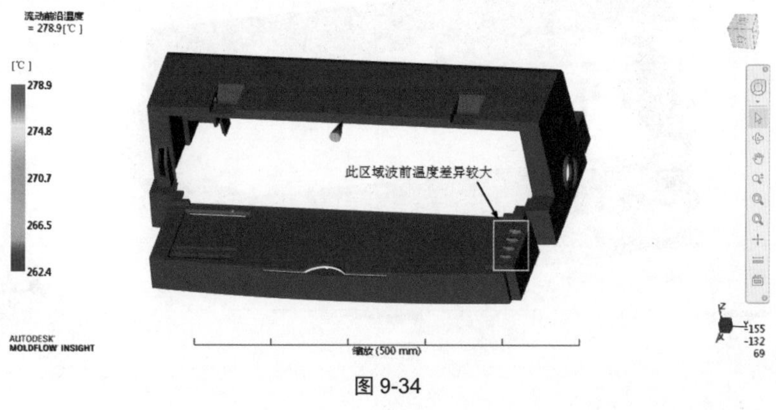

图 9-34

（3）体积收缩率。

从体积收缩率结果来看，体积收缩率最高达到了 12.19%，最低为 0.0974%，绝大部分区域的体积收缩率在厂家提供的产品收缩率值范围内，仅有小部分区域体积收缩不均，此区域（主要集中在加强筋、凸台及模型底边等不明显区域）易产生缩痕、翘曲等缺陷。可以通过设置保压曲线来控制，如图 9-35 所示。

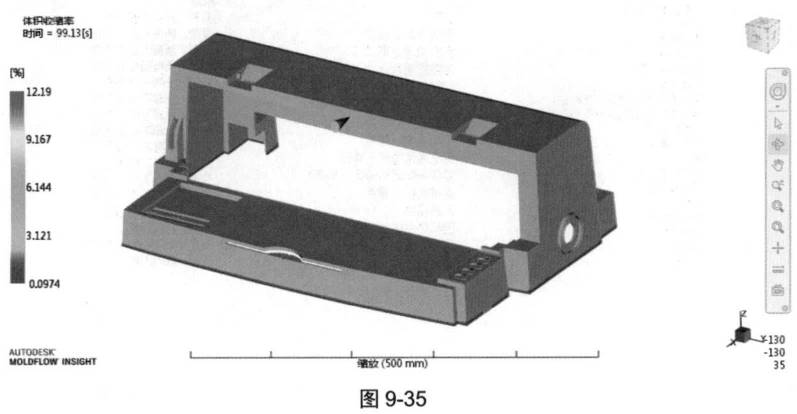

图 9-35

（4）缩痕估算。

从前面几个分析结果中得知，本案例制件会产生缩痕缺陷，下面利用【缩痕估算】分析结果，查看缩痕的具体位置，分析这些缩痕对产品的外观质量及结构强度是否产生较大影响。如图 9-36 所示为本案例制件的缩痕估算分析结果图。

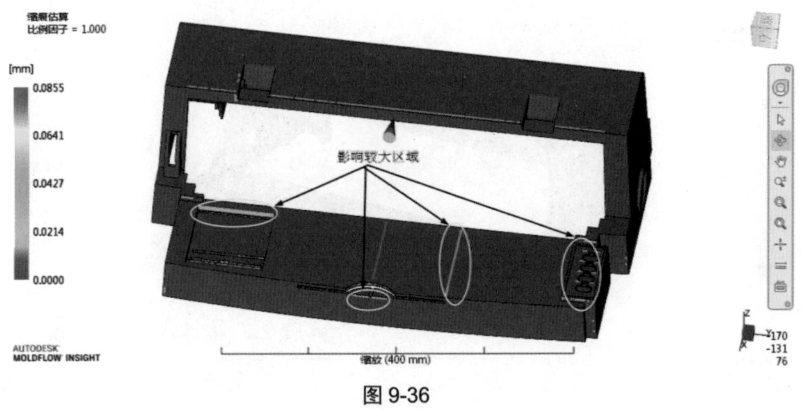

图 9-36

（5）气穴（气泡）。

本案例制件的气穴效果图如图 9-37 所示，总的来看，气穴分别产生在制件边角、料流前峰等局部区域，这些位置通常会设计顶杆及排气槽等机构，解决困气问题。

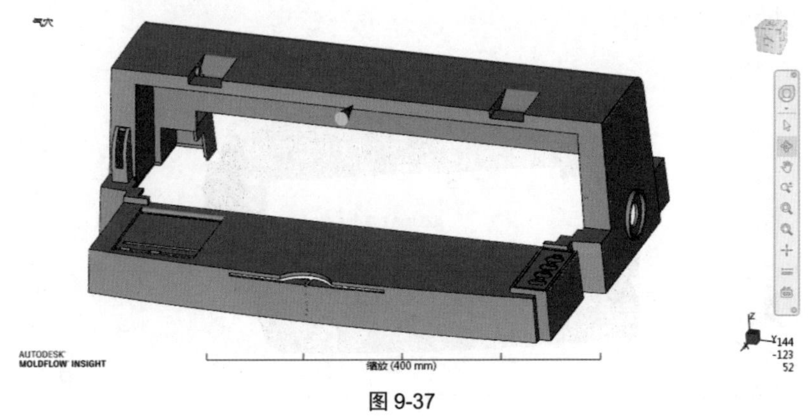

图 9-37

（6）熔接线。

从如图 9-38 所示的熔接线分布图可以看出，熔接线主要集中在不明显的边角区域，只有前端有一条熔接线处于显眼位置，值得我们重视。只要存在多个浇口，熔接线都是会产生的，应尽量通过改善浇口位置和数量，改变熔接线的位置，使其不要在影响外观及结构强度的重要区域即可。

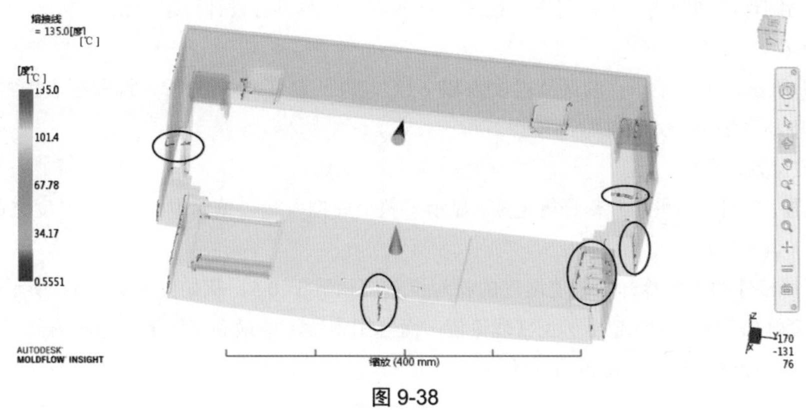

图 9-38

2．冷却分析

冷却分析结果中，以回路冷却液温度、产品最高温度、产品冷却时间三个主要方面来进行介绍。

（1）达到冷却温度的时间，零件。

如图 9-39 所示为“达到冷却温度的时间，零件”的冷却过程。这 4 个图表示的是产品的冷却凝固过程。整个制件冷却时间为 110.6s，局部区域（产生缩痕区域、最后充填区域）冷却时间消耗较长（好的产品冷却时间是均匀的），需要改善冷却系统设计。

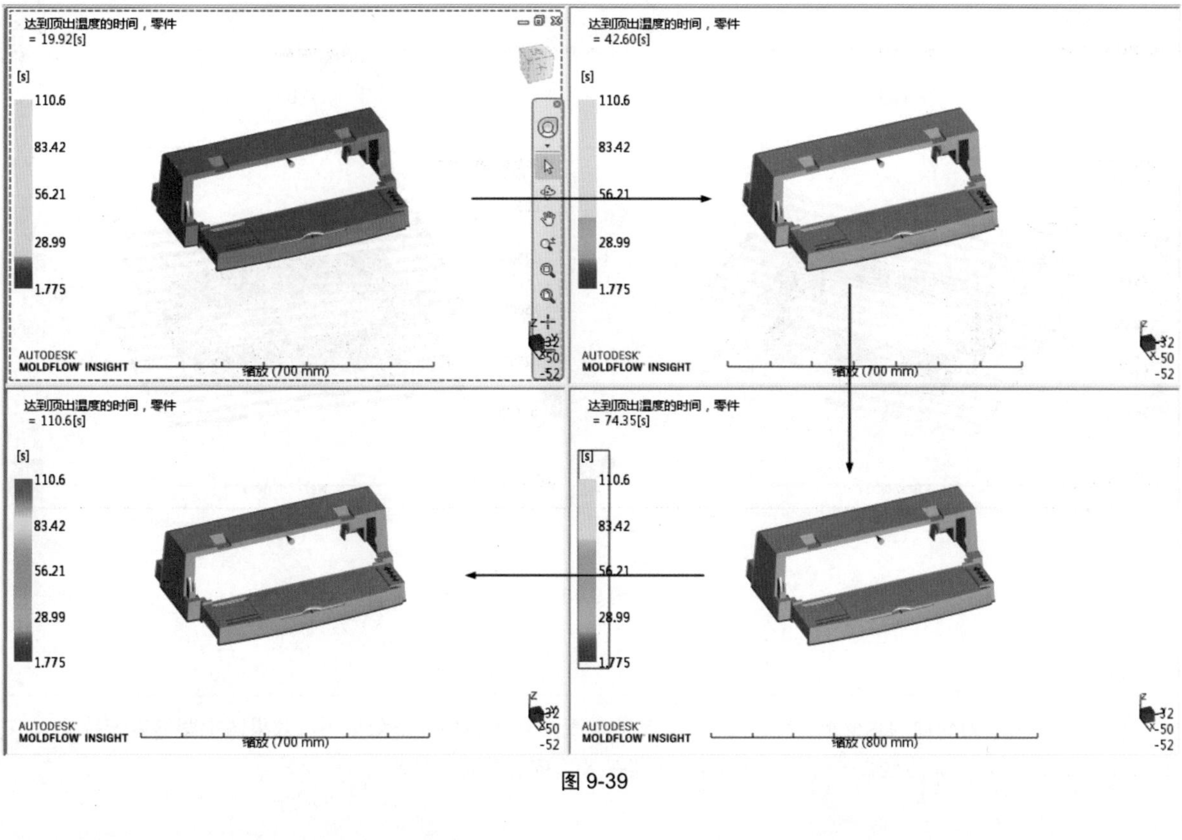

图 9-39

（2）回路冷却液温度。

如图 9-40（a）所示，冷却介质最低温度与最高温度之差约为 5.9℃，说明制件的冷却效果不理想。

（3）最高温度，零件。

如图 9-40（b）所示，制品的最高温度为 96.66℃，最低温度为 40.13℃，温差较大，冷却不均匀，易产生翘曲。这需要对冷却管道与制件间的距离，或者管道直径等进行调整，直至符合设计要求为止。

（4）温度，零件。

如图 9-40（c）所示，零件某个点的最高温度为 88.67℃，最低温度为 36.51℃，温差超出正常值（10℃）52.1℃左右，这也证明了冷却系统冷却效果非常不理想。

（5）最高温度位置，零件。

“最高温度位置，零件”结果由冷却分析生成，显示了整个周期内塑料单元中的“最高温度位置，零件”结果（相对于单元的底面侧（值 = 0.0））。

对于 100% 塑料零件的均匀冷却，峰值温度的相对位置应该等于 0.5。从如图 9-40（d）所示的效果图中得知，最高温度位置的温度峰值为 1，远远超出了正常理论值。而且图中所示的最高值区域在型芯内部和型腔测部分区域，这说明在初步分析时的冷却系统设计是极不合理的。

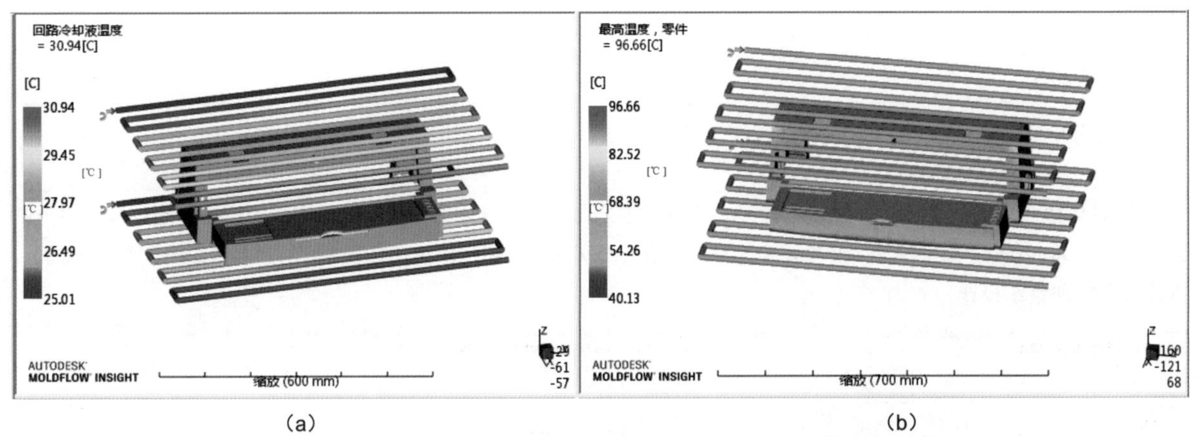

（a）　（b）

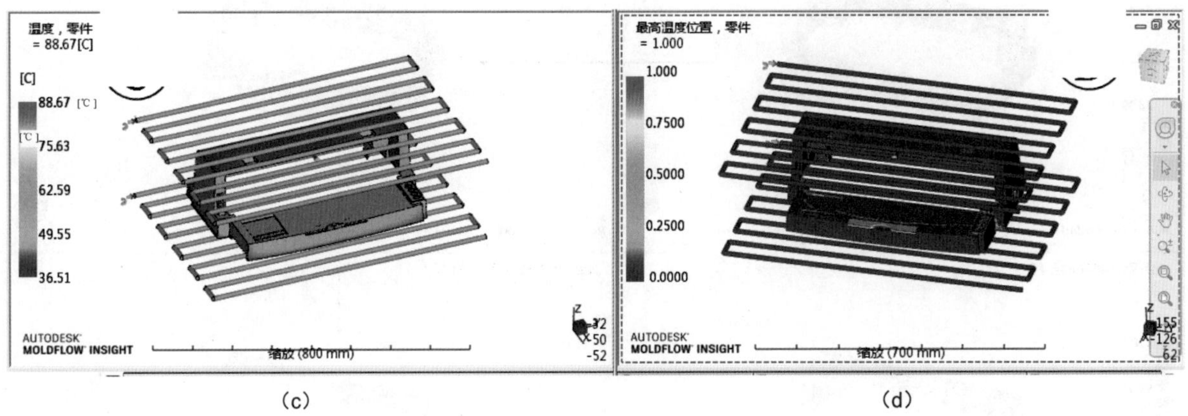

（c）　（d）

图 9-40

3．翘曲分析

如图 9-41 所示为翘曲的总变形、X 方向变形、Y 方向变形和 Z 方向变形效果图。效果图中变形量统统放大 10 倍显示。总的来说，产品的翘曲在三个方向都有，尤其在 X 方向上的翘曲量最大。

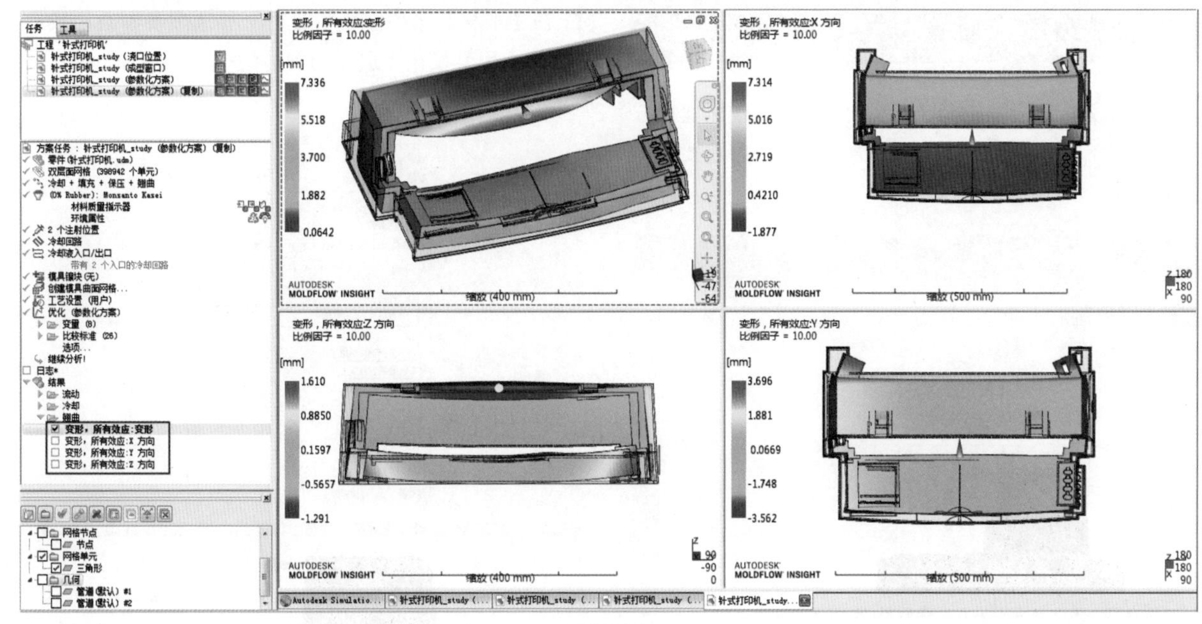

图 9-41

技术要点：

要想将翘曲变形的比例因子放大，可以在分析结果中选中某一变形，然后选择右键【属性】命令，在打开的【图形属性】对话框的【变形】选项卡中设置【比例因子】即可，如图 9-42 所示。

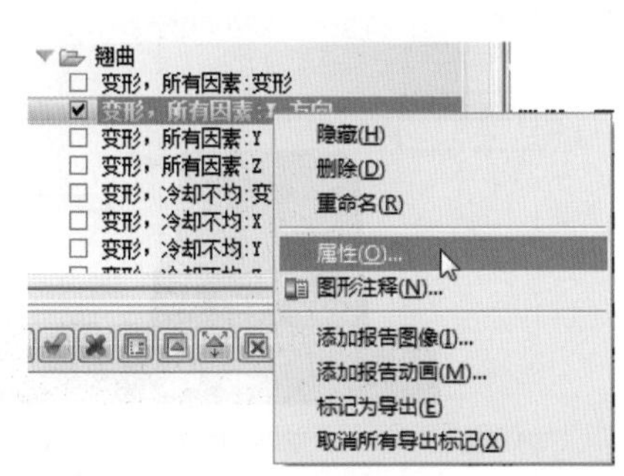

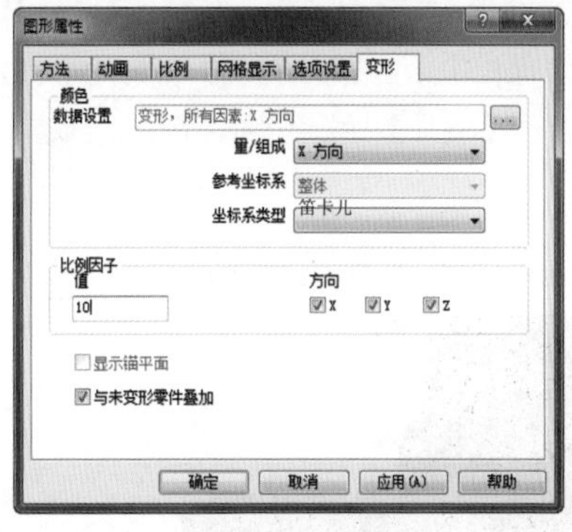

图 9-42

4．制品缺陷

从初次分析结果可以得出如下结论。

（1）冷却效果不理想，冷却时间不均匀。

（2）制件体积收缩不均，产生缩痕、气泡。

（3）浇口数量的不合理，导致制件重要区域存在熔接线。

（4）翘曲变形量较大，冷却不均及收缩不均因素为主要因素。

技术要点：

塑件产生过量收缩的原因包括射出压力太低、保压时间不足或冷却时间不足、熔融料温度太高、模具温度太高、保压压力太低。

5．解决方案

针对初步分析中提出的缺陷问题，为优化分析给出合理建议如下。

（1）改善冷却效果，即改变冷却管道管径、冷却回路与制件之间的间距。

（2）增加冷却管道。

（3）通过设置工艺参数，调整注射压力、冷却时间、保压压力等值。

（4）设定保压曲线，改善缩痕及气泡。

9.4 优化分析

优化分析建立在初步分析基础上，结合优化建议方案，改善工艺条件和浇口数量，尝试解决一些重要的制件缺陷。

9.4.1 改善冷却回路

01 在图形区右上角将视图方向切换到“下”视图方向，如图 9-43 所示。

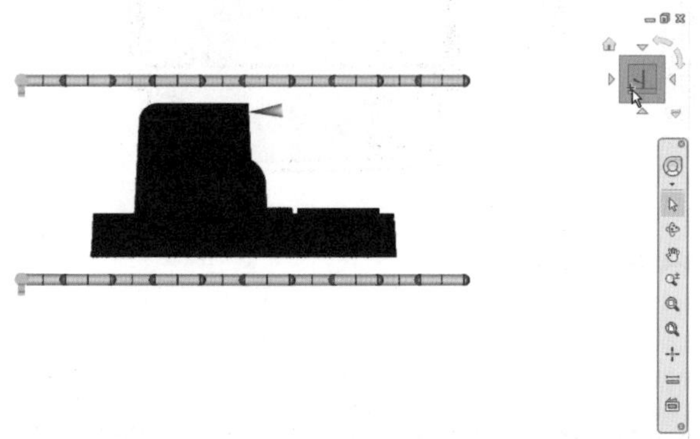

图 9-43

02 框选如图 9-44 所示的部分冷却管道。然后在【几何】选项卡【实用程序】面板中单击【移动】 |【平移】按钮，在左侧的【工具】标签下弹出【平移】选项面板。

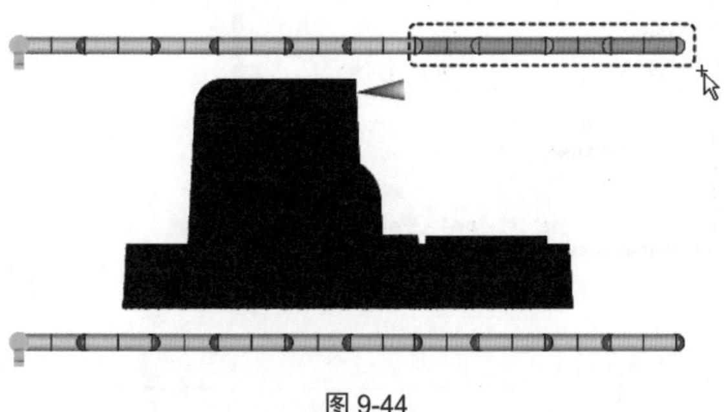

图 9-44

03 在面板中激活【矢量】文本框，在图形区中指定平移起点和终点，随后显示平移箭头，如图 9-45 所示。

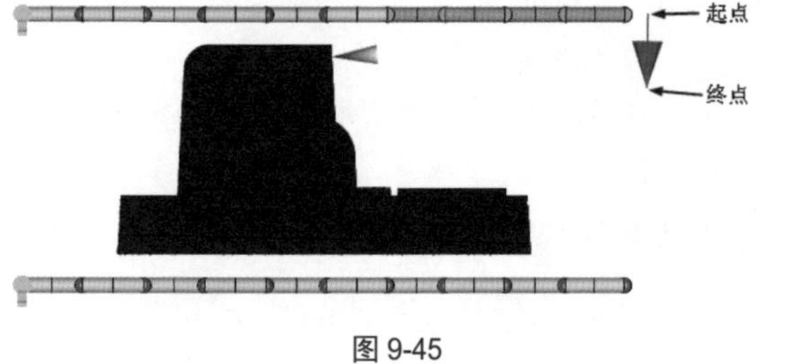

图 9-45

04 在【平移】选项面板中设置平移选项及参数，最后单击【应用】按钮完成冷却管道的平移复制，如图 9-46 所示。

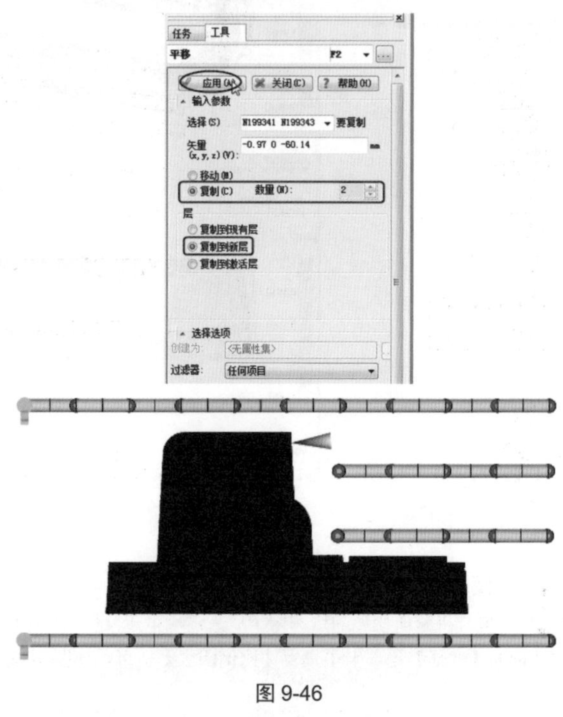

图 9-46

05 同理，在左侧也进行相同的平移复制，如图 9-47 所示。

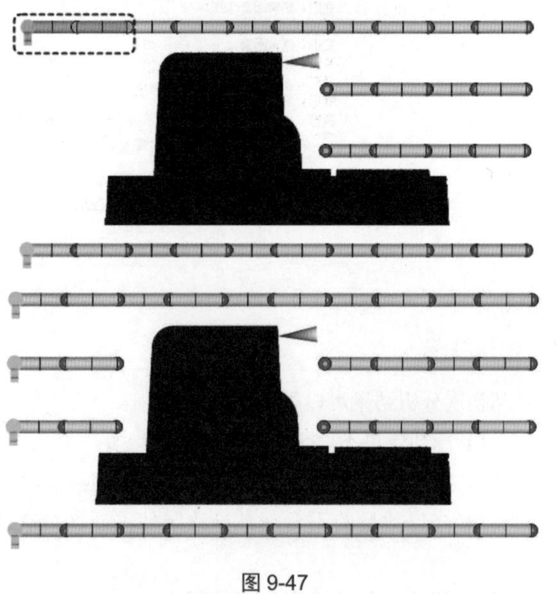

图 9-47

> **技术要点：**
> 为了保持两侧冷却管道复制后在同一水平面上，在【平移】工具选项面板中的【矢量】文本框中直接输入右侧冷却管道的矢量参数。

06 在右侧复制的两层冷却管道中，没有冷却进水口，需要设置。在【边界条件】选项卡【冷却】面板中单击【冷却液入口 / 出口】|【冷却液入口】按钮 冷却液入口，弹出【设置冷却液入口】对话框。保留对话框的默认设置，直接将冷却液入口添加到如图 9-48 所示的右侧管道上。设置完成后关闭【设置冷却液入口】对话框。

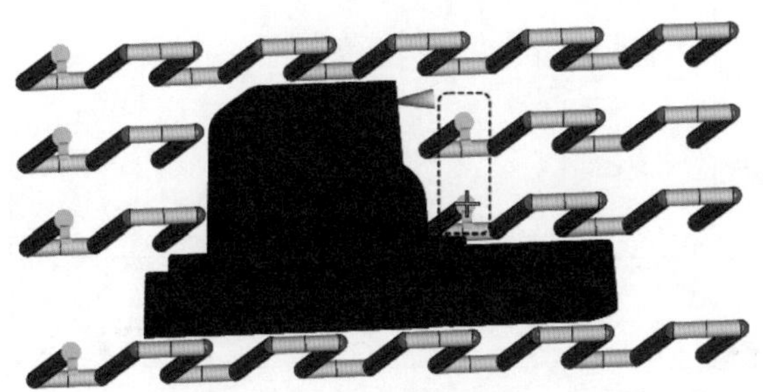

图 9-48

提示：

如果系统配置不足以运行大件产品的模流分析，或者说因配置不高而消耗太长的分析时间，那么可以简化冷却系统，改成如图 9-49 所示的冷却水路。特别值得注意的是，冷却水路一定要避开注射锥。

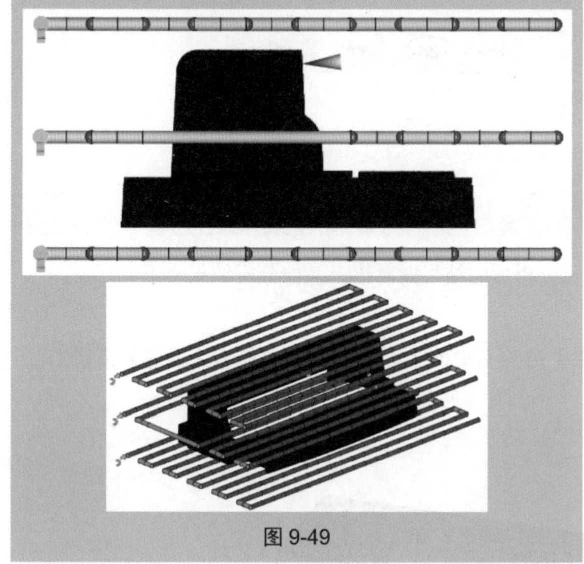

图 9-49

9.4.2　优化工艺参数

设置工艺参数时根据前面的成型窗口分析中所获取的推荐值来设置。其他一些工艺参数可以参照表 6-4 中的 PC 材料对应值。

01 在方案任务窗格中双击【工艺设置】方案任务，重新打开工艺设置向导对话框。设置第 1 页的工艺参数，如图 9-50 所示。熔体温度值采用成型窗口分析结果的推荐值，开模时间保持默认的参数值。【注射 + 保压 + 冷却时间】的值设置为【指定】，时间设定为 70s，其中，注射时间为 2s，保压时间为 40s，余下 28s 的是冷却时间。

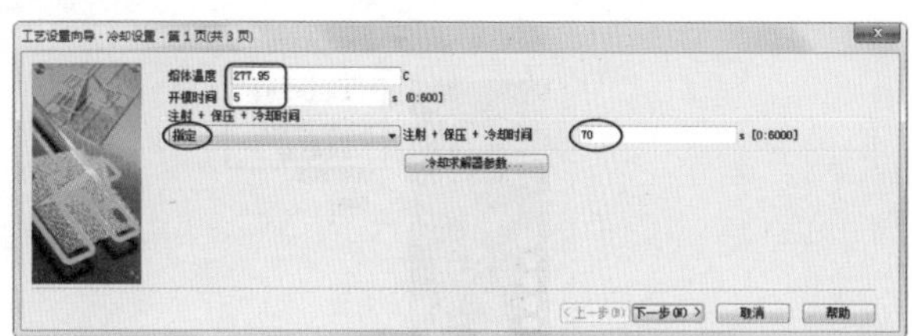

图 9-50

02 单击【下一步】按钮，然后设置第 2 页，如图 9-51 所示。充填时间在成型窗口分析中推荐的值是 1.6245s，但初步分析的结果显示由于充填时间较短，可能引起制件中的气泡产生，但表 6-4 中所提供的 ABS 材料的工艺参数参考值，充填时间为 3s。鉴于此，经综合考虑，决定在本案例中的优化分析过程中，设置充填时间在 2s 左右。【保压控制】设为【保压压力与时间】。

图 9-51

03 在第 2 页中单击【编辑曲线】按钮，绘制保压曲线，如图 9-52 所示。总的保压时间为 40s，0 ～ 3s 时的保压压力正好是从充填结束到保压阶段的压力，这段时间内还在继续充填熔融体直至完全填充满整个型腔，所以保压压力要加大。用了 1s 时间降低保压压力，进入恒定保压阶段，35s 持续的恒定保压压力可减少型腔内的气体及缩痕量。

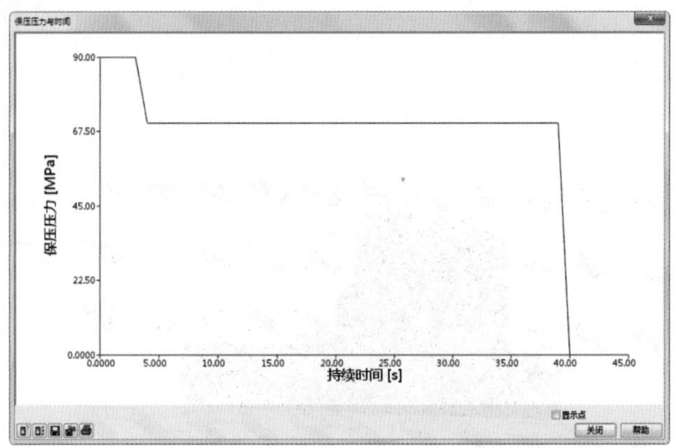

图 9-52

04 单击【下一步】按钮进入到第 3 页设置选项，如图 9-53 所示。最后单击【完成】按钮完成工艺设置。

图 9-53

05 最后单击【分析】按钮执行优化分析。

9.4.3 优化分析的结果解析

这里仅将前面的初步分析后产生的制件缺陷与本次的优化分析后的结果做对比，其他分析结果暂不介绍。

（1）充填时间。

如图 9-54 所示，优化后的充填时间为 2.113s。在【结果】选项卡中的【动画】面板中单击【播放】按钮，可通过充填的动画查看充填过程及效果，如图 9-55 所示。

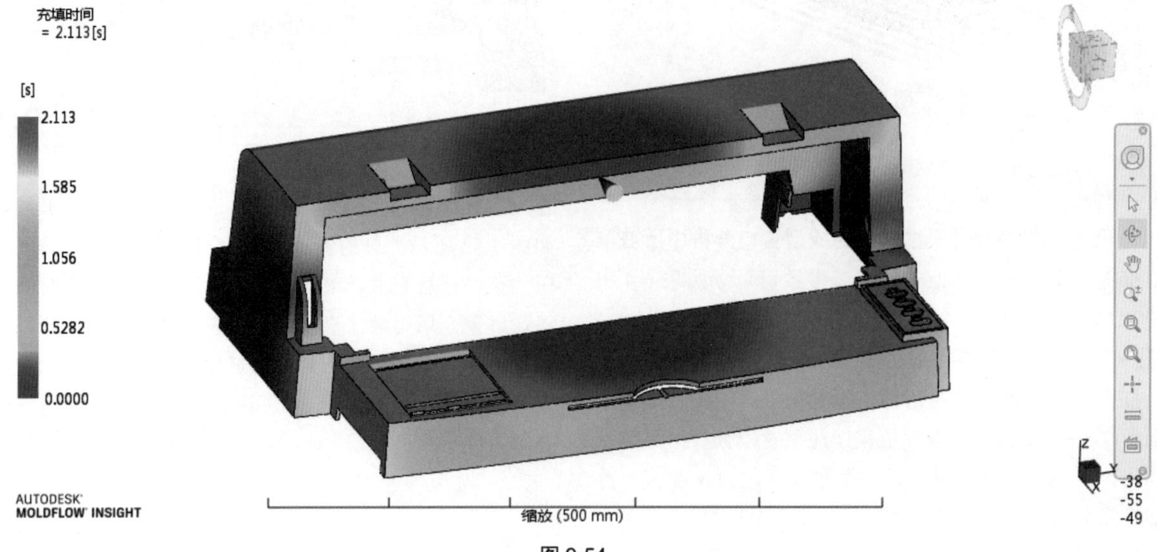

图 9-54

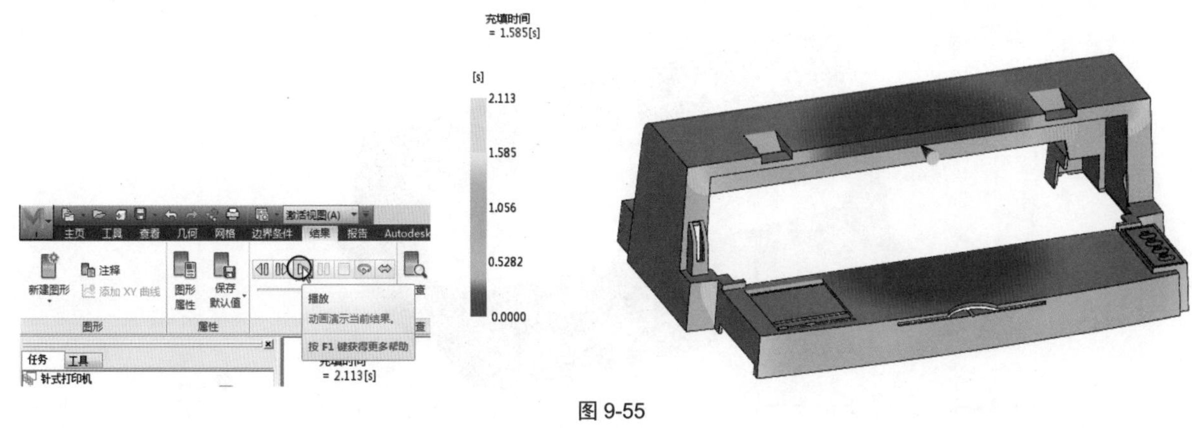

图 9-55

（2）流动前沿温度。

如图 9-56 所示，优化分析后的流动前沿温度温差反而增加了。这说明了无论怎样优化分析方案，此区域（图 9-56 中圈住的区域）的缺陷仍然无法消除，进一步证明了此区域的结构设计不合理，不难发现此区域有较小且较为密集的加强筋，这容易导致缩痕，如图 9-57 所示。要想彻底消除缺陷，唯有改变结构设计。

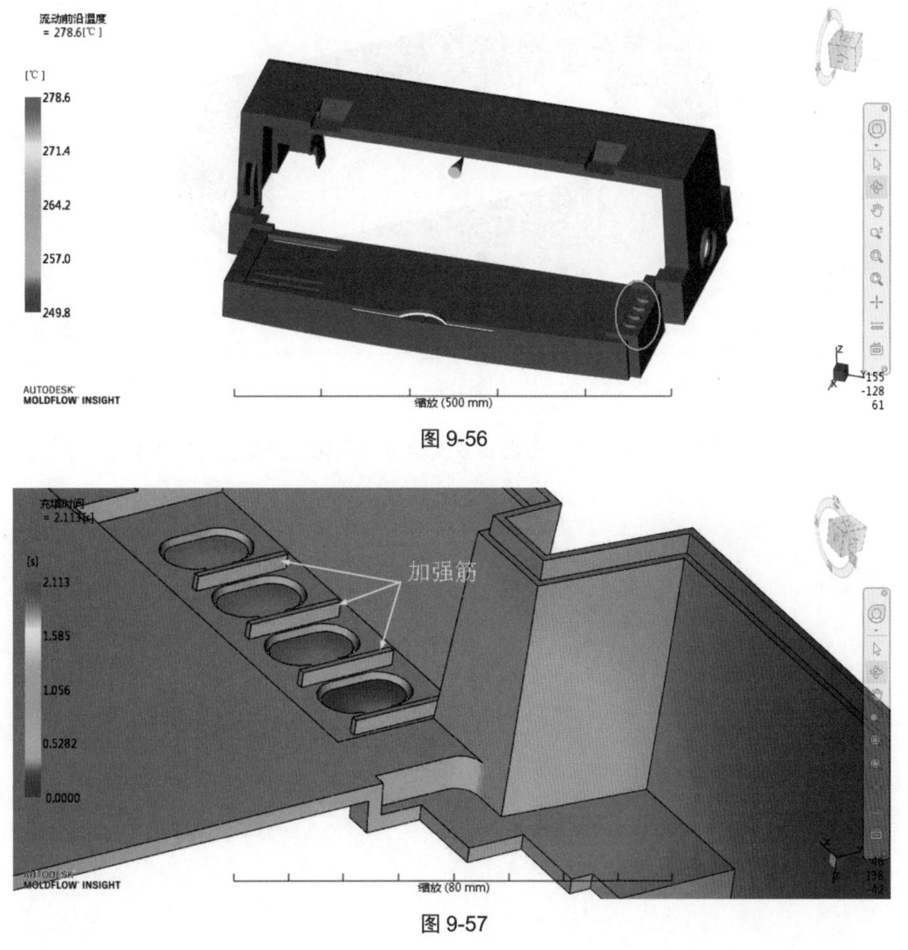

图 9-56

图 9-57

（3）体积收缩率。

优化分析后的体积收缩率云图如图 9-58 所示。最大的体积收缩率为 6.005%，虽然还未达到理想状态，但较先前的初步分析结果看，优化分析的体积收缩率的效果改善还是较大的。

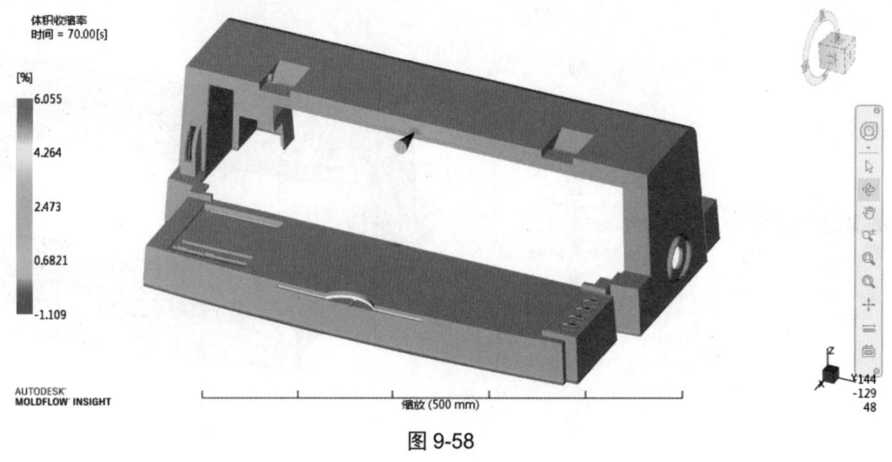

图 9-58

（4）缩痕估算。

从如图 9-59 所示的缩痕估算图可以看出，相比初步分析（估算值 0.0855），缩痕已经减小，得到明显改善。

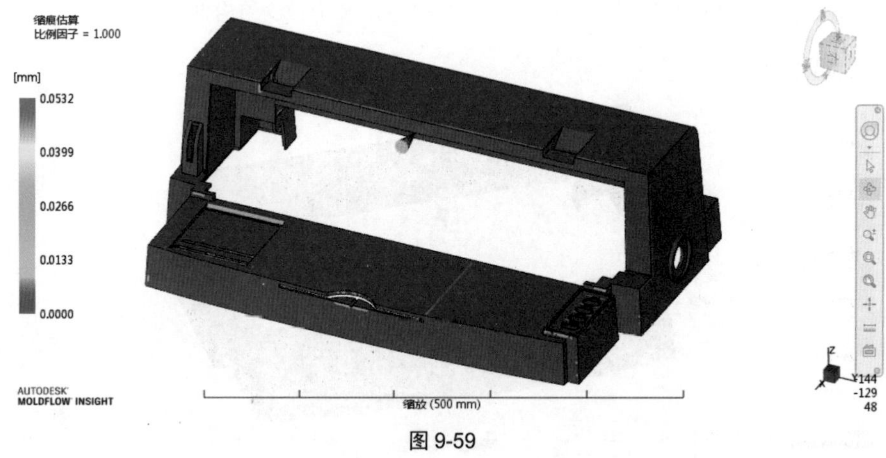

图 9-59

总的来说，优化分析的结果仍然不够理想，还需要多次地进行优化，只是优化所消耗的时间太久，所以本案例的优化分析到此为止。

随着中国汽车工业的迅猛发展，用户对大型注塑件的外观质量的要求也越来越高，就大型注塑模具来说，已经不再仅限于以流动、保压、冷却和注塑工艺等参数的严格控制来提高产品质量，而更高的要求是完全消除熔接痕及熔体流动前沿交汇处的应力集中。从前一章的打印机模流分析案例中可以了解到，以普通的冷浇口注塑成型方式无法保证制件的外观质量（熔接线难以消除），为此，引进针阀式热流道程序控制阀浇口的技术来解决这一技术难题。

本章中将利用 Moldflow 针阀式热流道的时序控制技术，对某型汽车的前保险杠进行模流分析，主要目的是解决制件在充填过程中产生的熔接线问题。

项目分解	知识点 01：分析项目介绍
	知识点 02：前期准备与分析
	知识点 03：初步分析（普通热流道系统）
	知识点 04：改针阀式热流道系统后的首次分析
	知识点 05：熔接线位置优化

10.1 分析项目介绍

分析项目：汽车前保险杠。

产品 3D 模型图，如图 10-1 所示。

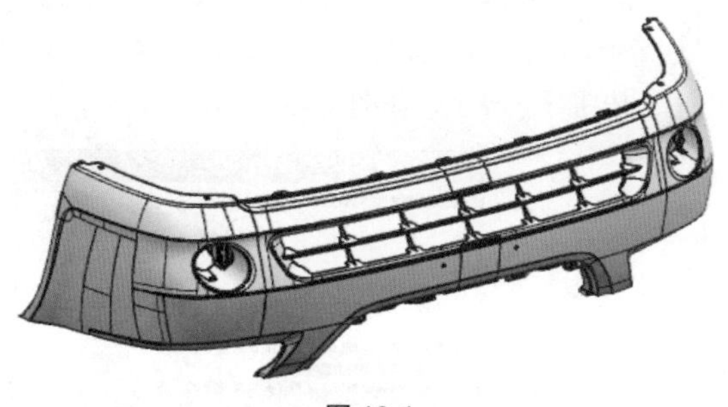

图 10-1

10.1.1 设计要求

规格：最大外形尺寸 1800mm×430mm×725 mm（长 × 宽 × 高）。

壁厚：非均匀厚度，最大厚度为 4mm，最小厚度为 2.5mm。

设计要求：

（1）材料：ABS。

（2）缩水率：1.005。

（3）外观要求：无明显熔接线。

（4）模具布局：一模一腔。

10.1.2 关于大型产品的模流分析问题

一些大型的产品（如汽车塑胶件）在成型过程中经常会出现熔接线（如图 10-2 所示），严重影响着产品外观质量，哪怕是通过电镀和喷漆也不能消除掉这样的成型缺陷，那么又该怎样通过 Moldflow 进行准确分析，既能进行合理改善，又能解决实际工作中的问题呢？

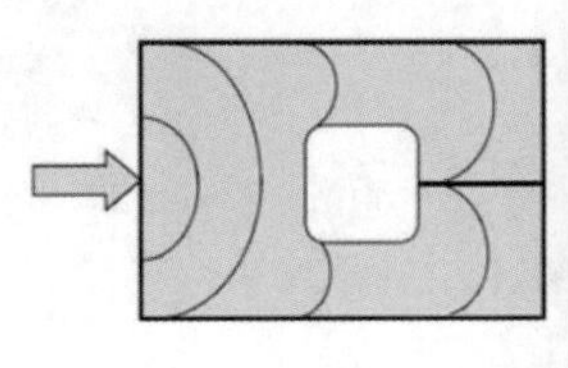

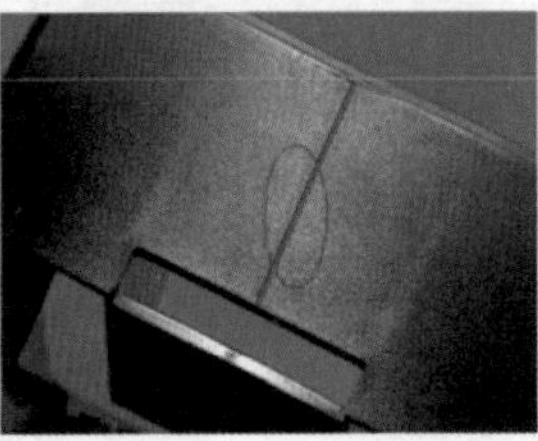

图 10-2

在本案例的汽车前保险杠的模流分析过程中，将采用两种方式进行模流分析：一种是采用普通热流道浇注系统执行模流分析，另一种是采用针阀式热流道浇注系统执行模流分析。

10.2 前期准备与分析

为了设计出合理的针阀式热流道浇注系统，需要进行前期准备、网格划分、工艺设置及最佳浇口位置分析等操作。

10.2.1 前期准备

由于汽车前保险杠属于大件产品，在 Moldflow 中分析时间比较长，在后续的分析中将减少一些步骤，突出解决熔接线的重点问题。

1. 新建工程并导入分析模型

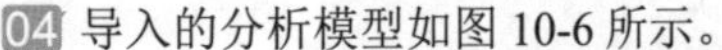

01 启动 Moldflow 2018，然后单击【新建工程】按钮，弹出【创建新工程】对话框。输入工程名称及保存路径后，单击【确定】按钮完成新工程的创建，如图 10-3 所示。

图 10-3

02 在【主页】选项卡中单击【导入】按钮，弹出【导入】对话框。在源文件夹中打开“前保险杠 .prt”文件，如图 10-4 所示。

图 10-4

03 随后弹出要求选择网格类型的【导入】对话框，选择【双层面】类型作为本案例分析的网格，再单击【确定】按钮导入模型，如图 10-5 所示。

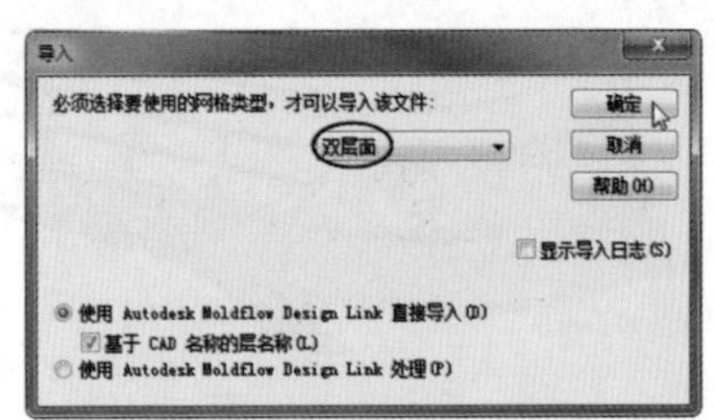

图 10-5

04 导入的分析模型如图 10-6 所示。

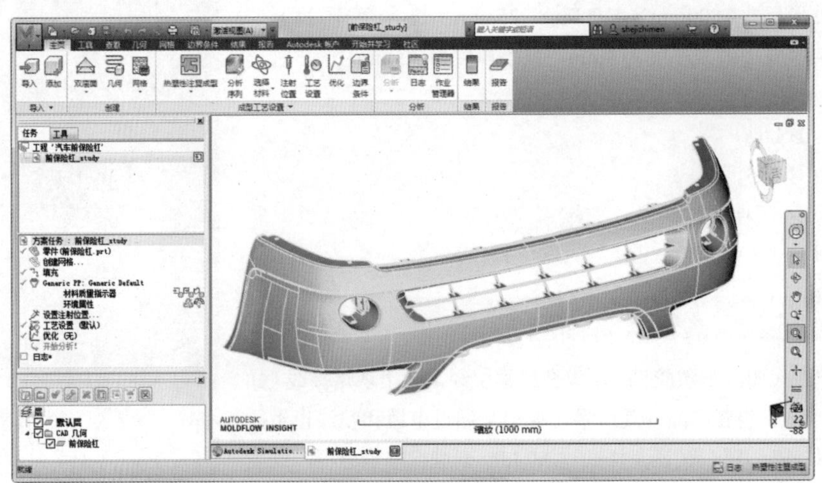

图 10-6

2．网格创建与修复

01 在【网格】选项卡中的【网格】面板中单击【生成网格】按钮，弹出【生成网格】选项板。

02 在选项板中设置【全局边长】的值为 6，然后单击【立即划分网格】按钮，程序自动划分网格，结果如图 10-7 所示。

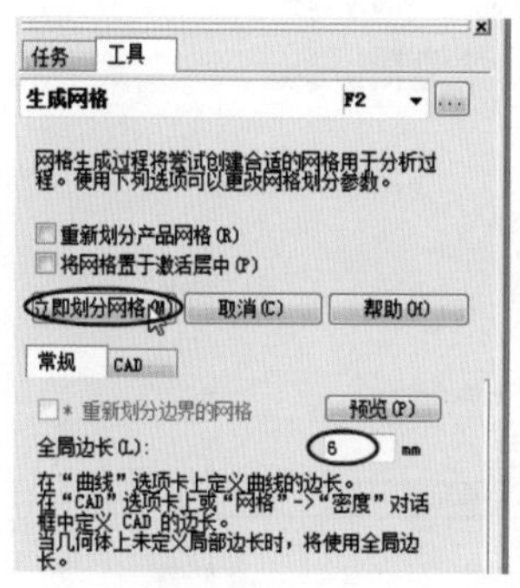

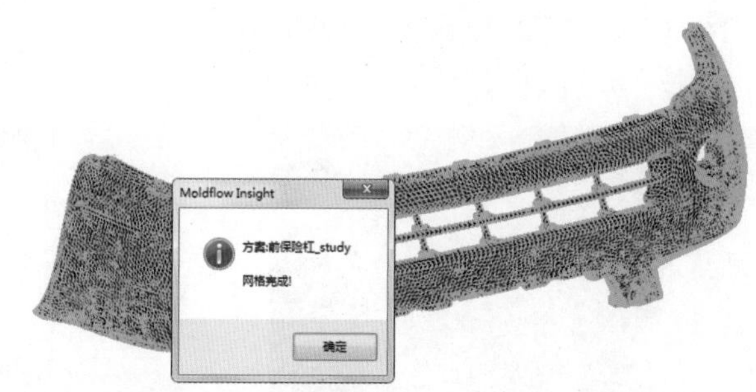

图 10-7

03 在【网格诊断】面板中单击【网格统计】按钮，然后再单击【网格统计】选项板中的【显示】按钮，系统自动对网格进行统计。单击选项板中的按钮，弹出【网格信息】对话框。如图 10-8 所示，网格中存在三个完全重叠单元，需要修复。

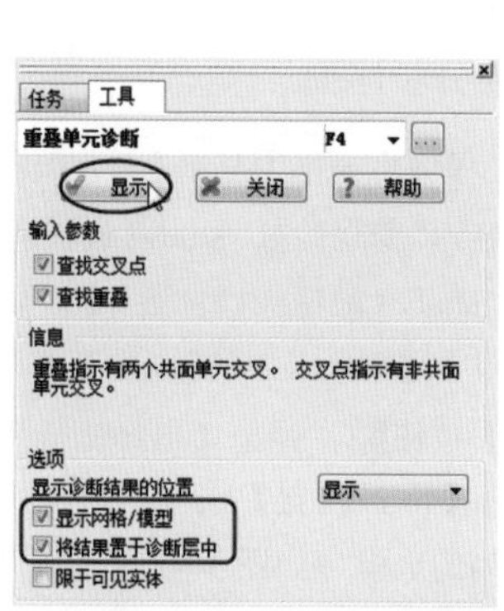

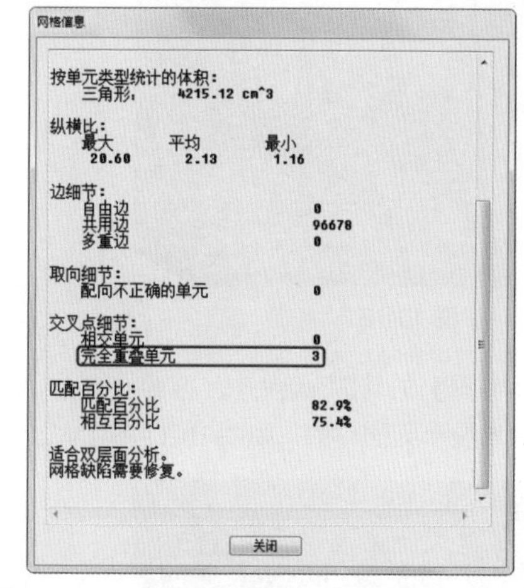

图 10-8

04 在【网格】选项卡中的【网格诊断】面板中单击【重叠】按钮，在弹出的【重叠单元诊断】选项板中勾选【将结果置于诊断层中】复选框，单击【显示】按钮，诊断重叠单元，如图 10-9 所示。

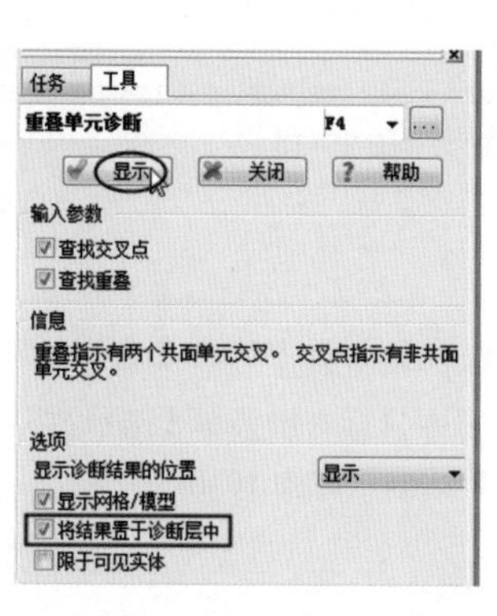

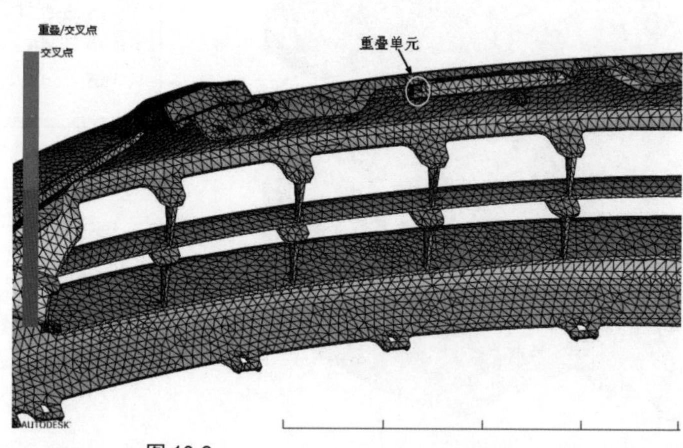

图 10-9

> **技术要点：**
> 修复重叠单元问题时，要放大显示重叠单元所在的区域，查看问题产生的原因，避免通过“合并节点”操作时产生更多网格问题。

05 通过查看重叠单元产生的原因，得知是因几个节点位置不对，使几个网格单元产生了自相交，如图 10-10 所示。

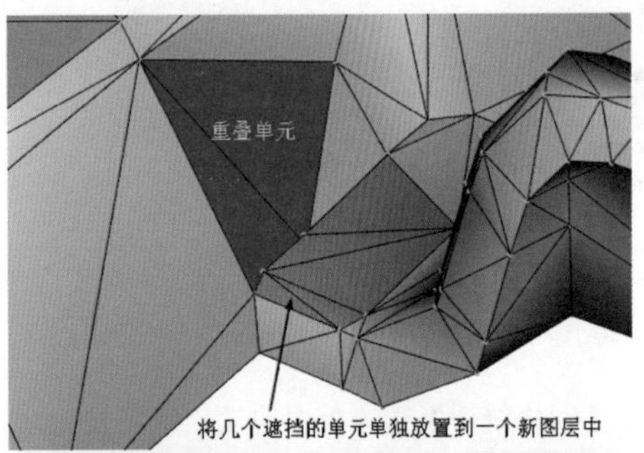

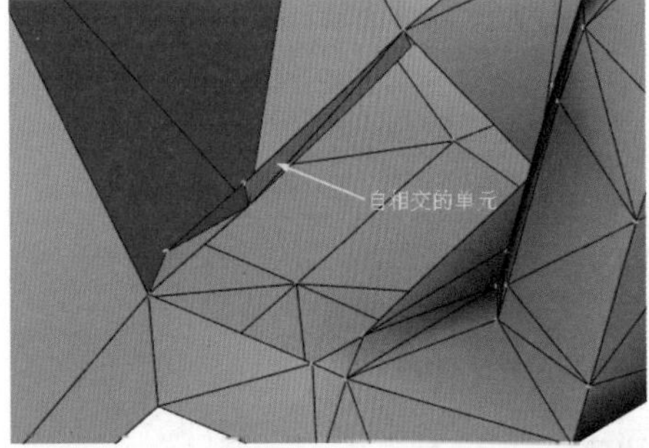

图 10-10

06 通过使用【合并节点】工具 合并节点，合并交叉单元的节点，达到消除重叠单元的目的，如图 10-11 所示。

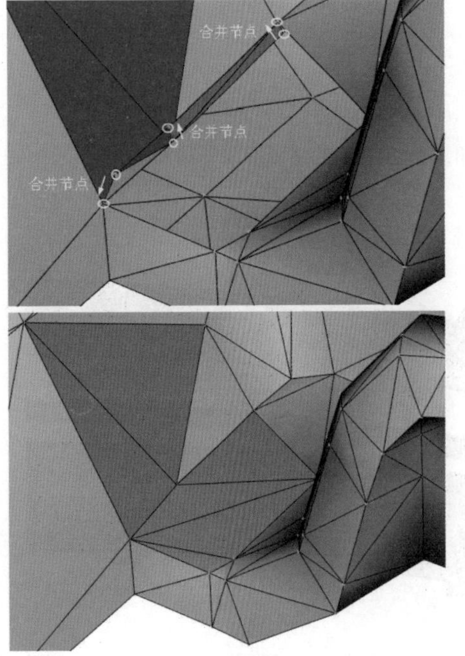

图 10-11

07 最后单击【网格统计】按钮，重新统计网格，结果如图 10-12 所示。

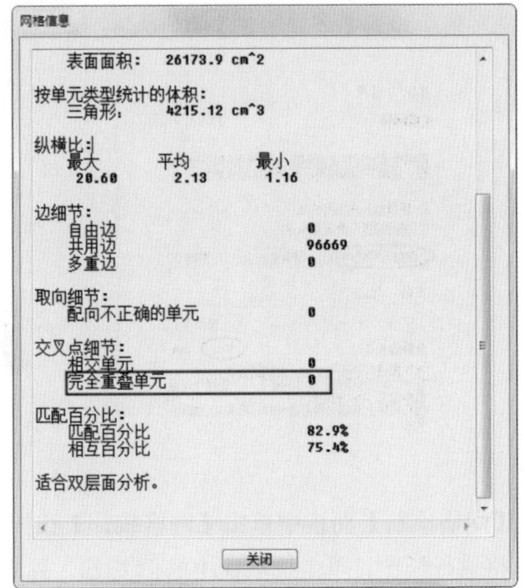

图 10-12

10.2.2 最佳浇口位置分析

1. 选择分析序列

01 在工程项目窗格中复制【前保险杠 _study】方案任务，并重命名为“前保险杠 _study（最佳浇口位置）”。双击【前保险杠 _study（最佳浇口位置）】方案任务进入该任务中。

02 在【主页】选项卡中的【成型工艺设置】面板中单击【分析序列】按钮，弹出【选择分析序列】对话框。

03 选择【浇口位置】选项，再单击【确定】按钮完成分析序列的选择，如图 10-13 所示。

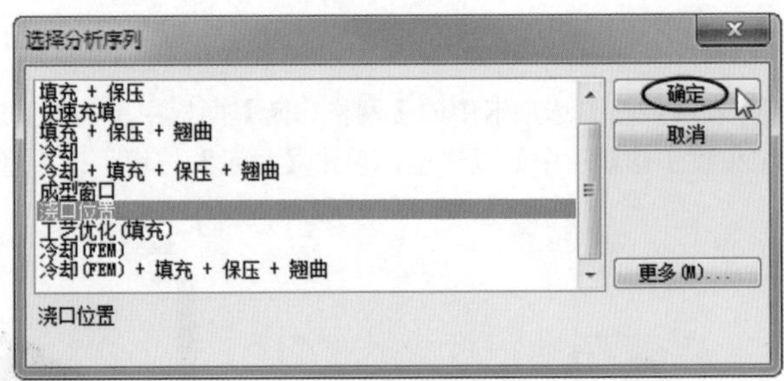

图 10-13

2. 选择材料

01 在【成型工艺设置】面板中单击【选择材料】按钮，或者在任务视窗中执行右键菜单【选择材料】命令，弹出【选择材料】对话框，如图 10-14 所示。

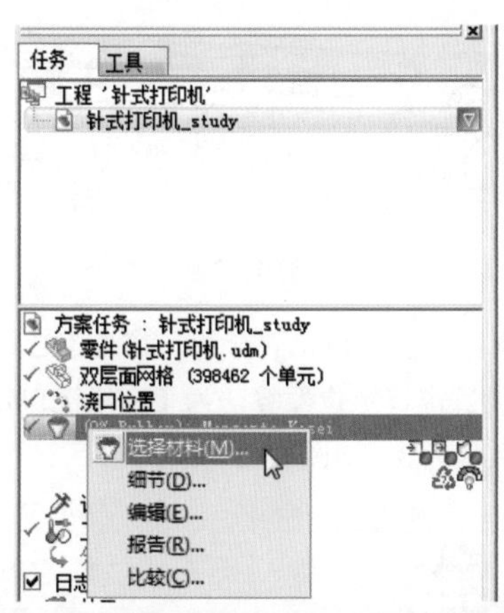

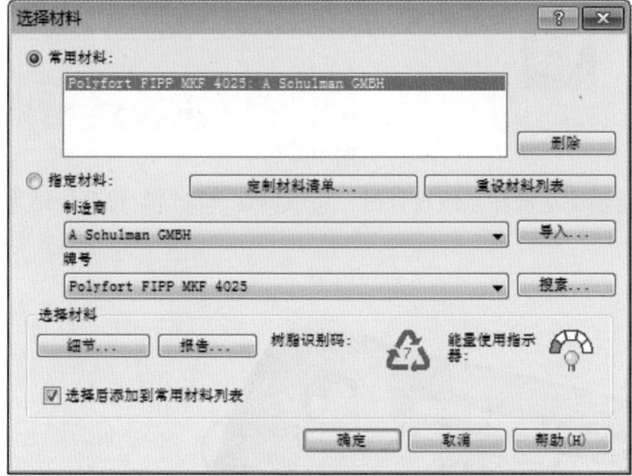

图 10-14

02 对话框中的【常用材料】列表中的材料简称 PP，为系统默认设置的材料。而前保险杠的材料为 ABS，因此需要重新指定材料。单击【指定材料】单选按钮，然后再单击【搜索】按钮，弹出【搜索条件】对话框。

03 在【搜索条件】对话框中的【搜索字段】列表中选择【材料名称缩写】选项，然后输入字符串“ABS”，再单击【搜索】按钮搜索材料库中的 ABS 材料，如图 10-15 所示。

图 10-15

04 在随后弹出的【选择热塑性材料】对话框中按顺序排名来选择第 1 种 ABS 材料，然后单击【选择】按钮确定所需材料，如图 10-16 所示。

图 10-16

05 随后将所搜索的材料添加到【指定材料】列表中，如图 10-17 所示。最后单击【确定】按钮完成材料的选择。

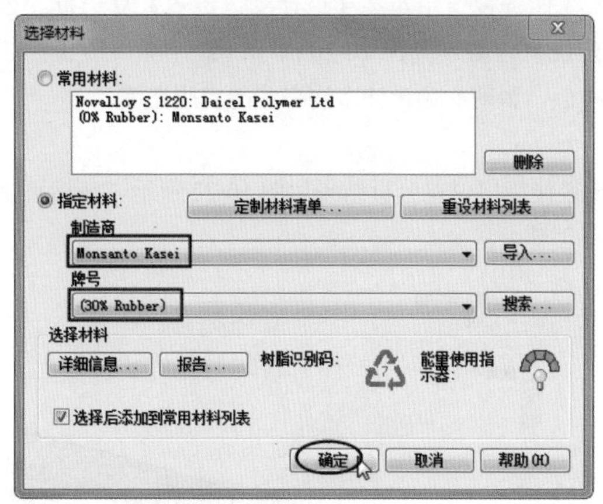

图 10-17

3．工艺设置

01 在【主页】选项卡的【成型工艺设置】面板中单击【工艺设置】按钮，弹出【工艺设置向导 - 浇口位置设置】对话框，如图 10-18 所示。

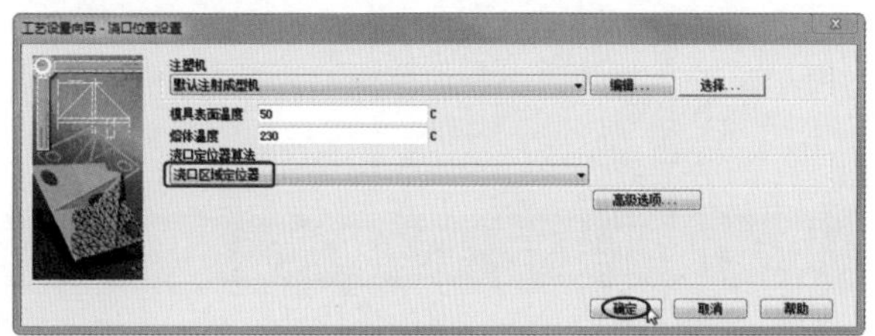

图 10-18

02 保留默认的模具表面温度和熔体温度，选择【浇口区域定位器】选项，最后单击【确定】按钮完成工艺设置。

03 在【分析】面板中单击【开始分析】按钮，程序执行最佳浇口位置分析。经过一段时间的计算后，得出如图 10-19 所示的分析结果。

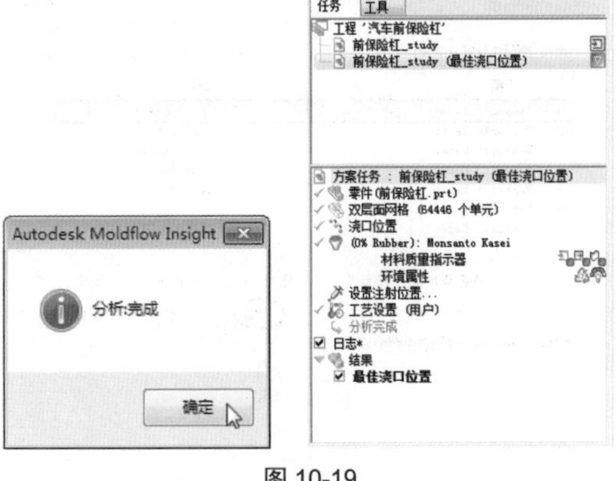

图 10-19

04 在任务视窗中勾选【最佳浇口位置】复选框，查看最佳浇口位置。如图 10-20 所示，最佳浇口位置区域比较扩散，说明必须设计多浇口才能完成充填。

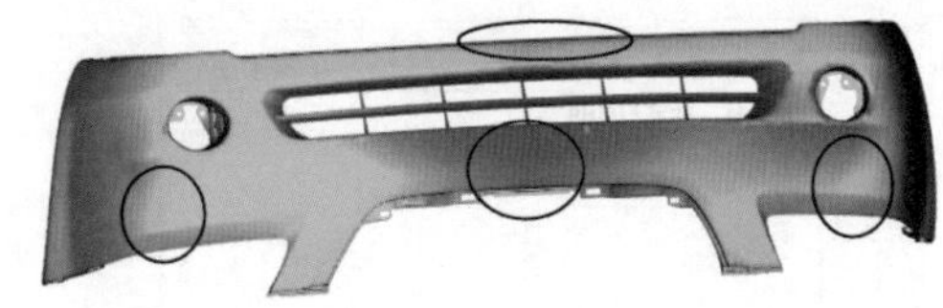

图 10-20

05 重新执行最佳浇口位置分析。在【工艺设置向导】对话框中设置浇口定位器算法为【高级浇口定位器】，设置浇口数量为 3，如图 10-21 所示。

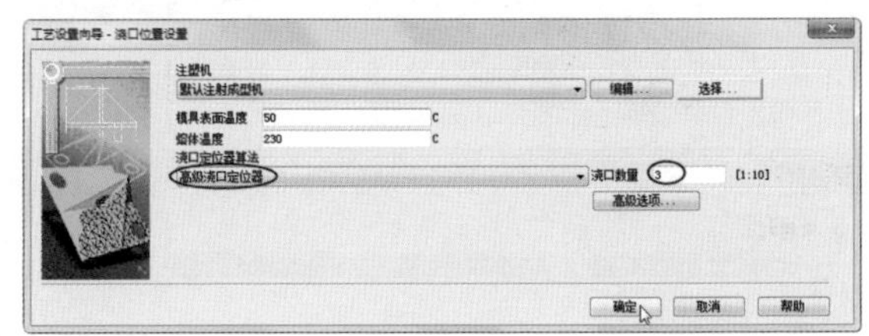

图 10-21

06 最佳浇口位置分析结果如图 10-22 所示。在接下来的普通热流道浇注系统设计时，将依据这个浇口位置分析结果进行创建。

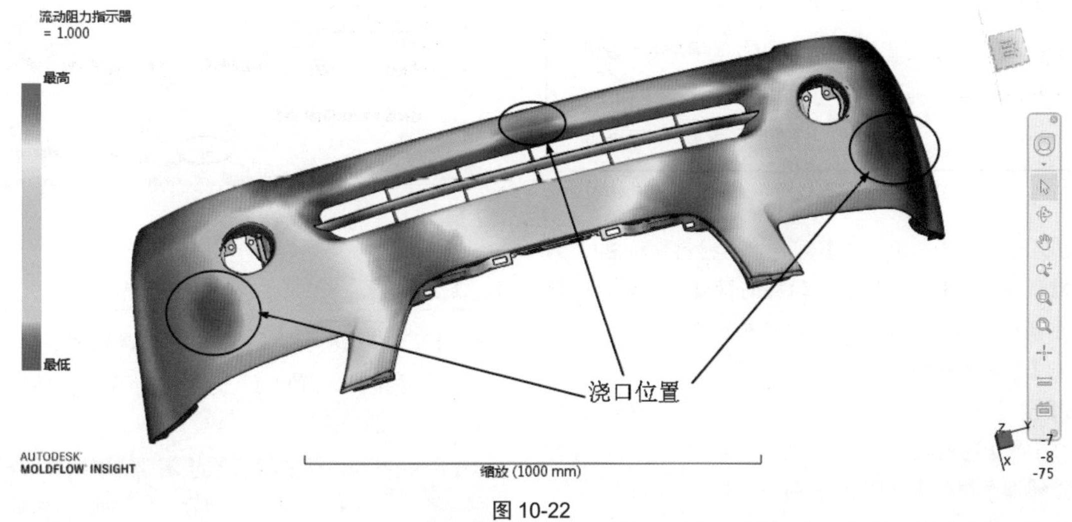

图 10-22

10.3 初步分析（普通热流道系统）

通过对普通热流道系统的填充分析，注意观察前保险杠产品的熔接线问题。最佳浇口位置分析后自动创建了命名为“前保险杠 _study（最佳浇口位置）（浇口位置）”的方案任务，本节将以此方案任务为基础进行填充分析。

10.3.1 浇注系统设计

本案例前保险杠模具的热流道浇注系统包括热主流道、热分流道和热浇口。浇口形式采用侧浇口设计，原因是表面不能留浇口痕迹。但不能采用潜伏式浇口设计，理由是产品尺寸非常大，若采用潜浇口，可能会因其直径小，不利于填充。所以，在创建浇口时会在适当位置创建，而不是在最佳浇口位置上创建。

技术要点：

如果要分析流道平衡，就必须创建流道。所以仅放置注射锥只适合分流道尺寸相同的模具。没有创建流道，多浇口是不能够分析出各进胶点的射出量的。

01 在工程任务窗格中修改【前保险杠 _study（最佳浇口位置）（浇口位置）】任务的名称为"前保险杠 _study（初步分析）"。

02 在【几何】选项卡【创建】面板中单击【创建直线】按钮 创建直线，然后在模型中间位置的侧边上绘制长度为 15mm 的直线，作为浇口直线，如图 10-23 所示。

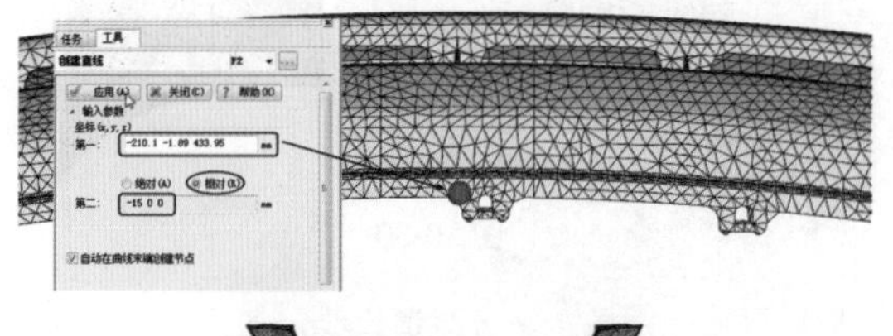

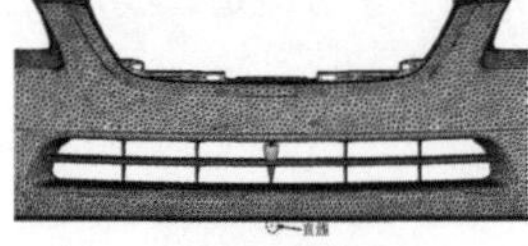

图 10-23

03 同理，按此方法在两端再创建两条长为 15mm 的直线作为浇口直线，如图 10-24 所示。

图 10-24

04 选中一条浇口直线更改其属性类型，更改为【热浇口】类型，如图 10-25 所示。

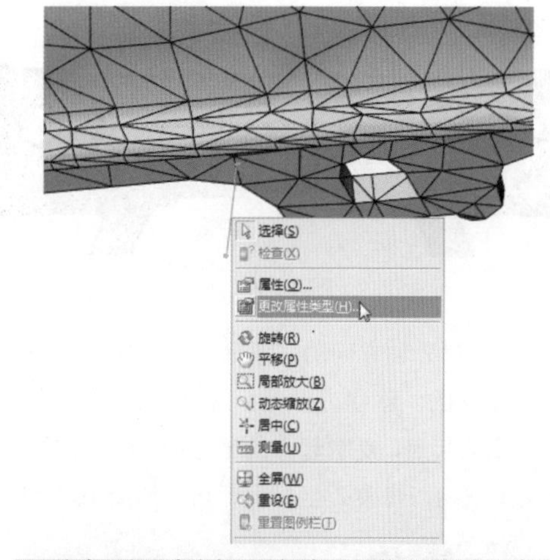

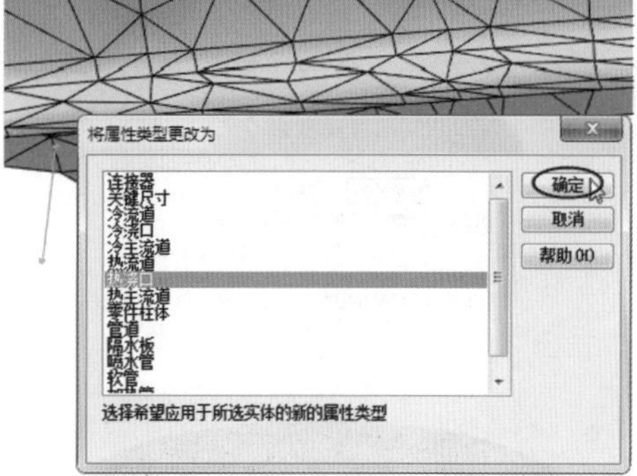

图 10-25

05 选中浇口直线再单击右键，选择快捷菜单中的【属性】命令，设置浇口属性，如图 10-26 所示。

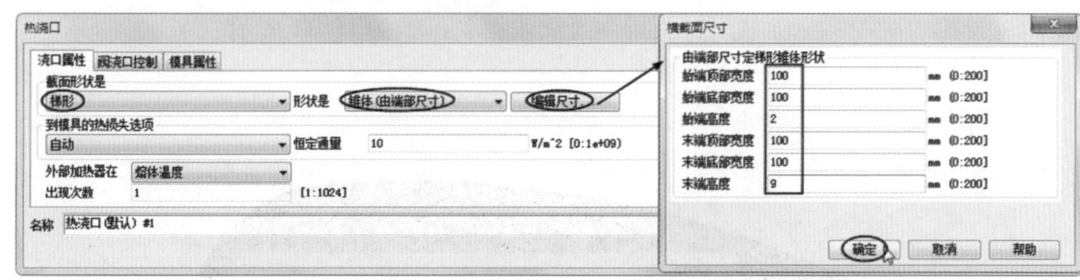

图 10-26

06 同理，对另两条浇口直线也进行浇口属性的设置操作，如图 10-27 所示。

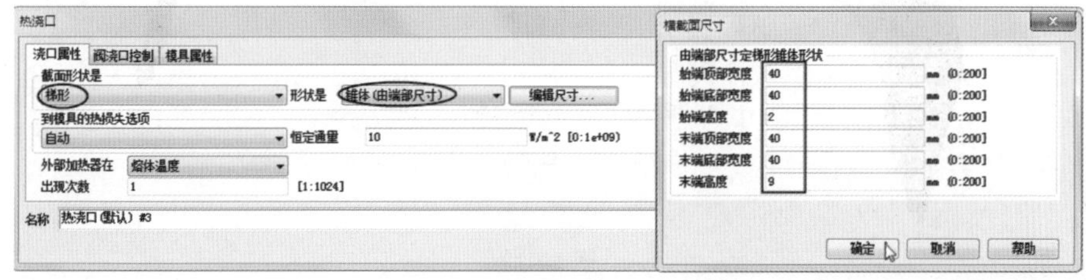

图 10-27

07 接下来继续绘制分流道直线。利用【创建直线】工具，在三条浇口直线的末端继续绘制长度为 30mm 的分流道直线，如图 10-28 所示。

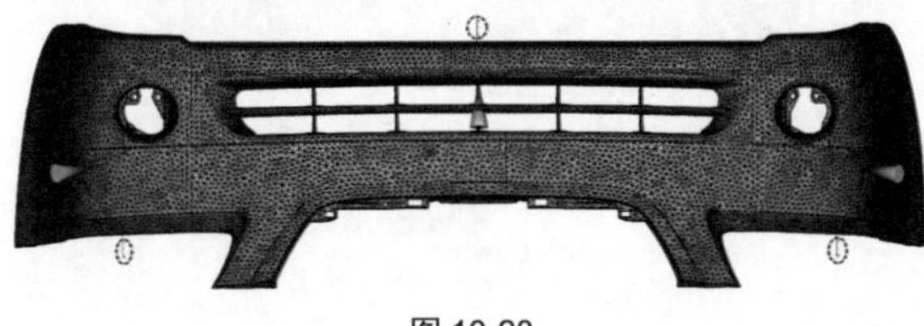

图 10-28

08 接下来绘制 Z 轴方向的三条分流道直线。三条线的 Z 坐标值是相同的。创建方法是：先选取浇口线的端点作为分流道线的起点，复制起点的坐标值，粘贴到终点（第二点）文本框内，修改 Z 坐标值即可，如图 10-29 所示。

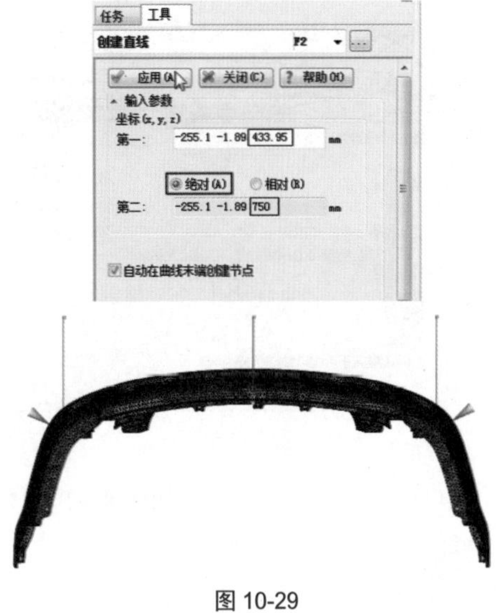

图 10-29

技术要点：

三条分流道直线的端点 Z 坐标值都是相等的，保证高度完全一致。

09 继续绘制水平的分流道直线，如图 10-30 所示。

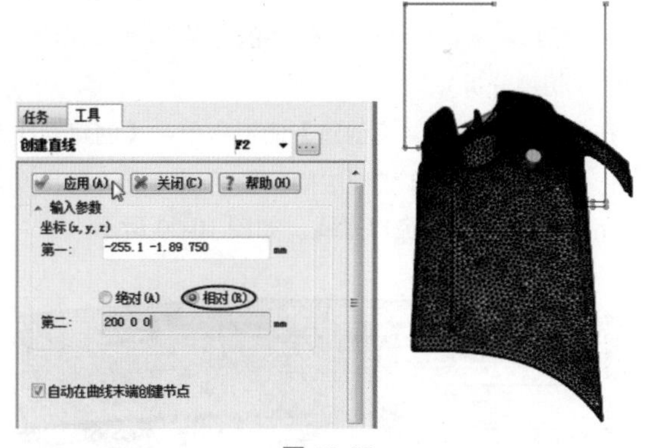

图 10-30

10 最后再绘制两条水平分流道直线，如图 10-31 所示。

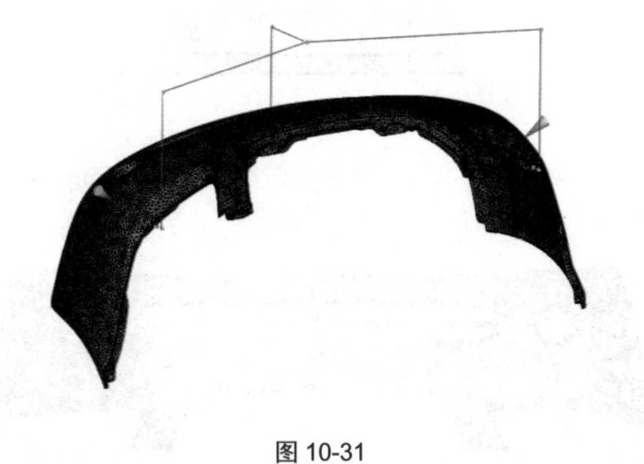

图 10-31

11 按 Ctrl 键选中所有分流道直线，修改其属性类型为【热流道】，如图 10-32 所示。

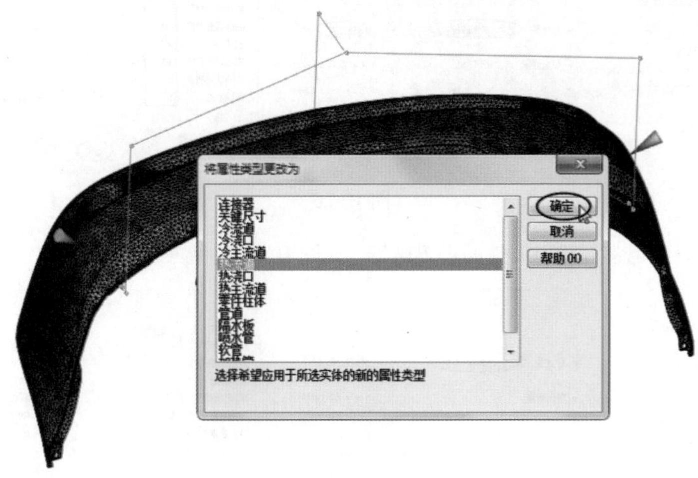

图 10-32

12 接着再设置所有分流道属性。设置分流道的横截面尺寸为 18mm，如图 10-33 所示。

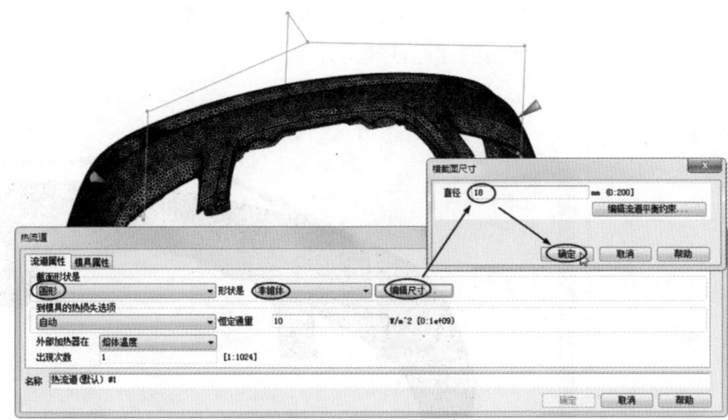

图 10-33

13 最后利用【创建直线】工具 创建直线，创建长度为 80mm 的主流道直线，如图 10-34 所示。

14 为主流道直线设置属性类型，如图 10-35 所示。

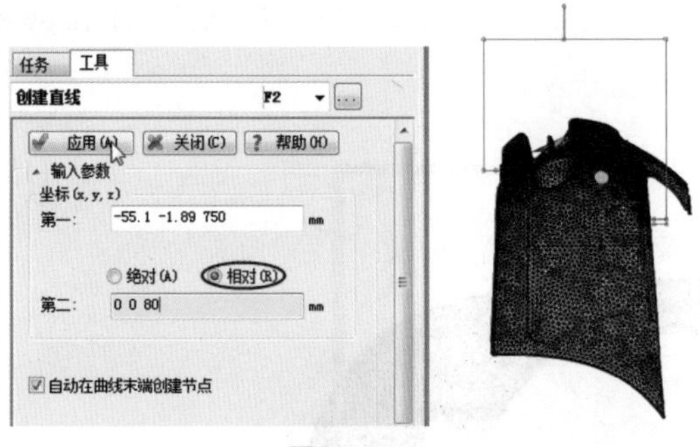

图 10-34

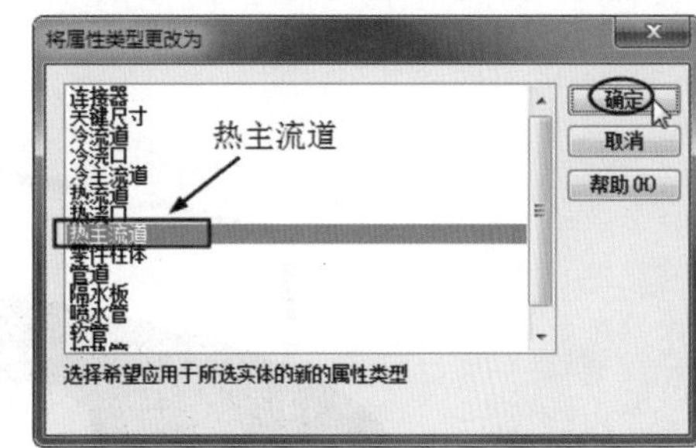

图 10-35

15 然后再对主流道直线设置属性，如图 10-36 所示。

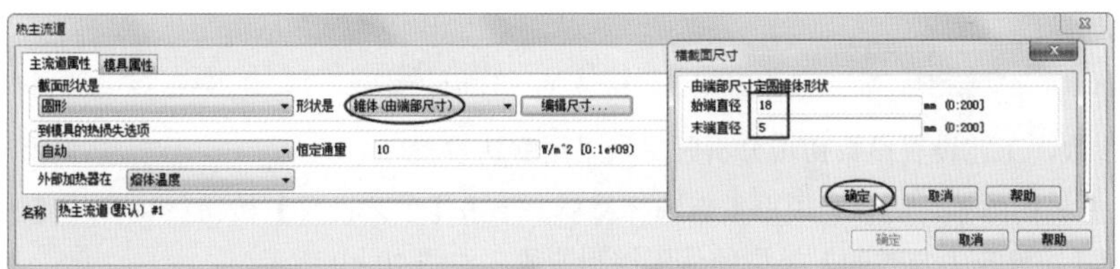

图 10-36

16 在【网格】选项卡中单击【生成网格】按钮，单击【生成网格】面板中的【立即划分网格】按钮，系统自动划分出主流道、分流道和浇口的网格，如图 10-37 所示。

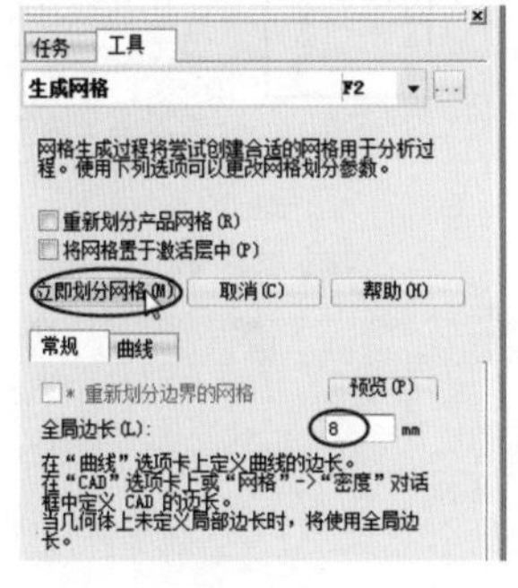

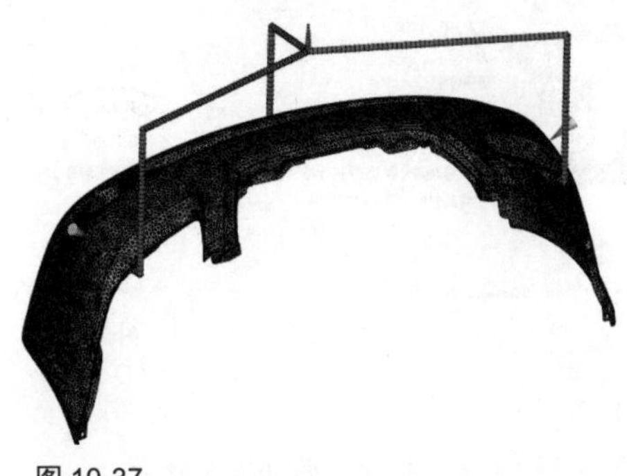

图 10-37

17 浇注系统设计完成后还需要检测网格单元的流通性，保证浇注系统到产品型腔是畅通的。在【网格】选项卡【网格诊断】面板中单击【连通性】按钮，框选所有网格单元，然后单击【连通性诊断】面板中的【显示】按钮，系统自检连通性，如图 10-38 所示。结果显示网格的连通性非常好。

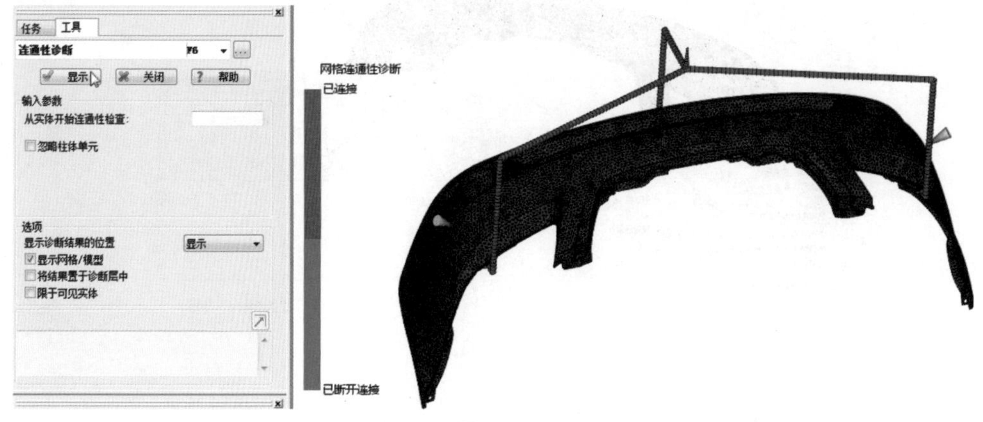

图 10-38

18 删除先前自动创建的浇口注射锥，单击【注射位置】按钮，重新在主流道顶部添加一个注射锥，如图 10-39 所示。

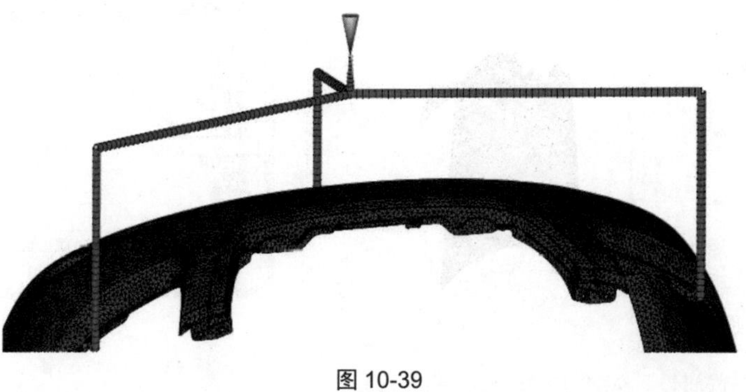

图 10-39

10.3.2 工艺设置

设置工艺设置参数，工艺设置参数初步分析时尽量采用默认设置。

01 由于继承了前面分析的结果，所以无须再重新选择材料。单击【工艺设置】按钮，弹出【工艺设置向导 - 填充设置】对话框。编辑【填充压力与时间】类型的保压控制曲线，如图 10-40 所示。

图 10-40

02 最后单击【确定】按钮关闭对话框。

03 单击【开始分析】按钮，Moldflow 启动填充分析。

10.3.3　结果解读

由于只是针对消除产品中的熔接线（熔接痕）而进行分析，所以只是选择了填充分析类型，分析完成的时间大大缩短。下面只看两个重要的分析结果，从中可以判断出热流道浇注系统设计是否合理。

1．熔接线

在【流动】的结果中查看【熔接线】分析结果，可以看到，制件中产生了大量的、细长的熔接线，这个分析结果严重地影响了产品的外观，浇注系统的设计不合理，如图 10-41 所示。

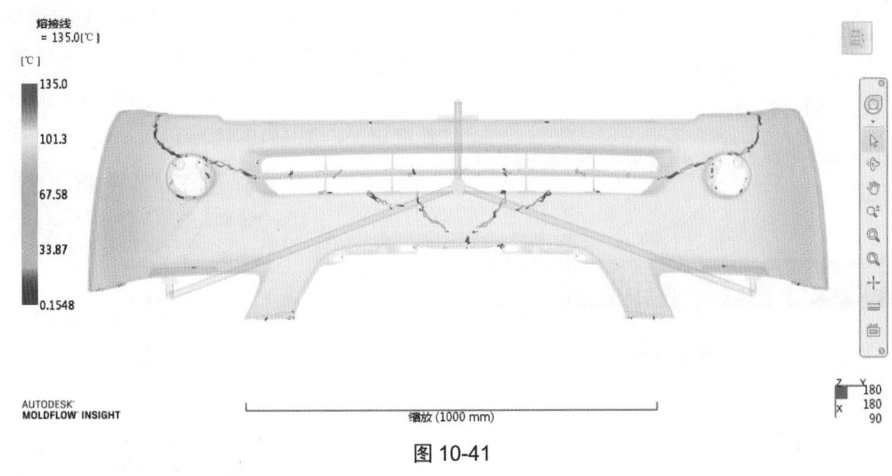

图 10-41

2．充填时间

查看填充时间的结果。在功能区【结果】选项卡中的【动画】面板中，可以看到熔融料填充的动画，从动画中很明显地查看到了三个浇口从不同方向充填型腔，在料流前峰交汇时产生了熔接线，如图 10-42 所示。

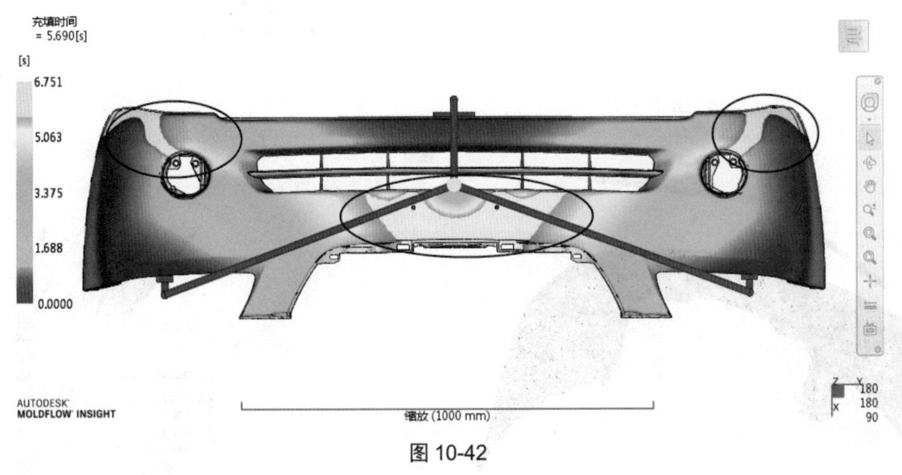

图 10-42

3．如何改善熔接线缺陷

从图 10-43 中的充填动画了解到，熔接线是料流前峰交汇时产生的。也就是说，三个浇口在充填型腔时的填充压力是相等的，当料流前峰交汇后由于前进的动力是相同的，由于压强的作用力关系，料流前峰会立即停止运动，随着温度的降低就形成了清晰可见的熔接缝。熔接线不但影响着产品的外观质量，对产品的结构强度（耐用性）也是有较大影响的。

因此，在现有的浇注系统进行充填分析的情况下，要解决熔接线问题，理论上只能是一个浇口进行注射，对于小型制件来说可以解决此问题，但对于大型的汽车制件来说，一个浇口是不可能完成充填过程的，短射缺陷是肯定会存在的。

那么有没有好的方法来解决大型制件的熔接线问题呢？唯一的办法就是采用针阀式热流道。针阀式热流道的阀浇口是一个开关阀，常用于热流道系统中以控制熔体流动前沿和保压过程，主要作用是消除熔接线，阀浇口也称作“顺序浇口”。工作原理是，先打开第一个阀浇口，其他阀浇口则关闭，当料流前峰到达第二个阀浇口位置时才打开第二个阀浇口继续充填，这样顺着一个方向进行充填，就不会形成熔接线。

在接下来的优化分析过程中，改普通热流道注塑为针阀式热流道注塑。

10.4 改针阀式热流道系统后的首次分析

针阀式热流道跟普通热流道的区别首先是热浇口位置添加了时序控制阀。其次，针阀式热流道的浇口与流道设计也有区别。下面接着讲针阀式热流道系统设计。

10.4.1 针阀式热流道系统设计

1. 热流道与热浇口设计

01 复制初步分析的方案任务，重命名为“前保险杠_study（时序控制）”。双击复制的任务进入方案任务中。

02 在图形区中删除三个热流道浇口及部分热流道的网格单元，暂时保留节点与曲线，如图 10-43 所示。

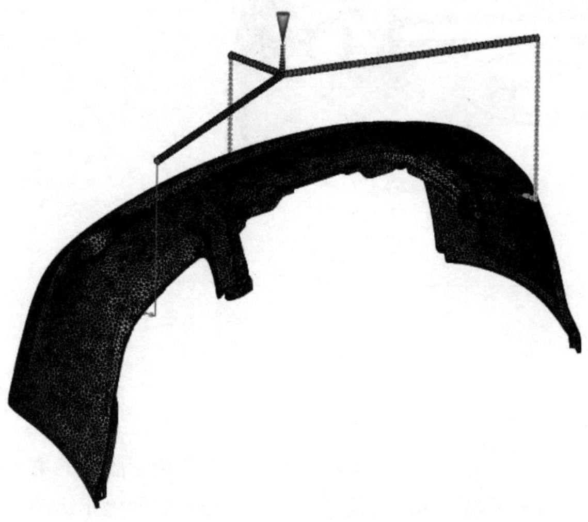

图 10-43

03 接着删除热流道曲线及节点，仅保留热浇口曲线及浇口位置的热流道曲线，如图 10-44 所示。

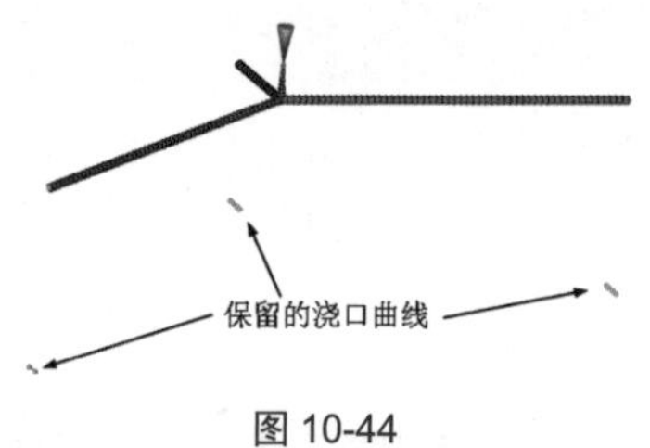

图 10-44

04 修改热浇口曲线及热流道曲线的属性类型及参数。选中一条热浇口曲线，单击右键，选择快捷菜单中的【更改属性类型】命令，在弹出的【将属性类型更改为】对话框中选择【冷浇口】类型，单击【确定】按钮完成属性的更改，如图 10-45 所示。

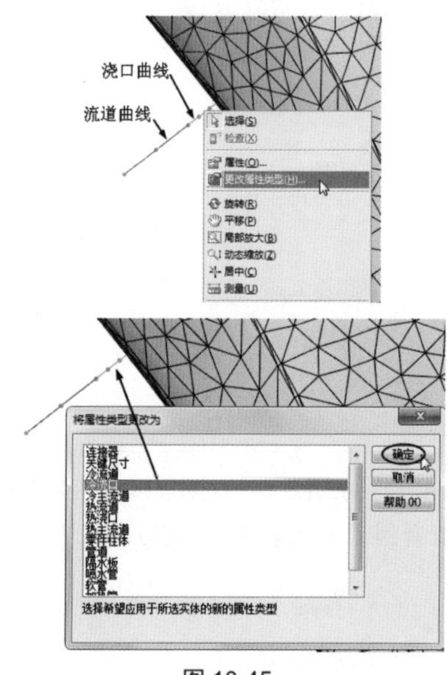

图 10-45

05 按此操作反复，将热流道曲线的属性也更改为【冷流道】，如图 10-46 所示。

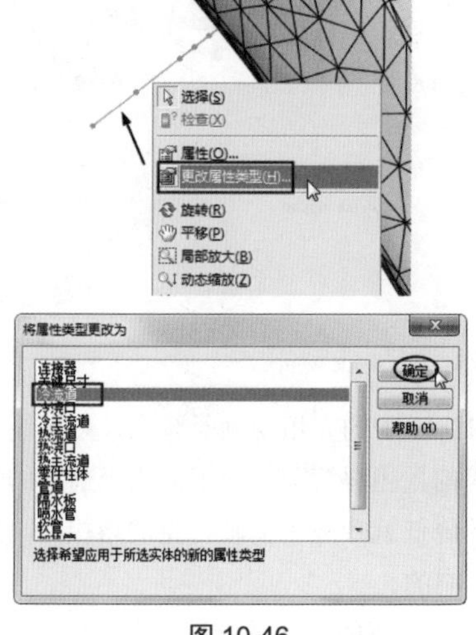

图 10-46

06 选中冷浇口曲线，单击右键，选择快捷菜单中的【属性】命令，设置冷浇口的截面形状及截面尺寸，如图 10-47 所示。

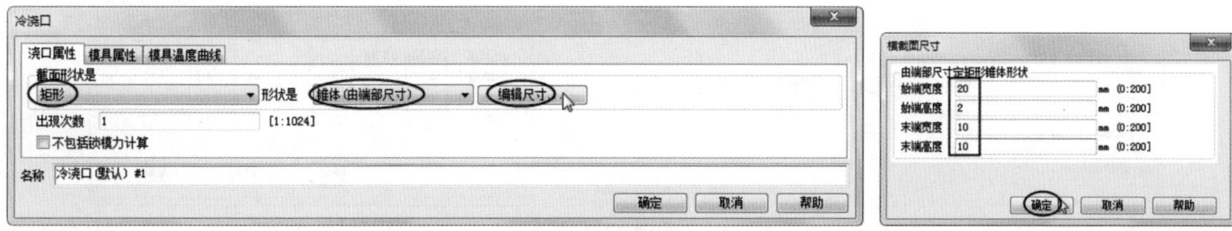

图 10-47

07 接着选中冷流道曲线，设置其截面形状及截面尺寸，如图 10-48 所示。

图 10-48

08 同理，将其余两条热浇口曲线及相连的热流道曲线的属性也做相同的更改。截面形状与截面尺寸也都设置为相同尺寸。

09 在【几何】选项卡的【创建】面板中单击【曲线】|【创建直线】按钮╱，创建竖直曲线，如图 10-49 所示。

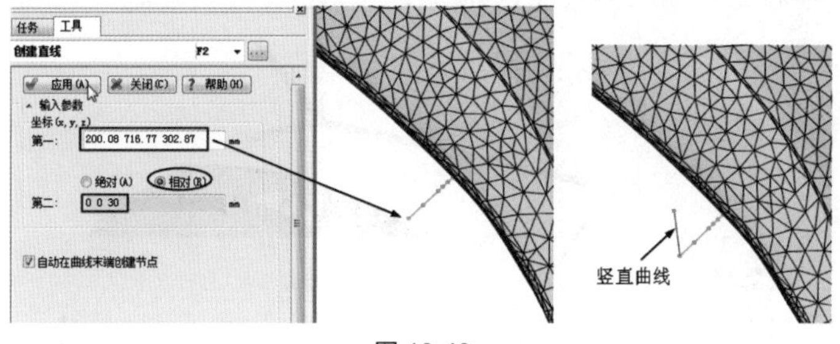

图 10-49

10 更改这条竖直直线的属性为【冷流道】，设置其截面形状及截面尺寸，如图 10-50 所示。

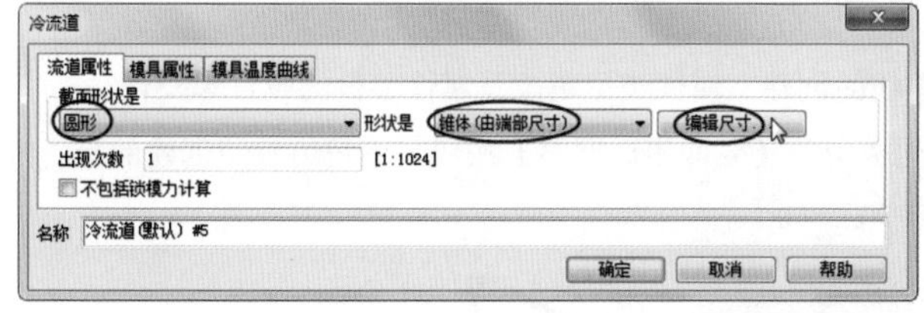

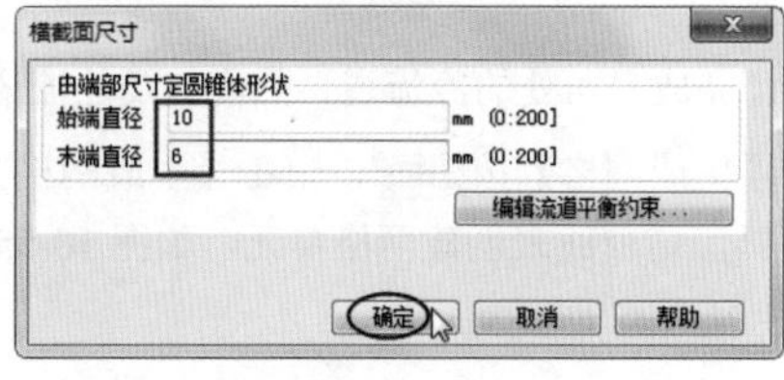

图 10-50

11 继续在这条竖直冷流道曲线的端点处向上绘制一段竖直的曲线，如图 10-51 所示。

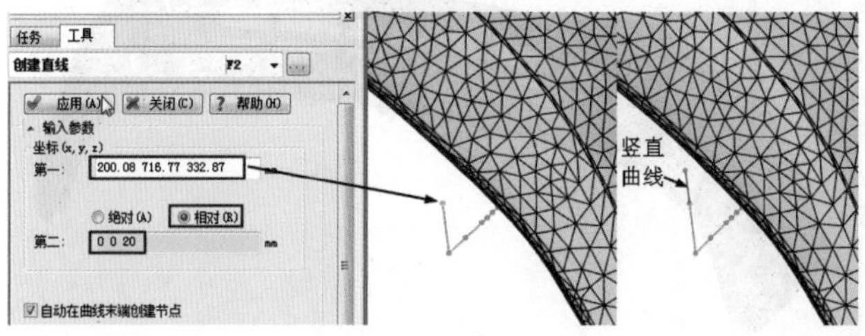

图 10-51

12 更改这条竖直直线的属性为【热浇口】，设置其截面形状及截面尺寸，如图 10-52 所示。

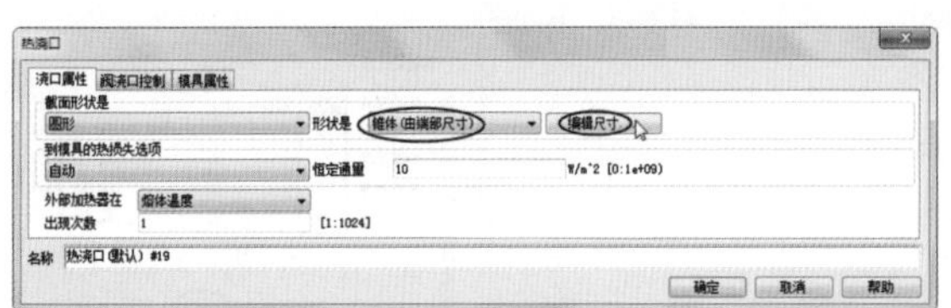

图 10-52

13 继续在热浇口曲线的端点处向上创建竖直曲线，此段曲线为热流道曲线，如图 10-53 所示。

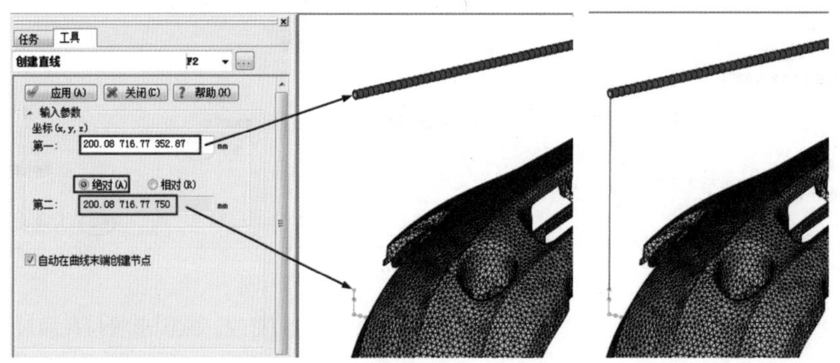

图 10-53

14 对这条曲线更改属性类型和属性，属性类型为【热流道】，设置热流道的截面尺寸如图 10-54 所示。

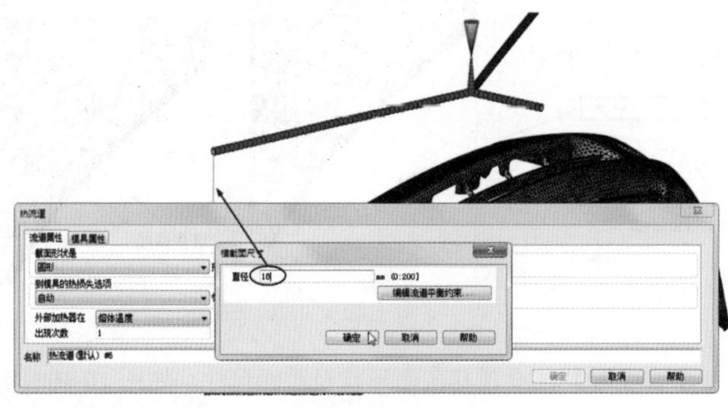

图 10-54

15 同理，完成另两处的冷流道、热浇口及热流道曲线的创建、属性类型更改及属性参数的设置等操作。

16 单击【生成网格】按钮，单击【生成网格】面板中的【立即生成网格】按钮，系统将参照创建的冷 / 热浇口曲线、冷 / 热流道曲线来创建网格单元，如图 10-55 所示。

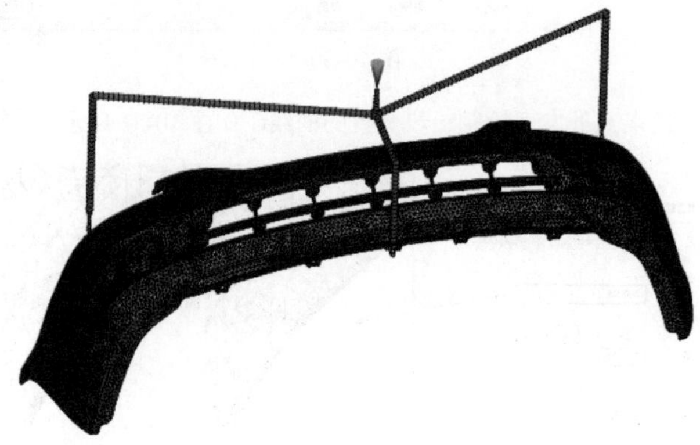

图 10-55

> **技巧点拨：**
> 本案例的前保险杠的形状比较特殊，中间有格栅设计，如果没有格栅，热浇口设计在同一侧是最有效的解决方案。正是由于存在格栅设计，所以三个阀浇口还不能有效解决熔接线问题，必须增加热浇口设计。

17 因此，需要增加三条热流道及阀浇口，使充填变得平衡，添加的热流道及热浇口如图 10-56 所示。总共变成 6 条热流道进浇。增加的热流道与热浇口的设计过程请参考前面几条热浇口的创建步骤，这里不再赘述。

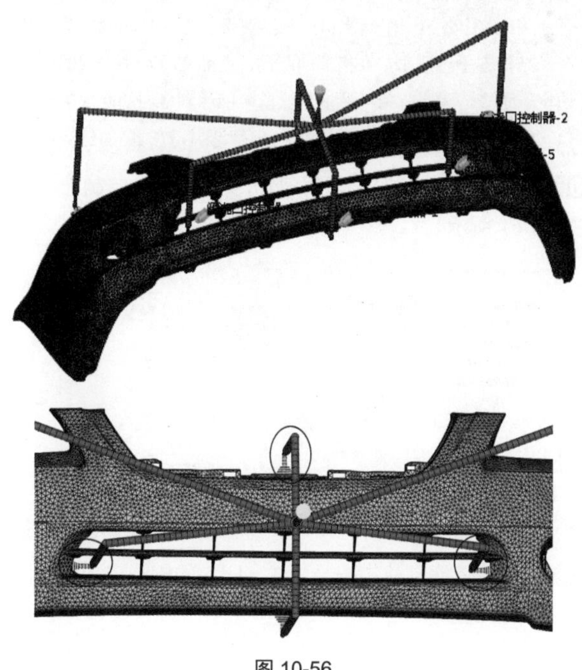

图 10-56

2．添加阀浇口控制器

阀浇口控制器只应用在普通热流道浇注系统中，对冷流道是没有作用的。阀浇口控制器可以控制各个浇口的开启与关闭时间，达到顺序充填型腔消除熔接线的目的。

阀浇口的时序控制不是一次两次就能达到最佳效果的，需要设计师仔细分析熔接线产生的具体原因，例如料流前峰是怎样运动的？热浇口开启与关闭的时间是否得当？以热浇口的设计为主是否合理？……诸多问题都是需要花费大量的时间重复运行分析后来解决的。本书作为教材，鉴于篇幅的限制，不能一一地将所有分析流程都完整地介绍给读者，只是对较接近于最佳效果的方案进行全面介绍。

本案例前保险杠的模流分析中，浇口设计为 6 个，充填是平衡的。每一个浇口的充填时间是不同的，因此需要创建 6 个阀浇口控制器分别控制 6 个浇口，但是，一般情况是第一个热浇口在注塑前都是开启的，所以第一个热浇口可以省略掉阀浇口控制器。

01 在【边界条件】选项卡【浇注系统】面板中【阀浇口控制器】命令菜单中单击【创建 / 编辑】按钮，弹出【创建 / 编辑阀浇口控制器】对话框，如图 10-57 所示。

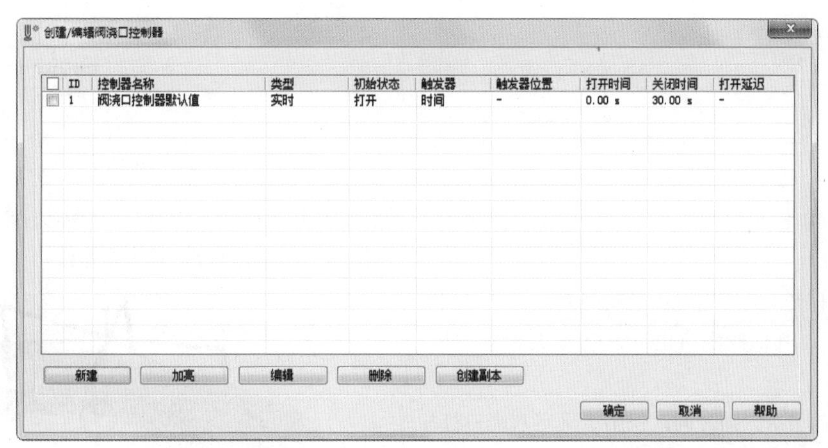

图 10-57

02 对话框中已经存在一个默认的阀浇口控制器，初始状态是打开，注塑时间为 0 ～ 30s，差不多是从开始注塑到充填结束。但本案例保险杠制件是大型制件，而且每一个阀浇口都不会同时开启，所以第一个热浇口无须阀浇口控制器。

03 将这个默认控制器更改部分选项及参数，以便用在第二个热浇口。双击默认创建的阀浇口控制器，打开【查看 / 编辑阀浇口控制器】对话框，如图 10-58 所示。

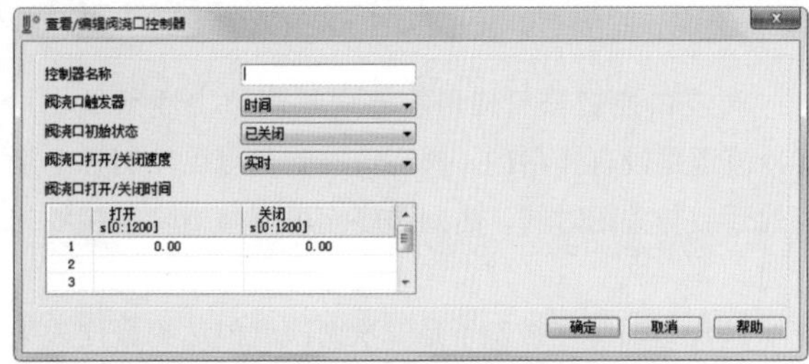

图 10-58

（1）控制器名称：输入一个控制器的名称，最好带数字编号，在分析时查找阀浇口控制器时会比较方便。

（2）阀浇口触发器：控制阀浇口打开的方式，包括时间、流动前沿、压力、百分比体积和螺杆位置 5 种。其中，使用较为普遍的是【时间】和【流动前沿】两种方式。对于小型制件，【时间】方式设置比较容易，可设置每一个阀浇口的打开和关闭时间。但对于大型制件，【时间】方式显得极为麻烦，不容易控制时间，最好的方式是【流动前沿】，如图 10-59 所示为【流动前沿】方式的设置界面。在【触发器位置】下拉列表中包含【浇口】与【指定节点】选项。【浇口】选项的含义是，当料流前峰抵达下一个阀浇口时，触发阀浇口控制器打开，这个选项仅适用于阀浇口直接用作点浇口的情况，侧浇口是不适用的，因为侧浇口通常是冷浇口。【指定节点】选项的含义是，当料流前峰抵达用户指定某一个节点时，触发下一个阀浇口控制器打开。

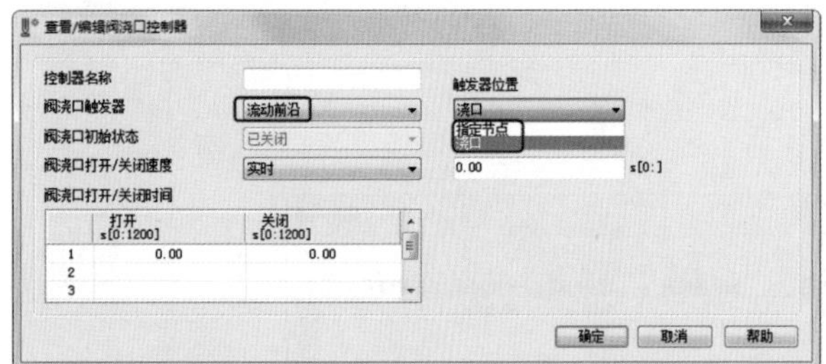

图 10-59

（3）阀浇口初始状态：阀浇口开始时处于打开状态还是已关闭状态。

（4）阀浇口打开 / 关闭速度：某些阀浇口将在收到触发器后立即打开，其他阀浇口也可编程为以速度受控的方式打开。

（5）阀浇口打开 / 关闭时间：仅用于确定阀浇口打开和关闭的时间。关闭时间一般保留默认时间 30s，如果要另外设置关闭时间，那么可以控制阀浇口控制器随时打开随时关闭。

04 在【查看 / 编辑阀浇口控制器】对话框中设置如图 10-60 所示的选项及参数。单击【确定】按钮关闭对话框。

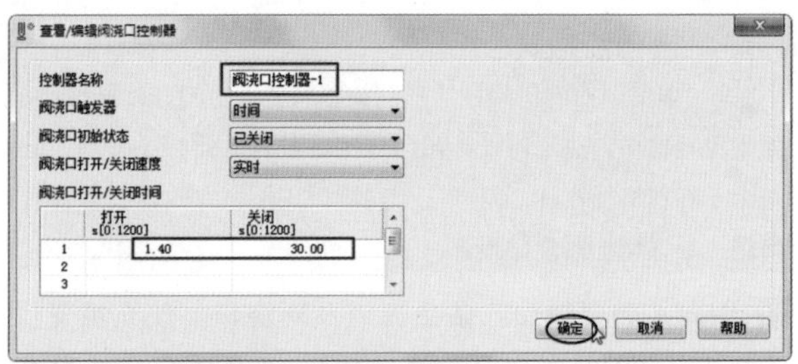

图 10-60

技巧点拨：

为什么第一个阀浇口控制器要设置打开时间呢？其实从产品结构中不难看出，在格栅的两侧，产品宽度是不一致的，一边宽一边窄。为了保持两侧的料流前峰能达到格栅的两端的热浇口，所以较窄一侧热浇口的注射时间稍晚于较宽一侧的热浇口。

05 单击【新建】按钮，创建第二个阀浇口控制器，如图 10-61 所示。

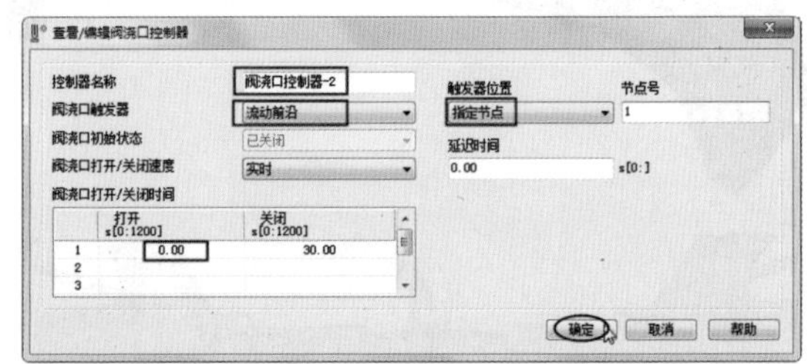

图 10-61

06 同理，依次创建出编号为 3、4、5 的阀浇口控制器，如图 10-62 所示。

图 10-62

07 如图 10-63 所示，从中间往两边注射熔融体，不易产生影响产品结构强度的较大熔接线。

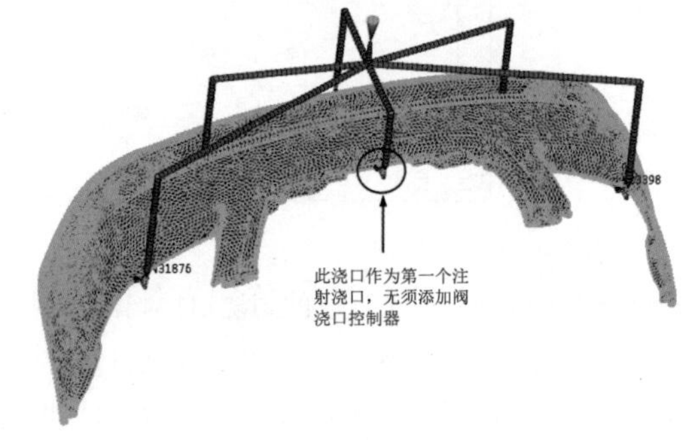

图 10-63

08 指定相对的热浇口作为使用阀浇口控制器的第一个浇口，放大显示该热浇口，选中热浇口的第一个单元并单击右键，在弹出的快捷菜单中选择【属性】命令，弹出【编辑锥体截面】对话框，选择【仅编辑所选单元的属性】选项，再单击【确定】按钮，如图 10-64 所示。

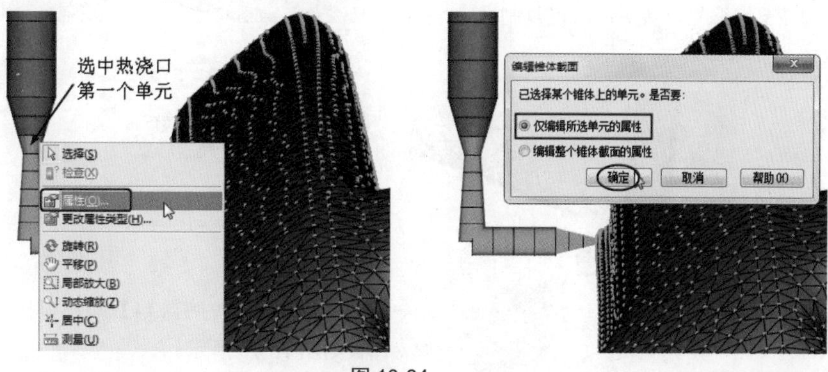

图 10-64

技巧点拨：

只能选中热浇口的其中一个单元来编辑属性，不能三个浇口单元都选，否则会影响阀浇口控制器的控制。此外，【编辑锥体截面】对话框中的【编辑整个锥体截面的属性】选项适用于所有浇口只用了一个阀浇口控制器的情况。

09 在随后弹出的【热浇口】对话框中的【阀浇口控制】选项卡中选择【阀浇口控制器 -1】的阀浇口控制器，单击【确定】按钮完成阀浇口控制器的添加，如图 10-65 所示。

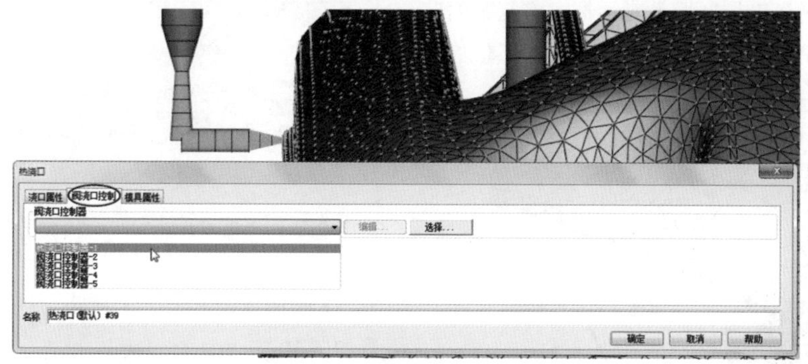

图 10-65

10 同理，依次添加其余热浇口的阀浇口控制器，添加完成的阀浇口控制器如图 10-66 所示。

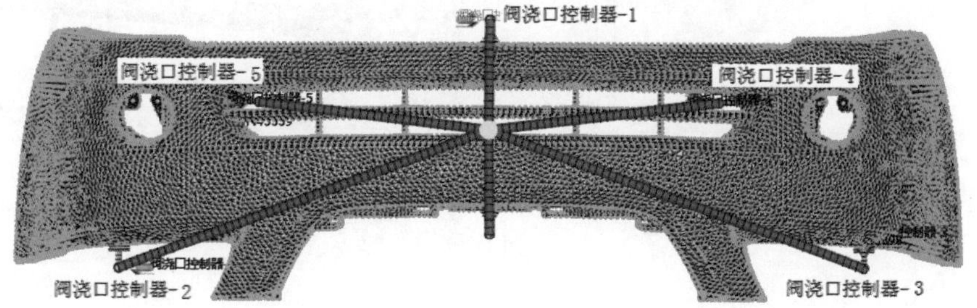

图 10-66

3．指定流动前沿的节点位置

在创建阀浇口控制器时设定了流动前沿的触发器，需要指定触发器的节点位置。第一个阀浇口控制器无须指定触发器节点位置，因为前面设定的是【时间】触发器。

01 设置第二个阀浇口控制器的触发器节点位置。在【几何】选项卡中单击【查询】按钮 查询，在冷浇口靠近制件中间的一侧选取一个节点，查询其节点编号，如图 10-67 所示。复制该节点编号以备后用（仅复制数字，不要复制字母 N）。

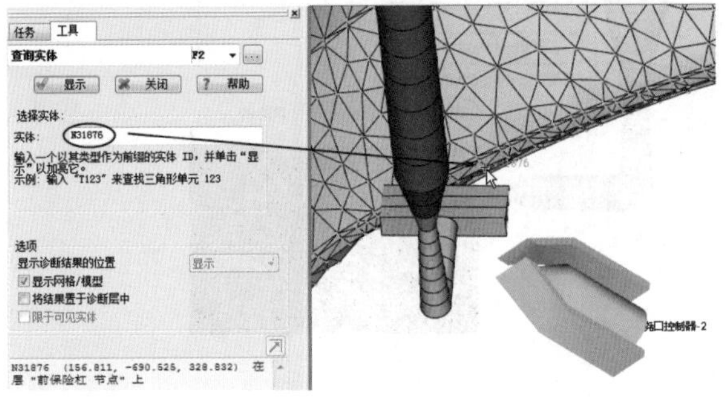

图 10-67

> **技巧点拨：**
> 读者选择的节点有可能跟笔者不同，这个硬性要求必须选取的那个节点是合理的。

02 在图形区中双击【阀浇口控制器 -2】阀浇口控制器，弹出【查看 / 编辑阀浇口控制器】对话框。将复制的节点编号（数字）粘贴到【节点号】文本框中，单击【确定】按钮完成触发器节点位置的设置，如图 10-68 所示。

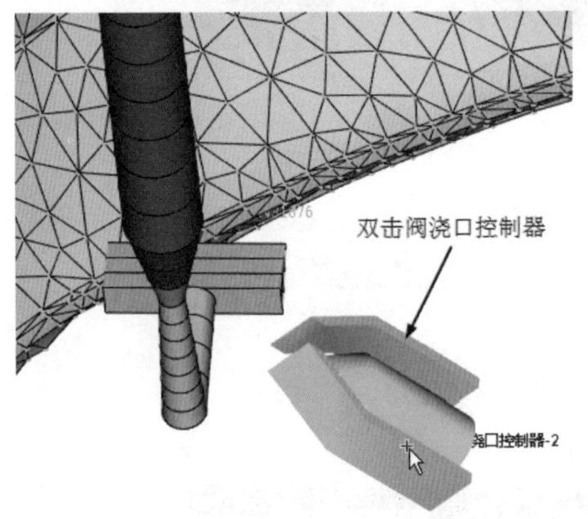

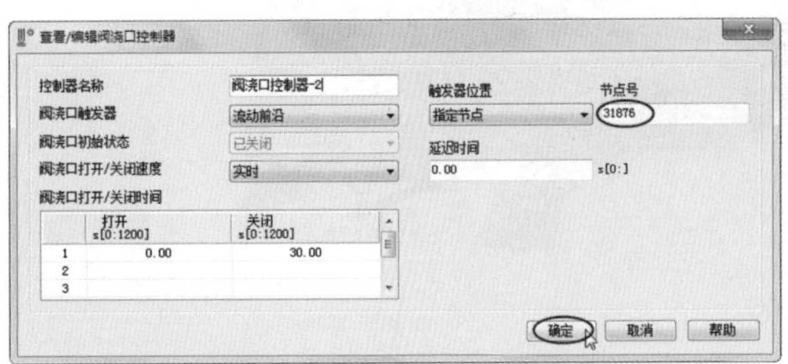

图 10-68

03 【阀浇口控制器 -3】阀浇口控制器的触发器节点位置如图 10-69 所示。

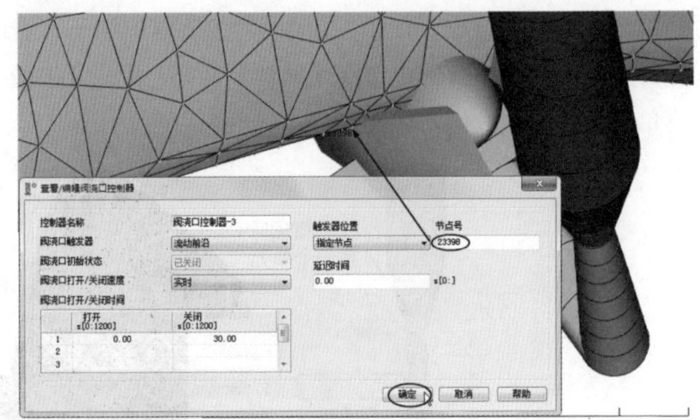

图 10-69

04 【阀浇口控制器 -4】阀浇口控制器的触发器节点位置如图 10-70 所示。

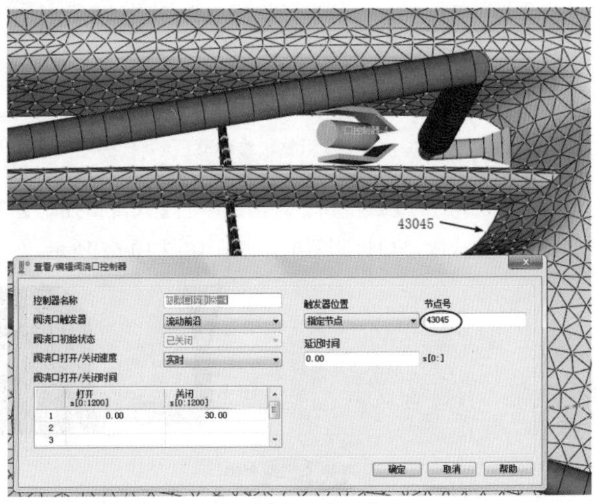

图 10-70

05 【阀浇口控制器 -5】阀浇口控制器的触发器节点位置如图 10-71 所示。

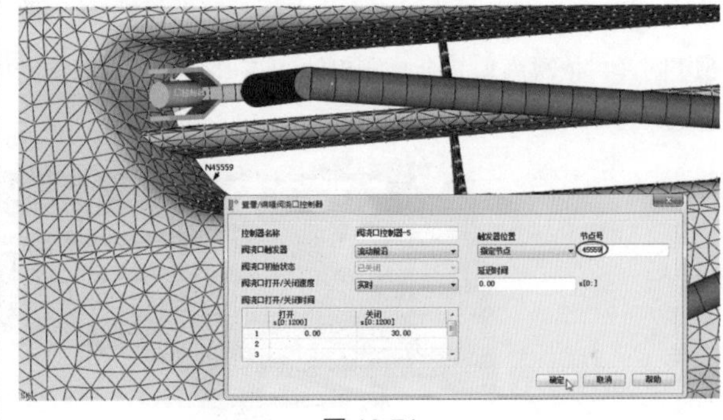

图 10-71

10.4.2 分析结果解读

1. 工艺设置

添加了阀浇口控制器以后，注射时间必须要指定，不能使用系统的【自动】时间。

01 单击【工艺设置】按钮，弹出【工艺设置向导 - 填充设置】对话框。在对话框中设置如图 10-72 所示的工艺参数。

图 10-72

02 单击【分析】按钮，运行填充分析。

2．结果解读

（1）熔接线。

在【流动】的结果中查看【熔接线】分析结果，可以看到，制件中有三处位置产生了较明显的熔接线，如图 10-73 所示。产生的熔接线恰恰是在前保险杠的表面上，必须改进阀浇口控制器或者改善流道设计。

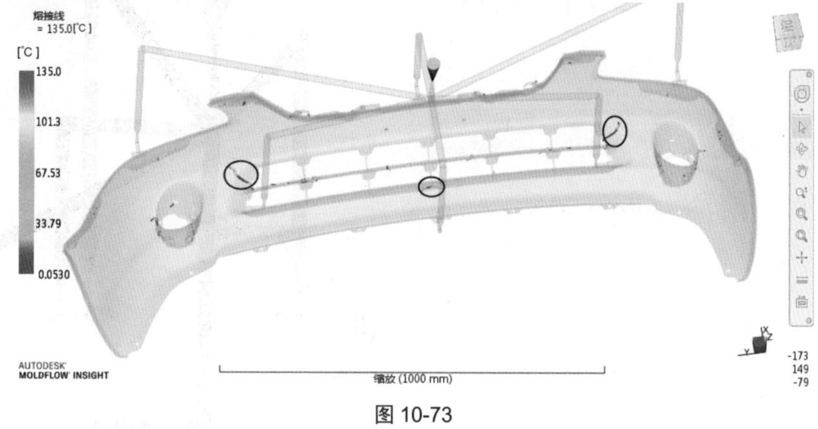

图 10-73

（2）充填时间。

查看充填时间的结果。在功能区【结果】选项卡中的【动画】面板中，可以查看熔融料填充动画，从动画中很明显地查看到由于没有控制好充填的时机，使部分料流前峰倒灌进冷浇口中冷凝，造成正常的注射堵塞，如图 10-74 所示。

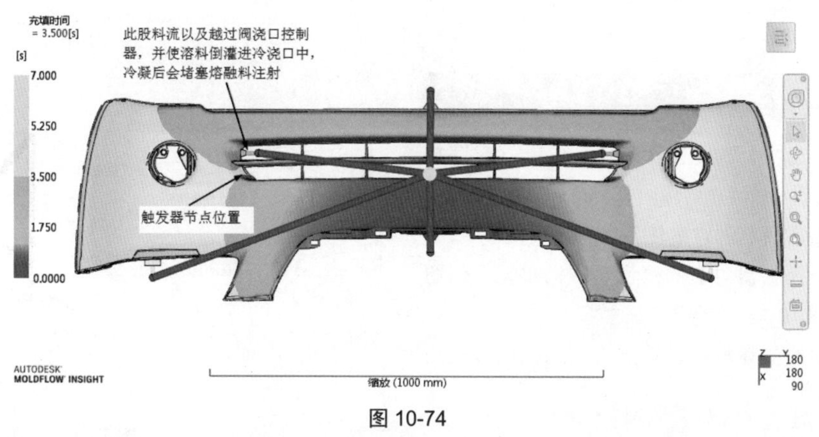

图 10-74

而且，两股料流前峰的汇合还形成了熔接线，如图 10-75 所示。虽然如此，所产生的熔接线还是比先前普通热流道系统注射时的熔接线要少、要小。

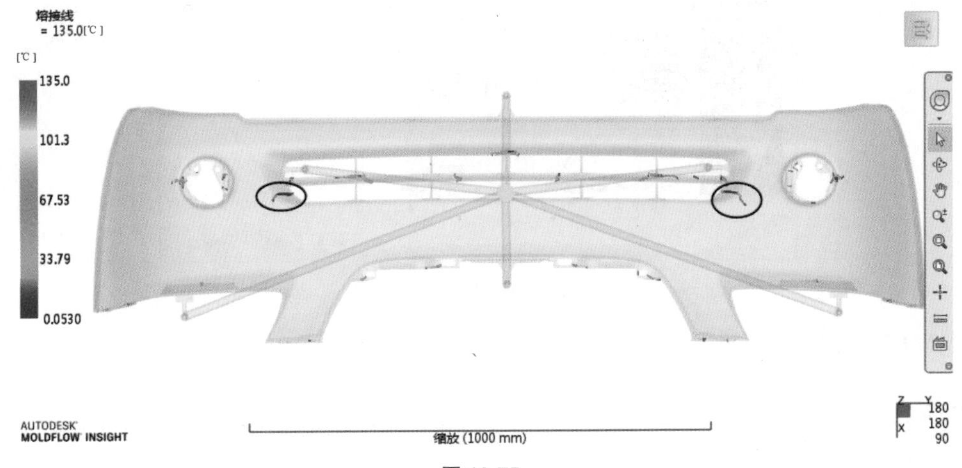

图 10-75

只要是多浇口，熔接线是肯定要产生的，我们要关注的是“如何让熔接线产生在不影响外观质量的区域中”这个问题。

10.5 熔接线位置优化

从如图 10-76 所示的充填动画中可以看到，前保险杠窄边的料流先于宽边料流到达阀浇口 4 和阀浇口 5 的浇口位置，这是产生熔接线在产品外观明显位置上的最大原因，如果能将熔接线产生在格栅、车灯孔内、制件周边等位置上，就不会影响产品外观质量和结构强度。

经过经验积累，缩短窄边料流的推进速度是问题的唯一解决方案。

下面有两种方法可以尝试（可单一使用，也可以结合使用）。

（1）改变【阀浇口控制器 -1】的热流道直径；

（2）更改【阀浇口控制器 -1】阀浇口控制器的开启时间。

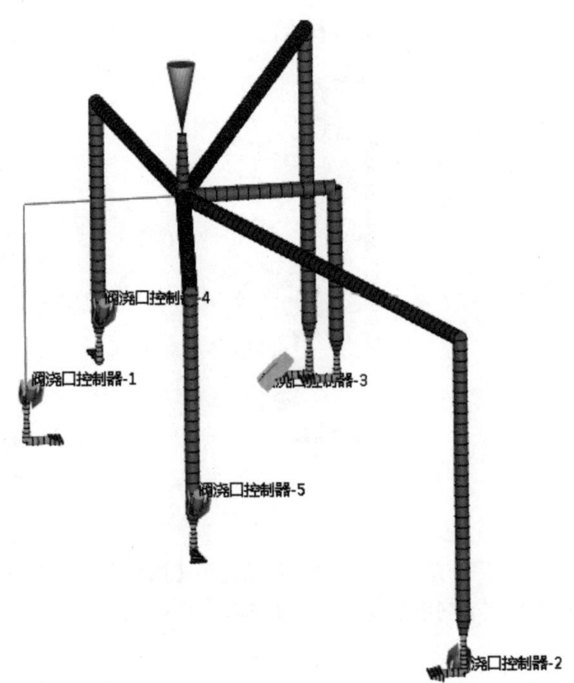

图 10-76

10.5.1 改变热流道直径

01 在工程任务视窗中复制【前保险杠 _study （时序控制）】方案任务，并重命名为“前保险杠 _study（时序控制）（优化）”。双击重命名的方案任务进入到该任务中。

02 删除【阀浇口控制器 -1】的热流道网格单元，保留节点和曲线，如图 10-76 所示。

03 编辑热流道曲线的属性，设置热流道的截面直径尺寸为 12，如图 10-77 所示。

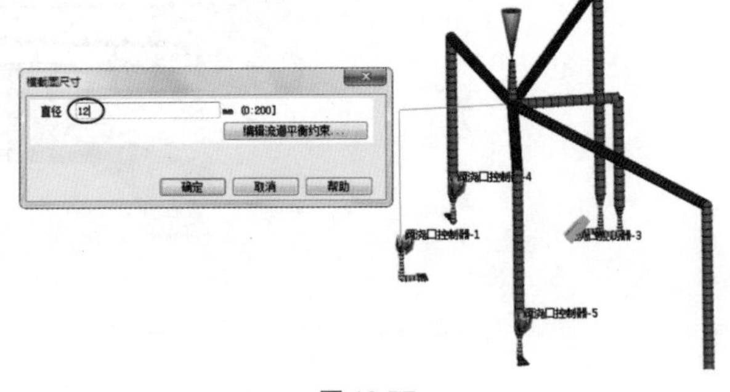

图 10-77

04 单击【生成网格】按钮生成热流道曲线部分的网格单元，如图 10-78 所示。

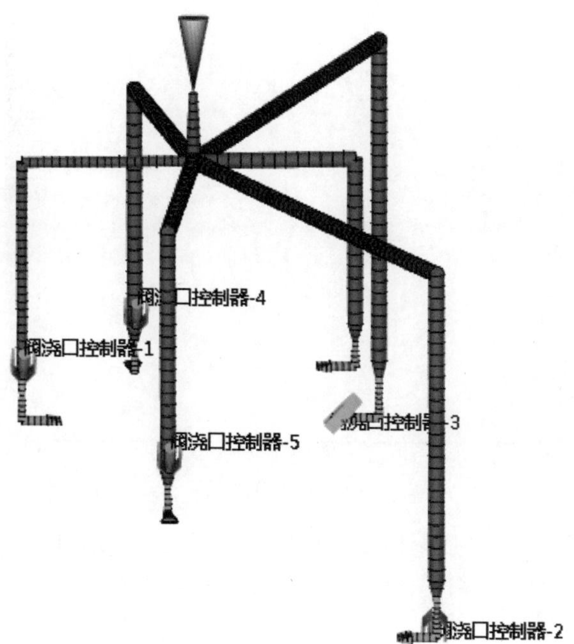

图 10-78

05 稍稍调整【阀浇口控制器 -4】与【阀浇口控制器 -5】的阀浇口控制器触发器节点位置。如图 10-79 所示为【阀浇口控制器 -4】的触发器节点位置。

06 如图 10-80 所示为【阀浇口控制器 -5】的触发器节点位置。

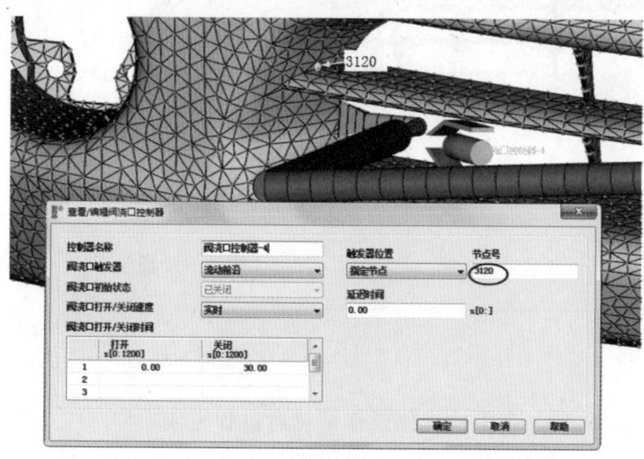

图 10-79

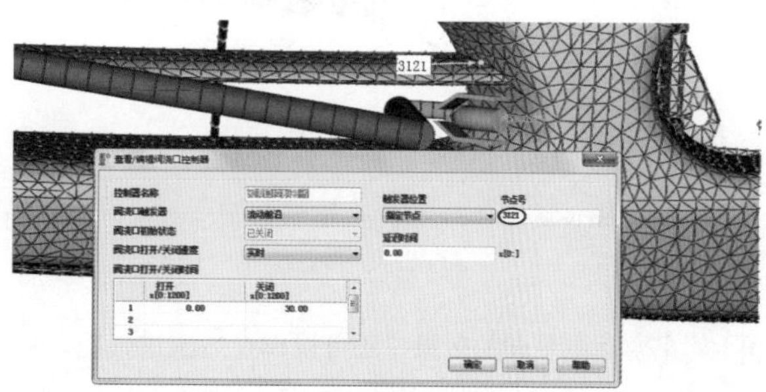

图 10-80

10.5.2　运行分析与结果解读

01 单击【分析】按钮，运行填充分析。

02 完成填充分析后，查看熔接线和填充时间结果。

03 如图 10-81 所示为熔接线分析结果图，图中显示熔接线主要产生在制件周边、格栅中间及孔内，周边及孔内的熔接线被装配后是看不见的，中间格栅位置的熔接线较少，不会影响制件结构强度，这得益于热流道的改善。

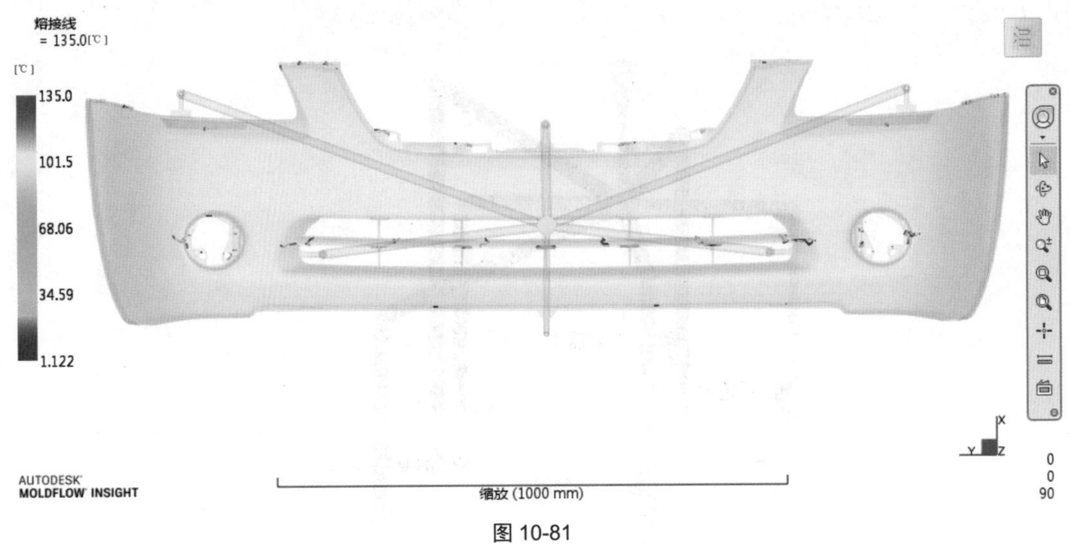

图 10-81

04 如图 10-82 所示为充填动画。从中可明显地看到，两股料流的推进速度基本相当，料流前峰交汇时产生的角度也增大了不少。一般来说，交汇角度越大熔接线越短，反之熔接线越长越明显。

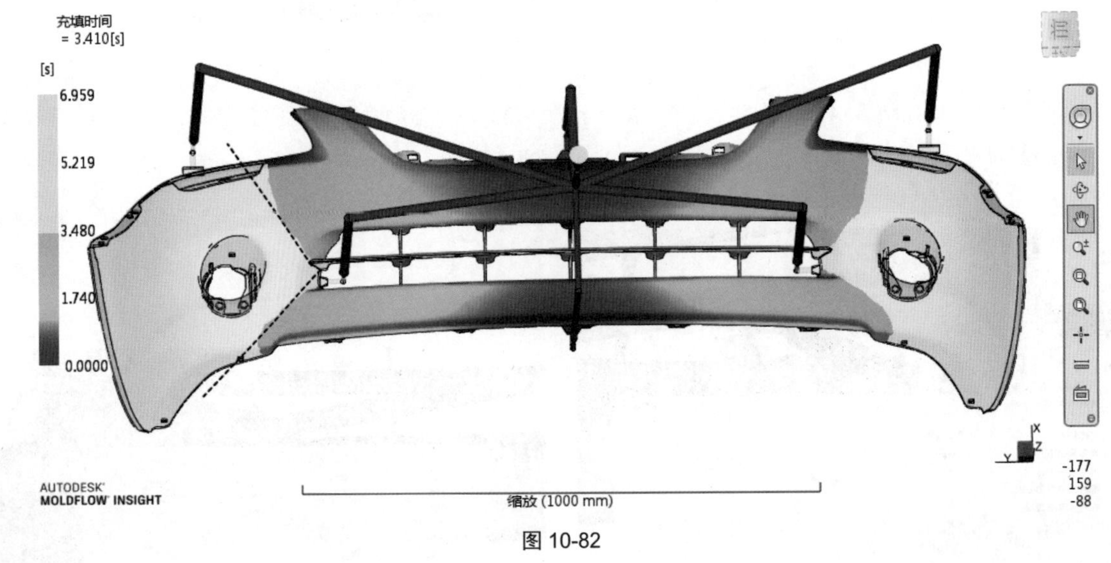

图 10-82

05 如果要达到更佳的效果，还可以调整热流道直径，鉴于篇幅关系，余下的优化操作请读者自行完成。

本章主要介绍利用 Moldflow 的收缩分析功能辅助改善模具型腔设计和材料的选择。主要表现在浇口分析、流道 + 保压 + 收缩分析的优化前后比较，以此取得产品收缩率的最佳方案。

项目分解	知识点 01：关于模具型腔尺寸的优化
	知识点 02：分析项目介绍
	知识点 03：Moldflow 分析流程
	知识点 04：初步分析
	知识点 05：优化分析

第 11 章 产品收缩分析案例

11.1 关于模具型腔尺寸的优化

11.1.1 模具型腔尺寸与塑料收缩率的关系

塑料制品从模具中取出发生尺寸收缩的特性称为塑料的收缩性。因为塑料制品的收缩不仅与塑料本身的热胀冷缩性质有关，而且与模具结构及成型工艺条件等因素有关，所以将塑料制品的收缩统称为成型收缩。

模具型腔尺寸与塑料的收缩率有直接关系。但是，在实际成型时不仅不同品种的塑料其收缩率不同，而且不同批次的同一品种塑料或者同一制品的不同部位的收缩率也经常不同，收缩率的变化受塑料品种、制品特征、成型条件以及模具结构，特别是浇口尺寸和位置诸多因素的影响，因此制品的实际收缩率与设计模具所选用的计算收缩率之间便存在着误差。在实际的生产中，收缩率的选取原则如下。

（1）对于收缩率范围较小的塑料品种，可按收缩率的范围取中间值，此值称为平均收缩率。

（2）对于收缩率范围较大的塑料品种，应根据制品的形状，特别是根据制品的壁厚来确定收缩率，对于壁厚者取上限（大值），对于壁薄者取下限（小值）。

（3）收缩率的选择还要考虑到修模的余地，如凹模要选小值，型芯选大值。

从上面的选取原则可以看到，塑料收缩率的选择是很重要的，它直接影响到制品的质量以及生产效率。MPI/Shrink 模块提供了很好的帮助。

11.1.2 Moldflow 收缩分析模块

Moldflow 在充分考虑塑料性能、制品尺寸以及成型工艺参数的情况下，能够给出合适的成型收缩率，它的功能包括：

（1）计算合理的收缩率；

（2）图示给定的收缩率对制品是否合适；

（3）确保制品尺寸在公差范围内，降低废品率；

（4）如果用户对某个尺寸规定了公差范围，MPI/Shrink 能够计算给定的收缩率是否满足公差的要求。

Moldflow 能对中型面网格和表面网格进行分析，其网格质量与流动分析、冷却分析等的要求相同。进行收缩分析时，需要选择已进行了收缩实验的材料。

在进行 MPI 收缩分析前，需进行流动分析，利用流动分析结果来确保收缩分析结果对成型模拟的准确性。Moldflow 收缩分析提供了两种分析流程：【流动＋收缩】和【冷却＋流动＋收缩】，用户可根据自己的实际情况进行选择。

11.2　分析项目介绍

分析项目：电池盖。

产品 3D 模型图，如图 11-1 所示。

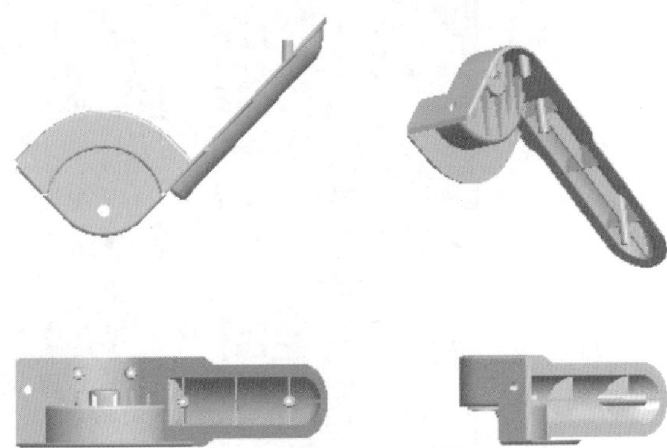

图 11-1

规格：最大外形尺寸 224mm×54.6mm×95mm（长 × 宽 × 高）。

壁厚：均匀壁厚 2.75mm。

设计要求：

（1）材料： PC+ABS。

（2）缩水率：0.0065 mm。

（3）设计要求：无制件缺陷，表面精度高。

（4）模具布局：一模一腔。

（5）生产纲领：8000 件 / 年。

11.3　Moldflow 分析流程

本案例产品对尺寸精度要求较高。采用 PS 塑料以冷流道成型，产品结构已经确定，不再更改。进浇位置预先假设，希望藉以 Moldflow 模流分析帮助改善产品的常见缺陷。

11.3.1　分析的前期准备

1．新建工程并导入分析模型

01 启动 Moldflow 2018，然后单击【新建工程】按钮，弹出【创建新工程】对话框。输入工程名称及创建位置后，单击【确定】按钮完成工程的创建，如图 11-2 所示。

图 11-2

02 在【主页】选项卡中单击【导入】按钮，弹出【导入】对话框。在本案例模型保存的路径下打开 qmb.prt.1，如图 11-3 所示。

图 11-3

03 随后弹出要求选择网格类型的【导入】对话框，选择【双层面】类型作为本案例分析的网格，再单击【确定】按钮完成模型的导入操作，如图 11-4 所示。

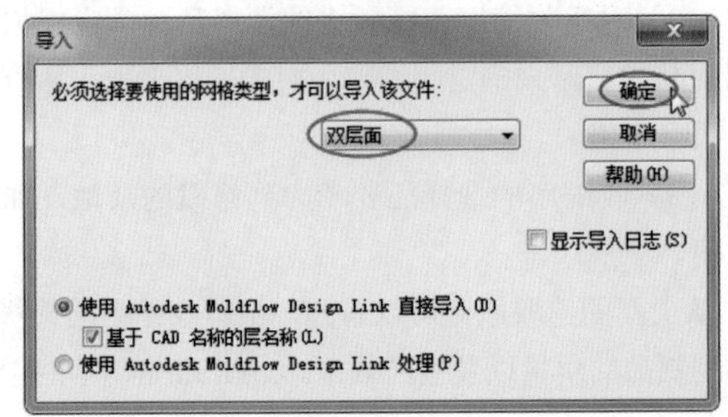

图 11-4

04 导入的 STL 模型如图 11-5 所示。

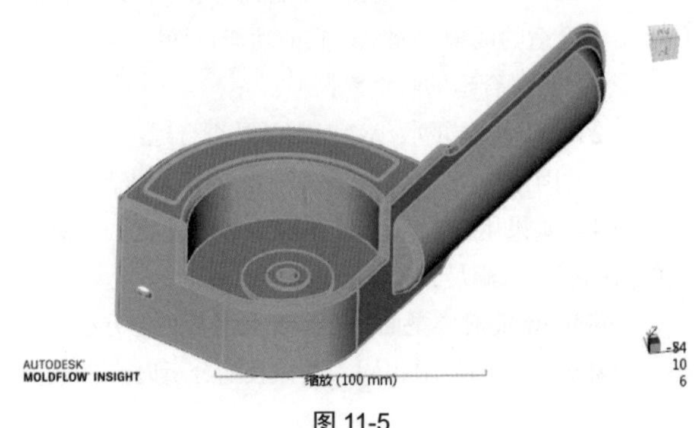

图 11-5

2．网格模型的创建

01 在【主页】选项卡【创建】面板中单击【网格】按钮，打开【网格】选项卡。

02 在【网格】选项卡的【网格】面板中单击【生成网格】按钮，工程管理视窗的【工具】选项卡中显示【生成网格】选项板。

03 设置【全局边长】的值为0.6，然后单击【立即划分网格】按钮，程序自动划分网格，结果如图 11-6 所示。

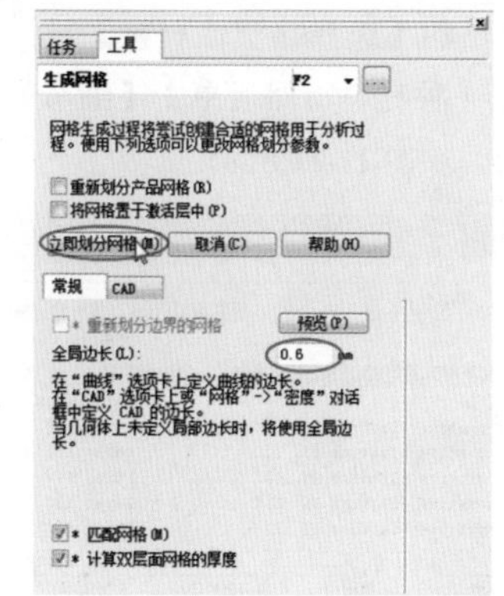

图 11-6

> **温馨提示：**
> 为了让分析更加精准，网格边长值建议比计算的默认值要低一半以上。

04 双层面网格创建后需要做统计，以此判定是否需要修复网格。在【网格诊断】面板中单击【网格统计】按钮，然后再单击【网格统计】选项板中的【显示】按钮，程序立即对网格进行统计并弹出【网格信息】对话框，如图 11-7 所示。

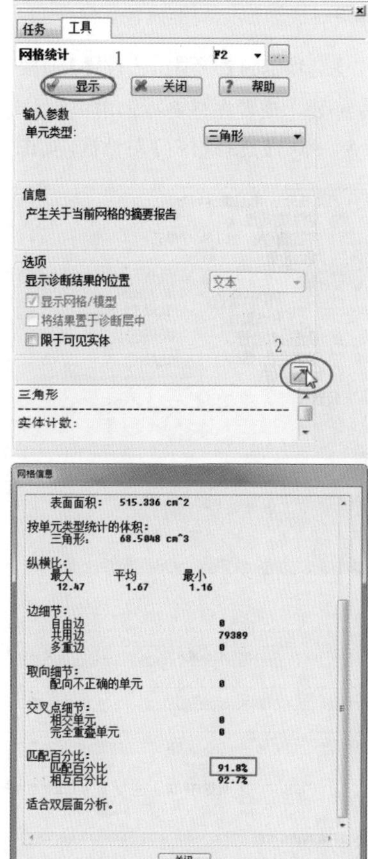

图 11-7

05 从网格统计结果看，无任何网格缺陷，网格匹配率较高，完全满足分析要求。

11.3.2　最佳浇口位置分析

最佳浇口位置分析包括选择分析序列、选择材料、工艺设置、分析等步骤。

1．选择分析序列

01 在【主页】选项卡的【成型工艺设置】面板中单击【分析序列】按钮，弹出【选择分析序列】对话框。

02 选择【浇口位置】选项，再单击【确定】按钮完成分析序列的选择，如图 11-8 所示。

图 11-8

2．选择材料

01 在【主页】选项卡的【成型工艺设置】面板中单击【选择材料】按钮，或者在任务视窗中执行右键菜单【选择材料】命令，弹出【选择材料】对话框，如图 11-9 所示。

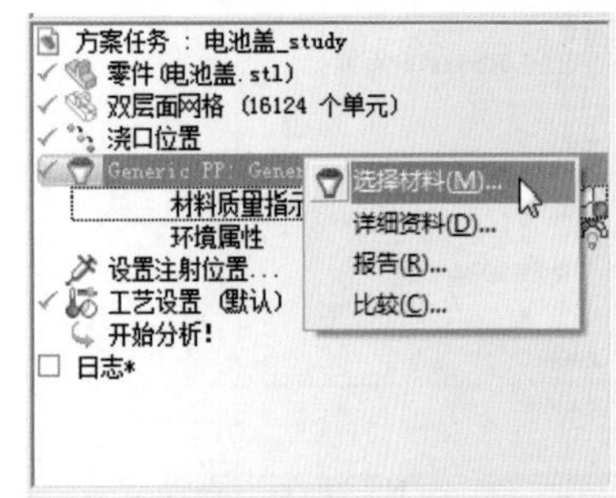

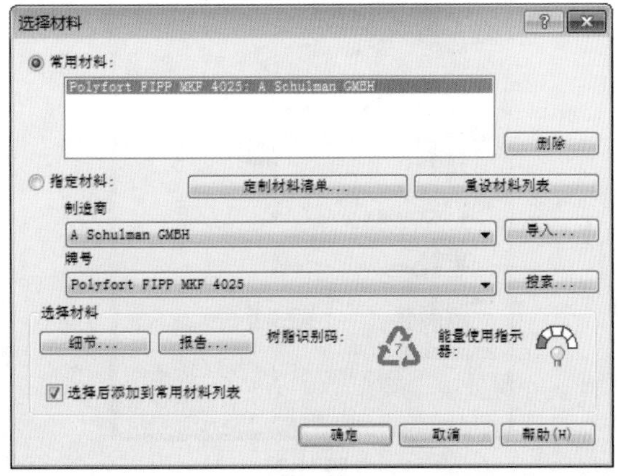

图 11-9

02 对话框中的【常用材料】列表框中的材料简称 PP，而电池盖的材料为 PC，因此需要重新指定材料。单击【指定材料】单选按钮，然后再单击【搜索】按钮，弹出【搜索条件】对话框。

> **温馨提示：**
> 由于 Moldflow 提供的材料库中材料非常全面，要想找到想要的材料十分不易，所以要用【搜索】来完成。

03 在【搜索条件】对话框的【搜索字段】列表框中选择【材料名称缩写】选项，然后输入子字符串“PC”，勾选【精确字符串匹配】复选框，再单击【搜索】按钮，如图 11-10 所示。

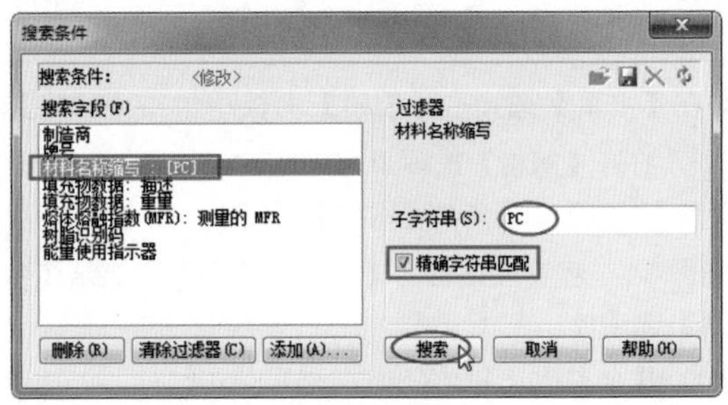

图 11-10

04 在随后弹出的【选择热塑性材料】对话框中按顺序排名来选择第 1 种材料，然后单击【细节】按钮查看是否是所需材料，如图 11-11 所示。

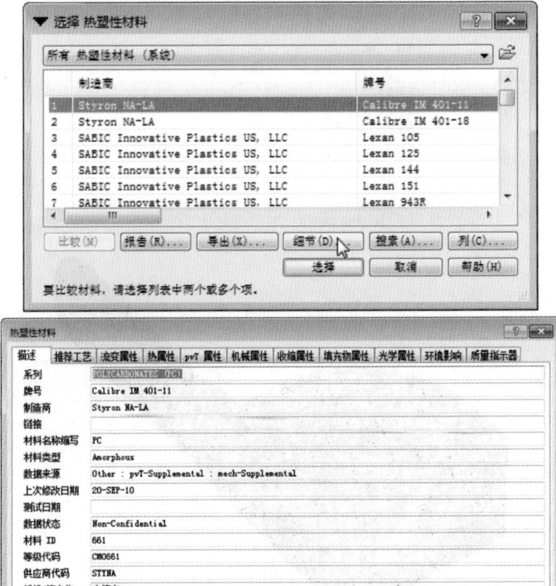

图 11-11

05 无误后单击【选择】按钮，即可将所搜索的材料添加到【指定材料】列表中，如图 11-12 所示。最后单击【确定】按钮完成材料的选择。

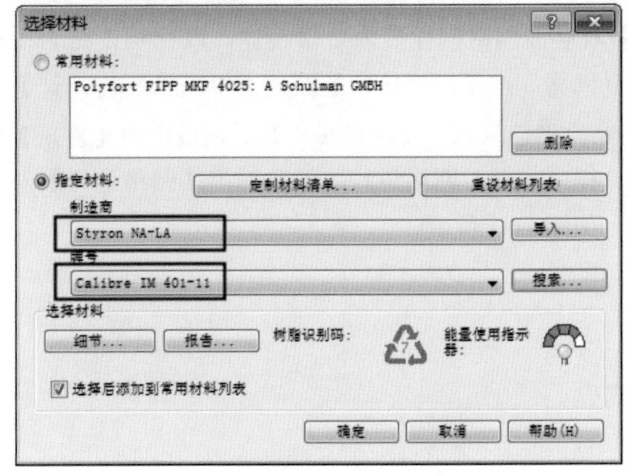

图 11-12

3．工艺设置

01 在【主页】选项卡的【成型工艺设置】面板中单击【工艺设置】按钮，弹出【工艺设置向导 - 浇口位置设置】对话框，如图 11-13 所示。

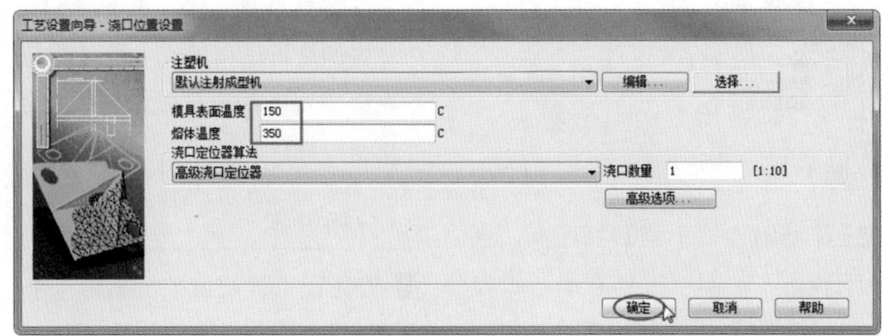

图 11-13

02 对话框中主要有两种参数需要设置：模具表面温度和熔体温度。单击【确定】按钮完成工艺设置。

知识链接：

选择的材料跟模具表面温度（模温）和熔体温度是有直接联系的。一般系统会给出一个默认值。当然也可以根据材料厂家提供的实际参数来设置。表 11-1 提供了部分材料与熔体温度、模具温度的参数，以备使用参考。

表 11-1

材料名称	流动性质			熔体温度 / （℃ / ℉）			模具温度 / （℃ / ℉）			顶出温度 / （℃ / ℉）
	MFR/（g/10min）	测试负荷/kg	测试温度/℃	最小值	建议值	最大值	最小值	建议值	最大值	建议值
ABS	35	10	220	200/392	230/446	280/536	25/77	50/122	80/176	88/190
PA 12	95	5	275	230/446	255/491	300/572	30/86	80/176	110/230	135/275
PA 6	110	5	275	230/446	255/491	300/572	70/158	85/185	110/230	133/271
PA 66	100	5	275	260/500	280/536	320/608	70/158	80/176	110/230	158/316
PBT	35	2.16	250	220/428	250/482	280/536	15/60	60/140	80/176	125/257
PC	20	1.2	300	260/500	305/581	340/644	70/158	95/203	120/248	127/261
PC/ABS	12	5	240	230/446	265/509	300/572	50/122	75/167	100/212	117/243
PC/PBT	46	5	275	250/482	265/509	280/536	40/104	60/140	85/185	125/257
PE-HD	15	2.16	190	180/356	220/428	280/536	20/68	40/104	95/203	100/212
PE-LD	10	2.16	190	180/356	220/428	280/536	20/68	40/104	70/158	80/176
PEI	15	5.00	340	340/644	400/752	440/824	70/158	140/284	175/347	191/376
PET	27	5	290	265/509	270/518	290/554	80/176	100/212	120/248	150/302
PETG	23	5	260	220/428	255/491	290/554	10/50	15/60	30/86	59/137
PMMA	10	3.8	230	240/464	250/482	280/536	35/90	60/140	80/176	85/185
POM	20	2.16	190	180/356	225/437	235/455	50/122	70/158	105/221	118/244
PP	20	2.16	230	200/392	230/446	280/536	20/68	50/122	80/176	93/199
PPE/PPO	40	10	265	240/464	280/536	320/608	60/140	80/176	110/230	128/262
PS	15	5	200	180/356	230/446	280/536	20/68	50/122	70/158	80/176
PVC	50	10	200	160/320	190/374	220/428	20/68	40/104	70/158	75/167
SAN	30	10	220	200/392	230/446	270/518	40/104	60/140	80/176	85/185

4．分析

01 在【分析】面板中单击【开始分析】按钮，程序执行最佳浇口位置分析。经过一段时间的计算后，得出如图 11-14 所示的分析结果。

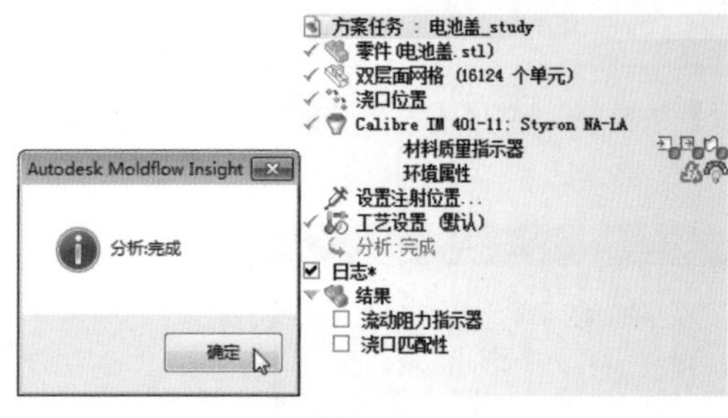

图 11-14

02 在任务视窗中勾选【流动阻力指示器】复选框，查看流动阻力，如图 11-15 所示。从图中可以看出，阻力最低的区域就是最佳浇口位置区域。

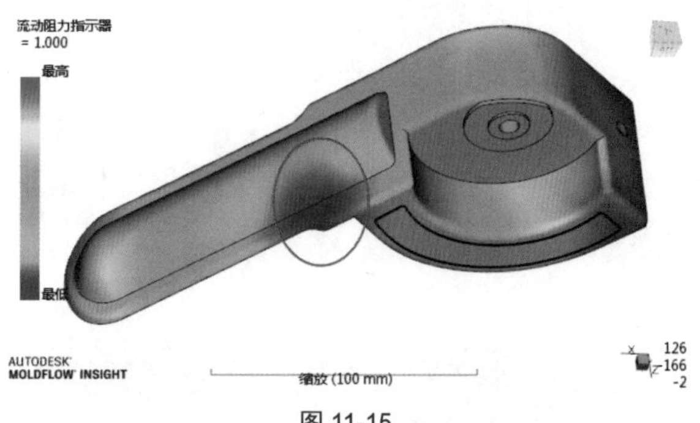

图 11-15

03 勾选【浇口匹配性】复选框，同样也可以看出最佳浇口位置位于产品中的何处，如图 11-16 所示。匹配性最好的区域就是最佳浇口位置区域。

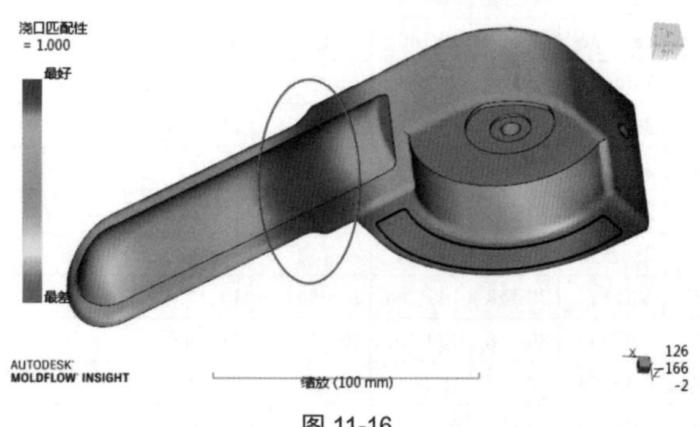

图 11-16

04 最佳浇口位置分析完后，在工程视窗中双击【qmb.prt_study（浇口位置）】分析项目，系统会自动标识出最佳浇口位置的节点，并放置注射锥，如图 11-17 所示。

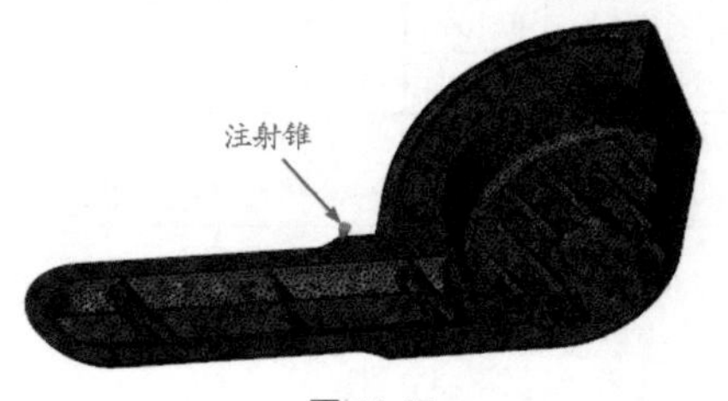

图 11-17

11.4 初步分析

【流动＋保压＋收缩】分析是基于模型的最佳浇口位置分析基础之上的。我们先以上述步骤完成的最佳浇口位置的分析结果继续完成【流动＋保压＋收缩】分析，看看会出现哪些制件缺陷，以便于第二次进行优化设置并重新分析。

1. 分析设定

01 首先在工程视窗中复制第一个分析项目，如图 11-18 所示。双击重命名的新项目，进入该项目的分析环境中。

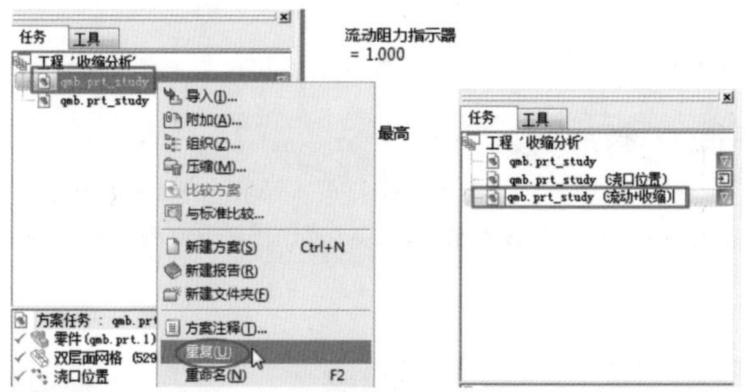

图 11-18

02 选择分析序列。在【成型工艺设置】面板中单击【分析序列】按钮，弹出【选择分析序列】对话框。单击【更多】按钮，弹出【定制常用分析序列】对话框。在该对话框中勾选【填充＋保压＋收缩】分析序列选项，并单击【确定】按钮完成定制，如图 11-19 所示。完成定制后再在【选择分析序列】对话框中选中【填充＋保压＋收缩】分析序列并单击【确定】按钮即可。

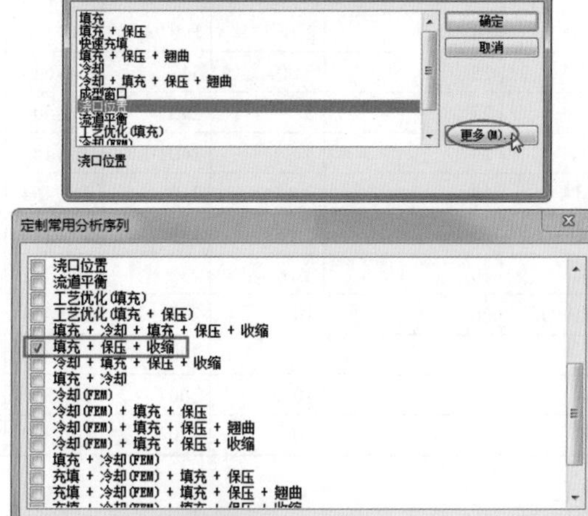

图 11-19

03 选择注射位置（放置注射锥）时，参考前面的最佳浇口位置的分析结果，如图 11-20 所示。

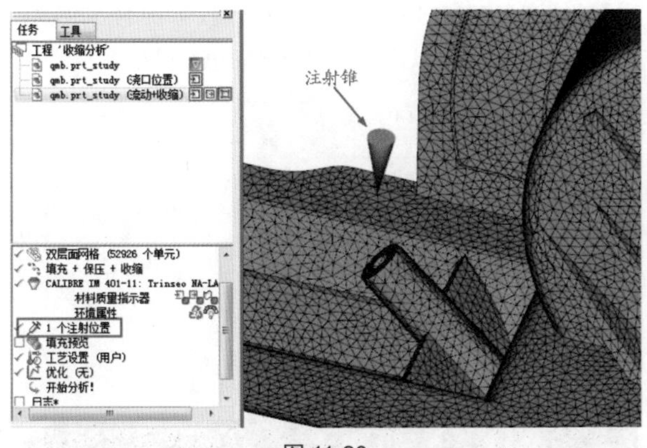

图 11-20

2. 指定收缩材料

进行收缩分析时，需要选择进行收缩实验的材料。

01 在方案任务视窗中双击材料项目，或者单击【选择材料】按钮，弹出【选择材料】对话框。单击【搜索】按钮，弹出【搜索条件】对话框，如图 11-21 所示。

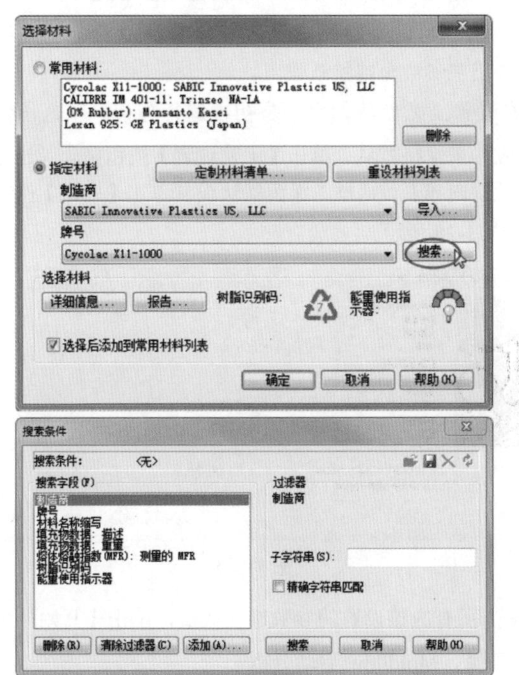

图 11-21

02 单击【搜索条件】对话框中的【添加】按钮，程序弹出【增加搜索范围】对话框。在该对话框的材料选择范围列表框中选择【残余应变收缩数据：平行标准偏差】，再单击【添加】按钮完成选择范围类型的添加，如图 11-22 所示。

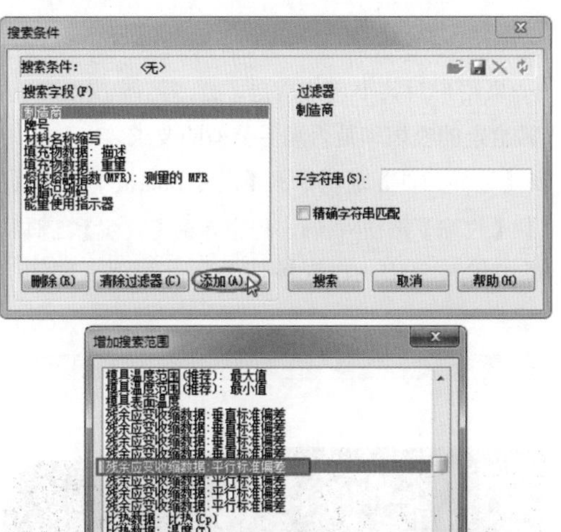

图 11-22

03 在【搜索条件】对话框中，选择上步骤添加的范围类型，并在右边的选项卡中输入收缩率的最小值为 0.004，输入最大值为 0.0065，然后单击【搜索】按钮，如图 11-23 所示。

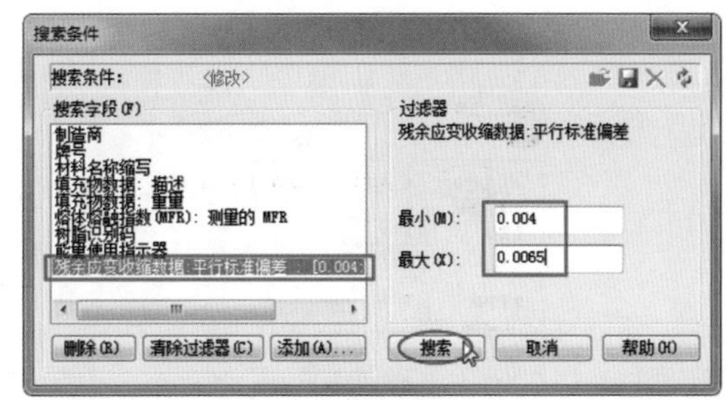

图 11-23

04 此时程序弹出了【选择 热塑性材料】对话框，对话框中有三种符合公差范围的材料，选择 Prime Polymer Co Ltd：Hi-Zex 8200B 材料，然后单击【选择】按钮完成收缩材料的选择，如图 11-24 所示。

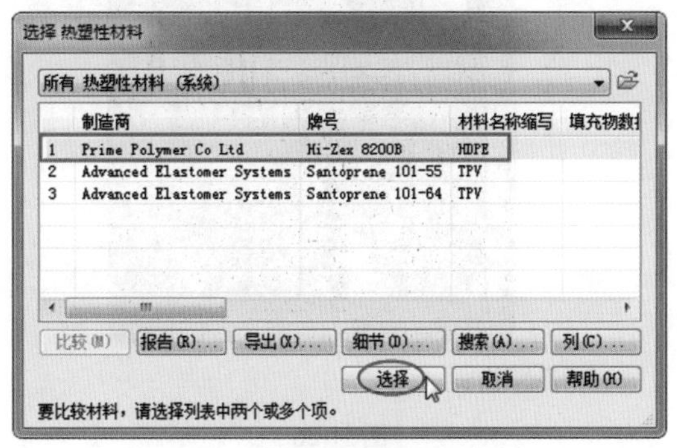

图 11-24

3．定义尺寸公差

如果用户对某个尺寸规定了公差范围，Moldflow 能够计算给定的收缩率是否满足公差的要求。

01 在【边界条件】选项卡的【尺寸】面板中单击【关键尺寸】|【收缩】按钮，程序弹出【收缩】工具标签。

02 在图形窗口中，将视图切换到上视图，如图 11-25 所示。

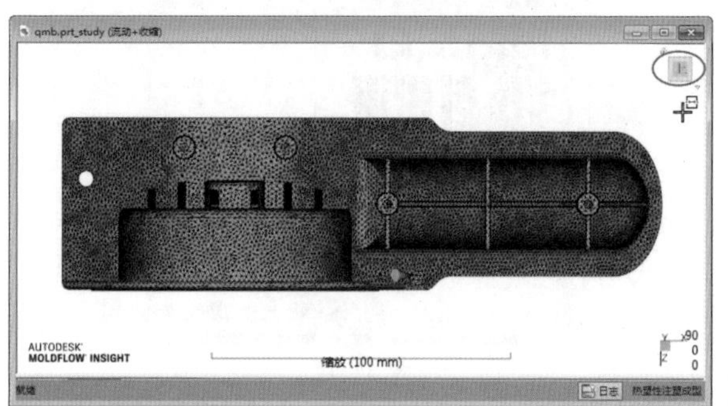

图 11-25

03 在Z轴方向上选取模型两端的节点作为尺寸参考点，两节点的距离为55.33，并将上公差设为0.3，下公差设为0，单击【应用】按钮完成Y方向的尺寸公差设置，如图 11-26 所示。

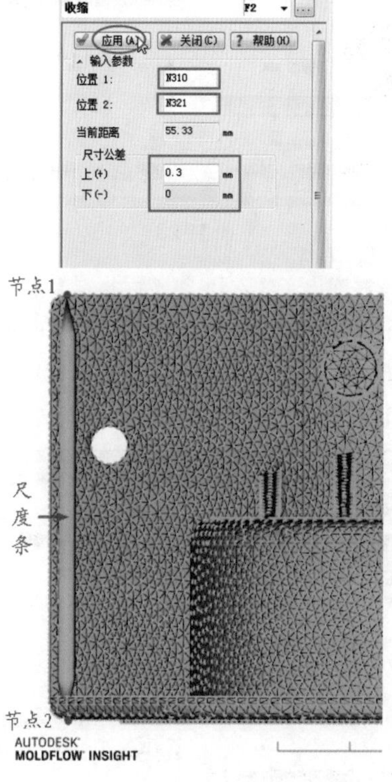

图 11-26

04 接下来设置X方向上的尺寸公差。在X方向上选择模型两端的节点，在标签中显示两节点距离为219.54，将上公差设为0.5，下公差设为0.5，最后单击标签中的【应用】按钮完成X方向上的尺寸公差设置，如图11-27所示。设置的尺寸公差将以尺度条的形式表达在模型中。

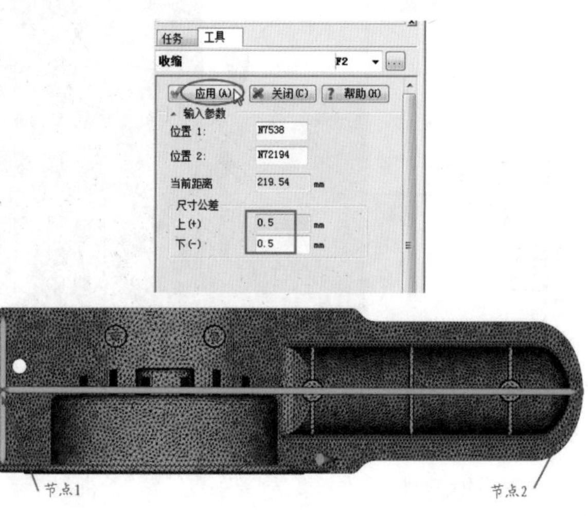

图 11-27

4．设置工艺参数

为了验证系统默认的工艺设置参数对分析的精确性，工艺参数全部默认设置。

01 设置工艺参数。由于是初次运行分析，工艺设置参数应尽量保持默认。单击【工艺设置】按钮，弹出【工艺设置向导】对话框。保留默认设置单击【确定】按钮，如图 11-28 所示。

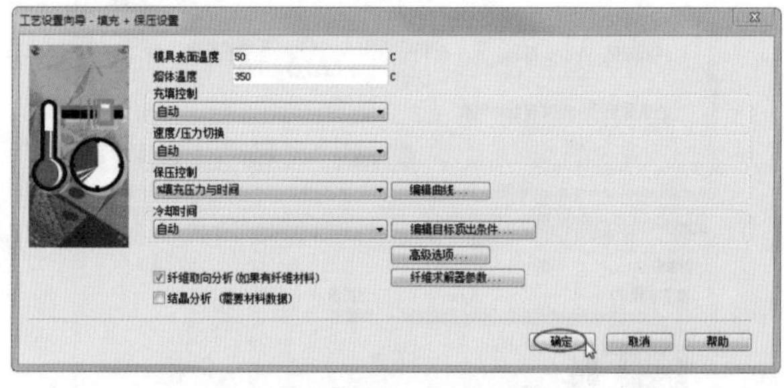

图 11-28

02 当所有应该设置的参数都完成后，单击【开始分析】按钮，Moldflow 启动分析。

5．分析结果解析

经过较长时间的耐心等待之后，完成了【填充 + 保压 + 收缩】的分析。下面解读分析结果。

在方案任务窗格中可以查看分析的结果，本案例有两个结果：流动和收缩，如图 11-29 所示。

图 11-29

（1）流动分析结果。

为了简化分析的时间，下面仅将重要的分析结果列出。

01 充填时间。如图 11-30 所示，按 Moldflow 常规的设置，所得出的充填时间为 1.408s，比自动的充填时间（1.2s）快了 0.208s（可以从分析日志中找到）。

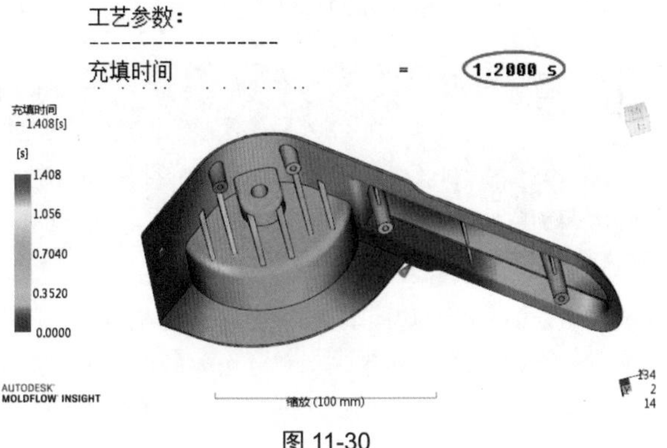

图 11-30

02 在【充填时间】选项位置单击右键，选择快捷菜单中的【属性】命令，在弹出的“图形属性”对话框中选择设置【等值线】的方法来显示图形，如图 11-31 所示。

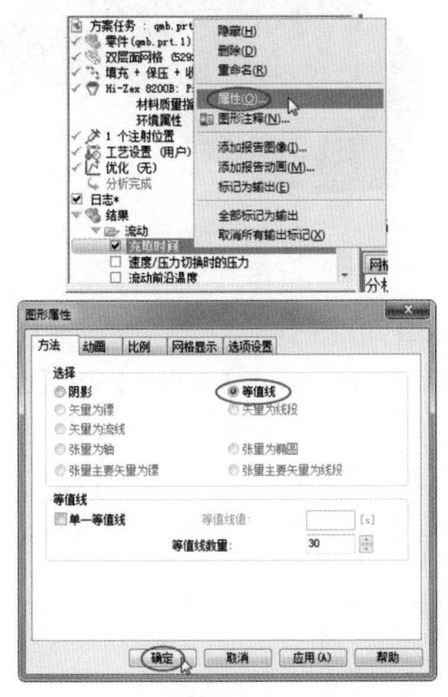

图 11-31

03 从等值线云图来看，等值线的间距在局部区域并不均匀，这说明这些区域的填充是不平衡的，如图 11-32 所示。这对制品的质量有严重影响。

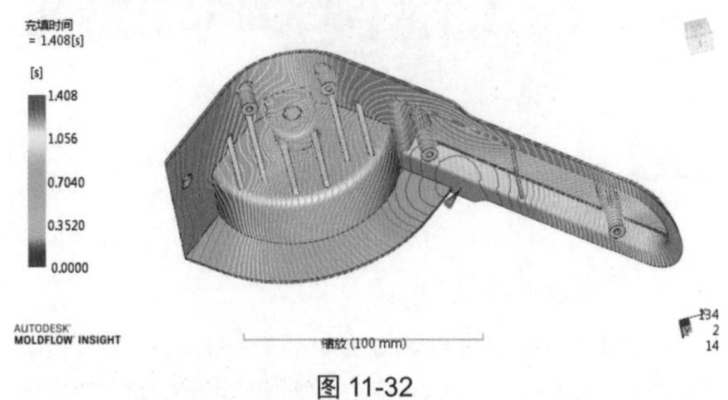

图 11-32

04 流动前沿温度。如图 11-33 所示，图中表示的是充填过程中流动波前温度的分布，产品中大部分区域波前温度较为均匀，均在 350℃左右。

图 11-33

05 速度 / 压力切换时的压力。如图 11-34 所示，转换点浇口压力为 21.88MPa。图中浇口位置的压力在通过转换点后由 21.88MPa 降低为保压压力 16.41MPa，而在压力控制下继续填充整个型腔。图中圈示的灰色显示部分为欠注区域（未填充区域），剩余的填充将在从填充切换到保压时所达到的恒压下或者在指定的保压压力下进行。

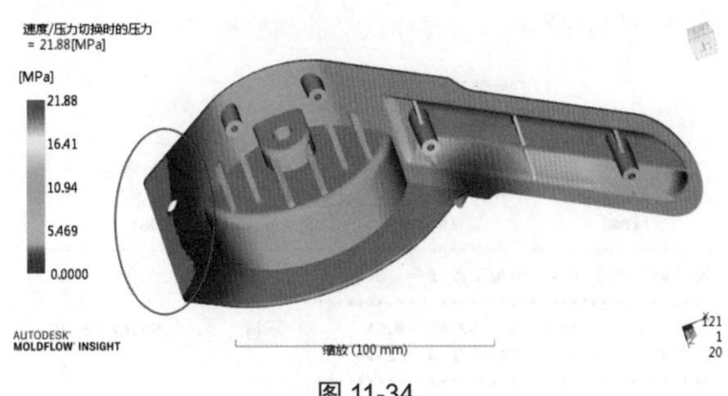

图 11-34

06 填充末端压力。充填结束时的压力属于单组数据，该压力图是观察制件的压力分布是否平衡的有效工具。充填结束时的压力对平衡是非常敏感的。

07 如图 11-35 所示，图中制品在充填结束时，压力已提前释放，很明显易产生欠注现象。

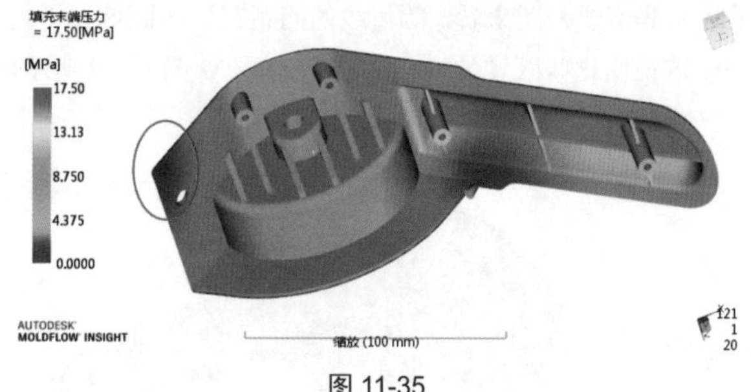

图 11-35

（2）收缩分析结果。

收缩分析结果可以通过看日志并结合云图来分析。

01 收缩分析日志。为了更好地解释图像说明，先将分析日志的分析结果列举。如图 11-36 所示为推荐的收缩率是 0.47%。

分析正在使用存储的网格匹配和厚度数据
匹配数据是使用最大球体算法计算的

推荐的收缩容差报告 - 整个模型

总计 = 3.70 +/- 0.47 %

图 11-36

02 如图 11-37 所示为 X、Y、Z 方向推荐的收缩率。

组成收缩报告

方向	推荐值 [%]	单一值有效范围 [%]	预期值公差 [%]	收缩最小:最大 [%]
X	2.89	0.78:4.99	2.11	0.00:5.72
Y	2.47	0.96:3.98	1.51	0.00:5.72
Z	2.07	-0.00:4.14	2.07	0.00:5.72
总计	3.70	2.50:4.91	1.20	1.31:4.55

图 11-37

03 如图 11-38 所示为尺寸定义的摘要报告。

尺寸摘要报告
（使用推荐的收缩容差）

所需的零件尺寸(-/+ 总计) (mm)		要求的模具尺寸(总计) (mm)		警告	预期的零件尺寸范围 (mm)
尺寸#1 节点 A = 310/节点 B = 321					
55.33	-0.00:0.30	57.68	-0.54	不符	54.81:56.15
尺寸#2 节点 A = 7538/节点 B =72194					
219.54	-0.50:0.50	229.06	-2.24	不符	216.90:222.18

图 11-38

> **温馨提示：**
> 摘要报告中的【尺寸 #1】实际为 Z 轴方向的收缩尺寸。【尺寸 #2】实际为 X 轴方向的收缩尺寸。

04 如图 11-39 所示为尺寸定义的全部报告。从报告图中可看出，推荐的收缩率不能满足尺寸公差要求，【尺寸范围】均为【不符】。

完全尺寸摘要报告
（使用组成收缩）

	所需的零件尺寸(-/+ 总计) (mm)		要求的模具尺寸(总计) (mm)		警告	预期的零件尺寸范围 (mm)
尺寸#1 节点 A = 310/节点 B = 321						
X	0.00	-0.00:0.00	-0.63	0.01	-------	-1.17: 1.17
Y	1.30	-0.00:0.01	0.72	-0.01	不符	0.47: 2.14
Z	55.32	-0.00:0.30	57.69	-1.04	不符	54.32: 56.62
合计	55.33	-0.00:0.30	57.68	-0.54	不符	54.81: 56.15
尺寸#2 节点 A = 7538/节点 B =72194						
X	201.36	-0.46:0.46	209.58	-3.94	不符	196.73:205.98
Y	87.49	-0.20:0.20	92.46	-1.19	不符	84.17: 90.80
Z	0.49	-0.00:0.00	-0.35	0.01	**相符**	-4.06: 5.04
合计	219.54	-0.50:0.50	229.06	-2.24	不符	216.90:222.18

图 11-39

> **温馨提示：**
> 在报告中为什么在 XYZ 方向上都有计算的值呢？事实上，在选取点的时候，并不是完全在 Z 轴方向或者 X 轴方向来选取的两个节点，总会有些位置误差。但看报告的时候，仅看预设的 Z 向值和 X 向值即可。

05 收缩云图分析。如图 11-40 所示为收缩检查图，图中有两个区域显示为红色区域即尺寸公差较大区域。结合尺寸总报告图来分析，得知红色区域也是【尺寸 #2】使用程序推荐的收缩率，而导致公差在 X 和 Y 两个方向上都不能满足要求的问题区域。

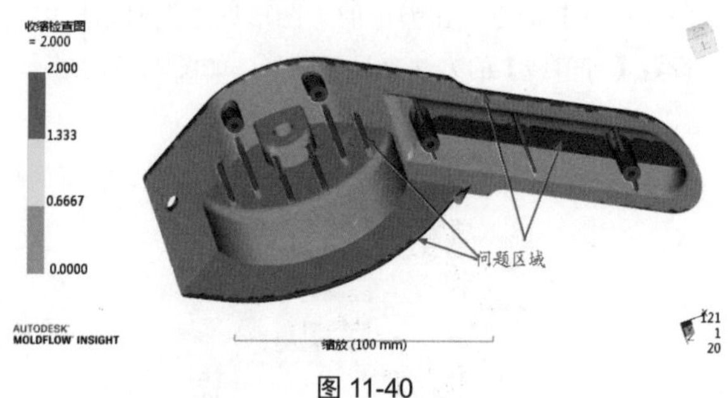

图 11-40

06 如图 11-41 所示为总的错误图，图中的【希望值】以横向（蓝色）条带显示，而【预期值】则以纵向（红色）条带显示。可看出，定义的两个尺寸公差范围，其预期值总是高于希望值，再结合报告图查看尺寸 #1，不难发现制品的希望值为 55.33，而预期值为 54.81。

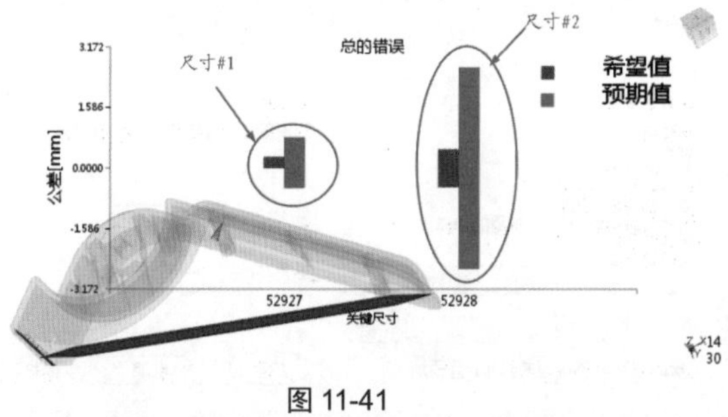

图 11-41

07 如图 11-42 所示为预测的错误显示图，从图中可看出，尺寸 #1 的希望值与预期值的出入不是很大，而尺寸 #2 的希望值与预期值的对比表示则是很大的。

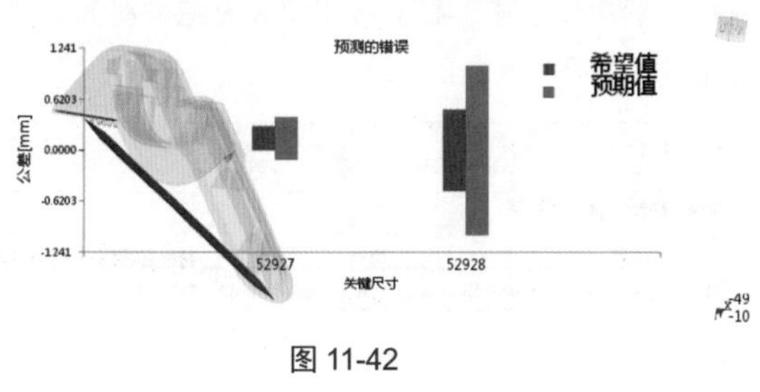

图 11-42

6．结论

从初次的按 Moldflow 理论值进行的分析结果可以得出如下结论。

（1）从流动分析来看，制件无缺陷。

（2）从收缩分析来看，希望值远低于预期值，造成产品的收缩不一致，在充填末端易产生收缩现象。

温馨提示：

塑件产生过量收缩的原因包括注射压力太低、保压时间不足或冷却时间不足、熔体温度太高、模具温度太高、保压压力太低。

11.5　优化分析

针对初步分析的结论，为优化分析给出如下合理的建议。

（1）浇口位置需要重新设定。

（2）工艺设置参数需要重新设置。

（3）收缩材料需要重设。

1．重新设置注射位置

01 在工程视窗中复制【qmb.prt_study（流动＋收缩）】分析项目，然后重命名为“qmb.prt_study（优化分析）”，如图 11-43 所示。双击重命名的分析项目，进入该项目的分析环境中。

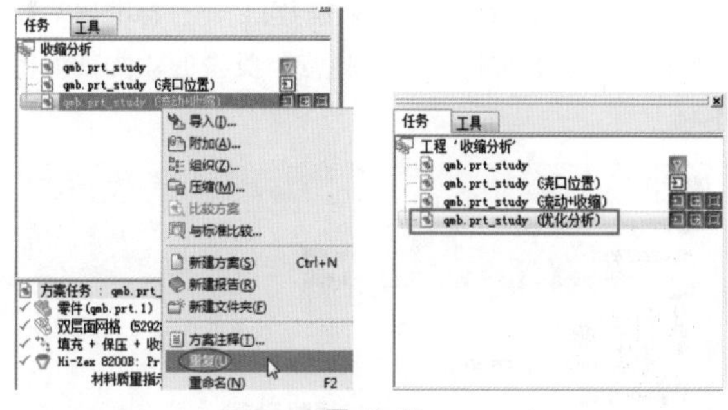

图 11-43

02 虽然注射锥位置是最佳的浇口位置，但是从初步的充填效果看，熔体流动性并不理想。建议重新把浇口设置在产品的顶部，如图 11-44 所示。

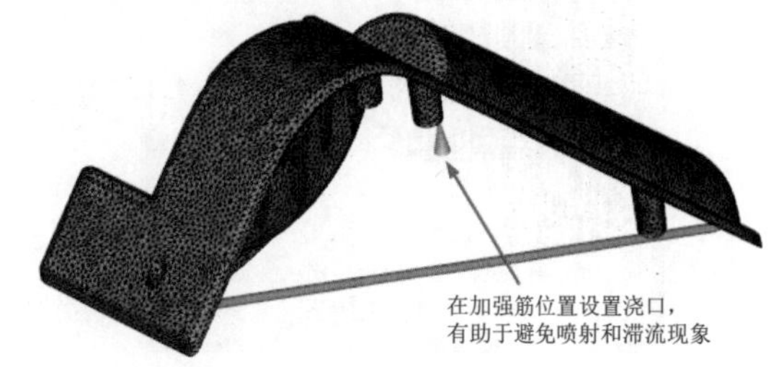

图 11-44

2．更改收缩材料

01 在方案任务视窗中双击材料项目，或者单击【选择材料】按钮，弹出【选择材料】对话框。单击【搜索】按钮，弹出【搜索条件】对话框，如图 11-45 所示。

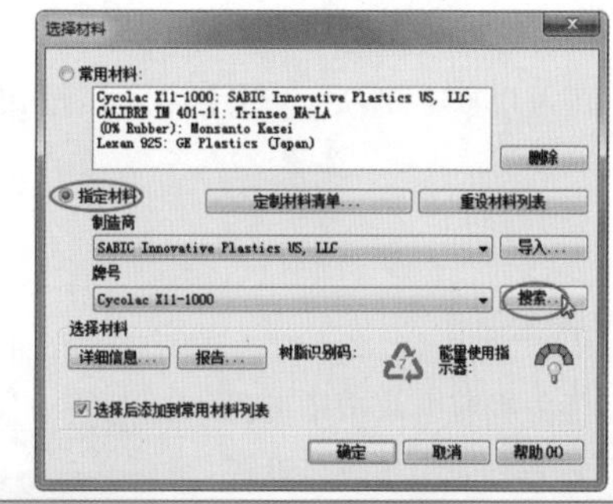

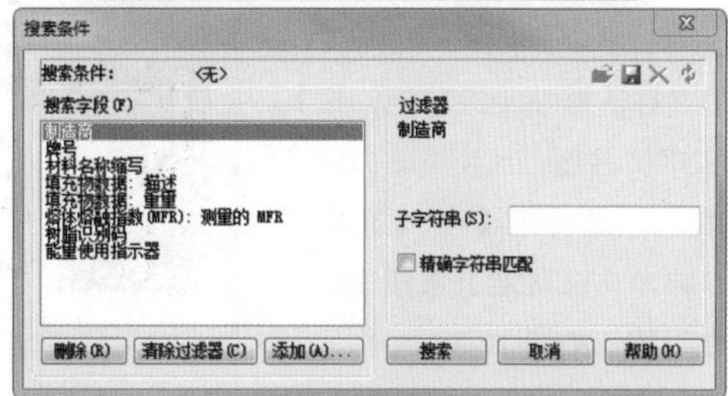

图 11-45

02 单击【搜索条件】对话框中的【添加】按钮，程序弹出【增加搜索范围】对话框。在该对话框的材料选择范围列表框中选择【残余应变收缩数据：平行标准偏差】，再单击【添加】按钮完成选择范围类型的添加，如图11-46所示。

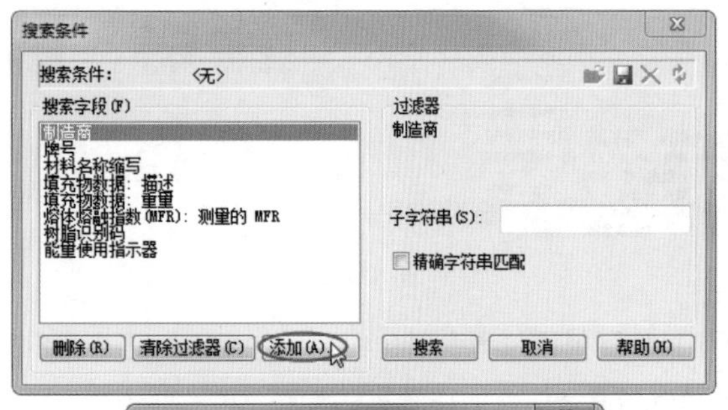

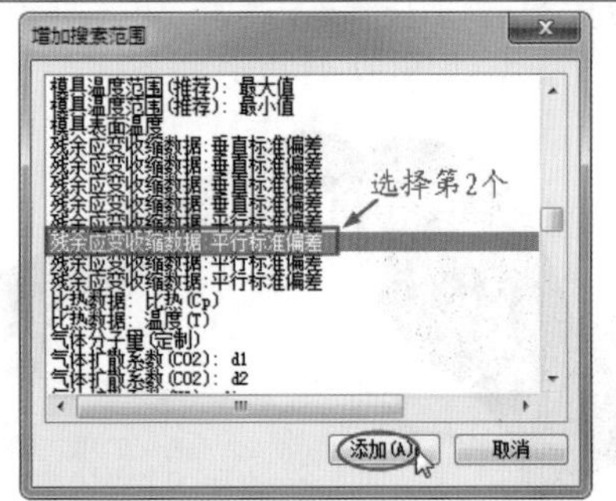

图 11-46

温馨提示：

列表中有4个相同的【残余应变收缩数据：平行标准偏差】范围，第1个范围在前面的初步分析中已经使用了，不要再继续使用此范围。应选择第2个相同名称的范围。

03 在【搜索条件】对话框中，选择上步骤添加的范围类型，并在右边的选项卡中输入收缩率的最小值为0.0045，输入最大值为0.005，然后单击【搜索】按钮，如图11-47所示。

图 11-47

04 此时程序弹出了【选择 热塑性材料】对话框，对话框中有三种符合公差范围的材料，选择唯一符合要求的材料，然后单击【选择】按钮完成收缩材料的选择，如图11-48所示。

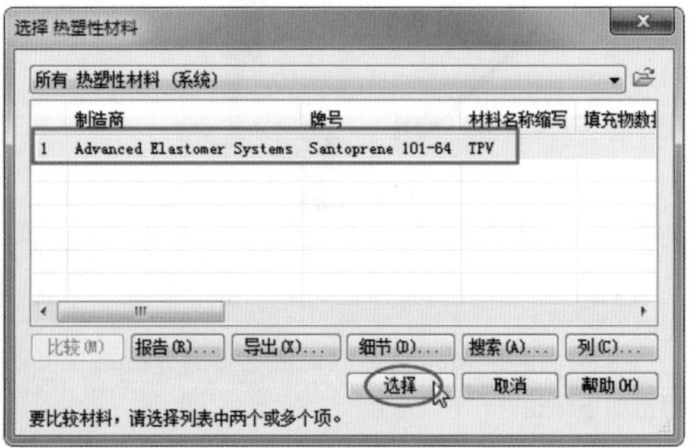

图 11-48

温馨提示：

如果利用此收缩材料模拟的效果不是很理想，可以尝试其他材料（收缩率相似的）。

3．重新设置工艺参数

01 在方案任务视窗中双击【工艺设置】项目，程序弹出【工艺设置向导】对话框。

02 在该对话框中保持默认的模具温度和熔体温度，速度/压力切换的控制方式选择为【由%充填体积】，再单击【确定】按钮完成工艺参数设置，如图11-49所示。

03 在完成分析前处理后，在方案任务视窗中双击【开始分析】项目，程序执行分析计算。

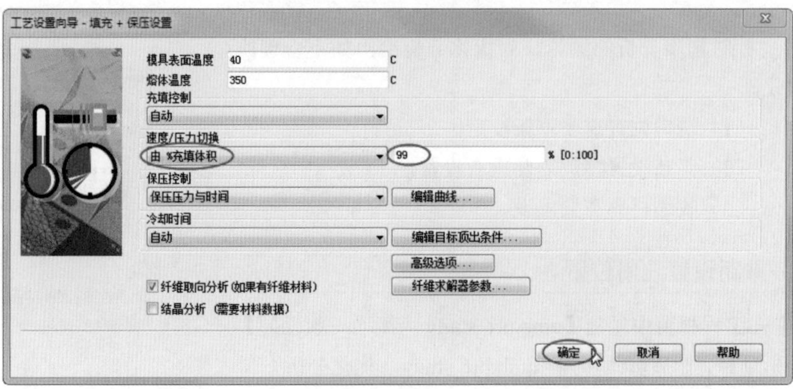

图 11-49

4．结果分析

分析计算结束，Moldflow 重新生成了方案调整后的流动和收缩分析结果。

（1）流动分析结果。

01 充填时间。如图 11-50 所示，充填时间为 1.194s，与自动充填时间 1.2s 非常接近。

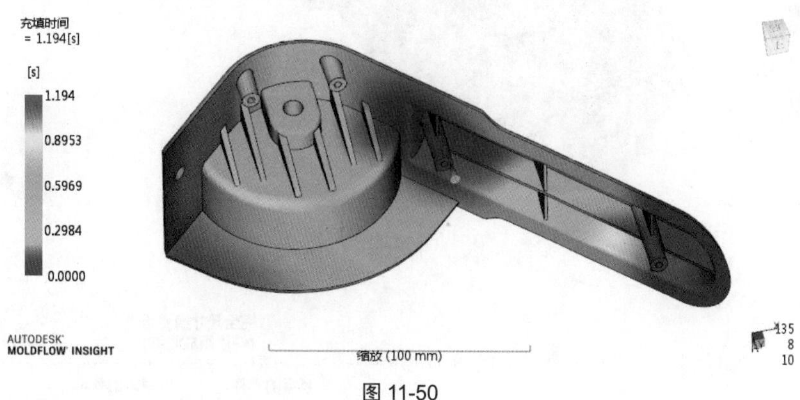

图 11-50

02 流动前沿温度。如图 11-51 所示，优化分析后整体的流道前沿温度较之前平衡得多，均在 350℃左右。

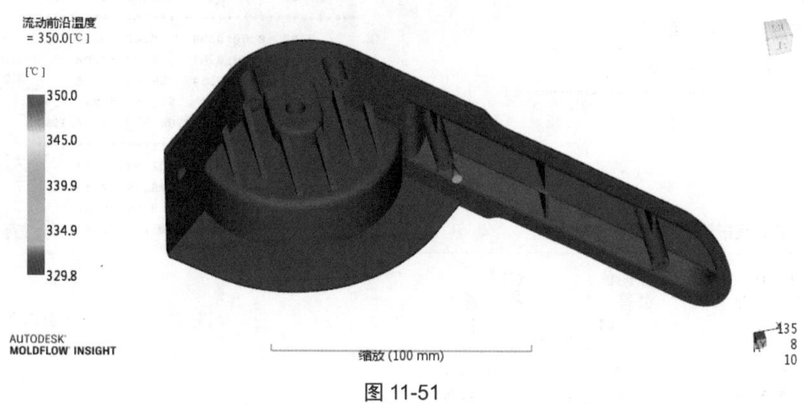

图 11-51

03 速度 / 压力切换时的压力。如图 11-52 所示，转换点浇口压力为 13.04MPa。图中浇口位置的压力在通过转换点后由 13.04MPa 降低为保压压力 9.779MPa，并在保压压力控制下继续填充整个型腔。

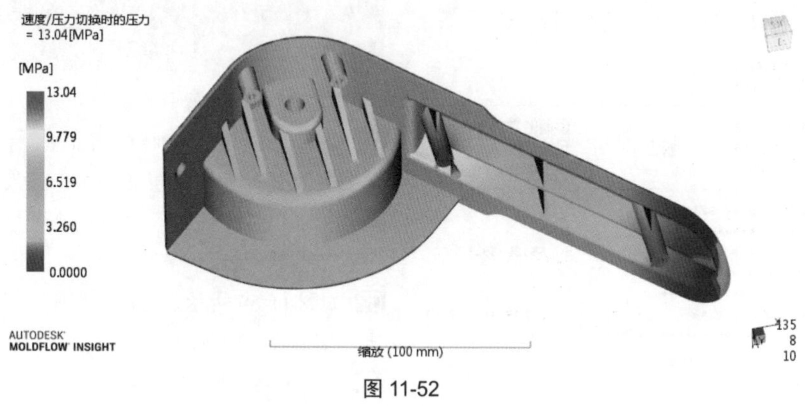

图 11-52

04 如图 11-53 所示，充填末端压力为 0，说明此处不会产生溢料（飞边）。

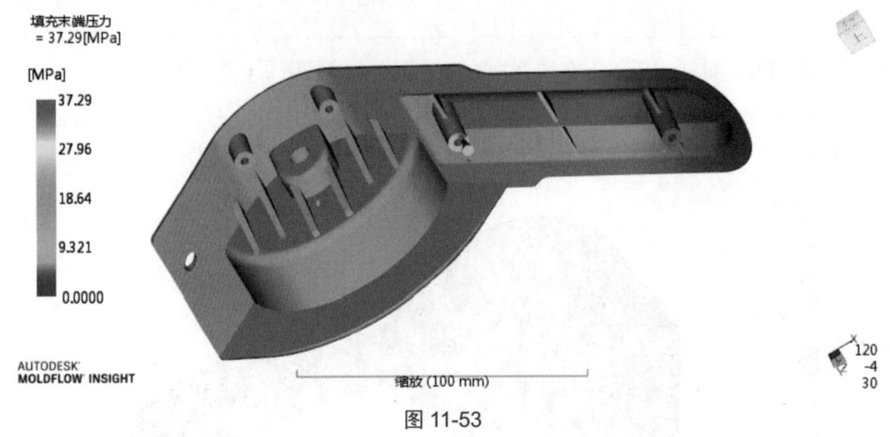

图 11-53

（2）收缩分析日志。

为了更好地解释图像说明，先将分析日志的分析结果列出。

如图 11-54 所示推荐的收缩率是 0.66%。

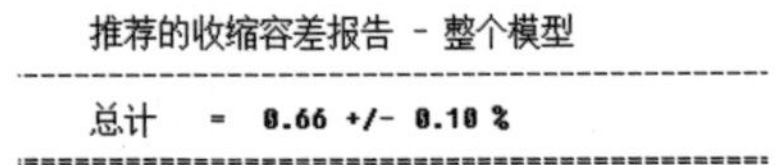

推荐的收缩容差报告 - 整个模型

总计 = 0.66 +/- 0.10 %

图 11-54

如图 11-55 所示为 X、Y、Z 方向推荐的收缩率。

组成收缩报告

方向	推荐值 [%]	单一值有效范围 [%]	预期值公差 [%]	收缩最小:最大 [%]
X	0.39	0.07:0.71	0.32	0.00:1.32
Y	0.44	0.09:0.80	0.35	0.00:1.36
Z	0.49	0.04:0.93	0.45	0.00:1.36
总计	0.66	0.49:0.83	0.17	0.48:0.89

图 11-55

如图 11-56 所示为尺寸定义的摘要报告。

尺寸摘要报告
（使用推荐的收缩容差）

所需的零件尺寸(-/+ 总计) (mm)		要求的模具尺寸(总计) (mm)	警告	预期的零件尺寸范围 (mm)
尺寸#1 节点 A = 310/节点 B = 321				
55.33	-0.00:0.30	55.74 0.06	**相符**	55.39:55.57
尺寸#2 节点 A = 7538/节点 B =72194				
219.54	-0.50:0.50	220.73 0.14	**相符**	219.18:219.91

图 11-56

如图 11-57 所示为完全尺寸定义的摘要报告。

完全尺寸摘要报告
（使用组成收缩）

	所需的零件尺寸(-/+ 总计) (mm)		要求的模具尺寸(总计) (mm)		警告	预期的零件尺寸范围 (mm)
尺寸#1 节点 A = 310/节点 B = 321						
X	0.00	-0.00:0.00	-0.00	0.00	-------	-0.18: 0.18
Y	1.30	-0.00:0.01	1.30	-0.00	不符	1.11: 1.50
Z	55.32	-0.00:0.30	55.73	-0.10	不符	55.22: 55.72
合计	55.33	-0.00:0.30	55.74	0.06	**相符**	55.39: 55.57
尺寸#2 节点 A = 7538/节点 B =72194						
X	201.36	-0.46:0.46	202.33	-0.18	不符	200.66:202.05
Y	87.49	-0.20:0.20	88.25	-0.11	不符	86.71: 88.27
Z	0.49	-0.00:0.00	0.59	-0.00	不符	-0.49: 1.47
合计	219.54	-0.50:0.50	220.73	0.14	**相符**	219.18:219.91

图 11-57

从上述报告图中可看出，两个方向的收缩尺寸能满足尺寸公差要求，同时，在满足公差要求的尺寸上给出了模具型腔的合理尺寸。

温馨提示：

在日志中的数据结果不一定准确，在这里仅将分析过程做简单介绍而已。要想得出合理的分析结果，还需要参考实际数据以及工程人员的经验等。

（3）收缩图像分析。

01 如图 11-58 所示为收缩检查图。从收缩的结果看，明显要好过先前初步分析的结果。绝大部分区域在预设的公差范围内产生收缩。仅有极小区域收缩超出预设值，不过不影响整体。

02 如图 11-59 所示为总的错误图，不难发现，希望值超出预期值，说明收缩分析的效果是非常理想的。

03 如图 11-60 所示为预测的错误显示图，从图中可看出，尺寸 #1 和尺寸 #2 的希望值比预期值高出很多。

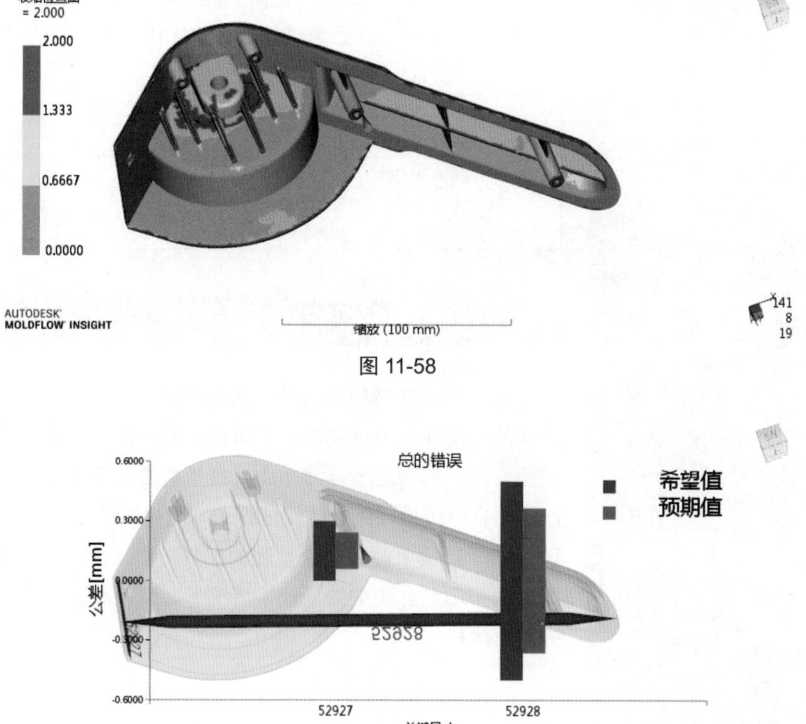

图 11-58

图 11-59

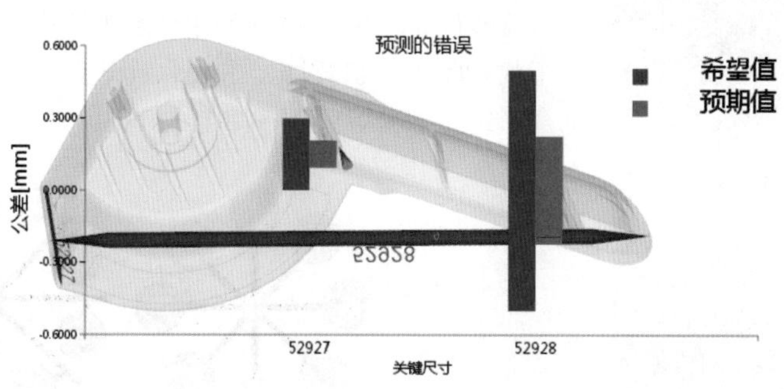

图 11-60

第 12 章

流道平衡分析案例

本章中范例产品为两件组合模型，根据设计要求利用 Moldflow 分析主要针对模具的浇注系统进行平衡和优化设计，并确定流道横截面。

项目分解	
	知识点 01：流道平衡设计原则
	知识点 02：流道平衡分析案例介绍
	知识点 03：最佳浇口位置分析
	知识点 04：组合型腔的充填分析
	知识点 05：组合型腔的流道平衡分析
	知识点 06：流道平衡优化分析

12.1 流道平衡设计原则

在一模多腔或组合型腔的注塑成型生产过程中，熔融体在浇注系统中流动的平衡性是很重要的。若熔融体能够在同一时间内完成对模具各个型腔的充填，那么这个浇注系统就是平衡的。平衡的浇注系统不仅可以保证产品的良好质量，而且还保证各个型腔内的产品质量均衡性。

对于一模多腔或组合型腔的模具，浇注系统的平衡性是与模具型腔、流道的布局息息相关的。通常情况下，型腔和流道的布局按平衡原理可分为以下两种类型。

（1）自然平衡布局；

（2）人工平衡布局。

所谓自然平衡布局，就是按照几何学平衡原理自然形成的布局。自然平衡流道系统中从直流道入口到每个模腔的流动长度都是相同的。

通常这种流道系统比人工平衡的流道系统有更广的成型窗口（模流分析时能够获得合格产品的成型工艺条件范围，叫作“成型窗口”，包括产品形状、材料、浇口设定、模温、料温及注射时间等）。自然平衡布局按布局形式也可分为环形阵列和直线阵列，如图 12-1 所示。

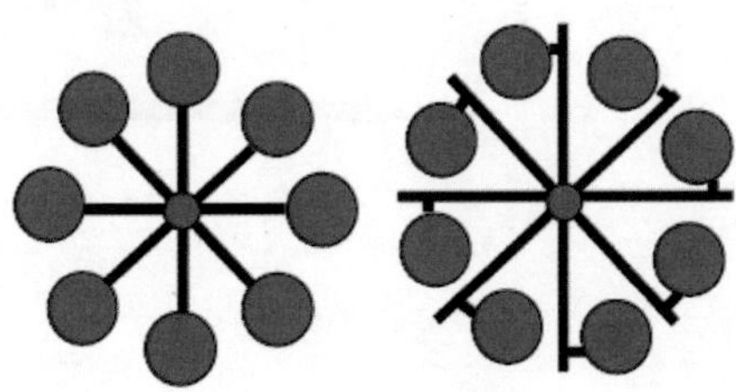

（a）环形阵列

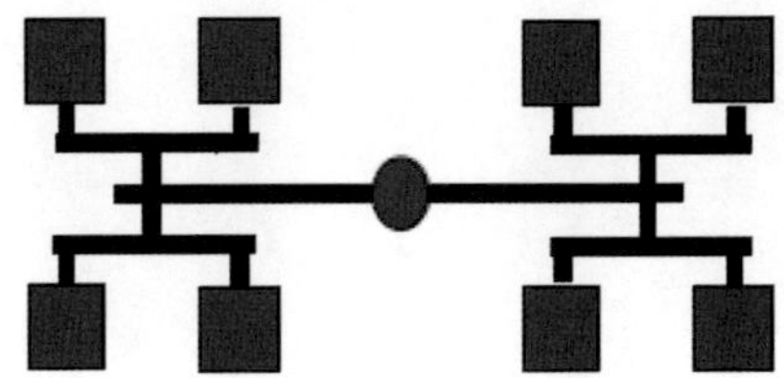

（b）直线阵列

图 12-1

人工平衡的流道通过改变流道的大小来达到平衡，这对于流道平衡非常有用，且流道体积比自然平衡的要小。但是，由于改变了流道的大小，成型窗口就变得更小。

此类布局适用于组合型腔布局，即一模多件，其布局形式如图 12-2 所示。

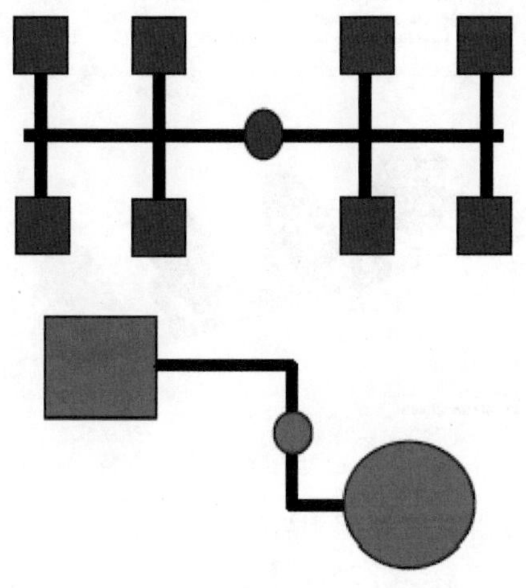

图 12-2

对于组合型腔模具，由于各型腔的几何形状与尺寸各不相同，浇注系统的平衡除了型腔与流道的布局形式外，还与流道的尺寸有直接联系。

合理的流道尺寸能够保证熔体在型腔内流动的平衡性，如图 12-3 所示，此图为一典型的一模两件组合型腔布局形式。

图 12-3

Moldflow 系统提供了有效的流道平衡分析模块 Runner Bzlance，将 Runner Bzlance 流动平衡分析模块与 Flow 流动模块相结合，可优化浇注系统。

优化后的浇注系统应达到以下一些基本要求。

（1）保证各型腔在填充时间上保持一致性；

（2）保证均衡地保压；

（3）保持合理的充填压力；

（4）优化流道容积，节省填充料。

技巧点拨：

流道平衡设计模块 Runner Bzlance 仅仅是针对中面模型 Midplane 和表面模型 Fusion。平衡分析也只是调整流道的尺寸。

12.2　流道平衡分析案例介绍

本章中范例产品为两件组合模型，根据设计要求利用 Moldflow 分析主要针对模具的浇注系统进行平衡和优化设计，并确定流道横截面。

产品 3D 模型图如图 12-4 所示。

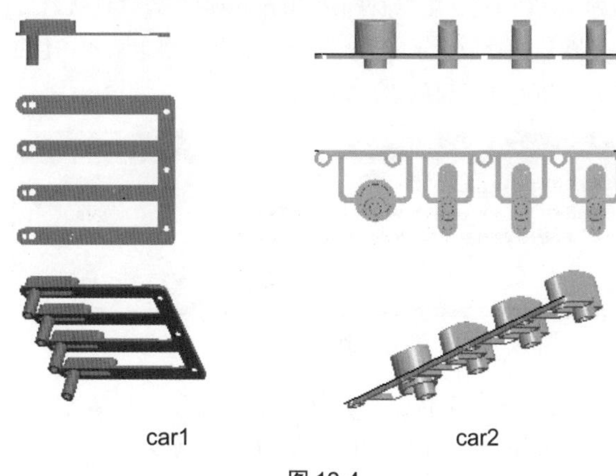

图 12-4

本案例模具产品模型为两件。

模型 car1： 外形尺寸 53.8 mm×51.3 mm×16mm；最大壁厚 3.9mm；最小壁厚 1.2mm。

模型 car2：外形尺寸 61.5 mm×14.7mm×7mm；均匀壁厚 1.005mm。

设计要求如下。

（1）材料：ABS。

（2）缩水率：0.005 mm 。

（3）设计要求：无明显短射、滞留、气穴等缺陷。

（4）模具布局：一模两件。

（5）生产纲领：5000 件 / 年。

12.3　最佳浇口位置分析

由于组合模型为非对称模型，因此在进行组合型腔布局之前需先将两组件模型的最佳浇口位置找到，以保证在初步分析中起到参考作用。从分析结果中得到最佳浇口位置，是基于单点浇口进行分析的，如果产品体积较大，或是分型面积较大，那么就不能再设置成单浇口了，必须设计成平衡布局的多浇口。本案例进行最佳浇口位置分析的目的就是希望大家明白两者之间的区别。

最佳浇口位置分析需两步走，首先分析模型 car1，然后分析模型 car2。

12.3.1 模型 car1 的浇口位置分析

1. 分析前期处理

浇口位置分析的前期分析处理，按照以下步骤来完成。

（1）新建工程项目并导入模型。

01 在菜单栏上选择【文件】|【新建工程】命令，在随后弹出的【创建新工程】对话框中输入项目名称"连接器"，保留默认的存放目录或另行创建项目保存目录后单击【确定】按钮完成项目创建，如图 12-5 所示。

图 12-5

02 单击【导入】按钮，程序弹出【导入】对话框，然后将文件 car1.prt.1 打开，如图 12-6 所示。

图 12-6

> **技巧点拨：**
> ".prt.1"格式是 CREO 软件的输出模型文件。为什么有个编号 1 呢？是因为计算机中如果有同为三维软件输出格式也是 prt 的，那么会在相同格式的后缀位置添加编号加以辨别。

03 在随后弹出的【导入】对话框中选择【双层面】类型，然后单击【确定】按钮完成模型的导入，如图 12-7 所示。

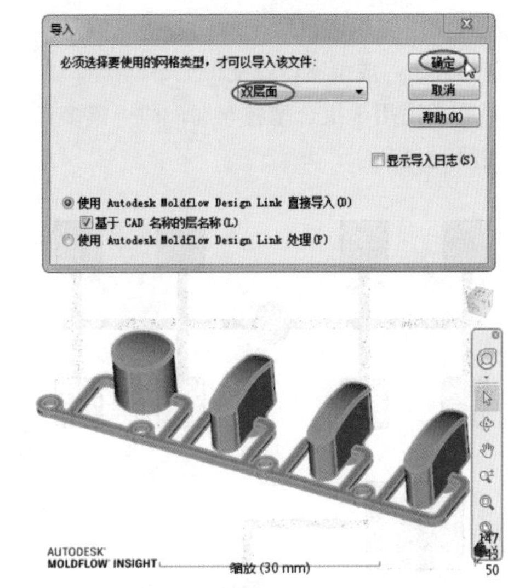

图 12-7

（2）生成有限元网格。

01 导入模型后，在【网格】选项卡中单击【生成网格】按钮，在工程视窗的【工具】标签中弹出网格操作界面。

02 在标签中设定三角形网格的边长为 0.25，再单击【立即划分网格】按钮，自动生成有限元网格，如图 12-8 所示。

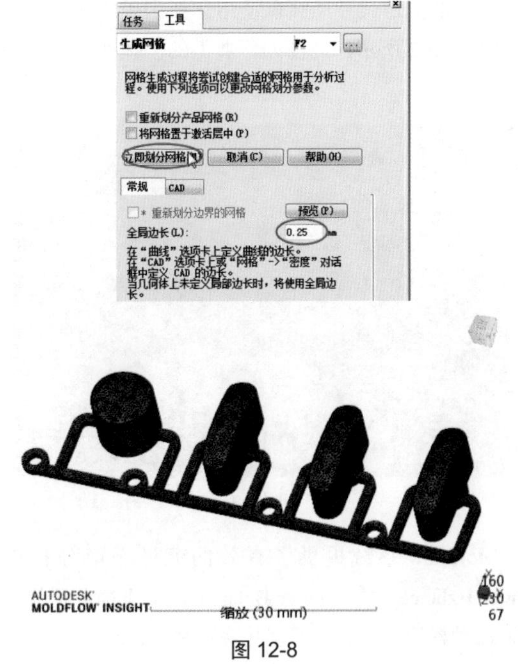

图 12-8

（3）网格统计。

01 网格生成后还需进行网格统计、检查。单击【网格统计】按钮，程序立即对网格进行统计并弹出【网格信息】对话框，如图 12-9 所示。

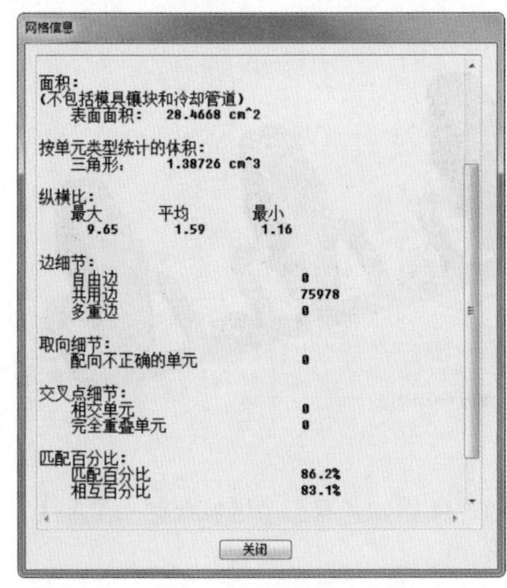

图 12-9

02 在【网格信息】对话框中可看见网格模型状况非常良好，无任何网格缺陷。

（4）设定分析类型。

01 网格统计后，按照分析步骤将设定分析的类型。单击【分析序列】按钮，弹出【选择分析序列】对话框。

02 在分析类型列表中选择【浇口位置】类型，最后单击【确定】按钮完成设置，如图 12-10 所示。

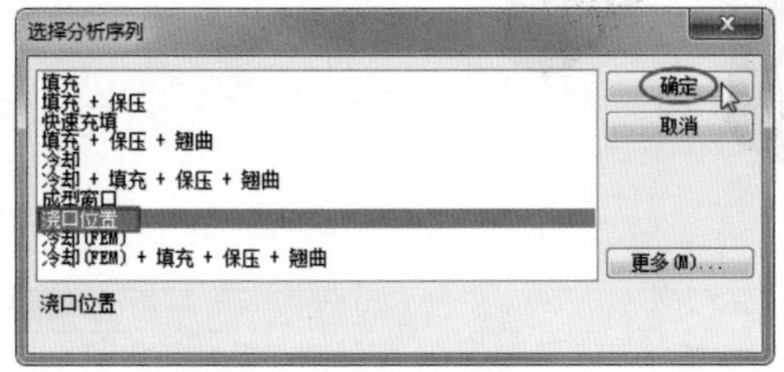

图 12-10

03 选择材料。单击【选择材料】按钮，在弹出的对话框中【制造商】下拉列表中选择制造商为 GE Plastics（Japan），牌号默认。然后单击【确定】按钮完成材料的选择，如图 12-11 所示。

（5）设置成型工艺。

01 工艺过程参数一般情况下采用程序默认的设置，如果按照实际生产中的注射机牌号来进行参数设定，则要对注射机的几个模块参数进行设置，如填充控制、螺杆速度控制步数和压力控制步数等。

02 在模型显示区左边的方案任务窗口中，双击【工艺设置】项目，程序弹出【工艺设置向导 - 浇口位置设置】对话框，若要对部分参数进行设置，可单击【编辑】按钮来设置工艺过程参数。

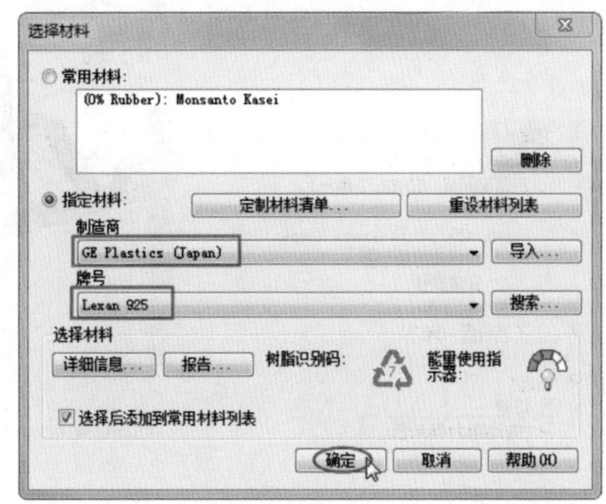

图 12-11

03 本案例将设置 4 个浇口，单击【确定】按钮完成成型条件的设置，如图 12-12 所示。

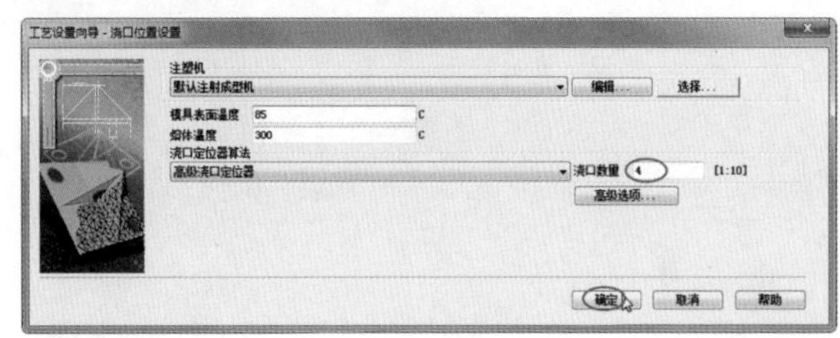

图 12-12

04 运行分析。在完成了分析前处理之后，即可进行分析计算，整个解算器的计算过程是由 Moldflow 程序自动完成的。在方案任务窗口中双击【立即分析】项目，解算器开始运算，如图 12-13 所示。

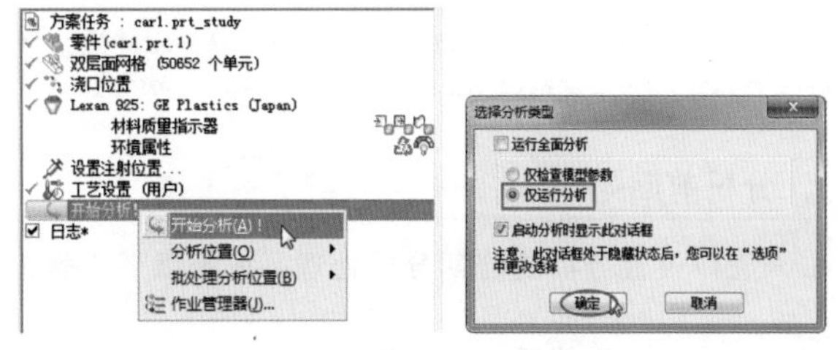

图 12-13

2．结果解读

01 计算结束后，Moldflow 生成最佳浇口位置结果，在方案任务视窗中可看见分析的项目结果，结合流动阻力指示器图看，阻力最小的区域也就是浇口位置区域，大概有 4 个区域（红色圈内），如图 12-14 所示。

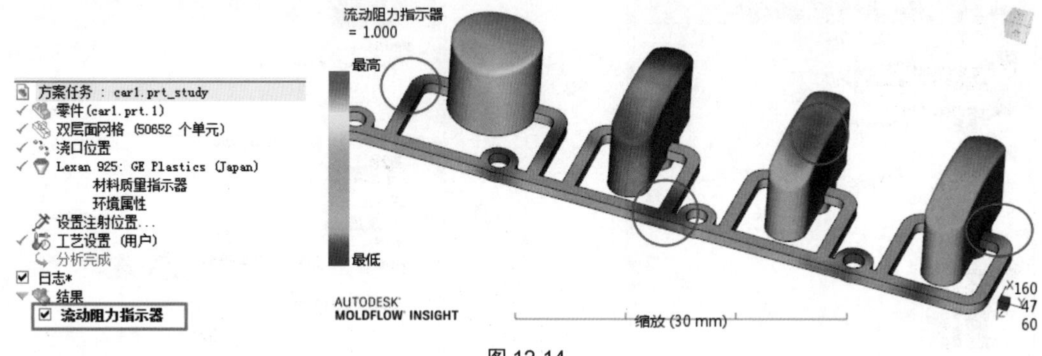

图 12-14

02 从结果看，浇口分布不均匀，不容易设计成平衡的流道，但从图 12-14 得知，有三个区域在同一平面上，给我们在接下来的充填分析中提供了较好的参考。

03 浇口位置分析后，在工程视窗中将会自动创建新的子项目 car1.prt_study （浇口位置），双击新的子项目，可以查看注射锥位置，如图 12-15 所示。

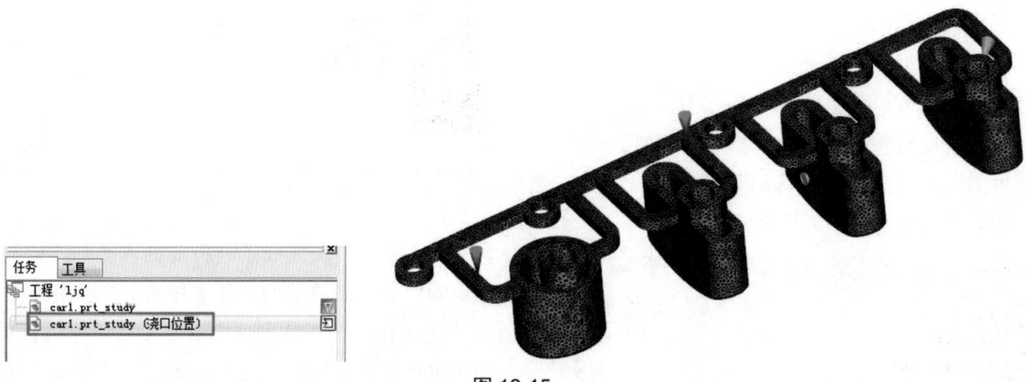

图 12-15

12.3.2 模型 car2 的浇口位置分析

1．分析前期处理

浇口位置分析的前期分析处理，按照以下步骤来完成。

（1）导入 CAD 模型；

（2）网格模型的创建；

（3）网格修复处理；

（4）设定分析类型；

（5）选择材料；

（6）设置成型工艺；

（7）运行分析。

01 单击【导入】按钮，程序弹出【导入】对话框，然后将源文件 car2.prt 打开，如图 12-16 所示。

图 12-16

02 在随后弹出的【导入】对话框中选择 Fusion 类型，单位为【毫米】，然后单击【确定】按钮完成模型的导入。导入的产品模型如图 12-17 所示。

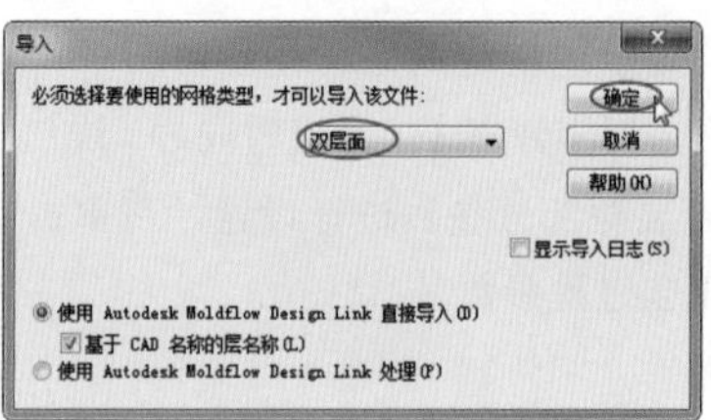

图 12-17

03 生成有限元网格。单击【生成网格】按钮，在工程视窗的【工具】标签中弹出网格操作界面，在此标签中设定三角形网格的边长为 0.4，然后再单击【立即划分网格】按钮，程序就会在图形编辑区中自动创建有限元网格模型，如图 12-18 所示。

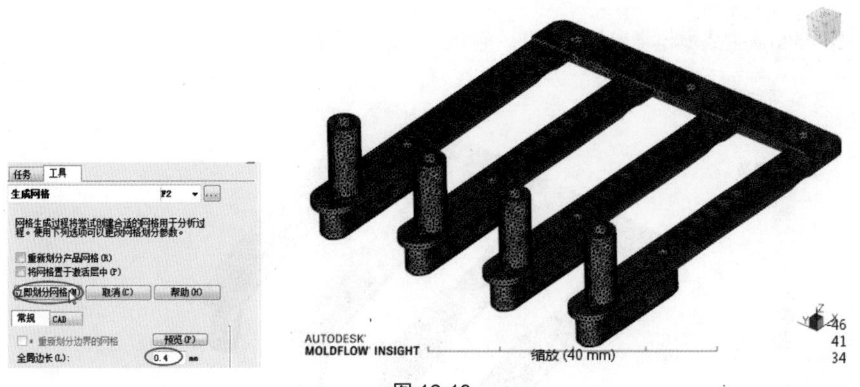

图 12-18

04 网格统计。网格生成后还需进行网格统计、检查。选择菜单栏上的【网格】|【网格统计】命令或单击工具栏上的【网格统计】按钮，程序立即对网格进行统计并弹出【网格信息】对话框，如图 12-19 所示。从统计结果中可以看出，网格质量非常好。

05 设定分析类型。在【主页】选项卡中单击【分析序列】按钮，程序弹出【选择分析序列】对话框，并在分析类型列表中选择【浇口位置】类型，最后单击【确定】按钮完成设置。

06 选择材料。单击【选择材料】按钮，在弹出的对话框中选择前一个模型的相同材料 GE Plastics（Japan），牌号默认。单击【确定】按钮完成材料的选择，如图 12-20 所示。

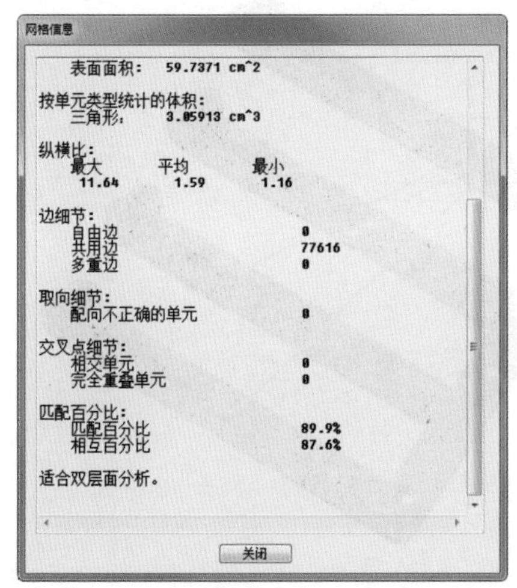

图 12-19

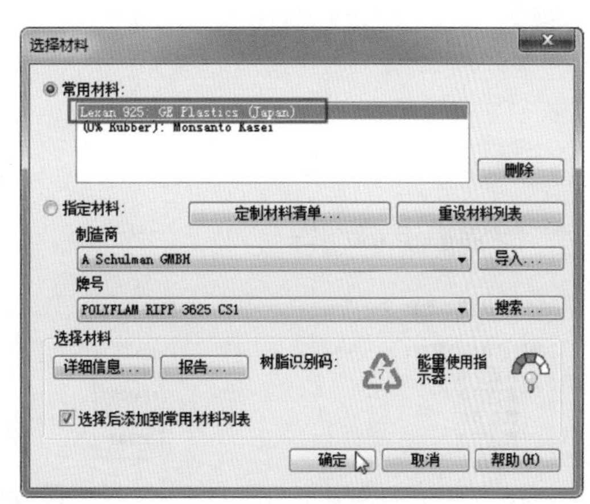

图 12-20

07 设置成型工艺。保留与前一个模型相同的成型工艺设置参数，如图 12-21 所示。

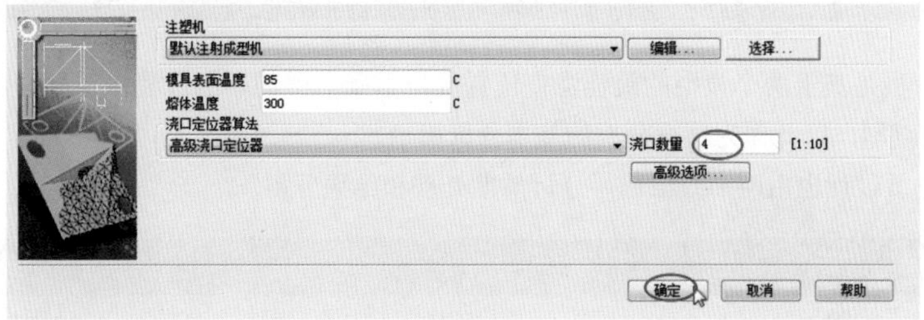

图 12-21

08 运行分析。在完成了分析前的操作之后，即可进行分析计算，整个解算器的计算过程是由 Moldflow 程序自动完成的。在方案任务窗口中双击【立即分析】项目，解算器开始运算。

2．结果解读

01 计算结束后，Moldflow 生成最佳浇口位置结果，可以从流动阻力指示器的结果图中可以看出，如图 12-22 所示。

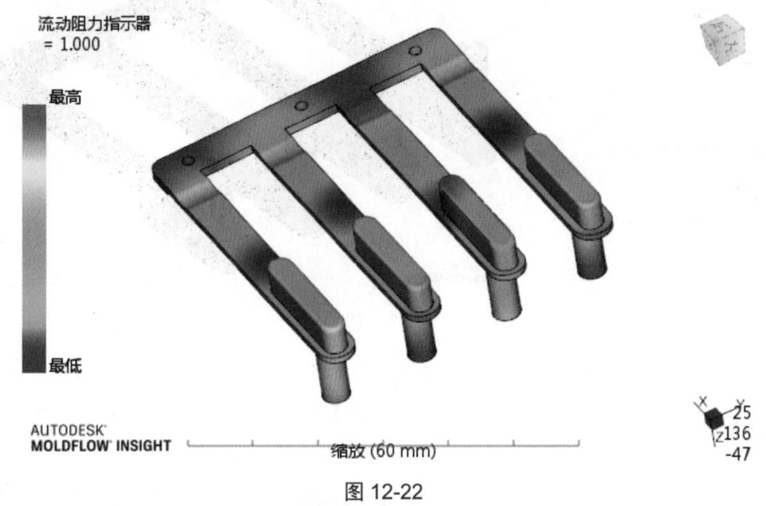

图 12-22

02 在文字信息中浇口最佳位置的节点如图 12-23 所示，在工程视窗中双击 car2.prt_study （浇口位置）项目，可在网格模型中找到节点所在位置（以注射锥表示）。

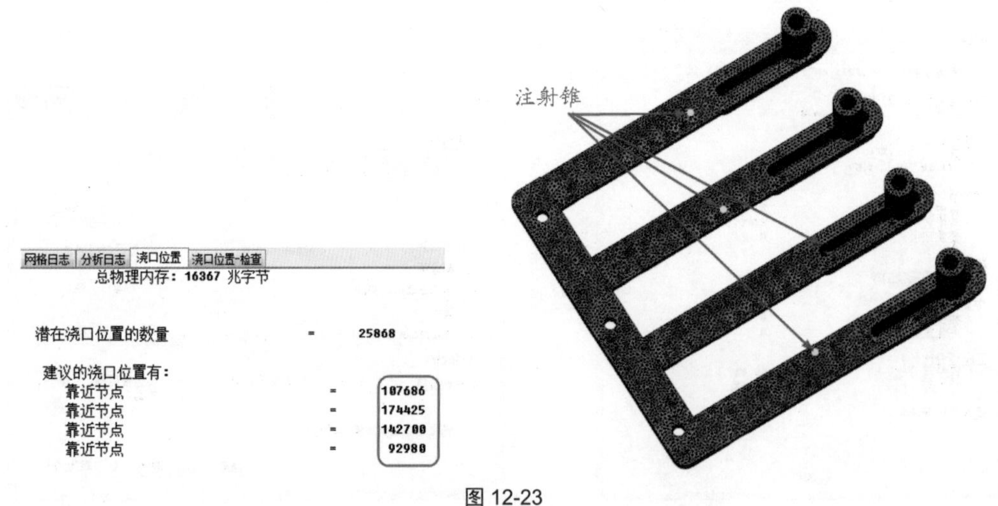

图 12-23

12.4 组合型腔的充填分析

组合型腔的填充分析是基于两个模型的最佳浇口位置分析基础之上的。因此完成了最佳浇口位置的分析以后，接下来还要将分析结果复制，以此作为填充分析的基本分析模型。

方案产品的填充分析过程也由两部分组成：分析前期处理和结果分析。

12.4.1 分析前期处理

组合型腔的充填分析是在最佳浇口位置分析的基础之上来进行的，主要有以下几个内容。

1．复制基本分析模型

01 在工程视窗中右键单击先前创建的分析模型 car2.prt_study，在弹出的快捷菜单中选择【复制】命令，程序自动完成基本分析模型的复制。然后将复制的基本分析模型重命名为“组合型腔 _study（充填分析）”。

02 添加分析模型。组合模型形状非对称性，确定了型腔及流道布局为人工平衡布局方式。

✦ 在工程视窗中双击【组合型腔 _study（充填分析）】项目，然后单击【添加】按钮，程序弹出【选择要添加的模型】对话框，在项目工程保存路径中找到 car1prt_study.sdy 方案，并将其打开，如图 12-24 所示。

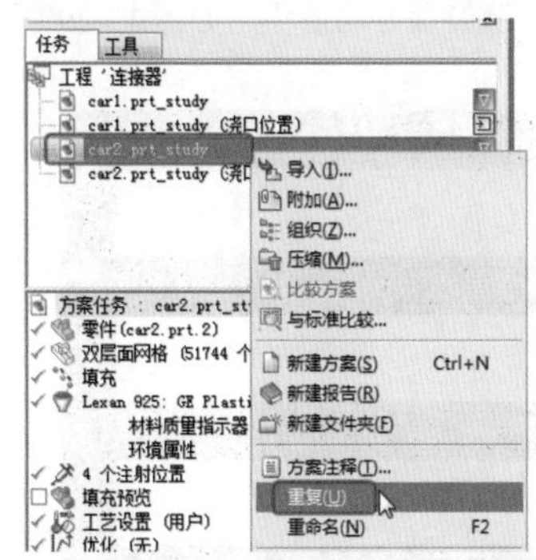

图 12-24

✦ 导入后的图形编辑区的模型状态如图 12-25 所示。

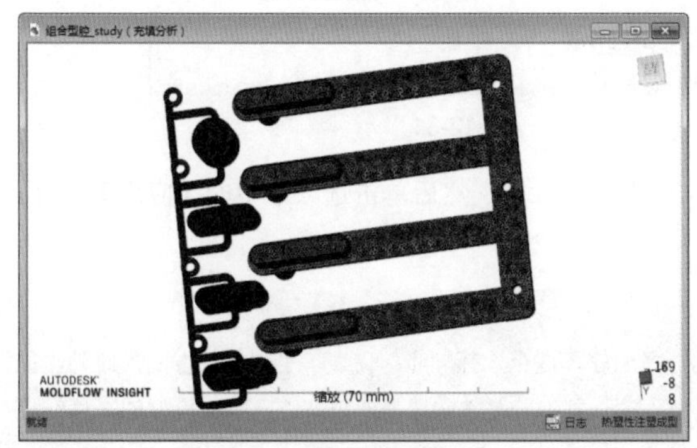

图 12-25

2．创建型腔布局

模型导入后还需进行合理的布局。

01 在图层管理区中将【网络节点】的选项关闭。

02 在【几何】选项卡【实用程序】面板中单击【平移】按钮，随后在工程视窗的【工具】标签中弹出【平移】操作选项，如图 12-26 所示。

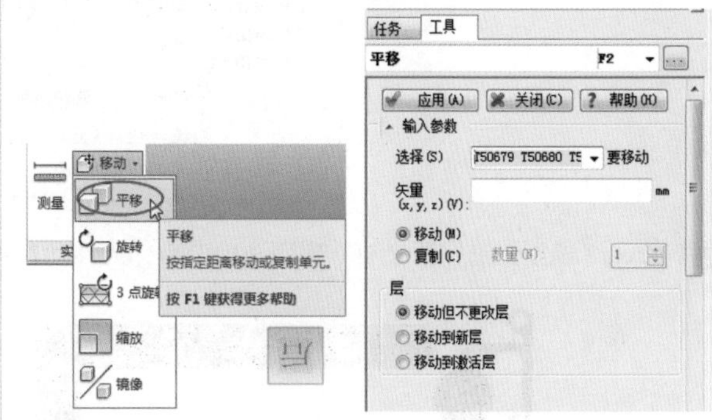

图 12-26

03 将图形编辑区中的 car2 模型的所有节点与三角形选中，如图 12-27 所示。

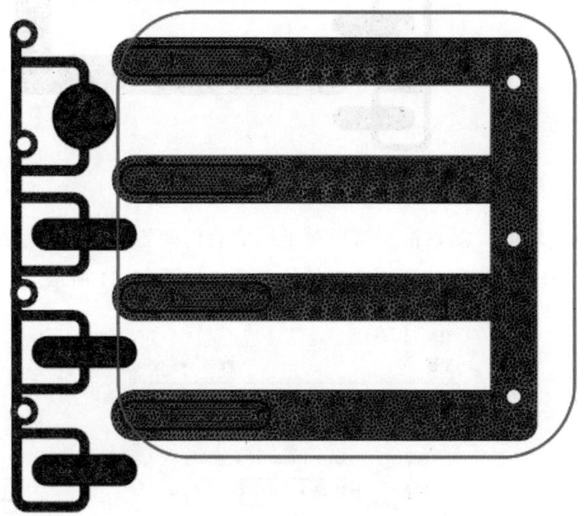

图 12-27

04 接着在【工具】选项卡中将【输入参数】选项组下的【矢量（x、y、z）】选项激活，随后程序弹出【测量】对话框，如图 12-28 所示。

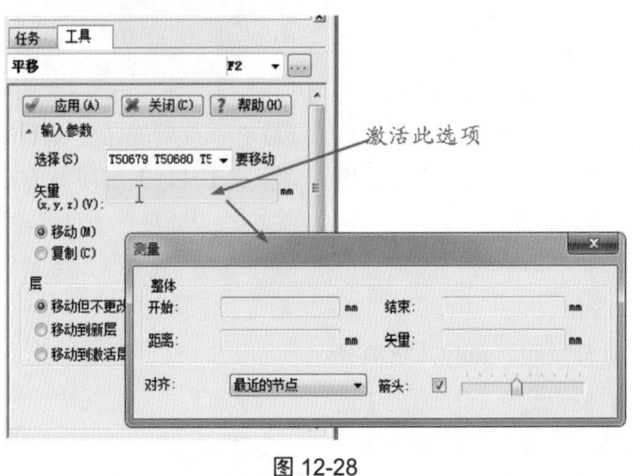

图 12-28

05 在 car2 模型上选择两个有一定距离的节点作为移动参照，选取后会显示矢量方向箭头，如图 12-29 所示。

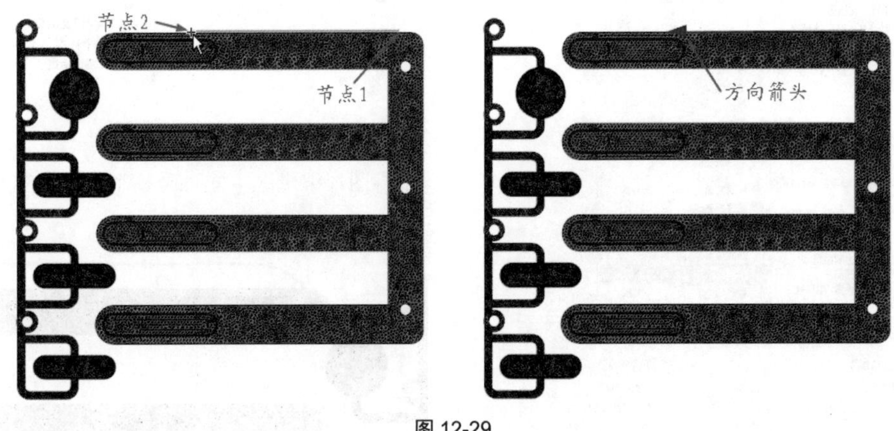

图 12-29

06 同时，测量得到的相对坐标值会自动显示在【矢量（x、y、z）】数值框内，如图 12-30 所示。而且【测量】对话框中也显示出所选节点的位移量，如图 12-31 所示。

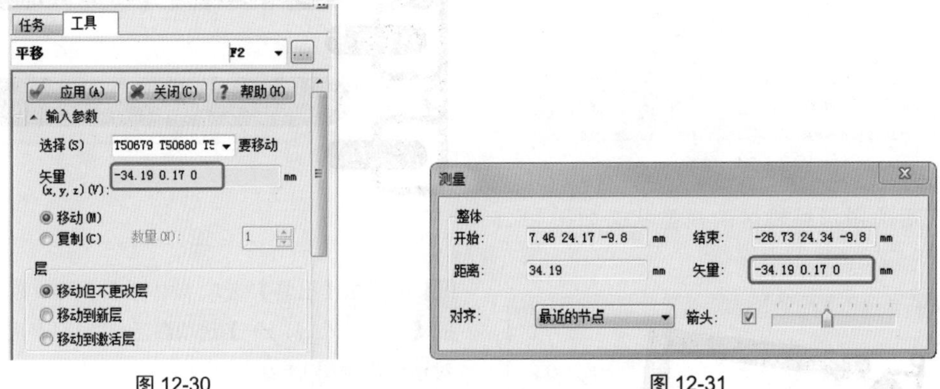

图 12-30　　图 12-31

07 在【矢量（x、y、z）】数值框内将 X 轴坐标值由 –34.19 修改为 –94.19，然后单击选项卡中的【应用】按钮，程序将自动完成网格模型的平移，如图 12-32 所示。

技巧点拨：

在选择节点作为位移考量时，需注意起始节点与终止节点的选择顺序，这个选择顺序即代表了平移矢量方向。此外，如果是水平或垂直平移，那么就必须在一条直线上依次选择两个参考节点，否则，若是斜向选择两个节点，那么模型的平移结果将是斜向平移的。

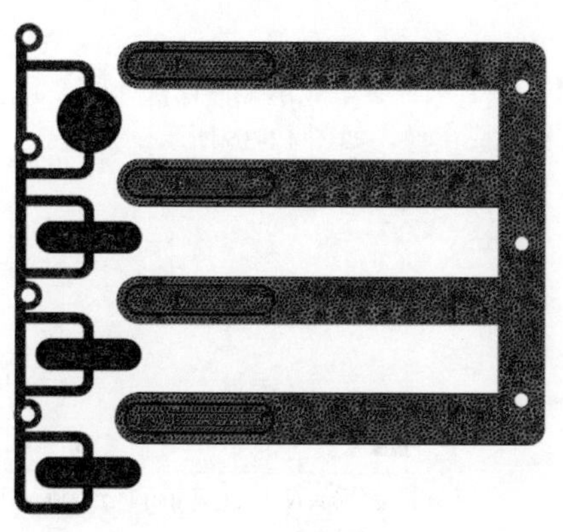
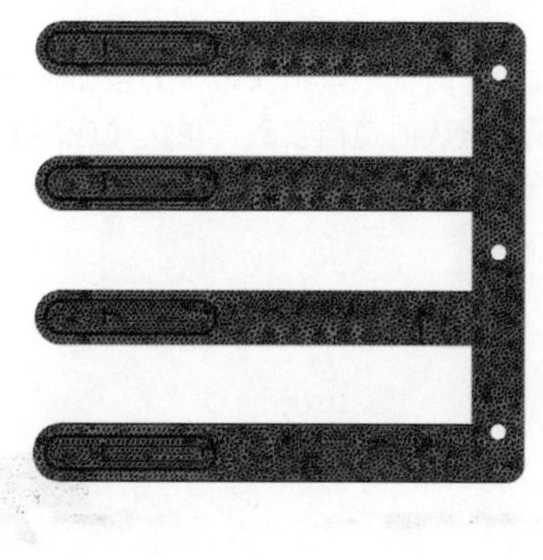

图 12-32

3．分析类型及次序的设定

01 单击【分析序列】按钮，程序弹出【选择分析序列】对话框。

02 在对话框中选择【填充】类型后，单击【确定】按钮，在方案任务视窗中分析类型由【浇口位置】变成了【填充】，如图 12-33 所示。

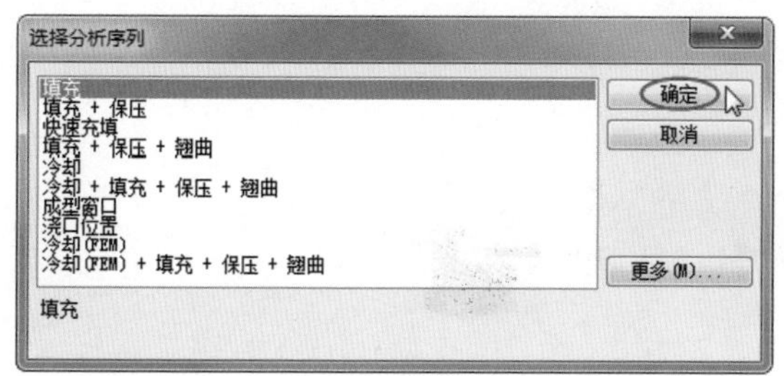

图 12-33

4．浇口位置的设定

01 由于是继承了先前的基本分析模型的参数，所以可跳过材料选择步骤而直接进行浇口位置的设定。

> **技巧点拨：**
>
> 首先，从模型的形状可得知，两个模型都是多个类似的小特征组合排列而成。如只设置一个浇口（在最佳浇口位置处），充填结果必然产生制件缺陷，即不平衡充填。因此，将两个模型假设为 8 个小模型的排列组合，那么，可按照型腔和流道平衡布局形式进行浇口位置的设定。在 Moldflow 中，型腔和流道的平衡布局可由程序自动生成，也可进行人工创建，自动生成的布局为自然平衡布局，人工创建的布局为人工平衡布局，本案例按照自然平衡布局来进行。

02 在方案任务视窗中双击【设置注射位置】项目，然后在模型中选择节点以创建注射位置。首先注射位置节点选择在模型的最底边，然后在模型 car2 的 4 个主要特征中心位置上进行设置即可，如图 12-34 所示。

图 12-34

03 而模型 car1 的注射位置节点只需将其设置在距离大致相等的位置上即可，如图 12-35 所示。

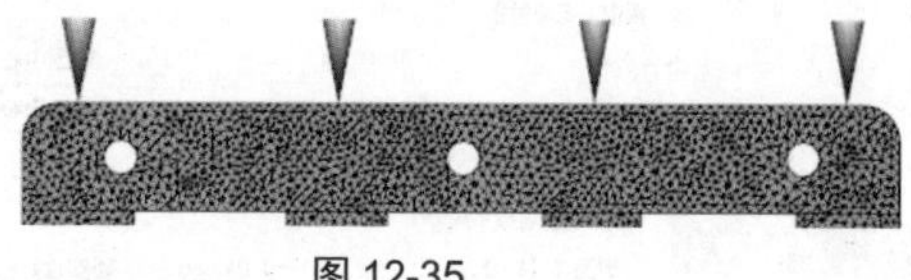

图 12-35

5．创建浇注系统

由于浇注系统的流道是基于 Z 轴正方向来创建的，本案例的两个模型的默认的模具开模方向是 -Z 方向，因此需要做旋转调整。

01 在【几何】选项卡【实用程序】面板中单击【镜像】按钮，【工具】选项卡中显示镜像设置选项。

02 选中所有的网格和节点，保留默认的镜像参数，单击【应用】按钮完成镜像，如图 12-36 所示。

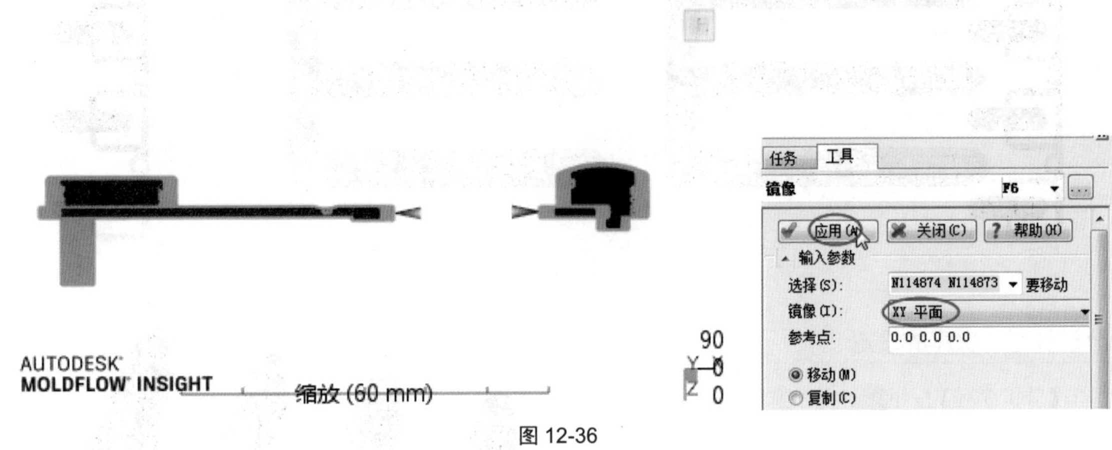

图 12-36

03 镜像的结果如图 12-37 所示。

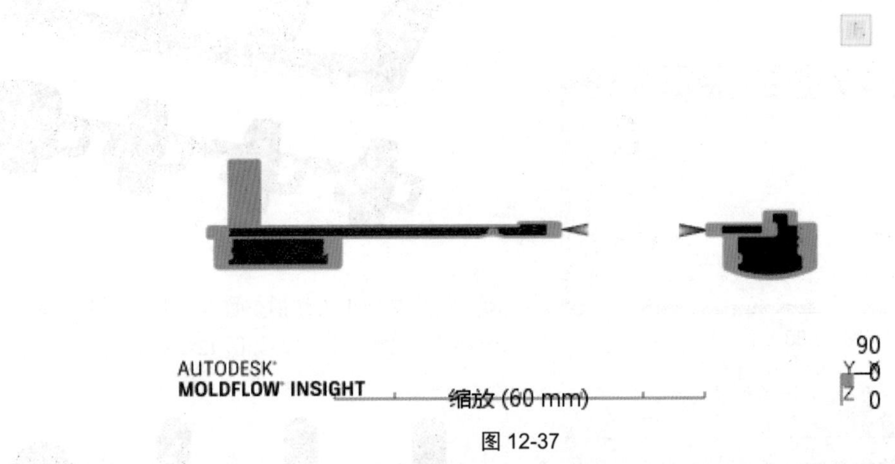

图 12-37

04 单击【几何】选项卡【创建】面板上的【流道系统】按钮，程序弹出【布局 - 第 1 页】对话框，在该对话框中单击【浇口中心】按钮和【浇口平面】按钮，接着再单击【下一步】按钮，如图 12-38 所示。

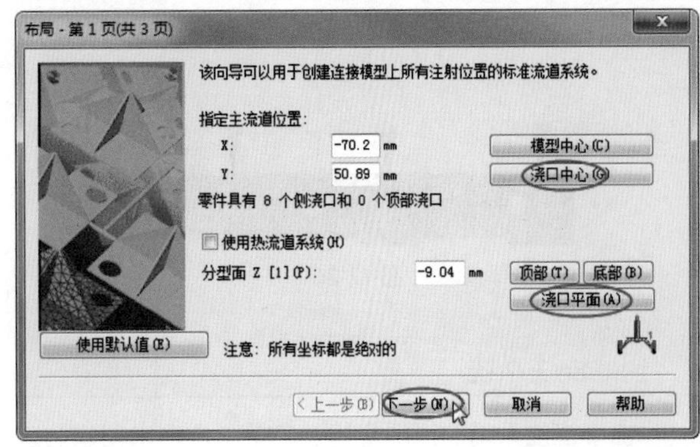

图 12-38

05 随后又弹出【主流道 / 流道 / 竖直流道 - 第 2 页】对话框，在对话框中设置如图 12-39 所示的参数后，单击【下一步】按钮。

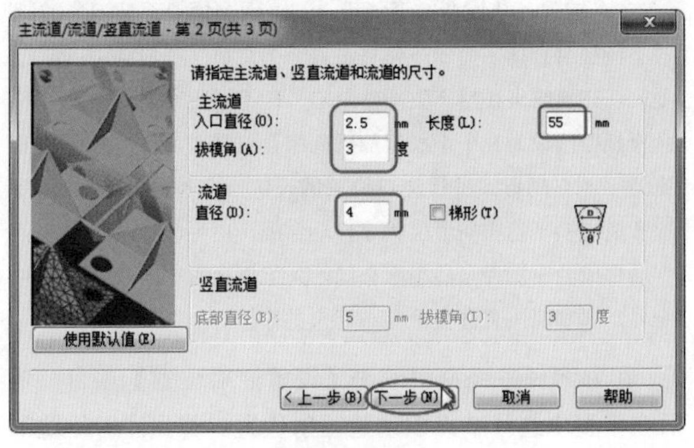

图 12-39

06 接着程序再弹出【浇口 - 第 3 页】对话框，当浇口参数设置完成后，单击【完成】按钮，程序自动创建出流道系统，如图 12-40 所示。

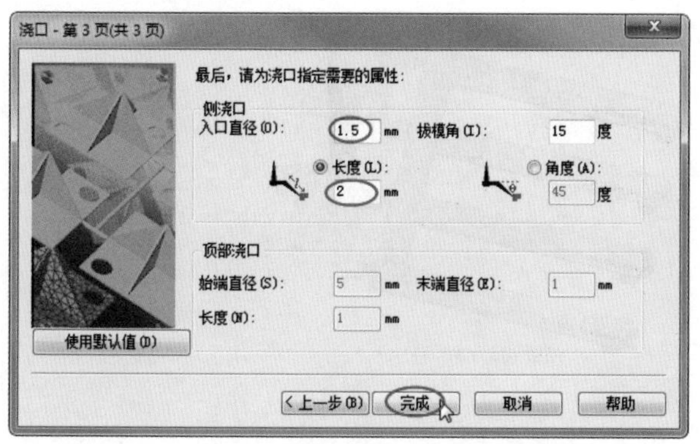

图 12-40

07 最终完成的浇注系统如图 12-41 所示。

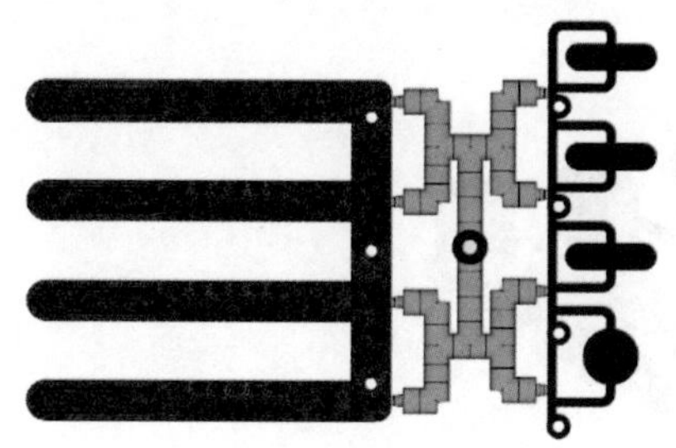

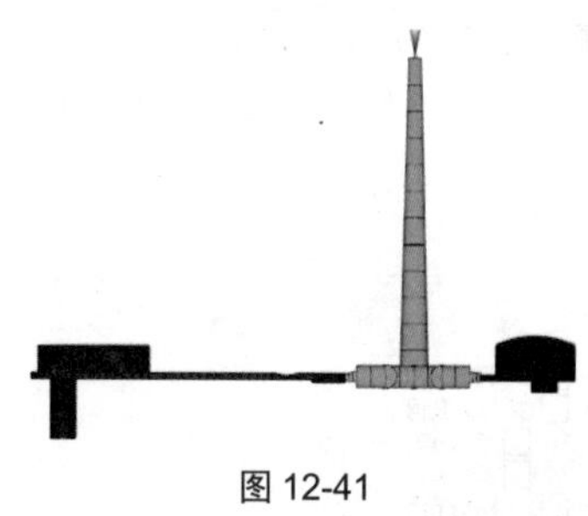

图 12-41

6. 设定成型工艺参数

由于是初步成型分析，所以在成型工艺参数设置过程中均保留程序默认设置。因此复制了基本模型后也就跳过这一步，直接进入下一步骤中。

7. 分析计算

在完成分析前处理后，在方案任务视窗中双击【开始分析】项目，程序执行分析计算。

12.4.2　充填分析的结果解读

在分析结果中，将着重关注熔体在型腔内的充填情况、填充过程中压力变化情况以及填充完成后产品表面质量。

（1）充填时间。

01 如图 12-42 所示，在图层管理器中取消【网格单元】的勾选，充填浇注系统花了 0.4303s。

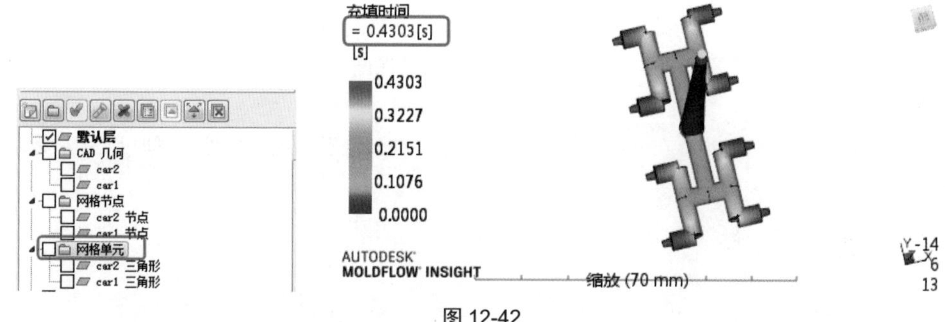

图 12-42

02 勾选【car1 三角形】选项，充填 car1 时再花掉 0.4618s（0.8921−0.4303=0.4618），如图 12-43 所示。

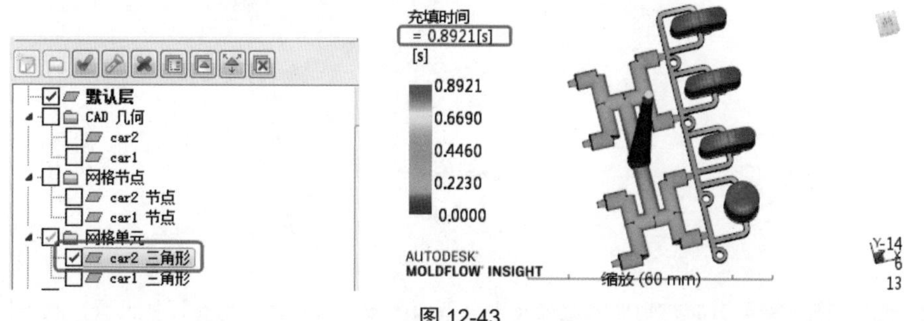

图 12-43

03 再勾选【car2 三角形】选项，充填 car2 时再花掉 0.3509s（1.243−0.8921=0.3509），很明显两模型充填不平衡，因此对制件的影响也是较大的，如图 12-44 所示。

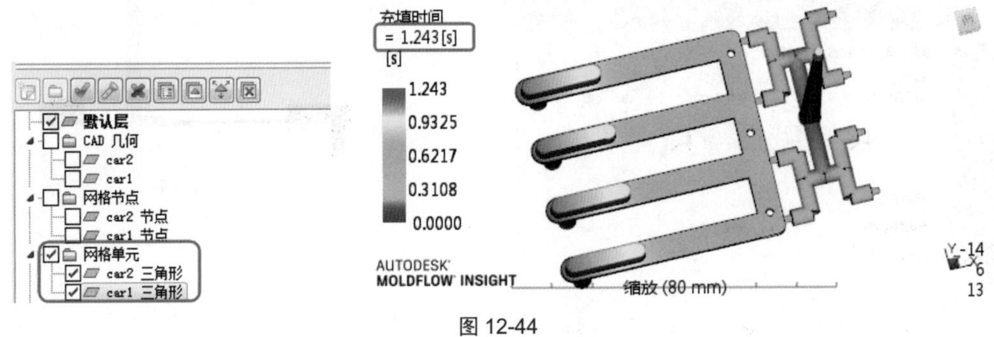

图 12-44

（2）速度 / 压力转换时的压力。

如图 12-45 所示，转换点浇口压力为 122.1MPa。图中浇口位置的压力在通过转换点后由 122.1MPa 降低为保压压力 91.56MPa。

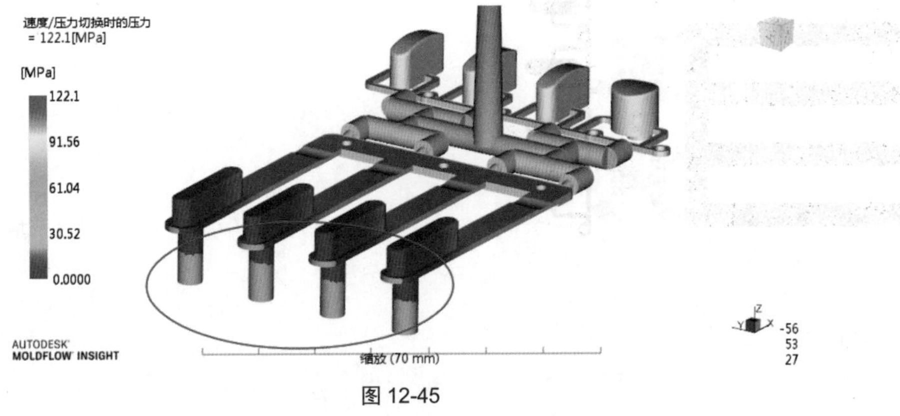

图 12-45

然而，模型 car1 过早地填充完成，处于过保压状态。模型 car2 末端的转换点压力却极低，降至为零。也就是说，转换点压力的不平衡造成制件填充不完全，会导致收缩、滞流、过保压等缺陷产生。

（3）熔接线。

如图 12-46 所示，从图中可看见，在产品上的熔接线较多，且又位于外观明显处，同时也是主受力区域，容易产生断裂现象。

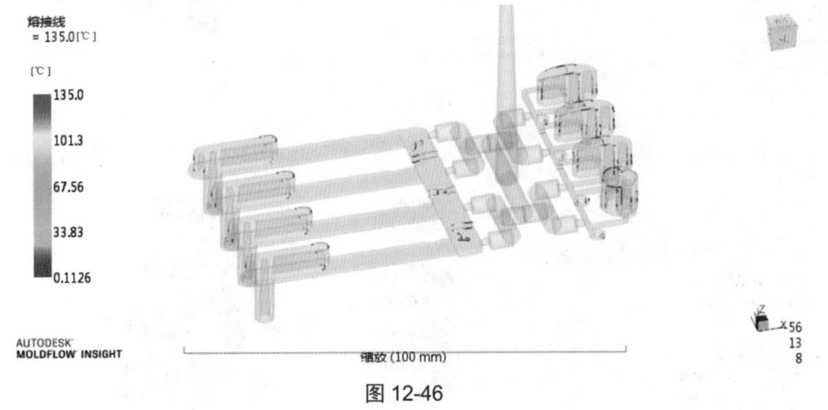

图 12-46

（4）气穴。

如图 12-47 所示，气穴主要分布在制件的边缘及主分型面区域，这些地方均有顶杆设置，利于排气，不会对制件质量产生影响。

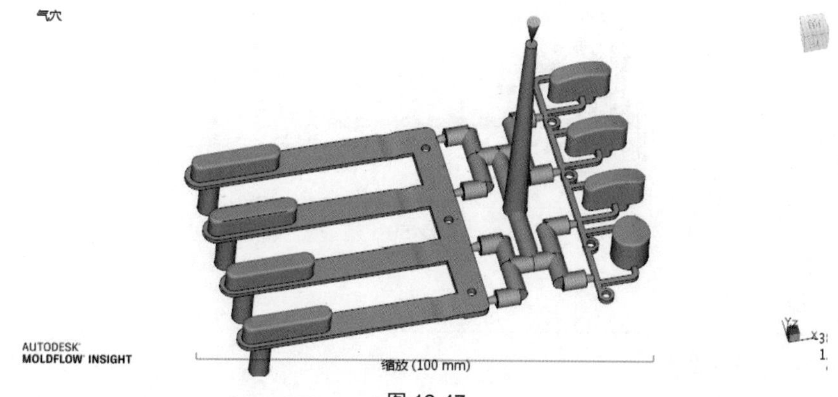

图 12-47

技巧点拨：

通过对模型的充填分析，初步得出熔体流动的不平衡性导致了上述缺陷，在接下来的分析中主要是针对不平衡问题，解决组合型腔的平衡性。

12.5　组合型腔的流道平衡分析

针对充填分析中所出现的问题，进行组合型腔的流动平衡分析。需达到的目的是：

（1）熔体填充过程中各分流道上的压力差应保持一致；

（2）减少流道内的摩擦热，从而保证在相对较低的料温下降低产品的残余应力；

（3）通过自定义工艺参数，尽量减小流道内的凝料，节约生产成本。

技巧点拨：

流道平衡分析通过约束条件的限制和不断逼近的迭代计算，来调整分流道的截面尺寸，从而达到平衡熔体流动的目的。但是，流道平衡分析仅仅是改变分流道的尺寸，而对主流道和浇口则不做调整。因此，主流道和浇口的尺寸必须由用户根据实际经验来获取。

12.5.1　分析前期处理

组合型腔的流动平衡分析是在填充分析的基础之上来进行的，因此过程相对简单一些。它主要有以下几个步骤。

1．复制充填分析模型

01 在工程视窗中复制【组合型腔 _study（充填分析）】。

02 将复制的分析模型重命名为“组合型腔 _study（流道平衡）”，如图 12-48 所示。

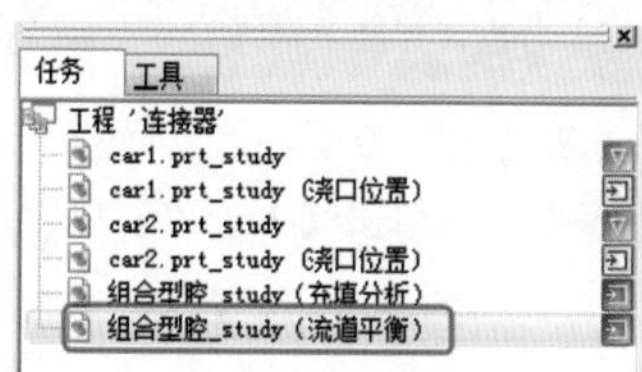

图 12-48

03 双击新复制的分析模型。

2．设定分析类型

01 在方案任务视窗中双击【填充】分析类型（或者单击【分析序列】按钮），程序弹出【选择分析序列】对话框。

02 在该对话框中单击【更多】按钮，又弹出【选择常用的分析顺序】对话框。

03 在列表中找到【流道平衡】序列后单击【确定】按钮添加分析序列，如图 12-49 所示。

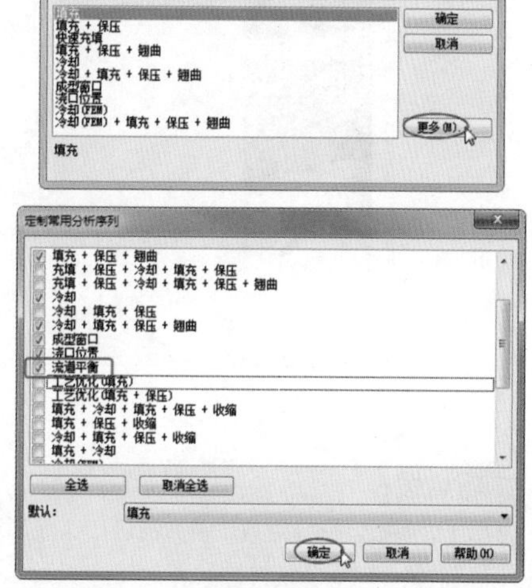

图 12-49

04 返回到【选择分析序列】对话框选择【流道平衡】序列，单击【确定】按钮完成分析序列的设置，如图 12-50 所示。

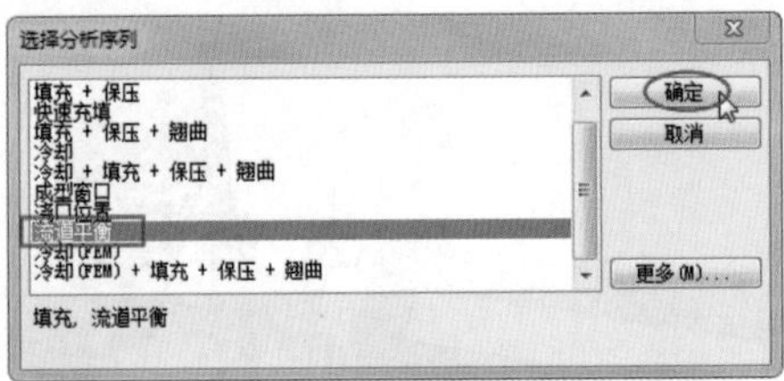

图 12-50

3．设定平衡约束条件

接下来进行平衡约束条件设置。

技巧点拨：

流道平衡分析中，最为重要的环节是平衡约束条件的设置。由于流道平衡分析属于数值计算中的迭代计算，因此平衡约束条件直接决定了分析计算能否最终收敛并得出合理的结果，而且约束条件还影响到计算的精度和速度。

01 在方案任务视窗中双击【工艺设置】项目，程序弹出【工艺设置向导 - 填充设置 - 第 1 页】对话框，保留该对话框中的默认设置参数，单击【下一步】按钮，如图 12-51 所示。

图 12-51

02 随后又弹出【工艺设置向导 - 流道平衡设置 - 第 2 页】对话框，在对话框中将【目标压力】设置为 100，然后单击【高级选项】按钮，如图 12-52 所示。

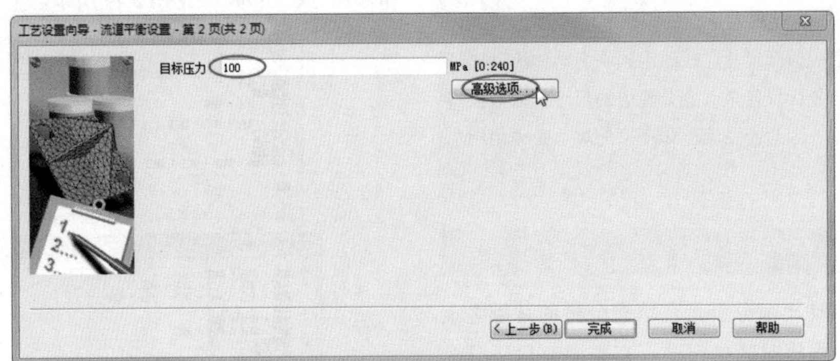

图 12-52

技巧点拨：

目标压力参数，就是流道平衡分析进行迭代计算的压力目标植，迭代分析的目标是获得合理的流道截面尺寸，从而保证在填充结束时转换点压力值接近目标值。

03 接着在弹出的【流道平衡高级选项】对话框中将【研磨公差】值修改为0.1，然后单击【确定】按钮，如图12-53所示。

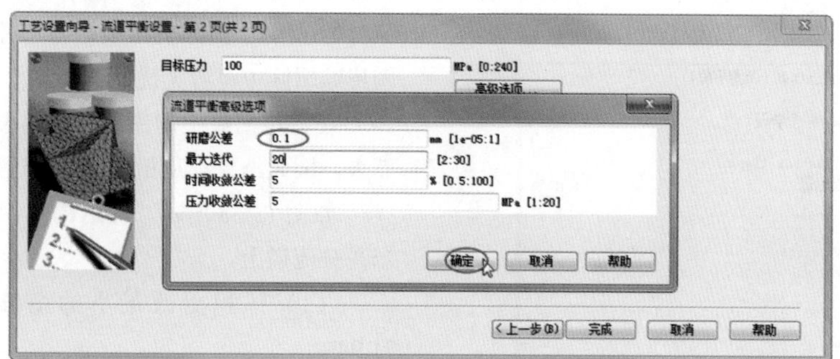

图 12-53

04 最后单击【工艺设置向导-流道平衡设置-第2页】对话框中的【完成】按钮结束流道平衡参数的设置，如图12-54所示。

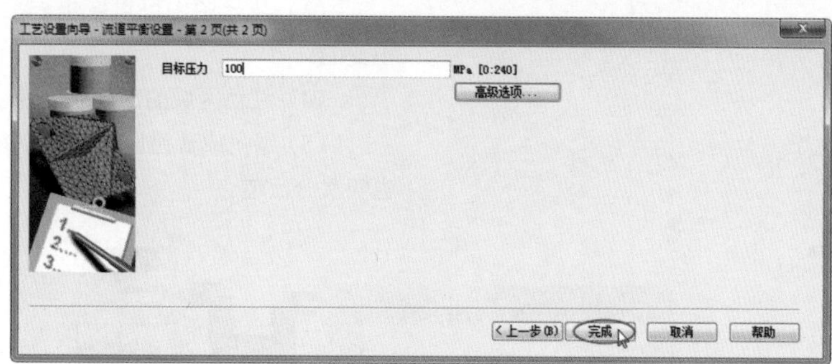

图 12-54

4．运行分析

在完成工艺设置后，在方案任务视窗中双击【继续分析】项目，程序执行分析计算，如图12-55所示。

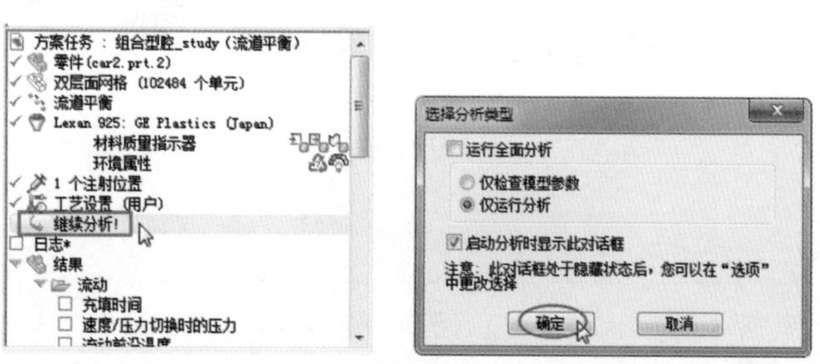

图 12-55

12.5.2　结果解读

分析计算结束，Moldflow生成了两个结果：流道体积约束结果与流道尺寸自动调整后的填充分析结果。如图12-56所示，在工程视窗中可见分析结束生成的流道平衡项目。

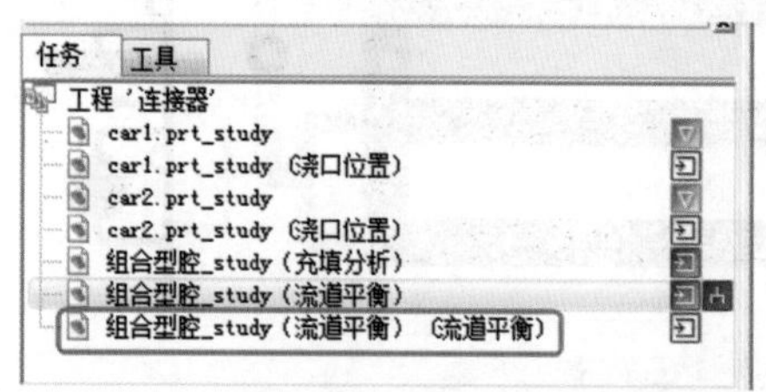

图 12-56

在方案任务视窗中，可看见生成的流道平衡项目的分析结果子项如图 12-57 所示。

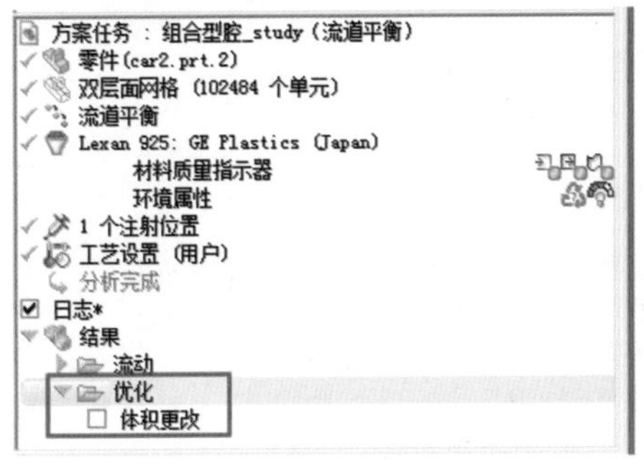

图 12-57

1．流动平衡分析结果

在流动平衡分析结果中勾选【体积更改】选项，在图形编辑区中可看见优化结果。

在分析结果中的流动分析结果是从填充分析中复制而来，因此结果都是相同的，在这里就不重复叙述了。

如图 12-58 所示，流道的体积的改变量以百分比显示在分流道上。

（1）体积更改最小的是红色区域，应该减少 31.94%；

（2）体积更改最大的是蓝色区域，应该减少 93.75%；

（3）从云图中可以看出，主流道（浇口衬套）是不变的；

（4）红色区域的部分流道为一级分流道；

（5）绿色或蓝色区域的部分流道称为二次分流道，也叫次分流道。

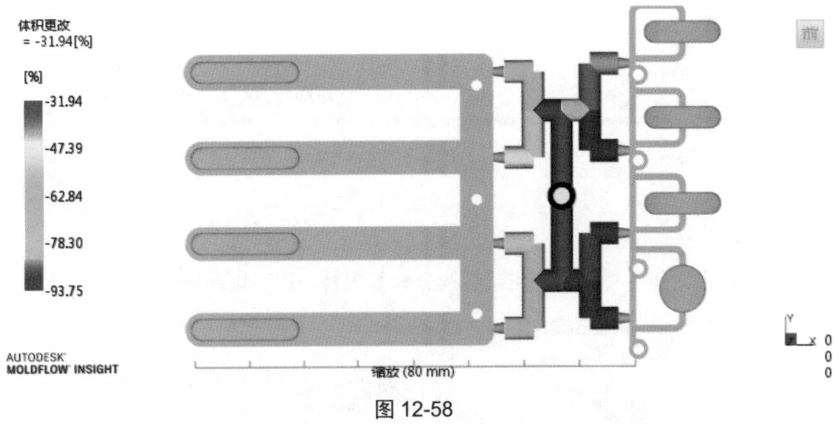

图 12-58

2．流道优化后的分析结果

01 在工程视窗中双击【组合型腔 _study（流道平衡）（流道平衡）】项目，然后在方案任务视窗中双击【运行分析】，对流道平衡优化后的项目再次进行填充分析，以此获得流道尺寸更改后的充填分析结果，如图 12-59 所示。

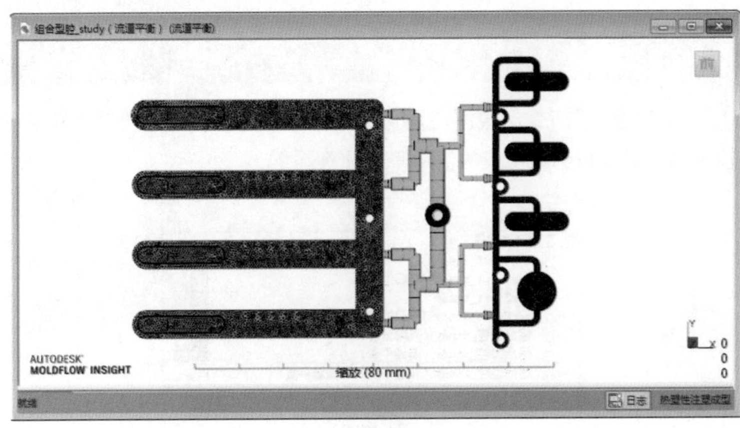

图 12-59

02 稍后分析完成。勾选【充填时间】选项，如图 12-60 所示，制品的充填时间为 1.149s，比平衡分析前减少了 0.1s 左右（分析前 1.243s），并且制品两边是同时完成充填的。

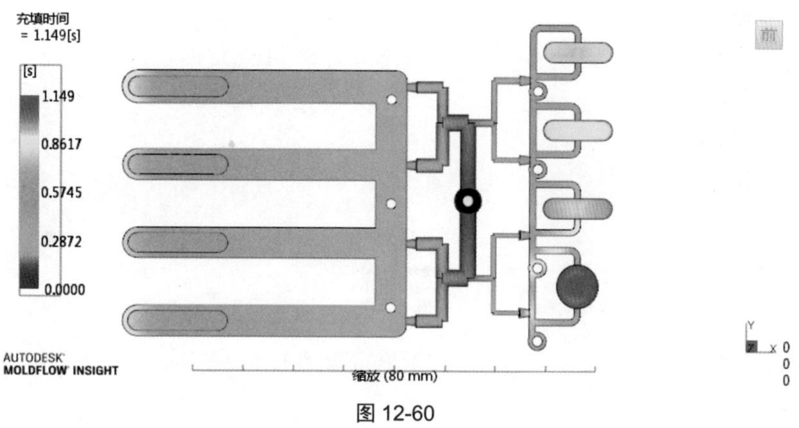

图 12-60

03 勾选【速度 / 压力切换时的压力】选项，如图 12-61 所示，在制品 car1 边有灰色显示区域（保压压力为 0），说明有收缩或短射缺陷产生。这是由于没有重新设置工艺参数，适当调整【速度 / 压力切换时的压力】为注射压力，提高模温或料温，改变浇口位置，并提高压力值即可消除缺陷。

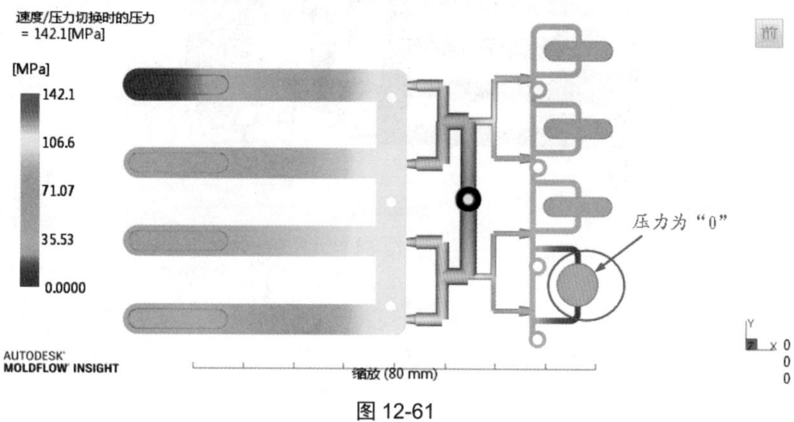

图 12-61

04 勾选【熔接线】选项，如图 12-62 所示，由于制件还有缺陷，因此熔接线没有发生变化。

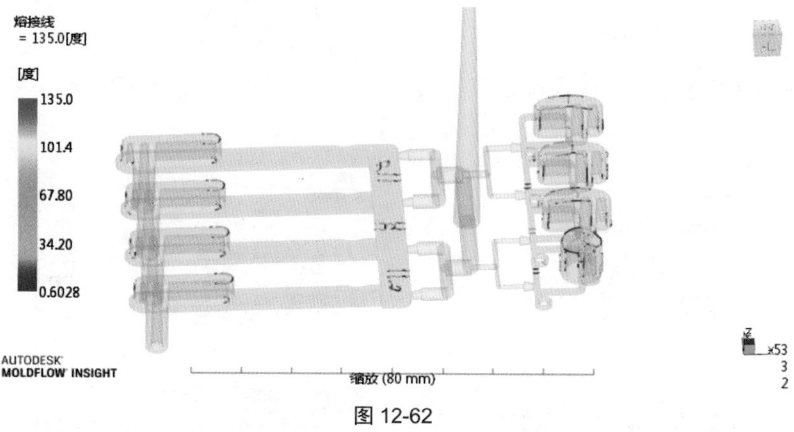

图 12-62

05 勾选【气穴】选项，如图 12-63 所示，与流道平衡分析前相比并没有多大变化。

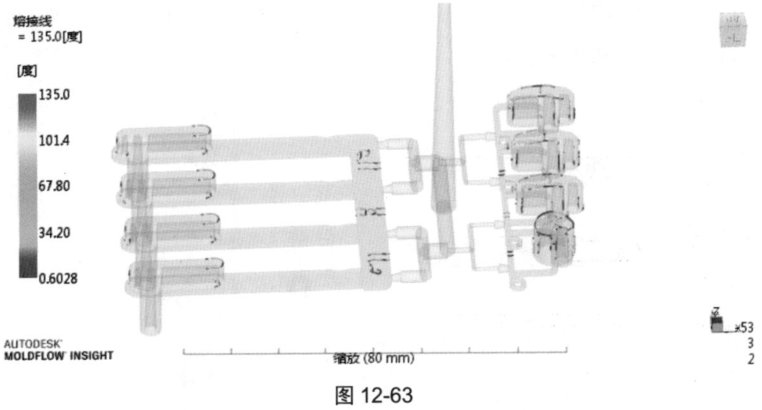

图 12-63

06 勾选【流道前沿温度】选项，如图 12-64 所示，除局部位置出现较小温差外（可以通过重设浇口解决），其他绝大部分填充是均衡的。

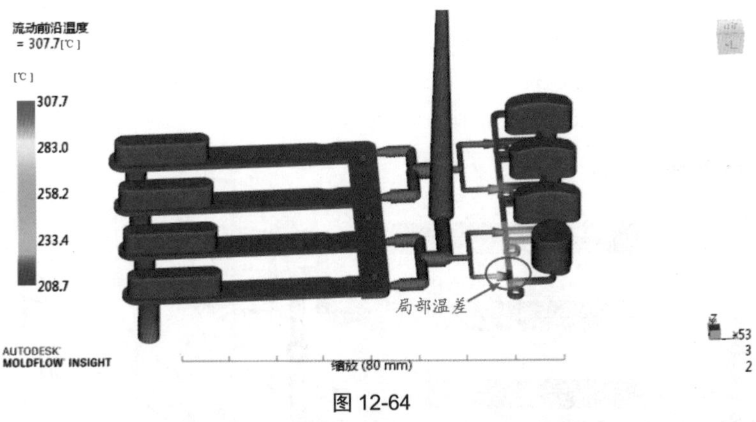

图 12-64

技巧点拨：

总的说来，流道平衡分析优化了分流道，使制品的填充达到了流动平衡，尽可能地减小制品缺陷。

12.6 流道平衡优化分析

针对以上出现的收缩和短射缺陷，可以通过调整工艺参数进行解决。

01 在工程视窗中复制【组合型腔 _study（流道平衡）】项目，并重命名为“组合型腔 _study（工艺优化）”，如图 12-65 所示。

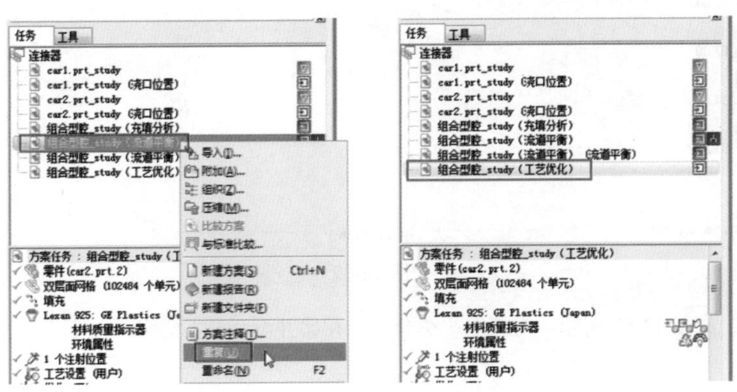

图 12-65

02 双击复制的【组合型腔 _study（工艺优化）】项目，进入该项目的分析环境。单击【工艺设置】按钮，首先设置基本的模温、料温、充填控制、速度压力切换、保压控制等，如图 12-66 所示。

03 保压控制由【% 填充压力与时间】来控制，单击【编辑曲线】按钮后编辑保压压力曲线，如图 12-67 所示。

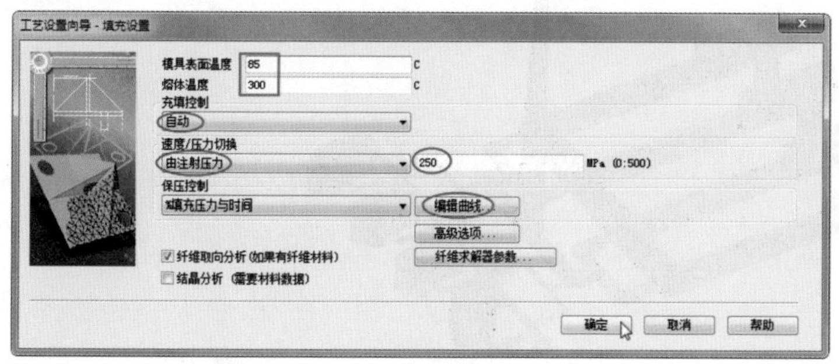

图 12-66

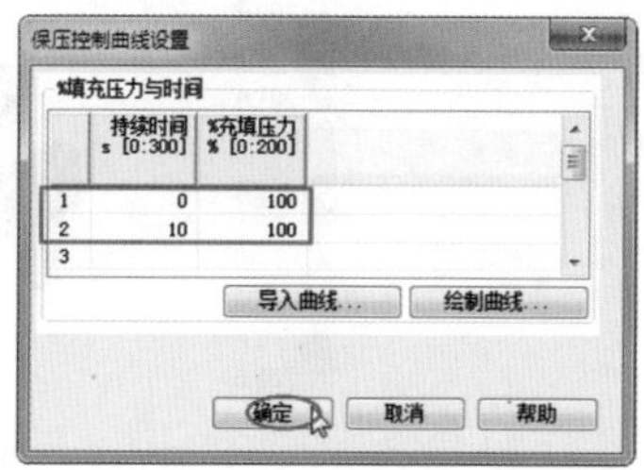

图 12-67

04 重新运行分析，稍后分析完成。勾选【充填时间】选项，如图 12-68 所示，制品的充填时间为 1.048s，比工艺优化分析前减少了 0.1s 左右（工艺优化分析前为 1.149s），并且制品两边是同时完成充填的。

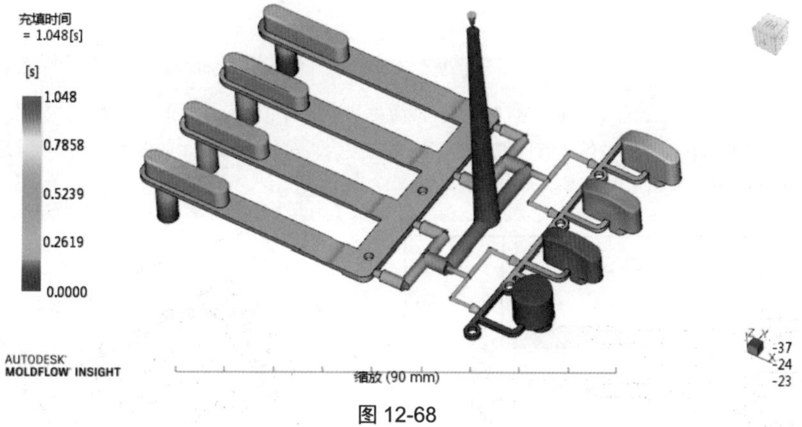

图 12-68

05 勾选【速度 / 压力切换时的压力】选项，如图 12-69 所示，在制品 car1 上仍然存在部分区域保压压力为 0，虽然得到较大改善，但浇口位置没有改进，难免还有缺陷。

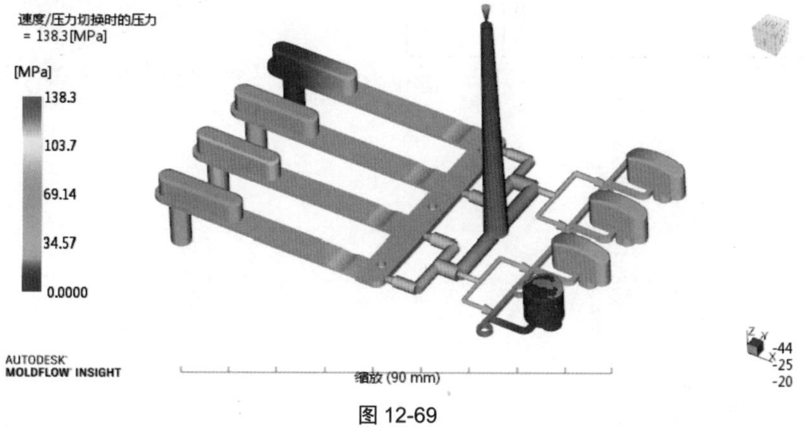

图 12-69

技巧点拨：

由于要耗费四十多小时时间进行流道优化分析，故不能改变浇口重新流道优化分析。其实，只需要将 car2 和 car1 模型在 XY 平面上都旋转 180°，在另一侧进行浇注。

06 勾选【流道前沿温度】选项，如图 12-70 所示，相较于优化前，流道前沿温度有了少量的改善，但还是存在 100℃左右的温差，还需要重设浇口进行优化。

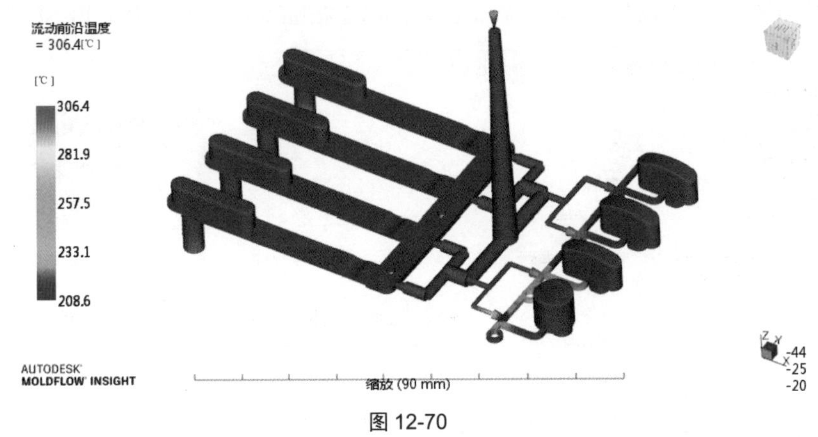

图 12-70

07 至此，流道平衡的优化分析全部完成。由于本章的重点是流道平衡分析，所以其他因填充出现的制件缺陷暂不做更深一步的优化。

知识链接

事实上，本案例的模流分析是通过平衡的流道布局模拟而得到流道的截面尺寸，但在真正设计模具时还须考虑模具零件加工性，就是流道截面尽量保存尺寸一致性，所以把自然平衡布局改为人工平衡布局，如图 12-71 所示。这样一来能够保证两个制品在同一时间内完成充填，也避免一些因流道不平衡而导致的制件缺陷。

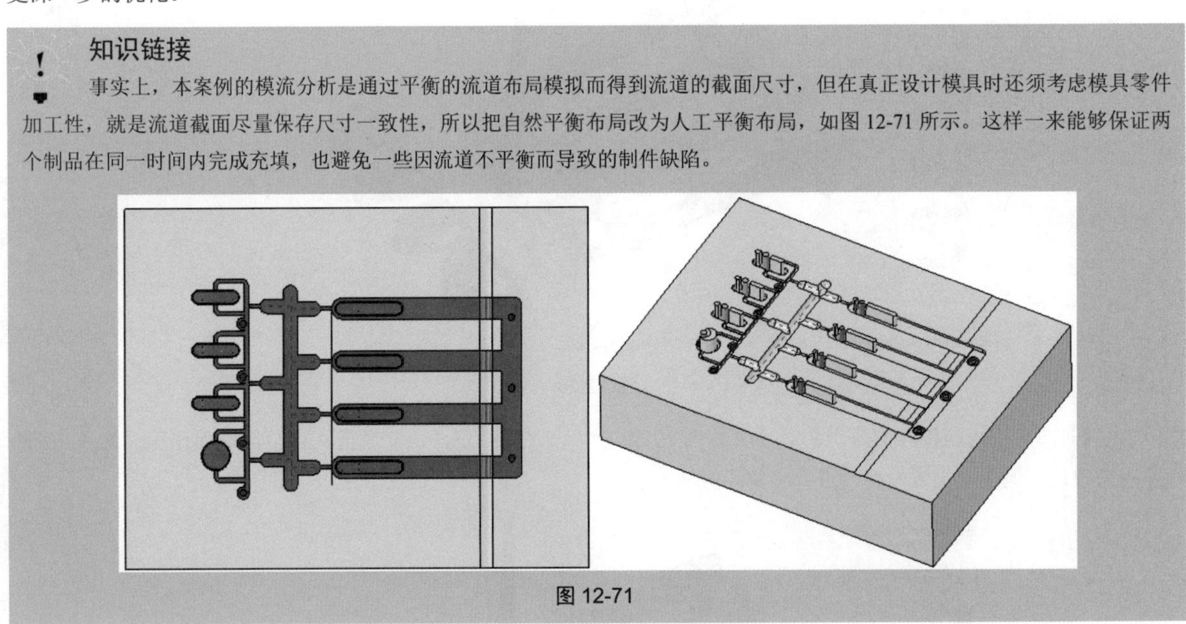

图 12-71

二次成型工艺是指热塑性弹性体通过熔融黏附结合到工程塑胶的一种注塑过程。相比用第三方材料黏接，二次成型工艺使过程更快，更符合成本效益。因此，已被广泛用于塑胶结构设计。本章将以塑料扣双色注塑成型为例，详细介绍 Moldflow 重叠注塑成型分析的应用过程。

项目分解	知识点 01：二次成型工艺概述
	知识点 02：设计任务介绍——重叠注塑成型
	知识点 03：重叠注塑成型初步分析
	知识点 04：重叠注塑初步分析
	知识点 05：重叠注塑成型优化分析

第 13 章

重叠注塑成型模流分析案例

13.1 二次成型工艺概述

二次成型工艺是指热塑性弹性体通过熔融黏附结合到工程塑胶的一种注塑过程。

相比用第三方材料黏接，二次成型工艺使过程更快，更符合成本效益。因此，已被广泛用于塑胶结构设计。

在二次成型时，软硬段的表面软化、外层弹性体的分子扩散和工程塑料，它们之间必须相互兼容，也就是说它们不能拒绝对方的分子。随着分子流动性的增加，两种材料的分子相互扩散，产生融化附着力。最终在表面层网络形成一个有凝聚力的键。

二次成型分为重叠注塑成型、双组份注塑成型和共注塑成型三种。它们的区别如下。

（1）重叠注塑成型：双色注塑机，两个料筒，两个喷嘴，两副模具。

（2）双组份注塑成型：双组份注塑机，两个料筒，两个喷嘴，一副模具（有时也会设计两副模具）。

（3）共注塑成型：共注射注塑机，两个料筒，一个喷嘴，一副模具。

13.1.1 重叠注塑成型（双色成型）

重叠注塑是一种注塑成型工艺，其中一种材料的成型操作将在另一种材料上执行。重叠注塑的类型包括二次顺序重叠注塑和多次重叠注塑。

Moldflow 重叠注塑适用于中性面、双层面和 3D 实体网格。

重叠注塑分析分为两个步骤：首先在第一个型腔（第一次注塑成型）上执行【填充 + 保压】分析，然后在重叠注塑型腔（第二次注塑成型）上执行【填充 + 保压】分析。

如图 13-1 所示为重叠注塑成型的流程示意图。

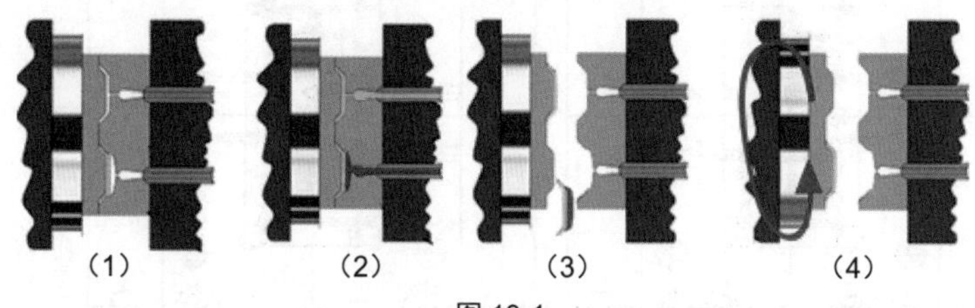

图 13-1

（1）注射之后，样板将旋转 180°，随后模具将关闭。第一个零部件（蓝色）现位于下（重叠注塑）型腔中。

（2）将同时注射第一个零部件（蓝色）和第二个零部件（红色）。

（3）模具将打开，已加工成型的零件将从下型腔中顶出。与此同时，第一个零部件的流道将断开。

（4）样板将旋转 180°，之后模具关闭。第一个零部件（蓝色）现位于下（重叠注塑）型腔中。

双色注塑机有两个料筒和两个喷嘴，如图 13-2 所示。

图 13-2

重叠注塑工艺主要应用在双色注塑模具和包胶模具。

1．双色注塑模具

双色注塑模具是将两种不同颜色的材料在同一台注塑机（双色注塑机）上进行注塑，分两次成型，但最终一次性地将双色产品顶出。如图 13-3 所示为双色注塑示意图，图中的 1# 浇注系统负责注塑 A 型腔，2# 浇注系统负责注塑 B 型腔。如图 13-4 所示为双色注塑产品。

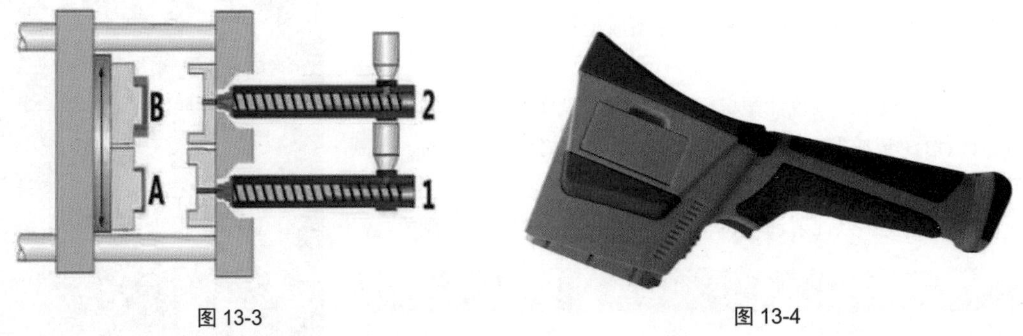

图 13-3　　图 13-4

双色注塑是指利用双色注塑机，将两种不同的塑料在同一机台注塑完成部件。适用范围广，产品质量好，生产效率高，是目前的趋势。

常见的旋转式双色模具，注塑成型时通常是共用一个动模（后模），通过交换定模（前模）来完成的，如图 13-5 所示。

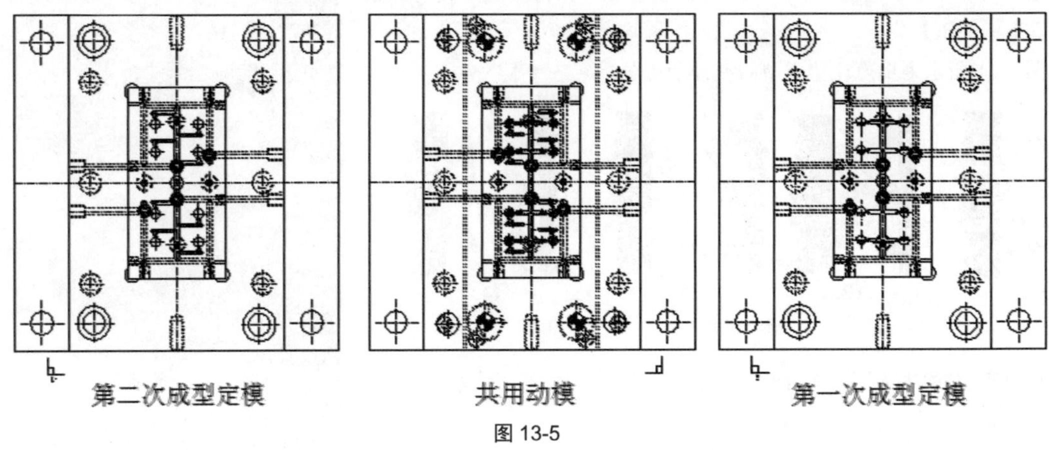

图 13-5

温馨提示：

所谓的“双色”，除了颜色不同，其材质也是不同的。一般为硬质材料和软质材料。因此在设计双色模具时，必须要同时设计两套模具，通常是两个型腔不同的定模和两个型腔相同的动模；在注塑生产时，两套模具同时进行生产，第一次注塑完成后动模旋转 180° 后与第二型腔的定模构成一套完整的模具完成第二次注塑。

如图 13-6 所示是双色手柄的完整双色注塑模具。

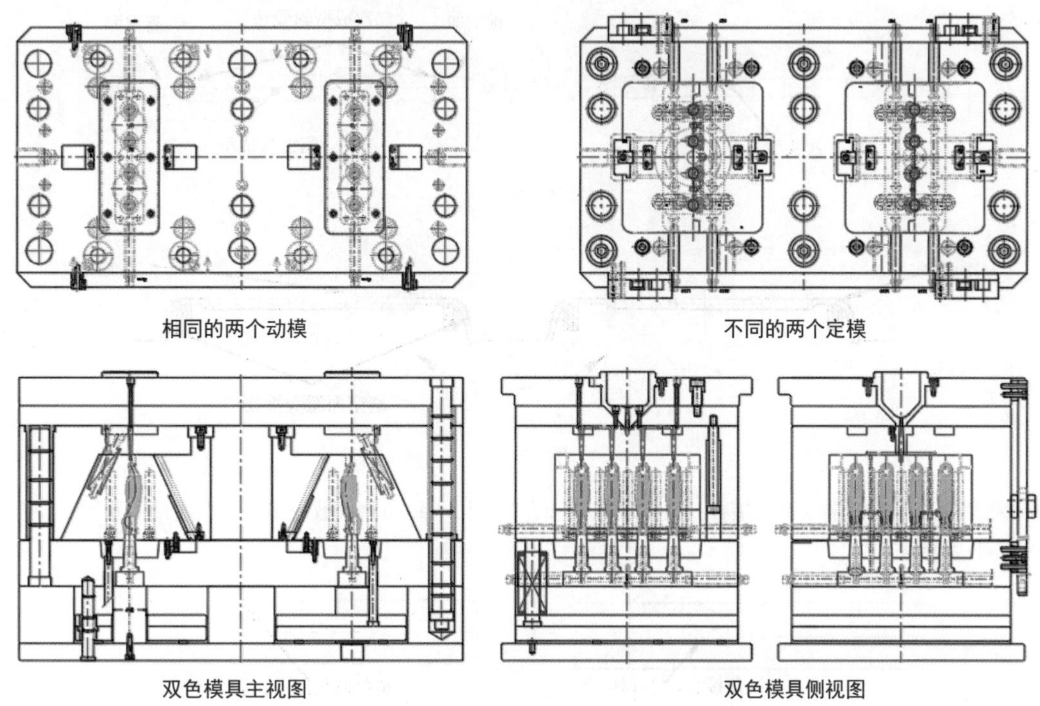

图 13-6

双色注塑模具的特点如下。

（1）为使模具装在回转板上能做回转运动，模具最大高、宽尺寸应保证在格林柱内切圆直径 φ750mm 范围内；当模具用压板固定于回转板上时，模具最大宽度为 450mm，最大高度（长度）为 590mm；另外，也为满足模具定位和顶出孔位置尺寸的要求，模具最小宽度为 300mm，最小高度（长度）为 400mm，如图 13-7 所示。

（2）由于注塑机的水平、垂直注射喷嘴端面为平面结构，模具喷嘴（主流道入口）须满足平面接触，如图 13-8 所示。

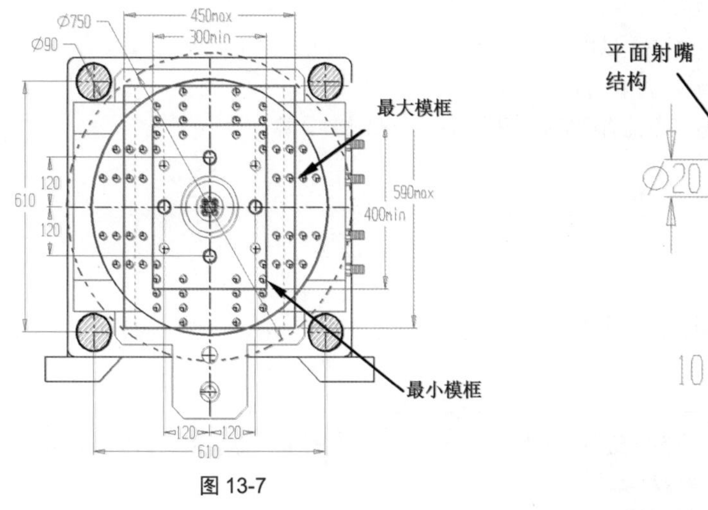

图 13-7

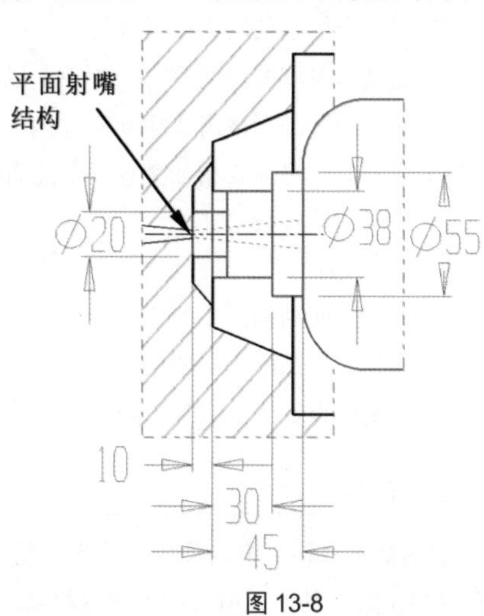

图 13-8

（3）注意保证模具定位和顶出的中心位置尺寸 120 0.02。

（4）双色模具，若两种材料的收缩率不同，其模具型腔的缩放量也不一致；当进行第二次注射时，第一次成型的胶件（制品）已收缩，因此模具第二次成型的封胶面应为胶件实际尺寸，也可减小（单边）0.03mm 来控制封胶。

（5）模具二次成型的前模型腔，注意避空非封胶配合面，避免夹伤、擦伤第一次注射已成型的胶件表面，如图 13-9 所示为避免夹伤的设计，如图 13-10 所示为避免擦伤的设计。

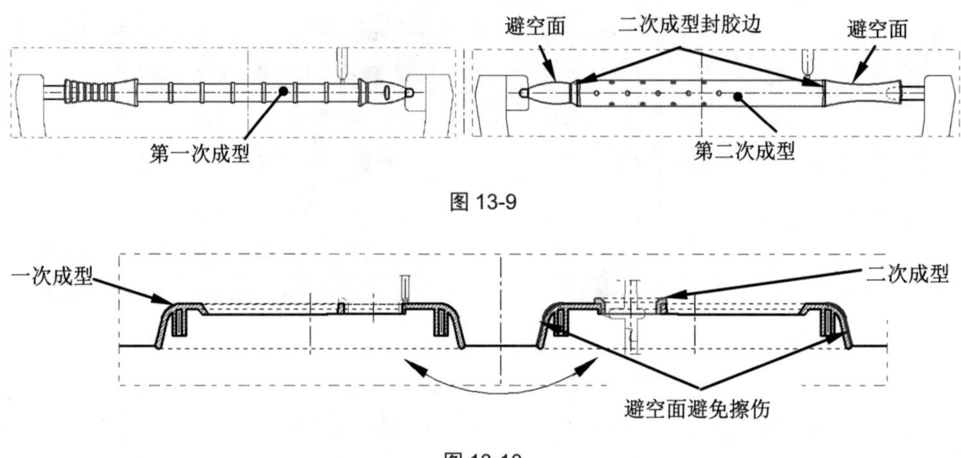

图 13-9

图 13-10

（6）避免两胶料接合端处锐角接合；当出现锐角接合时，因尖锐角热量散失多，不利于两胶料熔合，角位易脱开，如图 13-11 所示。

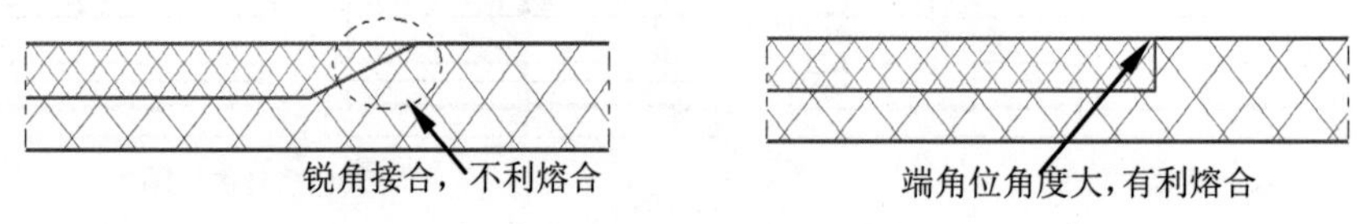

图 13-11

2．重叠注塑对双色模型的要求

通过 Moldflow 分析可以预测出双色产品的充填情况，压力、温度、结合线困气位置、表面收缩，以及产品相互黏合及变形情况，帮我们及时地避免双色成型中的风险。

对于中性面网格：

（1）要确保两个模型的网格质量较好；

（2）网格宽度与厚度的比例控制在 4 ∶ 1 以内；

（3）两个成分的产品网格需要相互交叠；

（4）两个成分的网格需要相互交叠（不能有间隙，否则无法进行热传导计算）；

（5）两个模型的属性设定。

对于 3D 实体网格：

（1）两者皆为几何结构简单的模型最佳；

（2）两个成分的产品网格需要相互交叠；

（3）元素的属性设定（如有热流道要控制在第二色）。

3．重叠注塑的材料

重叠注塑的基本思路是将两种或多种不同特性的材料结合在一起，从而提高产品价值。第一种注入材料称为基材或者基底材料，第二种注入材料称为覆盖材料。

在重叠注塑过程中，覆盖材料注入基材的上方、下方、四周或者内部，组合成为一个完整的部件。这个过程可通过多次注塑或嵌入注塑完成。通常使用的覆盖材料为弹性树脂。

重叠注塑的两种塑性材料的选择应注意其接合效果，常用各胶料组合见表 13-1。

表 13-1

材料	ABS	PA6	PA66	PC	PE-HD	PE-LD	PMMA	POM	PP	PS-GP	PS-HI	TPU	PVC-W	PC-ABS	SAN
ABS	1			1	U	U	1		U	U	U	1	1	1	1
PA6		1	1	2	2	2			2	U	U	1			
PA66		1	1		2	2			2	U	U	1			
PC	1		2	1	U	U	2		U	U	U	1	1	1	1
PE-HD	U	2	2	U	1	1	2	2	U	U	U	U	2	U	U
PE-LD	U	2	2	U	1	1	2	2	1	U	U	U		U	U
PMMA	1			2	2	2	1		2	U	U		1		1
POM					2	2		1	2	U	U				
PP	U	2	2	U	U	1	2	2	1	U	U	U	2	U	U
PS-GP	U	U	U	U	U	U	U	U	U	1	1	U	2	U	U
PS-HI	U	U	U	U	U	U	U	U	U	1	1	U	2	U	U
TPU	1	1	1	1	U	U			U	U	U	1	1		1
PVC-W	1			1	2		1		2	2	2	1	1	1	1
PC-ABS	1			1	U	U			U	U	U		1	1	1
SAN	1			1	U	U	1		U	U	U	1	1	1	1

注明：（1）“1”为良好组合；“2”为较好组合；“U”为较差组合。

（2）其余空白无组合。

13.1.2　双组份注塑成型（嵌入成型）

在 Moldflow 中嵌入成型（或“插入成型”）也叫双组份注塑成型。嵌入成型模具俗称“包胶模具”，包胶模具有两种包胶模式：软胶包硬胶和硬胶包软胶。常见的包胶模式是软胶包硬胶，例如，电动工具外壳壳体、牙刷柄、插线板、卷尺外壳等，如图 13-12 所示。

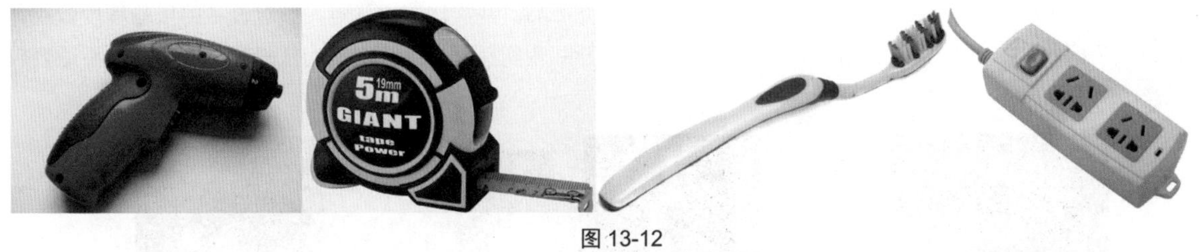

图 13-12

1．角式注塑

角式注塑机如图 13-12 所示。该类注塑机有两个注射机构（料筒），并在水平面或垂直面成一定夹角分布。根据需要可以按照同时或先后的顺序将两种原料注入同一副模具内。

这种注塑方法可在一台双组份注塑机上，利用一副模具实现双组份注塑的效果。

同副模具内分为硬料腔和软料腔。第一模注射时，副料筒关闭，只进行主料筒的硬料注射。完成后，将硬料部分放入软料腔内，从第二模开始，主、副料筒同时注射，完毕后，从软料腔脱模的零件即为成品，从硬料腔脱模的产品再放入软料腔内循环进行生产，如图 13-13 所示。

1. 先成型硬材料

2. 将硬料放入软料模腔内

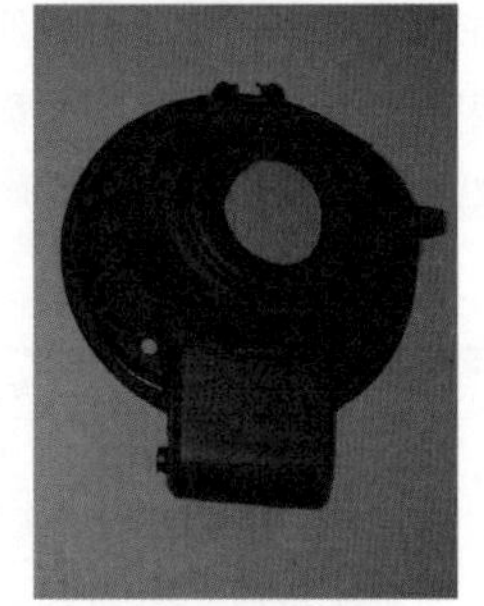

3. 再成型软材料

图 13-13

2．两次注塑

这是一种最简单的双组份成型方法，只需要两台常规的注塑机，但需要两副模具（分别成型硬料部分和软料部分）。先成型硬料部分制件，再将该制件作为嵌件放入软料模内，完成软料成型，如图 13-14 所示。

图 13-14

如图 13-15 所示为利用两次成型工艺完成的电动工具外壳产品。两次注塑的优点在于对设备的依赖程度较小，利用普通注塑机即可实现双组份注塑的效果。缺点是要同时开制两副模具，生产周期为常规注塑的两倍，不适合较大体积产品的生产。

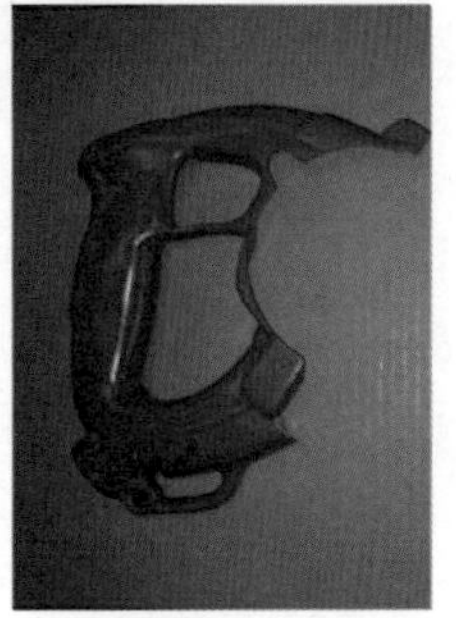

1. 先成型硬材料

2. 作为嵌件放入软料模内

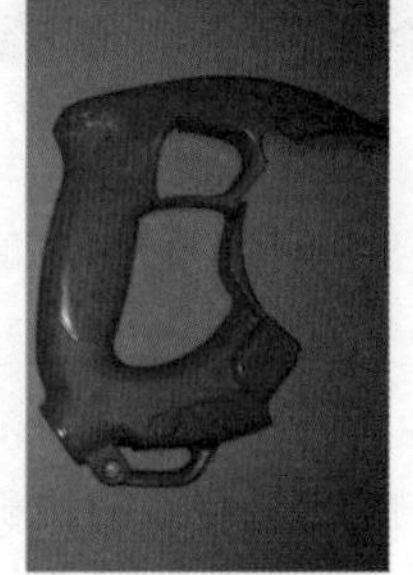

3. 再成型软材料

图 13-15

3．嵌入成型注塑材料

单一的原材料在性能上往往都有一些缺陷，利用嵌入成型注塑可以达到两种原料之间的优点互补，得到性能更加优良的产品。

嵌入成型注塑工艺与普通注塑相比基本相同，同样分为：注射 - 保压 - 冷却；不同之处在于在短时间内先后实现了两次注塑成型过程。两种原料能有效地黏合在一起。

嵌入成型注塑中采用的原料要求相互之间必须要有较强的黏合强度，才能保证不会出现原料结合处开裂、脱落等缺陷。

常见的嵌入成型注塑材料之间的黏合强度见表 13-2。

表 13-2

材料	ABS	ABS/PC	ASA	CA	EVA	PA6	PA66	PBT	PC	HDPE	LDPE	PMMA	POM	PP	PP0	PS	TPEE	TPU
ABS	1	1	1	1				1	1	U	U	1		U	U	U	U	1
ABS/PC	1	1	1						1	U	U			U	U	U	U	1
ASA	1	1	1	1	1				1	U	U	1		U	U	U		1
CA	1		1	1	2					U	U			U	U	U		1
EVA			1	2	1					1	1			1		1		U
PA6						1	1			2	2			2		U	U	1
PA66						1	1	1	2	2	2			2		U	U	1
PBT							1	1	1						U		1	1
PC	1	1	1				2	1	1							U	1	1
HDPE	U	U	U	U	1	2	2		U	1	1	2	2	U		U	U	U
LDPE	U	U	U	U	1	2	2		U	1	1	2	2	1		U	U	U
PMMA	1		1							2	2	1		2		U		
POM										2	2		1	2		U	U	
PP	U	U	U	U	1	2	2		U	U	1	2	2	1	2	U	U	U
PPO	U	U	U	U										2	1	1	U	U
PS	U	U	U	U	1	U	U		U	U	U	U	U	2	1	1	U	U

注明：（1）“1”为良好黏度；“2”为较差黏度；“U”无黏度。

（2）其余空白不形成组合。

第一次注射的硬胶材料称为“基材”，常用的硬胶材料有 ABS、PA6/PA66-GF、PP、PC 及 PC+ABS 等。第二次注射的软胶材料称为“覆盖材料”，常用的软胶材料有人工橡胶、TPU、TPR、TPE、软 PVC 等。

在本章的电动工具手柄采用的软胶包硬胶的模式，在基体材料确定的情况下，覆盖材料选用的优先顺序（排前为优选）见表 13-3。

表 13-3

基材（本体 / 骨架）	覆盖材料（包胶材料）	备注
PA6-GF	通用所有常用弹性树脂，优选 TPE	TPE 耐磨
PA66-GF	通用所有常用弹性树脂，优选 TPE	TPE 耐磨
ABS	通用所有常用弹性树脂，优选 TPE	TPE 耐磨
PC+ABS/PC	通用所有常用弹性树脂，优选 TPE	TPE 耐磨
PP	TPR/TPE/PVC	
金属压铸件	TPE/PVC /TPU/PPS/PA6-GF	需考虑设计 / 功能 / 工况
PA6-GF/PA66-GF/PC	ABS（不建议大的面积采用）	（1）小面积的 LOGO 区域（100mm×20mm）之内是可行的 （2）大的包胶区域要综合考量结构，曲率（落差）

4．嵌入成型的特点

嵌入成型模具（包胶模具）的生产过程是：先完成硬胶产品的生产，然后将硬胶产品放入注塑软胶材料的包胶模具中，最后注塑软胶材料覆盖在硬胶产品上，完成包胶产品的注塑。

嵌入成型的缺点是：生产效率较低，硬胶产品在置放的过程中，容易出现放不到位的情况，因此，包胶产品可能会出现压伤等一系列问题，良品率相对来说较低。

嵌入成型具有以下特点。

（1）通常基材要比覆盖材料大得多。

（2）有时基材需要预热，使表面温度接近覆盖材料的熔点，从而获得最佳黏合强度。

（3）一般嵌入成型的模塑工艺通常由两套模具完成，不需要专门的双色注塑机。

5．嵌入注塑成型注意事项

嵌入注塑成型的最大问题就在于两种原料能否有效黏合。除了前面讲到的两种原料本身之间能否相融是关键之处以外，在产品设计和加工过程中也应注意以下几点。

（1）尽量增加两种原料的结合部位的有效接触面积，也可以利用增加加强筋或槽、孔洞、斜面、粗糙面结构来达到此目的。应当尽量避免类似截面积很小的平面和平面之间的黏合，如图 13-16 所示。

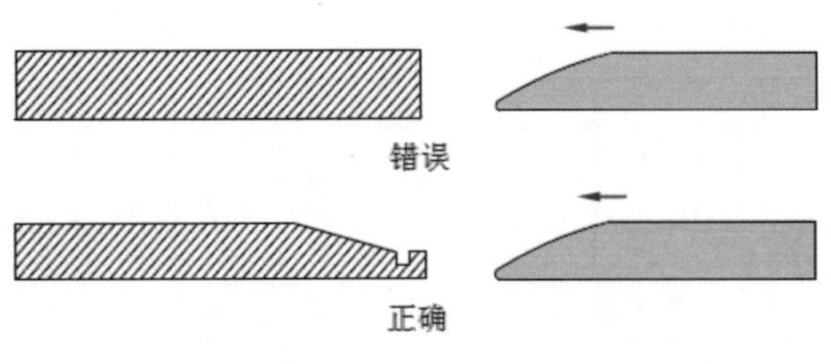

图 13-16

（2）注意软料进入模腔的位置和流向（如图 13-17 所示），避免对硬料部分产生不良影响。同时也要对硬料部分相应位置做好加固。

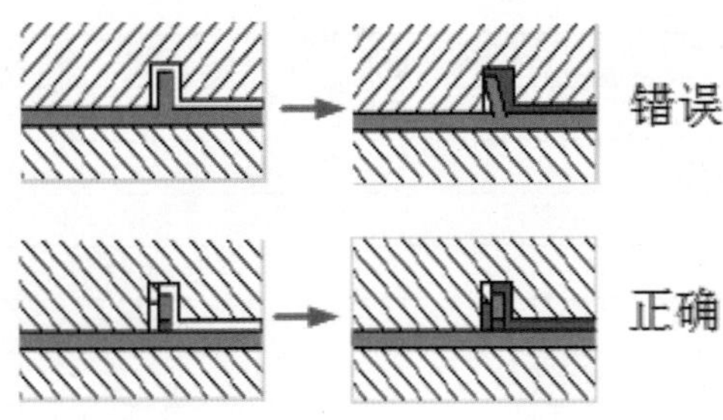

图 13-17

（3）注塑加工过程中，注意对原料加工温度、注射速度、模腔表面温度的控制，这些都是会直接影响原料黏合强度的关键控制因素。

6．包胶模具

有时又叫假双色，两种塑胶材在不同注塑机上注塑，分两次成型；产品从一套模具中出模取出后，再放入另外一套模具中进行第二次注塑成型。一般这种模塑工艺通常由两套模具完成，而不需要专门的双色注塑机。如图 13-18 所示为包胶产品。

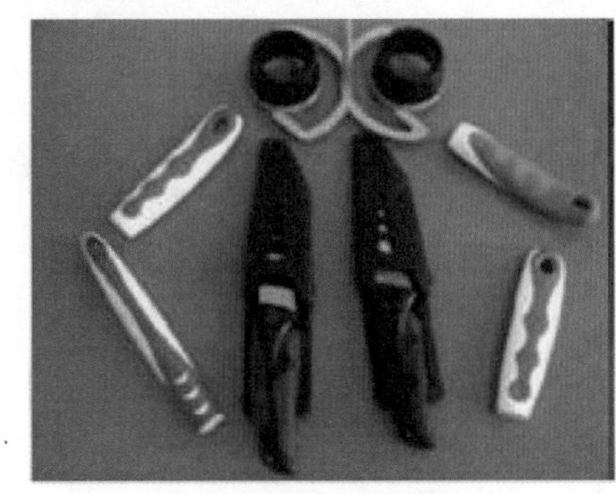

图 13-18

如图 13-19 所示为汽车三角玻璃窗包胶模具内部结构图。

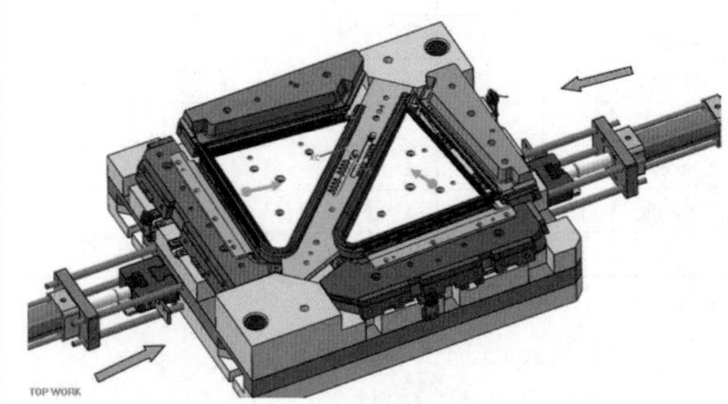

图 13-19

包胶模具设计注意事项如下。

（1）强度：包胶模具要注意骨架强度，防止包胶后变形。

（2）缩水：包胶模要注意收缩率的问题，外置件是没有收缩的。然后是一个设计问题，该避空的地方尽量避空，便于外置件的放入及模具成本，原则上不影响封胶就好。

（3）定位：做到可靠的封胶且在胶件上有反斜度孔，防止拉胶变形。

（4）模具钢材，可用 H13 或 420H。

（5）在软胶的封胶位置多留 0.07 ～ 0.13mm 的间隙作为保压预留空间。

（6）硬胶要有钢料作为支持，特别是有软胶的背面，动、定模之间的避空间隙不可大于 0.3mm。

（7）底件与包胶料的软化温度要至少相差 20℃，否则底胶件会被融化。

（8）若包 TPE，其排气深度为 0.01mm。

（9）底成品与塑料部分的胶厚合理比例为 5 ：4。

（10）TPE 材料，其浇口不宜设计成潜顶针（顶针作为潜伏式浇口的一部分），可改用直顶，浇口作在直顶上，最好用方形，直顶与孔的配合要光滑，间隙在 0.02mm 以内，否则易产生胶粉。

（11）流道不宜打光，留纹可助出模，前模要晒纹，否则会粘前模。

（12）TPE 缩水率会改变皮纹的深度。

（13）如果产品走批锋则需要：①前模烧焊；②底件前模加胶；③底件后模加胶；④包胶模后模烧焊。

（14）如果粘前模则需要：①前模加弹出镶件；②镶件顶部加弹弓胶；③弹弓胶尺寸要小于镶件最大外围尺寸。

13.1.3　共注塑成型（夹芯注塑成型）

在共注塑成型中，硬基材和软弹性料同时注入到同一个模具中，软弹性料迁移到外层。材料之间的相容性是至关重要的，必须小心控制。常见的包胶模具就是典型的共注塑成型模具。

共注塑十分昂贵，且很难控制，也是三种二次成型中最少用的注塑工艺。不过，因为硬基材和软弹性料都在完全的熔融状态，与模具相吻合，因此，共注塑提供了最好的熔融和物质之间的化学粘连。

共注塑成型可以通过选择不同的材料组合提供各种性能特点：

（1）实心表皮 / 实心模芯；

（2）实心表皮 / 发泡模芯；

（3）弹性表皮 / 实心模芯；

（4）发泡表皮 / 实心模芯。

共注塑成型适用于各种材料，因为材料按组合方式使用，因此表皮和模芯之间的相对黏性和附着力是选择材料的重点考虑因素。

如图 13-20 所示为共注塑成型工艺过程示意图。首先注入表皮材料（硬基材），局部充填模具型腔，如图 13-20（a）所示；当表皮材料的注射量达到一定要求后，转动熔料切换阀，开始注射模芯材料（软弹性材料）。模芯材料进入预先注入的表皮材料流体中心，推动表皮材料进行型腔的空隙部分，表皮材料的外层由于与冷型腔壁接触已经凝固，模芯层流体不能穿透，从而被表皮材料层包裹，形成了夹芯层结构，如图 13-20（b）和图 13-20（c）所示；最后再转动熔料切换阀回到起始位置，继续注射表皮材料，将流道内的模芯材料推入到型腔中并完成封模，此时清楚了模芯材料，为一下个成型周期做好准备，如图 13-20（d）所示。

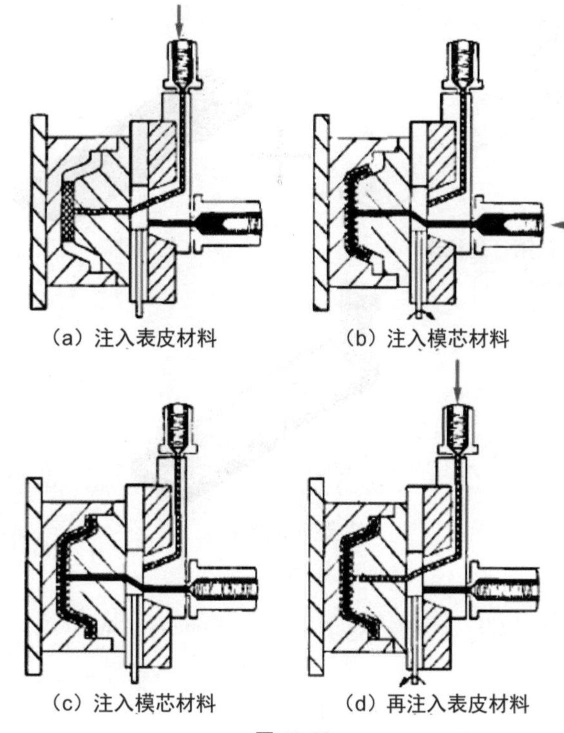

（a）注入表皮材料　（b）注入模芯材料

（c）注入模芯材料　（d）再注入表皮材料

图 13-20

与普通注塑成型工艺相比较，共注塑成型工艺主要有以下特点。

（1）共注射机由两套以上预塑和注射系统组成，每套注射系统射出熔料的温度、压力和数量的少许波动都会导致制品颜色、花纹的明显变化。为了保证同一批制品外观均匀一致，每套注射系统的温度、压力和注射量等工艺参数应严格控制。

（2）共注射机的流道结构较复杂，流道长且有拐角，熔体压力损失大，需设定较高的注射压力才能保证顺利充模。为了使熔体具有较好的流动性，熔料温度也应适当提高。

（3）由于熔体温度高，在流道中停留时间较长，容易热分解，因此，用于共注塑成型的原料应是热稳定性好、黏度较低的热塑性塑料。常用的有聚烯烃、聚苯乙烯、ABS 等。

13.2　设计任务介绍——重叠注塑成型

在 Moldflow 中，将网格模型上设置浇口注射锥，用于模拟两副双色模具中的流道系统。

产品 3D 模型如图 13-21 所示。

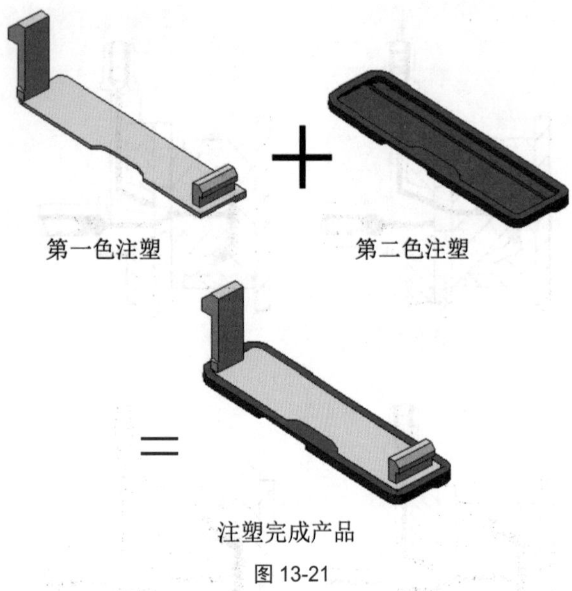

图 13-21

规格：最大外形尺寸 23mm×5.6mm×8 mm（长 × 宽 × 高）。

壁厚：最大 2mm；最小 0.4mm。

设计要求：

（1）材料：第一次注塑材料为 ABS，第二次注塑材料为透明 PP（后改为 PC）。

（2）缩水率：收缩率统一为 0.005 mm。

（3）外观要求：表面质量一般，制件无缺陷，一射与二射包胶性良好。

（4）模具布局：一模 4 腔。

13.3 重叠注塑成型初步分析

双色注塑成型，如果用冷流道注塑，势必会造成充填不全、压力不平衡等缺点，冷流道还会导致废料多、生产成本增加等。此外，在双色注塑过程中，因一次注射和二次注射之间有一段时间间隔，而冷流道无法保证填充料一直保持熔融状态。

因此，双色模具多采用热流道注塑，本案例也不例外。下面讲解在 Moldflow 中重叠注塑分析的初步分析与优化方案的分析比较。

高质量的网格是任何形式的模流分析的前提，而 Moldflow 重叠注塑分析则要求两个模型之间没有相交的部分，应该贴合的状态应该保持良好的贴合状态，否则会影响产品的分析结果，导入前一定要检查产品 CAD 模型，确认产品无上述问题后再进行下一步动作。

> **温馨提示：**
> 设计双色注塑模具或者进行重叠注塑分析时，必须确保两次注塑的模型的参考坐标系是一致的。

13.3.1 分析的前期准备

Moldflow 分析的前期准备工作主要如下。

1．新建工程并导入第一个注射模型

01 启动 Moldflow 2018，然后单击【新建工程】按钮，弹出【创建新工程】对话框。输入工程名称及保存路径后，单击【确定】按钮完成工程的创建，如图 13-22 所示。

图 13-22

02 在【主页】选项卡中单击【导入】按钮，弹出【导入】对话框。在本案例模型保存的路径下打开“模型 -1.stl”，如图 13-23 所示。

图 13-23

03 随后弹出要求选择网格类型的【导入】对话框，选择【双层面】类型作为本案例分析的网格，再单击【确定】按钮完成模型的导入操作，如图 13-24 所示。

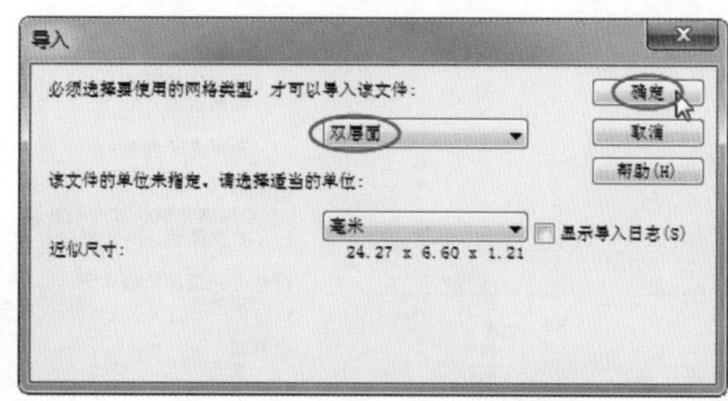

图 13-24

04 导入的 STL 模型如图 13-25 所示。

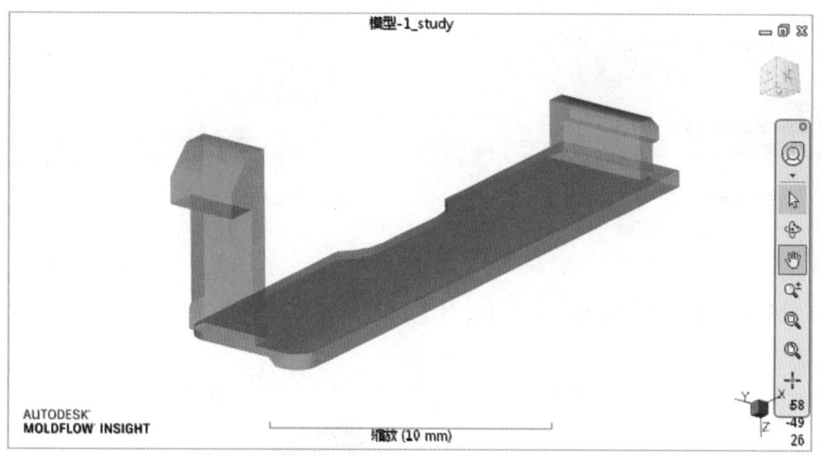

图 13-25

2．第一个注射模型网格的创建与修复

01 在【主页】选项卡【创建】面板中单击【网格】按钮，打开【网格】选项卡。

02 单击【生成网格】按钮，然后在工程管理视窗的【生成网格】选项板中设置全局边长的值为 0.3，单击【立即划分网格】按钮，程序自动划分网格，结果如图 13-26 所示。

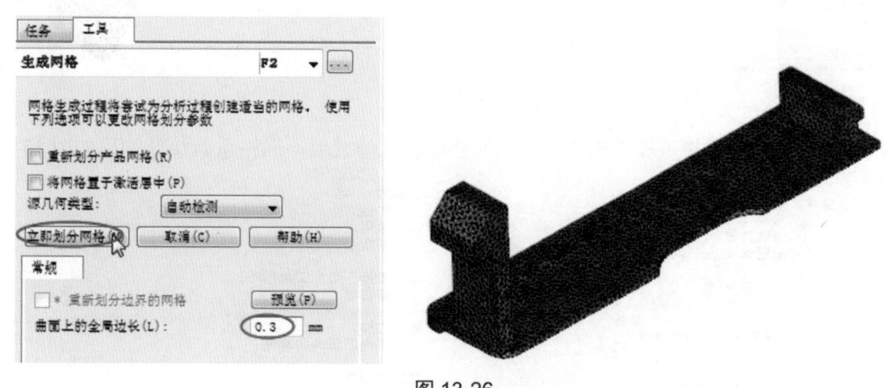

图 13-26

03 网格创建后需要做统计，以此判定是否修复网格。在【网格诊断】面板中单击【网格统计】按钮，然后再单击【网格统计】选项板中的【显示】按钮，程序立即对网格进行统计并弹出【网格信息】对话框，如图 13-27 所示。

温馨提示：

从网格统计看，网格质量非常理想，没有明显的缺陷，匹配百分百完全满足流动分析、翘曲分析、冷却分析要求。

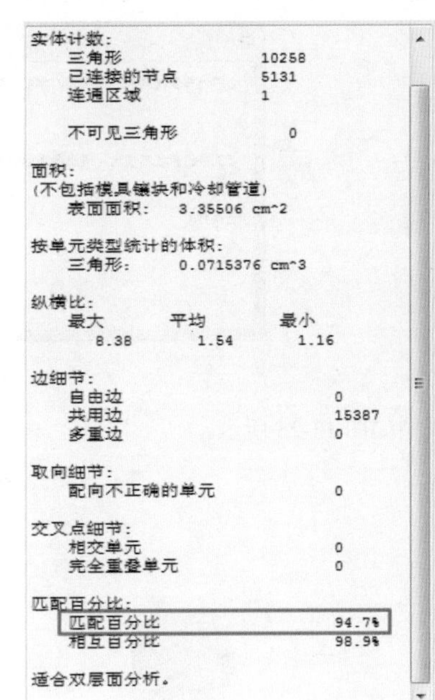

图 13-27

04 在【主页】选项卡中单击【网格】按钮，打开【网格】选项卡。利用【纵横比诊断】工具，设置【最小值】为 5，如图 13-28 所示。

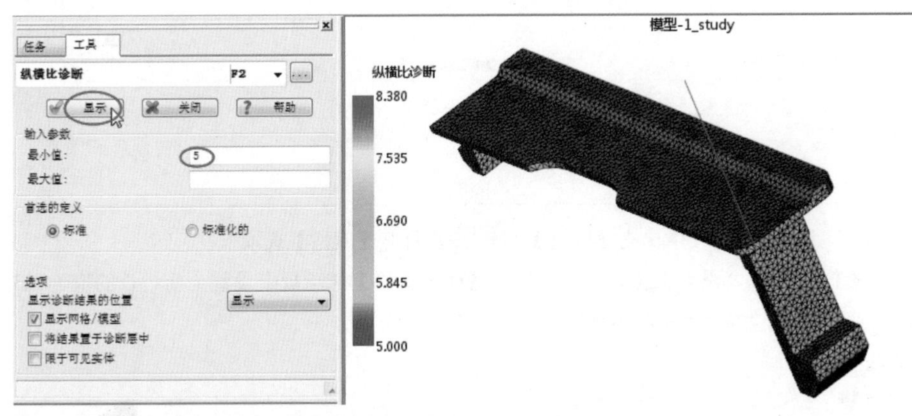

图 13-28

05 然后将指引线所在的三角形网格进行纵横比改善。网格纵横比修复后，网格重新统计结果如图 13-29 所示。

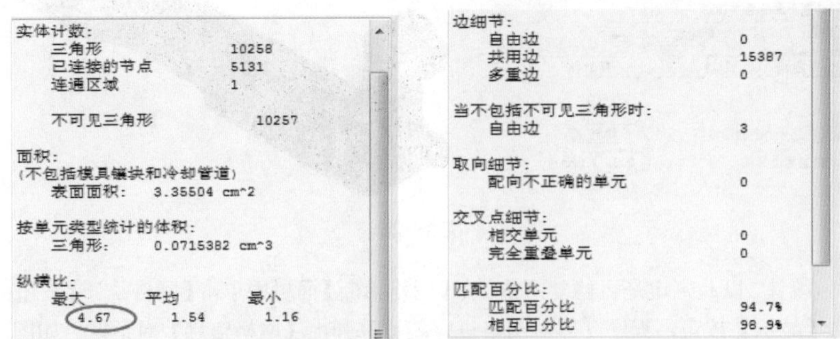

图 13-29

06 网格划分之后，在【主页】选项卡【成型工艺设置】面板中选择【热塑性塑料重叠注塑】类型，如图 13-30 所示。并将结果先保存。

3．导入第二个注射模型

01 在【主页】选项卡中单击【导入】按钮，将光盘中的【模型 -2.stl】模型打开，如图 13-31 所示。

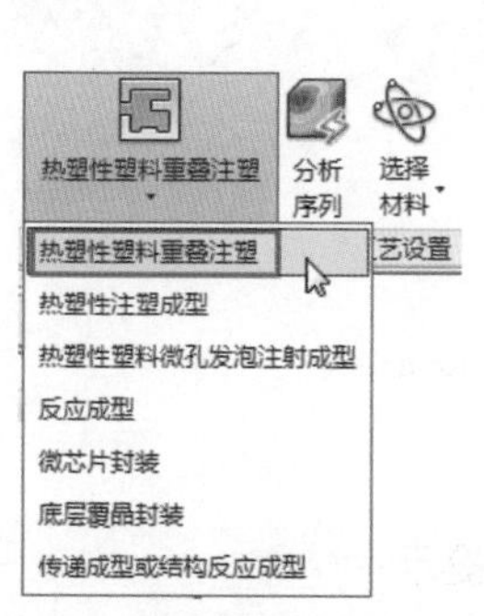

图 13-30

图 13-31

02 将此模型以【双层面】网格类型导入，如图 13-32 所示。

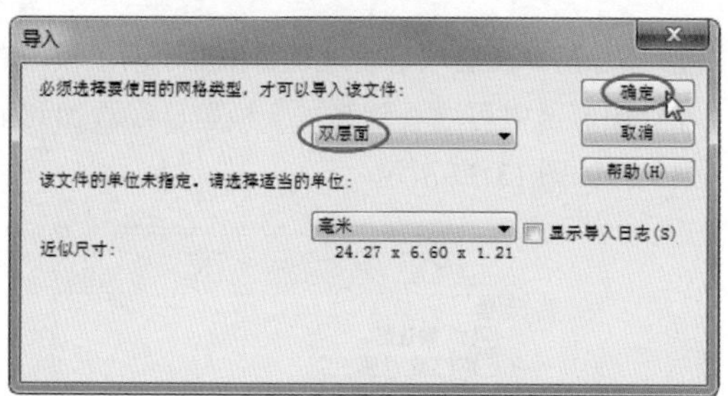

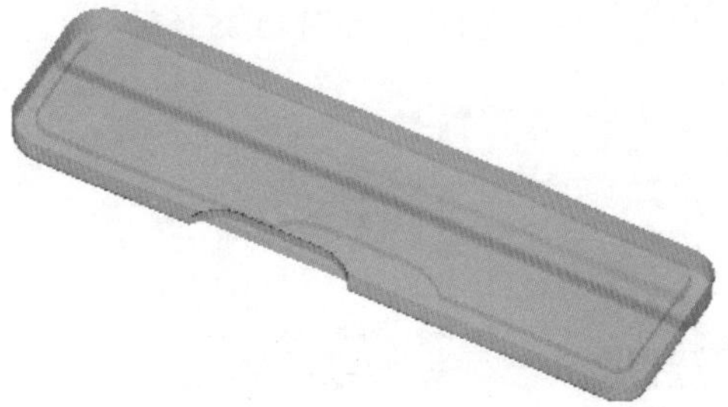

图 13-32

03 同理，对导入的模型做网格划分、网格统计等操作，结果如图 13-33 所示。

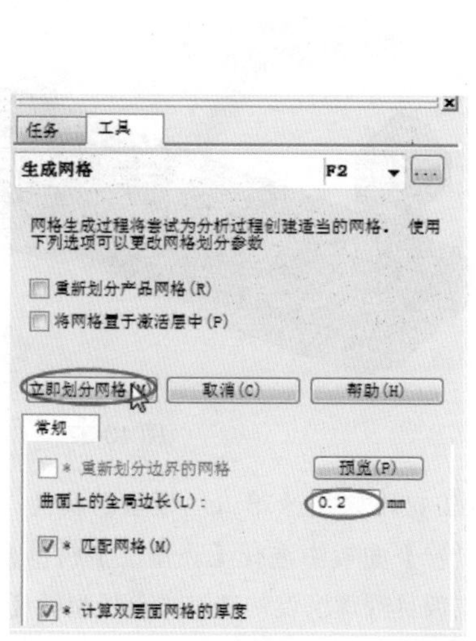

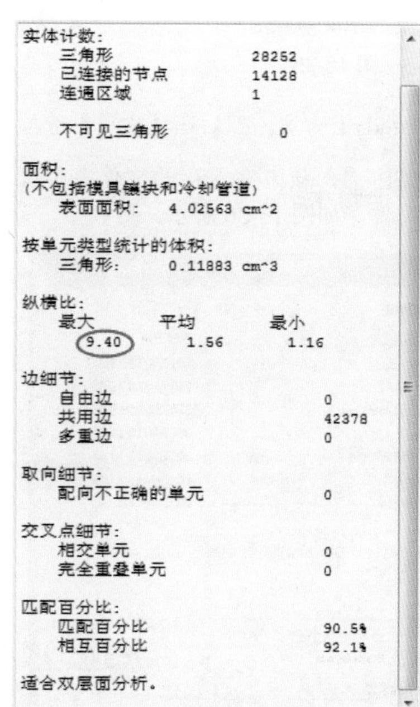

图 13-33

04 可以看出由于第二个注塑模型圆角偏多，所以划分网格时边长值设为 0.2。纵横比诊断结果如图 13-34 所示。

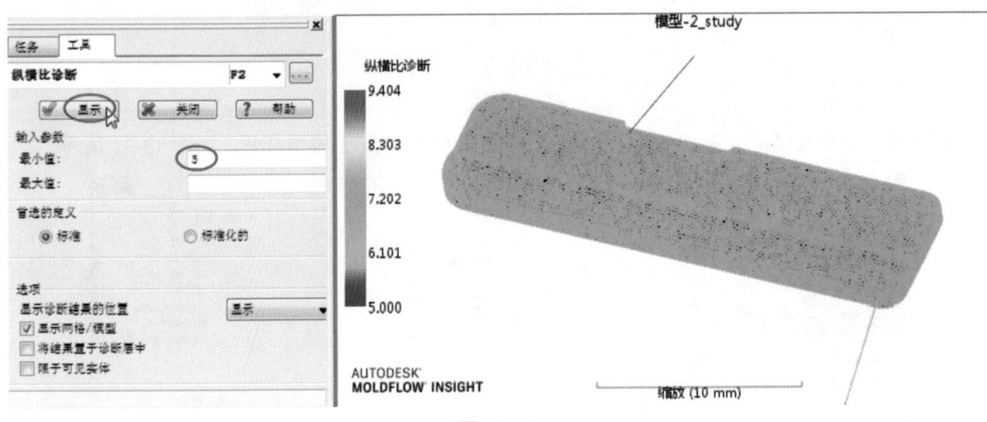

图 13-34

05 利用合并节点工具，修复纵横比。

4．将第二色模型添加到第一色模型中

01 在工程视窗中复制【模型 -1_study】方案，然后将其重命名为"重叠注塑 _study"，如图 13-35 所示。

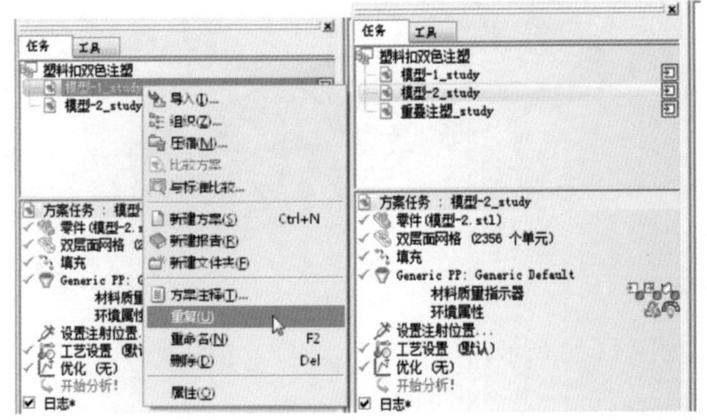

图 13-35

02 双击【重叠注塑 _study】方案，然后在【主页】选项卡中单击【添加】按钮，从方案保存的文件夹中打开第二色模型的方案文件，如图 13-36 所示。

图 13-36

> **温馨提示：**
> 默认情况下，AMI 的工程项目及方案自动保存在"C:\Users\（计算机名）\Documents\My AMI 2018 Projects"文件夹中。

03 添加后，图层项目管理视窗中显示两个模型的图层，并且图形区中可以看到第二个模型已经添加到第一个模型上，如图 13-37 所示。

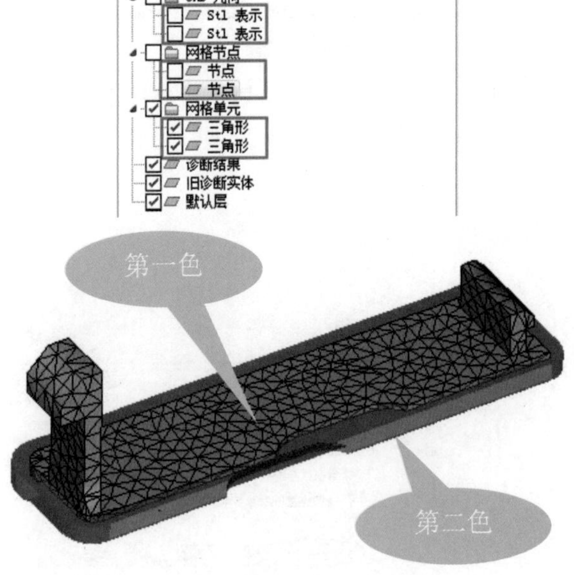

图 13-37

04 接下来更改第二色模型的属性。首先在【成型工艺设置】面板中选择【热塑性塑料重叠注塑】，然后在图层项目管理区仅勾选第二色模型的【三角形】复选框。

05 框选第二色模型的三角形网格，并执行右键菜单【属性】命令，如图 13-38 所示。

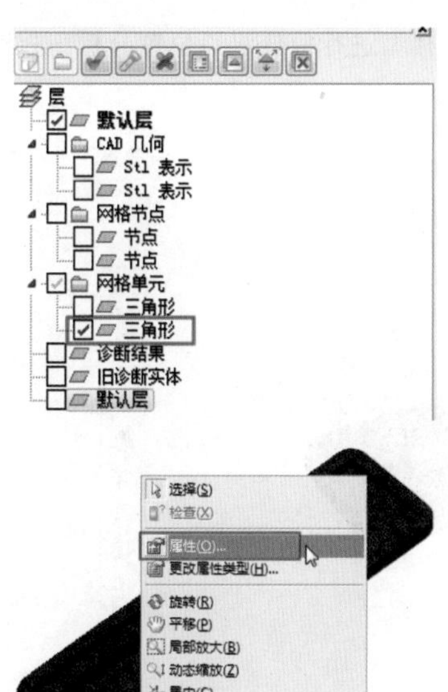
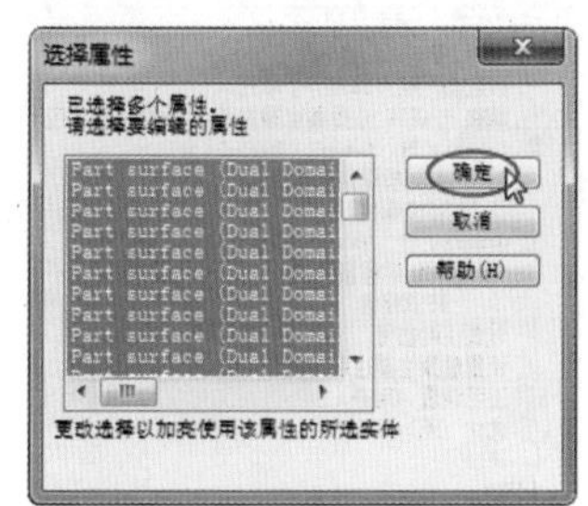
图 13-38

06 随后弹出【属性】对话框。选择列表中列出的所有三角形单元属性，然后单击【确定】按钮，如图 13-39 所示。

图 13-39

07 接着打开【零件表面（双层面）】对话框。在该对话框的【重叠注塑组成】选项卡下选择【第二次注射】选项，最后单击【确定】按钮完成属性的更改，如图 13-40 所示。

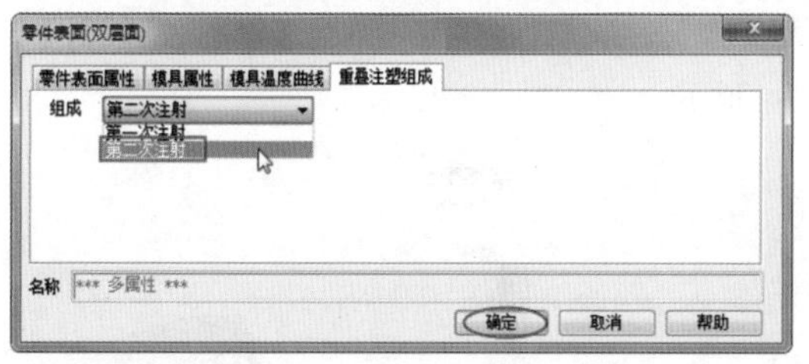
图 13-40

13.3.2　最佳浇口位置分析

在进行重叠注塑分析前，须分别对两个模型进行最佳浇口位置分析，以便在重叠分析时设置注射锥。

01 在方案任务视窗中双击【模型 -1_study】任务。

02 设置分析序列为【浇口位置】，如图 13-41 所示。

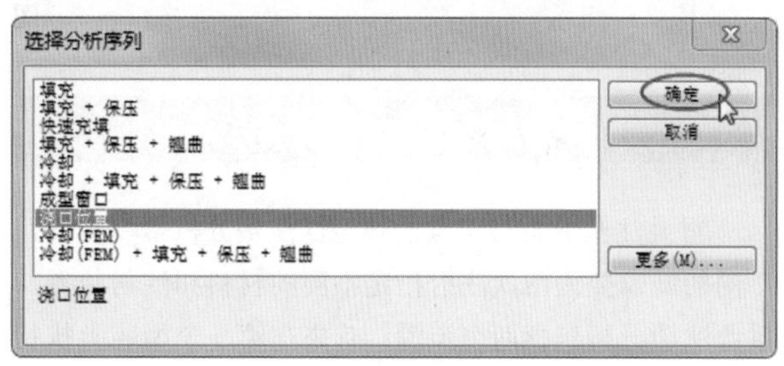
图 13-41

03 工艺设置保留默认设置。单击【分析】按钮运行分析，如图 13-42 所示。

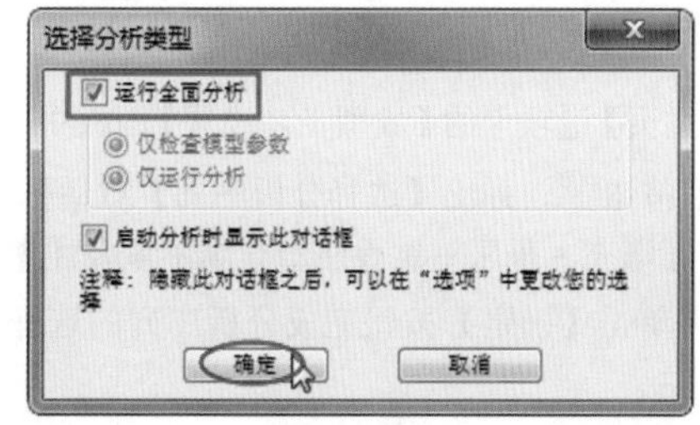
图 13-42

04 第一注射模型的浇口位置分析结果如图 13-43 所示。

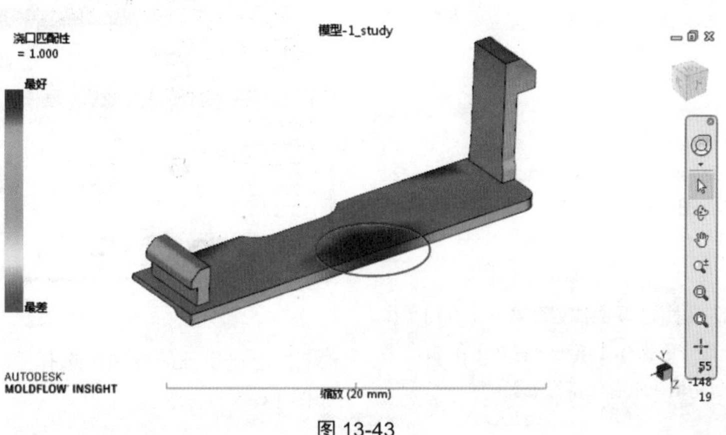

图 13-43

05 同理，在方案任务视窗中双击【模型 -2_study】，然后对第二注射模型进行最佳浇口位置分析，分析结果如图 13-44 所示。

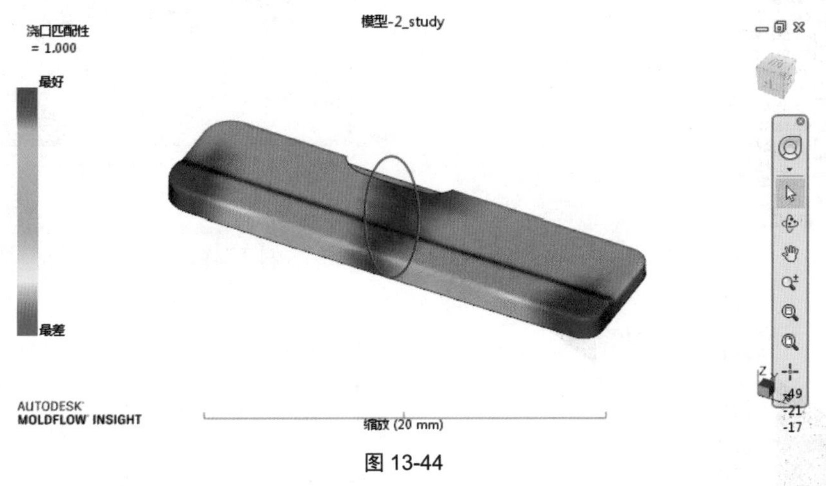

图 13-44

13.4 重叠注塑初步分析

重叠注塑分析与一般的热塑性注塑分析基本相同，不同的是需要为两次注射指定不同的材料和注射位置。重叠注塑分析包括两个步骤：首先在第一个型腔上执行【填充 + 保压】分析（第一个组成阶段），然后在重叠注塑型腔上执行【填充 + 保压】分析或【填充 + 保压 + 翘曲】分析（重叠注塑阶段）。

1. 选择分析序列

01 在【主页】选项卡的【成型工艺设置】面板中单击【分析序列】按钮，弹出【选择分析序列】对话框。

02 选择【填充 + 保压 + 重叠注塑充填 + 重叠注塑保压】选项，再单击【确定】按钮完成分析序列的选择，如图 13-45 所示。

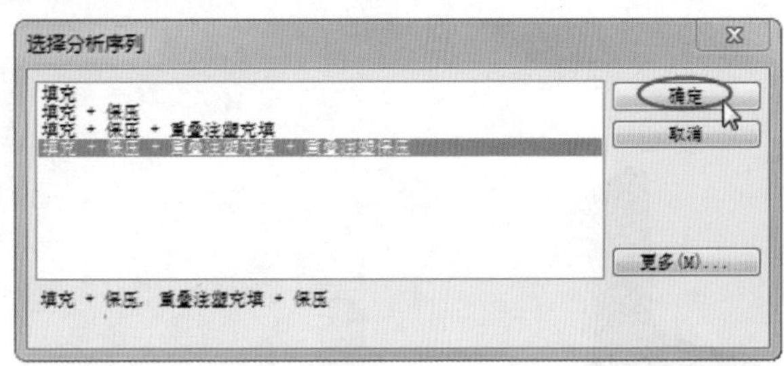

图 13-45

温馨提示：

所选择的【填充 + 保压 + 重叠注塑充填 + 重叠注塑保压】分析序列，表达了第一色执行【填充 + 保压】分析，第二色执行的是【重叠注塑充填 + 重叠注塑保压】。

2. 选择材料及工艺设置

01 选择分析序列后，方案任务窗格中显示了重叠注塑分析的任务，如图 13-46 所示。包括选择两次注射的材料和两个模型的注射位置。

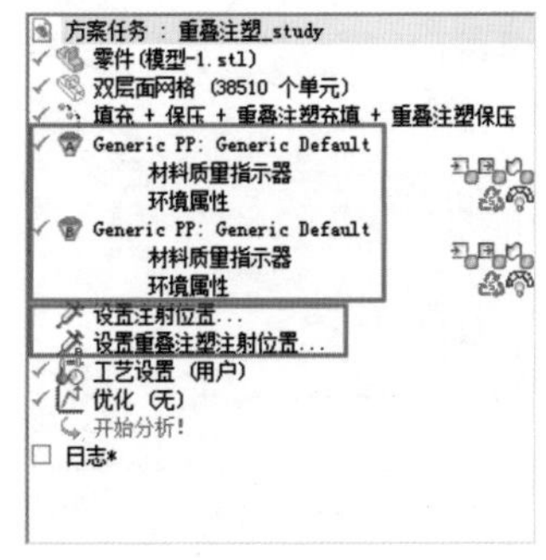

图 13-46

02 首先指定第一次注射的材料为 ABS，如图 13-47 所示。

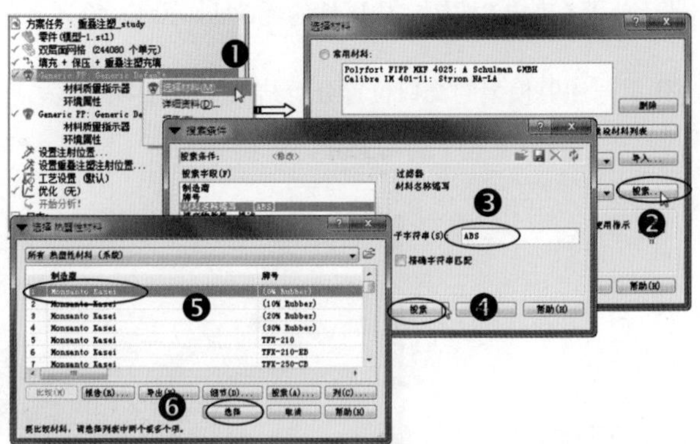

图 13-47

03 按上述步骤的方法，选择第二次注塑的材料为 PP，如图 13-48 所示。

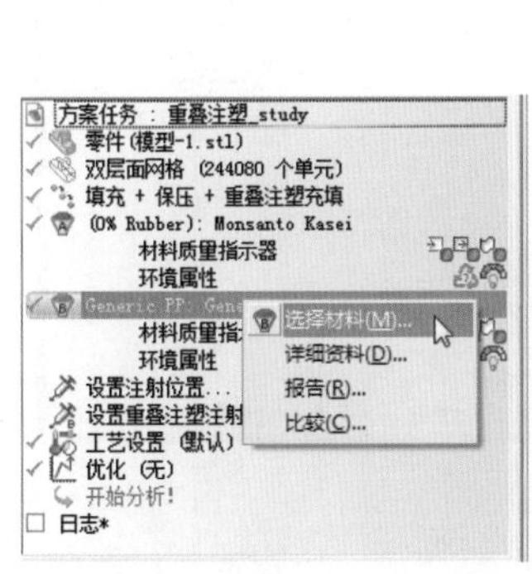

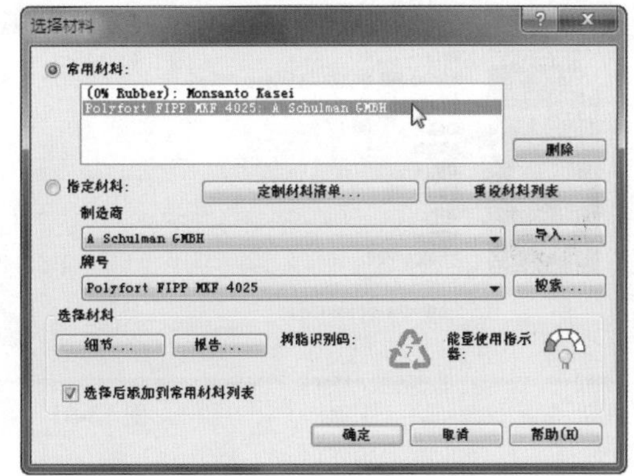

图 13-48

04 在方案任务视窗中双击【设置注射位置】任务，然后为第一次注射（第一色）设定注射位置，如图 13-49 所示。

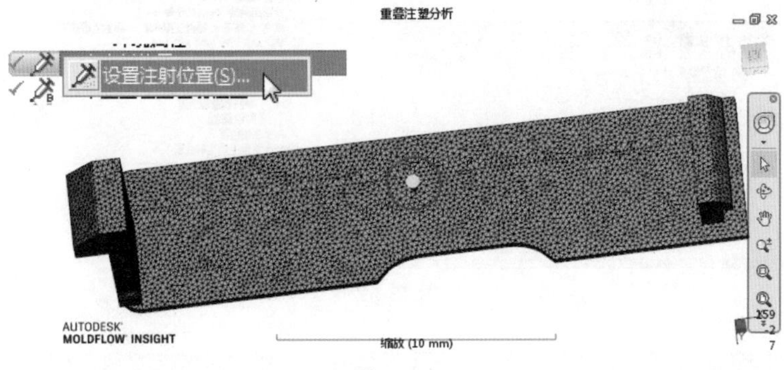

图 13-49

05 双击【设置重叠注塑注射位置】任务，在第二次注射网格上设定重叠注塑的一个注射锥，如图 13-50 所示。

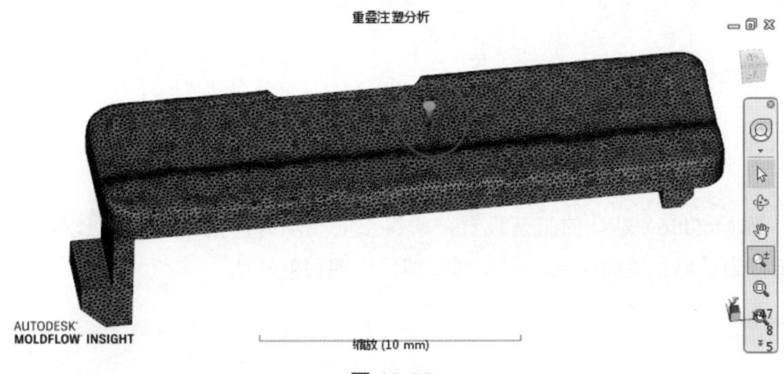

图 13-50

06 最后设置工艺参数，这里选用 Moldflow 默认的工艺参数设置，如图 13-51 所示。

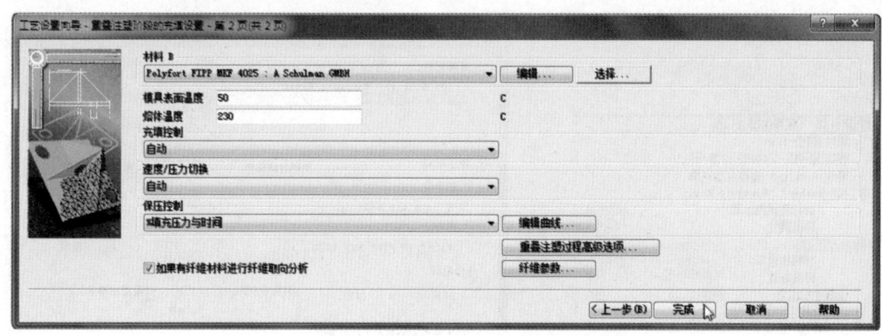

图 13-51

07 在【分析】面板中单击【开始分析】按钮，程序执行重叠注塑分析。经过一段时间的计算后，得出如图 13-52 所示的分析结果。

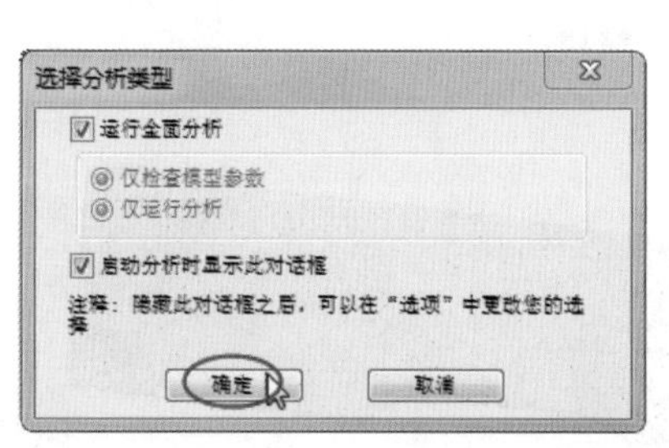

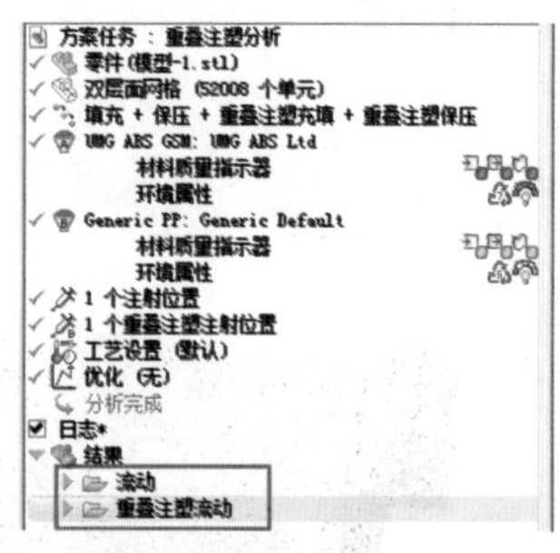

图 13-52

13.4.1 初步分析结果解析

在方案任务窗格中可以查看分析的结果，本案例有两个结果：第一色的流动分析结果，重叠注塑流动分析结果（第二色）。

1. 第一色的流动分析结果

为了简化分析的时间，下面仅将重要的分析结果列出。

（1）充填时间。

如图 13-53 所示，按 Moldflow 默认的工艺设置，所得出的充填时间为 0.2117s（比默认的时间要短）。从充填效果看，产品中倒扣特征为最后充填的区域。初步判断制件出现短射缺陷。

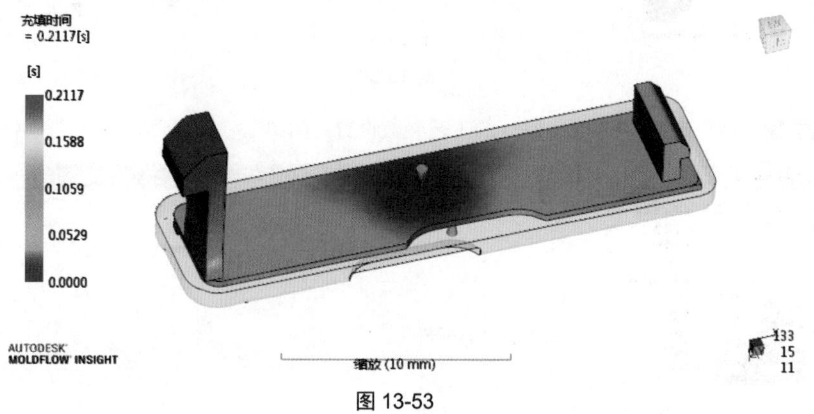

图 13-53

（2）流动前沿温度。

如图 13-54 所示，流动前沿温度温差 10℃左右，说明充填还是比较平衡的。

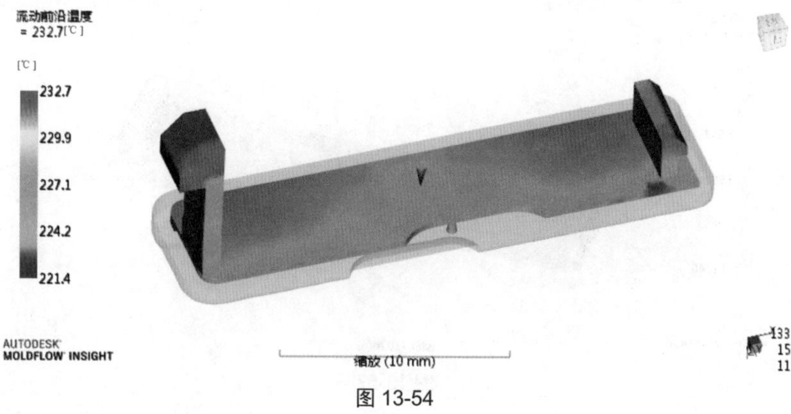

图 13-54

（3）速度 / 压力切换时的压力。

如图 13-55 所示，转换点浇口压力为 57.29MPa。没有填充的区域在保压压力下继续完成充填。

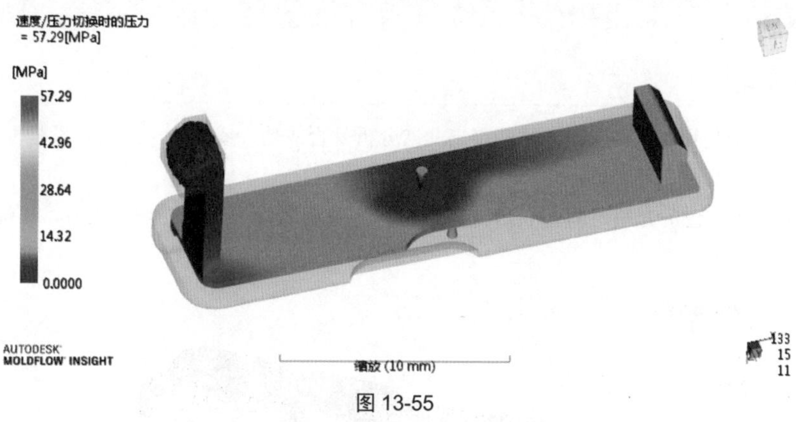

图 13-55

（4）气穴。

如图 13-56 所示，气穴主要分别在产品充填的最后区域，较多。影响制件的外观，主要是注射压力和保压压力不足导致的。可增大注射压力并提高熔体温度来解决。

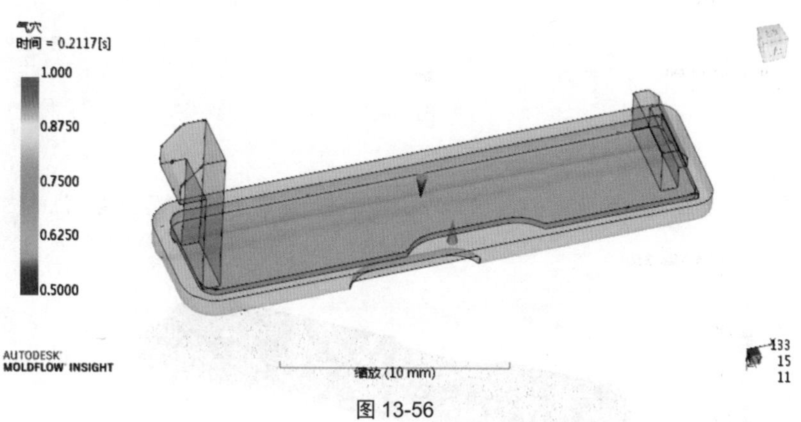

图 13-56

（5）体积收缩率。

从如图 13-57 所示的体积收缩率结果看，体积收缩最大在浇口位置。主要是由于薄壁位置设置浇口，保压压力不足导致的收缩。而其他与第二射黏合处的收缩率比较平稳。

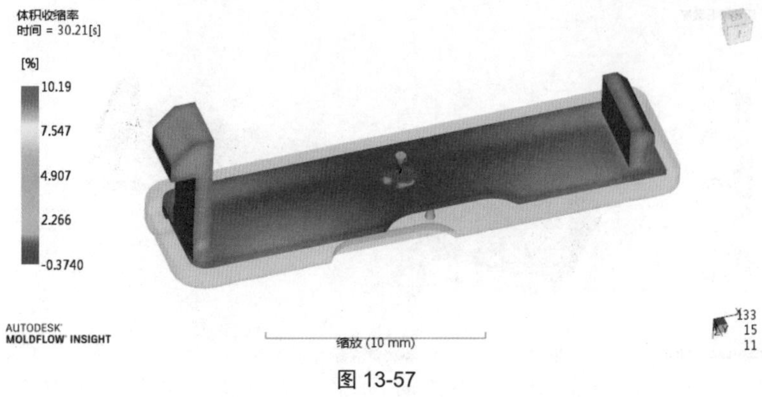

图 13-57

温馨提示：

体积收缩率是衡量重叠注塑的一个重要指标。两个不同色的产品不但黏合性要好，而且收缩要一致，否则会影响整体制件的外观。

2．第二色流动分析结果

第二色的分析结果要与第一色做对比，才能得出此次分析是否成功，或者说产品的质量是否得到保障。

（1）充填时间。

如图 13-58 所示，第二色的充填时间为 0.2085s（比第一色注射稍短）。从充填效果看，离浇口最远处为最后充填区域，暂无明显缺陷显示。

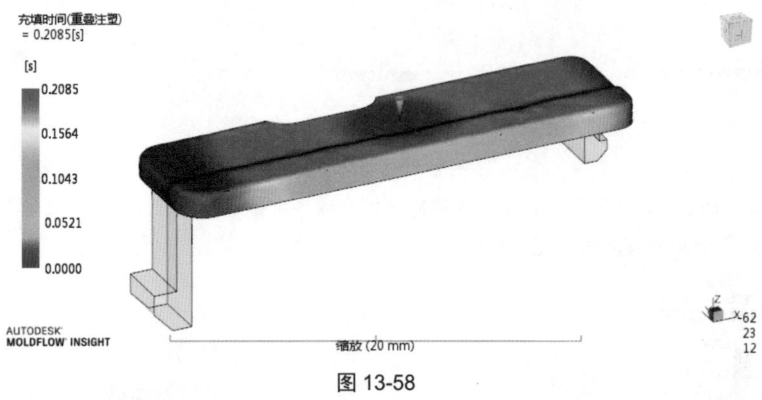

图 13-58

（2）流动前沿温度。

如图 13-59 所示，第二色的流动前沿温度温差 23℃，总体上充填还算平衡，可适当调整浇口位置解决此温差问题。

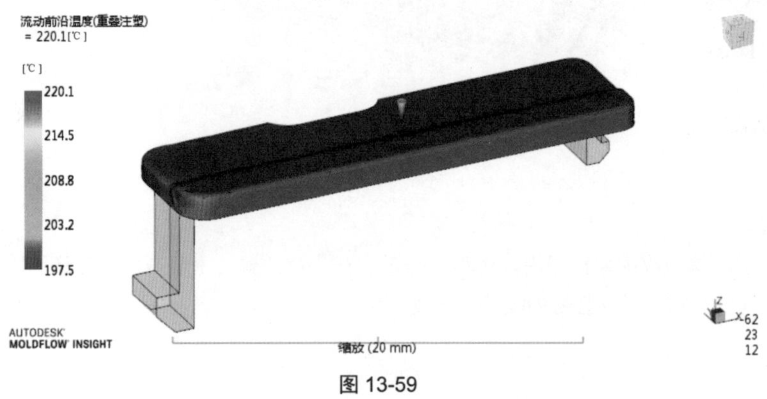

图 13-59

（3）气穴。

如图 13-60 所示，气穴主要分别在产品充填的最后区域，而可以通过开设排气槽排气来解决。

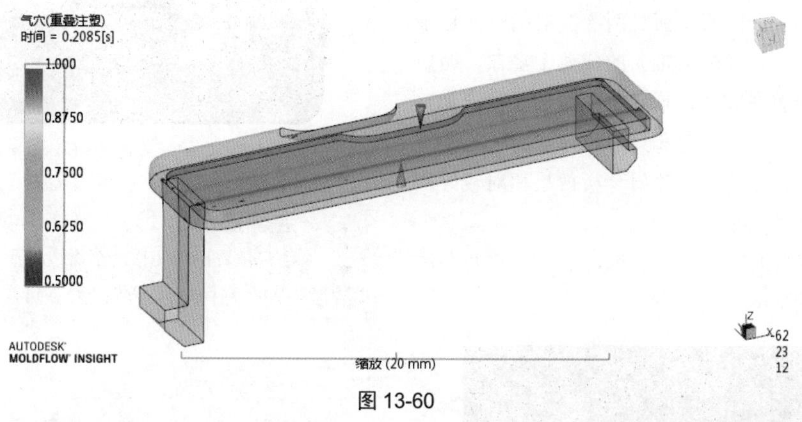

图 13-60

13.4.2　双色产品注塑的问题解决方法

问题一：双色的粘合

双色两射成型采用的材料黏合性不高，成型后两组件黏合性差，造成两射脱离。其解决方法是：选择黏合度高的塑胶材料，提高组件间结合强度。

问题二：收缩

双色制品成型的难点在于每一个组件中会不可避免地出现配合部位壁厚较薄、其他部位壁厚较厚的情况。同一制品上壁厚差异太大会引起制品壁厚处缩水。如果第一注射制品缩水严重可能会影响二射制品及最终制品整体外观质量，第二次注射制品缩水会直接影响最终制品整体外观质量。

解决方法是：在双色制品任何一组件上都尽量避免局部壁厚过厚的情况。应将浇口移至产品壁厚较大的位置处进浇，提高注射压力和保压压力的传递效率。

问题三：短射问题

出现短射的原因是多方面的，有注射压力、注射时间、注射速度等，但还有个重要原因不可忽略，就是模具温度低、熔体温度较低。一般来说，注塑机选择的是默认注塑机，给出的注射压力、速度及时间的默认值其实是最佳的，暂且不考虑这几个问题，重点解决模具温度和熔体温度。

解决方法是：提高模具表面温度和熔体温度。

13.5　重叠注塑成型优化分析

通过初次的重叠注塑分析，发现利用 Moldflow 系统默认的浇口位置和工艺参数，使第一色和第二色制品均出现了缺陷，接下来重新优化并分析。

13.5.1　重设材料、浇口及工艺设置

1．重新设置材料

从表 13-1 中的材料组合来看，ABS+PP 的组合确实是最差的，换成 ABS+PC 组合。

01 在方案任务视窗中复制重叠分析任务项目，重命名为“重叠注塑分析（优化分析）”，如图 13-61 所示。

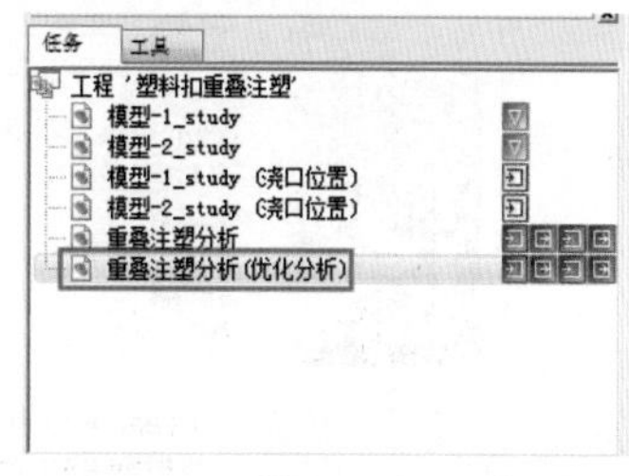

图 13-61

02 双击【重叠注塑分析（优化分析）】任务项目，进入该任务中。

03 更改第二色（第二注射）模型的材料为 PC，如图 13-62 所示。

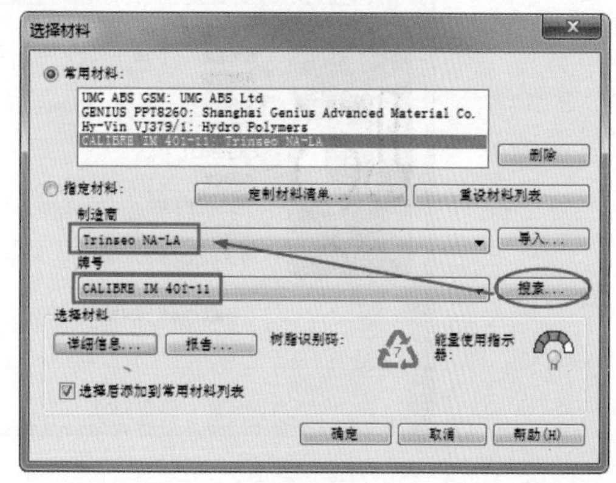

图 13-62

2．重设浇口

从第一注射分析结果看，出现制件的短射和收缩缺陷，浇口占据相当大的因素。而且两次注射的时间也不一致，由此把 1 个浇口（注射锥）改成 4 个浇口，缩短注射时间，而且设置在胶厚位置（也就是倒扣特征上）和缺口两侧。当然如果第一色和第二色注射时间还是不同，可以调整流道尺寸。第二注射分析效果相对较好，浇口仅移动一定位置即可。

01 删除第一色模型上原有的注射锥，然后设置两个注射锥，如图 13-63 所示。

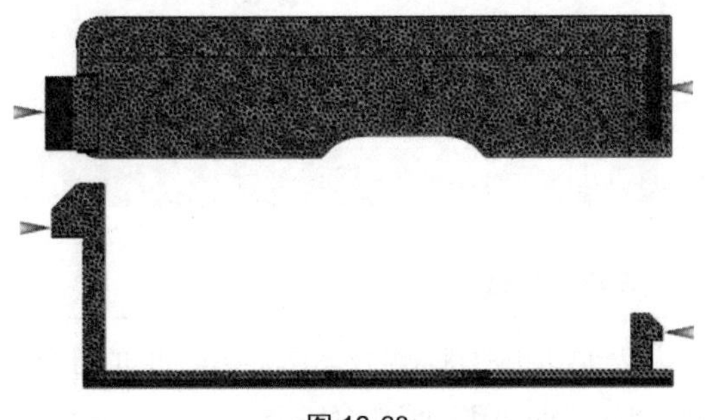

图 13-63

02 接着设置重叠注塑的注射锥（浇口），如图 13-64 所示。

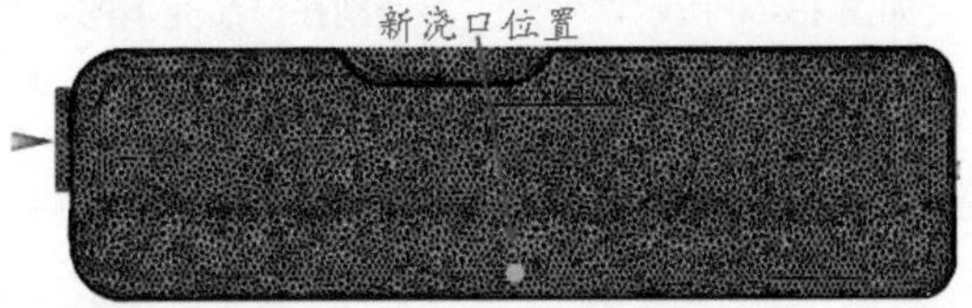

图 13-64

温馨提示：

浇口位置由中间移动至靠边位置，是因为靠边位置的壁较厚，从壁厚往壁薄的方向充填，可减少很多制件缺陷。

3．工艺设置

在工艺设置方面，仅对模具表面温度和熔体温度做了设置，并将【充填控制】重设为【自动】、【速度/压力切换】重设为【由注射压力】，压力值为 300MPa。其他还是按照系统默认设置（主要是系统使用了默认的注塑机）。

01 首先设置第一色的工艺参数，如图 13-65 所示。

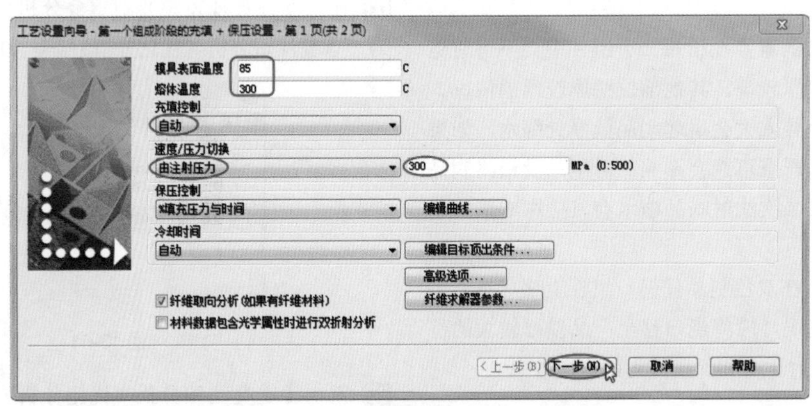

图 13-65

02 接着设置第二色工艺参数，如图 13-66 所示。

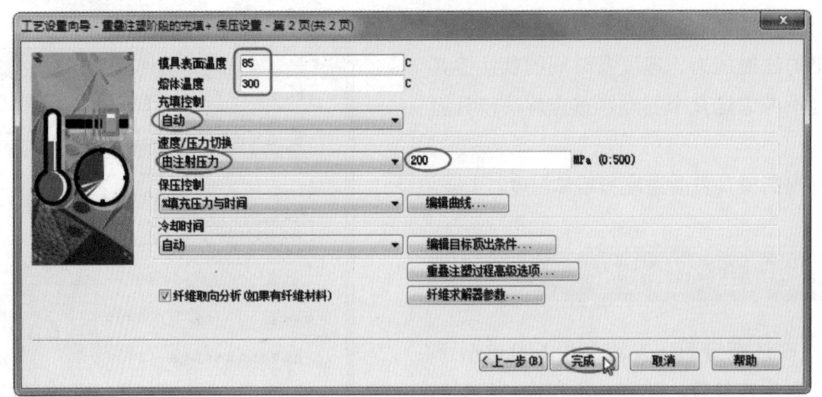

图 13-66

温馨提示：

这样的工艺设置仅仅是针对系统提供的注塑机进行的，如果工厂的注塑机品牌及型号都不是 Moldflow 的默认注塑机，那么必须单击【工艺设置向导】对话框中的【高级选项】按钮，自行选择跟实际的注塑机相同的型号即可，如图 13-67 所示。

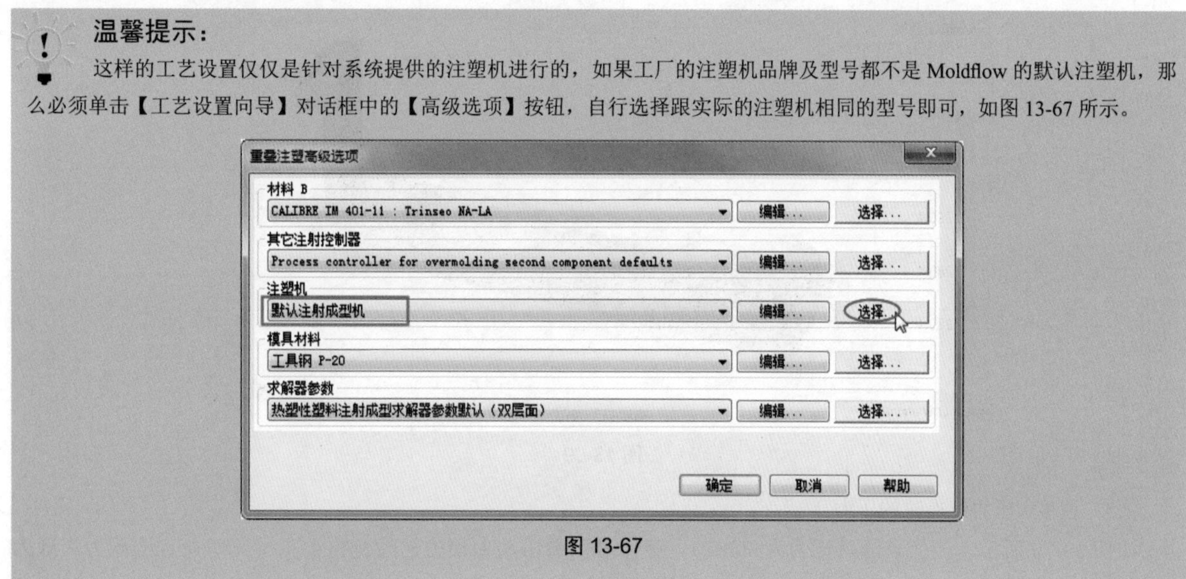

图 13-67

03 设置完成后单击【分析】按钮，运行优化分析。

13.5.2　优化分析结果剖析

1．第 1 色的优化分析结果

（1）充填时间。

如图 13-68 所示，按优化后的工艺设置，所得出的充填时间为 0.2112s（比初步分析时的时间要短两秒多）。从充填效果看，产品中间最后充填的区域，制品无缺陷。

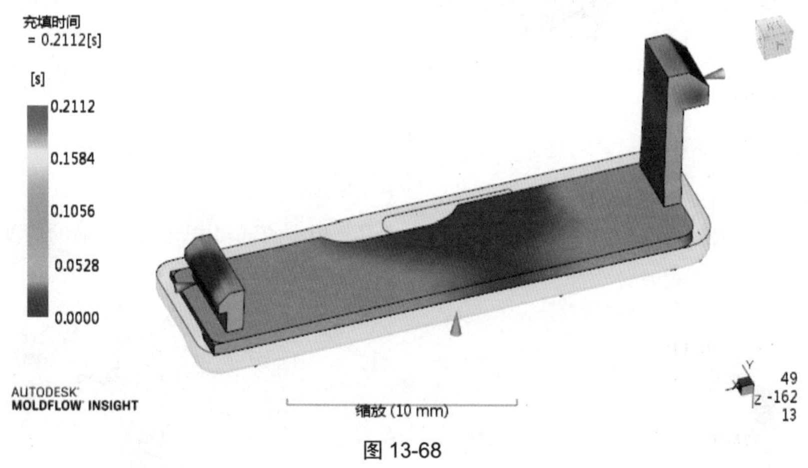

图 13-68

（2）流动前沿温度。

如图 13-69 所示，流动前沿温度温差是 20℃左右，比初始分析时的温差（达到 130℃）平衡了不少，优化效果是很明显的。

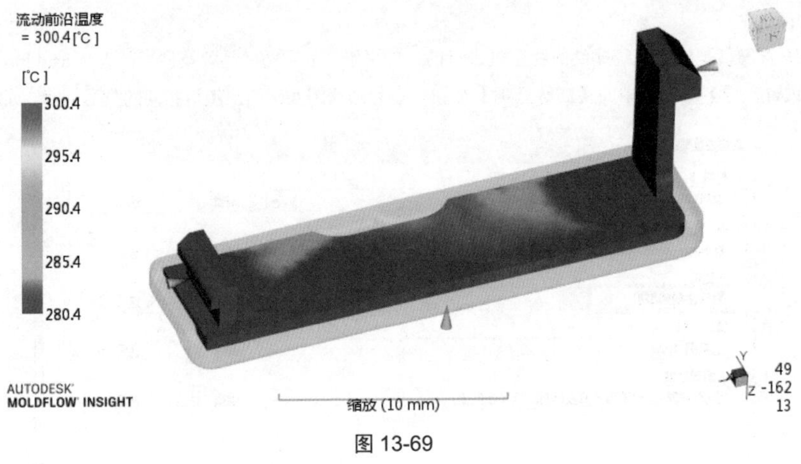

图 13-69

（3）速度 / 压力切换时的压力。

如图 13-70 所示，转换点浇口压力为 30MPa。整体可以看出压力损失已经变得很小了。切换点的压力大致为 5MPa，在可控范围内。

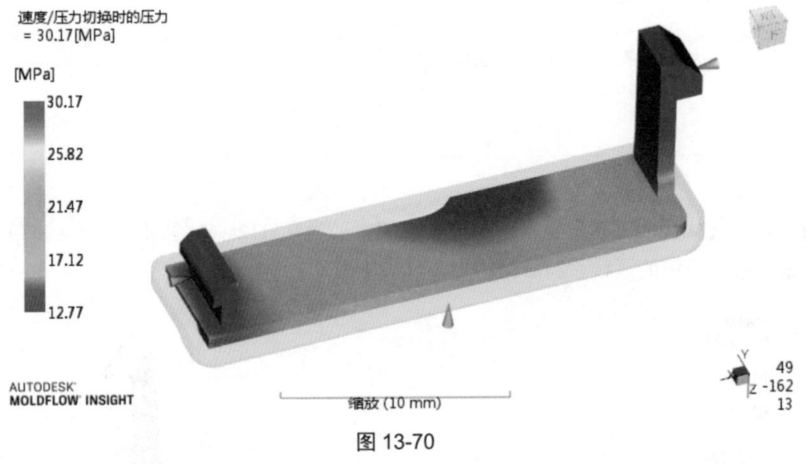

图 13-70

（4）气穴。

如图 13-71 所示，气穴数量也比初步分析时要少许多，只有极小的气穴出现在不明显的局部区域，不影响外观和结构。

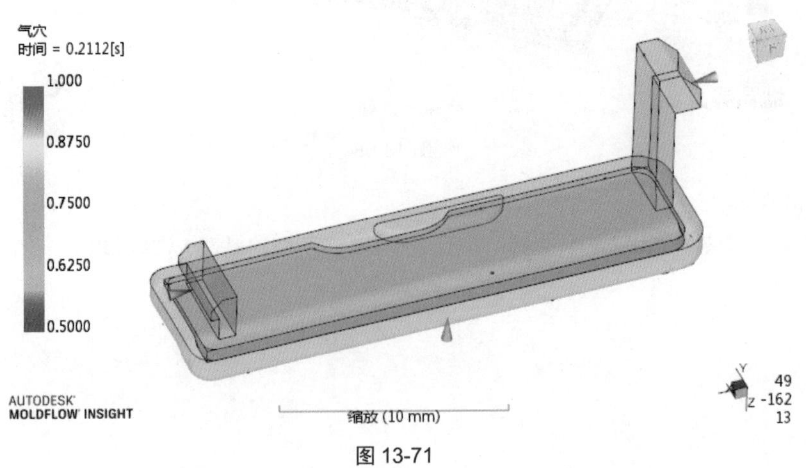

图 13-71

（5）体积收缩率。

从如图 13-72 所示的体积收缩率结果看，体积收缩表现在最后填充区域，可通过调整冷却参数完全解决此问题。

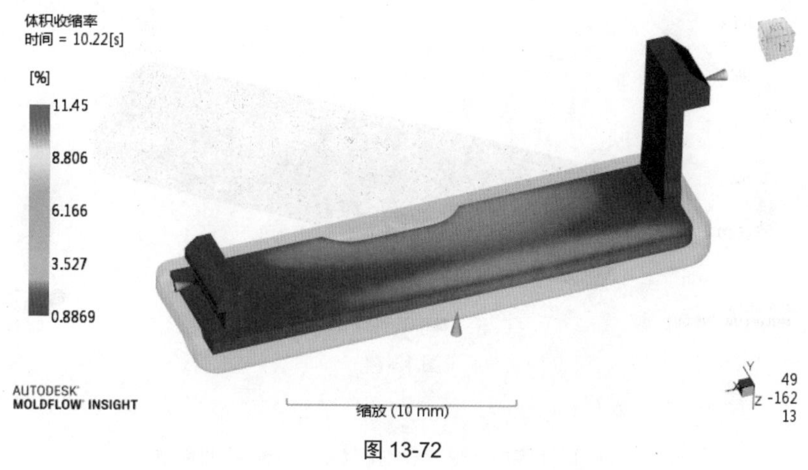

图 13-72

2．第二色流动分析结果（重叠注塑）

第二色的分析结果要与第一色做对比，才能得出此次分析是否成功，或者说产品的质量是否得到保障。

（1）充填时间。

如图 13-73 所示，第二色的充填时间为 0.2092s（与第一色注射非常接近）。从充填效果看，离浇口最远处为最后充填区域，无缺陷。

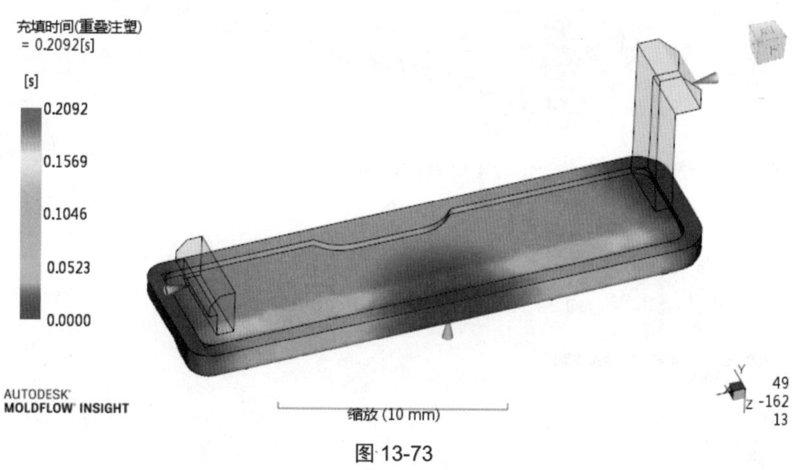

图 13-73

（2）流动前沿温度。

如图 13-74 所示，第二色的流动前沿温度最大温差 48℃，多数区域填充均衡、效果良好，仅在极小区域内出现温差。

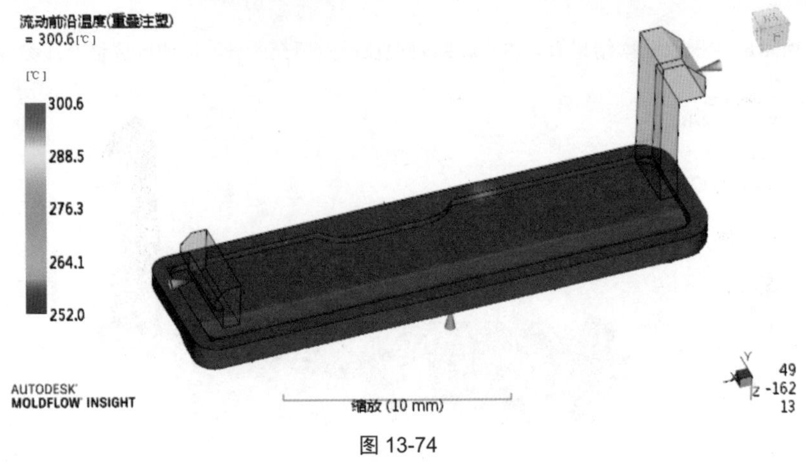

图 13-74

（3）气穴。

如图 13-75 所示，气穴极少，可以通过可以开设排气槽排气来完全解决此问题。

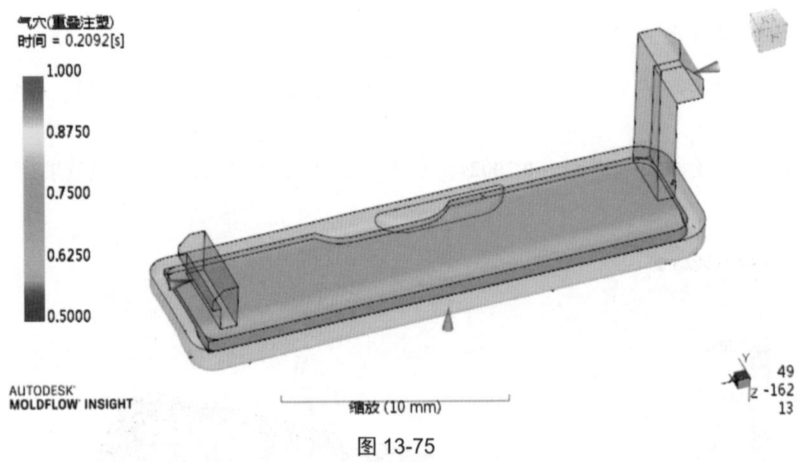

图 13-75

（4）速度 / 压力切换时的压力。

如图 13-76 所示，转换点浇口压力为 34.20MPa，充填是均衡的。

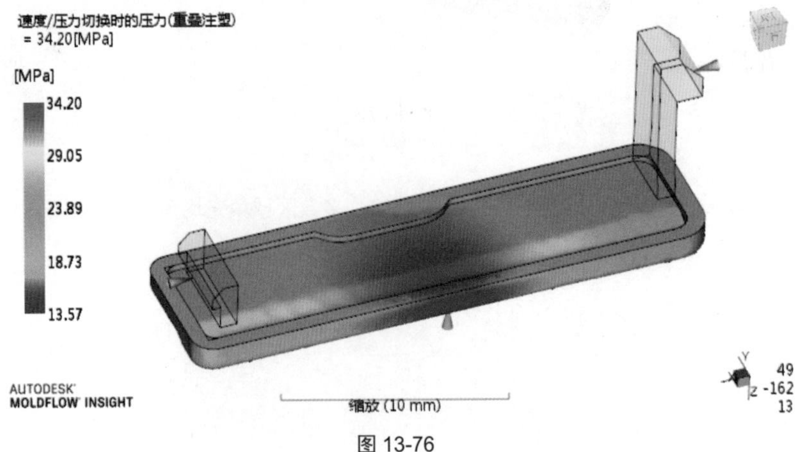

图 13-76

第 14 章

气辅成型分析案例

气体辅助注塑成型（ Gas-Assisted Injection Molding）技术是为了克服传统注塑成型的局限性而发展起来的一种新型工艺，自 20 世纪 90 年代以来受到注塑工程界的普遍关注，采用气辅技术，可提高产品精度、表面质量、解决大尺寸和壁厚差别较大产品的变形问题，提高产品强度，降低产品内应力，大大节省塑料材料，简化模具设计，广泛应用于汽车、家电、办公用品以及日用产品等许多领域，因此被称为塑料注塑工艺的第二次革命。

本章运用 Moldflow 气辅成型模块对汽车车门外拉手和手柄的气体辅助成型进行模拟分析。

项目分解	知识点 01：气体辅助注塑成型概述
	知识点 02：满射法气辅成型——车门拉手分析案例
	知识点 03：短射法气辅成型——手柄分析案例

14.1 气体辅助注塑成型概述

气体辅助注塑成型是欧美近年来所发展出来的一种先进的注塑工艺，它的工作流程是首先向模腔内进行树脂的欠料注射，然后利用精确的自动化控制系统，把经过高压压缩的氮气导入熔融物料当中，使塑件内部膨胀而造成中空，气体沿着阻力最小方向流向制品的低压和高温区域。当气体在制品中流动时，它通过置换熔融物料而掏空厚壁截面，这些置换出来的物料充填制品的其余部分。当填充过程完成以后，由气体继续提供保压压力，解决物料冷却过程中体积收缩的问题。

14.1.1 气辅成型原理

气辅成型（GIM）是指在塑胶充填到型腔适当的时候（90% ～ 99%）注入高压惰性气体，气体推动融熔塑胶继续充填满型腔，用气体保压来代替塑胶保压过程的一种新兴的注塑成型技术（如图 14-1 所示）。

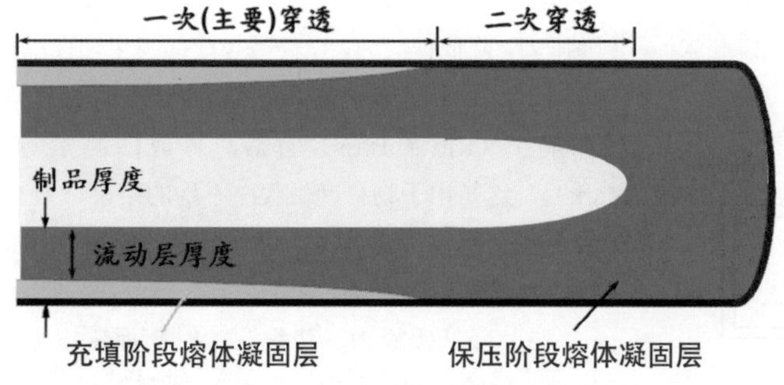

图 14-1

在气辅成型过程中，惰性气体的主要作用如下。

（1）驱动塑胶流动以继续填满模腔；

（2）成中空管道，减少塑料用量，减轻成品重量，缩短冷却时间及更有效传递保压压力。

由于成型压力可降低而保压却更为有效，更能防止成品收缩不均及变形。

气体易取最短路径从高压往低压（最后充填处）穿透，这是气道布置要符合的原则。在浇口处压力较高，在充填最末端压力较低。

14.1.2 气体辅助注塑成型工艺过程

气辅成型一般包括熔融树脂注射、气体注射、气体保压、气体回收（排气）、制件顶出等几个主要步骤。如图 14-2 所示为气辅成型模具。

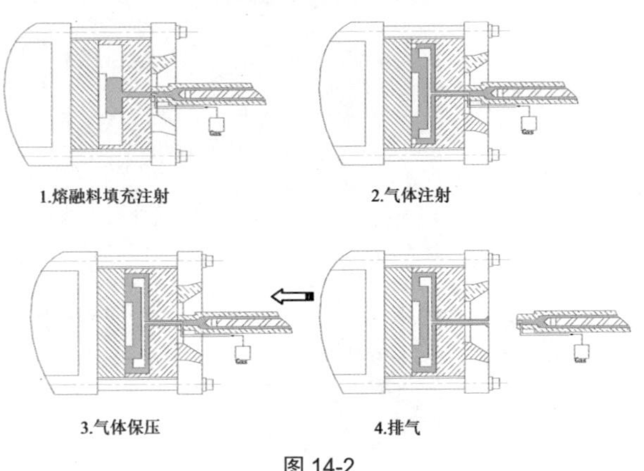

图 14-2

气辅成型的几个阶段如下。

（1）首先由浇口向模具型腔内注入熔融树脂，接触到温度较低的模具面后，在表面形成一层凝固层，而内部仍为熔融状态，塑胶在注入 90% ～ 99% 时即停止，如图 14-3 所示。

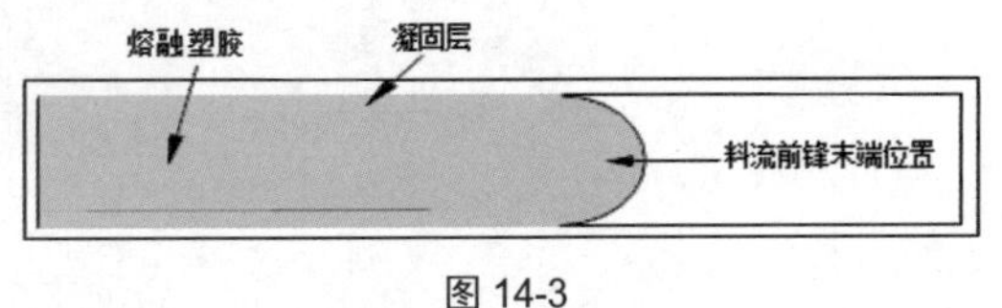

图 14-3

（2）接着注入一定压力的惰性气体（通常为氮气），氮气进入熔融树脂，形成中空以推动熔融树脂向模腔未充满处流动，如图 14-4 所示。

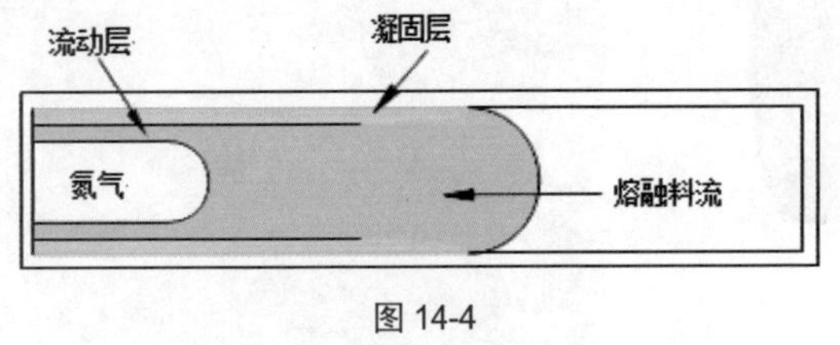

图 14-4

（3）借助气体压力的作用推动树脂充实到模具型腔的各个部分，使塑件最后形成中空断面而保持完整外形，如图 14-5 所示。

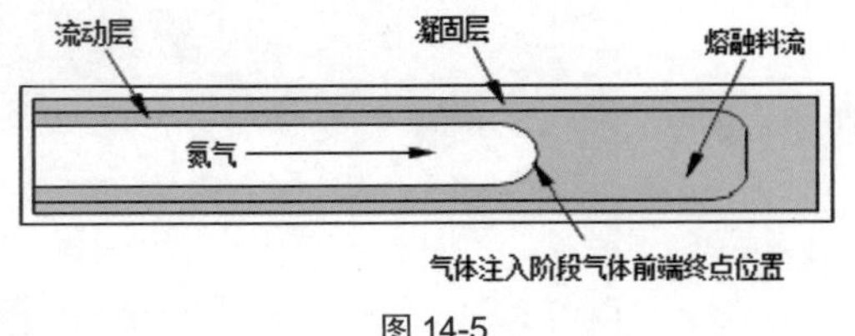

图 14-5

（4）从树脂内部进行保压（即二次气体穿透阶段），此时气体压力就变为保压压力。在保压阶段，高压气体压实塑胶，同时补偿体积收缩，保证制件外部表面质量，如图 14-6 所示。

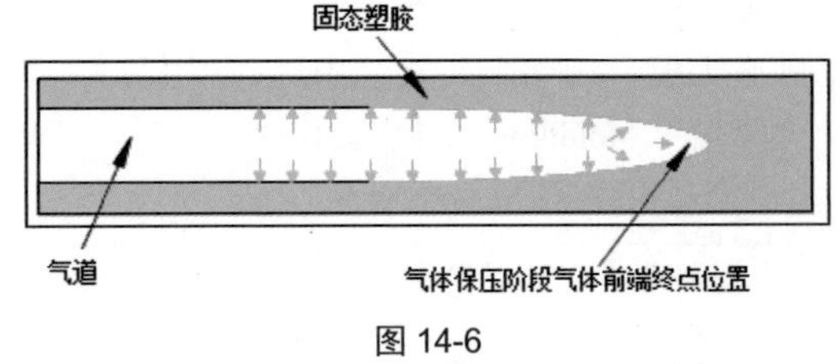

图 14-6

（5）气体的排放发生在冷却结束、开模之前。

与传统注塑成型过程相比，多了一个气体辅助充填阶段，且保压阶段是靠气压进行保压的。保压压力低，可降低制品内应力，防止制品翘曲变形。由于气体能有效地传递所施加的压力，可保证制件内表面上压力分布均匀一致，既可补偿熔体冷却时的体积收缩，也避免了制件顶出后的变形。采用气体辅助注塑成型，是通过控制注入型腔内的塑料量来控制制品的中空率及气道的形状。

14.1.3 气辅成型优点

气辅成型具有如下优点。

（1）减少残余应力，降低翘曲问题。传统注塑成型，需要足够的高压以推动塑料由主流道至最外围区域；此高压会造成高流动剪应力，残存应力则会造成产品变形。GIM 中形成中空气体流通管理（Gas Channel）则能有效传递压力，降低内应力，以便减少成品发生翘曲的问题。

（2）消除凹陷痕迹。传统注塑产品会在厚部区域如筋部（Rib & Boss）背后，形成凹陷痕迹（Sink Mark），这是由于物料产生收缩不均的结果，但 GIM 则可借由中空气体管道施压，促使产品收缩时由内部向外进行，则固化后在外观上便不会有此痕迹。

（3）降低锁模力。传统注塑时高保压压力需要高锁模力，以防止塑料溢出，但 GIM 所需保压压力不高，通常可降低锁模力需求达 25% ～ 60% 左右。

（4）减少流道长度。气体流通管道之较大厚度设计，可引导帮助塑料流通，不需要特别的外在流产品设计，进而减低模具加工成本，及控制熔接线位置等。

（5）节省材料。由气体辅助注塑所生产的产品比传统注塑节省材料可达 35%，节省多少视产品的形状而定。除内部中空节省材料外，产品的浇口（水口）材料和数量也大量减少，例如，38 英寸电视前框的浇口（水口）数目就只有4点，节省材料的同时也减少了熔接线（夹水纹）。

（6）缩短生产周期时间。传统注塑由于产品筋位厚、柱位多，很多时候都需要一定的注射、保压来保证产品定形，气辅成型的产品，产品外表看似很厚胶位，但由于内部中空，因此冷却时间比传统实心产品短，总的周期时间因保压及冷却时间减少而缩短。

（7）延长模具寿命。传统注塑工艺在打产品时，往往用很高的注射速度及压力，使浇口（水口）周围容易走“披峰”，模具经常需要维修；使用气辅后，注塑压力、注射保压及锁模压力同时降低，模具所承受的压力也相应降低，模具维修次数大大减少。

（8）降低注塑机机械损耗。由于注塑压力及锁模力降低，注塑机各主要受力零件：哥林柱、机铰、机板等所承受的压力也相应降低，因此各主要零件的磨损降低，寿命得到延长，减少维修及更换的次数。

（9）应用于厚度变化大的成品。厚部可应用为气道，用气体保压来消除壁厚不均匀而形成的表面缺陷。

14.1.4　气辅成型模具冷却系统设计

气辅成型模具动模主要针对胶位较厚的局部冷却。比如 4 个角的 BOSS 柱，尽量使 BOSS 柱温度降低。当正常生产时模温升高，BOSS 柱位的温度也随之升高，容易产生缩水、凹陷、流胶等现象，是制约效率的一个关键因素。因此应该将四角的码胆柱单独接冷却水。其余模芯部位必须做到左右对半接法，使模温处于可控状态。

面壳模具定模接冷却水视模具结构而定。对于有喇叭网孔的模具必须使喇叭网面保持温度较高，可加快材料在模腔里的流动速度，减少压力损失。所以接水时应将两侧面和中心主流道冷却，尽量使喇叭网面保持温度较高。

1．进气方式的设计

一般情况下，气辅成型有以下三种进气方式。

（1）注塑喷嘴直接进气。进气通道合成在注塑喷嘴内，喷嘴需要设置封闭阀，阻止高压氮气反灌螺杆。优点是模具上不要设置气针，缺点是每注塑一次注射台都必须回退来进行排气，喷嘴内部残余的材料因为包含气道，可能造成下一模产品表面缺陷而无法生产合格零件。

（2）流道进气。气针设计在流道上，进料口设计在产品厚壁处或气道上，进料口同时也是进气口。适用于气道形状比较简单的产品。但流道要采取特殊措施，如局部截面减薄，或者采用针阀封闭浇口，阻止高压氮气反灌螺杆。

（3）产品上直接进气。在产品合适的位置上设计气针，高压氮气直接进入产品内部。这种方式最常用也最灵活。

产品上直接进气时，气针位置的选择应遵循以下原则。

（1）气针与进料口保持适当的距离，否则浇口或流道要采取特别措施，阻止高压氮气反灌螺杆。

（2）气针设计在厚壁处。

（3）气针不可以设计在充填的末端（满射可以除外）。

（4）尽可能保持多条气道等长。

2．溢料包的设计

气辅成型有两种状态：短射和满射。

（1）短射：开始充气时型腔没有被完全冲填满。

对于一般的壳体类零件，型腔已经基本填满，气辅是代替注塑保压提高塑件表面质量的最有效的手段。由于没有多余的材料，无须设计溢料包。对于一般把手类零件或厚壁件，型腔仅被充填了 70% ～ 98%，通过高压氮气的推动塑料充满型腔，通过控制料量，无须设计溢料包，如图 14-7 所示。产品表面在注塑结束的位置会有明显的停顿痕迹，对外观要求较高的产品不适用。

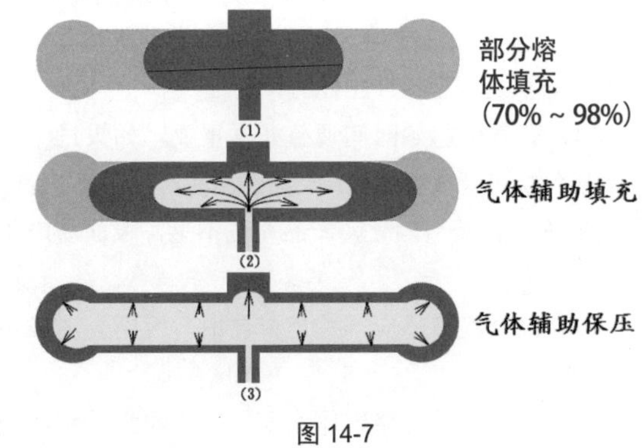

图 14-7

（2）满射：开始充气时型腔已经被完全充填满。

对于外观要求比较高的产品，建议采用满射注塑工艺。由于冲气时型腔有多余的料存在，要求在充气的末端设计溢料包，溢料口要求设计在厚壁处，如图 14-8 所示。

对于简单的把手类零件，溢料包可以不设计开关阀门。对于局部存在薄壁的零件，为了保证薄壁能够在溢料前充分充填，溢料包必须设计开关阀门。溢料包的体积等于塑件中空的体积，溢料包在设计时必须考虑体积可调整，方便试模过程中工艺调整时引起溢料量的变化。

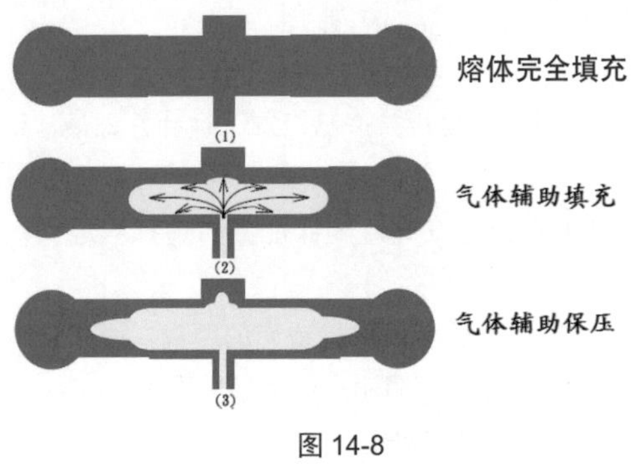

图 14-8

14.1.5 工艺参数调试的注意事项及解决方法

（1）对于多根气针的气辅成型模具来讲，最容易产生进气不平衡，造成调试更加困难。其主要现象为局部缩水。解决方法为放气时检查气体流畅性。

（2）塑胶料的温度是影响生产的关键因素之一。气辅产品的质量对塑胶料温度更加敏感。射嘴料温过高会造成产品料花、烧焦等现象；料温过低会造成冷胶、冷嘴、封堵气针等现象。产品反映出的现象主要是缩水和料花。解决方法为检查塑胶料的温度是否合理。

（3）对于注塑喷嘴直接进气的模具，手动状态下检查封针式射嘴回料时是否有溢料现象。如有此现象则说明气辅封针未能将射嘴封住。注气时，高压气体会倒流入料管。主要反映的现象为水口位大面积烧焦和料花，并且回料时间大幅度减少，打开封针时会有气体排出。主要解决方法为调整封针拉杆的长短。

（4）充气的起始时间调整非常重要，如果过早充气，高压气体可能反灌螺杆，产品表面易产生手指效应；如果过晚充气，塑料固化，产品充气不足，表面易产生缩水。

（5）检查气辅感应开关是否灵敏，否则会造成不必要的损失。

（6）气辅产品是靠气体保压，产品缩水时可适当减胶。主要是降低产品内部的压力和空间，让气体更容易穿刺到胶位厚的地方来补压。

14.2 满射法气辅成型——车门拉手分析案例

练习文件路径：	结果文件 \Ch14\lashou.stl
演示视频路径：	视频 \Ch14\ 满射法气辅成型分析—车门拉手 .avi

设计题目：车门拉手气体辅助成型。

产品 3D 模型图如图 14-9 所示。

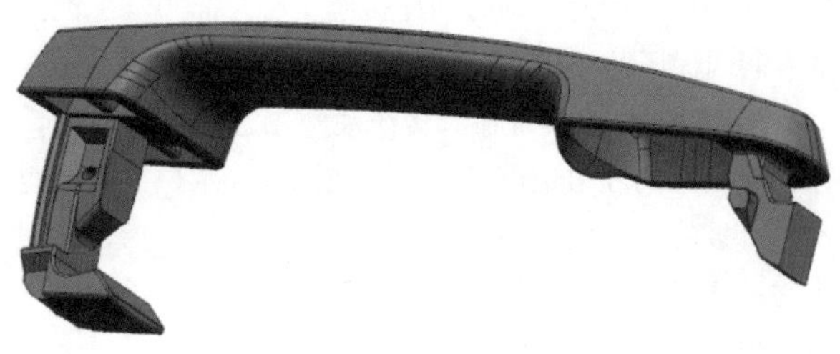

图 14-9

规格：最大外形尺寸 23mm×5.6mm×8 mm（长 × 宽 × 高）。

要求如下。

（1）材料：ABS。

（2）缩水率：收缩率统一为 0.005 mm。

（3）外观要求：表面质量好，制件无缺陷。

14.2.1 分析前期准备

本案例的把拉手产品绝大部分为较大厚度的实体，需要充入惰性气体中空成型，以此减小产品的厚度，减少因收缩不均导致产品的翘曲缺陷。此外，中空成型还可以减少材料，提高产品的强度。

1. 新建工程并导入注射模型

01 启动 Moldflow，然后单击【新建工程】按钮，弹出【创建新工程】对话框。输入工程名称及保存路径后，单击【确定】按钮完成工程的创建，如图 14-10 所示。

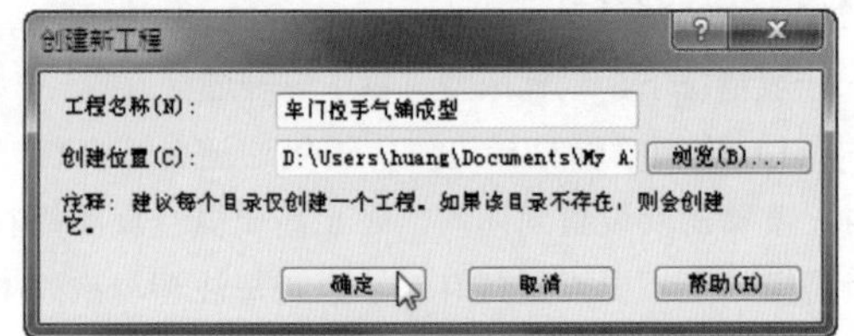

图 14-10

02 在【主页】选项卡中单击【导入】按钮，弹出【导入】对话框。在本案例模型保存的路径下打开 lashou.stl，如图 14-11 所示。

图 14-11

03 随后弹出要求选择网格类型的【导入】对话框，选择【实体（3D）】类型作为本案例的网格类型，再单击【确定】按钮完成模型的导入操作，如图 14-12 所示。

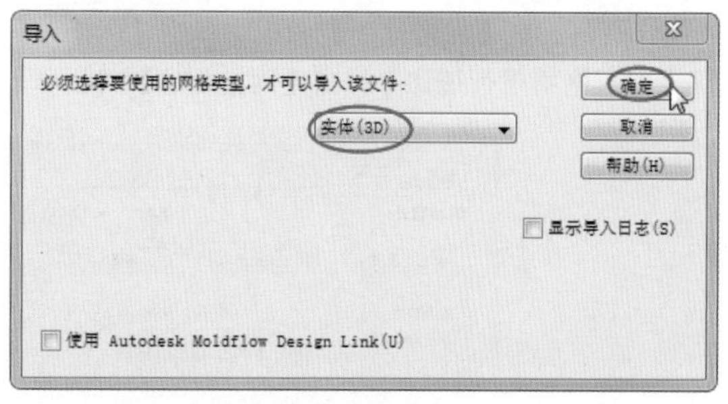

图 14-12

温馨提示：

做气辅成型的产品通常都是厚壁的，所以要以【实体】的网格形式进行分析才精确。

04 导入的 STL 模型如图 14-13 所示。

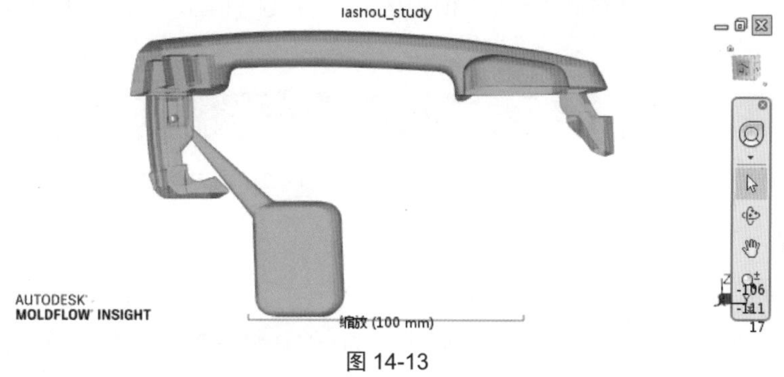

图 14-13

温馨提示：

如果导入 IGES/IGS 文件或其他实体模型，Moldflow 可以自动转换成 STL 分析模型。

2．网格的创建与修复

01 在【主页】选项卡【创建】面板中单击【网格】按钮，切换到【网格】选项卡。

02 单击【生成网格】按钮，然后在工程管理视窗的【生成网格】选项板中设置全局网格边长的值为 2.5，单击【立即划分网格】按钮，程序自动划分网格，结果如图 14-14 所示。

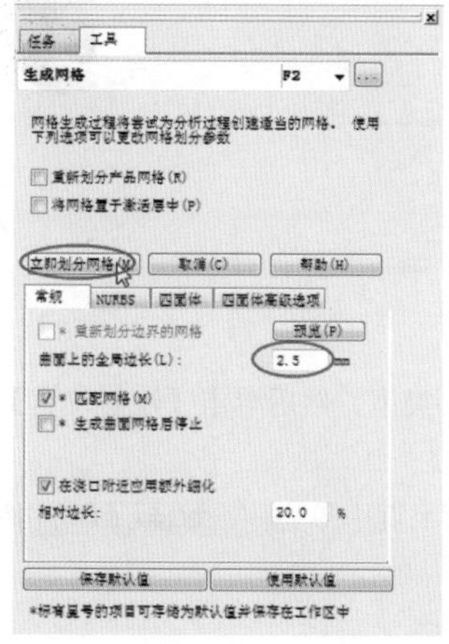

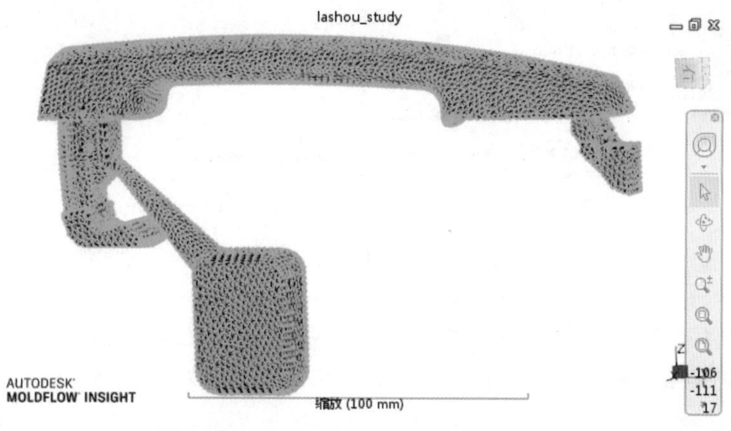

图 14-14

03 统计网格。在【网格诊断】面板中单击【网格统计】按钮，再单击【网格统计】选项板中的【显示】按钮，程序立即对网格进行统计并弹出【网格信息】对话框，如图 14-15 所示。

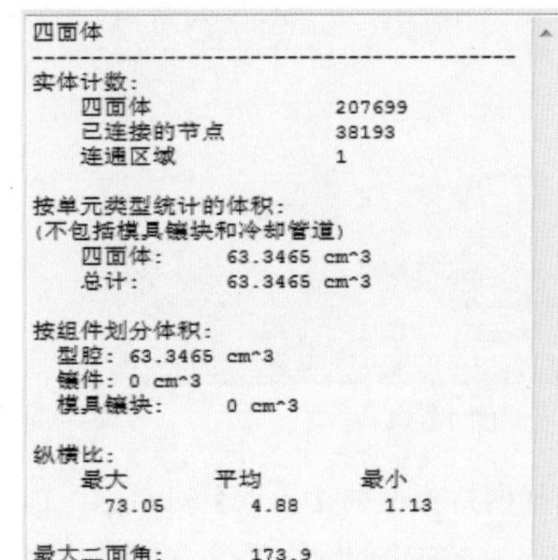

图 14-15

04 从统计数据中可以看出，由于拉手模型采用的是3D网格类型进行划分的，所以没有了中性面和双层面的网格缺陷。

05 网格划分之后，将结果先保存。

14.2.2 “满射法”气辅成型初步分析

前面介绍了气辅成型有两种注塑方法：短射法和满射法。下面通过满射法进行车门拉手的气辅成型模拟，以此得出最佳的成型方案。

1. 设计流道、浇口和气嘴

拉手气辅成型模具的浇注系统是平衡的流道分布，模具为一模两腔形式。

01 在【几何】选项卡【修改】面板中单击【型腔重复】按钮 型腔重复，弹出【型腔重复向导】对话框。

02 设置型腔数、行数、行间距后单击【完成】按钮完成型腔布局设计，如图 14-16 所示。

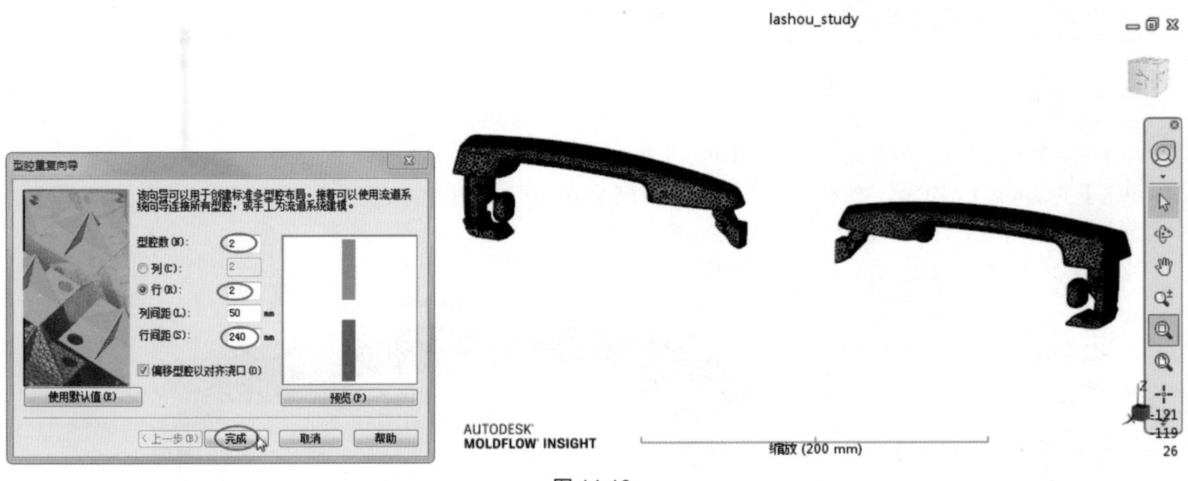

图 14-16

03 在【主页】选项卡的【成型工艺设置】面板中选择【气体辅助注塑成型】分析类型，然后单击【注射位置】按钮，在如图 14-17 所示的位置放置注射锥。

04 在【几何】选项卡中单击【流道系统】按钮 流道系统，在【布局】对话框的第 1 页中单击 浇口中心 (G) 按钮和 浇口平面 (A) 按钮，再单击【下一步】按钮进入第 2 页，如图 14-18 所示。

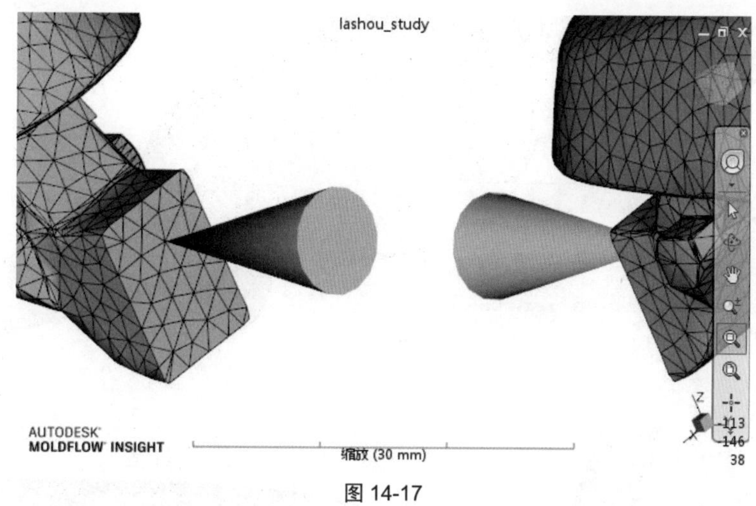

图 14-17

05 在第 2 页中设置注塑机喷嘴位置的主流道入口直径、拔模斜度和主流道直径等，如图 14-19 所示。单击【下一步】按钮进入第 3 页。

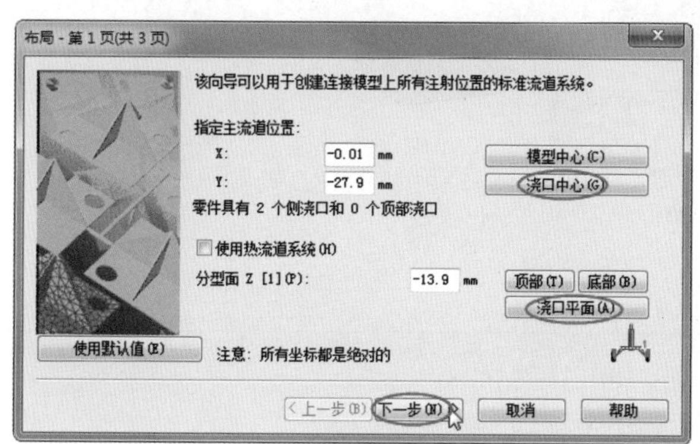

图 14-18

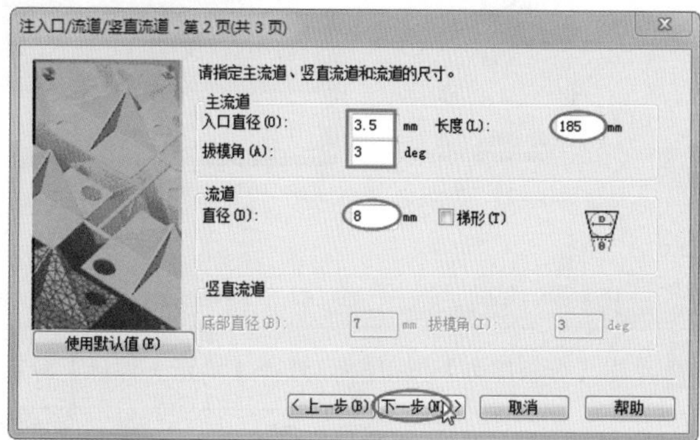

图 14-19

06 在第 3 页中设置浇口尺寸，如图 14-20 所示。最后单击【完成】按钮自动创建流道系统，如图 14-21 所示。

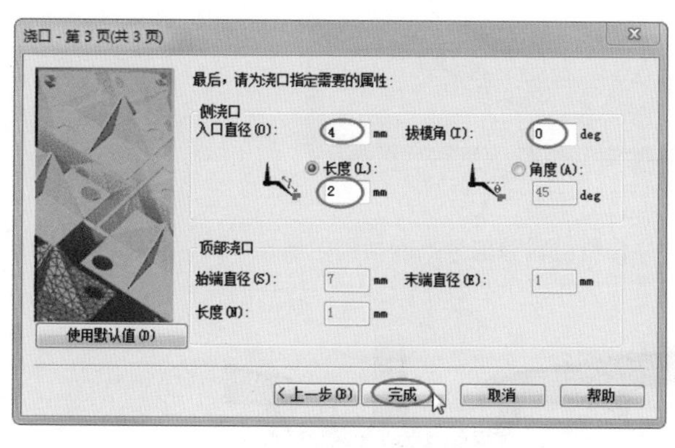

图 14-20

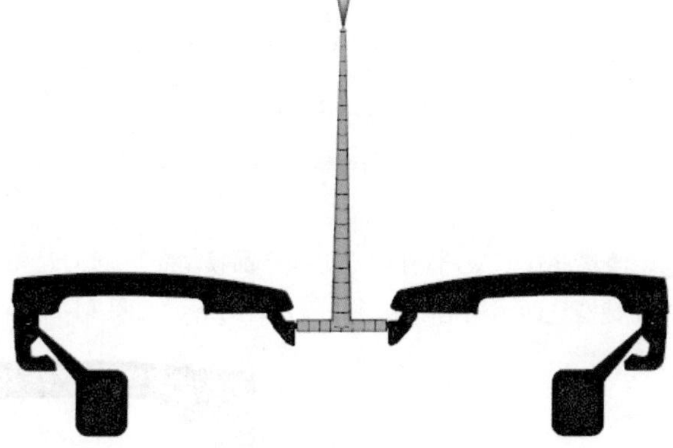

图 14-21

07 在【边界条件】选项卡中单击【设置入口】按钮，弹出【设置气体入口】对话框。保留默认的气体入口参数，然后在 3D 网格中放置气体入口，如图 14-22 所示。

08 同理，在不关闭【设置气体入口】对话框的情况下，在另一网格模型中相同位置放置气体入口，如图 14-23 所示。

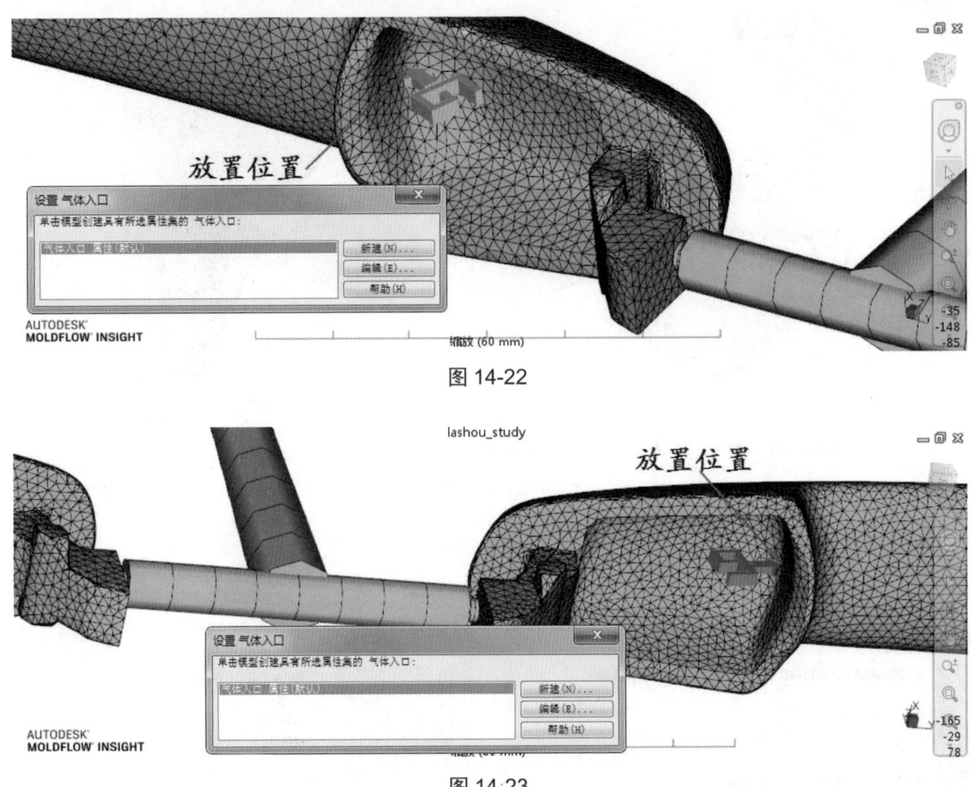

图 14-22

图 14-23

2．选择分析序列、指定溢料井、材料和工艺设置

01 单击【分析序列】按钮，选择【填充＋保压】分析序列，如图 14-24 所示。

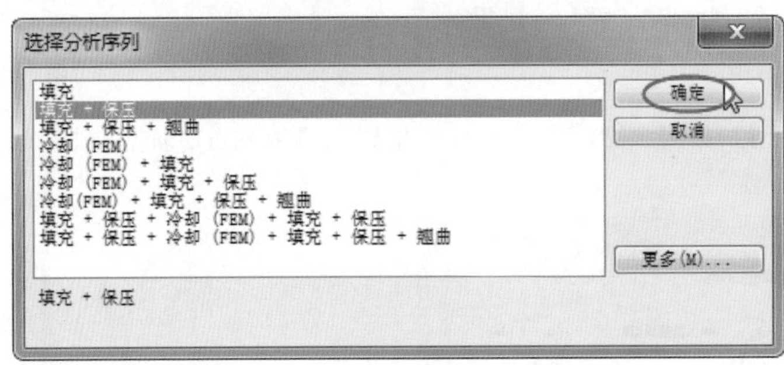

图 14-24

02 溢料井在 CAD 软件中已经在产品模型中一起创建完成，只需给溢料井部分的网格指定属性即可。在图形区中按 Ctrl 键框选两个模型中溢料井部分的网格，如图 14-25 所示。

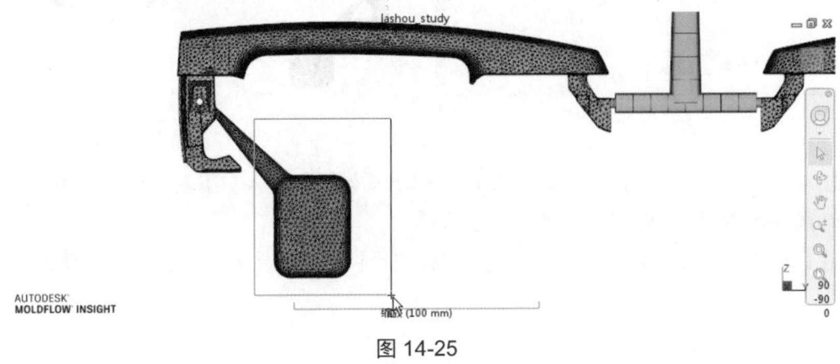

图 14-25

03 然后在【网格】选项卡【属性】面板中单击 指定 按钮，在【指定属性】对话框中选择【新建】列表下的【溢料井（3D）】选项，如图 14-26 所示。

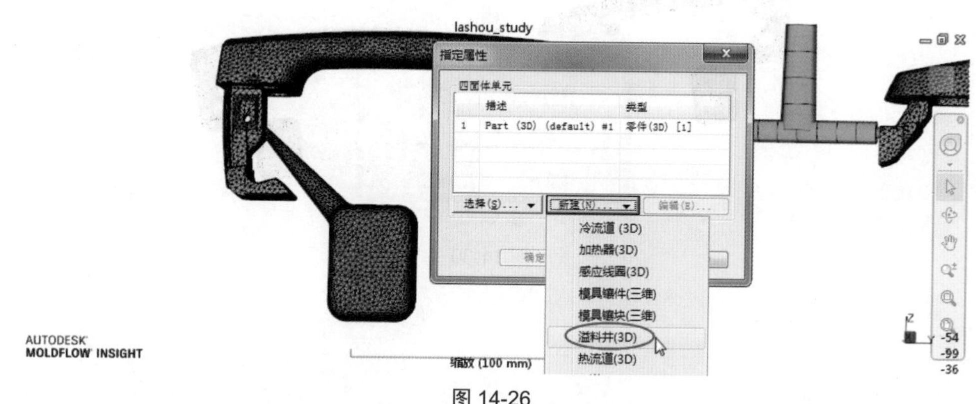

图 14-26

04 随后在弹出的【溢料井（3D）】对话框的【阀浇口控制】选项卡中单击【选择】按钮，选择阀浇口控制器，如图 14-27 所示。

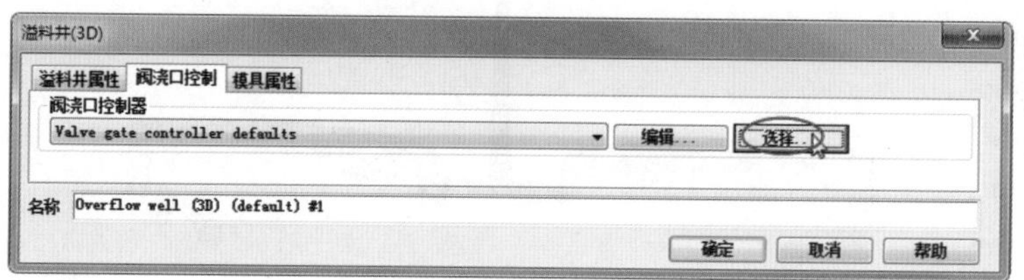

图 14-27

05 完成后单击【确定】按钮关闭【指定属性】对话框。

06 材料为 ABS，单击【选择材料】按钮，通过【选择材料】对话框中的【搜索】按钮，搜索 ABS 材料及牌号，如图 14-28 所示。

07 初步分析时，保留系统默认的工艺设置，如图 14-29 所示。

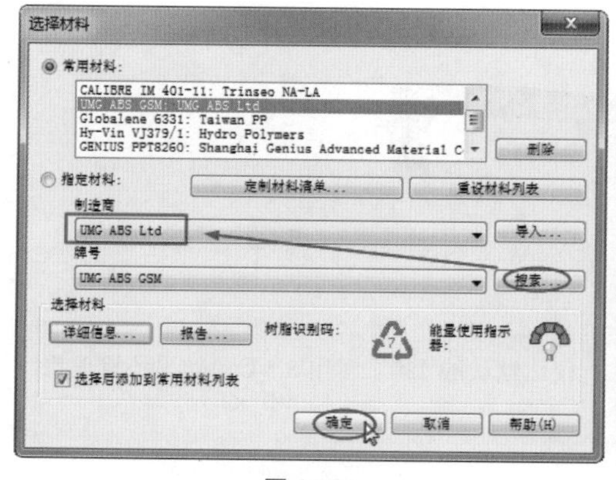

图 14-28

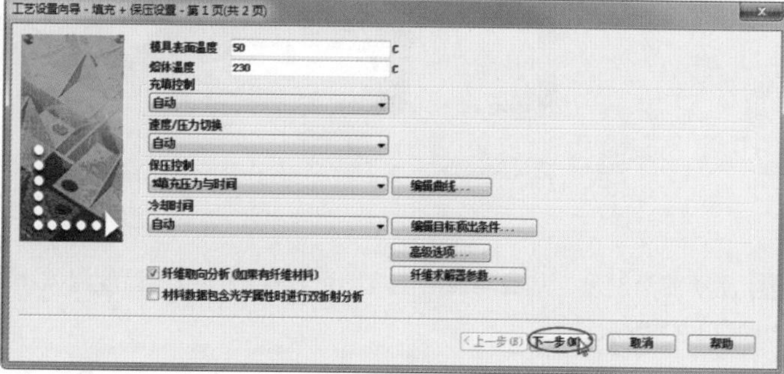

图 14-29

3．运行初步分析

单击【分析】按钮，对拉手网格模型进行初步的气辅成型分析，如图 14-30 所示。

图 14-30

4. 结果解析

初步分析完成后，下面看下结果。

01 首先查看熔体充填整个型腔的注射时间，如图 14-31 所示。图中显示注射时间为 16.53s，注射时间较长。

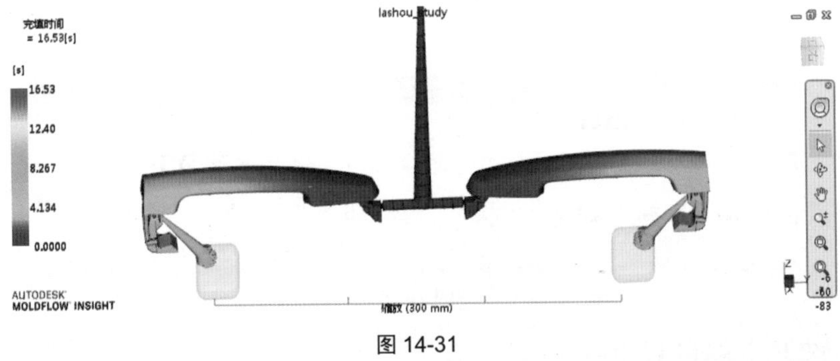

图 14-31

02 速度/压力切换时的压力。从如图 14-32 所示的切换压力图可以看出，熔体填充完成整个型腔时，切换到保压状态。

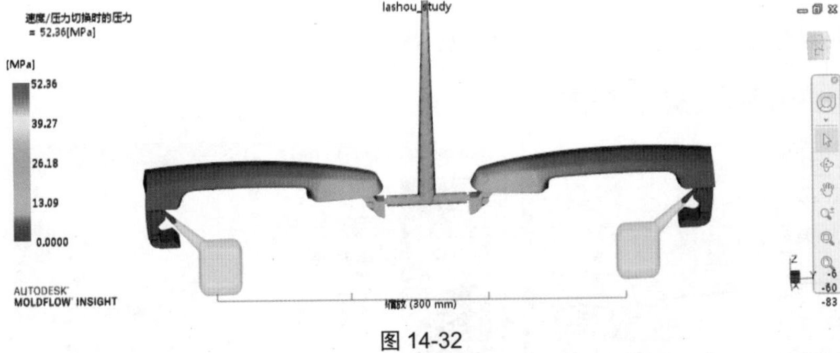

图 14-32

03 流动前沿温度。从流动前沿温度图可以看出，整体温度温差不大，仅比默认的 230℃多出 8.5℃，效果还算理想，如图 14-33 所示。

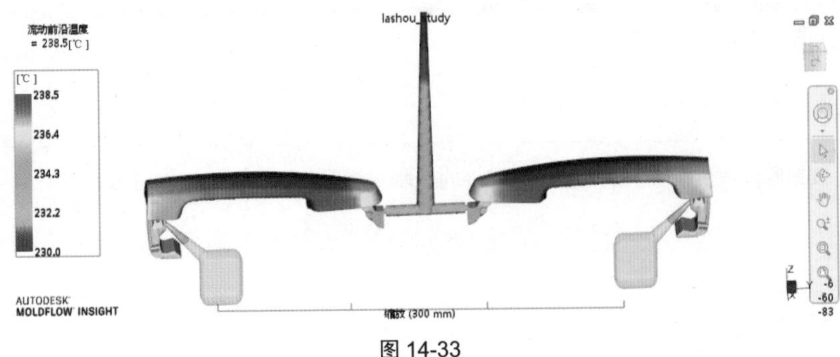

图 14-33

04 气体时间。查看氮气注入的时间图，不难发现注射的气体严重不足，主要原因是气体注射时的时间没有设定好，导致前面熔体填充接近完成时，气体才开始注入，如图 14-34 所示。

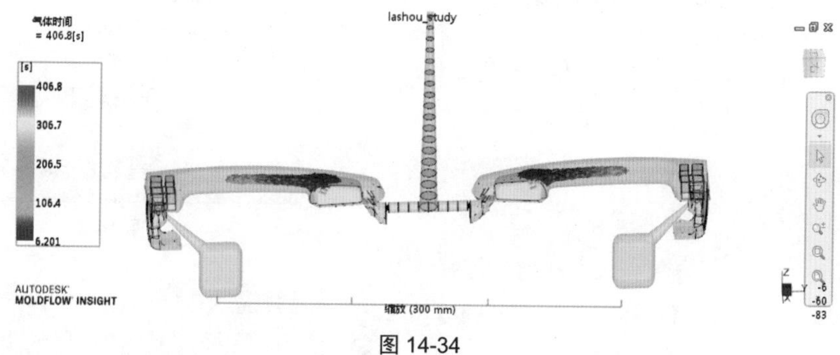

图 14-34

05 查看气体型芯图，如图 14-35 所示，所注入的气体量不足。

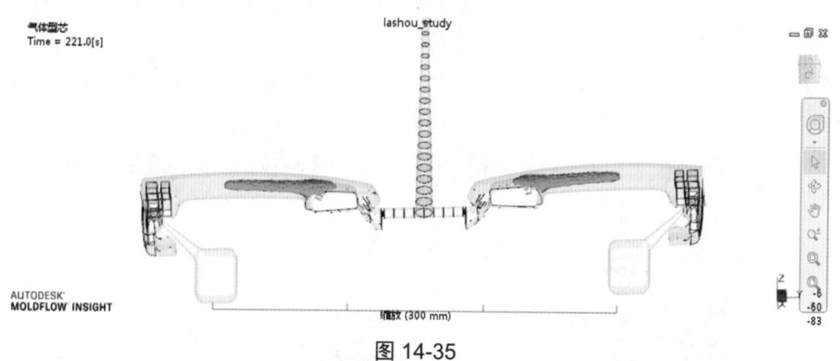

图 14-35

14.2.3　优化分析

针对初步分析的结果，得出主要的缺陷为其气体注入不足，导致制品产生严重收缩。接下来进行改善。在这里主要修改气体注射控制器的参数和工艺设置参数。

1. 参数设置

01 首先在工程任务视窗中复制拉手的初步分析项目，并重命名为"优化分析"，如图 14-36 所示。

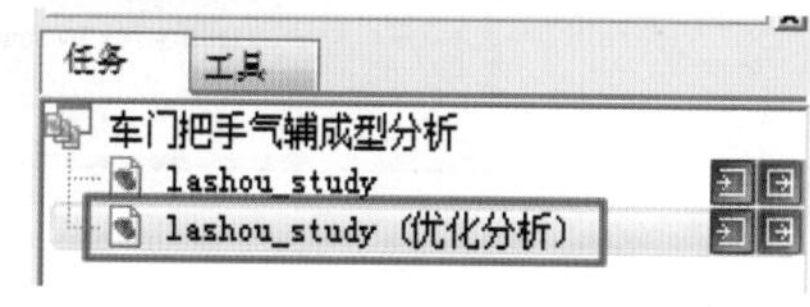

图 14-36

02 双击复制的项目进入该任务中。在图形区中选中气体入口，然后单击右键再选择【属性】命令，如图 14-37 所示。

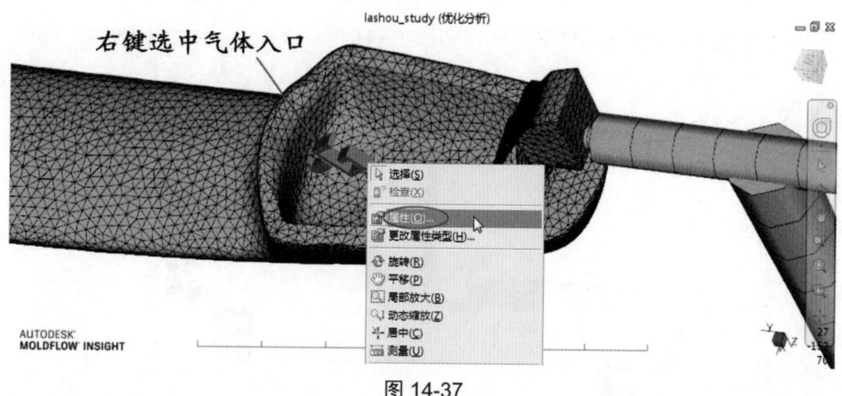

图 14-37

03 在弹出的【气体入口】对话框中单击 编辑... 按钮，修改气体延迟时间为 8s，以便在熔体填充完成后让熔体外壁冷却，内部仍然为高温状态下气体开始注射，如图 14-38 所示。

图 14-38

温馨提示：

设置气体延迟时间为 8s，在熔体温度稍降后注射气体，不至于形成穿透。

04 单击【编辑控制器设置...】按钮，在【气体压力控制器设置】对话框中设置气体压力与时间的关系参数，设置气体注射时间为 3s，气体压力为 20MPa，如图 14-39 所示。

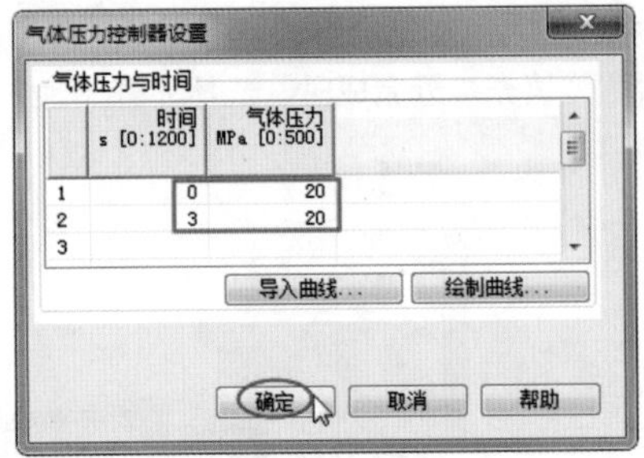

图 14-39

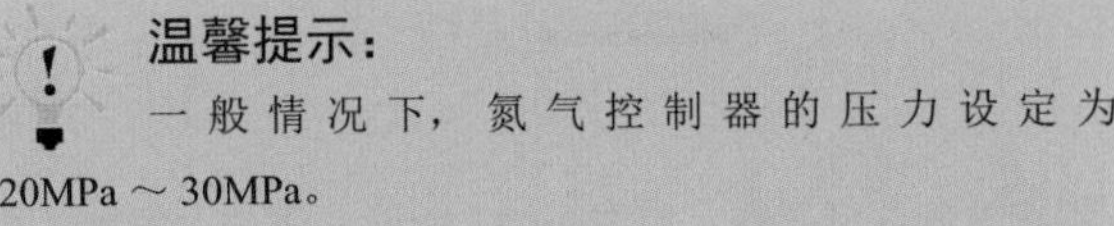

温馨提示：

一般情况下，氮气控制器的压力设定为 20MPa ~ 30MPa。

05 设定完成后单击【确定】按钮结束气体入口的属性设置。

06 单击【工艺设置】按钮，在弹出的【工艺设置向导 - 填充 + 保压设置】对话框中设置充填时间为 5s，速度 / 压力切换由【自动】控制，如图 14-40 所示。

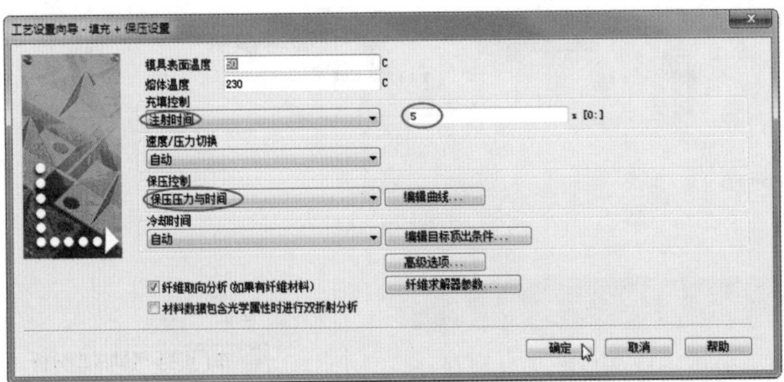

图 14-40

温馨提示：

熔体充填时间为 5s，气体注射时间为 3s，那么总共注射时间为 8s。

07 重新执行分析。

2．分析结果

01 首先查看优化后的熔体充填整个型腔的注射时间，如图 14-41 所示。图中显示注射时间为 9.670s，注射时间比预设注射时间多了 1.67s。熔体完全充满整个型腔，多余的熔体进入了溢料井。左右溢料井的充填不相等，与两个型腔的气体入口位置有关系，左右两边不平衡。

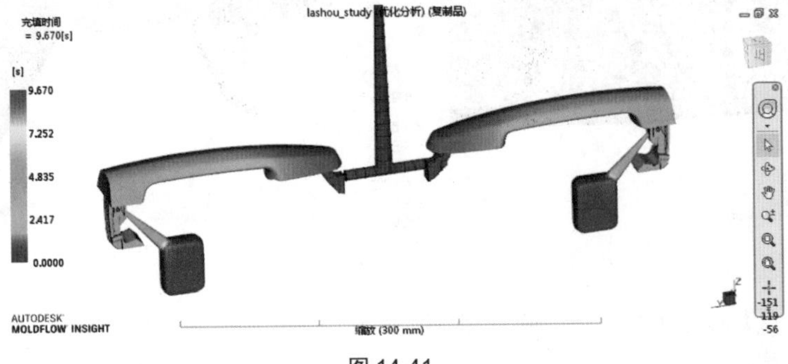

图 14-41

02 速度 / 压力切换时的压力。从如图 14-42 所示的切换压力图可以看出，熔体填充完成整个型腔，然后切换为保压。

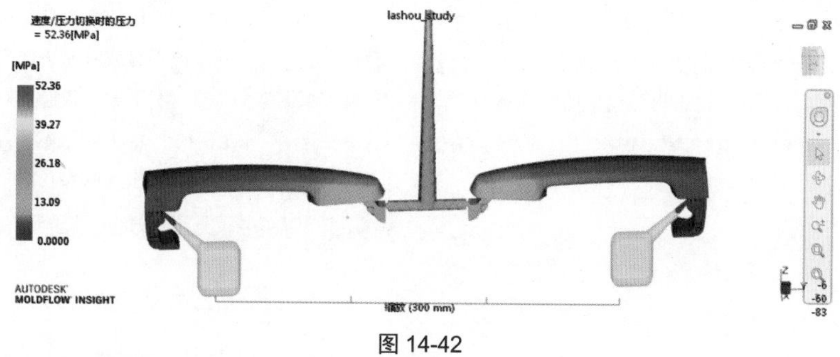

图 14-42

03 流动前沿温度。与优化前相比，没有变化，效果理想，如图 14-43 所示。

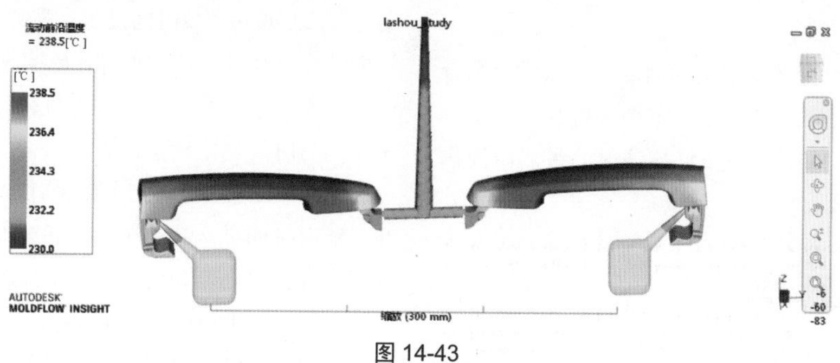

图 14-43

04 气体时间。查看氮气注入的时间图，效果不理想，气体延迟 3s 注入型腔后，将多余的熔融料推入了溢料井，但是气体也将料末端吹穿而进入溢料井中，这是不允许的，如图 14-44 所示。

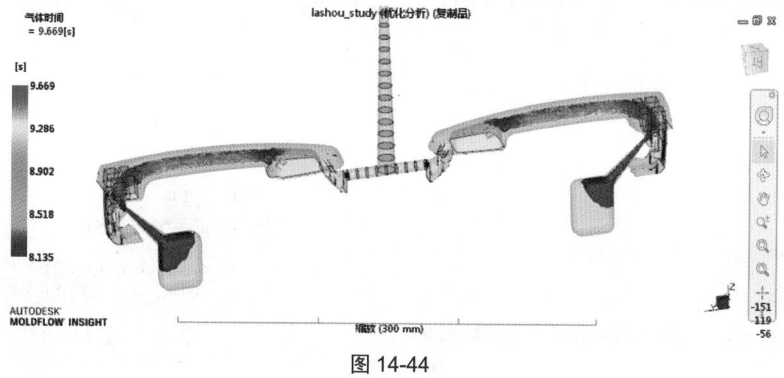

图 14-44

05 查看气体型芯图，如图 14-45 所示。气体已经注射进了溢料井（吹穿），这就使得此位置会留下一个小洞，这是不允许的，至少本案例把手零件是不允许的。有些零件要求不会很高时或许可以忽略这样的吹穿。

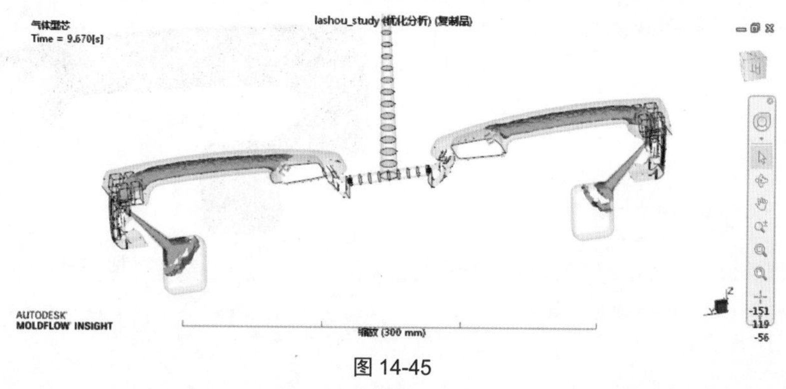

图 14-45

> **温馨提示：**
>
> 在溢料井中没有废料，或者是废料较少，说明溢料井体积太大，需要建模时修改一下，否则不能进行正常保压，会导致产品内部缺陷。可以通过分析日志里面给出的气体体积，然后在三维软件中对溢料井部分进行体积计算，相等即可。鉴于篇幅关系，此处不做过多的详解。

14.2.4 再次优化

针对气体注射到溢料井里这个问题，还要进一步调试部分工艺参数，以达到完美的气辅成型。

1. 首先分析问题

一般情况下，出现难以解决的问题，应该学会读分析日志，因为分析日志“会说话”，会告诉我们哪里出现了问题。如图 14-46 所示为在气体注射的最后阶段出现的警告与短射信息。

```
|   9.663 |100.000 |          | 2.81E+01 | 1.01E+02 |  9.18 |     1 | 17.848| 2.000E+01|   G
|   9.664 |100.000 |          | 2.82E+01 | 1.01E+02 |  9.23 |     1 | 17.848| 2.000E+01|   G
** 警告 305320 ** 某些区域已达到超高聚合物温度。
                  将应用温度限制    420.00 C。
|   9.665 |100.000 |          | 2.86E+01 | 1.01E+02 |  8.69 |     1 | 17.848| 2.000E+01|   G
|   9.666 |100.000 |          | 2.86E+01 | 1.01E+02 |  8.80 |     1 | 17.848| 2.000E+01|   G
|   9.667 |100.000 |          | 2.88E+01 | 1.01E+02 |  8.93 |     1 | 17.848| 2.000E+01|   G
|   9.668 |100.000 |          | 2.89E+01 | 1.01E+02 |  9.08 |     1 | 17.848| 2.000E+01|   G
|   9.669 |100.000 |          | 2.89E+01 | 1.01E+02 |  9.26 |     1 | 17.848| 2.000E+01|   G
*************************************************************

** 短射   ** 气体从熔体前沿吹穿。

*************************************************************
|   9.670 |100.000 |          | 2.92E+01 | 1.01E+02 |  8.99 |     1 | 17.848| 2.000E+01|   G
```

图 14-46

“警告”信息所表达的意思是：熔体温度过高，或者模具温度过高。

“短射”信息所表达的意思是：气体从溢料井位置吹穿。如果在功能区【结果】选项卡的【动画】面板中拖动动画滑块，拖动到9.605s位置时，可以很清楚地看到，气体刚好完成注射量，如图 14-47 所示。

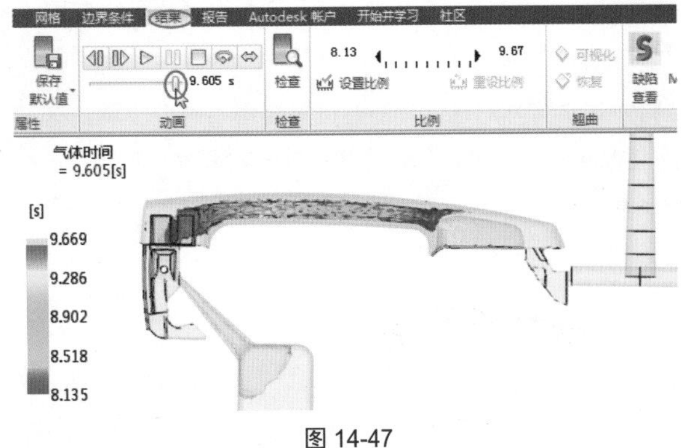

图 14-47

那么是什么原因导致吹穿的呢？一般说来，导致气体吹穿的主要原因还是注射速度较快和气体压力过大。

> **温馨提示：**
>
> 气体压力大，易于穿透，但容易吹穿；气体压力小，可能出现充模不足，填不满或制品表面有缩痕；注气速度高，可在熔料温度较高的情况下充满模腔。对流程长或气道小的模具，提高注气速度有利于熔胶的充模，可改善产品表面的质量，但注气速度太快则有可能出现吹穿，对气道粗大的制品则可能会产生表面流痕、气纹。

2. 重新设置工艺参数和气体入口属性

经过前面的分析与判断，可得出以下结论。

（1）模温及料温（熔体温度）过高，导致警告出现；

（2）或许充填时间过长，型腔壁的冻结体积增加，进而导致气体注射压力增加，吹穿末端。

（3）建议保压控制改为气体注射控制，也就是保压压力与时间均不设置参数。

（4）设置气体入口属性时，气体延迟时间改为2s，延迟时间过久也会使熔体冻结体积增加，气体注射困难，导致壁太厚和气体注射不足现象。

（5）气体与压力时间调试比较麻烦，毕竟不会一次就会达到目标，估计需要多次反复分析才能得出有效的气压和时间关系，尽量保证气压高峰时期不超过30MPa，不会低于20MPa。

01 首先在工程任务视窗中复制拉手的优化分析项目【lashou_study （优化分析）】，并重命名为“lashou_study （再次优化分析）”，如图 14-48 所示。双击复制的项目进入该任务分析环境中。

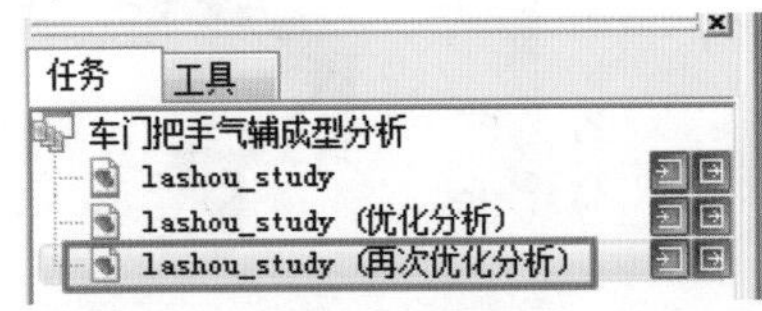

图 14-48

02 在图形区中选中气体入口，然后单击右键再选择【属性】命令，如图 14-49 所示。

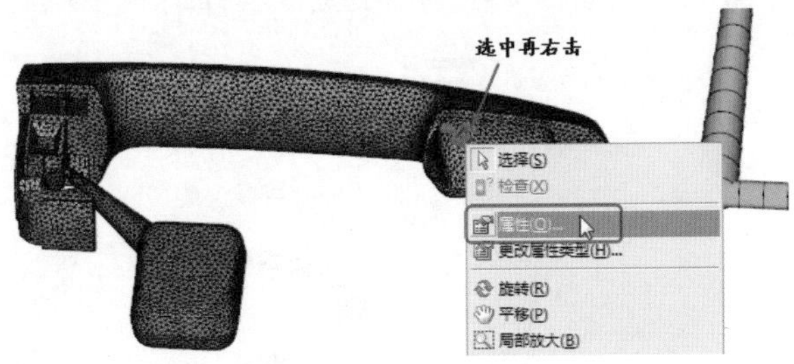

图 14-49

03 在弹出的【气体入口】对话框中单击 编辑... 按钮，

修改气体延迟时间为 2s，如图 14-50 所示。

04 单击 编辑控制器设置... 按钮，在【气体压力控制器设置】对话框中设置气体压力与时间的关系参数，如图 14-51 所示。

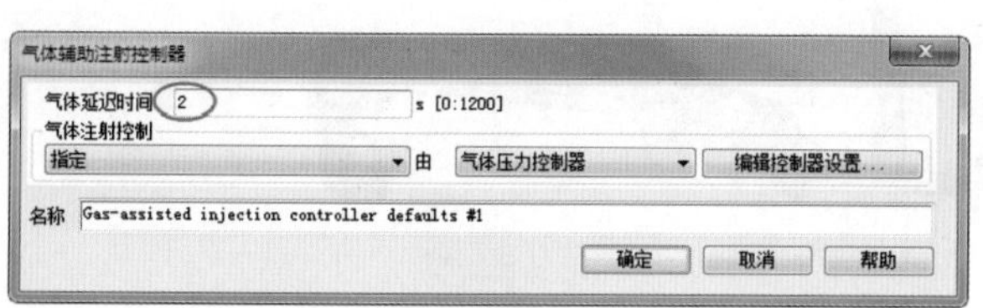

图 14-50

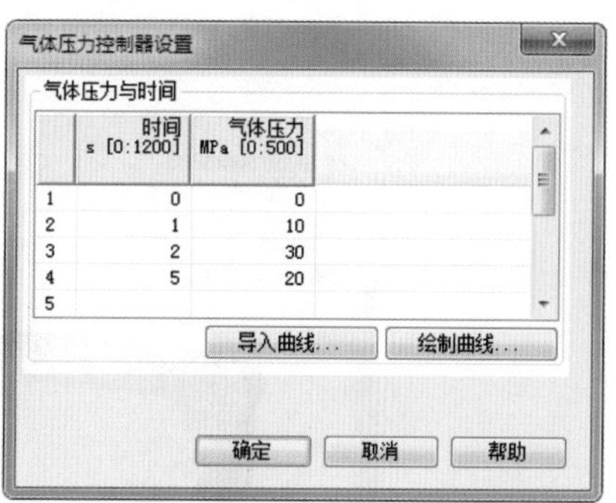

图 14-51

05 设定完成后单击【确定】按钮结束气体入口的属性设置。

06 单击【工艺设置】按钮，在弹出的【工艺设置向导】对话框中设置充填时间为 4s，模温 50℃和熔体温度 200℃，如图 14-52 所示。

07 单击【保压控制】的 编辑曲线... 按钮，去除所有保压压力与时间的参数，如图 14-53 所示。

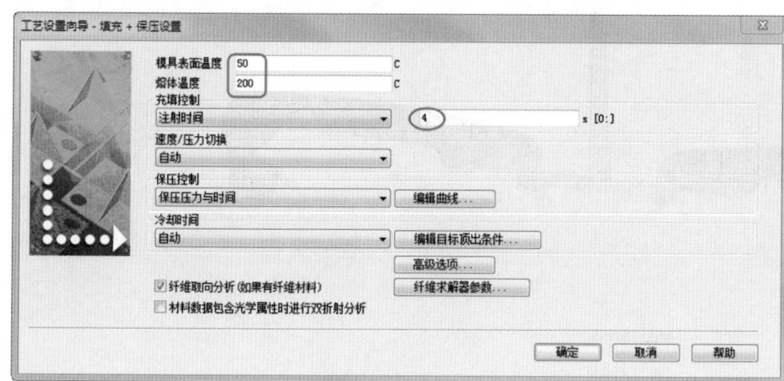

图 14-52

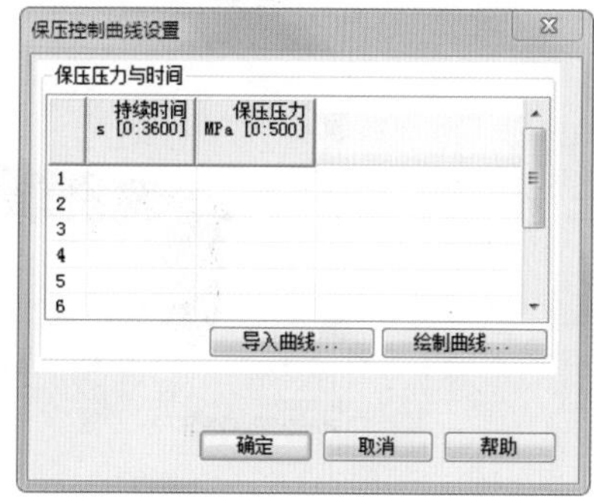

图 14-53

温馨提示：

单击选中数字然后按 BackSpace 键或 Delete 键清除数字即可。

08 重新执行分析。

3．分析结果

01 首先查看优化后的熔体充填整个型腔的注射时间，如图 14-54 所示。图中显示注射时间为 19.83s，比第一次优化分析时注射时间多了 10s 左右。说明在注射熔体时只要了 4s，余下的时间则是气体注射型腔后推动熔体进入溢料井的时间（其实也是气体时间）。

图 14-54

02 速度 / 压力切换时的压力。从如图 14-55 所示的切换压力图可以看出，当熔体注射到型腔的 70.63% 时，速度转换为气压。由气体注射推动前端熔体继续充填完成余下的型腔体积。从本次的压力图看，比上次优化分析时，压力切换点的压力要大，说明了第一次充填时所遇到的阻力较小，导致气体直接吹入溢料井。本次明显感受到了阻力加大，气体不容易吹穿。

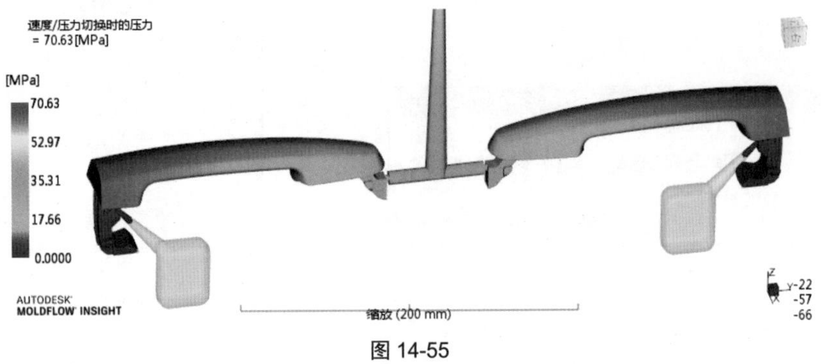

图 14-55

03 流动前沿温度。从流动前沿温度图可以看出，整个料流前端温度和末端温度仅相差 2.6℃（210.3-207.7），注射最低温度在浇口位置。所以整体充填还是非常均衡的，制件不会出现常见缺陷，如图 14-56 所示。

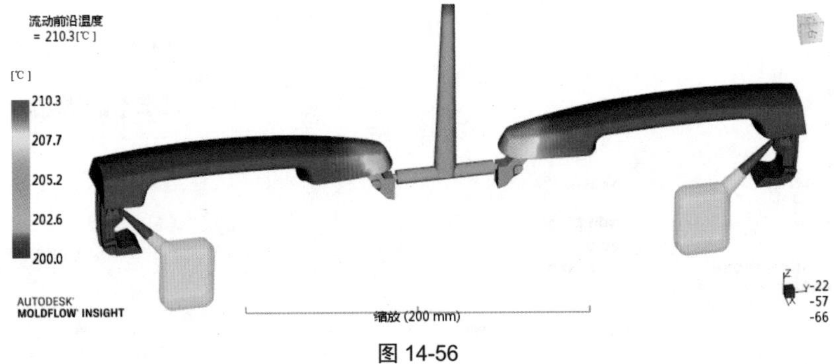

图 14-56

04 气体时间。查看氮气注入的时间图，效果非常理想，气体延迟 3s 注入型腔后，将多余的熔融料推入了溢料井，如图 14-57 所示。

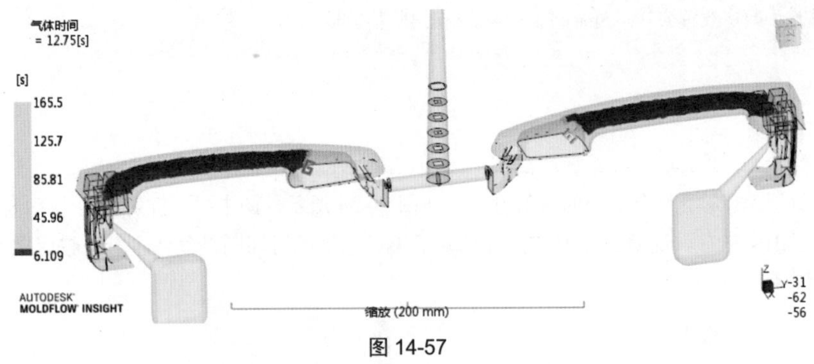

图 14-57

05 查看气体型芯图，如图 14-58 所示。所注入的气体量合适，没有任何的穿透。说明再次优化分析的效果还算是满意的。但是从气体型芯形成的时间看，165s 时间太长，或许是气体注射完成后，冷却时间太长导致的，需要继续改进。

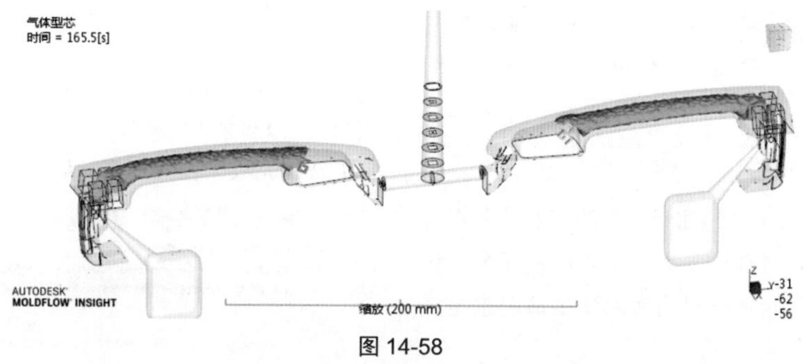

图 14-58

14.2.5　第三次优化

针对第二次优化时出现的气体型芯时间太长的问题，初步判断是没有设定冷却时间，所以按照默认的冷却速度和时间对整个型腔进行冷却，产生较多的冗余时间。改进如下。

01 首先在工程任务视窗中复制拉手的优化分析项目【lashou_study（再次优化分析）】，并重命名为“lashou_study（第三次优化分析）”，如图 14-59 所示。双击复制的项目进入该任务分析环境中。

图 14-59

02 单击【工艺设置】按钮，在弹出的【工艺设置向导】对话框中设置冷却时间为 10s，其他参数保持默认，如图 14-60 所示。

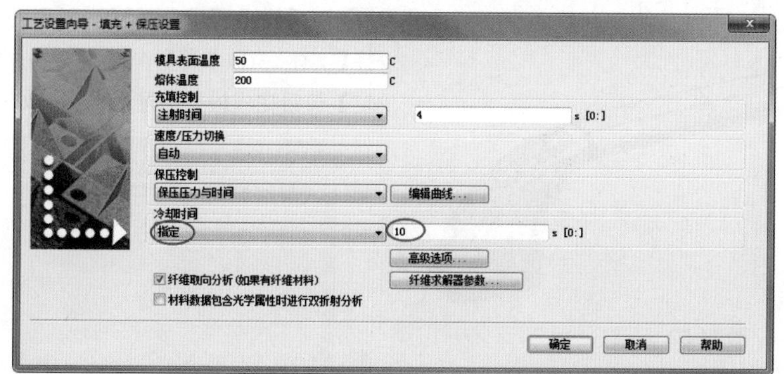

图 14-60

03 重新执行分析。经过一段时间的分析，得到新的气辅成型分析结果。

04 仅查看气体型芯的时间（21.11s），如图 14-61 所示。经过调试冷却时间后，整个气辅成型方案得到圆满解决。

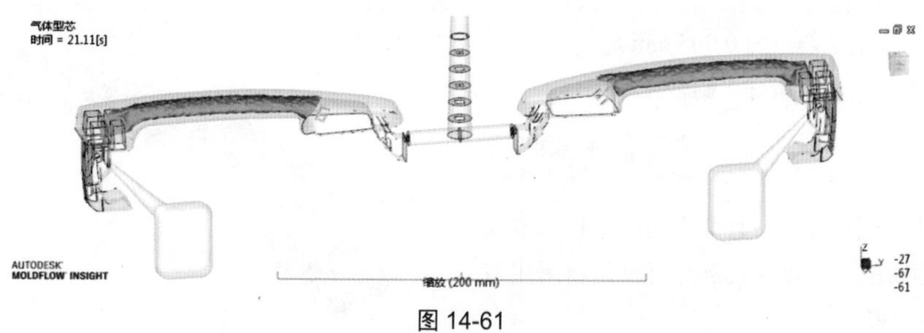

图 14-61

14.3 短射法气辅成型——手柄分析案例

练习文件路径：	结果文件 \Ch14\ 手柄 .stl
演示视频路径：	视频 \Ch14\ 短射法气辅成型分析—手柄 .avi

在 14.2 节中，学习了气辅注塑成型的满射法分析案例。通过设置溢料井，气体注入后完全可以把多余的熔体推送到溢料井中，分析的结果与实际注塑情况也是完全吻合的。

但是，如果是使用短射法的气辅成型工艺，是不需要设计溢料井的，那么就会出现一个难以解决的问题：如何确定熔体注射量，以及氮气气体的注入量？

笔者曾做过多次的调整，包括模温、料温的设定，也包括其他工艺参数的设置（如充填控制、速度 / 压力切换、保压控制、冷却控制），但都不能使其完全注入到整个熔体的内部，不仅消耗了大量的时间，同时也没有得到一个满意的模拟效果。

接下来在本节中，将详细介绍短射法气辅成型分析模拟过程。

14.3.1 分析任务

设计题目：手柄气体辅助成型。

产品 3D 模型图如图 14-62 所示。

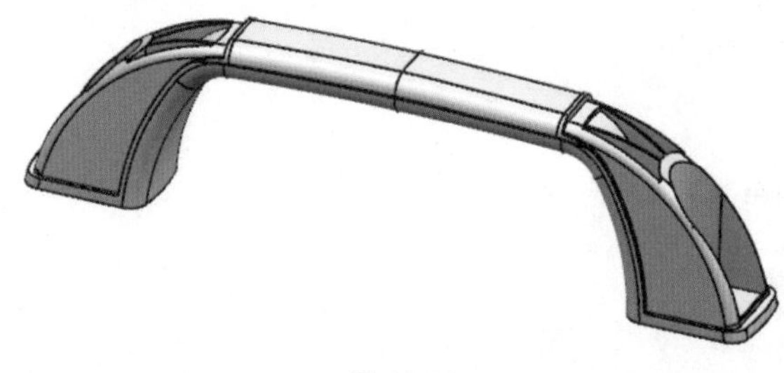

图 14-62

规格：最大外形尺寸 145mm×50mm×75 mm（长 × 宽 × 高）

要求如下。

（1）材料：ABS。

（2）缩水率：收缩率统一为 0.005 mm。

（3）外观要求：表面质量好，制件无缺陷。

14.3.2 前期准备

由于要进行工艺优化分析，且此类别的分析对象仅为中性面或双层面网格，所以本案例分析模型将采用双层面网格进行分析模拟。

1. 新建工程并导入注射模型

01 启动 Moldflow，然后单击【新建工程】按钮，弹出【创建新工程】对话框。输入工程名称及保存路径后，单击【确定】按钮完成工程的创建，如图 14-63 所示。

图 14-63

02 在【主页】选项卡中单击【导入】按钮，弹出【导入】对话框。在本案例模型保存的路径下打开“手柄 .stl”模型文件，如图 14-64 所示。

图 14-64

03 随后弹出要求选择网格类型的【导入】对话框，选择【实体（3D）】类型作为本案例的网格类型，再单击【确定】按钮完成模型的导入操作，如图 14-65 所示。

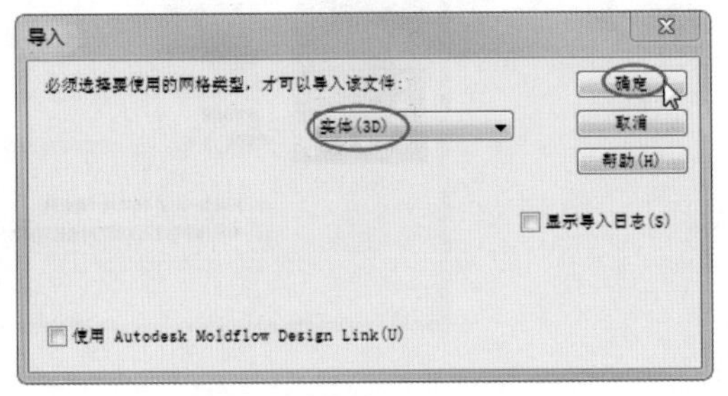

图 14-65

04 导入的 STL 模型如图 14-66 所示。

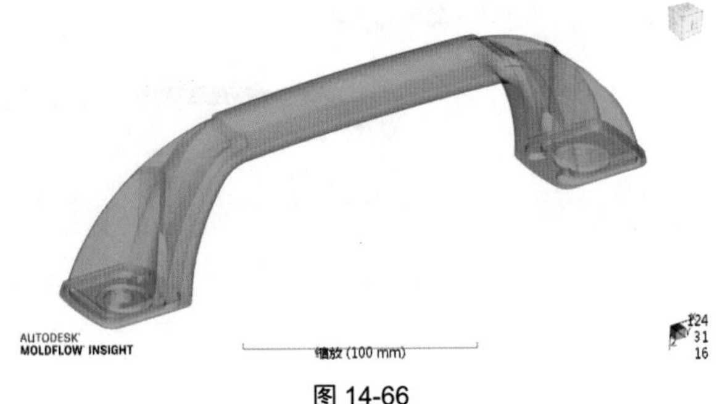

图 14-66

2．网格的创建

01 在【主页】选项卡【创建】面板中单击【网格】按钮，切换到【网格】选项卡。

02 单击【生成网格】按钮，然后在工程管理视窗的【生成网格】选项板中设置全局网格边长的值为 1.5，单击【立即划分网格】按钮，程序自动划分网格，结果如图 14-67 所示。

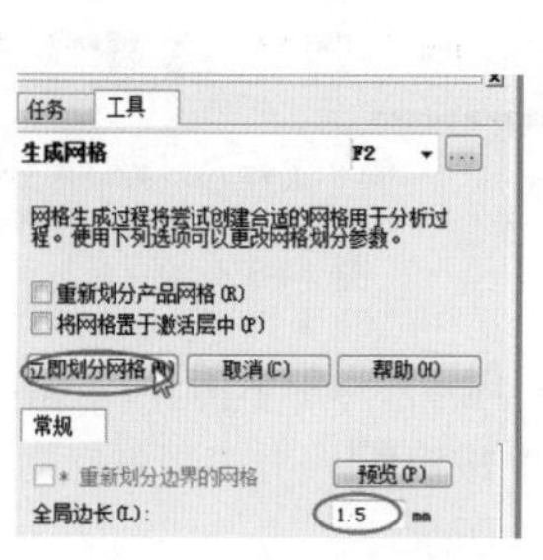

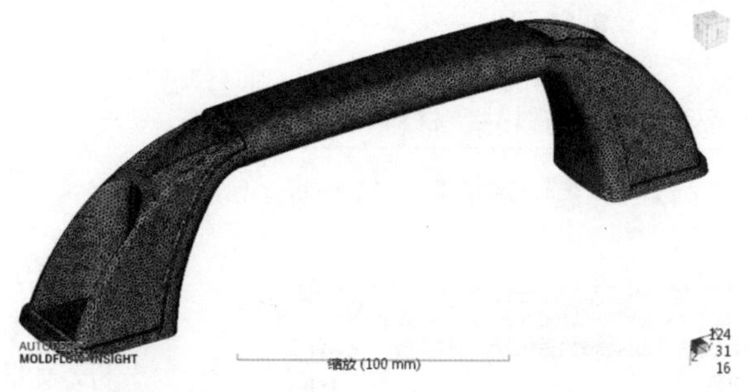

图 14-67

03 统计网格。在【网格诊断】面板中单击【网格统计】按钮，再单击【网格统计】选项板中的【显示】按钮，程序立即对网格进行统计并弹出【网格信息】对话框，如图 14-68 所示。

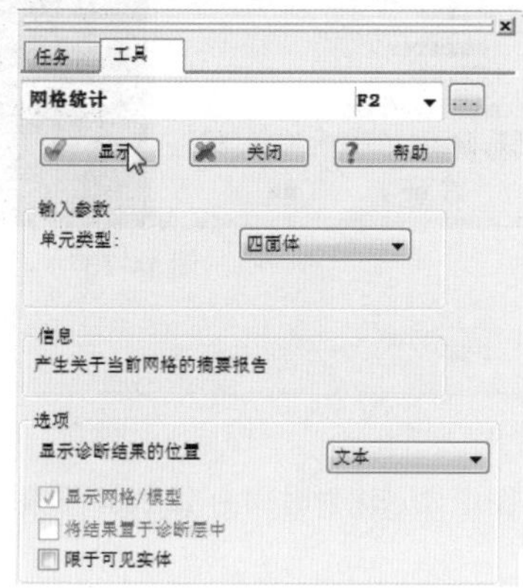

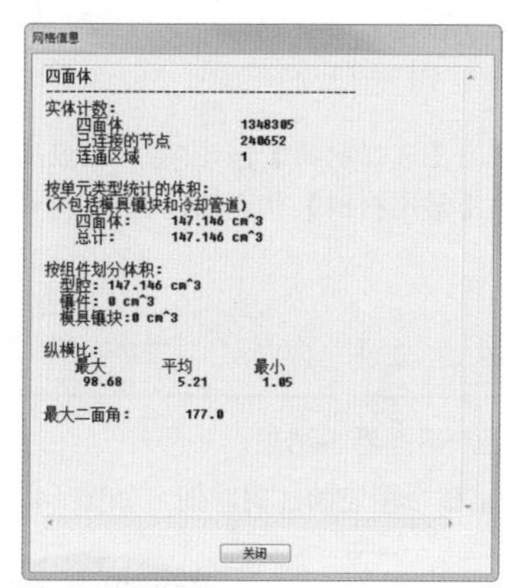

图 14-68

04 从统计数据中可以看出，由于拉手模型采用的是 3D 网格类型进行划分的，所以没有了中性面和双层面的网格缺陷。

05 网格划分之后，将结果保存。

14.3.3　“短射法”气辅成型初步分析

前面介绍了气辅成型有两种注塑方法：短射法和满射法。下面通过满射法进行车门拉手的气辅成型模拟，以此得出最佳的成型方案。

1．浇口和气嘴

01 在【主页】选项卡的【成型工艺设置】面板中选择【气体辅助注塑成型】分析类型，然后单击【注射位置】按钮，在如图 14-69 所示的位置放置注射锥。

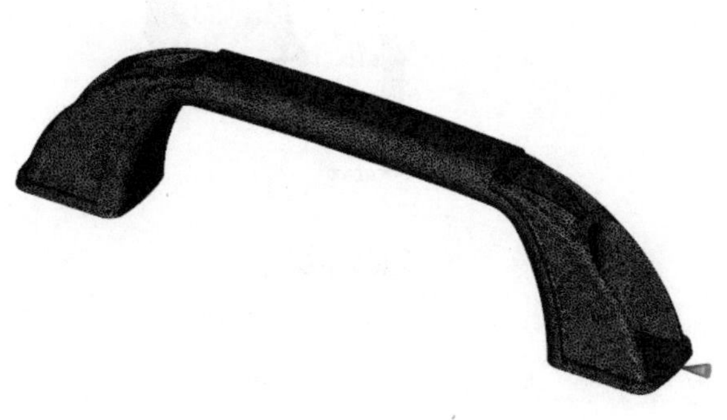

图 14-69

02 在【边界条件】选项卡中单击【设置入口】按钮，弹出【设置气体入口】对话框。保留默认的气体入口参数，然后在 3D 网格中放置气体入口，如图 14-70 所示。

03 同理，在不关闭【设置气体入口】对话框的情况下，在另一网格模型中相同位置放置气体入口。

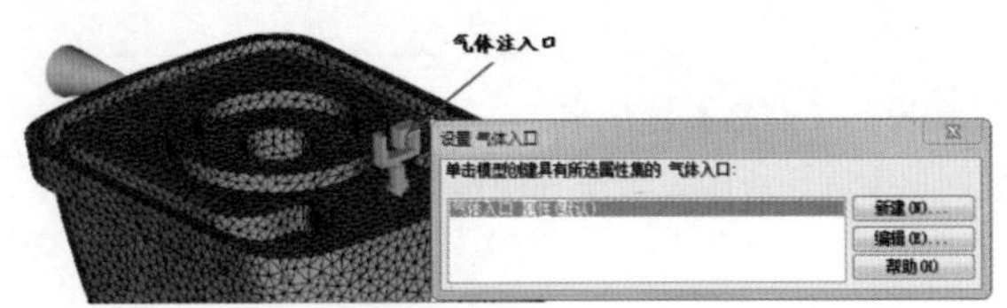

图 14-70

2．选择分析序列、指定溢料井、材料和工艺设置

01 单击【分析序列】按钮，选择【填充】分析序列，如图 14-71 所示。

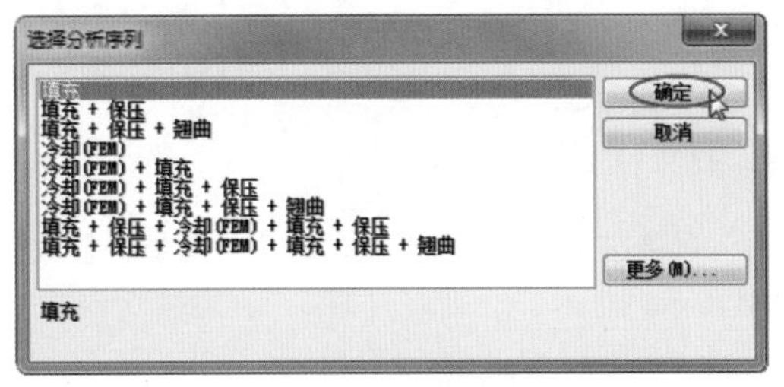

图 14-71

02 材料为 ABS，单击【选择材料】按钮，通过【选择材料】对话框中的【常用材料】列表选择 ABS 材料，如图 14-72 所示。

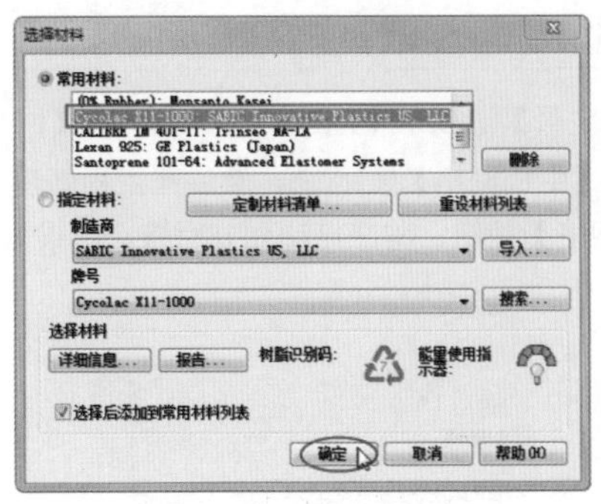

图 14-72

03 初步分析时，保留系统默认的工艺设置。

04 单击【分析】按钮，对模型进行初步的气辅成型分析，如图 14-73 所示。

图 14-73

3．结果解析

初步分析完成后，下面看下结果。

01 首先查看熔体充填整个型腔的注射时间，如图 14-74 所示。图中显示注射时间为 12.28s，注射时间较长。

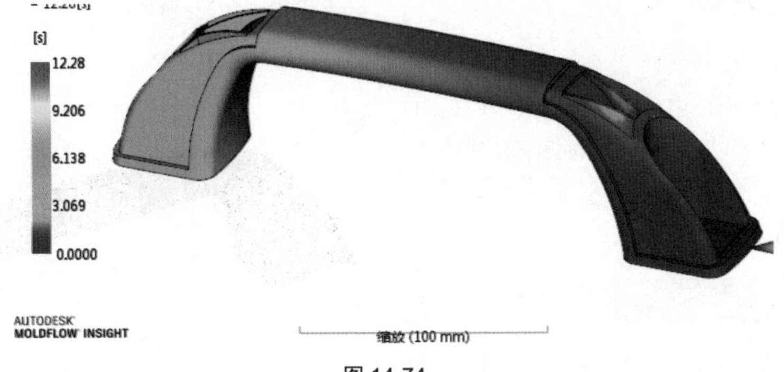

图 14-74

02 速度 / 压力切换时的压力。从如图 14-75 所示的切换压力图可以看出，熔体填充完成整个型腔的 95% ～ 99% 时，切换到保压状态。

03 流动前沿温度。从流动前沿温度图可以看出，整体温度温差较大，主要体现局部的加强筋位置，严重者导致欠注，如图 14-76 所示。

04 气体时间。查看氮气注入的时间图，不难发现注射的气体量严重不足，主要原因是熔体注射量过多，导致气体注入量减少，如图 14-77 所示。

05 查看气体型芯图，如图 14-78 所示，所注入的气体量不足。

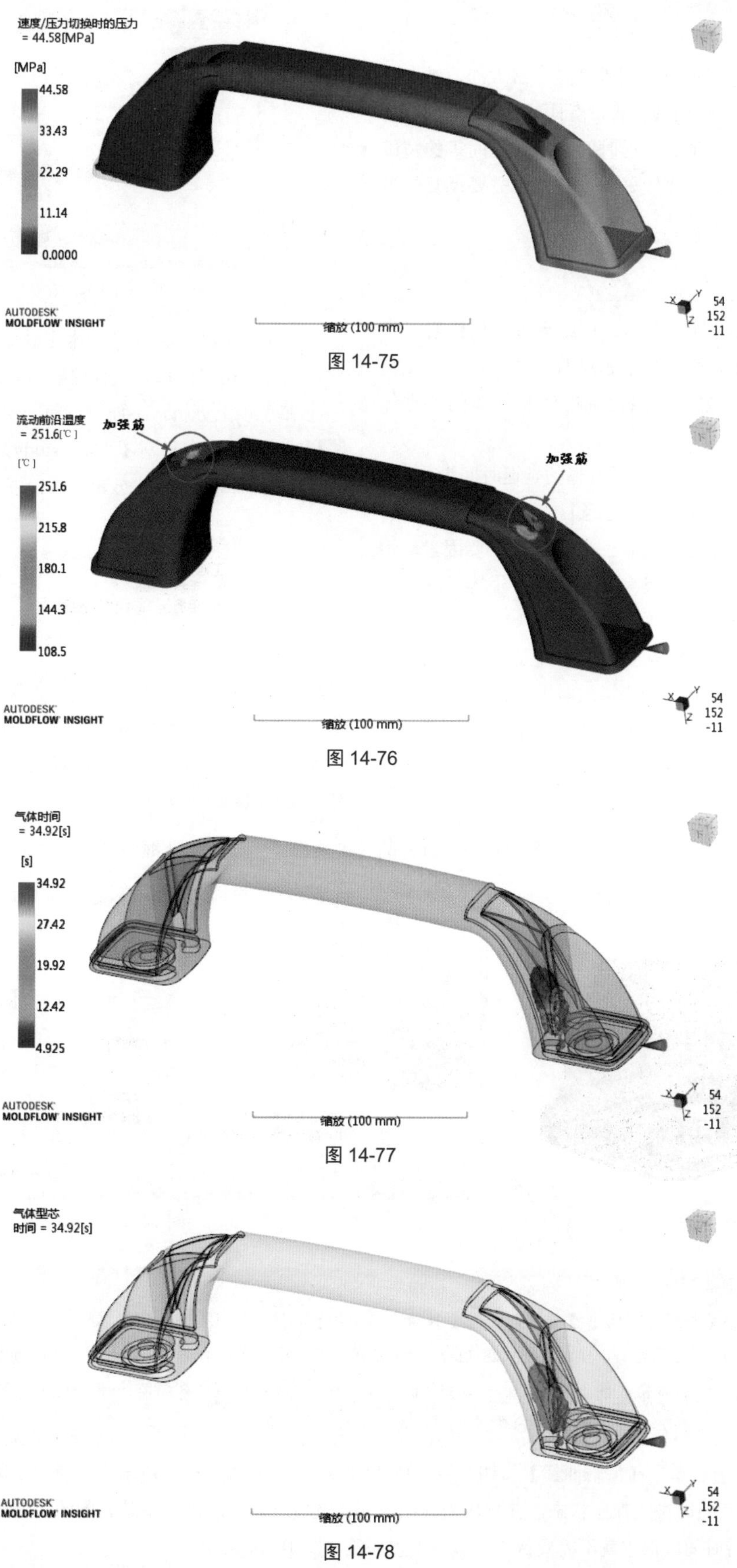

图 14-75

图 14-76

图 14-77

图 14-78

14.3.4 优化分析

短射法的气辅成型其控制难度是非常大的，难点就是在于气体填充体积、熔体体积、模具温度、熔体温度、气体注射压力、气体延迟注射时间、冷却时间等的精确控制。为此，要得到一比较好的气辅效果需要反复的调试和分析。

1. 第一次优化

（1）从默认的气辅充填分析结果看，仅注射了很少的气体到型腔中，而熔体所占型腔的体积比例是相当高的，所以首先考虑的是要设置熔体和气体的各占体积比。

（2）其次，第一次默认设置气体的延迟时间为1.16s，意思是说当熔体注射完成后，延迟1.16s开始注射气体。这个延迟时间并不是造成气体注射量少的主要因素，不过延迟时间设定的少，即使气体量大了，很容易吹穿，形成欠注现象。

（3）另外一个比较重要的因素就是气压控制器。默认的气压压力与时间关系如图14-79所示。从图中可以看出，气体注射时间是10s，时间并不短，关键是压力值太小，而且是均衡的，可以调整大一些，以此找出合理的压力与时间。

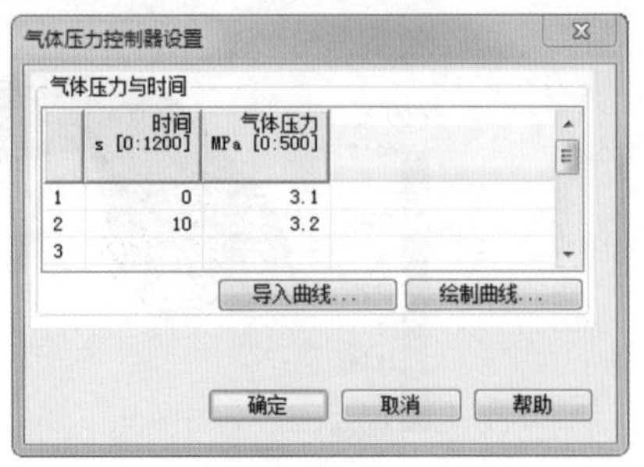

图 14-79

（4）原则上浇口与气体注射口的位置应尽量近一些，当然也可以浇口与气体注射口为同一位置。

基于以上分析，下面进行第一次优化分析。

01 在工程视窗中复制【手柄 _study】项目，然后重命名为“手柄 _study（优化分析）（1）”，如图14-80所示。

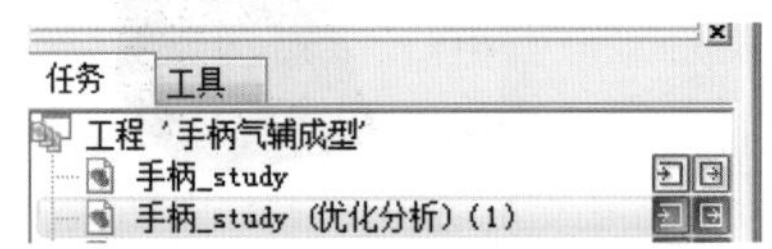

图 14-80

02 双击复制的工程项目，进入该项目的分析环境中。

03 在方案任务视窗中双击【1个注射位置】项目，然后删除原浇口注射锥，并在气体注射口位置放置新的注射锥，如图14-81所示。

04 在方案任务视窗中双击【工艺设置】项目，在打开的【工艺设置向导】对话框中设置如图14-82所示的选项。

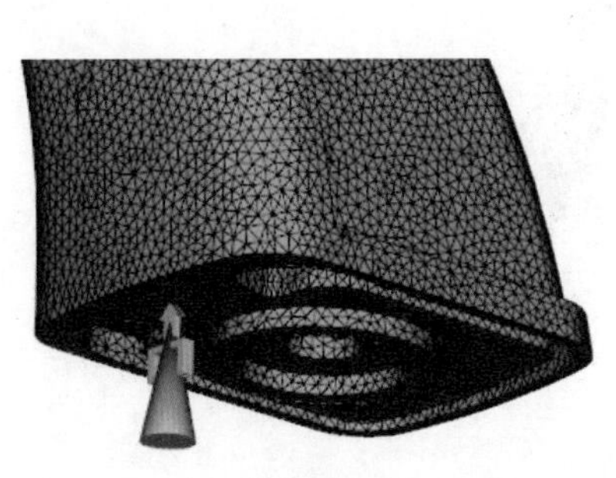

图 14-81

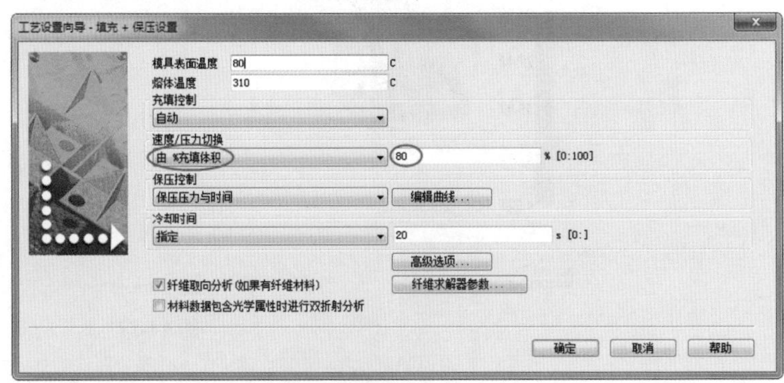

图 14-82

温馨提示：

这里仅设置【速度 / 压力切换】选项，设为【由 % 充填体积】，且充填体积比为80%。所表达的含义就是：当熔体注射到型腔的80%时不再继续注射，切换到保压状态（此时的保压状态其实是气体开始充填的状态），然后改由气体注射到型腔中，并推动腔内的熔体（高温流动状态）继续前行，直至填充20%左右的气体，使气体和熔体共同占满整个型腔。此外，由于不清楚其他具体问题，所以需要逐一地设置工艺参数去调试，不要一次就想成功。

05 再看下保压设置。单击【编辑曲线】按钮，原来默认的保压控制如图14-83所示。这说明了第一次气辅成型时充填完99%的熔体后随即进入保压状态，并且压力很高，间接造成气体无法进入型腔。因此，熔体充填完成后与气体开始充填这一接合时间段根本就不需要保压。重新设置保压如图14-84所示。

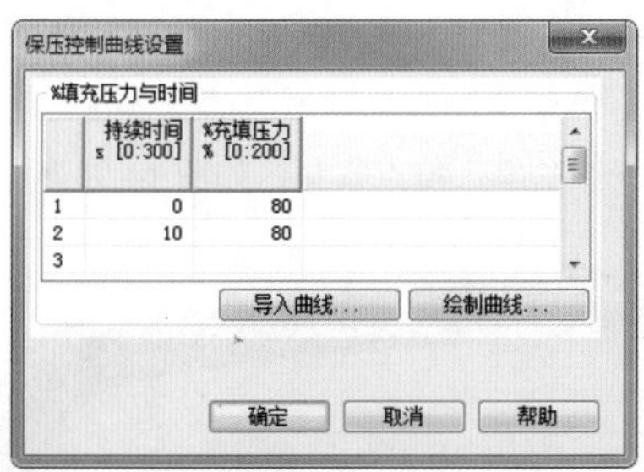

图 14-83

图 14-84

06 接下来设置一下注塑机的基本参数，便于注塑控制的调整。单击【高级选项】按钮 高级选项... ，打开【高级选项】对话框，再单击注塑机列表的 编辑... 按钮，如图 14-85 所示。

图 14-85

07 在打开的【注塑机】对话框中设置【注射单元】选项卡（参考了海天注塑机 200×B 的型号），如图 14-86 所示。

图 14-86

温馨提示：
在第 10 章中列出了海天注塑机的一些相关资料。

08 接着再设置【液压单元】选项卡，如图 14-87 所示。完成后依次关闭对话框。

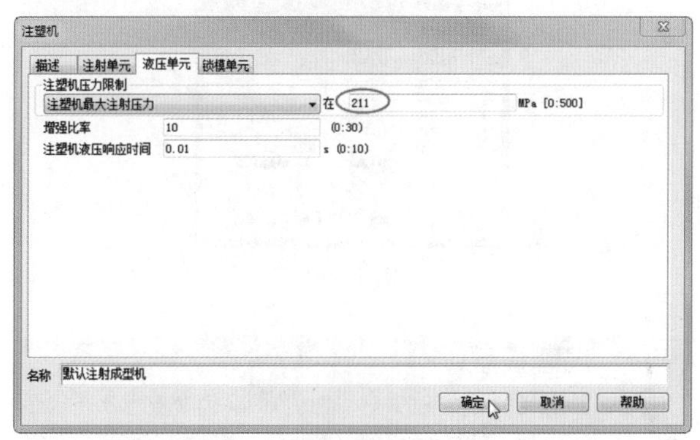

图 14-87

09 接下来在图形区选中气体注射口，单击右键，在弹出的快捷菜单中选择【属性】命令，打开【气体入口】对话框，如图 14-88 所示。

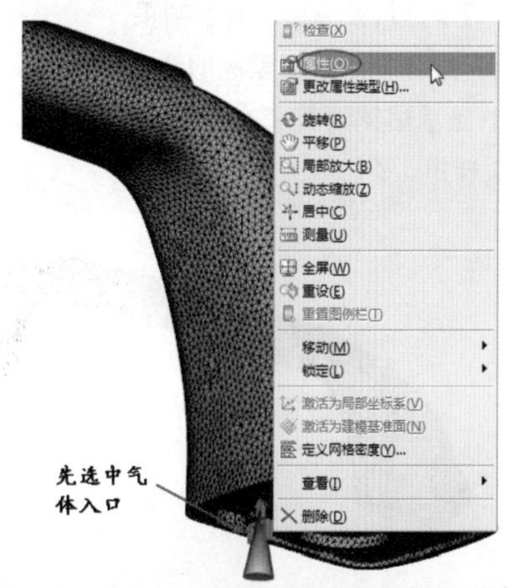

图 14-88

10 单击【编辑】按钮，再打开【气体辅助注射控制器】对话框。设置气体延迟时间为 1s（测试此时间与结果有何关系），如图 14-89 所示。

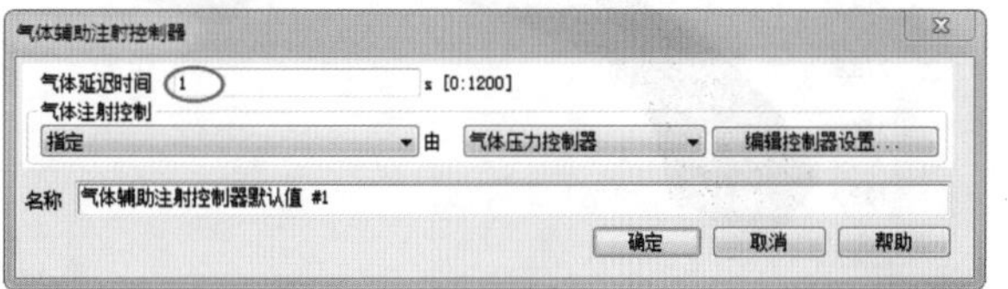

图 14-89

11 单击【编辑控制器设置】按钮，打开【气体压力控制器设置】对话框。在此对话框中设置新的气体压力与时间参数，完成后单击【确定】按钮关闭对话框，如图14-90所示。

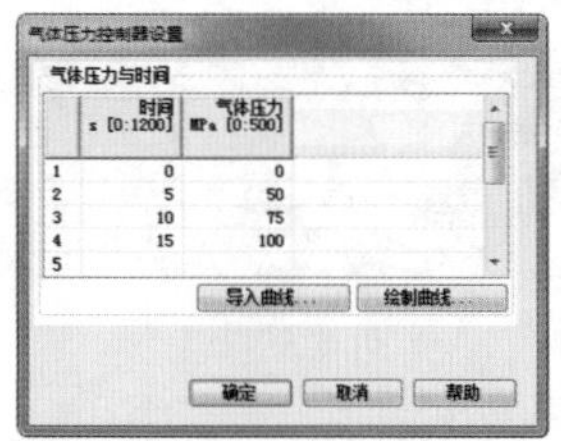

图 14-90

温馨提示：

其实我们对真正的气体控制器的具体参数也不是很了解，所以先设置出尽量大的注射压力，再验证随后的充填效果。

12 最后重新开始分析，经过漫长的分析时间后（分析一次至少5小时，且要看设计者的计算机配置是否高），得出第一次优化分析结果。

（5）初步分析完成后，看下结果。

01 首先查看熔体充填整个型腔的注射时间，如图14-91所示。图中显示熔体的整个充填时间为8.455s，注射时间比第一次要短。

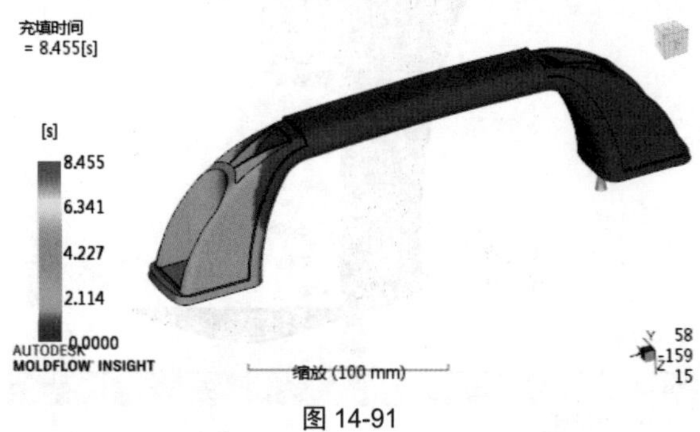

图 14-91

02 流动前沿温度。从流动前沿温度图可以看出，要比之前好很多，至少完成了右侧的不平衡改善。说明浇口的重新设定还是起到重要作用，如图14-92所示。

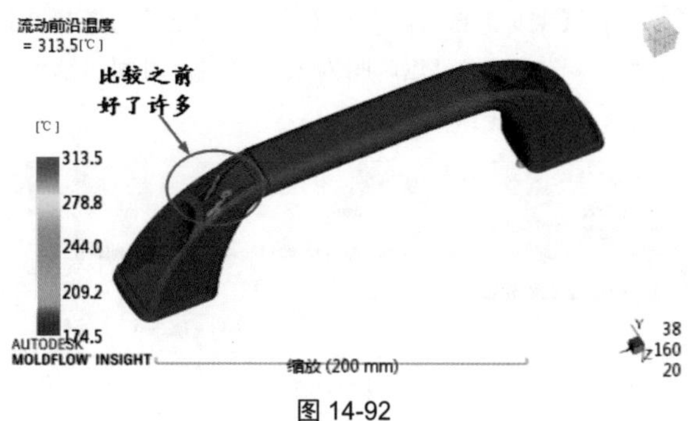

图 14-92

03 气体时间。查看氮气注入的时间图，已经充填了较多的气体，但是还没有达到所需的气体量，而且气体入口处还有气体乱串，差点吹穿，如图14-93所示。

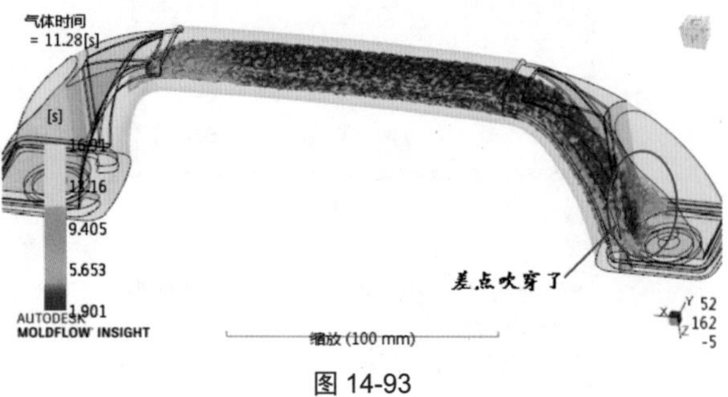

图 14-93

04 查看气体型芯图，如图14-94所示。所注入的气体量仍然不足。

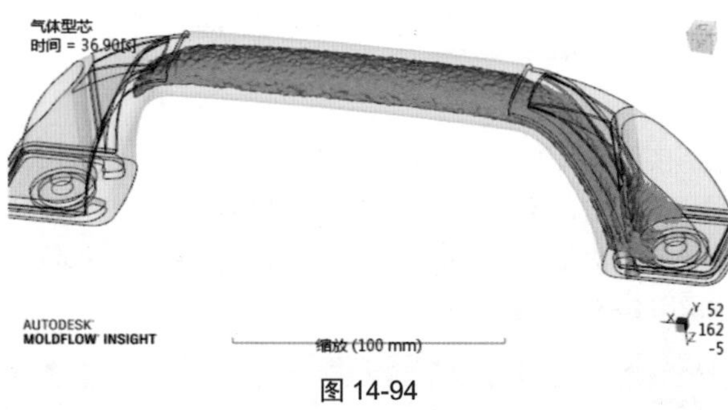

图 14-94

2. 第二次优化

（1）在保证尽量减少优化次数的情况下，需要结合分析日志找出解决方法。从日志看，开始充填阶段，出现了一次警告：某些区域已达到超高温聚合物温度，如图14-95所示。

充填阶段(GAIM):

状态：V - 速度控制
V/P - 速度/压力切换
P - 聚合物压力控制
G - 气体压力控制

时间 (s)	充填体积 (%)	注射压力 (MPa)	锁模力 (tonne)	流动速率 (cm^3/s)	冻结 体积 (%)	气体注射 指数	气体注射 体积 (%)	气体注射 压力 (MPa)	状态
0.002	0.027	6.957E-01	5.45E-05	20.143	0.00				V
0.006	0.127	2.670E+00	4.82E-04	12.473	0.00				V
0.012	0.228	5.896E+00	8.30E-04	11.182	0.00				V
0.022	0.654	1.013E+01	1.36E-03	31.920	0.00				V
0.038	1.514	1.344E+01	1.98E-03	67.534	0.00				V
0.052	2.537	1.497E+01	2.65E-03	100.441	0.00				V
** 警告 305320 ** 某些区域已达到超高聚合物温度。将应用温度限制 410.00 C。									
0.076	4.685	1.553E+01	4.02E-03	120.721	0.00				V

图 14-95

这次警告说明了一个问题，就是模温与料温（熔体温度）均高出合理值。材料是ABS，我们结合前面第6章表6-2中提供的常用塑料注射工艺参数，找出ABS材料的模具温度为50～70℃，熔体温度为180～230℃（料筒温度推算，熔体温度要比料筒温度高一点儿）。

（2）接下来继续看分析日志。如图14-96所示，从截图中可以看出，在充填进行到 0.898s、熔体充填体积为 79.780% 时，速度与压力开始切换，这与预设（80%）的差不多。在 V/P 切换时，熔体继续填充型腔，直至 1.901s 时，气体注射才开始。

```
|   0.898 | 79.780 | 1.881E+01 | 1.31E+00 |  133.503 |  0.05 |      |       |        |  V  |

在速度控制下已充填指定的体积。正在切换到压力控制。

已达到压力曲线的末端。
|   0.901 | 80.059 | 1.893E+01 | 1.31E+00 |  132.289 |  0.05 |      |       |        | V/P |
|   0.914 | 80.564 | 1.398E-01 | 7.73E-02 |   65.721 |  0.05 |      |       |        |  P  |
|   0.966 | 80.737 | 1.120E-02 | 5.96E-03 |    0.000 |  0.07 |      |       |        |  P  |
|   1.172 | 80.816 | 6.829E-03 | 3.62E-03 |    0.000 |  0.15 |      |       |        |  P  |
|   1.901 | 80.920 | 1.004E-03 | 5.04E-04 |    0.000 |  0.75 |      |       |        |  P  |
|------------------------------------------------------------------------------------------|

气体控制器指数 #  1 中的气体注射已开始。
```

图 14-96

（3）如图 14-97 所示为气体注射开始后，注射压力变为 0，而气体压力也是从 5.391（负 2 次方）MPa 到 1.075（负一次方）MPa，随着气体注射时间的推移，气体压力也是不断变化，由高到低，再由低到高，这些参数直接反映了注塑机在根据我们预设的工艺参数和气体控制参数进行的实际工作。

气体控制器指数 # 1 中的气体注射已开始。

时间 (s)	充填体积 (%)	注射压力 (MPa)	锁模力 (tonne)	零件质量 (g)	冻结体积(%)	气体注射 指数	气体注射 体积 (%)	气体注射 压力 (MPa)	状态
1.906	80.928		1.59E-03	1.09E+02	0.75	1	0.000	5.391E-02	G
1.912	80.928		1.17E-03	1.09E+02	0.76	1	0.000	1.075E-01	G
1.933	80.928		4.14E-04	1.09E+02	0.78	1	0.000	3.152E-01	G
2.011	80.928		1.74E-02	1.09E+02	0.88	1	0.002	1.104E+00	G
2.033	80.928		2.20E-01	1.09E+02	0.90	1	0.013	1.315E+00	G
6.900	99.999		4.79E+01	1.10E+02	7.12	1	24.434	4.999E+01	G
6.901	99.999		4.79E+01	1.10E+02	7.12	1	24.435	5.000E+01	G
6.904	99.999		4.79E+01	1.10E+02	7.13	1	24.438	5.001E+01	G
6.909	99.999		4.79E+01	1.10E+02	7.13	1	24.443	5.004E+01	G
6.919	99.999		4.80E+01	1.09E+02	7.14	1	24.453	5.009E+01	G
6.939	99.999		4.81E+01	1.09E+02	7.17	1	24.473	5.019E+01	G
6.980	99.999		4.83E+01	1.09E+02	7.22	1	24.512	5.040E+01	G
7.078	99.999		4.87E+01	1.09E+02	7.33	1	24.587	5.088E+01	G
7.439	99.999		5.05E+01	1.09E+02	7.72	1	24.767	5.269E+01	G
8.455	100.000		5.54E+01	1.10E+02	8.72	1	25.043	5.777E+01	G

图 14-97

温馨提示：

日志中的压力值 **5.391E-02**，其中，E 表示有效值，“-02”表示负二次方。如果是“+03”则表示为三次方。**5.391E-02** 的正确读法是：有效压力值为 5.391^{-2}MPa。实际压力为 0.0539 MPa。

知识链接：冻结体积

日志中的“冻结体积”的意思是随着熔体充填和气体注射的持续进行，靠近模具型腔壁的熔体会逐渐冷却凝固（因为模具温度远低于熔体温度）。而这个冻结体积的值也是跟气体延迟时间的设置息息相关的。冻结体积越大（气体延迟时间越大），气体渗透越不容易。但超长的延迟时间反而会导致产品壁厚重（产生收缩），延迟时间太短，气体穿透更容易了。根据这些值，可以对气体压力与时间做出更改。下面进行详细的参数设置。

01 首先复制【手柄 _study（优化分析）（1）】项目，并重命名为“手柄 _study（优化分析）（2）”，如图 14-98 所示。

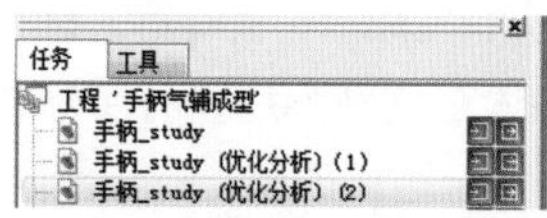

图 14-98

02 在方案任务视窗中双击【工艺设置】项目，打开【工艺设置向导】对话框。由于第一次优化结果中气体量还是不足，有理由怀疑是熔体充填体积设置得不够小，所以设置为 70%（只能是一步一步慢慢调），同时还将模具表面温度调整到 65℃，熔体温度为 230℃，冷却时间也缩短至 10s（因为整个注塑周期是 36s 多，太长了），如图 14-99 所示。

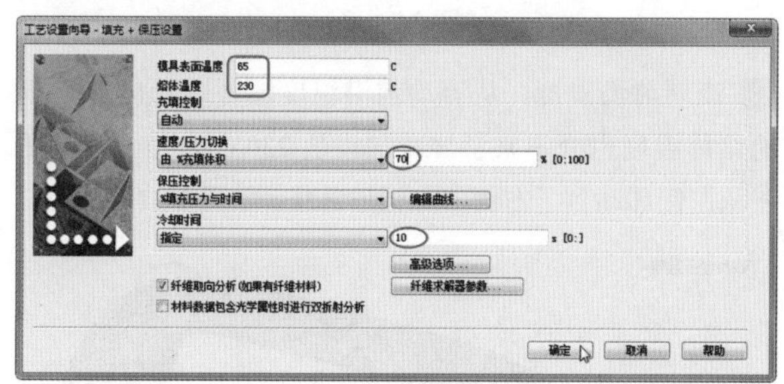

图 14-99

03 接下来修改气体入口的属性，首先设置气体延迟时间，由于入口位置差点儿被吹穿，估计是延迟时间太短，熔体部位在高温情况下更可能被吹穿，如图 14-100 所示。

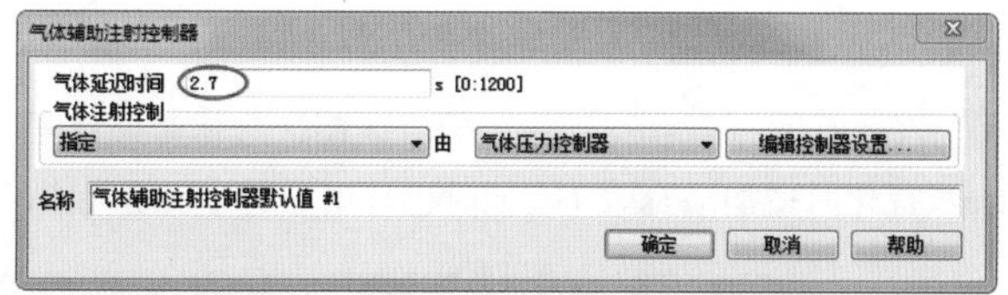

图 14-100

04 单击【编辑控制器设置...】按钮，这次调整下气体与压力时间，将压力和时间分别加长，如图 14-101 所示。验证一下是否是气压不足、时间不够而导致的气体注射量不够。

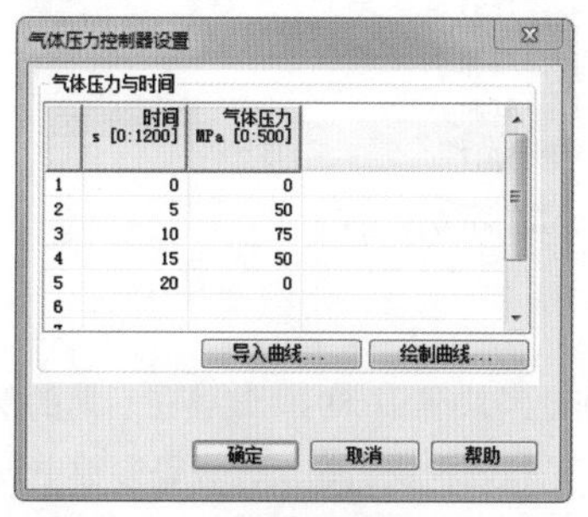

图 14-101

05 最后重新开始分析，经过漫长的分析时间后得出第二次优化分析结果。

（4）初步分析完成后，查看第二次的优化结果。

01 首先查看熔体充填整个型腔的注射时间，如图 14-102 所示。图中显示熔体的整个充填时间为 5.934s，注射时间更短。

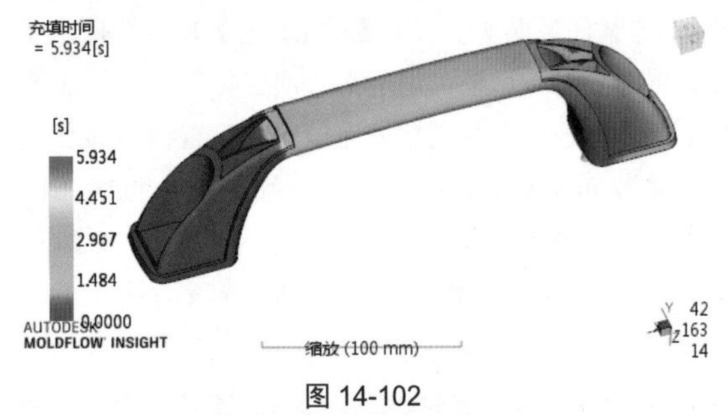

图 14-102

02 流动前沿温度。从流动前沿温度图可以看出，整体的熔体温度也降下来了，跟预设值 230℃接近。而温度差从左侧移动到了右侧的加强筋部位，如图 14-103 所示。

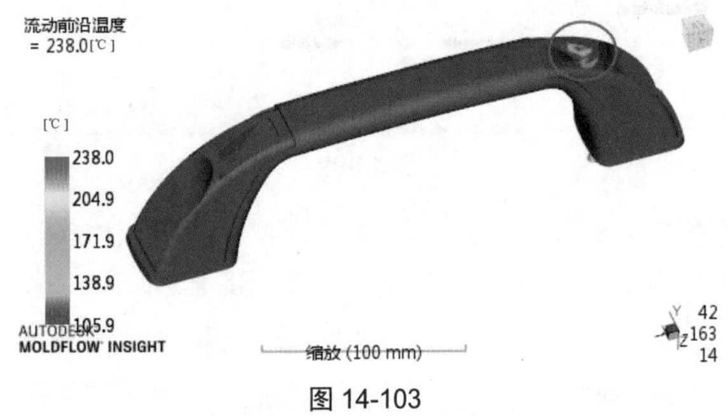

图 14-103

03 气体时间。查看氮气注入的时间图，气体时间比第一次优化时增加了 5s 左右，同时也充填了足够多的气体，气体量虽然足够，但左侧的气体渗透情况比较严重，差点儿也被吹穿，这个需要重点修正，尽量避免类似情况，如图 14-104 所示。稍后会结合分析日志查看下到底是哪里出现了问题。

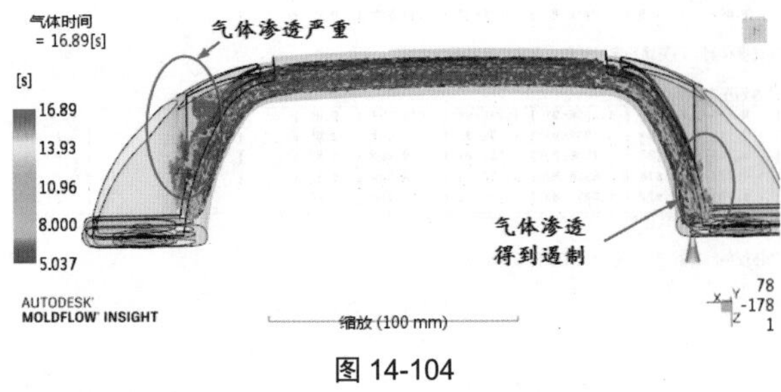

图 14-104

04 查看气体型芯图，如图 14-105 所示。

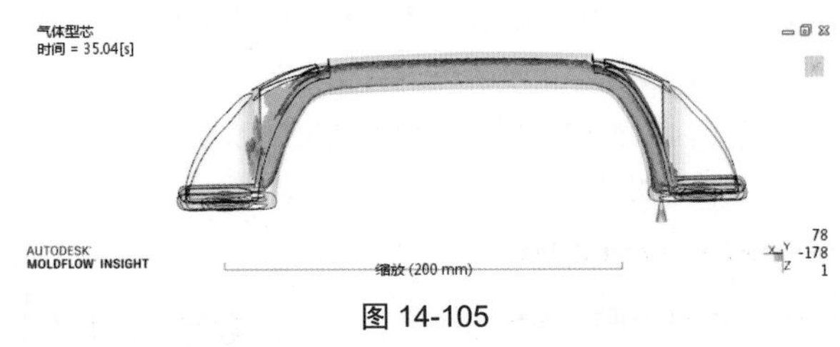

图 14-105

3．第三次优化

（1）这次优化将重点解决气体渗透问题。首先看动画结果，在【结果】选项卡下，拖动动态滑块，滑到 6.025s 位置（轻轻拖动滑块时会自动移动到此位置），如图 14-106 所示。可以看出，当气体注射到 6.025s 时已经接近气体注射的最后阶段，此时可以看出，气体已经在渗透了，只是渗透效果不算太严重。

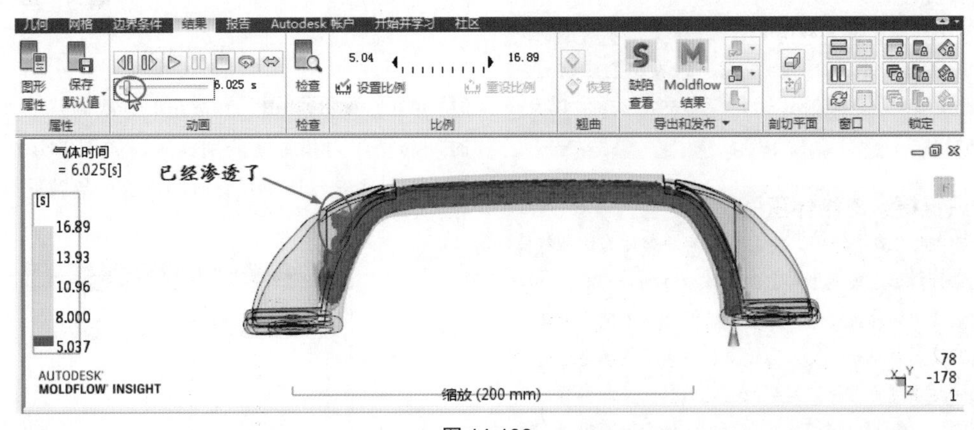

图 14-106

继续拖动滑块到 16.89s，气体在后期的保压状态下，持续地注射进型腔，加重了气体渗透问题。这说明了什么问题呢？首先验证了我们在工艺设置参数中设置的熔体体积为 69% 是没有问题的，也就是说跟注塑工艺参数没有关系了，同时也说明了问题出现在气体控制器的设置。

（2）接下来继续看分析日志。如图 14-107 所示，当熔体充填到 6.176s 时，气体体积已经到了 30.569%。这与我们设置熔体充填体积非常接近了（1-30.569%≈69%）而这个时间也跟前面拖动滑块时的 6.025s 是非常接近的，说明了在正常情况下熔体和气体注射到整个型腔的时间应该在 6s 左右（或者多一点儿）。这给我们在接下来的气体控制器的设置提供了重要参考。

保压分析

时间 (s)	充填体积 (%)	注射压力 (MPa)	锁模力 (tonne)	零件质量 (g)	冻结 体积(%)	气体注射 指数	气体注射 体积 (%)	气体注射 压力 (MPa)	状态
5.999	100.000		9.05E+00	9.97E+01	8.98	1	30.551	9.624E+00	G
6.176	100.000		1.07E+01	1.00E+02	8.97	1	30.569	1.139E+01	G
6.361	100.000		1.25E+01	1.00E+02	9.09	1	30.725	1.324E+01	G

图 14-107

（3）如图 14-108 所示为气体注射完成后的日志情况。说明了一个问题：就是在 24.288s 时完成注射，气体体积已经超出了 31% 预设，并且还有一段 0 气压（也是保压阶段），此段时间为 10s，气体体积并没有发送变化，所以是多余的时间，要去除掉。

23.179	100.000		1.92E+01	9.88E+01	45.97	1	34.263	1.858E+01	G
24.288	100.000		9.00E+00	9.85E+01	48.94	1	34.263	7.489E+00	G

气体控制器指数 # 1中的气体注射已结束。

25.037	100.000		2.12E+00	9.83E+01	51.36	1	34.263	0.000E+00	G
26.825	100.000		1.81E+00	9.84E+01	55.75	1	34.263	0.000E+00	G
29.068	100.000		1.75E+00	9.86E+01	59.74	1	34.263	0.000E+00	G
31.261	100.000		1.71E+00	9.88E+01	63.45	1	34.263	0.000E+00	G
33.413	100.000		1.69E+00	9.89E+01	66.61	1	34.263	0.000E+00	G
35.037	100.000		1.66E+00	9.90E+01	68.75	1	34.263	0.000E+00	G

图 14-108

根据这些参考，再次对气体压力与时间做出更改。下面进行详细的参数设置。

01 首先复制【手柄 _study（优化分析）（2）】项目，并重命名为“手柄 _study（优化分析）（3）”，如图 14-109 所示。

02 接下来修改气体入口的属性。这次调整气体与压力时间，将压力和时间分别减少，如图 14-110 所示。

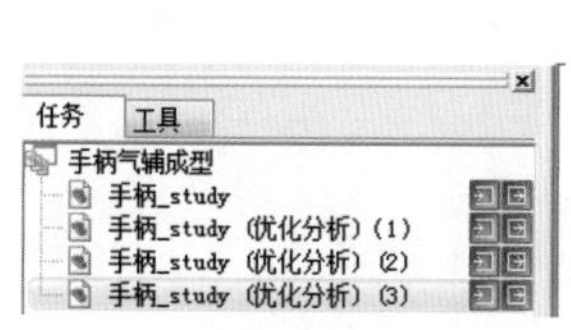

图 14-109

图 14-110

03 最后重新开始分析，得出第三次优化分析结果。

（4）初步分析完成后，查看第三次的优化结果。

01 首先查看熔体充填整个型腔的注射时间，如图 14-111 所示。图中显示熔体的整个充填时间为 5.601s，注射时间再次缩短。

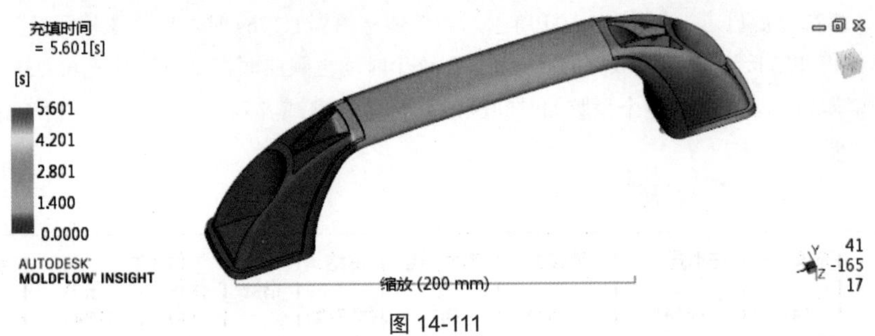

图 14-111

02 气体时间。查看氮气注入的时间图，气体时间比第二次优化时增加了 5s 左右。气体渗透虽然还是有，但已经好了许多。这个根本原因还是气体延迟时间问题（我们没有做改变），如图 14-112 所示。如果再次优化，可以将延迟时间提高到 3s 左右尝试。不行再继续微调。

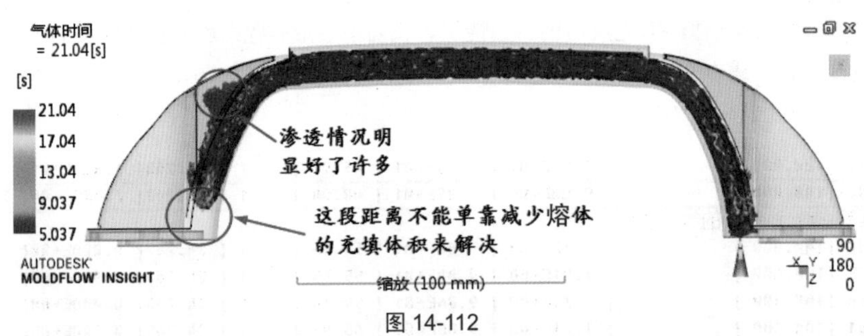

图 14-112

03 最后还有一段距离没有填充，可以尝试将气体延迟时间再增加，意思就是让熔体冻结体积增加，壁厚增加一些，相对气体注射量就少一些，以此可以解决最后末端位置气量注射不足问题，以及存在部分气体渗透问题，鉴于调试过程所消耗的时间过于漫长，此处不再列出优化步骤，读者可以自行完成。